高等院校“十二五”精品规划教材

结构力学

康希良　王利霞　朱瑞涛　孙理想　编著

内 容 提 要

本书是根据教育部力学教学指导委员会非力学类专业力学基础课程教学指导分委员会制定的《结构力学课程教学基本要求》编定而成的，本书着眼于为课程打好基础，落实课程的基本要求，同时也兼顾对知识的扩大和提高。本书内容取材适当，叙述精练，由浅入深，联系实际，符合课程的认知和发展规律。本书内容包括绪论、体系的机动分析、静定梁与静定刚架、静定拱、静定平面桁架、结构位移计算、力法、位移法、渐近法、矩阵位移法、影响线及其应用、结构动力学、结构的弹性稳定、结构的极限荷载共十四章。在第十四章后附有平面杆系结构静力分析框图设计、程序说明及电算源程序。各章后均有复习思考题以利于复习和一定数量的习题并附有习题的部分答案。

本书可作为高等工科院校土木工程、水利水电工程、工程力学等专业结构力学课教材，也可供其他有关专业及工程技术人员参考。

图书在版编目（CIP）数据

结构力学 / 康希良等编著. -- 北京 : 中国水利水电出版社, 2015.8
高等院校“十二五”精品规划教材
ISBN 978-7-5170-3428-5

Ⅰ. ①结… Ⅱ. ①康… Ⅲ. ①结构力学－高等学校－教材 Ⅳ. ①O342

中国版本图书馆CIP数据核字(2015)第169625号

策划编辑：宋俊娥　责任编辑：李　炎　加工编辑：孙　丹　封面设计：李　佳

书　　名	高等院校“十二五”精品规划教材 **结构力学**
作　　者	康希良　王利霞　朱瑞涛　孙理想　编著
出版发行	中国水利水电出版社 （北京市海淀区玉渊潭南路 1 号 D 座　100038） 网址：www.waterpub.com.cn E-mail：mchannel@263.net（万水） sales@waterpub.com.cn 电话：（010）68367658（发行部）、82562819（万水）
经　　售	北京科水图书销售中心（零售） 电话：（010）88383994、63202643、68545874 全国各地新华书店和相关出版物销售网点
排　　版	北京万水电子信息有限公司
印　　刷	北京正合鼎业印刷技术有限公司
规　　格	170mm×227mm　16 开本　28.5 印张　539 千字
版　　次	2015 年 8 月第 1 版　2015 年 8 月第 1 次印刷
印　　数	0001—3000 册
定　　价	42.00 元

前　　言

自2003年至2012年近十年内，教育部高等学校力学教学指导委员会先后修订完善了《高等学校理工科非力学专业力学基础课程教学基本要求》（以下简称"基本要求"）。依据基本要求中结构力学课程教学基本要求（A类）的精神，突出学生分析能力、计算能力、判断能力的培养，并结合编者长期在教学、科研和生产服务中的经验，形成了这本具有典型工科背景和特色的教材。

本书适用于高等工科院校土木工程、水利水电工程、工程力学等专业，在编写过程中结合长期的教学体会，总结了过去我们编写教材的经验，力求做到精选内容、突出基本概念的论述及理论联系实际，以培养学生分析问题和解决问题的能力。由于结构力学计算机化的进程日新月异，在计算机化的形式下，结构定性分析的能力培养，显得更为重要。为加强计算机的应用，结合第十章内容向读者推荐一电算程序，提高学生利用计算机分析结构的能力。电算程序不仅能对平面杆系结构在荷载下进行结构分析，也能对结构在支座移动、温度变化下的内力和位移进行计算。

本书内容取材适宜，注重夯实基础，叙述精练，由浅入深，理论联系实际，符合课程的认知和发展规律。同时突出铁路特色，结合高速铁路的建设，在原有铁路活载中—活载的基础上，结合现行规范引入了铁路客运专线中的ZK活载，书中也结合公路最新现行规范，引入了公路桥涵设计使用的汽车荷载。

本书由兰州交通大学康希良编写第一、十、十四章及附录，朱瑞涛编写第二～六章，孙理想编写第七～九章，王丽霞编写第十一～十三章，全书由赵宪锋统稿。同时，王艺洁、宋朝、张希萌、阚文强等在排版、绘图等方面做了大量工作。本书可根据各专业的需要选择授课内容，带星号的章节可作为选学内容。授课学时为100～120学时。

编　者

2015年5月

目　　录

第一章　绪论

§1-1　结构力学的研究对象和任务

在交通、水利、民用等各类工程中，能支承一定的荷载并起骨架作用的建筑物，称为结构。如桥梁、隧道、水塔、水池、水坝、房屋等，如图 1-1 所示。

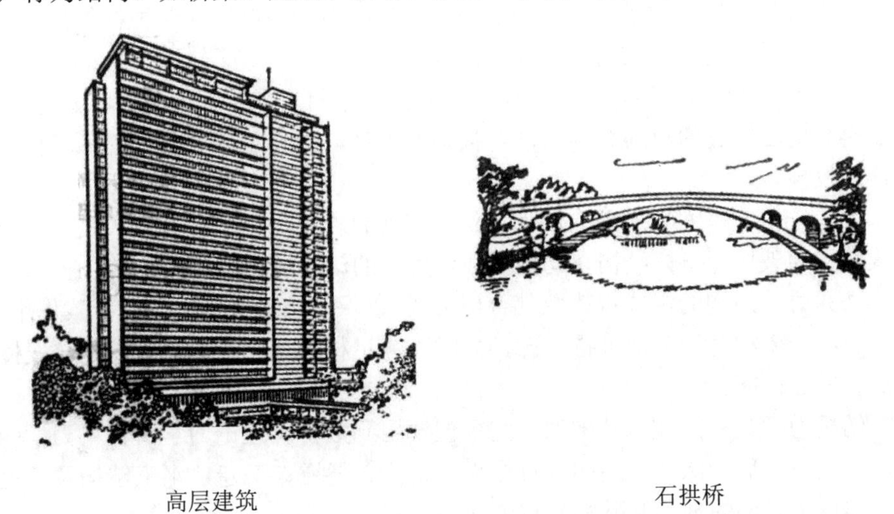

高层建筑　　石拱桥

图 1-1

这些结构都是由若干部件组成，按几何尺寸可以分为三大类。

（1）杆系结构。这种结构是由若干根杆件组成的，每根杆件沿杆轴线方向的长度要比其横截面的尺寸大得多，如理论力学、材料力学中已讲过的简支梁、桁架、刚架等。

（2）薄壁结构。当某一部件一个方向的尺度远小于其他两个方向的尺度就称为薄板及薄壳。若干个薄板及薄壳所组成的结构叫薄壁结构，如图 1-2 所示为折板屋面、薄壳屋面。

（3）实体结构。这种结构在三个方向的尺度大体相近，如图 1-3 所示为水坝。

结构力学是以杆系结构为研究对象，薄壁结构与实体结构则为弹性力学的研究对象。

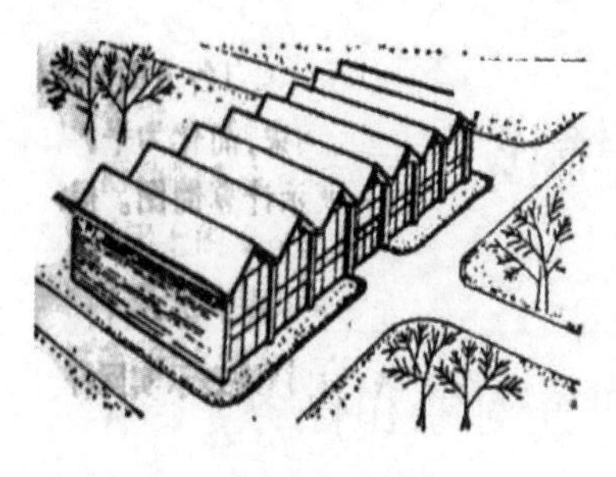

折板屋面

薄壳屋面

图 1-2

结构力学与材料力学有着密切的联系，材料力学是以研究单根杆件为主，结构力学则主要研究杆系结构，其具体任务是：

（1）计算结构在荷载、温度变化、支座移动等因素影响下结构的内力与位移，然后再利用已学过的材料力学方法，按强度条件、刚度条件对结构的各杆件进行设计或校核。

（2）分析结构的稳定性，以保证结构在荷载作用下受压杆件不致丧失稳定而导致结构的破坏，研究结构在动力荷载作用下的动力反应。

（3）讨论结构的组成规律及其合理形式，以保证结构在承受任意荷载作用下，各部分不产生相对运动而维持平衡，同时在满足材料强度的前提下，充分发挥材料的各方面性能。

结构力学是一门技术基础课，它不但要用到数学、理论力学、材料力学的知识，而且也为后续课（如结构设计原理、桥梁、隧道、房建、水工结构及工程施工）提供了必要的理论基础和计算方法。

随着计算机的普及，本书写入了结构矩阵位移法（即直接刚度法）一章，并附一计算机源程序，以供学生自学。

本书只讨论平面杆系结构。

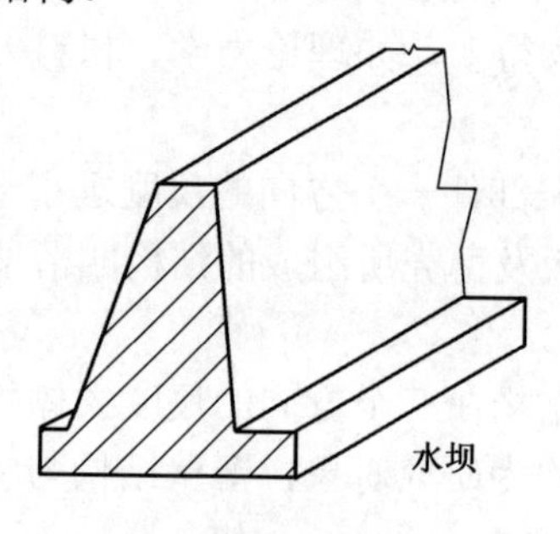

图 1-3

§1-2 结构的计算简图

实际结构是很复杂的，如果完全按照实际结构去进行力学分析，一方面是不可能，另一方面也是没有必要的，因此在计算前，总要把实际结构进行简化，忽略一些次要因素的影响，保留其基本特点，用一个简化图形（也叫力学模型）代替实际结构，从而简化了计算，又使其误差在工程允许范围之内，这种简化的图形叫结构的计算简图。

简化工作一般包括下列内容：

1. 结构的简化

严格地讲，实际工程结构都是空间结构，可以承受来自各方面的荷载，如图1-4（a）所示单层厂房。在多数情况下常略去一些次要的空间约束，简化为平面结构，如图1-4（b）所示，再经过杆件、结点、支座的简化才能得到图1-4（c）所示计算简图。但需说明的是，并非所有的空间结构均可简化为平面结构。

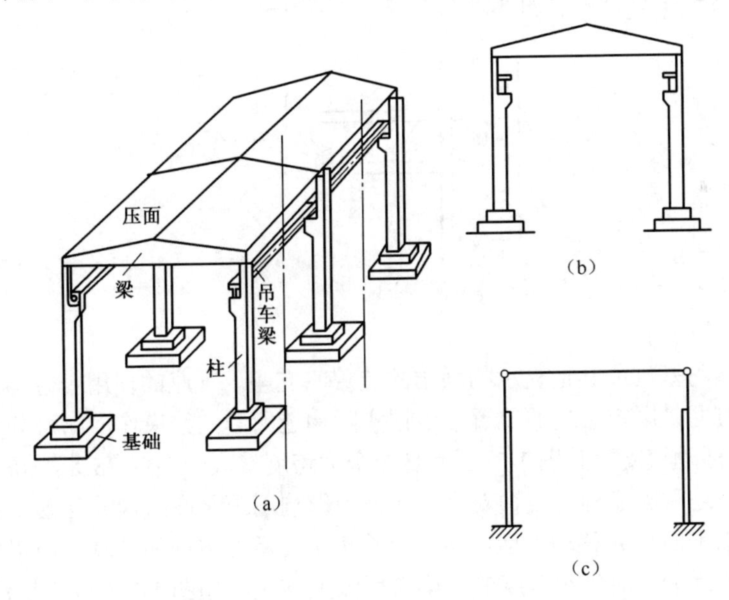

图 1-4

结构的简化包括下述两个方面：

（1）杆件的简化。在杆系结构中，常用杆件截面形心连线所形成的杆轴线表示实际杆件。

（2）结点的简化。杆件之间互相联结的地方称为结点。

1）铰结点。其特征是各杆绕结点可以自由转动。在实际结构中，这种结点很难遇到，但略去了次要因素的影响，如图 1-5（a）、（b）、（c）、（d）所示木屋架及钢桁架的结点均可视为铰结点。

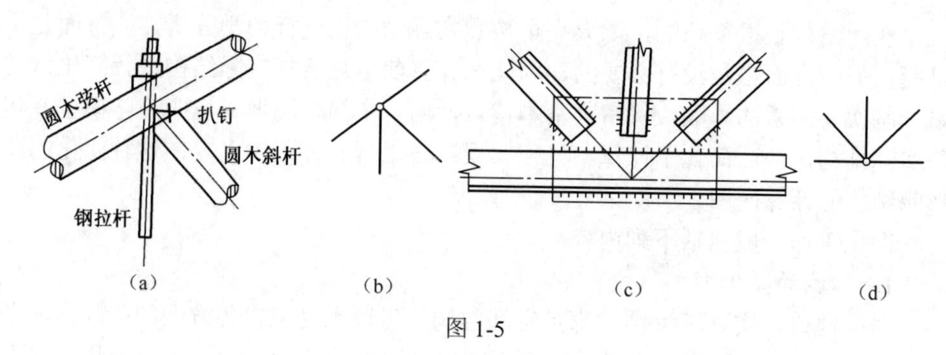

图 1-5

2）刚结点。其特征是各杆绕结点无相对线位移及角位移。在实际工程中，如钢筋混凝土的结点，上、下柱与横梁在该处浇成整体，钢筋的布置使各杆端能抵抗弯矩，这种结点就可以简化为刚结点，如图 1-6 所示。

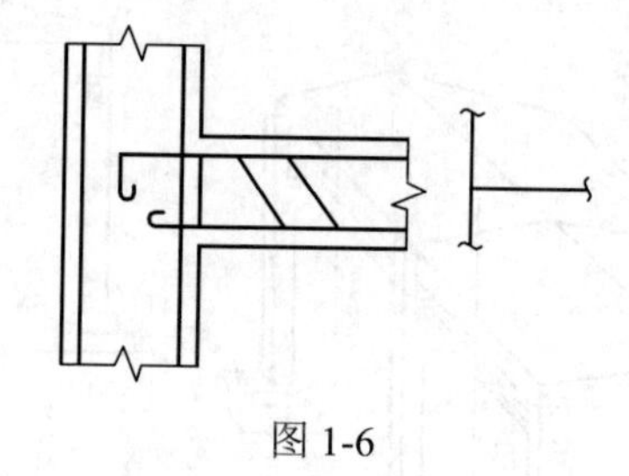

图 1-6

2. 支座的简化

把结构与基础或其他支承物联结的装置叫支座。支座的作用一方面是传递荷载，另一方面是固定结构的位置。根据实际构造所起的约束作用，可分为：

（1）活动铰支座。图 1-7（a）是一个大跨度（大于 20～25 米）桥梁上的支座示意图，这种支座称为辊轴支座，在外因影响下既允许结构绕 A 转动，又允许结构沿支承平面 m-n 移动，但不能有沿垂直于支承面方向的移动，所以它只承受竖直方向的反力。对于小跨度的桥梁常用弧形支座，如图 1-7（b）所示，它的作用与辊轴支座相似，活动铰支座的计算简图可用图 1-7（c）表示。

（2）固定铰支座。这种支座的构造如图 1-7（d）所示，它只允许结构绕 A 点转动，而限制其他方向的位移，其计算简图用两根相交于一点的链杆表示，如图 1-7（e）所示，其反力通常用平行和垂直于杆轴线的两个分力 F_{Ax}、F_{Ay} 表示。

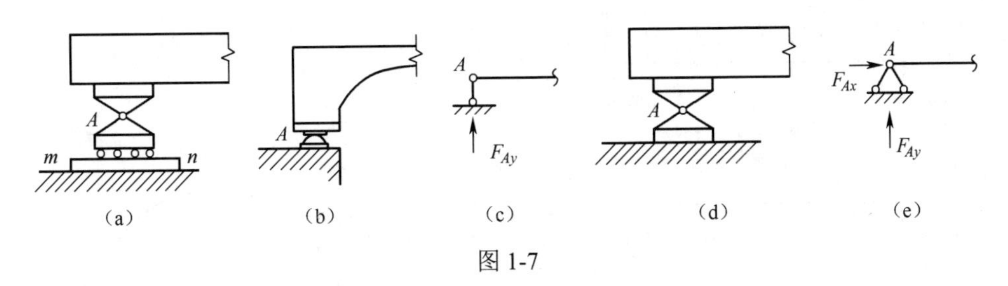

图 1-7

（3）固定支座。这种支座不允许结构在该处发生任何方向的位移和转动，它的反力用两个分力 F_{Ax}、F_{Ay} 及力矩 M_A 表示，见图 1-8（a）、（b）。

（4）定向支座（滑动支座）。这种支座只允许结构沿一个方向平行移动，限制另一个方向移动和绕支座转动，计算简图上只有力 F_{Ay}（或 F_{Ax}）及 M_A，如图 1-8（c）、（d）所示。

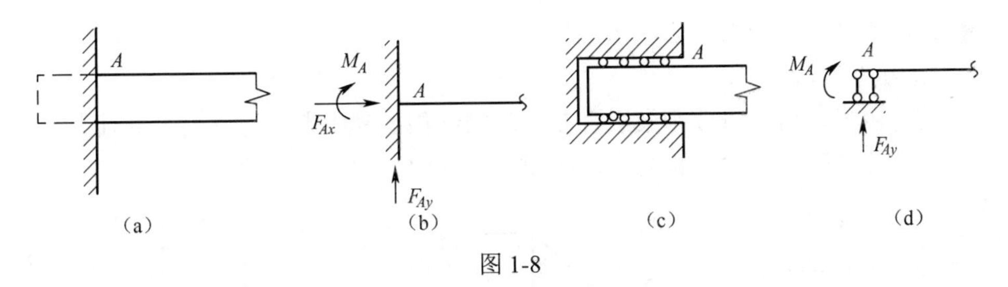

图 1-8

3. 荷载的简化

作用在实际结构上的荷载（如自重、水压力、土压力、风压力、人群、货物等）可简化为作用在杆轴线上连续分布的荷载，当荷载与结构的接触面较小时，如汽车、火车的轮压，往往简化为集中荷载。

本书中所示结构图均为结构的计算简图。

§1-3　平面杆系结构的分类

1. 梁

梁是一种受弯杆件，其轴线通常为直线，如图 1-9（a）、（b）所示。

2. 拱

拱的轴线为曲线，且在竖向荷载作用下有水平反力如，图 1-9（c）、（d）所示。

3. 刚架

刚架由直杆组成并具有刚结点，如图 1-10（a）所示。

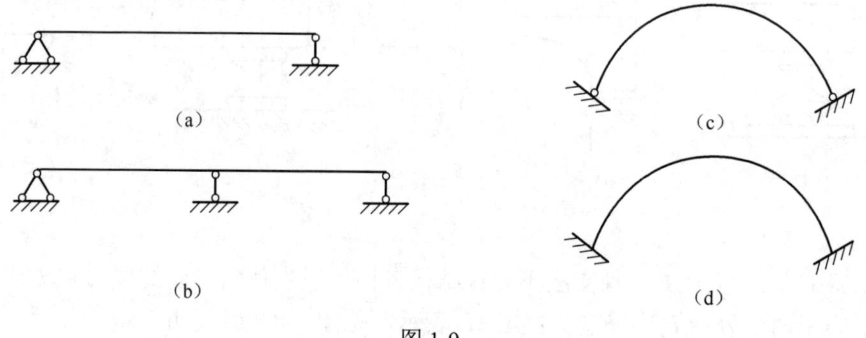

图 1-9

4. 桁架

桁架也是由直杆组成，其结点均为铰结点，其上所承受的荷载均为结点集中荷载，故各杆只有轴力，如图 1-10（b）所示。

5. 组合结构

它是由梁、桁、拱或刚架组合在一起的结构，其中有些杆件只承受轴力，另一些杆件还同时承受弯矩和剪力，如图 1-10（c）、(d)、(e）所示。

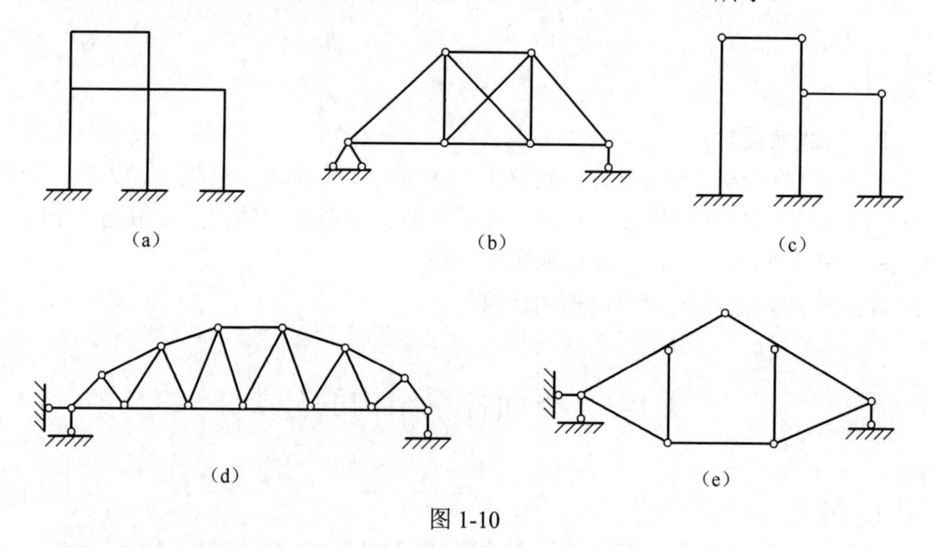

图 1-10

根据计算方法的不同，结构又可分为：

（1）静定结构。其所有反力及内力均可用三个静力平衡方程求得的结构。

（2）超静定结构。单用静力平衡方程无法确定其全部反力及内力，还必须考虑变形条件，这样的结构为超静定结构。

§1-4　荷载的分类

荷载是作用在结构上的主动力，在交通土建工程中，常见的荷载如下：

（1）按分布情况，可分为分布荷载与集中荷载。

（2）按荷载作用时间的时间长短，可分为恒载与活载。恒载是长期作用在结构上的荷载，如自重、土压力等。活载是短期作用在结构上的荷载。又按荷载位置是否随时间变化，分为可动活荷载（如各种行驶的车辆、人群、吊车等）及固定活荷载（如风载、雪载等）。

（3）按荷载作用的作用位置是否变化，可分为固定荷载与移动荷载。恒载及某些活载（如风、雪等）在结构上的作用位置可以认为是不变动的，称为固定荷载；而有些活载（如列车、汽车、吊车等）是可以在结构上移动的，称为移动荷载

（4）按动力效应，可分为静力荷载及动力荷载。静力荷载缓慢作用在结构上，不使结构产生显著的加速度，因而其惯性力可以忽略。动力荷载的大小、方向或作用点都随时间迅速发生变化，使结构产生显著加速度，由此产生的惯性力是不可忽略的。在工程计算中，车辆、风载等均为动力荷载，但仍按静力荷载进行计算，然后乘以动力系数，这样可以使计算得到简化。

（5）其他因素。温度变化、支座移动、混凝土收缩、制造误差等，也会使结构产生变形或内力。广义地讲，上述各因素都可视为静力荷载。

§1-5　结构力学的学习方法

结构力学是一门很重要的技术基础课，在学习中首先要抓住基本理论和基本概念，同时也要加强基本训练。

对每一种结构，首先要分析其特点，然后决定计算方法。对每一种计算方法要掌握它的基本原理、解题思路、适用范围，然后通过做大量的习题巩固已学过的理论知识，进一步提高分析问题和解决问题的能力。

做练习要求思路清晰、严谨、整洁，能独立进行校核。只有这样才能为今后形成良好的工作作风打下基础。

复习思考题

1．结构力学的研究对象和具体任务是什么？

2．什么是荷载？结构主要承受哪些荷载？如何区分静力荷载和动力荷载？
3．什么是结构的计算简图？如何选定结构的计算简图？
4．结构的计算简图中有哪些常用的支座、结点和荷载？
5．哪些结构属于杆系结构？它们有哪些受力特点？

第二章　平面体系的机动分析

§2-1　引言

实际工程结构中，杆件结构一般是由若干根杆件通过结点间的连接及与支座的连接组成的。结构是用来承受荷载的，首先必须保证结构的几何构造是合理的，即它本身应该是稳固的，可以保持几何形状的稳定。一个几何不稳固的体系是不能承受荷载的。例如图 2.1（b）所示体系，由于内部的组成不健全，尽管只受到很小的扰动，体系也会引起很大的形状改变。

显然此体系是**不能**作为工程结构使用的，否则将不能承受任意荷载而维持平衡。

体系受到任意荷载作用后，在不考虑材料应变的情况下，若能保持原有的几何形状和位置，这样的体系称为**几何不变体系**。如图 2-1（a）所示的三角形体系，在任意荷载 ***F*** 的作用下，都能维持几何形状及位置不变。

还有另外一类体系，如图 2-1（b）所示，即使受到很小的外力 ***F***，也能引起其形状的改变，这类体系称为**几何可变体系**。

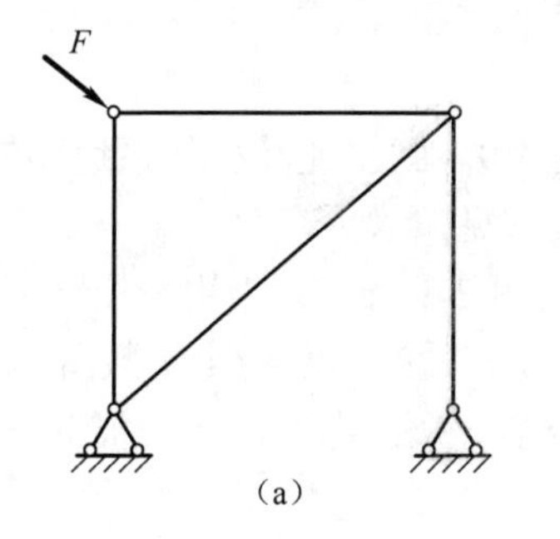

（a）

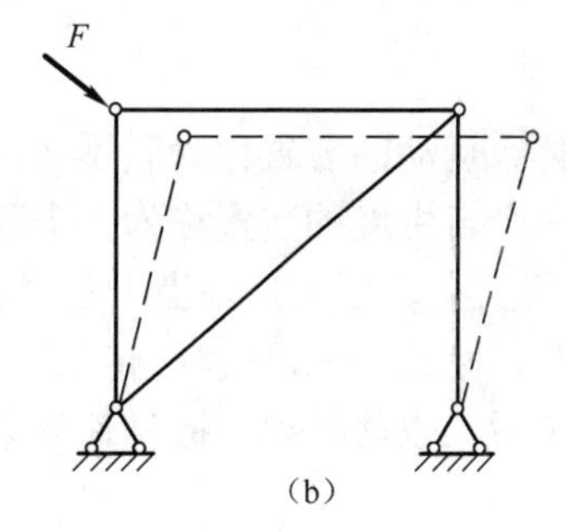

（b）

图 2-1

对体系几何组成进行的分析称为**机动分析**。**机动分析的目的**有以下三点：

（1）判别某一体系是否为几何不变，从而决定它能否作为**结构**。

（2）区别静定结构和超静定结构，从而选定相应的计算方法。

（3）弄清结构各部分间的相互关系，以决定合理的计算顺序。

本章仅讨论平面体系的机动分析。

§2-2　平面体系的计算自由度

1．平面体系的自由度

为了便于对体系进行机动分析，首先要了解几何可变体系的运动方式，即要讨论平面体系自由度的概念。所谓平面体系的自由度，是指体系运动时用来确定其位置所需的**独立几何参数的数目**。

（1）**一个自由点。平面内一个自由点有两个自由度**，如图 2-2（a）所示，平面内一个自由点 A 的位置需要 x，y 两个坐标来确定。

（2）**一个自由刚片**。平面内一个自由刚片有三个自由度，如图 2-2（b）所示，一个自由刚片在平面内运动时，其位置可由刚片上任一点 A 的坐标(x,y)以及经过改点的任一直线的倾角φ来确定。

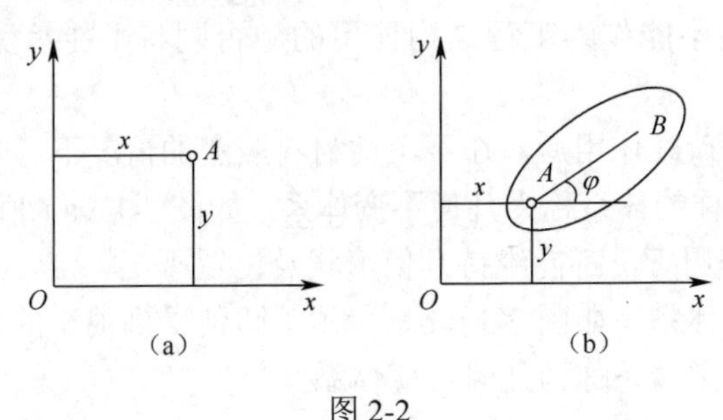

图 2-2

2．联系

限制体系运动的装置称为联系（也叫约束）。联系能减少体系运动的自由度，凡**能减少一个自由度的装置称为一个联系**。常见的联系有：

（1）**链杆。**一根链杆相当于一个联系（图 2-3（a））。当用一个链杆将刚片和地基相连时，刚片不能沿链杆 AC 的方向移动，此时只需两个参数φ_1和φ_2即可确定刚片的位置，也就是说，链杆使体系减少了一个自由度，故一根链杆相当于一个联系。

（2）**单铰**。联结两个刚片的铰称为单铰（图 2-3（b））。**一个单铰相当于两个联系**，因而也相当于两根链杆的作用。换句话讲，两根链杆也相当于一个单铰的作用。

（3）**复铰**。联结两个以上刚片的铰称为复铰（图 2-3（c））。联结三个刚片的复铰具有四个联系作用，它相当于两个单铰的联系。推广可知，**联结 n 个刚片的复铰相当于$(n-1)$个单铰的作用，可减少 $2(n-1)$个自由度。**

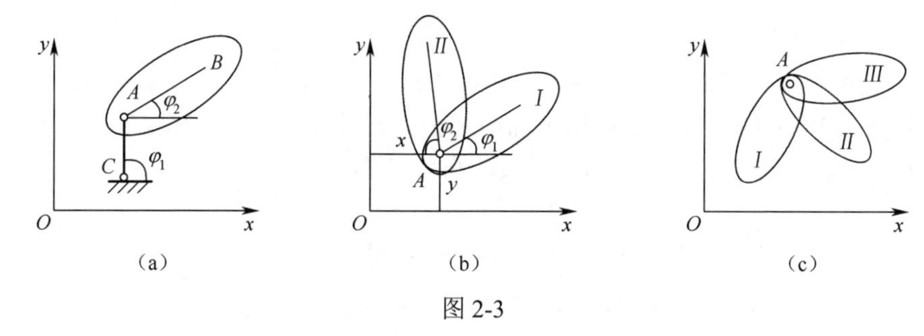

图 2-3

3. 平面体系的计算自由度

（1）一般体系。

平面体系通常是由若干个刚片彼此用铰相联，并用支座链杆与基础相联而组成的。设其刚片数为 m，**单铰数**为 h，支座链杆数为 r，则体系的计算自由度为

$$W = 3m - (2h + r) \tag{2-1}$$

实际上，每一个联系不一定都能减少一个自由度，W **不一定能反映体系真实的自由度**。为此，把 W 称为体系的**计算自由度**。

例如图 2-4 所示体系，$W = 3m - (2h + r) = 3\times 7 - (2\times 9 + 3) = 0$。又如图 2-5 所示体系，$W = 3\times 12 - (2\times 16 + 4) = 0$。

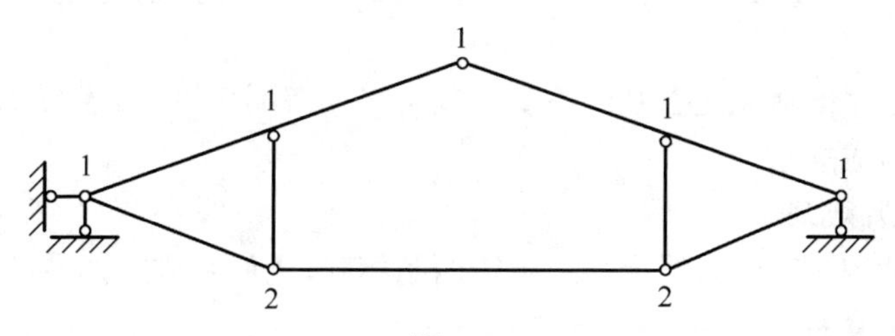

图 2-4

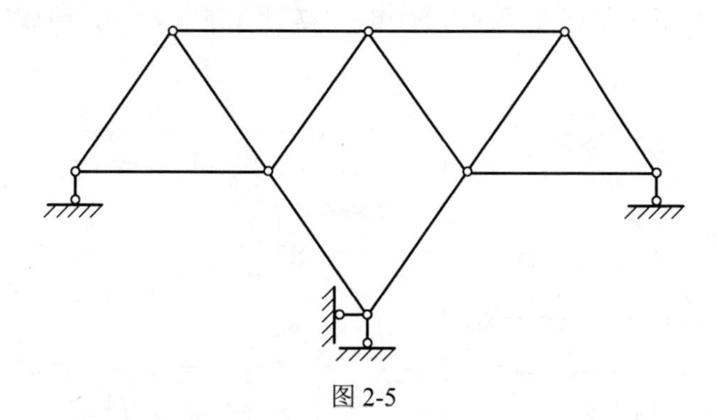

图 2-5

（2）铰结链杆体系。

完全由两端铰结的杆件所组成的体系，称为**铰结链杆体系**。该体系的自由度除能用式（2-1）计算外，还可用下面简便公式来计算。设 j 表示结点数，b 表示杆件数，r 表示支座链杆数，则该体系的自由度为

$$W = 2j - (b + r) \tag{2-2}$$

例如图 2-5 所示体系，$W = 2\times 8 - (12 + 4) = 0$。

（3）计算自由度与几何组成的关系。

任何平面体系的计算自由度有以下三种情况：

1）$W>0$，表明体系缺少足够的联系，是几何可变的。

2）$W=0$，表明体系具有成为几何不变所必需的最少联系数目。

3）$W<0$，表明体系具有多余联系。

因此，$W\leqslant 0$ 仅是几何不变体系的必要条件，**并不是充分条件**。

仅考虑体系本身，几何不变体系的**必要条件**是 $W\leqslant 3$。

当一个体系的计算自由度 $W\leqslant 0$（或 $W\leqslant 3$）时，为了判定体系是否几何不变，还须进一步进行几何组成分析。

§2-3 几何不变体系的基本组成规则

为了确定平面体系是否几何不变，须研究几何不变体系的组成规则。本节介绍几个基本组成规则。

1. 三刚片规则

三个刚片用不在一直线上的三个铰两两相联，则所组成的体系是几何不变的，而且没有多余联系。

图 2-6 所示体系，刚片Ⅰ、Ⅱ、Ⅲ用不在一直线上的三个铰 A、B、C 两两相联，形成的三角形是几何不变的。又如图 2-7 所示的三铰拱，组成的体系亦是几何不变的。

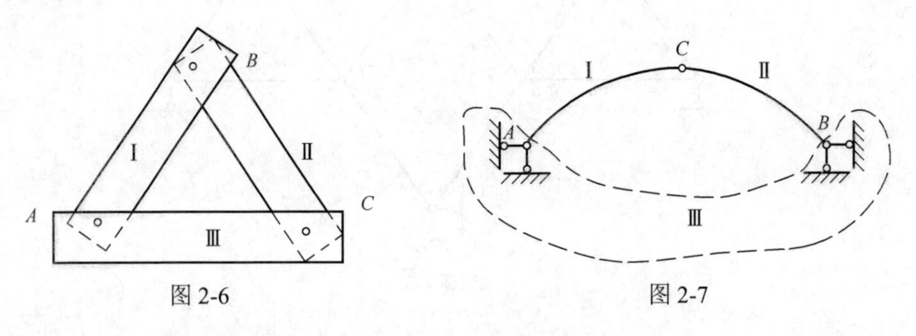

图 2-6　　图 2-7

2. 二元体规则

在几何不变体系上增加（或拆除）二元体，得到的体系仍是几何不变体系，而且没有多余联系。

从一个单铰出发的两个刚片，在远端用铰与其他物体相连，且此三铰不共线的装置称为二元体，如图 2-8 所示。将其加在一个刚片上，形成的体系显然是几何不变体系，而且没有多余联系，如图 2-9 所示。

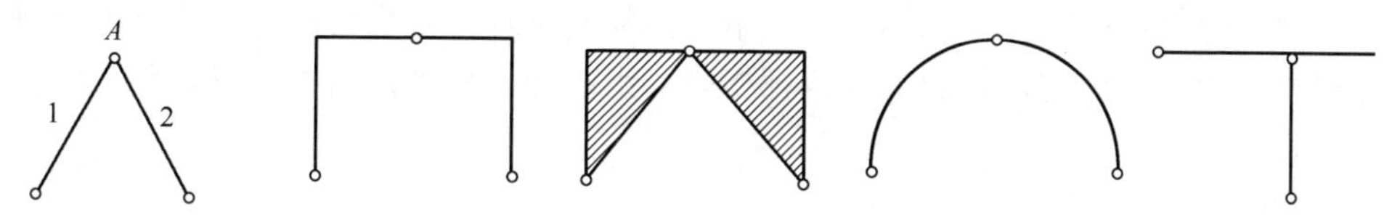

图 2-8　二元体常见的各种形式

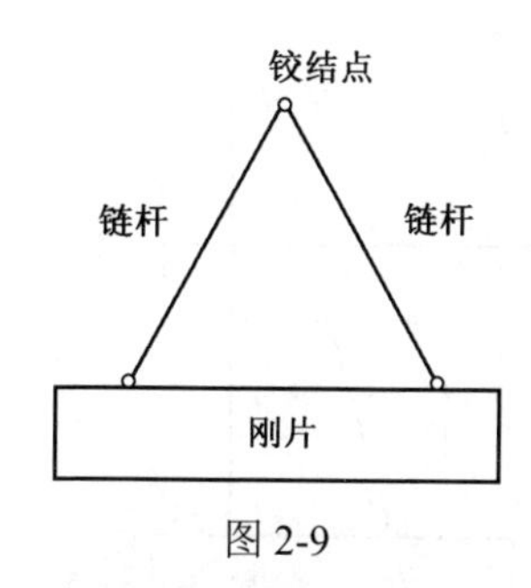

图 2-9

不难看出，二元体规则是三刚片规则的推广，之所以当作一个规则提出，是为了在铰结链杆体系的几何组成分析中应用方便。如可用二元体规则分析图 2-10 所示的铰结链杆体系。

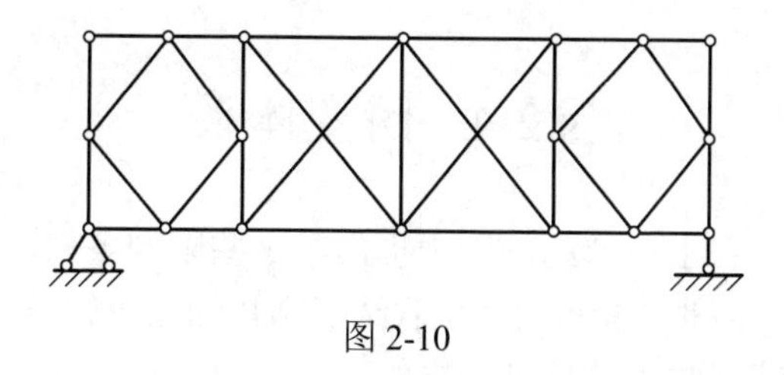

图 2-10

3. 两刚片规则

两个刚片用不全交于一点也不完全平行的三根链杆相联，所组成的体系是几何不变的，而且没有多余联系。

图 2-11 所示刚片 I 、II 仅用两根链杆 1、2 相联，若固定刚片 I ，则刚片 II 可绕 1、2 两杆延长线形成的虚交点 O_1 发生相对转动。转动后，两链杆又形成新

的交点，故交点 O_1 称为此瞬时的相对转动中心，简称为**瞬心**。交点 O_1 的作用与一个单铰的作用相同，但与前述的单铰（位置固定不变）又有所不同，故称为**虚铰**。若再加上不通过虚铰 O_1 的链杆 3，此时链杆 3 又可与原有链杆中的任一根形成另外的虚铰，如虚铰 O_2，如图 2-12 所示。此时若刚片Ⅱ相对于刚片Ⅰ运动，则也应绕虚铰 O_2 发生相对转动，但一个刚片不可能同时绕两个虚铰作转动，所以刚片Ⅰ、Ⅱ组成的体系是几何不变的。

由于两个链杆的作用相当于一个单铰，故两刚片规则也可叙述如下：两个刚片用一个铰和不通过该铰的一根链杆相联，组成的体系是几何不变的，而且没有多余联系。

如图 2-13 所示体系是几何不变的。

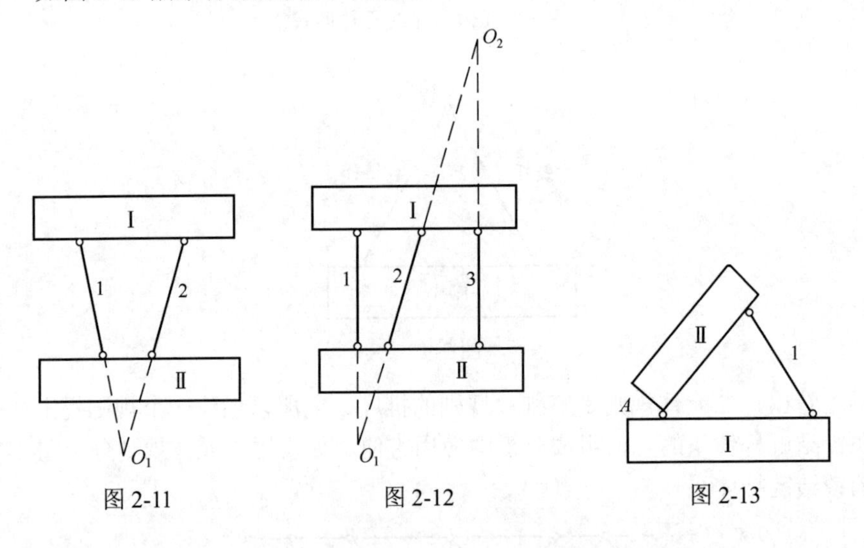

图 2-11　　图 2-12　　图 2-13

§2-4　瞬变体系

值得指出的是，在上一节的规则中提出了一些限制条件，如联结两刚片的三根链杆不能全交于一点也不能全平行、联结三刚片的三个铰不能在同一直线上等。下面讨论出现上述情况时，结果是怎样的。

首先看三个刚片用位于一直线上的三个铰两两相联的情形（图 2-14）。此时 C 点位于以 AC、BC 为半径的两个圆弧的公切线上，故在该瞬时，C 点可沿公切线作微小的移动，移动发生后三铰不再在一直线上，运动也不再发生。这种在某一瞬时可以产生微小运动的体系，称为**瞬变体系**。

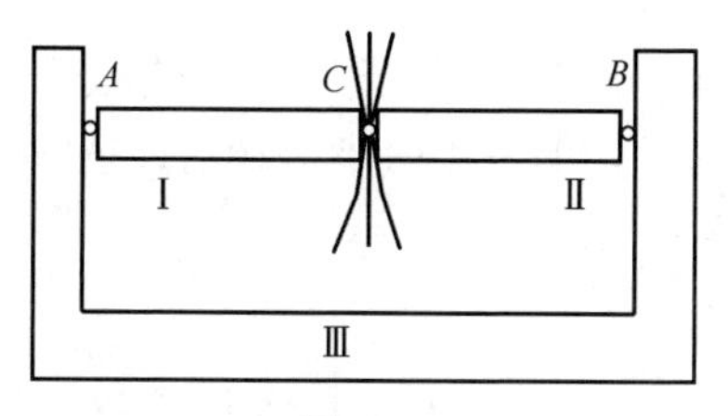

图 2-14

尽管瞬变体系只是在某一瞬时产生微小的相对运动，随后变为几何不变体系，但由图 2-15 所示瞬变体系的受力分析可知，在外力 F 作用下，C 点移动至 C'点，由结点 C'的平衡条件 $\Sigma F_y=0$，可得

$$F_N = F / 2\sin\varphi$$

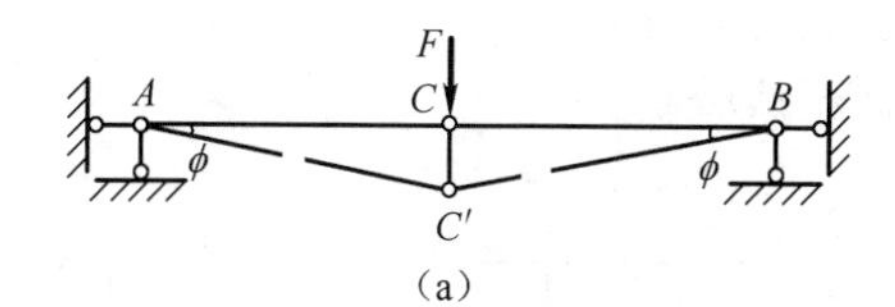

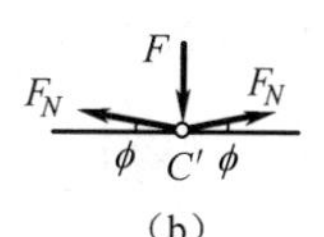

图 2-15

由于 φ 是一无穷小量，所以 $F_N \to \infty$。可见，杆 AC 和 BC 将产生很大的内力和变形。故瞬变体系或接近于瞬变的体系在工程中是**绝对不能采用的**。

现在再看图 2-16（a）所示两刚片用三根相互平行且等长的链杆相联，两刚片发生相对运动后，三根链杆仍相互平行，故运动将继续发生，直到体系倒塌，这样的体系称为常变体系。

又如图 2-16（b）所示体系，两个刚片用三根平行但不等长的链杆相联，此时两刚片可以沿与链杆垂直的方向发生相对移动，但在发生微小移动后，三根链杆不再相互平行，从而不再发生相对运动。该体系是一个**瞬变体系**。

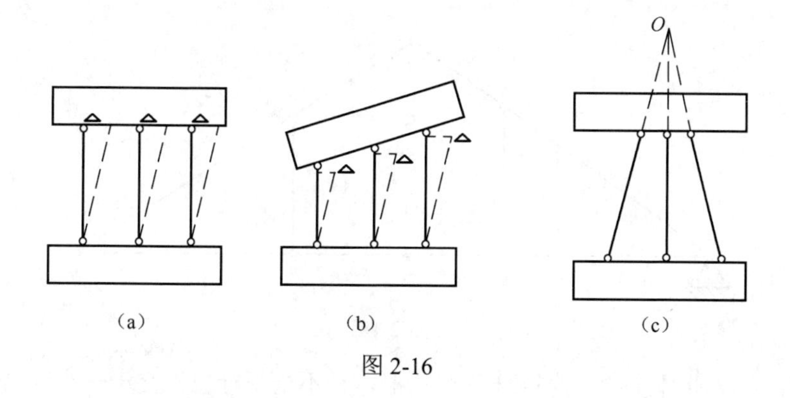

图 2-16

再如图 2-16（c）所示两刚片，用三根延长线相交于一点的链杆相联，此时两刚片将以交点 O 作相对转动，但发生微小运动后，三链杆不再交于同一点，因此该体系也是一个**瞬变体系**。

§2-5 机动分析示例

几何组成分析的依据是前述三个基本组成规则。分析时，宜先把能直接观察出的几何不变部分作为刚片，再以此刚片为基础，依次分析其余各部分，判定是否几何不变；或拆除二元体，使体系的几何组成简化，再分析剩余的部分，根据简单组成规则作出结论，则原体系的几何组成也就确定了。

例 2-1 对如图 2-17 所示体系进行几何组成分析。

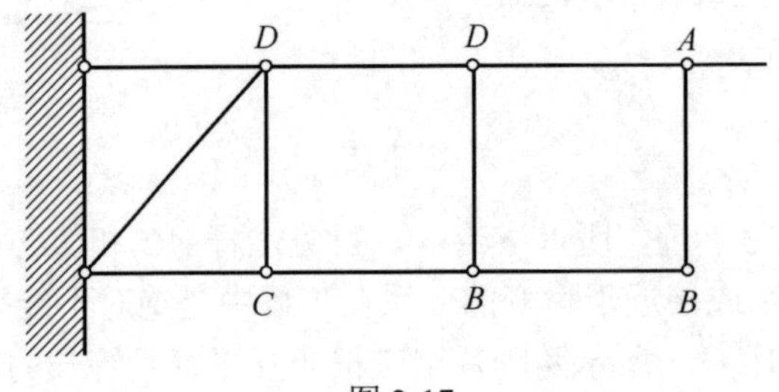

图 2-17

解：依次去掉二元体 A、B、C、D 后，剩下大地。故该体系为无多余约束的几何不变体系。

捷径 1：拆去二元体，简化体系，然后再分析。

例 2-2 对图 2-18 所示体系进行几何组成分析。

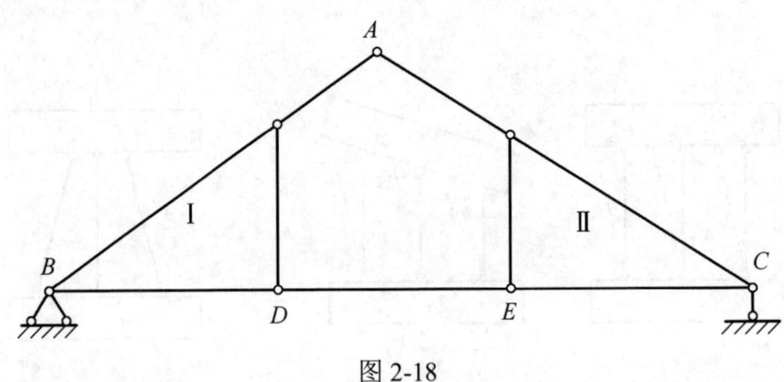

图 2-18

解：（1）此体系的支座链杆只有三根，且不全平行也不交于一点，若体系本身也是一个刚片，则它与地基是按两个刚片规则组成的，因此只需分析体系本身是不是一个几何不变的刚片即可。故抛开基础，只分析上部；

（2）将 *ABD* 视为刚片 I，*ACE* 视为刚片 II；

（3）刚片 I 和刚片 II——用链杆 *DE* 和铰 *A* 相联，而且链杆 *DE* 不通过铰 *A*，符合两刚片规则；

（4）因此，该体系为几何不变体系，而且没有多余约束。

捷径 2：当体系与基础用满足要求的三个约束相连时，则可以抛开基础，只分析体系本身即可。

例 2-3　对图 2-19 所示体系进行几何组成分析。

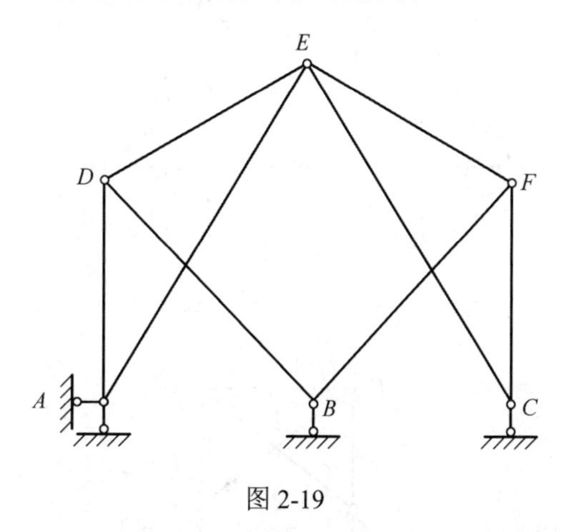

图 2-19

解：如果将基础、*ADE*、*EFC* 分别视为三个刚片，将找不出两两相联的三铰。**故此种解法是错误的。**

正解：

（1）将 *EFC* 视为刚片 I，将 *DB* 视为刚片 II，将地基包含 *A* 点固定铰支座在内视为刚片 III；

（2）刚片 I、II——用链杆 *DE*、*BF* 相联，虚铰在 O_{12}；

（3）刚片 I、III——用链杆 *AE*、*CH* 相联，虚铰在 O_{13}；

（4）刚片 III、II——用链杆 *DA*、*BG* 相联，虚铰在无穷远 O_{23}；

（5）由于 O_{12} 和 O_{13} 的连线与链杆 *DA*、*BG* 不平行，故体系符合三刚片原则；即该体系为几何不变，而且没有多余约束。

捷径 3：当体系杆件数较多时，将刚片选得分散些，刚片与刚片间用链杆形成的虚铰相连，而不用单铰相连。

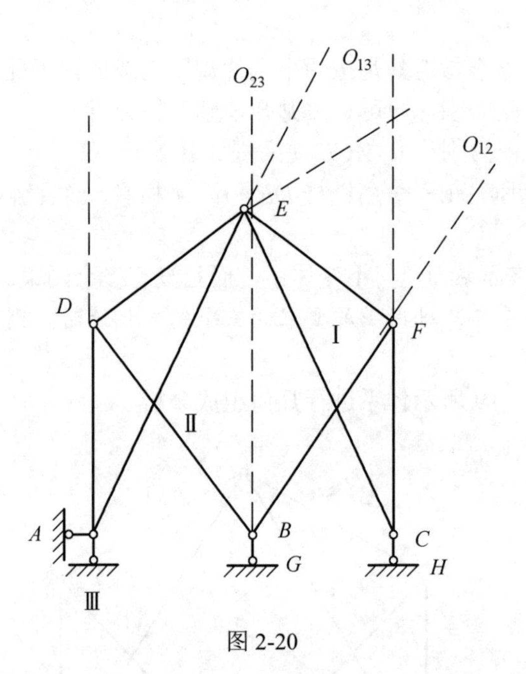

图 2-20

例 2-4 对图 2-21 所示体系进行几何组成分析。

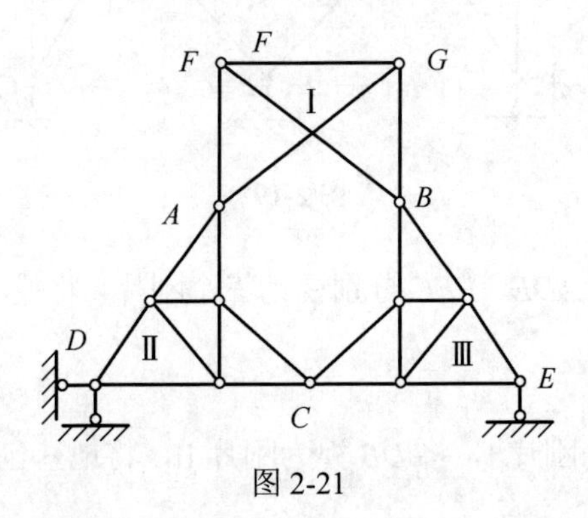

图 2-21

解：（1）只需分析体系本身即可。将 *AGF* 视为刚片，以此为基础增加二元体 *FBG*，将 *ABFG* 视为刚片 I；

（2）同理可将 *ADC* 视为刚片 II，*CEB* 视为刚片 III；

（3）刚片 I、II—— 相联于铰 *A*；

刚片 I、III—— 相联于铰 *B*；

刚片 II、III—— 相联于铰 *C*；

（4）铰 *A*、*B*、*C* 不在同一直线上，符合三刚片规则，故该体系为无多余约束的几何不变体系。

捷径 4：由一基本刚片（单根链杆或铰接三角形）开始，逐步增加二元体，扩大刚片的范围，将体系归结为两个刚片或三个刚片相连，然后再用规则判定。

例 2-5　对图 2-22 所示体系进行几何组成分析。

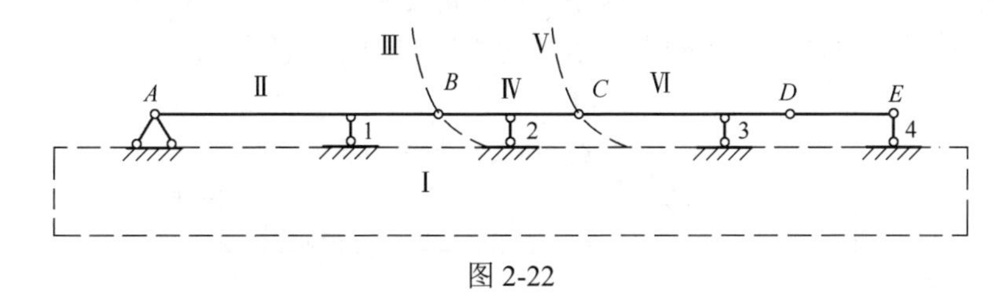

图 2-22

解：把地基看作刚片Ⅰ，*AB* 部分为刚片Ⅱ，则Ⅰ、Ⅱ之间由三根不平行也不交于一点的链杆相联，符合两片规则，为几何不变部分，将该部分看成扩大的刚片Ⅲ。*BC* 部分为刚片Ⅳ，则Ⅲ、Ⅳ两刚片之间又用铰 *B* 和不通过 *B* 点的链杆 2 相联，符合两刚片规则，同理为几何不变部分，看作扩大的刚片Ⅴ。*CD* 为刚片Ⅵ，刚片Ⅴ、Ⅵ之间符合两刚片规则，则大刚片扩大到 *CD* 梁，同理，*DE* 梁可作同样分析。故知整个体系是几何不变的，且无多余联系。

捷径 5：由基础开始逐件组装。

§ 2-6　几何构造与静定性的关系

如前所述，用来作为结构的杆件体系必须是几何不变的。而几何不变体系又分为无多余联系和有多余联系两类。

对于无多余联系的结构，如图 2-23（a）所示简支梁，它的全部支座反力和内力都可由静力平衡条件（$\sum Fx=0, \sum Fy=0, \sum M=0$）求得，且为确定的值，这类结构称为**静定结构**。

但是对于具有多余联系的结构，却不能由静力平衡条件求得其全部反力和内力的确定值。如图 2-23（b）所示连续梁，共有四个支座反力，而静力平衡条件只有三个，故无法由平衡条件确定出全部反力的确定值，从而也无法求得内力的确定值，把这类结构称为**超静定结构**。

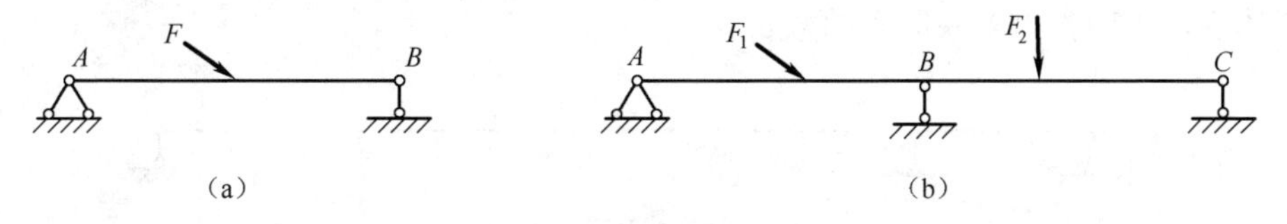

图 2-23

静定结构在几何组成方面的特征是几何不变且无多余联系；在静力学解答方面的特征是用平衡条件即可确定出全部反力及内力。

按前述基本组成规则组成的体系，都是静定结构。

综上所述，可由下面的列表表示几何构造与静定性的关系：

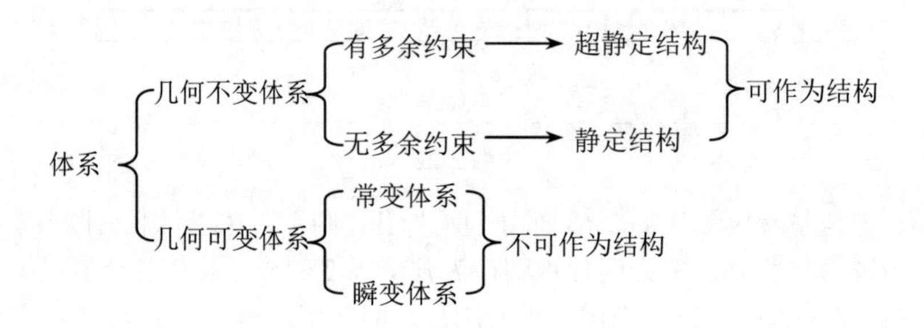

复习思考题

1. 什么是必要约束？什么是多余约束？
2. 无多余约束几何不变体系的三个组成规则之间有何关系？
3. 实铰和虚铰有何差别？
4. 试举例说明瞬变体系不能作为结构的原因？
5. 平面体系的几何组成特征与其静力特征之间的关系如何？
6. 作平面体系组成分析的基本思路、步骤如何？
7. 瞬变体系产生瞬变的原因是约束的数量不够吗？
8. 若三刚片三铰体系中的三个虚铰均在无穷远处，体系一定是几何可变吗？
9. 超静定结构中的多余约束是从何角度被看成是“多余”的？

习题

2-1～2-14 试对图示体系进行几何组成分析，如果是具有多余联系的几何不变体系，则应指出多余联系的数目。

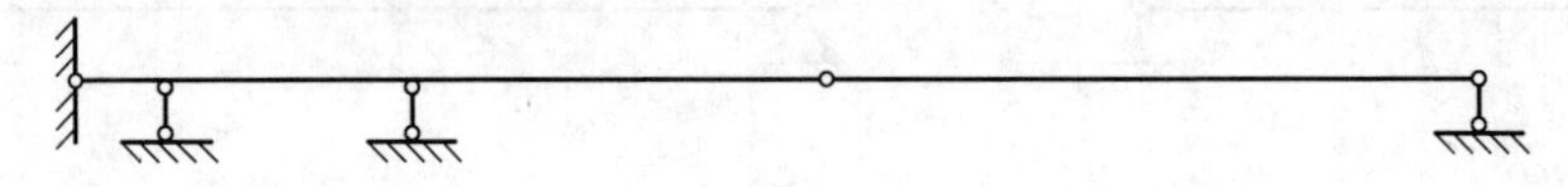

题 2-1 图

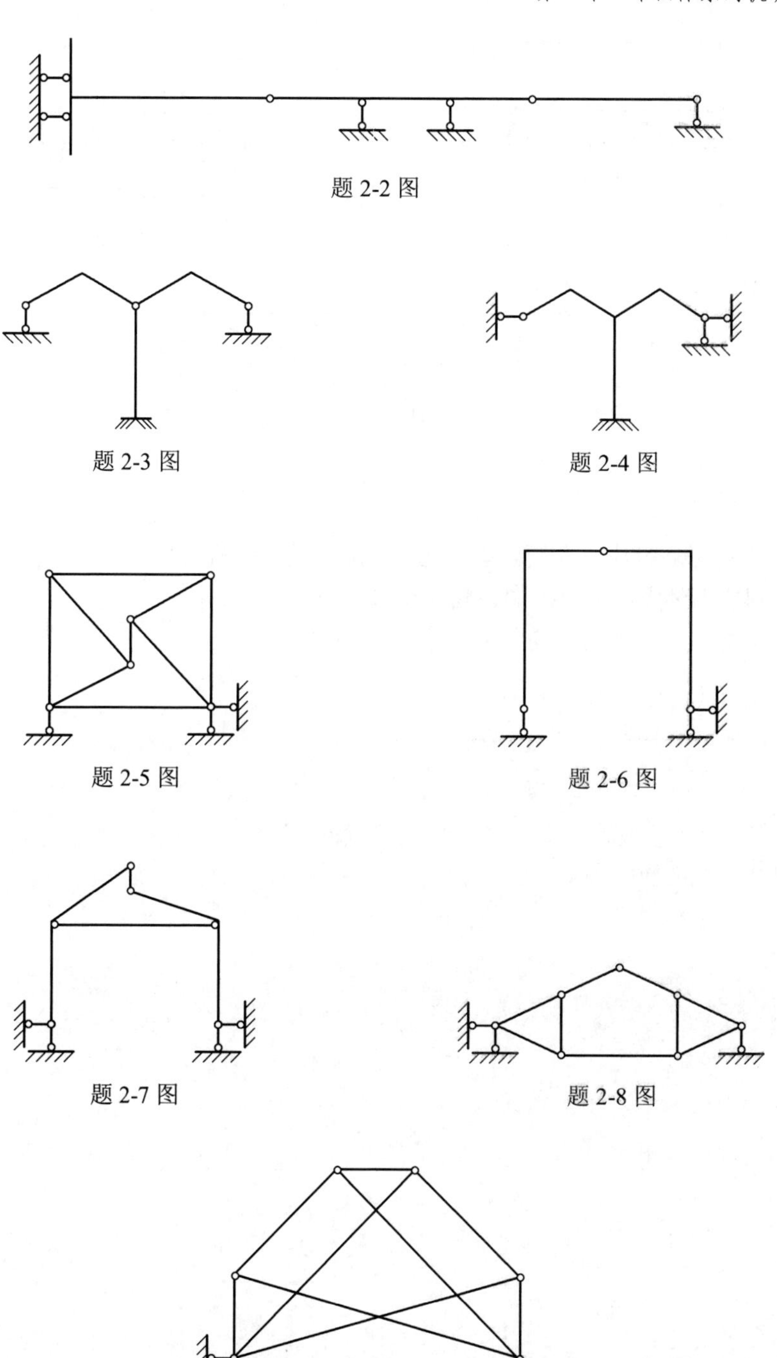

题 2-2 图

题 2-3 图

题 2-4 图

题 2-5 图

题 2-6 图

题 2-7 图

题 2-8 图

题 2-9 图

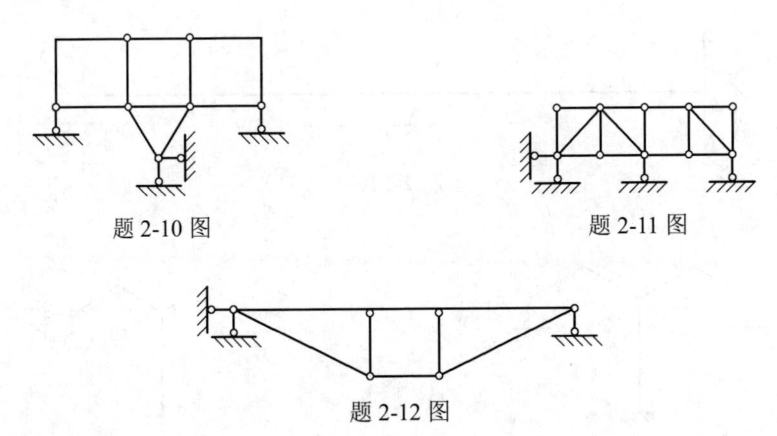

题 2-10 图

题 2-11 图

题 2-12 图

参考答案

有多余约束的几何不变体系：题 2-2 图，题 2-4 图；
几何常变体系：题 2-5 图、题 2-6 图；
其余均为无多余约束的几何不变体系

第三章　静定梁和静定刚架

§3-1　单跨静定梁

单跨静定梁是工程中常见的一种结构形式，应用很广，是组成各种结构的基本构件之一，其内力分析是各种结构内力分析的基础，要熟练掌握其内力的分析方法。

1. *反力*

常见的单跨静定梁有简支梁、伸臂梁和悬臂梁三种，如图 3-1（a）、（b）、（c）所示，其支座反力都只有三个，可取全梁为隔离体，由三个平衡条件求出。

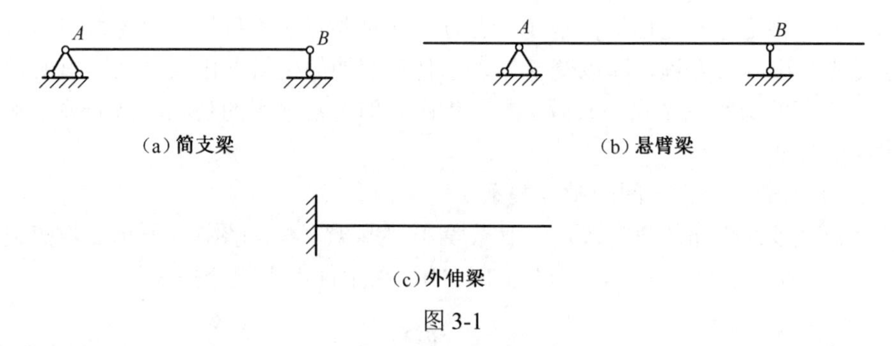

(a) 简支梁　(b) 悬臂梁

(c) 外伸梁

图 3-1

2. *内力*

截面法是将结构沿所求内力的截面截开，取截面任一侧的部分为隔离体，由平衡条件计算截面内力的一种基本方法。

（1）内力正负号规定。

轴力以拉力为正；剪力以绕隔离体有顺时针转动趋势者为正；弯矩以使梁的下侧纤维受拉者为正，如图 3-2（b）所示。

（2）梁的内力与截面一侧外力的关系。

轴力的数值等于截面一侧的所有外力（包括荷载和反力）沿截面法线方向的投影代数和。

剪力的数值等于截面一侧所有外力沿截面方向的投影代数和。

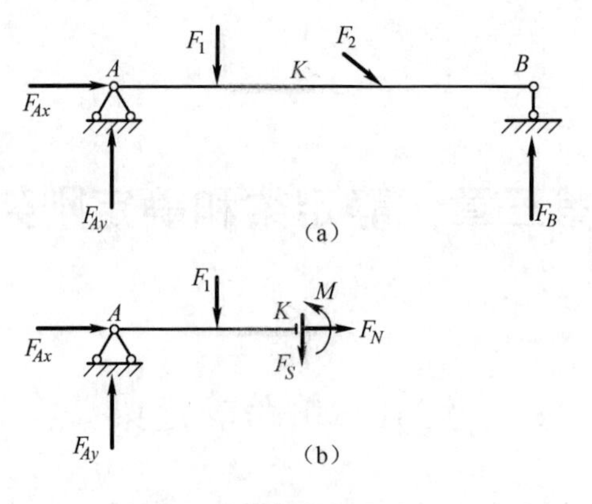

图 3-2

弯矩的数值等于截面一侧所有外力对截面形心的力矩代数和。

3. 利用微分关系作内力图

表示结构上各截面内力数值的图形称为内力图。内力图常用平行于杆轴线的坐标表示截面位置（此坐标轴常称为基线），而用垂直于杆轴线的坐标（亦称竖标）表示内力的数值绘出的。弯矩图要画在杆件的受拉侧，不标注正负号；剪力图和轴力图通常将正值的竖标绘在基线的上方，同时要标注正负号。绘内力图的基本方法是先写出内力方程，即以变量 x 表示任意截面的位置并由截面法写出所求内力与 x 之间的函数关系式，然后由方程作图。但通常采用的是利用微分关系来作内力图的方法。

（1）荷载与内力之间的微分关系。

在荷载连续分布的直杆段内，取微段 dx 为隔离体，如图 3-3 所示。若荷载以向下为正，x 轴以向右为正，则可由微段的平衡条件得出微分关系式

$$\begin{aligned}\frac{\mathrm{d}F_S}{\mathrm{d}x}&=-q(x)\\\frac{\mathrm{d}M}{\mathrm{d}x}&=F_S\\\frac{\mathrm{d}^2M}{\mathrm{d}x^2}&=-q(x)\end{aligned}\tag{3-1}$$

（2）内力图形的形状与荷载之间的关系。

由上述微分关系的几何意义可得出以下对应关系（表 3-1）：

在均布荷载作用的梁段，$q(x)=q$（常数），F_S 图为斜直线，M 图为二次抛物线，其凸向与 q 的指向相同。在 $F_S=0$ 处，弯矩图将产生极值。

无荷载的梁段，$q(x)=0$，F_S=常数，F_S 图为矩形，当 F_S=0 时，F_S 图与基线重合。弯矩图为斜直线。

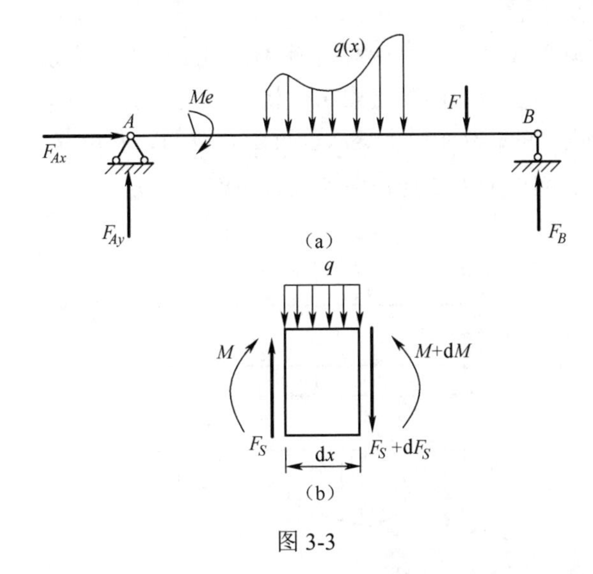

图 3-3

（3）在集中力 F 作用处，F_S 图有突变，突变值等于 F；弯矩图在该处出现尖角，且尖角的方向与 F 的指向相同。在 F_S 图变号处，M 图中出现极值。

（4）在集中力偶 M_e 作用处，F_S 图无变化；M 图有突变，突变值等于力偶 M_e 的大小。

表 3-1

	1．无何载区段	2．均布荷载区段	3．集中力作用处	4. 集中力偶作用外
F_S 图	平行轴线	+ −	发生突变 P + −	无变化
M 图	斜直线	二次抛物线 凸向即 q 指向	出现尖点 尖点指向即 P 的指向	发生突变 M 两直线平行
备注	F_S=0 区段 M 图平行于轴线	F_S=0 处，M 达到极值	集中力作用截面剪力无定认	集中力偶作用点弯矩无定义

4. 用叠加法作弯矩图

当梁同时受几个荷载作用时，用叠加法作弯矩图很方便。此时可不必求出支座反力。如要作图 3-4 所示简支梁的弯矩图，可先绘出梁两端力偶 M_A、M_B 和集中力 F 分别作用时的弯矩图，再将两图的竖标叠加，即可求得所求的弯矩图，如

图 3-4 所示。实际作图时，先将两端弯矩 M_A、M_B 绘出并联以直线，如图中虚线所示，再以此虚线为基线绘出简支梁在荷载 F 作用下的弯矩图。值得注意的是，竖标 Fab/l 仍应沿竖向量取（而不是从垂直于虚线的方向量取）。最后所得的图线与水平基线之间的图形即为叠加后所得的弯矩图。

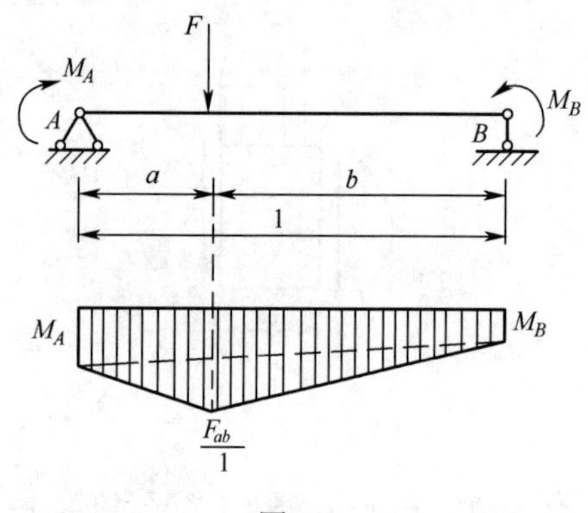

图 3-4

上述叠加法对直杆的任何区段都是适用的。只需将直杆段的两端弯矩求出并连以直线（虚线），然后在此直线上再叠加相应简支梁在荷载下的弯矩图，这种方法称为区段叠加法或简支梁叠加法，也简称叠加法。

5. 绘制内力图的一般步骤

利用叠加法绘制内力图的基本步骤如下：

（1）分段：根据荷载不连续点、结点分段。

（2）定形：根据每段内的荷载情况，定出内力图的形状。

（3）求值：由截面法或内力算式，求出各控制截面的内力值。所谓控制截面，是指集中力和集中力偶作用的两侧截面、均布荷载的起点及终点等外力不连续点所在的截面。用截面法求出控制截面的内力值后，在内力图的基线上用竖标标出。

（4）画图：画 M 图时，将两端弯矩竖标画在受拉侧，连线。

1）两控制点之间无荷载——两点之间连直线。

2）两控制点之间有荷载——两点之间连虚线，以虚线为基线，再叠加上横向荷载产生的简支梁的弯矩图。

（5）由微分关系得到 Fs 图，由平衡关系作 F_N 图。要标正负号；竖标大致成比例。

例 3-1 试作图 3-5（a）所示梁的内力图。

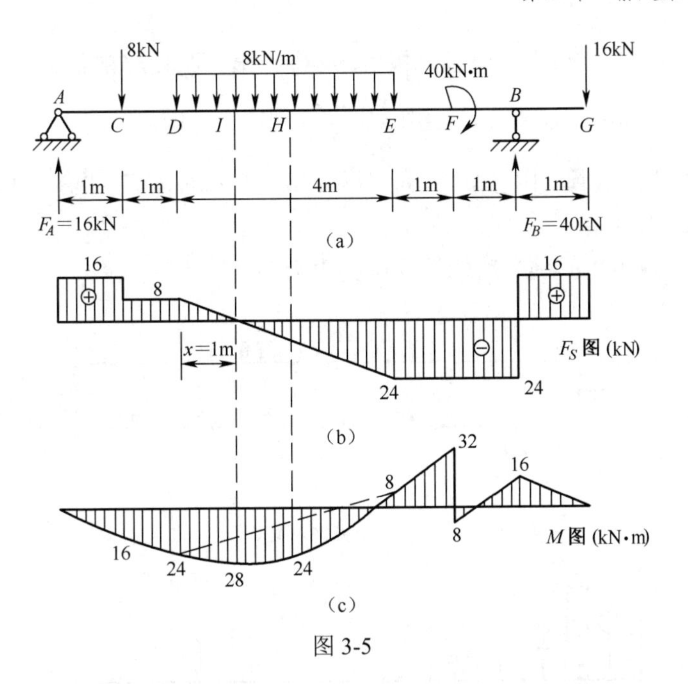

图 3-5

解：（1）求支座反力。

$$\sum M_B = 0,\ F_A = 16\text{kN}\ (\uparrow);\ \sum M_A = 0,\ F_B = 40\text{kN}\ (\uparrow)$$

校核：$\sum F_y = 16\text{kN} + 40\text{kN} - 8\text{kN} - 8\text{kN/m} \times 4\text{m} - 16\text{kN} = 0$

（2）绘 F_S 图。

1）求控制截面的 F_S 值。

$F_{SA}^R = F_{SC}^L = 16\text{kN}$；$F_{SC}^R = F_{SD} = 8\text{kN}$；$F_{SG}^L = F_{SB}^R = 16\text{kN}$；$F_{SB}^L = F_{SE} = -24\text{kN}$

2）求出上述各控制截面的剪力后，按微分关系连线即可绘出 F_S 图，如图 3-5（b）所示。

（3）绘 M 图。

1）求控制截面的 M 值

$$M_A = 0;\ M_C = 16\text{kN} \times 1\text{m} = 16\text{kN} \cdot \text{m};$$

$$M_D = 16\text{kN} \times 2\text{m} - 8\text{kN} \times 1\text{m} = 24\text{kN} \cdot \text{m};\ MG = 0$$

$$M_B = -16\text{kN} \times 1\text{m} = -16\text{kN} \cdot \text{m}$$

$$M_F^R = -16\text{kN} \times 2\text{m} + 40\text{kN} \times 1\text{m} = 8\text{kN} \cdot \text{m}$$

$$M_F^L = -16\text{kN} \times 2\text{m} + 40\text{kN} \times 1\text{m} - 40\text{kN} \cdot \text{m} = -32\text{kN} \cdot \text{m}$$

$$M_E = -16\text{kN} \times 3\text{m} + 40\text{kN} \times 2\text{m} - 40\text{kN} \cdot \text{m} = -8\text{kN} \cdot \text{m}$$

2）根据微分关系，可绘出 M 图如图 3-5（c）所示。在均布荷载作用区段 DE，剪力图有变号处，

在 F_S=0 处对应截面 M 值应有极值，必须求出。欲求 M 的最大值，可由图 3-5（b）中求出截面所在位置 x 值，由 $\frac{x}{8}=\frac{4-x}{24}$ 得，$x=1\text{m}$。

取 AI 段为隔离体，由 $\sum M_I=0$，可得：$M_I=16\text{kN}\times3\text{m}-9\text{kN}\times2\text{m}-8\text{kN/m}\times1\text{m}\times1/2\text{m}=26\text{kN}\cdot\text{m}$。

例 3-2 做图 3-6（a）所示简支梁的内力图。

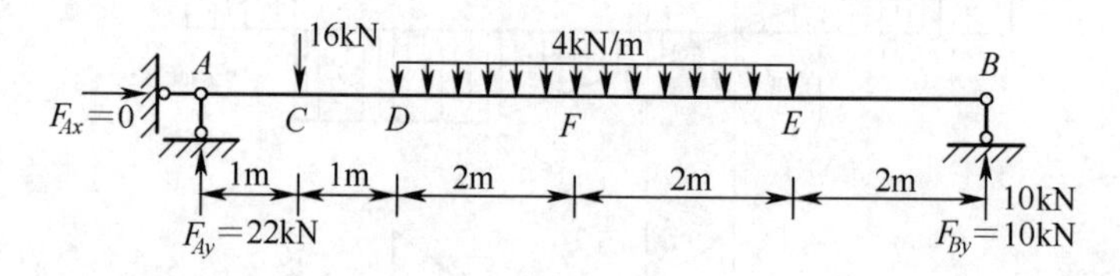

（a）简支梁及荷载

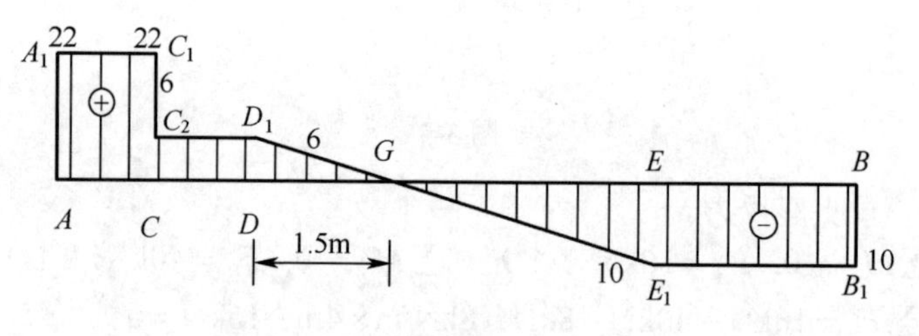

（b）剪力图 (kN)

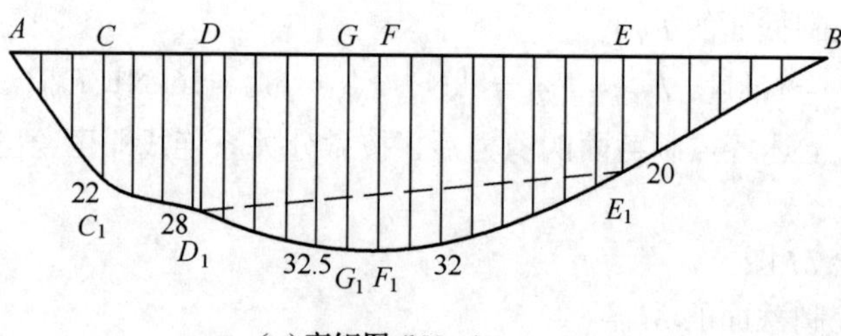

（c）弯矩图 (kN·m)

图 3-6

解:

求支座反力。

利用整体平衡条件:

$$\sum F_X=0, F_{Ax}=0$$

$$\sum M_A=0, 16\text{kN}\times1\text{m}+4\text{kN/m}\times4\text{m}\times4\text{m}-F_{By}\times8\text{m}=0, F_{By}=10\text{kN}\ (\uparrow)$$

$$\sum M_B=0, F_{Ay}\times8\text{m}-16\text{kN}\times7\text{m}-4\text{kN/m}\times4\text{m}\times4\text{m}=0, F_{Ay}=22\text{kN}\ (\uparrow)$$

校核，$\sum F_y = 0, 22\text{kN} - 16\text{kN} - 4\text{kN/m} \times 4\text{m} + 10\text{kN} = 0$

作剪力图。

（1）用截面法计算控制截面内力。控制截面有 A,B,C,D,E 等荷载不连续点，将梁 AB 分成四段：AC,CD,EB 段无荷载，F_s 图为水平线，用一个值即可确定；DE 段内有分布荷载，F_s 图为斜直线，用两个值即可确定。

$$F = F_{s右} = F_{Ay} = 22\text{kN}$$

$$F_{s右} = F_{sD} = F_{Ay} - F = 22\text{kN} - 16\text{kN} = 6\text{kN}$$

$$F_{sE} = F_{sB} = -F_{By} = -10\text{kN}$$

（2）作 F_s 图。先作 F_s 图横坐标轴 AB（图 3-6（b）），在横坐标轴上各相应位置标注控制截面（A,C,D,E,B），在 A 点和 C 点的坐标轴上面取 22kN 为纵坐标，得到 A_1 点和 C_1 点；在 $C_{右}$和 D 点的坐标轴上面取 6kN 为纵坐标，得到 C_2 点和 D_1 点；在 E 点和 B 点的坐标轴下面取 10kN 为纵坐标，得到 E_1 和 B_1 点。将各纵坐标 $A_1C_1,C_2D_1,D_1E_1,E_1B_1$ 连以直线，在坐标轴上面注明正号，在坐标轴下面注明负号，即得剪力图。剪力图见图 3-6（b）。

（3）作 M 图。

1）用截面法计算控制截面弯矩。仍选 A,B,C,D,E 为控制截面，各控制截面弯矩值为：

$$M_A = 0$$

$$M_C = 22\text{kN} \times 1\text{m} = 22\text{kN} \cdot \text{m}\ （下边受拉）$$

$$M_D = 22\text{kN} \times 2\text{m} - 16\text{kN} \times 1\text{m} = 28\text{kN} \cdot \text{m}\ （下边受拉）$$

$$M_E = 10\text{kN} \times 2\text{m} = 20\text{kN} \cdot \text{m}\ （下边受拉）$$

$$M_B = 0$$

2）作 M 图。在横坐标轴上各控制截面 A,C,D,E,B 下方标注各相应截面弯矩的纵坐标值 0,22,28,20,0，它们对应的点为 A_1,C_1,D_1,E_1,B_1，见图 3-6（c）。

在梁上无荷载段，即 AC,CD,EB 段，将 A_1C_1, C_1D_1, E_1B_1 分别连以直线，即得这些段的弯矩图。

在梁上有均布荷载段的 DE 段，弯矩图为抛物线。抛物线应根据三个纵坐标定出。现已有 D_1 和 E_1 点，在 D_1 和 E_1 之间所缺少的一个纵坐标值，可取 DE 段中点 F 的弯矩值，也可取 DE 之间的 M_{max} 值，现分别计算如下：

DE 段中点 M_F 值：

$$M_F = 22\text{kN} \times 4\text{m} - 16\text{kN} \times 3\text{m} - 4\text{kN/m} \times 2\text{m} \times 1\text{m} = 32\text{kN} \cdot \text{m}$$

M_{max} 值：

$M_{\max}$ 发生在 $\frac{\mathrm{d}M}{\mathrm{d}x}=F_s=0$ 的截面，设该截面为 G，先利用 AG 隔离体平衡（图3-6（d）），计算 Fs=0 截面（即 G 点）的位置。

$$F_{sG}=22\text{kN}-16\text{kN}-qx=0$$

$$x=\frac{22\text{kN}-16\text{kN}}{4\text{kN/m}}=1.5\text{m}$$

$$M_{\max}=22\text{kN}\times 3.5\text{m}-16\text{kN}\times 2.5\text{m}-4\text{kN/m}\times\frac{1.5\text{m}^2}{2}=32.5\text{kN}\cdot\text{m}$$

得到 M_F 值和 $M_{\max}$ 值后，就可在横坐标轴上 F 点下面取纵坐标为 32kN·m，得到 F_1 点，或在横坐标轴上 G 点下面取纵坐标为 32.5kN/m，得到 G_1 点。将三点或 D_1,G_1,E_1 三点连成一抛物线，即得 DE 段的弯矩图。

AB 梁的弯矩图见图 3-6（c）。

（4）内力图形状特征的校核。

由图 3-6（a），（b），（c）给出的荷载图、F_s 图和 M 图分析：AC,CD,EB 都是无荷载段，剪力图是水平线，弯矩图是斜直线；在 F 作用点 C，剪力值有突变，突变值为 F 值，弯矩图在 C 两侧斜率不等，形成尖点，尖角指向同 F 方向；DE 段有均布荷载 F_s，剪力图是斜直线，斜率值即 F_s 值，弯矩图是二次抛物线，注意在 D_1 和 E_1 点直线和曲线之间为光滑过渡。

还可看出，弯矩图切线斜率的数值和方向与剪力图的剪力值和符号是一致的，M 图曲线的凸向与 F_s 的指向相同。

§3-2 多跨静定梁

1. 多跨静定梁的组成

多跨静定梁是由若干根梁用铰相联，并通过若干支座与基础相联而组成的静定结构。除了桥梁方面常采用这种结构形式外，渡槽结构工程和房屋建筑中的檩条系统有时也采用这种形式。图 3-7（a）为用于公路桥的多跨静定梁，其计算简图如图 3-7（b）所示。

从几何组成看，多跨静定梁各部分可分为基本部分和附属部分。如上述多跨静定梁中的 AB 和 CD 部分均直接用三根链杆与基础相联，它们不依赖于其他部分的存在而能独立维持几何不变性，称为**基本部分**。而 BC 梁必须依赖 AB、CD 部分才能维持几何不变。必须依赖其他部分才能维持几何不变的部分，称为**附属部分**。为了清晰地表示各部分之间的支承关系，可将基本部分画在下层，而将附属部分画在上层，这样得到的图形称为**层叠图**，如图 3-7（b）所示。

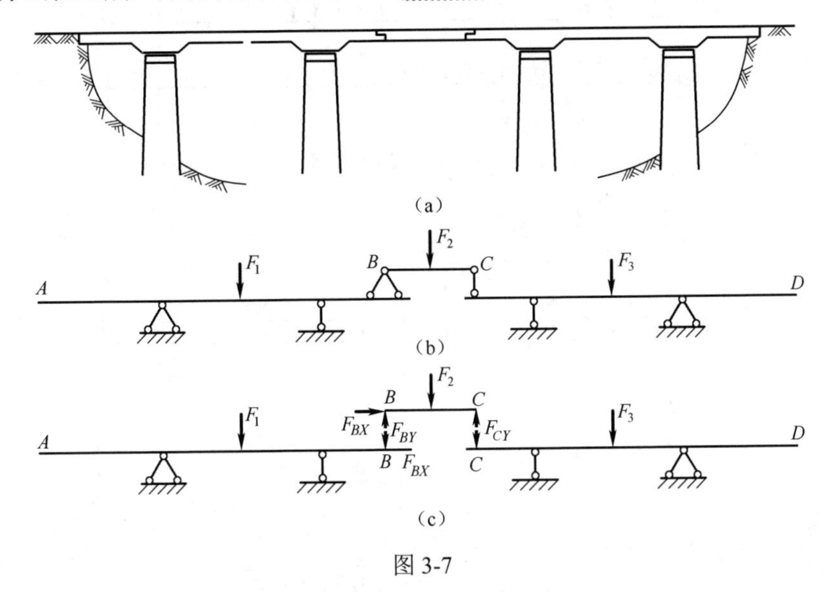

图 3-7

2. 多跨静定梁的传力关系

从受力分析看，当荷载作用在基本部分上时，该部分能将荷载直接传向地基；而当荷载作用在附属部分上时，则必须通过基本部分才能传向地基。故当荷载作用在基本部分上时，只有该部分受力，附属部分不受力；而当荷载作用在附属部分上时，除该部分受力外，基本部分也受力。如图 3-7（c）所示。

3. 多跨静定梁的计算步骤

由上述传力关系可知，计算多跨静定梁的顺序应该是**先附属部分，后基本部分**。即由最上层的附属部分开始，利用平衡条件求出约束反力后，将其反向作用在基本部分上，如图 3-7（c）所示。这样便把多跨静定梁拆成了若干根单跨梁，按单跨梁作内力图的方法，即可得到多跨静定梁的内力图，从而可避免解联立方程。

例 3-3　求图 3-8（a）所示静定多跨梁的 M 和 F_s 图。

解：

（1）求支座反力。

根据几何组成，将梁分解为基本部分和附属部分 BC（图 3-8（b））。先计算简支梁 BC。C 点集中荷载 4kN 对 BC 无影响，可直接加于基本部分 CF 上。BC 的反力为 $F_{By}=-2\text{kN}$（↓），$F_{Cy}=2\text{kN}$（↑）

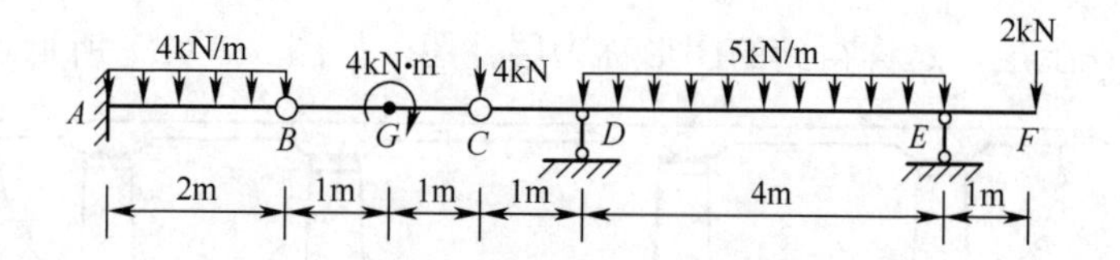

（a）多跨静定梁及荷载

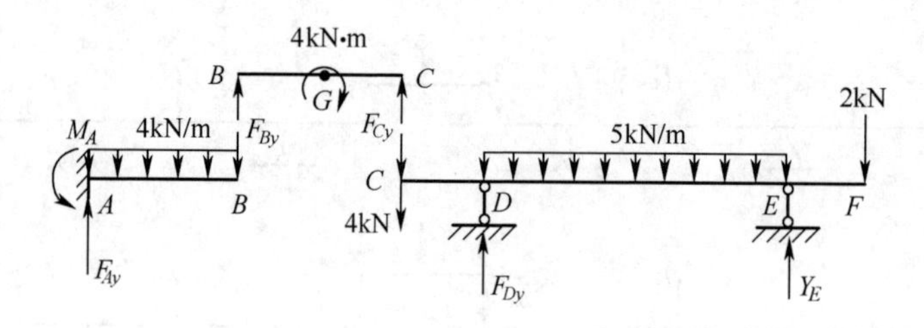

（b）层叠图

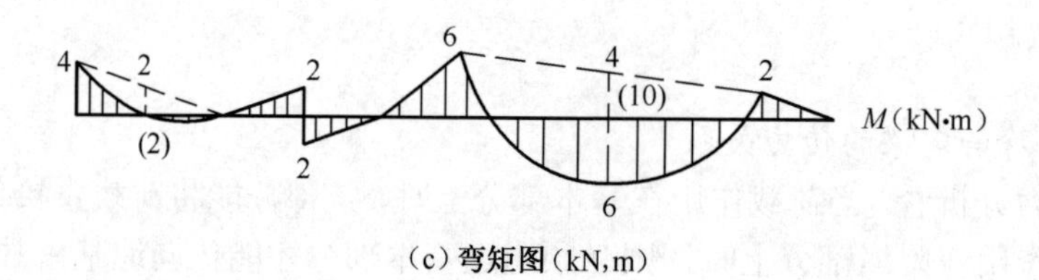

（c）弯矩图（kN,m）

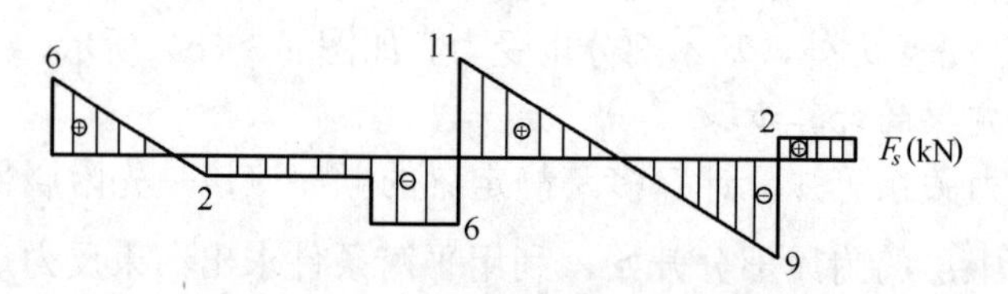

（d）剪力图（kN）

图 3-8

F_{By} 反向加于 AB 上，F_{Cy} 反向加于 CF 上，求出

$$F_{Ay}=6\text{kN}（\uparrow），M_A=4\text{kN}\cdot\text{m}（上边受拉）$$

$$F_{Dy}=17\text{kN}（\uparrow），F_{Ey}=11\text{kN}（\uparrow）$$

校核反力：考虑整体平衡（图 3-8（a）），

$\sum F_y=6\text{kN}+17\text{kN}+11\text{kN}-4\text{kN/m}\times2\text{m}-5\text{kN/m}\times4\text{m}-2\text{kN}-4\text{kN}=0$，正确。

（2）作 M 图（3-8（c））。

先求出控制截面 A,D,E 的 M 值（截面 B,C,F 处的 M 值为零，不必求）

$$M_A = \frac{4\text{kN/m} \times 2\text{m}^2}{2} - 2\text{kN} \times 2\text{m} = 4\text{kN} \cdot \text{m}$$（上边受拉）

$$M_D = 4\text{kN} \times 1\text{m} + 2\text{kN} \times 1\text{m} = 6\text{kN} \cdot \text{m}$$（上边受拉）

$$M_E = 2\text{kN} \times 1\text{m} = 2\text{kN} \cdot \text{m}$$（上边受拉）

由以上各值画出竖距。

无荷载段（CD,EF 各段），直线连直线。有荷载段（AB,BC,DE 各段）用叠加法作弯矩图。在均布荷载作用段，如无特殊要求。通常不标出 M 的极值。而只标明该段中点的 M 值，如图 3-8（c）中，AB 段的中点和 DE 段的中点（图中括号内数值是简支梁受均布荷载时，中点的弯矩值）。

（3）作 F_s 图（图 3-8（d））。

先求出控制截面 A,B,C,D,E,F 的 F_s 值

$$F_{sA} = F_{sA} = 6\text{kN}$$

$$F_{sB} = F_{By} = -2\text{kN}$$

$$F_{sC} = -F_{Cy} - 4\text{kN} = -6\text{kN}$$

$$F_{sD左} = -6\text{kN}$$

$$F_{sD右} = -6\text{kN} + 17\text{kN} = 11\text{kN}$$

$$F_{sE左} = 11\text{kN} - 5\text{kN/m} \times 4\text{m} = -9\text{kN}$$

$$F_{sE右} = F_{sF} = 2\text{kN}$$

也可以自左向右，根据求得的支座反力和荷载，依次求出上述控制界面的剪力值。画出竖距，连以直线（平，斜线）得剪力图。

（4）校核。

F_s 图各段均符合 $\frac{\text{d}F_s}{\text{d}x} = -q$ 的关系。在集中力的 C,D,E 三处，符合增量关系 $\Delta F_s = -F$ 。M 图各段符合 $\frac{\text{d}^2 M}{\text{d}x^2} = -q$ 及 $\frac{\text{d}M}{\text{d}x} = \text{Fs}$ 的关系。在 G 处，符合增量关系 $\Delta M = 4\text{kN} \cdot \text{m}$ 。

容易出错的地方是在画 M 图时，在 B 点的曲线 M 图的切线和右边的直线不重合，画出转折。由于 B 点没有集中荷载，在其左右邻近处 M 图斜率应相同。

例 3-4　如图 3-9（a）所示为一两跨静定梁，承受均布荷载 q，试确定铰 D 的位置，使梁内正、负弯矩峰值相等。

解：（1）画层叠图，如图 3-9（b）所示。

（2）求各单跨梁的反力。由本题题意可看出，只需求出 F_{Dy} 便可得出铰 D 的位置。设铰 D 距 B 支座的距离为 x，由 $\sum M_A = 0$ ，可得出 $F_{Dy} = q(l-x)/2$ ，如图

3-9（c）所示。

（3）绘 M 图。如图 3-9（d）所示，从图中可以看出，全梁的最大正弯矩发生在 AD 梁跨中截面，其值为 $q(l-x)2/8$；最大负弯矩发生在 B 支座处，其值为 $q(l-x)x/2+qx^2/2$。

依题意，令正负弯矩峰值相等，即

$$\frac{1}{8}q(l-x)^2=\frac{1}{2}q(l-x)x+\frac{1}{2}qx^2$$

可得

$$x=0.172l$$

铰 D 的位置确定后，可作出弯矩图，如图 3-9（e）所示，正负弯矩的峰值为 $0.0857ql^2$。

如果改用两个跨度为 l 的简支梁，弯矩图如图 3-9（f）所示。比较可知，多跨静定梁的弯矩峰值比两跨简支梁的要小，是简支梁的 68.6%。

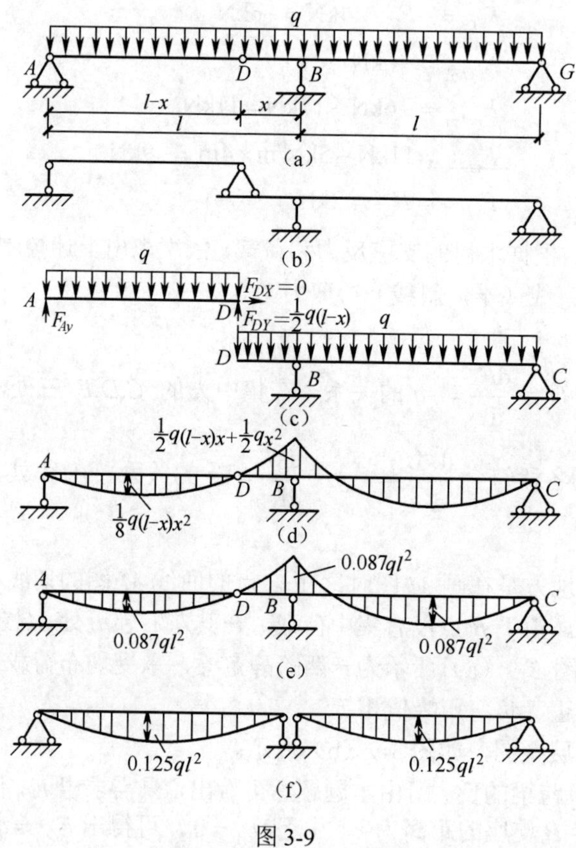

图 3-9

一般而言，在荷载与跨度总长相同的情况下，多跨静定梁与一系列简支梁相比，材料用料较省，但由于有中间铰，使得构造上要复杂一些。

§ 3-3　静定平面刚架

1. 刚架的组成及其特征

刚架是由若干梁和柱等直杆组成的具有刚结点的结构。刚架中的结点可以全部是刚结点，也可以存在部分铰结点。静定平面刚架常见的形式有**悬臂刚架**（如图 3-10 所示站台雨棚）、**简支刚架**（如图 3-11 所示渡槽）及**三铰刚架**（如图 3-12 所示屋架）等。

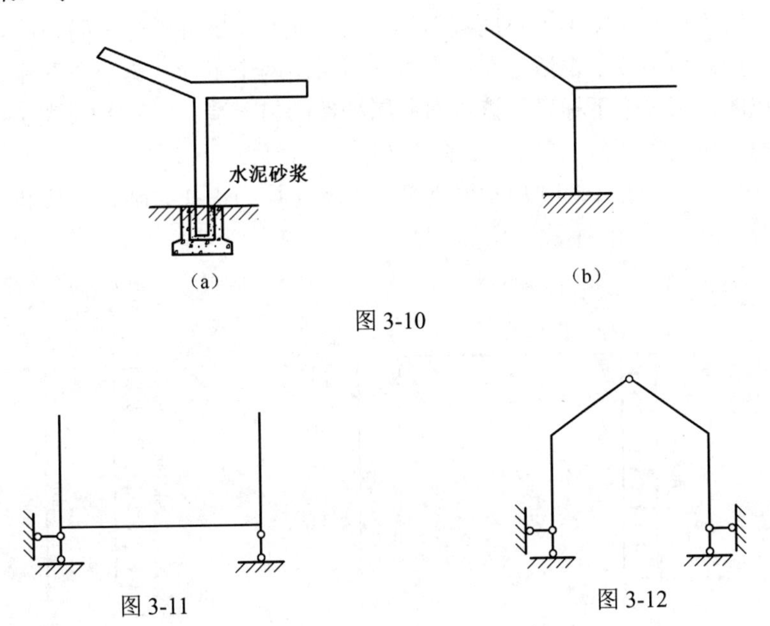

图 3-10

图 3-11

图 3-12

当刚架受力变形时，汇交于该结点的各杆端的夹角保持不变。这种结点称为**刚结点**，具有刚结点是刚架的特点。

从变形角度看，在刚结点处各杆不能发生相对转动。从受力角度看，刚结点可以承受和传递弯矩，因而在刚架中弯矩是其主要的内力。

2. 刚架的内力计算

在静定刚架的受力分析中，通常是先求支座反力，再求控制截面的内力，最后利用微分关系或叠加法作内力图。

（1）支座反力的计算。

当刚架与地基之间是按两刚片规则组成时，支座反力有三个，可取整个刚架为隔离体，由平衡条件求出反力；当刚架与地基之间是按三刚片规则组成时，支座反力有四个，除三个整体平衡方程外，还可利用中间铰处弯矩为零的条件建立一个补充方程，从而可求出四个支座反力；而当刚架是由基本部分和附属部分组成时，应先计算附属部分的反力，再计算基本部分的反力。

（2）刚架中各杆的杆端内力。

刚架中控制截面大多是各杆的杆端截面，故作内力图时，首先要用截面法求出各杆端内力。在刚架中，剪力和轴力的正负号规定与梁相同，剪力图和轴力图可绘在杆件的任一侧，但必须注明正负号；弯矩则不规定正负号，但弯矩图应绘在杆件的受拉侧而不注正负号。

为了明确地表示刚架上不同截面的内力，尤其是区分汇交于同一结点的各杆端截面的内力而不致于混淆，在内力符号后引用两个下标：**第一个下标表示内力所在的截面，第二个下标表示该截面所属杆件的另一端**。例如 M_{AB} 表示 AB 杆 A 端截面的杆端弯矩，F_{SCA} 表示 AC 杆 C 端截面的剪力。

例 3-5 试计算图 3-13 所示简支刚架的支座反力，并绘制 M、F_s 和 F_N 图。

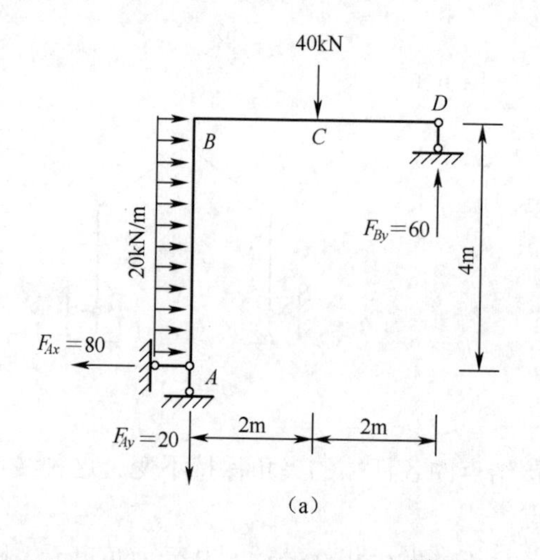

（a）

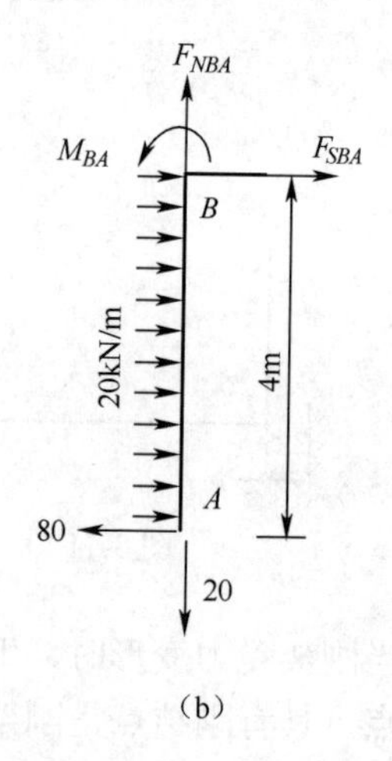

（b）

图 3-13

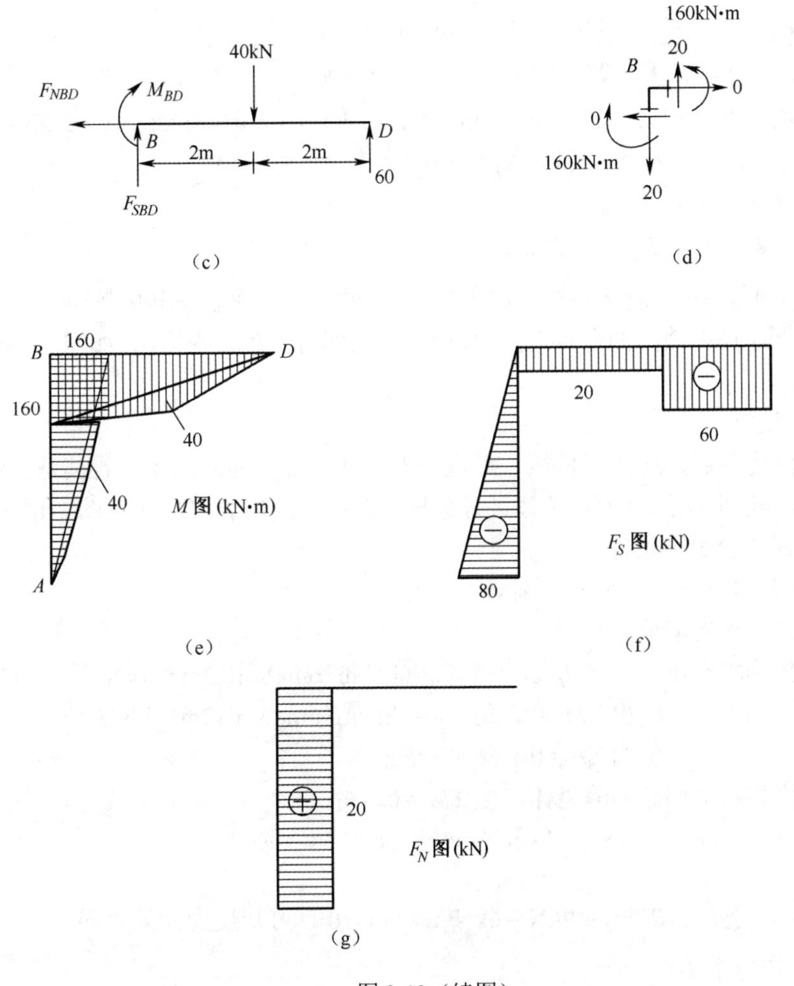

图 3-13（续图）

解：（1）求支座反力。

$$\sum M_A = 0，\quad F_{By} = \frac{40\text{kN} \times 2\text{m} + 20\text{kN/m} \times 4\text{m} \times 2\text{m}}{4} = 60\text{kN}\ （\uparrow）$$

$$\sum F_y = 0，\quad F_{Ay} = F_{By} - 40\text{kN} = 20\text{kN}\ （\downarrow）$$

$$\sum F_x = 0，\quad F_{Ax} = 20\text{kN/m} \times 4\text{m} = 80\text{kN}\ （\leftarrow）$$

（2）绘制内力图。

根据荷载情况，可分为 AB、BC、CD 三段来绘制。各段控制截面的内力可根据截取隔离体的平衡条件求得，如图 3-13（b）所示，AB 段的内力为：

$$\sum F_X = 0\text{，}F_{SBA} - 80\text{kN} + 20\text{kN/m} \times 4\text{m} = 0 \Rightarrow F_{SBA} = 0$$

$$\sum F_y = 0\text{，}F_{NBA} - 20\text{kN} = 0 \Rightarrow F_{NBA} = 20\text{kN}$$

$$\sum F_X = 0\text{，}M_{BA} + 20\text{kN/m} \times 4\text{m} \times 2\text{m} - 80\text{kN} \times 4\text{m} = 0 \Rightarrow M_{BA} = 160\text{kN} \cdot \text{m}$$

如图 3-13（c）所示，BD 段的内力为：

$$\sum F_X = 0\text{，}F_{NBD} = 0$$

$$\sum F_y = 0\text{，}F_{SBD} = -20\text{kN}$$

$$\sum M_B = 0\ M_{BD} + 40\text{kN/m} \times 2\text{m} - V_B \times 4\text{m} = 0 \Rightarrow M_{BD} = 160\text{kN} \cdot \text{m}$$

求得上述控制截面的弯矩之后，按微分关系即可得到各内力图，如图 3-13（e）、（f）、（g）所示。

（3）校核。

作出内力图后，应进行校核，可取刚架的任意部分为隔离体，看其是否满足平衡条件。一般取刚结点为隔离体进行分析，如取结点 B 为隔离体（见图 3-14（d）），可见结点 B 符合平衡条件。

试作图 3-14（a）所示三铰刚架的内力图。

解：（1）求支座反力。

取整体为隔离体，由 $\Sigma M_B=0$，得 F_{Ay}=6kN/m×6m×9m/12m=27kN（↑）

由 $\Sigma M_A=0$，得 F_{By}=6kN/m×6m×3m/12m=9kN（↑）

由 $\Sigma F_X=0$，得 $F_{Ax}=F_{Bx}$

再取刚架右半部分为隔离体，由 $\Sigma M_C=0$，得

F_{Bx} = 9kN×6m/9m = 6 kN（←）

故知： F_{Ax} = 6 kN（→）

校核： $\sum F_y = 27\text{kN} + 9\text{kN} - 6\text{kN/m} \times 6\text{m} = 0$。可知反力计算无误。

（2）作弯矩图。

首先求出各杆端弯矩，画在受拉侧并连以直线，再叠加同跨度简支梁在荷载作用下的弯矩图。现以斜杆 DC 为例，说明弯矩图的作法。

$$M_{DC} = 6\text{kN} \times 6\text{m} = 36\text{kN} \cdot \text{m}\ \text{（外侧受拉）}$$

$$M_{CD} = 0$$

DC 杆中点弯矩为：$36\text{kN} \cdot \text{m}/2 - 6\text{kN/m} \times 6\text{m}^2/8 = -9\text{kN} \cdot \text{m}$（内侧受拉）。内侧最大弯矩所在截面由剪力图确定，其值为 $11.9\,\text{kN} \cdot \text{m}$。$M$ 图如图 3-14（b）所示。

（3）作剪力图。

取竖杆 AD 和 BE 为隔离体，由平衡条件可得

$$F_{SDA} = F_{SAD} = -6\text{kN}\text{；}F_{SEB} = F_{SBE} = 6\text{kN}$$

但对于斜杆 CD 和 CE，可分别取这两杆为隔离体，如图 3-14（c）、（d）所示。对杆件两端截面中心取矩，即可求出杆件两端剪力。

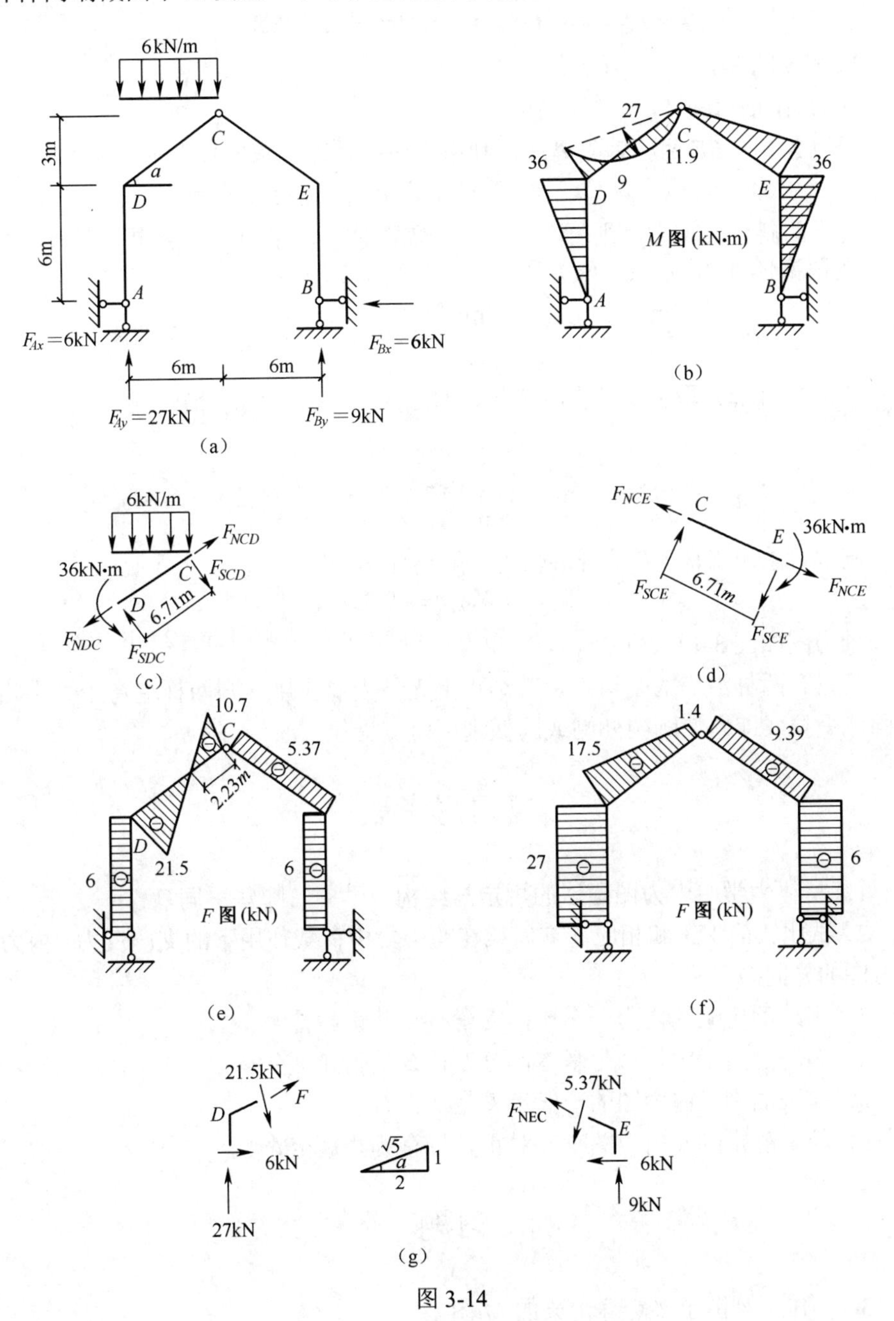

图 3-14

$$F_{SDC}=(36\text{kN}\cdot\text{m}+6\text{kN/m}\times6\text{m}\times3\text{m})/6.71\text{m}=21.5\text{kN}$$
$$F_{SCD}=(36\text{kN}\cdot\text{m}-6\text{kN/m}\times6\text{m}\times3\text{m})/6.71\text{m}=-10.7\text{kN}$$
$$F_{SCE}=F_{\text{SEC}}=-36\text{kN}\cdot\text{m}/6.71\text{m}=-5.37\text{kN}$$

F_S图如图 3-14（e）所示。

（4）作轴力图。

仍取 AD 和 BE 两杆为隔离体，利用平衡条件即可求出杆端轴力为

$$F_{NDA}=F_{NAD}=-27\text{kN};\ F_{NEB}=F_{NBE}=-9\text{kN}$$

对于两斜杆的轴力，则可取刚结点为隔离体，由平衡条件求出。例如，取结点 D 为隔离体，如图 3-14（g）所示。由 $\sum F_x=0$，得

$$F_{NDC}\times\frac{2\text{m}}{\sqrt{5}\text{m}}+21.5\text{kN}\times\frac{1\text{m}}{\sqrt{5}\text{m}}+6\text{kN}=0\Rightarrow F_{NDC}=-17.5\text{kN}$$

F_{NCD}的计算是取 CD 杆为隔离体，如图 3-14（c）所示。沿轴线 DC 方向列投影方程

$$F_{NDC}-6\text{kN/m}\times6\text{m}\times\frac{1\text{m}}{\sqrt{5}\text{m}}+17.5\text{kN}=0\Rightarrow F_{NCD}=1.40\text{kN}$$

同理可求出斜杆 CE 的杆端轴力。隔离体图如图 3-14（g）所示。

$$F_{NCE}=F_{NEC}=-9.39\text{kN}$$

轴力图如图 3-14（f）所示。

凡只有两杆汇交的刚结点，若结点上无外力偶作用，则两杆端弯矩大小相等且同侧受拉（即同使刚架外侧或同使刚架内侧受拉）。

复习思考题

1．材料力学中内力图画法的规定与结构力学中有哪些不同?

2．试比较简支梁和相应简支斜梁在跨中集中荷载作用下的支座反力、内力及内力图的异同。

3．多跨静定梁的内力分布比简支梁有哪些优越性?

4．多跨静定梁中什么是基本部分？什么是附属部分?

5．作平面刚架内力图的一般步骤是什么？

6．绘制静定刚架内力图时，对正负号有哪些规定？

习题

3-1 作下列图示多跨静定梁的 M 图。

（1）

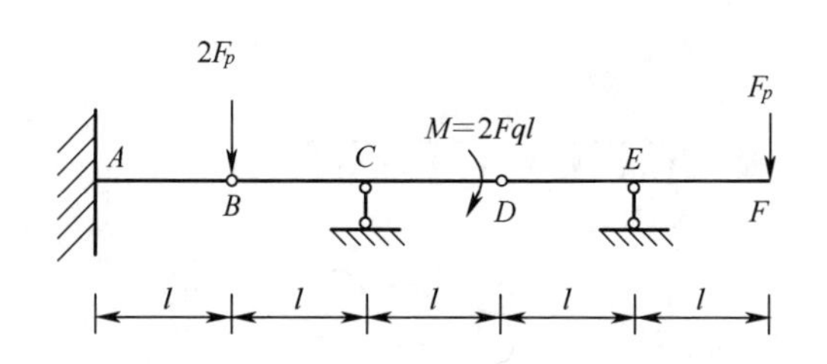
2Fp
Fp
M=2Fql
A
B
C
D
E
F
l
l
l
l
l

（2）

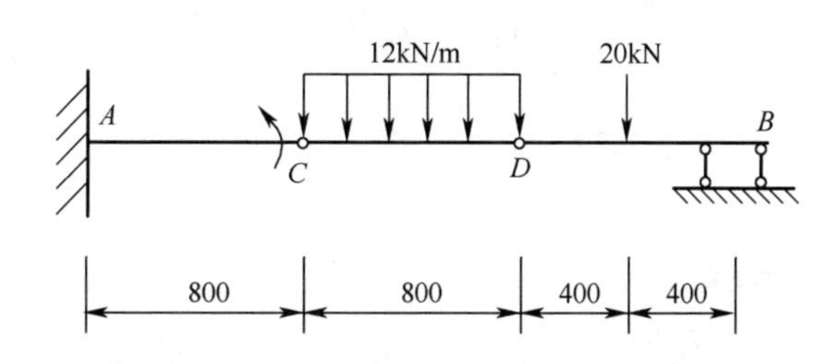
12kN/m
20kN
A
B
C
D
800
800
400
400

（3）

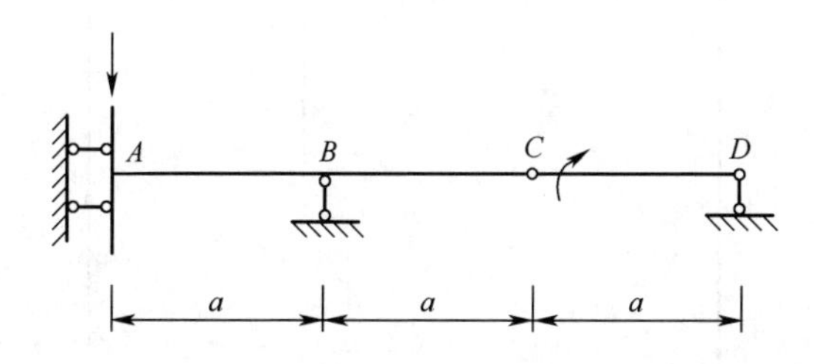
A
B
C
D
a
a
a

（4）

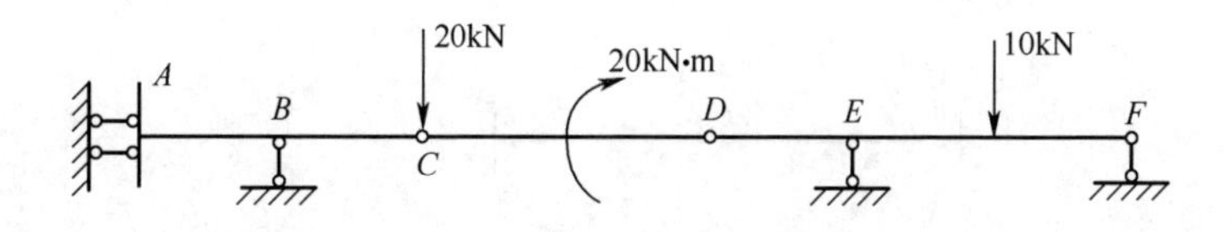
20kN
20kN•m
10kN
A
B
C
D
E
F
2m
2m
2m
2m
2m
2m
2m

（5）

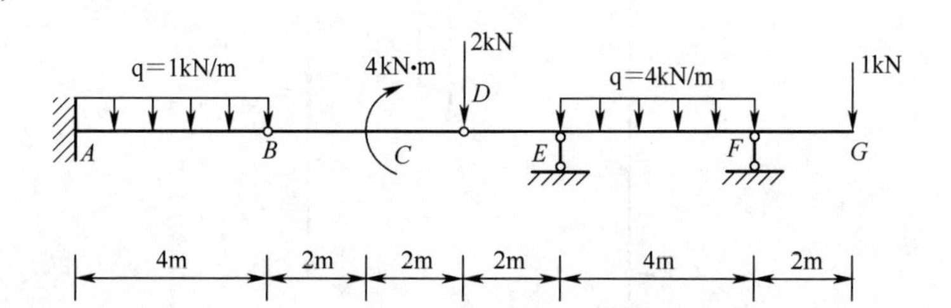
q=1kN/m
4kN•m
2kN
q=4kN/m
1kN
A
B
C
D
E
F
G
4m
2m
2m
2m
4m
2m

3-2 作下列刚架的 M 图。

（1）

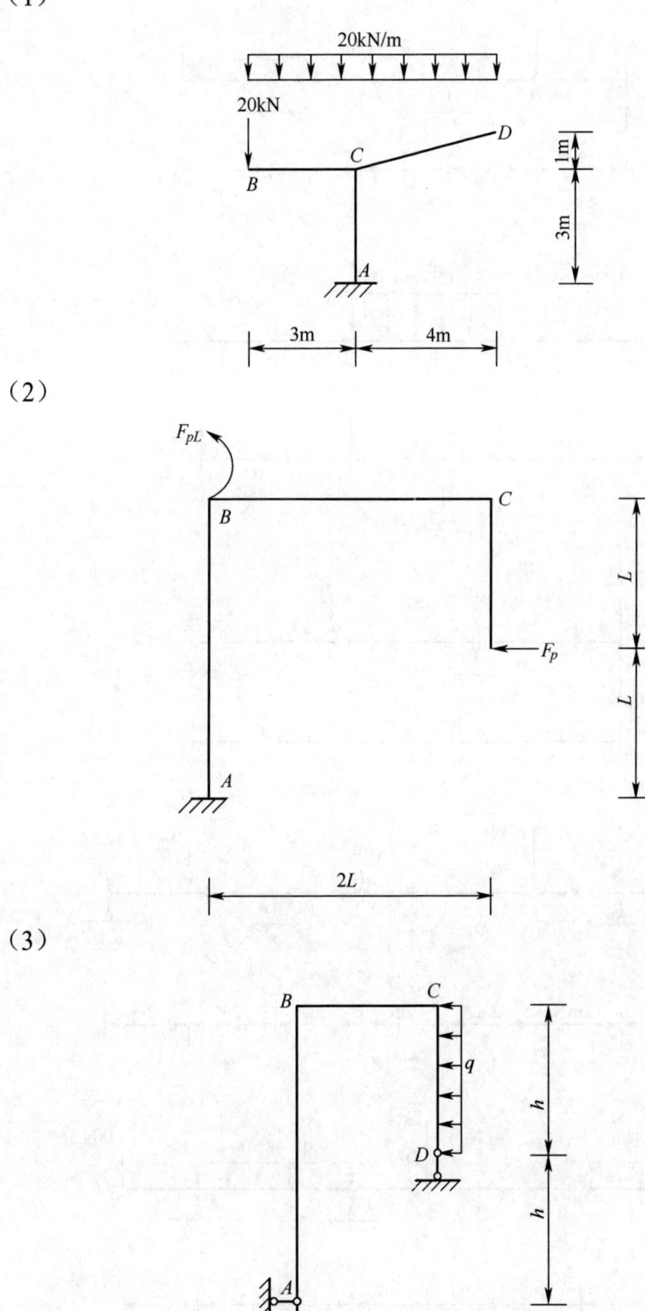

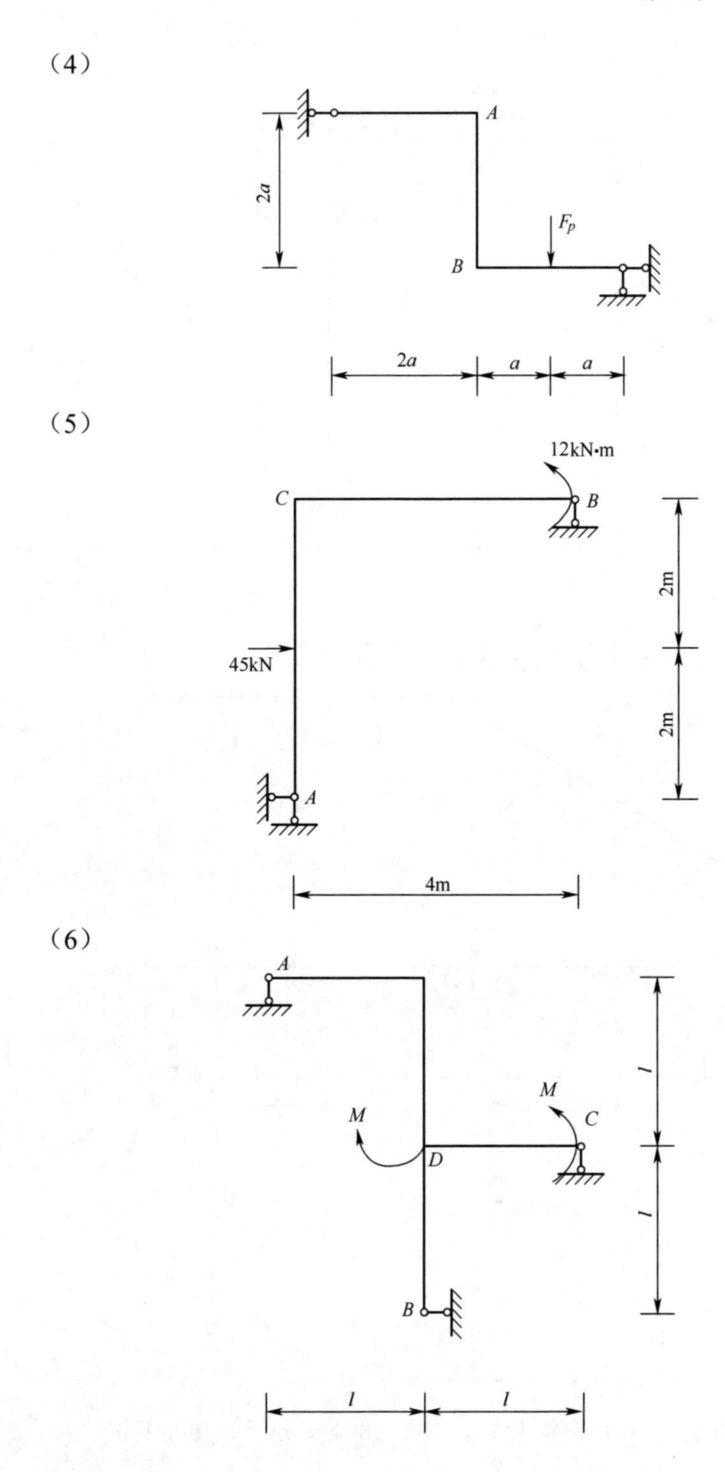
(4)
A
2a
F_p
B
2a
a
a
(5)
12kN·m
C
B
2m
45kN
2m
A
4m
(6)
A
l
M
M
C
D
l
B
l
l

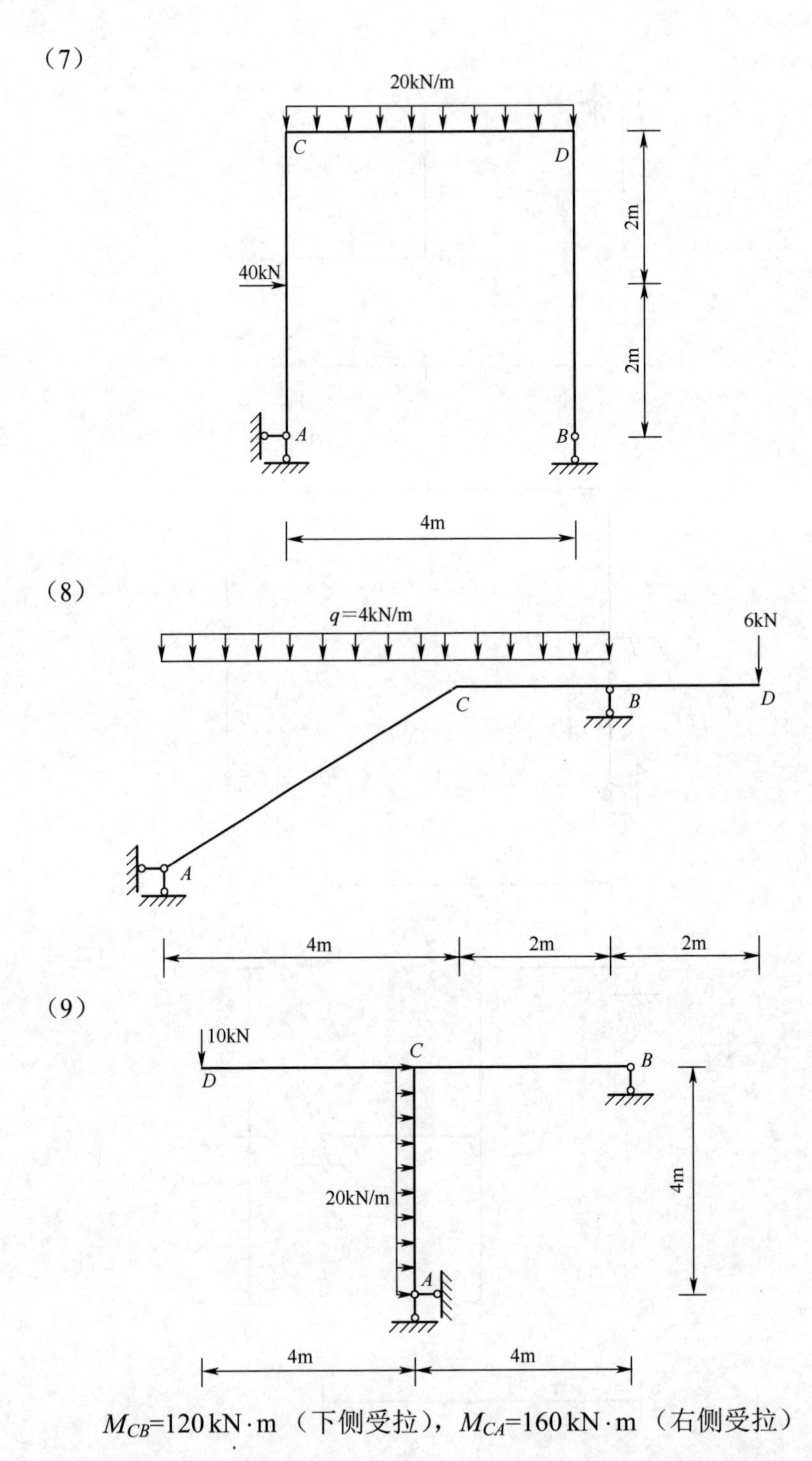

M_{CB}=120 kN · m （下侧受拉），M_{CA}=160 kN · m （右侧受拉）

（10）

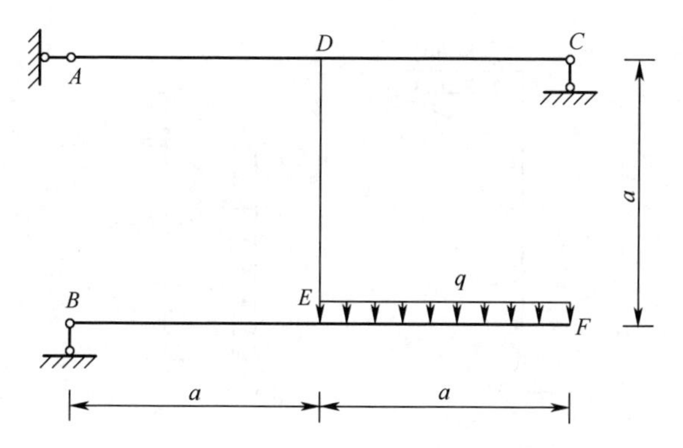

$M_{AB}=F_Pl$（下侧受拉），$M_{CB}=F_Pl$（左侧受拉）

（11）

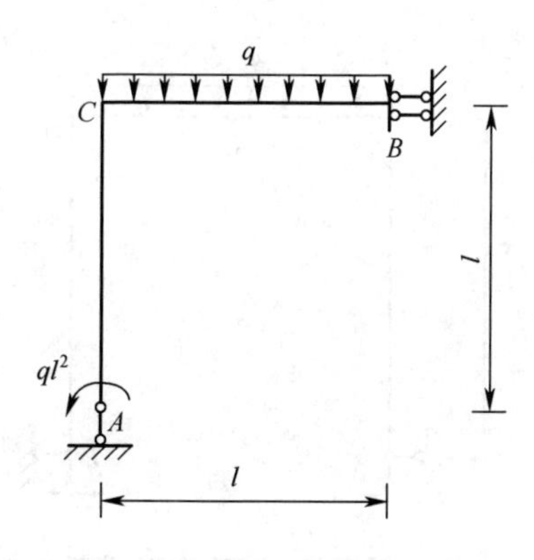

（12）

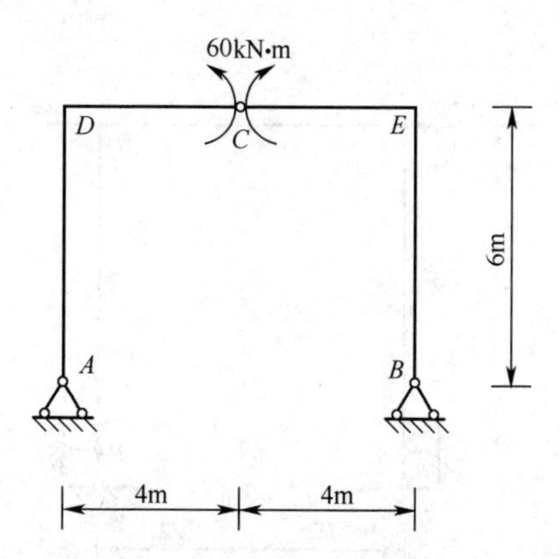

（13）

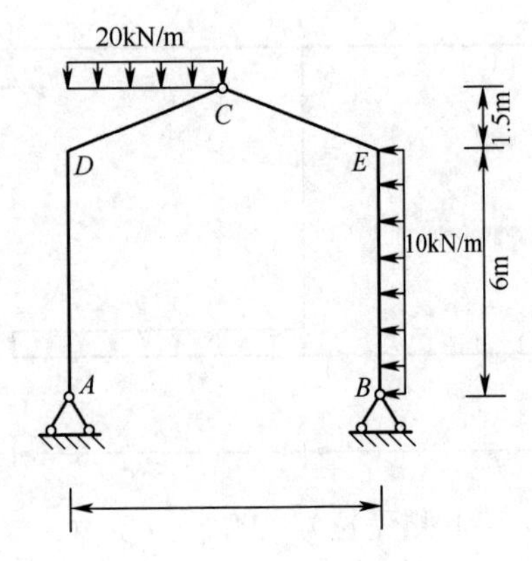

（14）

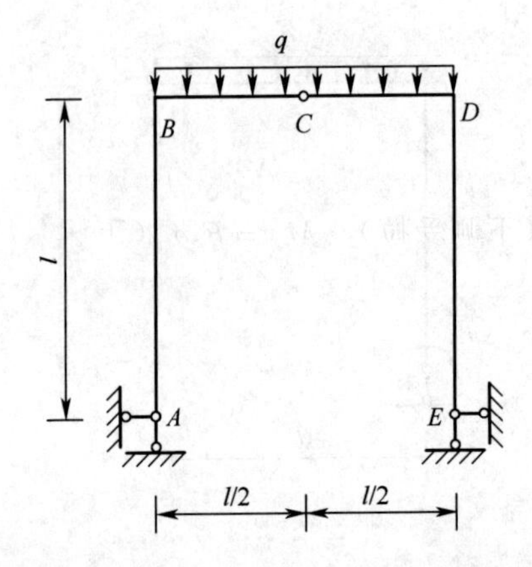

（15）

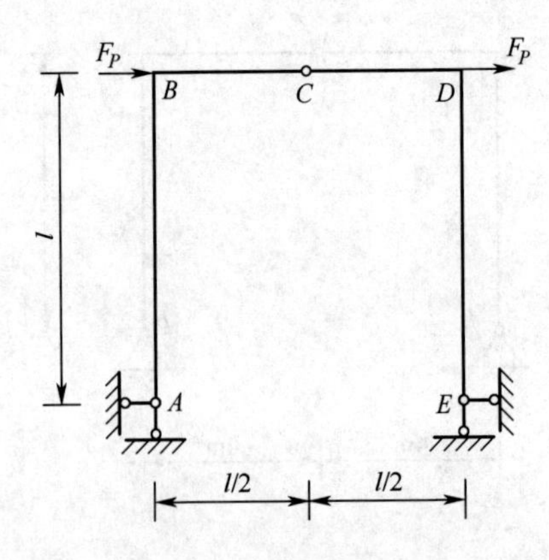

（16）

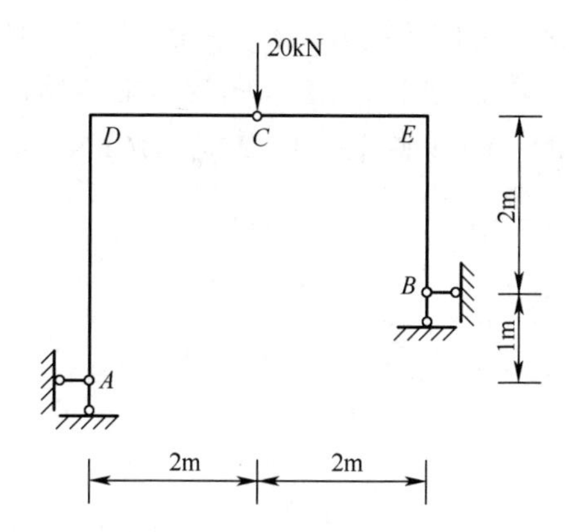

参考答案

3-1

（1）$M_A = F_P l$（上侧受拉），$M_B = F_P l$（上侧受拉）

（2）$M_A = 166\,\text{kN} \cdot \text{m}$（上侧受拉），$M_B = 276\,\text{kN} \cdot \text{m}$（上侧受拉）

（3）$M_A = 2F_P a$（下侧受拉），$M_B = F_P a$（下侧受拉）

（4）$M_A = 30\,\text{kN} \cdot \text{m}$（上侧受拉），$M_E = 10\,\text{kN} \cdot \text{m}$（上侧受拉）

（5）$M_A = 4\,\text{kN} \cdot \text{m}$（上侧受拉），$M_E = 6\,\text{kN} \cdot \text{m}$（上侧受拉）

3-2

（1）$M_A = 10\,\text{kN} \cdot \text{m}$（左侧受拉）

（2）$M_A = 2F_P l$（右侧受拉），$M_{BC} = F_P l$（上侧受拉）

（3）$M_{DC} = qh^2/2$（右侧受拉），$M_{BC} = 2qh^2$（上侧受拉）

（4）$M_{BA} = F_P a$（左侧受拉）

（5）$M_{CA} = 90\,\text{kN} \cdot \text{m}$（右侧受拉）

（6）$M_{CD} = M_{DC} = M$（下侧受拉）

（7）$M_{CD} = 80\,\text{kN} \cdot \text{m}$（下侧受拉），$M_{DC} = 0$

（8）$M_B = 12\,\text{kN} \cdot \text{m}$（上侧受拉），$M_C = 8\,\text{kN} \cdot \text{m}$（下侧受拉）

（9）$M_{CB} = 120\,\text{kN} \cdot \text{m}$（下侧受拉），$M_{CA} = 160\,\text{kN} \cdot \text{m}$（右侧受拉）

（10）$M_{AB} = F_P l$（下侧受拉），$M_{CB} = F_P l$（左侧受拉）

（11）$M_{CA} = ql^2$（左侧受拉），$M_{BC} = ql^2/2$（上侧受拉）

（12）$M_{DC} = M_{EC} = 60\,\text{kN} \cdot \text{m}$（下侧受拉）

（13）$M_{DC}=136\,\text{kN}\cdot\text{m}$（上侧受拉），$M_{EB}=44\,\text{kN}\cdot\text{m}$（左侧受拉）

（14）$M_{BA}=ql^2/8$（左侧受拉），$M_{DE}=ql^2/8$（右侧受拉）

（15）$M_{BA}=F_Pl$（右侧受拉），$M_{DE}=F_Pl$（右侧受拉）

（16）$M_{DC}=24\,\text{kN}\cdot\text{m}$（上侧受拉），$M_{EB}=16\,\text{kN}\cdot\text{m}$（右侧受拉）

第四章　静定拱

§4-1　概述

在实际工程结构工程中，除了直杆组成的结构外，还有用曲杆组成的结构，如圆形隧道、圆形涵管，各类拱形结构及水塔、剧场、体育馆等的看台中的圆弧梁等。静定曲杆结构的内力计算是分析各种超静定结构的基础。

1．拱的组成及受力性能

杆轴线是曲线且在竖向荷载作用下能产生水平反力（推力）的结构，称为拱。拱的基本形式有三铰拱、两铰拱和无铰拱，分别如图 4-1（a）、（b）、（c）所示。前一种是静定拱，后两种是超静定拱。本节仅讨论静定拱的内力计算。

杆轴线虽然是曲线，但在竖向荷载作用下不产生水平支座反力的结构不是拱，而称为曲梁（图 4-1（d））。在竖向荷载作用下是否产生水平推力，是拱与梁的基本区别。

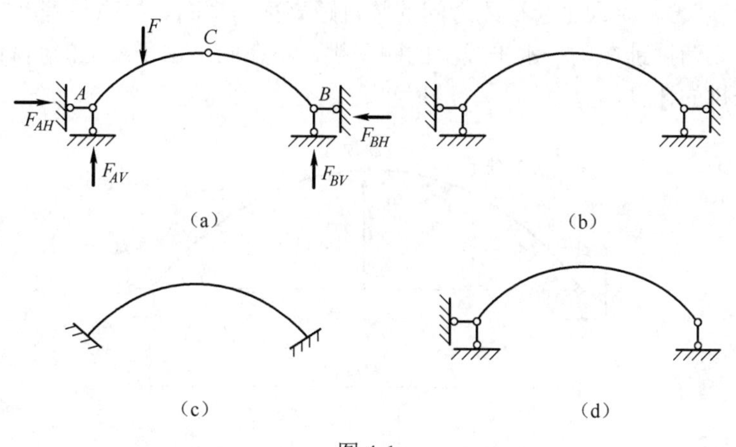

图 4-1

拱与梁相比，由于推力的存在，减小了各截面的弯矩。这就有可能使处于压弯组合应力状态的拱截面只承受压应力，从而可采用抗压性能好的廉价材料，如砖、石及混凝土等来建造。但是，推力的存在又反过来作用于基础，因而要求比梁具有更坚固的地基或支承结构。

所以作屋盖承重用的拱，一般要加拉杆，以承担拱对墙的水平推力。如图 4-2（a）所示，称为带拉杆的三铰拱。为了获得较大的净空，有时也将拉杆做成折线形状，如图 4-2（b）所示。

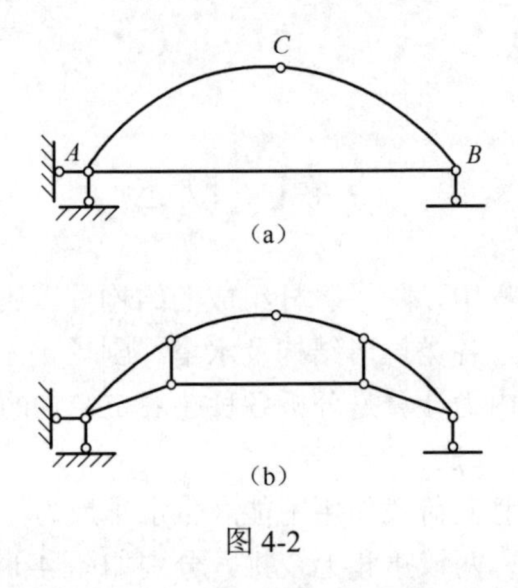

图 4-2

2. 拱的组成

拱的各部分名称如图 4-3 所示。拱身各截面形心的联线称为拱轴线。拱与基础联结处称为拱趾（或拱脚）。两拱趾间的水平距离称为跨度。两拱趾的联线称为起拱线。拱轴上距起拱线最远的一点称为拱顶。三铰拱通常在拱顶处设有中间铰（或称为顶铰）。拱顶至起拱线之间的竖直距离称为拱高。拱高与跨度之比 f/l 称为高跨比。两拱趾在同一水平线上的叫平拱，不在同一水平线上的叫斜拱。本节只讨论平拱的计算。

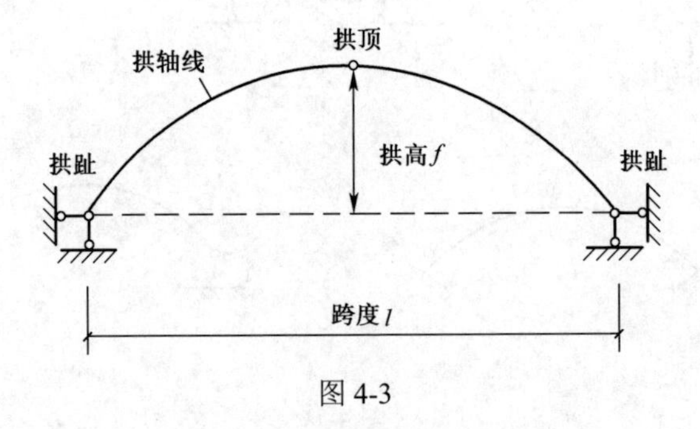

图 4-3

§ 4-2 三铰拱的计算

下面以竖向荷载作用下的三铰拱为例，讨论其反力及内力的计算方法。

1. 支座反力的计算

三铰拱共有四个支座反力，如图 4-4（a）所示。除了取全拱为隔离体可建立三个整体平衡方程外，还可利用中间铰 C 处弯矩为零（$M_C=0$）的条件建立一个补充方程，从而可求出所有支座反力。

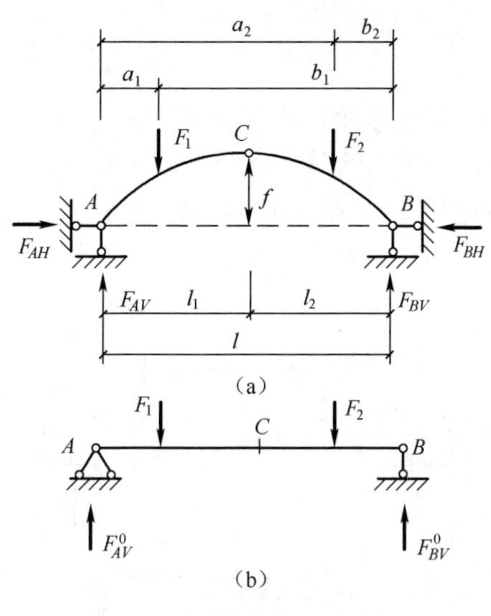

图 4-4

首先考虑整体平衡

$$\sum M_B=0,\quad F_{AV}=\frac{F_1b_1+F_2b_2}{l}=\frac{\Sigma F_ib_i}{l} \tag{a}$$

$$\sum M_A=0,\quad F_{BV}=\frac{\Sigma F_ia_i}{l} \tag{b}$$

$$\sum F_x=0,\ F_{AH}=F_{BH}=F_H \tag{c}$$

其次，取左半拱为隔离体，由 $\sum M_C=0$，

$$F_H=\frac{F_{AV}l_1-F_1(l_1-a_1)}{f} \tag{d}$$

考查（a）、（b）两式的右边，恰好等于相应简支梁（如图 4-4（b）所示）的支座反力 F_{AV}^0 和 F_{BV}^0，而式（d）的右边分子等于相应简梁上与中间铰 C 相应的截面 C 的弯矩 M_C^0。所以，（a）、（b）、（d）式又可写为

$$\begin{aligned}F_{AV}&=F_{AV}^0\\F_{BV}&=F_{BV}^0\\F_H&=M_{C/f}^0\end{aligned} \tag{4-1}$$

式（4-1）表明，三铰拱的竖向支座反力与相应简支梁的相同，而其推力等于相应简支梁截面 C 的弯矩 M_C^0 除以拱高 f。推力 F_H 与拱的轴线形状无关，只与荷载及三个铰的位置有关。当荷载与跨度一定时，M_C^0 为定值，推力 F_H 与拱高 f 成反比。f 愈小，拱愈平坦，推力 F_H 则愈大。若 $f=0$，则 $F_H=\infty$，此时三铰位于同一直线上，拱成为瞬变体系。

2. 内力的计算

反力求出后，可用截面法求出拱内任一截面的内力。任一截面 K 的位置可由其形心坐标 x、y 和该处拱轴线的倾角 φ 确定，如图 4-5（a）所示。截面内力正负号规定如下：因拱常受压，故轴力以使拱截面受压为正，剪力以绕隔离体有顺时针转动趋势者为正，弯矩以使拱内侧受拉为正。

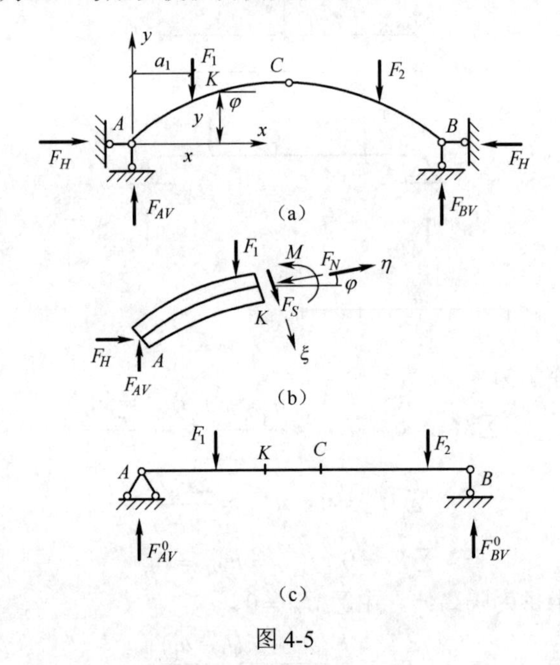

图 4-5

截取截面 K 左部分为隔离体，为便于计算，沿 F_{NK} 及 F_{SK} 方向建立辅助坐标系 $\xi K\eta$。如图 4-5（b）所示。由 $\sum M_K=0$，得

$$M=\{F_{AV}\ x-F_1(x-a_1)\}-F_H y$$

由于 $F_{AV}=F_{AV}^0$，上式方括号内的数值等于相应简支梁截面 K 的弯矩 M^0，故上式可写为

$$M=M^0-F_H y \qquad \text{(e)}$$

由 $\sum F_\xi=0$，得

$$F_S=(F_{AV}-F_1)\cos\varphi-F_H\sin\varphi$$

上式中$(F_{AV}-F_1)$等于相应简支梁截面K的剪力F_S^0，故又可写为

$$F_S=F_S^0\cos\varphi-F_H\sin\varphi \tag{f}$$

由$\sum F_\eta=0$，得

$$F_N=F_S^0\sin\varphi+F_H\cos\varphi \tag{g}$$

在式（f）及（g）中，φ的符号在图示坐标系中左半拱取正，右半拱取负。

综上所述，三铰拱在竖向荷载作用下的内力计算公式为

$$\begin{aligned}M&=M^0-H_y\\F_S&=F_S^0\cos\varphi-F_H\sin\varphi\\F_N&=F_S^0\sin\varphi+F_H\cos\varphi\end{aligned} \tag{4-2}$$

由式（4-2）可知，三铰拱的内力不仅与三个铰的位置有关，而且还与拱的轴线形状有关。

例 4-1 三铰拱及其所受荷载如图 4-6 所示，拱的轴线为抛物线：$y=\dfrac{4f}{l^2}x(l-x)$，求支座反力及截面D的内力。

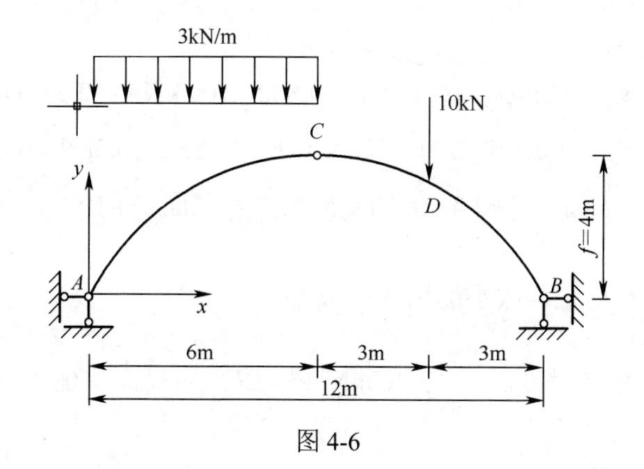

图 4-6

【解】

（1）支座反力计算。

$$F_{AV}=F_{AV}^0=\frac{10\text{kN}\times3\text{m}+3\text{kN/m}\times6\text{m}\times9\text{m}}{12\text{m}}=16\text{kN}（\uparrow）$$

$$F_{BV}=F_{BV}^0=\frac{3\text{kN/m}\times6\text{m}\times3\text{m}+10\text{kN}\times9\text{m}}{12\text{m}}=12\text{kN}（\uparrow）$$

$$F_H=\frac{M_c^0}{f}=\frac{16\text{kN}\times6\text{m}-3\text{kN/m}\times6\text{m}\times3\text{m}}{4\text{m}}=10.5\text{kN}$$

（2）截面D的内力计算。

1）截面D的几何参数。

根据拱轴线方程，当$x=9\text{m}$时

$$y_D=\frac{4f}{l^2}=x(l-x)=\frac{4\times4\text{m}}{(12\text{m})^2}\times9\text{m}\times(12\text{m}-9\text{m})=3\text{m}$$

$$\tan\varphi_D=\frac{\text{d}y}{\text{d}x}=\frac{4f}{l^2}(l-2x)=\frac{4\times4\text{m}}{(12\text{m})^2}\times(12\text{m}-2\times9\text{m})=-0.667$$

因而得出　　$\sin\varphi_D=-0.555$，$\cos\varphi_D=0.832$

2）截面D的内力。

$$M_D=M_D^0-H_{yD}=12\text{kN}\times3\text{m}-10.5\text{kN}\times3\text{m}=4.5\text{kN}\cdot\text{m}$$

注意：计算截面D的剪力和轴力时，在集中荷载处，Q_D^0有突变，所以要分别算出D截面左、右两边的剪力和轴力。

$$Q_{D左}=Q_{D左}^0\cos\varphi_D-H\sin\varphi_D=(-12\text{kN}+10\text{kN})\times0.832-10.5\text{kN}\times(-0.555)=4.16\text{kN}$$

$$N_{D左}=-Q_{D左}^0\sin\varphi_D-H\cos\varphi_D=-(-12\text{kN}+10\text{kN})\times(-0.555)-10.5\text{kN}\times0.832$$
$$=-9.85\text{kN}$$

$$Q_{D右}=Q_{D右0}^0\cos\varphi_D-H\sin\varphi_D=(-12\text{kN})\times0.832-10.5\text{kN}\times(-0.555)=-4.16\text{kN}$$

$$N_{D右}=-Q_{D右}^0\sin\varphi_D-H\cos\varphi_D=-(-12\text{kN})\times(-0.555)-10.5\text{kN}\times0.832=-15.4\text{kN}$$

例4-2　求三铰圆拱（图4-7）的支座反力及截面D的内力。

【解】

荷载为非竖向荷载，故不能用代梁公式。

（1）求反力。

整体平衡，$\sum M_A=0$，　　$300\text{kN}\cdot\text{m}-9F_{BV}-3F_{BH}=0$

$$F_{BH}=3F_{BV}-100 \tag{a}$$

隔离体BC平衡

$$M_C=0,\quad F_{BH}\times2-F_{BV}\times4=0$$

$$F_{BH}=2F_{BV} \tag{b}$$

由式（a）、（b）解出

$$F_{BV}=20\text{kN}\ (\uparrow)$$

$$F_{BH}=40\text{kN}\ (\leftarrow)$$

整体平衡：

$$\sum F_y = 0,\ V_{AV} = -20\text{kN}\ (\downarrow)$$

$$\sum F_x = 0,\ F_{AH} = -60\text{kN}\ (\downarrow)$$

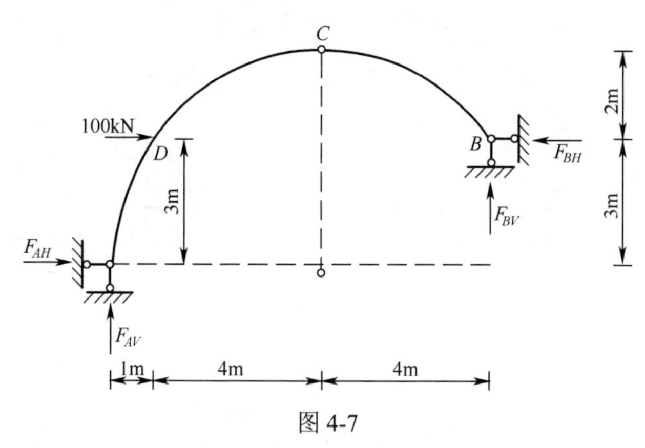

图 4-7

（2）求内力。

D 点有集中荷载，D 点左、右邻近截面上 F_s 和 F_N 不同。取隔离体 AD 左和 AD 右。

$$M_D = 60\text{kN}\times 3\text{m} - 20\text{kN}\times 1\text{m} = 160\text{kN}\cdot\text{m}\ （下边受拉）$$

$$\sin\varphi_D = \frac{4}{5},\ \cos\varphi_D = \frac{3}{5}$$

$$F_{sD左} = 60\text{kN}\times\frac{4}{5} - 20\text{kN}\times\frac{3}{5} = 36\text{kN}$$

$$N_{D左} = 60\text{kN}\times\frac{3}{5} + 20\text{kN}\times\frac{4}{5} = 52\text{kN}$$

$$F_{sD右} = (60\text{kN} - 100\text{kN})\times\frac{4}{5} - 20\text{kN}\times\frac{3}{5} = -44\text{kN}$$

$$N_{D右} = (60\text{kN} - 100\text{kN})\times\frac{3}{5} + 20\text{kN}\times\frac{4}{5} = -8\text{kN}$$

（3）讨论。

1）本题不是竖向荷载，不能用代梁公式（4-1）计算；需直接由截面法平衡条件求解。

2）本题另一个容易出错的地方是认为 D 处只有一个截面，只求一个截面的内力。

例 4-3　试作图 4-8（a）所示三铰拱的内力图。拱轴线方程为 $y = \frac{4f}{l^2}(l-x)x$。

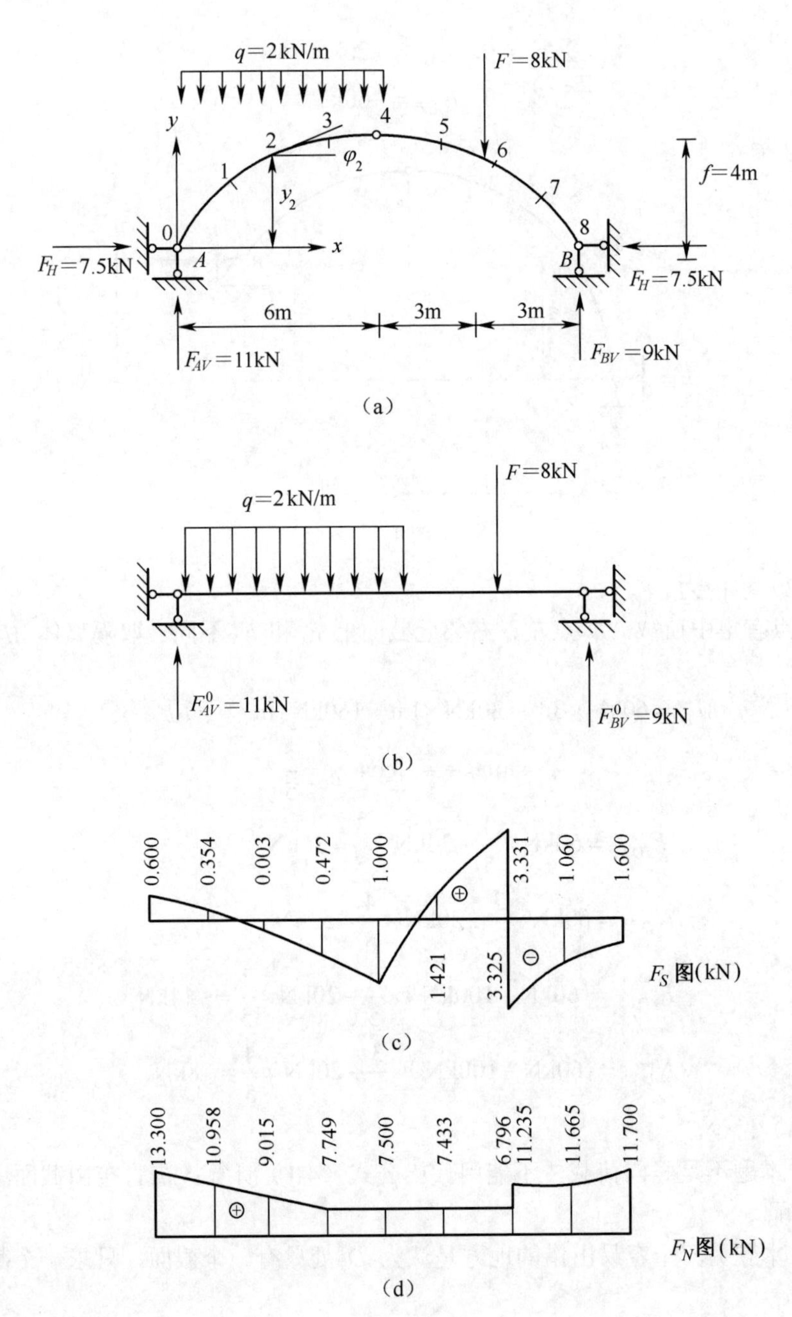

q=2kN/m
F=8kN
y
0
1
2
3
4
5
6
7
8
φ2
y2
x
f=4m
FH=7.5kN
A
B
FH=7.5kN
6m
3m
3m
FAV=11kN
FBV=9kN
(a)
q=2kN/m
F=8kN
F0AV=11kN
F0BV=9kN
(b)
0.600
0.354
0.003
0.472
1.000
3.331
1.060
1.600
1.421
3.325
FS 图(kN)
(c)
13.300
10.958
9.015
7.749
7.500
7.433
6.796
11.235
11.665
11.700
FN图(kN)
(d)

图 4-8

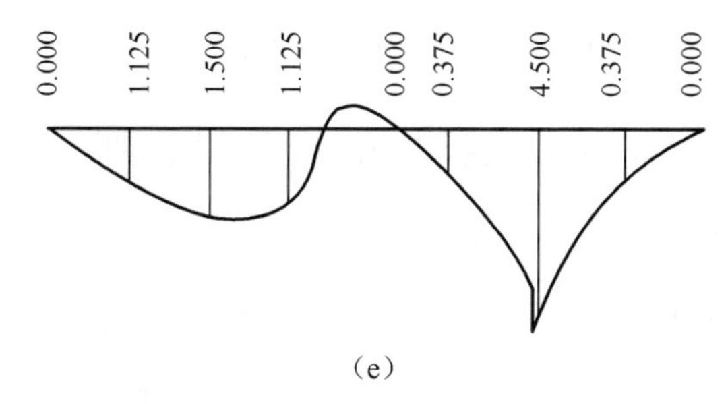

（e）

图 4-8（续图）

解：（1）反力计算。

由式（4-1）可知

$$F_{AV}=F_{AV}^{0}=\frac{2\text{kN/m}\times 6\text{m}\times 9\text{m}+8\text{kN}\times 3\text{m}}{12\text{m}}=11\text{kN}$$

$$F_{BV}=F_{BV}^{0}=\frac{2\text{kN/m}\times 6\text{m}\times 3\text{m}+8\text{kN}\times 9\text{m}}{12\text{m}}=9\text{kN}$$

$$F_H=M_C^0/f=(11\text{kN}\times 6\text{m}-6\text{m}\times 2\text{kN/m}\times 3\text{m})/4\text{m}=7.5\text{kN}$$

（2）内力计算。

为了绘内力图，将拱沿跨度方向分成 8 等分，分别计算出各等分点截面处的内力值，现以距左支座 $x=3\text{m}$ 的截面 2 为例，说明计算步骤。

1）截面的几何参数。

拱轴线方程：$y=\dfrac{4f}{l^2}(l-x)x=4\times 4\text{m}/(16\text{m})^2\times(16\text{m}-x)x=x(1-x/16)$

$$\tan\varphi=\text{d}y/\text{d}x=1-x/8$$

故有 $y_6=x_6(1-x_6/16)=12(1-12/16)=3\text{m}$

$\tan\varphi_6=1-x_6/8=1-12/8=-0.5$，$\varphi_6=-26°34'$，$\sin\varphi_6=-0.447$，$\cos\varphi_6=0.894$

2）计算截面 6 的内力。

由式（4-2），得：$M_6=M_6^0-F_Hy_6=50\times 4-60\times 3=20\text{kN}\cdot\text{m}$

由于等分点 6 在集中力作用处，故该截面剪力、轴力均有突变，应分别计算出左、右两边的剪力和轴力。

$$F_{SL}^{6}=F_{S6}^{0L}\cos\varphi_6-F_H\sin\varphi_6=(-10\text{kN})\times 0.894-60\text{kN}\times(-0.447)=17.9\text{kN}$$

$$F_{S6}^{R}=F_{S6}^{0R}\cos\varphi_6-F_H\sin\varphi_6=(-50\text{kN})\times 0.894-60\text{kN}\times(-0.447)=-17.9\text{kN}$$

$$F_{N6}^{L}=F_{S6}^{0L}\sin\varphi_6+F_H\cos\varphi_6=(-10\text{kN})\times(-0.447)+60\text{kN}\times 0.894=58.1\text{kN}$$

$$F_{N6}^{R}=F_{S6}^{OR}\sin\varphi_6+F_H\cos\varphi_6=(-50\text{kN})\times(-0.447)+60\text{kN}\times 0.894=76.0\text{kN}$$

同理可计算出其他各截面的内力，具体计算时可列表。根据表中计算出的数值，即可绘出 M、F_S、F_N图，分别如图 4-8（c）所示。

§4-3 三铰拱的合理拱轴线

1. 压力曲线

拱式结构的特点是承受较大的压力，除此之外，各截面还有剪力和弯矩，由这三个分力可求出合力，如图 4-9（a）、（b）所示。合力与分力之间的关系为：

$$F_R=\sqrt{F_N^2+F_S^2}$$

$$e=\frac{M}{F_R}$$

$$\tan\alpha=\frac{F_S}{F_N}$$

上式中 e 是由截面形心到合力 F_R 作用线的垂直距离，α 是合力 F_R 与该截面拱轴切线之间的夹角。对于拱内各截面来说，一般是处于偏心受压状态，如图 4-9（b）所示。各截面弯矩越小，则偏心距 e 越小。当 M=0 时，则 $e=0$，这对截面受力而言是比较理想的。各截面合力 F_R 作用点的连线就称为该拱的压力曲线。

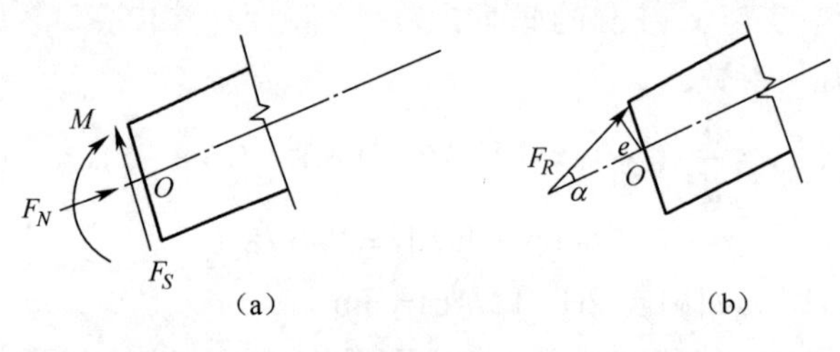

图 4-9

2. 三铰拱的合理拱轴线

如果三铰拱各截面上的弯矩和剪力均为零，则各截面 F_N 的方向与拱的轴线相切，即压力曲线与拱轴线重合。此时拱内各截面上正应力均匀分布，在材料使用上最为经济，故称这样的拱轴线为合理拱轴线。

合理拱轴线可由拱截面上弯矩处处为零的条件确定。在竖向荷载作用下，三铰拱任一截面的弯矩由式(4-2)中第一式计算，故合理拱轴线由 $M=M^0-F_Hy=0$ 可得

$$y=M^0/F_H \tag{4-4}$$

上式表明，在竖向荷载作用下，合理拱轴线的竖坐标与相应简支梁弯矩的竖

坐标成正比。当荷载已知时，只需求出相应简支梁的弯矩方程，然后除以拱的推力 F_H，便可得到合理拱轴线方程。

例 4-4　试求图 4-10（a）所示对称三铰拱在竖向均布荷载 q 作用下的合理拱轴线。

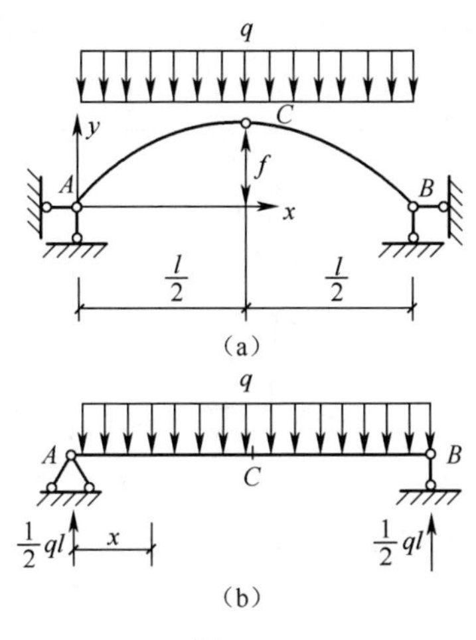

图 4-10

解：图 4-10（b）所示相应简支梁的弯矩方程为

$$M^0 = qlx/2 - qx^2/2 = qx(l - x)/2$$

由式（4-1）求得水平推力为

$$F_H = M^0C/f = ql^2/(8f)$$

根据式（4-4），得合理拱轴线方程为

$$y = M^0/F_H = 4f(l - x)x/l^2$$

可见，在竖向荷载作用下，三铰拱的合理拱轴线是二次抛物线。

图 4-11 所示三铰拱受填土荷载作用，拱上分布荷载 $q_x = q_c + \gamma_y$。q_c 为拱顶处荷载集度，γ 为填土容重。应用式（4-4）积分（分析从略）后，得合理拱轴线是一条悬链线。方程为

$$y = \frac{q_c}{\gamma}\left(\cos h\sqrt{\frac{\gamma}{F_H}}x - 1\right)$$

图 4-12 所示三铰拱在受径向均布荷载（如静水压力）作用下，根据微段的平衡条件即可推出合理拱轴线为圆弧曲线（推导从略）。

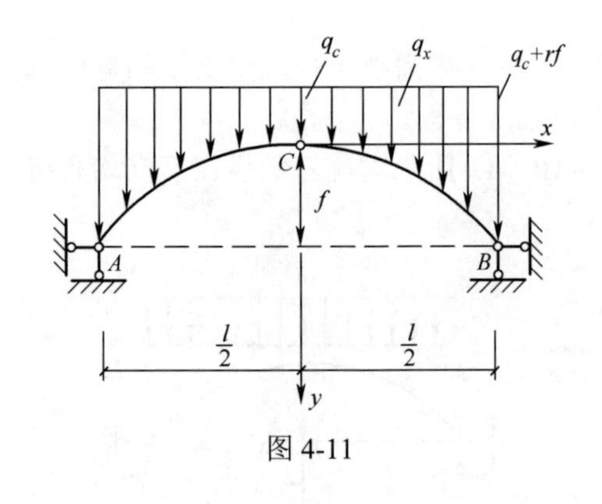

图 4-11

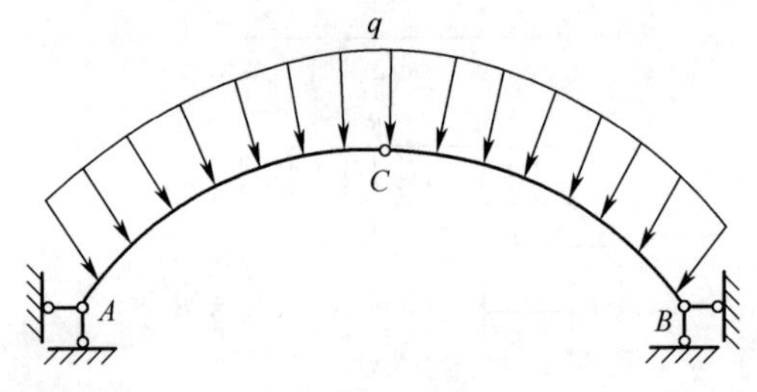

图 4-12

应该指出，当跨度一定时，对于不同的荷载，其合理拱轴的形式也不同。在工程实际中，结构要承受各种不同荷载的作用。根据某种荷载确定的合理拱轴线，并不能保证其他荷载作用下，拱内各截面都处于无弯矩状态。因此，在结构设计中通常是以主要荷载作用下的合理拱轴作为拱的轴线。而在其他荷截作用下产生的弯矩，应控制其压力线不超过截面核心，以保证各截面不产生拉应力。

复习思考题

1. 在竖向荷载作用下，三铰拱的支座反力和梁的支座反力有什么区别？三铰拱的内力和梁的内力有什么区别？

2. 三铰拱的支座反力和内力分别与拱轴线的形状是否有关？

3. 三铰拱的合理拱轴线与哪些因素有关？

4. 对于给定的荷载，合理拱轴线曲线是唯一的吗？

5. 带拉杆的三铰拱在受力上有什么优点？拉杆的轴力如何确定？

6. 不等高三铰刚架的反力计算能否不联立方程？

习题

4-1　计算图示拱结构的指定截面的 M 及 F_N。

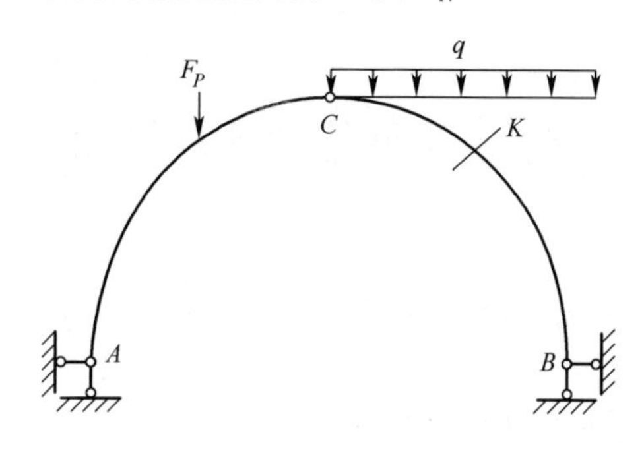

4-2　计算图示拱结构的指定截面的 M 及 F_N。

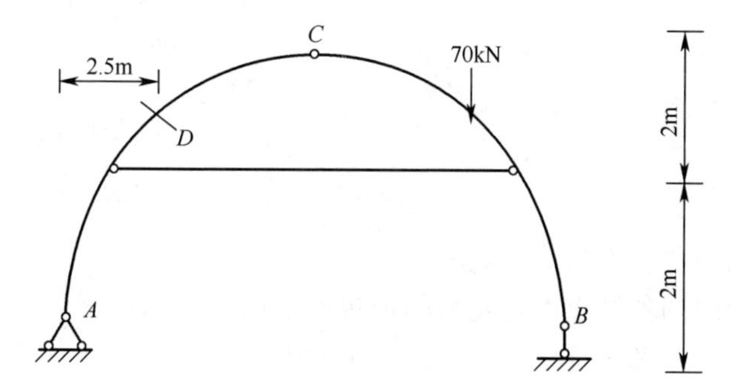

参考答案

4-1　$M_k = -4.18\text{kN}\cdot\text{m}$，$F_{NK} = -8.20\text{kN}$

4-2　$M_D = 32.75\text{kN}\cdot\text{m}$，$F_{ND} = 35\text{kN}$

第五章　静定平面桁架

§5-1　平面桁架计算简图

1. 特点及组成

所有结点都是铰结点，在结点荷载作用下，各杆内力中只有轴力。截面上应力分布均匀，可以充分发挥材料的作用。因此，桁架是大跨度结构中常用的一种结构形式，在桥梁及房屋建筑中得到广泛应用。

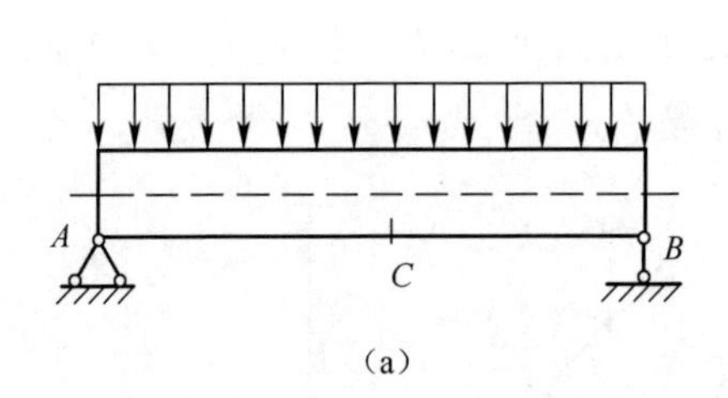

(a)

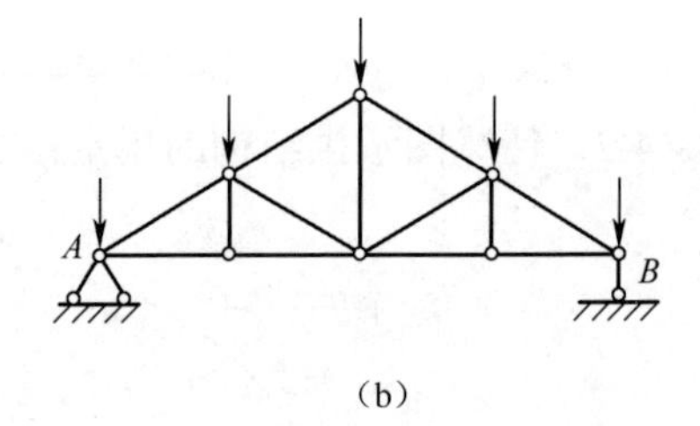

(b)

图 5-1

2. 计算简图中引用的基本假定

（1）桁架中的各结点都是光滑的理想铰结点。

（2）各杆轴线都是直线，且在同一平面内并通过铰的中心。

（3）荷载及支座反力都作用在结点上，且在桁架平面内。

上述假定保证了桁架中各结点均为铰结点，各杆内只有轴力，都是二力杆。符合上述假定的桁架是理想桁架。实际桁架与上述假定是有差别的。如钢桁架及钢筋混凝土桁架中的结点都具有很大的刚性。此外，各杆轴线也不可能绝对平直，也不一定正好都过铰中心，荷载也不完全作用在结点上等。但工程实践及实验表明，这些因素所产生的应力是次要的，称为次应力。按理想桁架计算的应力是主要的，称为主应力。本节只讨论产生主应力的内力计算。

3. 名词解释

桁架的杆件按其所在位置分为弦杆和腹杆。

弦杆又分为上弦杆和下弦杆，腹杆也分为斜杆和竖杆，如图 5-2 所示。两支座之间的水平距离 l 称为跨度，支座连线至桁架最高点的距离 H 称为桁高。弦杆上相邻两结点之间的区间称为节间，其间距 d 称为节间长度。

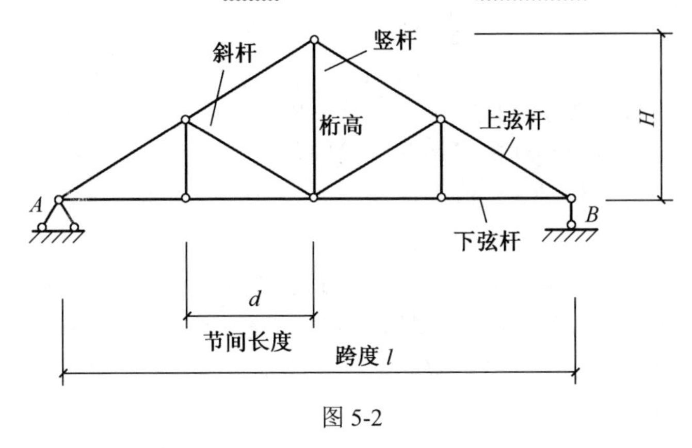

图 5-2

4. 桁架的分类

（1）按几何外形分，分为平行弦桁架、折弦桁架、三角形桁架，分别如图 5-3（a）、（b）、（c）所示。

（2）按有无水平支座反力分，分为梁式桁架（如图 5-3（a）、（b）、（c）所示）和拱式桁架（如图 5-3（d）所示）。

（3）按几何组成分。

1）简单桁架：由一个基本铰结三角形开始，依次增加二元体组成的桁架，如图 5-3（a）、（b）、（c）所示。

2）联合桁架：由几个简单桁架按几何不变体系的简单组成规则而联合组成的桁架，如图 5-3（d）、（e）所示。

3）复杂桁架：不属前两种方式组成的其他桁架，如图 5-3（f）所示。

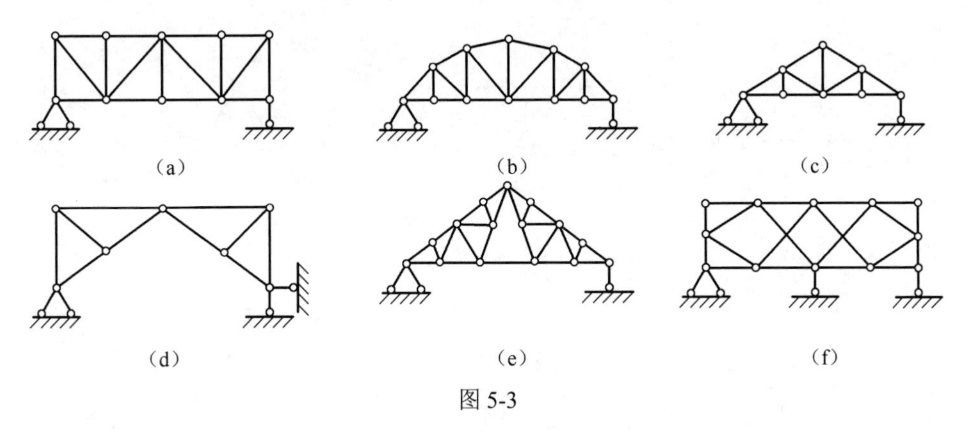

图 5-3

§5-2 结点法

桁架计算一般是先求支座反力，后计算内力。计算内力时可截取桁架中的一部分为隔离体，根据隔离体的平衡条件求解各杆的轴力。如果截取的隔离体包含两个及以上的结点，这种方法叫截面法。如果所取隔离体仅包含一个结点，这种方法叫结点法。

当取某一结点为隔离体时，由于结点上的外力与杆件内力组成一平面汇交力系，则独立的平衡方程只有两个，即$\Sigma F_x=0$，$\Sigma F_y=0$。可解出两个未知量。因此，在一般情况下，用结点法进行计算时，其上的未知力数目不宜超过两个，以避免在结点之间解联立方程。

结点法用于计算简单桁架很方便。因为简单桁架是依次增加二元体组成的。每个二元体只包含两个未知轴力的杆，完全可由平衡方程确定。计算顺序按几何组成的相反次序进行，即从最后一个二元体开始计算。

桁架杆件内力的符号规定：轴力以使截面受拉为正，受压为负。在取隔离体时，轴力均先假设为正，即轴力方向用离开结点表示。计算结果为正，则为拉力；反之，则为压力。

桁架中常有一些特殊形式的结点，掌握这些特殊结点的平衡条件，可使计算大为简化。把内力为零的杆件称为零杆。

（1）L型结点。不在一直线上的两杆结点，当结点不受外力时，两杆均为零杆，如图5-4（a）所示。若其中一杆与外力F共线，则此杆内力与外力F相等，另一杆为零杆，如图5-4（d）所示。

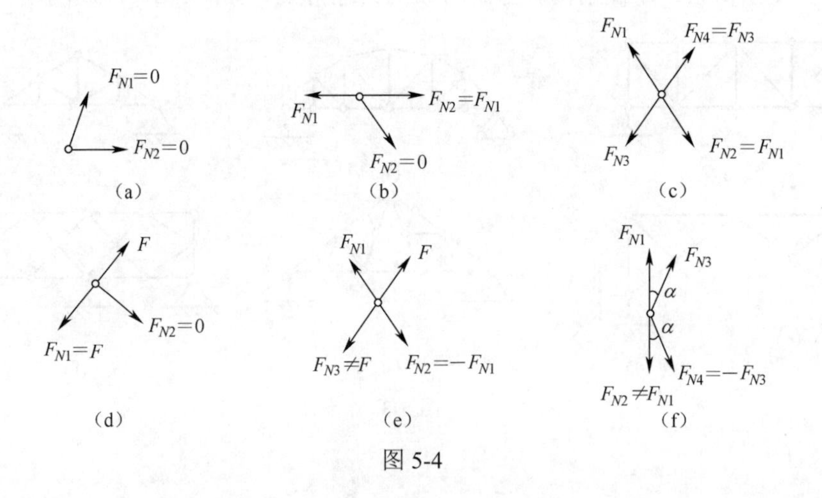

图5-4

（2）T 型结点。两杆在同一直线上的三杆结点，当结点不受外力时，第三杆为零杆，如图 5-4（b）所示。若外力 F 与第三杆共线，则第三杆内力等于外力 F，如图 5-4（e）所示。

（3）X 型结点。四杆结点两两共线，如图 5-4（c）所示，当结点不受外力时，则共线的两杆内力相等且符号相同。

（4）K 型线点。这也是四杆结点，其中两杆共线，另两杆在该直线同侧且与直线夹角相等，如图 5-4（f）所示。当结点不受外力时，则非共线的两杆内力大小相等，符号相反。

以上结论，均可取适当的坐标由投影方程得出。

应用上述结论可判定出图 5-5（a）、（b）、（c）所示结构中，虚线各杆均为零杆。这里所说的零杆是对某种荷载而言的，当荷载变化时，零杆也随之变化，如图 5-5（b）、（c）所示。此处的零杆也决非多余联系。

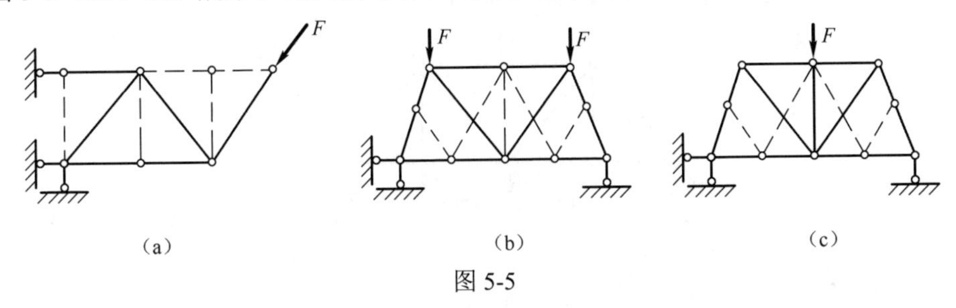

图 5-5

例 5-1　用结点法计算图 5-6（a）所示桁架各杆的内力。

解：该桁架为简单桁架，由于桁架及荷载都对称，故可计算其中一半杆件的内力，最后由结点 C 的平衡条件进行校核。

（1）计算支座反力。

$$\sum F_x = 0,\ F_{Ax} = 0$$

由对称性可知

$$F_{Ay} = F_{By} = (2\text{kN} + 4\text{kN} + 2\text{kN})/2 = 4\text{kN}\quad (\uparrow)$$

（2）内力计算。

1）取结点 A 为隔离体，如图 5-6（b）所示。

$$\sum F_y = 0,\ F_{NAE} \times \frac{\sqrt{2}}{2} + 4\text{kN} = 0$$

$$F_{NAE} = -4\sqrt{2}\text{kN} = -5.66\text{kN}$$

$$\sum F_x = 0,\ F_{NAD} + F_{NAE} \times \sqrt{2}/2 = 0$$

$$F_{NAD} = -(-4\sqrt{2}\text{kN}) \times \sqrt{2}/2 = 4\text{kN}$$

2）取结点 D 为隔离体，如图 5-6（c）所示。

$$\sum F_x = 0,\ F_{NDC} = 4\text{kN};\ \sum F_y = 0,\ F_{NDE} = 2\text{kN}$$

3）取结点 E 为隔离体，如图 5-6（d）所示。

$$\sum F_y = 0,\ 4\sqrt{2}\text{kN} \times \sqrt{2}/2 - 2\text{kN} - F_{NEC} \times \sqrt{2}/2 = 0,\ F_{NEC} = 2\sqrt{2}\text{kN} = 2.83\text{kN}$$

$$\sum F_x = 0,\ F_{NEG} + F_{NEC} \times \sqrt{2}/2 + 4\sqrt{2}\text{kN} \times \sqrt{2}/2 = 0$$

$$F_{NEG} = -2\sqrt{2} \times \sqrt{2}/2 - 4\text{kN} = -6\text{kN}$$

4）由对称性，可知另一半桁架杆件的内力。

5）校核。取结点 C 为隔离体，如图 5-6（e）所示。

$$\sum F_x = 4\text{kN} + 2\sqrt{2}\text{kN} \times \sqrt{2}/2 - 2\sqrt{2}\text{kN} \times \sqrt{2}/2 - 4\text{kN} = 0$$

$$\sum F_y = 2\sqrt{2}\text{kN} \times \sqrt{2}/2 + 2\text{kN} - 4\text{kN} = 0$$

C 结点平衡条件满足，故知内力计算无误。

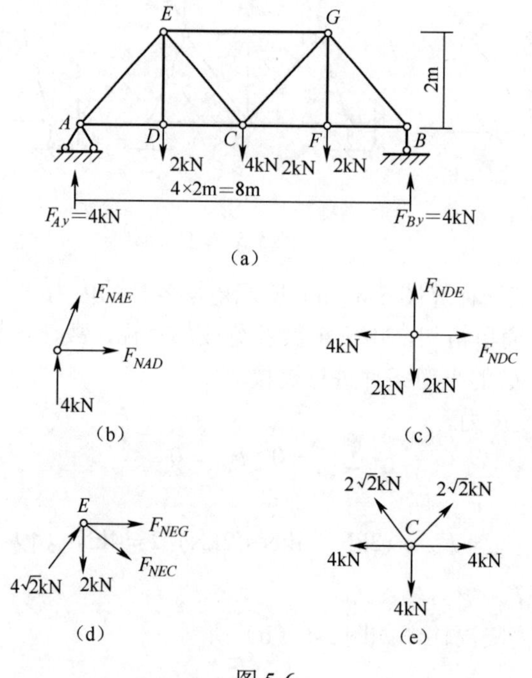

图 5-6

§5-3　截面法

用截面法计算内力时，由于隔离体上所作用的力为平面一般力系，故可建立三个平衡方程。若隔离体上的未知力数目不超过三个，则可将它们全部求出，否则需利用解联立方程的方法才能求出所有未知力。为此，可适当选取矩心及投影轴，利用力矩法和投影法，尽可能使建立的平衡方程只包含一个未知力，以避免解联立方程。

例 5-2　用截面法计算图 5-7（a）所示桁架中 a、b、c、d 各杆的内力。

解：（1）求支座反力。由对称性可知：

$$F_A = F_B = (10\text{kN} + 20\text{kN} \times 5 + 10\text{kN})/2 = 60\text{kN}\ (\uparrow)$$

（2）计算各杆内力。

1）作截面Ⅰ-Ⅰ，如图 5-7（a）所示，取左部分为隔离体，如图 5-7（b）所示。为求 a 杆内力，可以 b、c 两杆的交点 E 为矩心，由方程 $\sum M_E = 0$，得

$$60\text{kN} \times 3\text{m} - 10\text{kN} \times 3\text{m} - F_{Na} \times 3\text{m} = 0,\ F_{Na} = 50\text{kN}$$

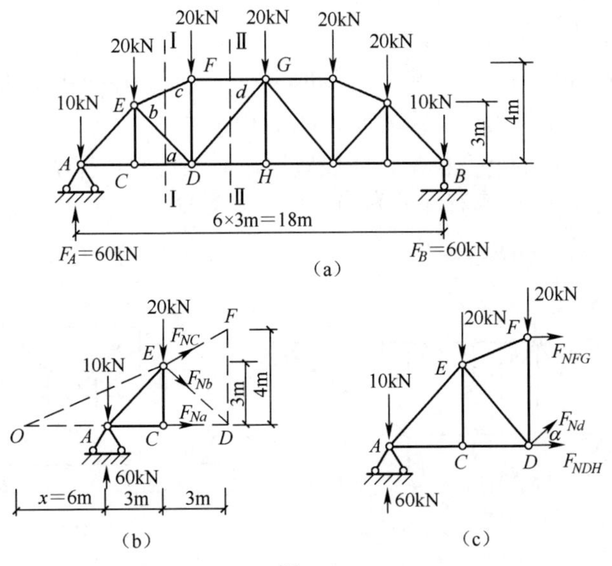

图 5-7

2）求上弦杆 c 的内力时，以 a、b 两杆的交点 D 为矩心，此时要计算 F_{Nc} 的力臂不太方便，为此将 F_{Nc} 分解为水平和竖直方向的两个分力，则各分力的力臂均为已知。由 $\sum M_D = 0$，得

$$(F_{Nc} \times 1/\sqrt{10}) \times 3\text{m} + (F_{Nc} \times 3/\sqrt{10}) \times 3\text{m} + 60\text{kN} \times 6\text{m} - 10\text{kN} \times 6\text{m} - 20\text{kN} \times 3\text{m} = 0$$

$$F_{Nc} = -61.5\text{kN}$$

3）求 b 杆内力时，应以 a、c 两杆的交点 O 为矩心，为此，应求出 OA 之间的距离，设为 x，由比例关系：$\dfrac{x+3}{x+6} = \dfrac{3}{4}$

可得，$x = 6\text{m}$

同样，将 F_{Nb} 在 E 点分解为水平和竖直方向的两个分力，由 $\sum M_O = 0$，得

$$(F_{Nb} \times \sqrt{2}/2) \times 9\text{m} + (F_{Nb} \times \sqrt{2}/2) \times 3\text{m} + 10\text{kN} \times 6\text{m} + 20\text{kN} \times 9\text{m} - 60\text{kN} \times 6\text{m} = 0$$

$$F_{Nb} = 10\sqrt{2}\text{kN} = 9.29\text{kN}$$

4）为求 F_{Nd}，作截面Ⅱ-Ⅱ，取左部分为隔离体，如图 5-7（a）、（c）所示。因被截断的另两杆平行，故采用投影方程计算。由 $\sum F_y = 0$，得

$$F_{Nd} \times 4/5 + 60\text{kN} - 10\text{kN} - 20\text{kN} - 20\text{kN} = 0$$

$$F_{Nd} = -10\text{kN} \times 5/4 = -12.5\text{kN}$$

如前所述，用截面法求桁架内力时，应尽量使截断的杆件不超过三根，这样所截杆件的内力均可利用同一隔离体求出。特殊情况下，所作截面虽然截断了三根以上的杆件，但只要在被截各杆中，除一根外，其余各杆汇交于同一点或互相平行，则该杆的内力仍可首先求出。

例如图 5-8（a）所示桁架中，作截面Ⅰ-Ⅰ，由 $\sum M_C = 0$，可求出 a 杆内力。又如图 5-8（b）所示桁架中，作截面Ⅱ-Ⅱ，由 $\sum X = 0$，可求出 b 杆内力。图 5-9 所示的工程上多采用的联合桁架，一般宜用截面法将联合杆 DE 的内力求出。即作Ⅰ-Ⅰ截面，取左部分或右部分为隔离体，由 $\sum M_C = 0$ 求出 F_{NDE}。这样左、右两个简单桁架就可用结点法来计算。

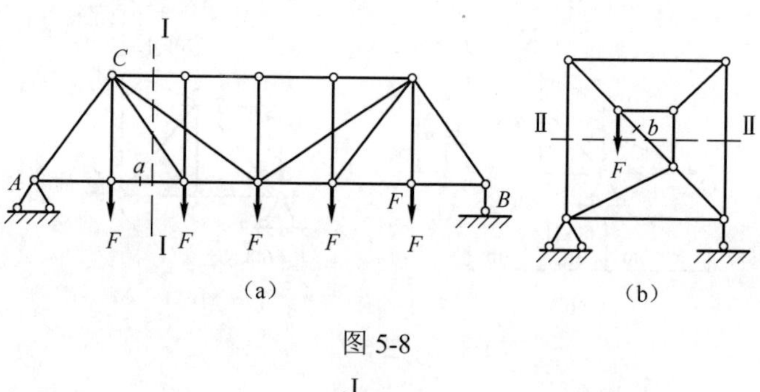

图 5-8

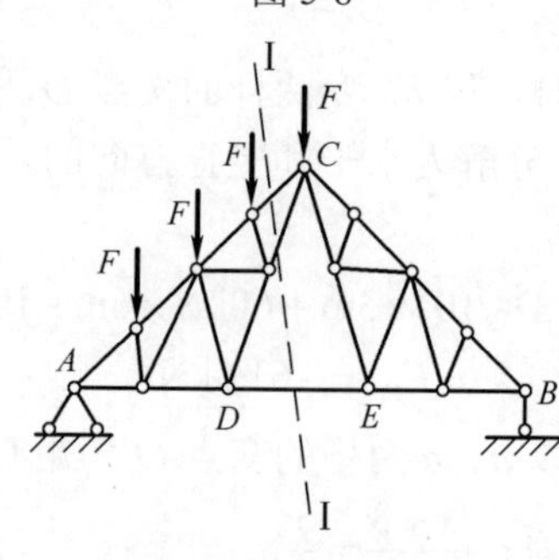

图 5-9

§5-4　截面法和结点法的联合应用

结点法和截面法是计算桁架内力的两种基本方法。两种方法各有所长，应根据具体情况灵活选用。

例 5-3　试求图 5-10 所示桁架中 *a*、*b* 及 *c* 杆的内力。

解：从几何组成看，桁架中的 *AGB* 为基本部分，*EHC* 为附属部分。

（1）作截面Ⅰ-Ⅰ，取右部分为隔离体，由 $\sum M_C=0$，得

$$F_Na\times d+F\times d=0$$

$$F_Na=-F$$

（2）取结点 *G* 为隔离体，由 $\sum F_y=0$，得

$$F_Nc=-F$$

由 $\sum F_x=0$，得

$$F_{NFG}=F_{Na}=-F$$

（3）作截面Ⅱ-Ⅱ，取左部分为隔离体，由 $\sum M_A=0$，得

$$F_{Nb}\times\sqrt{2}d+F\times d-F\times d=0,\ F_{Nb}=0$$

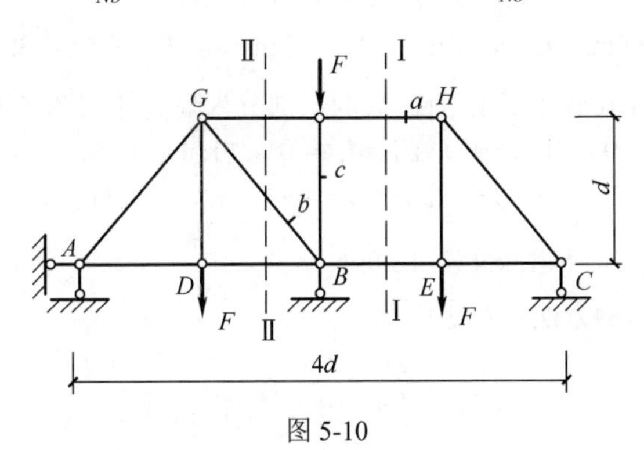

图 5-10

例 5-4　求图 5-11 所示桁架中 *a* 杆的内力。

解：（1）求支座反力。

$\sum M_B=0$

$F_A=(20\text{kN}\times15\text{m}+20\text{kN}\times12\text{m}+20\text{kN}\times9\text{m})/18\text{m}=40\text{kN}$（↑）

$\sum M_A=0$，$F_B=20\text{kN}$（↑）

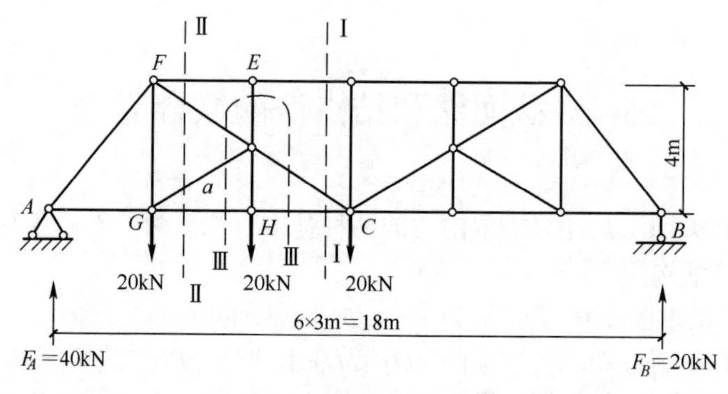

图 5-11

校核：$\sum F_y = 40\text{kN} + 20\text{kN} - 20\text{kN} - 20\text{kN} - 20\text{kN} = 0$

故知反力计算无误。

（2）计算 a 杆内力。

1）作Ⅰ-Ⅰ截面，取左部分为隔离体，由$\sum M_F = 0$，得：

$$F_{NHC} \times 5\text{m} - 20\text{kN} \times 3\text{m} - 40\text{kN} \times 3\text{m} = 0,\ F_{\text{NHC}} = 45\text{kN}$$

2）取结点 H 为隔离体，由$\sum F_x = 0$，得：

$$F_{NGH} = F_{NHC} = 45\text{kN}$$

3）作截面Ⅱ-Ⅱ，仍取左部分为隔离体，由 ΣM_F=0，得

$$F_{Na} \times 3/\sqrt{13} \times 4\text{m} + 45\text{kN} \times 4\text{m} - 40\text{kN} \times 3\text{m} = 0,\ F_{Na} = -5\sqrt{13}\text{kN} = -18.0\text{kN}$$

在该题中，若取截面Ⅲ-Ⅲ所截取的一部分为隔离体（图 5-11），由于 ED 杆为零，所以 $F_{NED} = 0$。由平衡方程$\sum M_C = 0$，可得

$$F_{Na} \times 2/\sqrt{13} \times 3\text{m} + F_{Na} \times 3/\sqrt{13} \times 2\text{m} + 20\text{kN} \times 3\text{m} = 0$$

$$F_{Na} = -5\sqrt{13}\text{kN} = -18.0\text{kN}$$

可见，按后一种方法计算更简单。

§5-5 组合结构的计算

组合结构是指由链杆和受弯为主的梁式杆组成的结构。链杆只受轴力作用，梁式杆除受轴力外，还要受弯矩、剪力的作用。用截面法计算组合结构内力时，为了使隔离体上的未知力不致过多，应尽量避免截断受弯杆件。因此，计算组合结构的步骤一般是先求支座反力，然后计算各链杆的轴力，最后计算受弯杆的内力。

例 5-5 求图 5-12（a）所示组合结构各杆的轴力，作受弯杆的 M、F_S 图。

解：（1）计算支座反力。

$$\sum M_B = 0,\ F_A = \frac{20\text{kN/m}\times 6\text{m}\times 3\text{m}}{12} = 30\text{kN}\ (\uparrow)$$

$$\sum M_A = 0,\ F_B = \frac{20\text{kN/m}\times 6\text{m}\times 9\text{m}}{12} = 90\text{kN}\ (\uparrow)$$

校核：$\sum F_y = 30\text{kN} + 90\text{kN} - 20\text{kN/m}\times 6\text{m} = 0$

故知反力计算无误。

（2）求链杆内力。

1）作截面Ⅰ-Ⅰ，拆开铰 C 及截断 DE 杆，取左边为隔离体，由 $\sum M_C = 0$，得

$$F_{NDE}\times 5 - 10\times 6 = 0,\ F_{NDE} = 60\text{kN}$$

2）取结点 D、E 为隔离体，

由平衡条件 $\sum F_x = 0$、$\sum F_y = 0$ 可求得各链杆轴力如图 5-12（a）所示。

（3）计算受弯杆内力。

1）取出 CB 杆为隔离体，如图 5-12（b）所示。由平衡条件可得

$$F_{CH} = 60\text{kN}\ (\rightarrow),\ F_{CV} = 30\text{kN}\ (\uparrow)$$

据此可作出 CB 杆的弯矩图及剪力图。

2）AC 杆的内力可用与 CB 杆相同的方法求得。最后受弯杆的弯矩图及剪力图如图 5-12（c）、（d）所示。

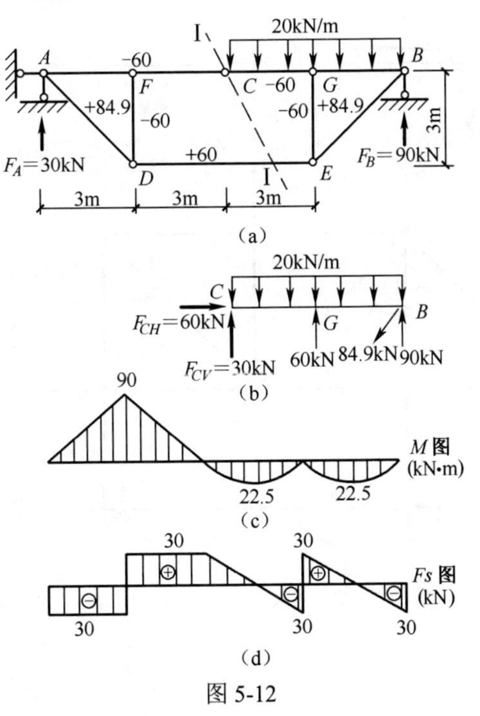

图 5-12

复习思考题

1．理想桁架的基本假设是什么？为什么在基本假设下，桁架杆件只有轴力？
2．在结点法和截面法中，怎样尽量避免解联立方程？
3．零杆既然不受力，可否在实际结构中去除它？
4．组合结构中链杆和受弯为主的梁式杆的受力特点分别是什么？

习题

求下列桁架指定杆件的轴力值

5-1

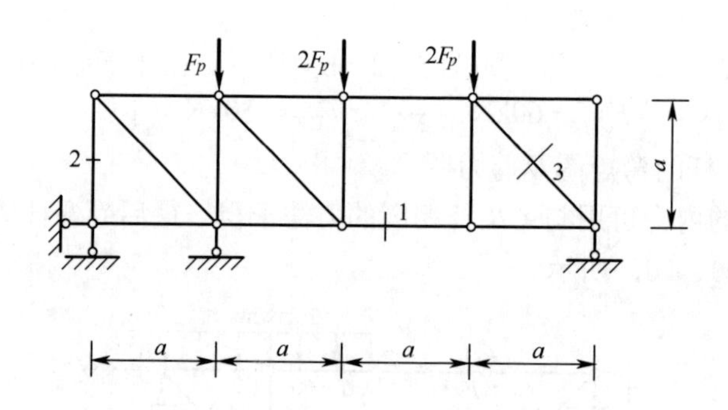

5-2

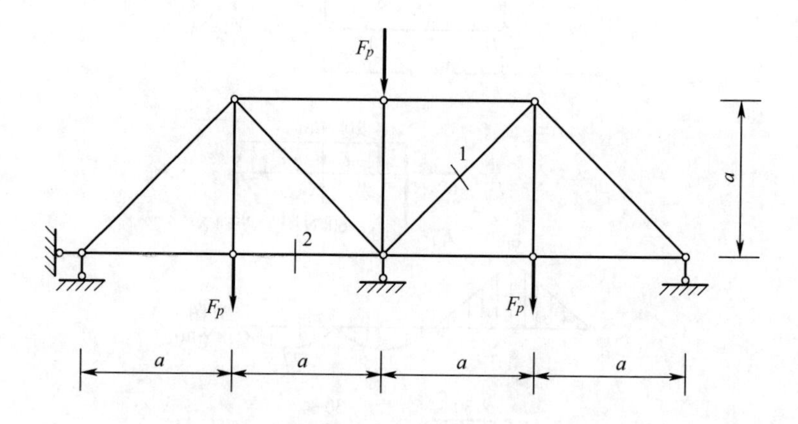

5-3

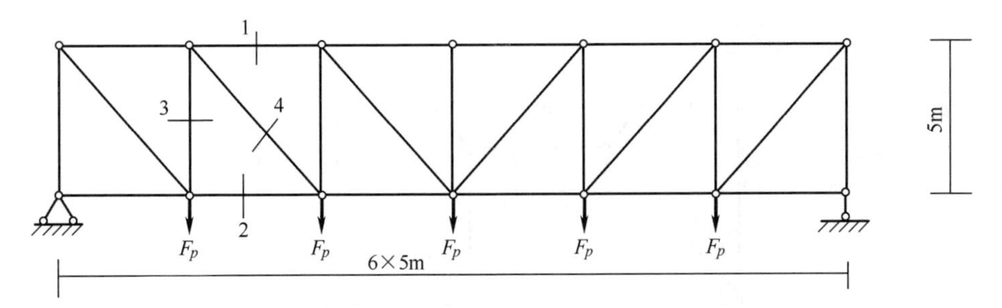

5-4

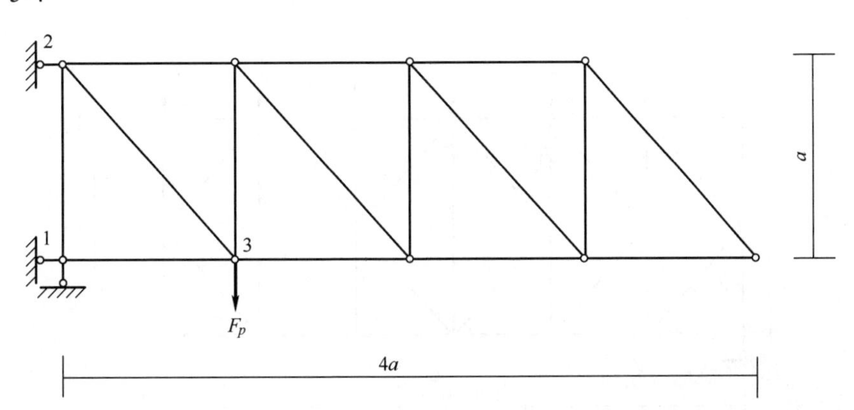

5-5

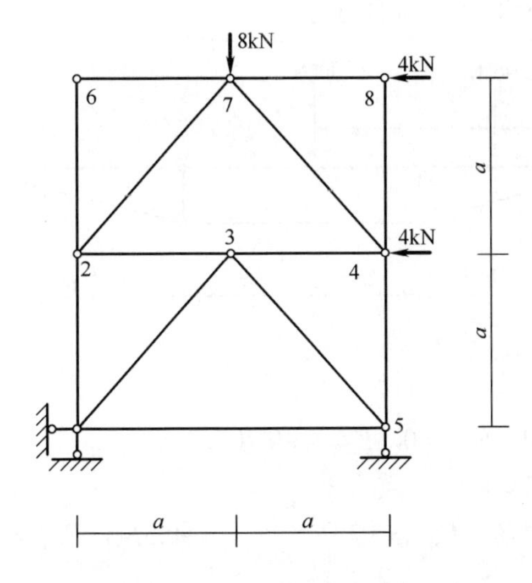

5-6

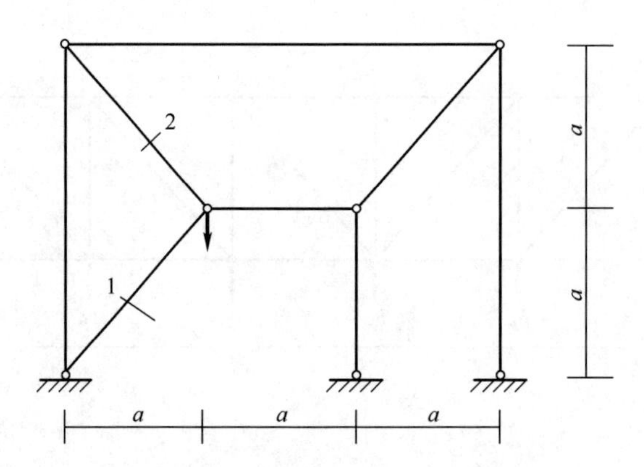

5-7

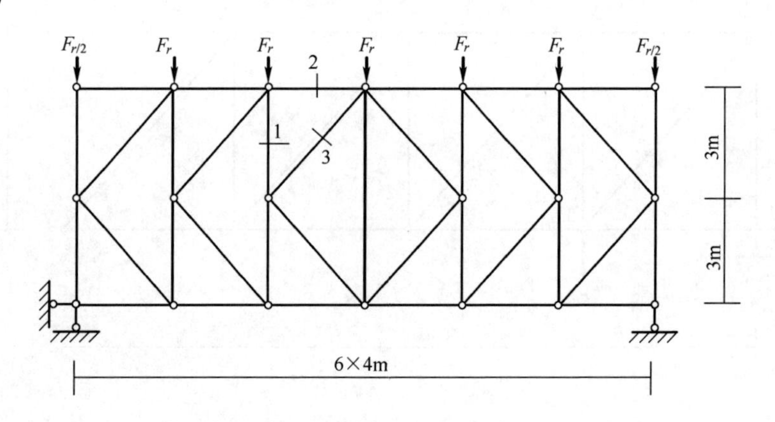

5-8 试分析所示组合结构的内力

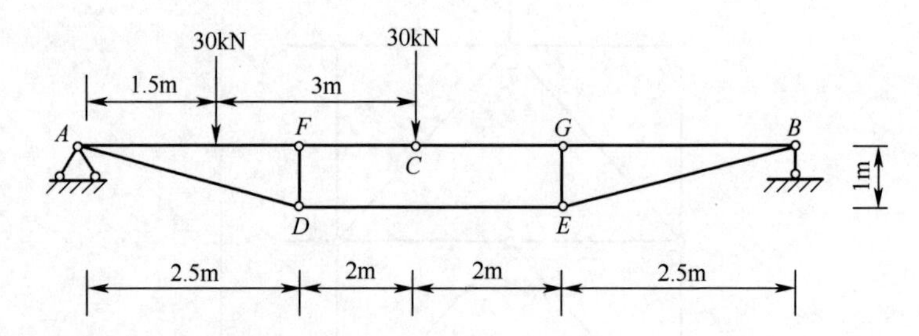

参考答案

5-1 $F_{N1}=F_P/2$，$F_{N2}=0$，$F_{N3}=-0.707F_P$

5-2 $F_{N1}=0$，$F_{N2}=F_P$

5-3 $F_{N1}=-3.75F_P$，$F_{N2}=3.33F_P$，$F_{N3}=-0.5F_P$，$F_{N4}=0.65F_P$

5-4　$F_{N13}=-F_P$，$F_{N23}=1.414F_P$，$F_{N12}=-F_P$

5-5　$F_{N12}=-6\text{kN}$，$F_{13}=-5.657\text{kN}$，$F_{N15}=-4\text{kN}$，$F_{N23}=6\text{kN}$，
$F_{N27}=-8.485\text{kN}$，$F_{N34}=-2\text{kN}$，$F_{N35}=5.657\text{kN}$，$F_{N45}=-2\text{kN}$，
$F_{N47}=-2.828\text{kN}$，$F_{N78}=-4\text{kN}$，$F_{N26}=F_{N67}=F_{N48}=0$

5-6　$F_{N1}=0$，$F_{N2}=1.414F_P$

5-7　$F_{N1}=-0.25F_P$，$F_{N2}=-2.67F_P$，$F_{N3}=-0.417F_P$

5-8　$M_F=-20\text{kN}\cdot\text{m}$（上侧受拉），$M_G=-40\text{kN}\cdot\text{m}$（上侧受拉），
$F_{NDE}=90\text{kN}$

第六章　结构的位移计算

§6-1　概述

1. 结构的位移

（1）结构的位移。

结构在外因的影响下将产生变形，由于变形使结构上各截面的位置发生变化，这种位置的变化称为位移。

（2）位移的分类及表示。

位移可分为线位移Δ及角位移 *f*，为计算方便，常把线位移分解为水平及竖直两个方向，分别用 Δ_{Cx}（或 Δ_{CH}）和 Δ_{Cy}（或 Δ_{CV}）表示，如图 6-1 所示。角位移用 φ_C（或 θ_C）表示，如图 6-2 所示。位移的表示符号右下方有两个脚标，其物理意义为：第一个脚标表示发生位移的截面，第二个脚标表示位移的方向（或引起位移的原因）。位移又可分为绝对位移（如图 6-1 所示）及相对位移，如图 6-2 中 *C*、*D* 两截面的水平线位移 Δ_{Cx}、Δ_{Dx} 之和 $\Delta_{CD}=(\Delta_{Cx}+\Delta_{Dx})$表示 *C*、*D* 两截面在水平方向上的相对线位移，又如 $\varphi_{AB}=\varphi_A+\varphi_B$ 表示 *A*、*B* 两截面的相对转角。无论是绝对位移或相对位移，今后统称为广义位移，可用Δ表示。

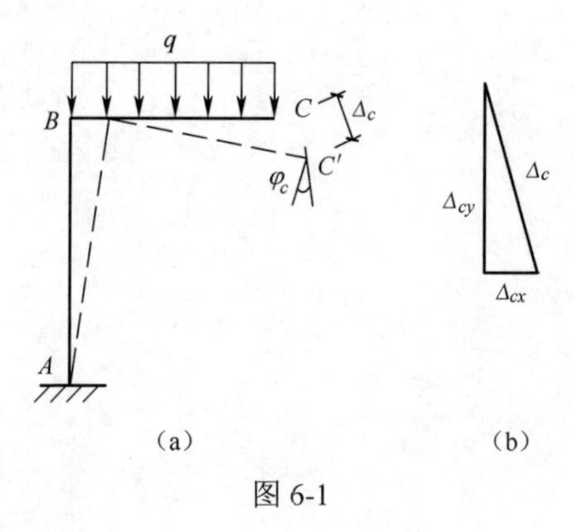

图 6-1

2. 计算结构位移的目的

（1）验算结构的刚度。

结构在外因影响下如果变形太大，同样会影响结构的正常使用，为此，在各种结构的设计规范中，对结构的刚度都有一定的要求。

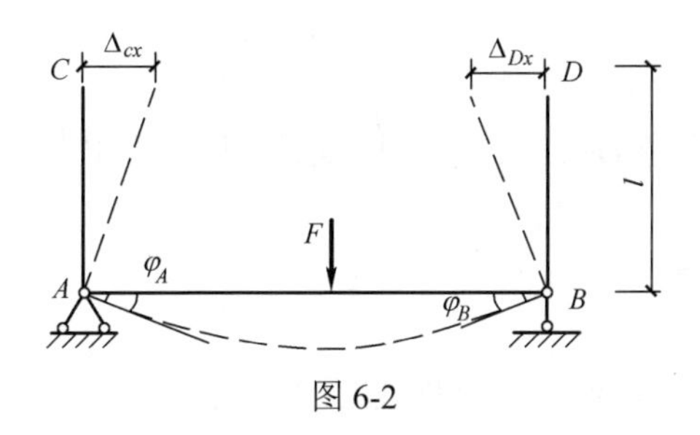

图 6-2

（2）结构在施工过程中需要计算位移。

结构在施工过程中，往往需要预先知道结构的变形情况，而这种变形与结构正常使用时完全不同。如图 6-3 所示为悬臂拼装架梁的示意图。在正常使用时，该简支梁的最大挠度在跨中，而在施工时悬臂端 B 处的挠度最大，该挠度值也成为结构设计时的控制因素之一。

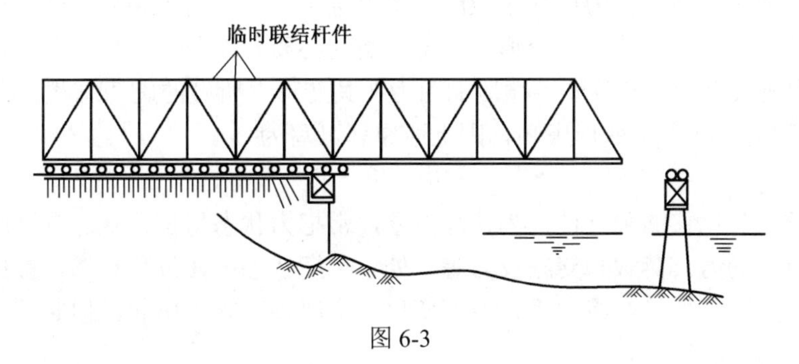

图 6-3

（3）为超静定结构的计算打基础。

在超静定结构的计算中，除考虑平衡条件外，还必须考虑变形协调条件，因此计算结构的位移是解超静定结构的一个重要手段。

（4）结构的动力计算和稳定计算中也需要计算结构的位移。

3. 计算位移时的有关假定

（1）结构的材料服从胡克定理。即应力与应变呈线性关系。

（2）结构的变形很小，可以认为结构变形前后的几何尺寸相同，称为弹性小变形问题。

（3）受弯杆件不考虑轴向变形的影响。

上述假定可使位移计算得到简化，其计算精度可以满足工程要求。满足上述假定的体系，其位移与荷载呈线性关系，称为线性变形体。位移与荷载之间不呈线性关系的体系，称为非线性变形体。本书只考虑线性变形体。

引起结构产生位移的原因除荷载外，还有温度变化、支座移动、制造误差、混凝土收缩等。

§6-2 变形体系的虚功原理

1. *虚功和虚功原理*

（1）虚功。

力在其位移上做功，当力与位移彼此独立无关时，这时的功称为虚功。

（2）刚体的虚功原理。

理论力学中讲过刚体的虚功原理：刚体体系处于平衡的必要和充分条件是，对于任何虚位移，所有外力所做虚功的总和为零。

（3）变形体的虚功原理。

对于变形体来讲，当给体系一虚位移时，除了外力（荷载、约束反力等）在虚位移上做虚功外，内力在其相应的变形上也要做功，这个功称为变形虚功。变形体的虚功原理可表述为：变形体处于平衡的必要和充分条件是，对于任何虚位移，外力所做虚功总和等于各微段的内力在其变形上所做的虚功总和。若用 W 表示外力虚功，W_V 表示变形虚功，则上述原理可写为

$$W = W_V \tag{6-1}$$

由于力与位移的独立性，为计算方便，常把力状态与位移状态分开画，在力状态，所有的力（荷载与支座反力等）处于平衡状态；在位移状态，虚位移可由其他任何原因（如另一组力系、温度变化、支座移动等）引起，但必须是约束条件所允许的微小位移。

2. *变形虚功的计算*

在力状态取微段 ds 为隔离体，如图 6-4（c）所示，在位移状态对应微段的变形为 du、ds、dφ，当略去二阶微量时，ds 微段的变形虚功为 $\mathrm{d}W_V = F_N\mathrm{d}u + F_S\gamma\mathrm{d}s + M\mathrm{d}\varphi$，对于整个结构则为

$$W_V = \sum\int \mathrm{d}W_V = \sum\int F_N\mathrm{d}u + \sum\int F_S\gamma\mathrm{d}s + \sum\int M\mathrm{d}\varphi \tag{6-2}$$

故虚功方程为：

$$W = \sum\int \mathrm{d}W_V = \sum\int F_N\mathrm{d}u + \sum\int F_S\gamma\mathrm{d}s + \sum\int M\mathrm{d}\varphi \tag{6-3}$$

3. *虚功原理的应用*

（1）虚位移原理。

给定力状态，虚设位移状态，利用虚功方程来求解力状态的未知力，称为虚位移原理。

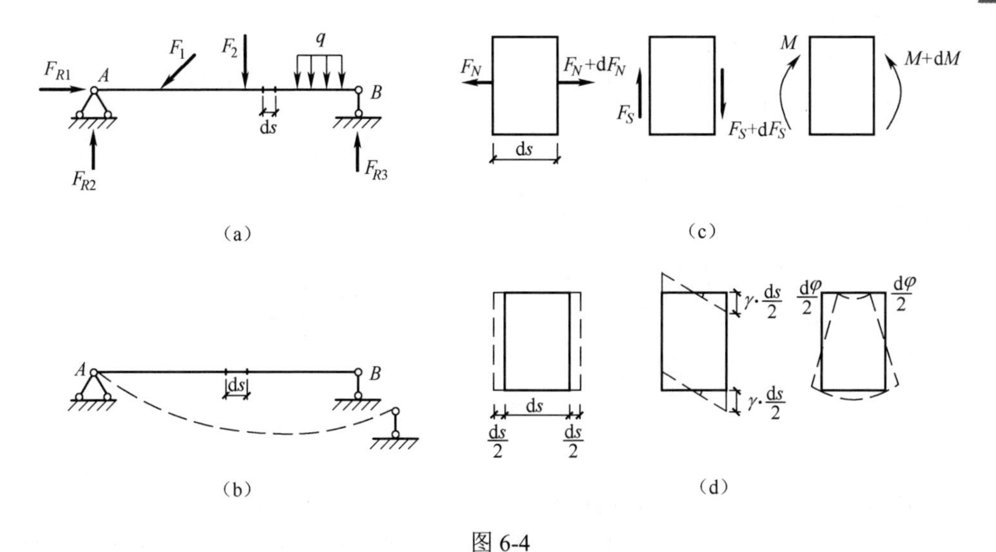

图 6-4

（2）虚力原理。

给定位移状态，虚设力状态，利用虚功方程求解位移状态中的位移，称为虚力原理。本章将根据这一原理计算位移。

§6-3 位移计算的一般公式 单位荷载法

1. 单位荷载法

在利用虚力原理时，由于力状态是虚设的，故将上节所述力状态改称为“虚拟状态”，位移状态改称为“实际状态”。为了计算方便，为“虚拟状态”沿欲求“实际状态”的指定截面位移方向 Δ_K 加一个对应的单位力 $F_K=1$，如图 6-5 所示。根据式（6-1）、（6-3）可得

$$F_K\cdot\Delta_K+\Sigma\overline{F}_{Ri}C_i=\Sigma\int\overline{F_N}\mathrm{d}u+\Sigma\int\overline{F_S}\gamma\mathrm{d}s+\Sigma\int\overline{M}\mathrm{d}\varphi$$

式中 $\Sigma\overline{F_{R}}_iC_i=\overline{F_R}_1C_1+\overline{F_R}_2C_2+\overline{F_R}_3C_3$；$\overline{F_N}$、$\overline{F}_S$、$\overline{M}$ 为单位力 $F_K=1$ 引起的内力（在虚拟状态），上式移项后可得

$$\Delta_K=\Sigma\int\overline{F}_N\mathrm{d}u+\Sigma\int\overline{F}_S\gamma\mathrm{d}s+\Sigma\int\overline{M}\mathrm{d}\varphi-\Sigma\overline{F}_{Ri}C_i \qquad (6\text{-}5)$$

由式（6-5）可以看出，欲求“实际状态”的某一位移（如 Δ_K），则必须在“虚拟状态”加一个相应的单位力，然后利用虚功原理求出 Δ_K，此种计算位移的方法称为单位荷载法。

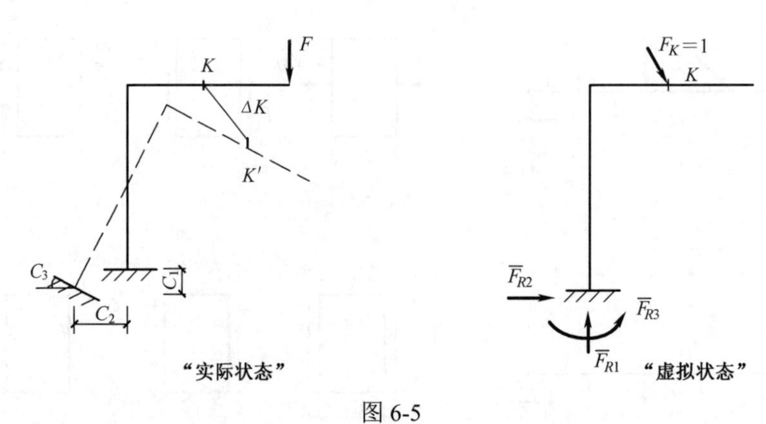

图 6-5

2. 单位力的作法

具体计算中，欲求的位移可能是角位移、相对线位移、相对角位移，则对应的虚拟力应分别为一个单位力偶、一对指向相反的单位力或一对方向相反的力偶（见图 6-6）。在桁架中，由于只承受结点集中荷载，当欲求图中 BC 杆转角时，虚拟力则是加在 BC 杆两端结点垂直于杆轴线的一对集中力 $1/l_{BC}$，它们组成一个单位力偶 $M=1/l_{BC}\cdot l_{BC}=1$。

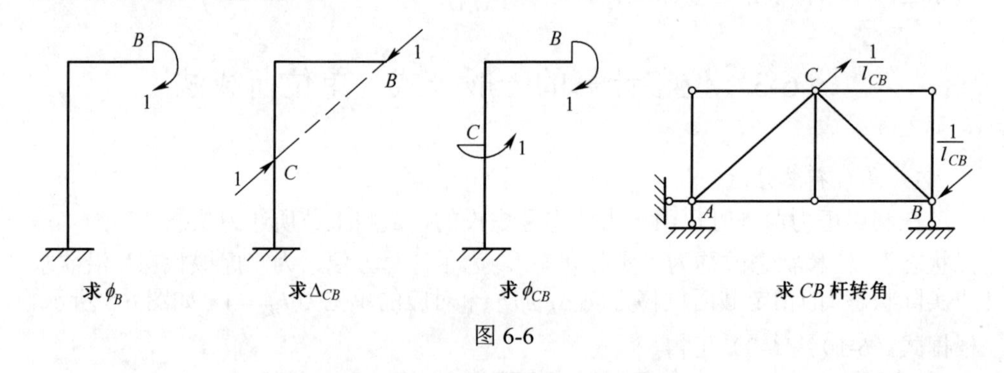

图 6-6

§6-4 静定结构在荷载作用下的位移计算

式（6-5）中的 du、γds、$d\varphi$ 为“实际状态”中 ds 微段的变形，该变形可以由荷载、温度变化或支座移动等原因引起。本节先讨论荷载的影响，其他因素将在后面各节分述。

当只考虑荷载的影响时，式（6-5）可写为

$$\Delta_{KP}=\Sigma\int\overline{F}_N du_P+\Sigma\int\overline{F}_S\gamma_P ds+\Sigma\int\overline{M}d\varphi_P \tag{a}$$

由材料力学可知：

$$\left.\begin{aligned} du_P &= \frac{F_{NP}}{EA}ds \\ \gamma_P ds &= \frac{kF_{SP}}{GA}ds \\ d\varphi_P &= \frac{M_P}{EI}ds \end{aligned}\right\} \qquad \text{(b)}$$

式中 F_{NP}、F_{SP}、M_P 为“实际状态”中荷载引起的微段内力，E 为材料的弹性模量，I、A 分别为杆件截面的惯性矩和面积，G 为剪切弹性模量，k 为截面上剪应力分布不均匀系数，它与截面的形状有关。如矩形截面 $k=6/5$，圆形截面 $k=32/27$，工字形截面 $k\approx A/A_f$，A_f 是腹板的面积。将（b）式代入（a）式得

$$\Delta_{KP}=\Sigma\int\frac{\overline{M}M_P}{EI}ds+\Sigma\int k\frac{\overline{F}_SF_{SP}}{GA}ds+\Sigma\int\frac{\overline{F}_NF_{NP}}{EA}ds \qquad (6\text{-}6)$$

在计算梁和刚架时，因剪切及轴向变形的影响比弯曲变形小得多，可以略去不计，故式（6-6）可简化为

$$\Delta_{KP}=\Sigma\int\frac{\overline{M}M_P}{EI}ds \qquad (6\text{-}7)$$

在桁架计算中，因只有轴力一项，且每根杆件的 EA、$\overline{F}_N$、$\overline{F}_{NP}$、l 均为常数，故式（6-6）可写为

$$\Delta_{KP}=\Sigma\int\frac{\overline{F}_NF_{NP}}{EA}ds=\Sigma\frac{\overline{F}_NF_{NP}}{EA}\int ds=\Sigma\frac{\overline{F}_NF_{NP}l}{EA} \qquad (6\text{-}8)$$

对于组合结构，受弯杆件只计弯曲变形的影响，二力杆只有轴向变形，则式（6-6）可写为

$$\Delta_{KP}=\Sigma\int\frac{\overline{M}M_P}{EI}ds+\Sigma\frac{\overline{F}_NF_{NP}l}{EA} \qquad (6\text{-}9)$$

在曲杆结构中，当截面高度与曲率半径相比很小时，仍沿用上述直杆的位移计算公式。

例 6-1　求图 6-7 所示结构 B 截面的转角。

解：（1）作出虚拟的力状态见图（b）。

（2）分段写出实际荷载与虚拟单位荷载下的弯矩表达式。

$$M_p(x)=\frac{F(l-x)}{2}\quad(l/2\leqslant x\leqslant l),\quad M_p(x)=\frac{Fx}{2}\quad(0\leqslant x\leqslant l/2)$$

$$\overline{M}=-\frac{x}{l}\ (0\leqslant x\leqslant l)$$

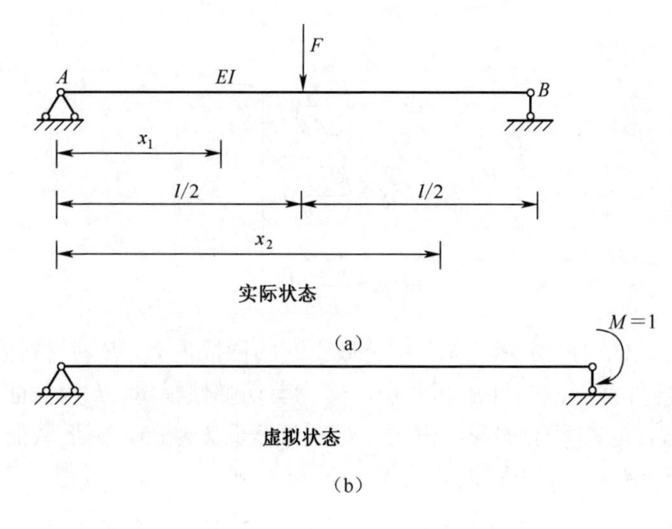

图 6-7

（3）求 B 截面转角。

$$\varphi_{\mathrm{B}}=\int_0^l \frac{M_p\overline{M}}{EI}\mathrm{d}x=\int_0^{l/2}\frac{Fx}{2}\left(-\frac{x}{l}\right)\frac{1}{EI}\mathrm{d}x+\int_{l/2}^{l}\frac{F(l-x)}{2}\left(-\frac{x}{l}\right)\frac{1}{EI}\mathrm{d}x=-\frac{Fl^2}{16EI}$$

（负值表示实际的位移与假定的虚拟力的方向相反。

例 6-2 求图 6-8 所示刚架 B 截面的水平位移与转角。

解：列出 M_P 的分段表达式：

CB 段（假定上侧受拉为正）

$$M_P=\frac{1}{2}qx^2$$

$$M_1=0$$

$$M_2=-1$$

BA 段（假定左侧受拉为正）

$$M_P=\frac{1}{2}qa^2$$

$$M_1=x$$

$$M_2=-1$$

$$\Delta_{CH}=\frac{1}{EI}\int_{BC}M_P\overline{M}_1\mathrm{d}x+\frac{1}{EI}\int_{AB}M_P\overline{M}_1\mathrm{d}x$$

$$=\frac{1}{EI}\int_0^a\frac{qa^2}{2}\cdot x\cdot\mathrm{d}x=\frac{qa^4}{4EI}(\rightarrow)$$

$$\varphi_C=\frac{1}{EI}\int_0^a\frac{qx^2}{2}\cdot(-1)\cdot\mathrm{d}x+\frac{1}{EI}\int_0^a\frac{qa^2}{2}\cdot(-1)\cdot\mathrm{d}x$$

$$=-\frac{2qa^3}{3EI}(\lrcorner)$$

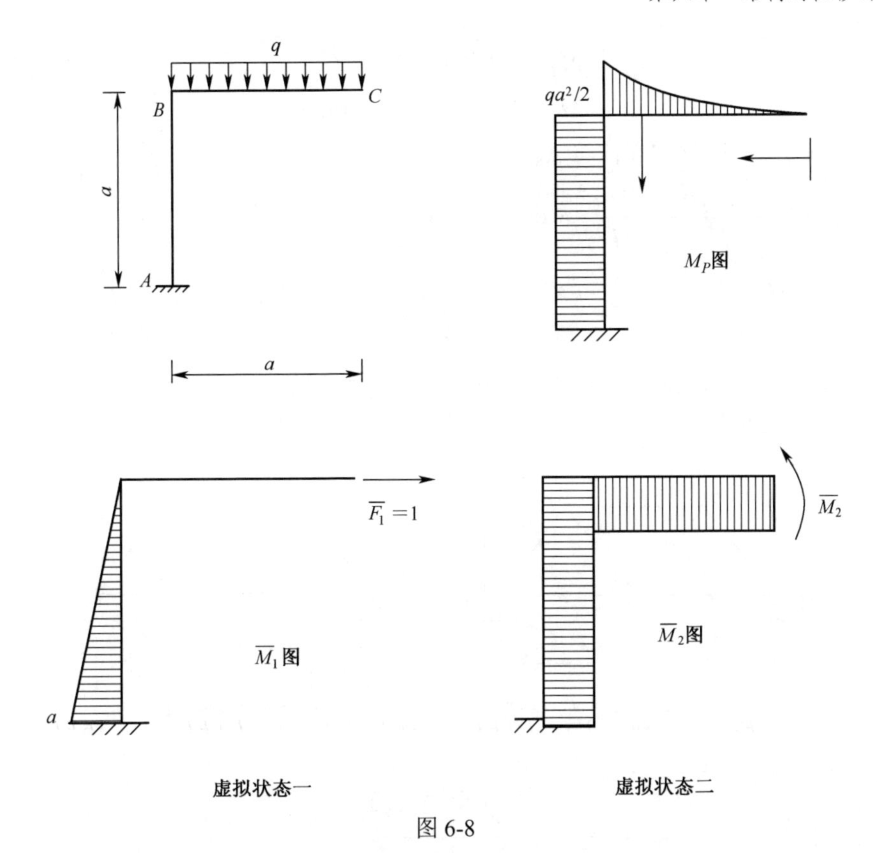

图 6-8

例 6-3　求图 6-9（a）所示圆弧曲杆 B 点的竖向线位移 Δ_{By}。EI=常量，不计轴力及曲率的影响。

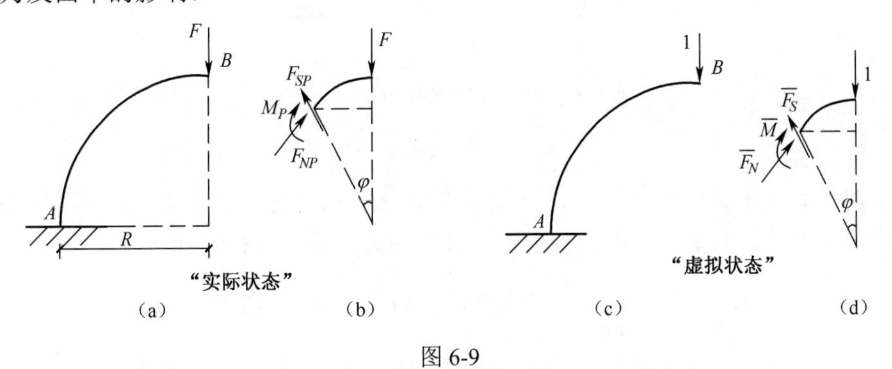

图 6-9

解：（1）建立虚拟状态如图 6-9（c）所示。

（2）写出 M_P、$\overline{M}$ 表达式。

取分离体分别如图 6-9（b）、（d）所示。

$$M_P = -FR\sin\varphi$$

$$\overline{M} = R\sin\varphi，且 \mathrm{d}s = R\mathrm{d}\varphi$$

（3）代入式（6-7）计算 Δ_{By}。

$$\Delta_{By} = \Sigma\int\frac{\overline{M}M_P\mathrm{d}s}{EI} = \frac{1}{EI}\int_0^{\frac{\pi}{2}} R\sin\varphi\cdot FR\sin\varphi\cdot R\mathrm{d}\varphi$$

$$= \frac{FR^3}{EI}\int_0^{\frac{\pi}{2}}\sin^2\varphi\mathrm{d}\varphi = \frac{FR^3}{EI}\left[\frac{1}{2}\varphi - \frac{1}{4}\sin 2\varphi\right]_0^{\frac{\pi}{2}} = \frac{FR^3}{EI}\left[\frac{1}{2}\cdot\frac{\pi}{2}\right] = \frac{\pi FR^3}{4EI}\text{（↓）}$$

例 6-4 计算图 6-10（a）所示桁架下弦 C 结点的竖向线位移 Δ_{Cy}、CD 及 CE 两杆的相对角位移 φ_C。各杆 EA=3×10^{4}kN。

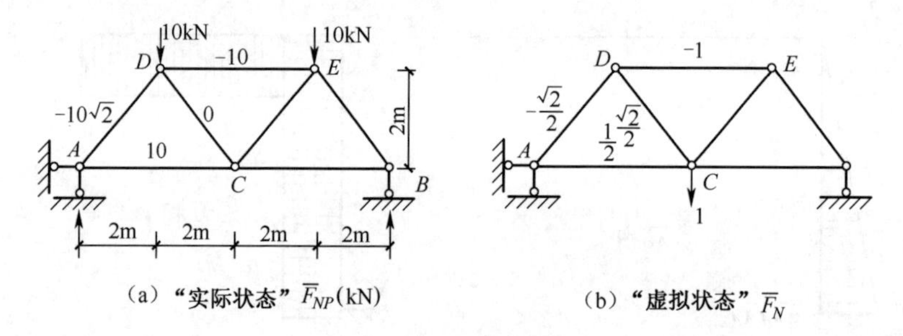

（a）“实际状态” $\overline{F}_{NP}$(kN)　　（b）“虚拟状态” $\overline{F}_N$

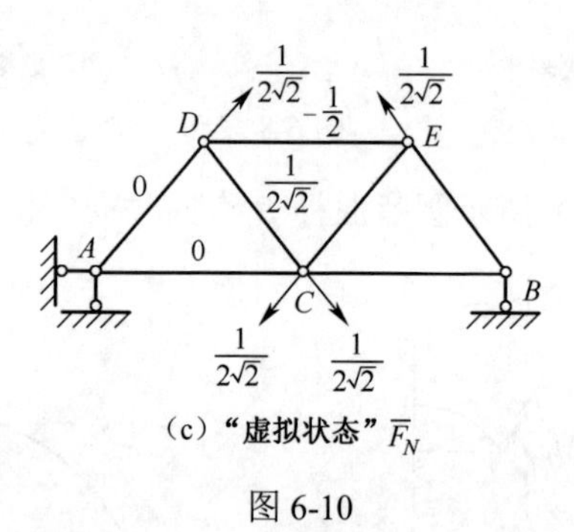

（c）“虚拟状态” $\overline{F}_N$

图 6-10

解： 由于桁架的杆件较多，一般多采用表格形式进行计算。本题两种状态内力均为正对称，故表 6-1 中只列出一半杆件内力。由式（6-8）得

$$\Delta C_y = \Sigma\frac{\overline{F}_N F_{NP} l}{EA} = 2\times(9.43+6.67)\times10^{-4} + 13.33\times10^{-4}$$

$$= 45.53\times10^{-4}\,\mathrm{m} = 45.53\times10^{-2}\,\mathrm{cm}\text{（↓）}$$

$$\varphi_C = \Sigma\frac{\overline{F}_N F_{NP} l}{EA} = 6.67\times10^{-4}\,\mathrm{rad}$$（下面角度增大）CD 杆与 CE 杆夹角减小。

表 6-1

杆件	l (m)	EA	$\frac{l}{EA}(\frac{1}{m})$	F_{NP}	$\overline{F_N}$	$\frac{F_{NP}\overline{F_N}l}{EA}$	$\overline{F_N}$	$\frac{F_{NP}\overline{F_N}l}{EA}$
AD	$2\sqrt{2}$	3×10^4	0.943×10^{-4}	$-10\sqrt{2}$	$-\frac{\sqrt{2}}{2}$	9.43×10^{-4}	0	0
CD	$2\sqrt{2}$	3×10^4	0.943×10^{-4}	0	$+\frac{\sqrt{2}}{2}$	0	$+\frac{1}{2\sqrt{2}}$	0
AC	4	3×10^4	1.333×10^{-4}	10	$+\frac{1}{2}$	6.67×10^{-4}	0	0
DE	4	3×10^4	1.333×10^{-4}	−10	−1	13.33×10^{-4}	$-\frac{1}{2}$	6.67×10^{-4}

§6-5　图乘法

1. 引言

在梁与刚架的位移计算中，当荷载比较复杂时，积分运算十分繁琐，但在一定的条件下，$\int\frac{\overline{M}M_P}{EI}ds$ 可简化为“图乘法”进行运算。

2. 图乘法的三个前提条件

（1）该杆段是一直杆。

（2）在杆段内 EI 为一常数。

（3）在该杆段中 M_P 或 $\overline{M}$ 图至少有一个是一直线图形。

3. 公式推导

设 M_P 图为曲线，$\overline{M}$ 图为一直线图形，如图 6-11 所示。

$\overline{M}=x\cdot\tan\alpha$ 代入积分式

$$\frac{1}{EI}\int_A^B\overline{M}M_P ds=\frac{1}{EI}\int_A^B x\cdot\tan\alpha\cdot M_P dx$$

$$=\frac{\tan\alpha}{EI}\int_A^B xM_P dx=\frac{\tan\alpha}{EI}\int_A^B x dA_\omega$$

由合力矩定理可得 $\int_A^B x dA_\omega=x_c\cdot A_\omega$，用 y_c 表示 M_P 图形心 C 所对应的 $\overline{M}$ 图上的纵距，则

$$\frac{1}{EI}\int_A^B\overline{M}M_P ds=\frac{1}{EI}\tan\alpha\cdot x_c\cdot A_\omega=\frac{1}{EI}A_\omega\cdot y_c$$

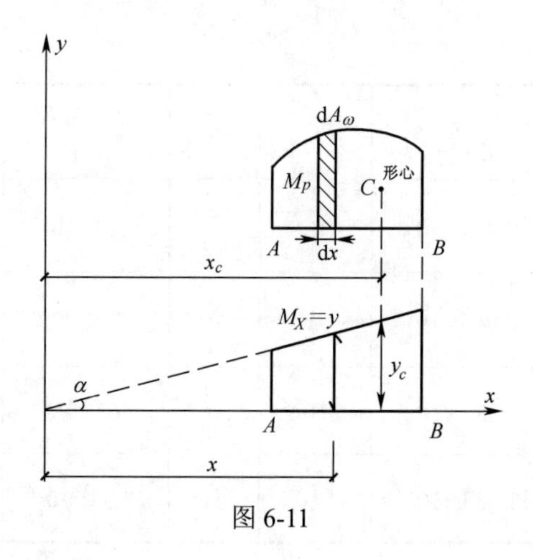

图 6-11

4. 乘积正负号的取法

当 A_ω 与 y_c 在基线同一侧时，$A_\omega \cdot y_c$ 取正；二者在基线异侧时，$A_\omega \cdot y_c$ 取负。整个结构进行图乘运算时，则式（6-7）就可写为

$$\Delta_{KP} = \sum \frac{A_\omega \cdot y_c}{EI} \tag{6-10}$$

例 6-5 求图 6-12（a）所示简支梁 A 截面的转角 φ_A。设 EI 为常量。

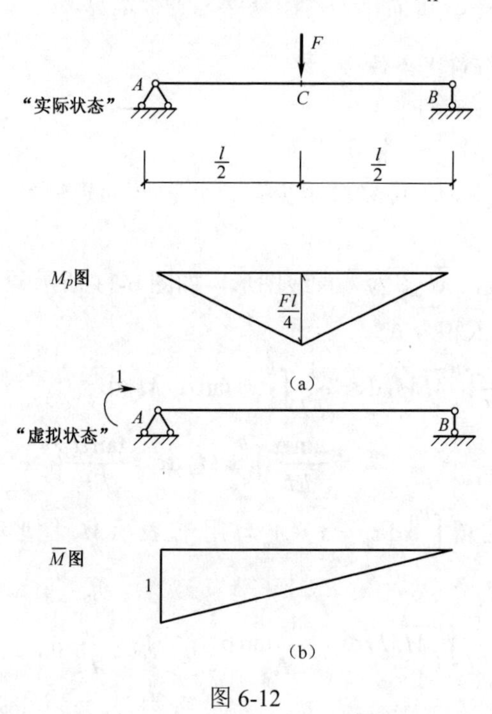

图 6-12

解：（1）假设虚拟状态见图 6-12（b）。

（2）绘 M_P、$\overline{M}$ 图。

（3）由于 M_P 图的面积及形心较容易求出，故 y_c 可取自 $\overline{M}$ 图，计算如下

$$\varphi_A=\Sigma\frac{A_\omega y_c}{EI}=\frac{1}{EI}\left(\frac{1}{2}\cdot\frac{Fl}{4}\cdot l\cdot\frac{1}{2}\right)=\frac{Fl^2}{16EI}\text{（顺时针转动）}$$

5. 常见图形的面积和形心位置

进行图乘运算时，经常见到的几种图形面积和形心位置如图 6-13 所示。其中标准抛物线是指该曲线顶点的切线必须与基线平行。

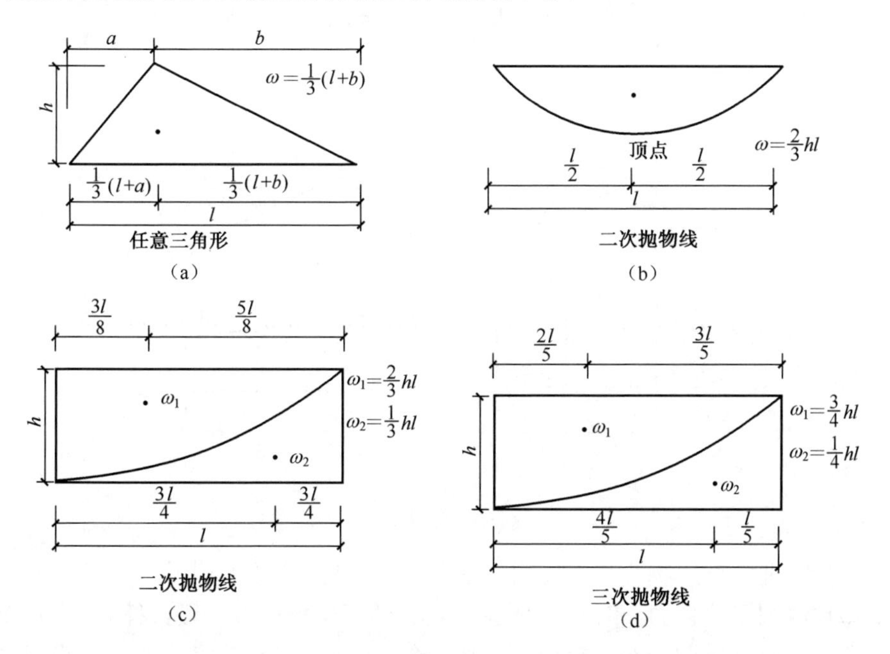

图 6-13

6．图乘法的几点注意事项

（1）ω 为一个弯矩图的面积；y_C 为另一个弯矩图中的竖标，必须为面积形心所对应的竖标；

（2）图乘法的适用条件：①EI=常数；②直杆；③单位弯矩图和 M_P 至少有一个是直线形；

（3）竖标 y_C 必须取在直线图形中，对应计算面积的图形的形心处；

（4）当单位弯矩图和荷载弯矩图在基线同侧时，$\omega y_C>0$；否则，取 $\omega y_C<0$；

（5）当图形的面积形心，不易确定时，可以将它们分解为几个简单的图形，将它们分别与另一图形相乘，然后把所得结果叠加。例如，在运算时还常遇到两

个梯形图形进行图乘，在此推导一个便于记忆的图乘公式，由图 6-14（a）：

$$\int\frac{\overline{M}M_P}{EI}\mathrm{d}s=\frac{1}{EI}(A_{\omega1}y_1+A_{\omega2}y_2)$$

$$=\frac{1}{EI}\left[\frac{1}{2}a\cdot l\left(\frac{2c}{3}+\frac{d}{3}\right)+\frac{1}{2}\cdot b\cdot l\left(\frac{c}{3}+\frac{2d}{3}\right)\right]$$

$$=\frac{1}{EI}\frac{l}{6}[2ac+2bd+ad+bc]$$

当 a、b、c、d 在基线同侧时乘积为正，反之为负。由图 6-14（b）：

$$\int\frac{\overline{M}M_P}{EI}\mathrm{d}s=\frac{1}{EI}\frac{l}{6}[2ac-2bd+ad-bc]$$

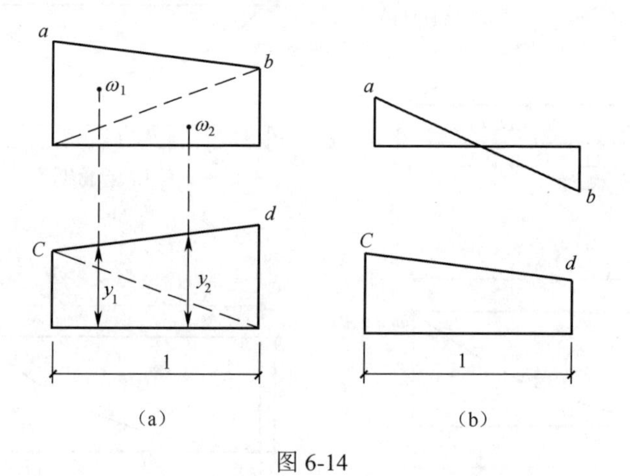

图 6-14

（6） 非标准抛物线与直线图形图乘，应将其弯矩图转化为一个梯形和一个标准抛物线图形的叠加。例如，图 6-15（a）所示结构中有一段直杆 AB 在均布荷载 q 作用下的 Mp 图，在一般情况下是一个非标准抛物线图形。由第三章可知，Mp 图是由两端弯矩 M_A、M_B 组成的直线图（图 6-15（b）中的 M 图）和简支梁在均布荷载 q 作用下的弯矩图（图 6-15（c）中的 M^0 图）叠加而成的。因此可将 Mp 图分解为直线的 M 图和标准抛物线的 M^0 图，然后再应用图乘法。

还要指出，所谓弯矩图的叠加，是指弯矩图纵坐标的叠加。所以虽然图 6-15（a）中的 M^0 图与图 6-15（c）中的 M^0 图形状并不相似，但在同一横坐标 x 处，两者的纵坐标是相同的，微段 dx 的微小面积（图中带阴影的面积）是相同的，因此，两图的面积和形心的横坐标也是相同的。

（7）当 y_C 所属图形不是一段直线而是由若干段直线组成时，或各杆段截面不相等时，均应分段图乘，再进行叠加。要注意，当曲线与折线图形图乘，折线图形分解！如图 6-16（a）所示的图乘的结果为$\Delta=\dfrac{1}{EI}(\omega_1 y_1+\omega_2 y_2+\omega_3 y_3)$；当截面不等图形图乘，分段图乘再叠加！图 6-16（b）的图乘的结果应该为$\Delta=\dfrac{\omega_1 y_1}{EI_1}+\dfrac{\omega_2 y_2}{EI_2}+\dfrac{\omega_3 y_3}{EI_3}$。

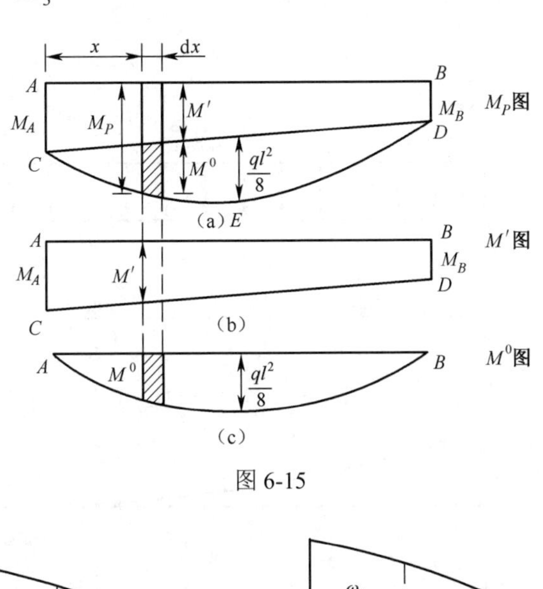

图 6-15

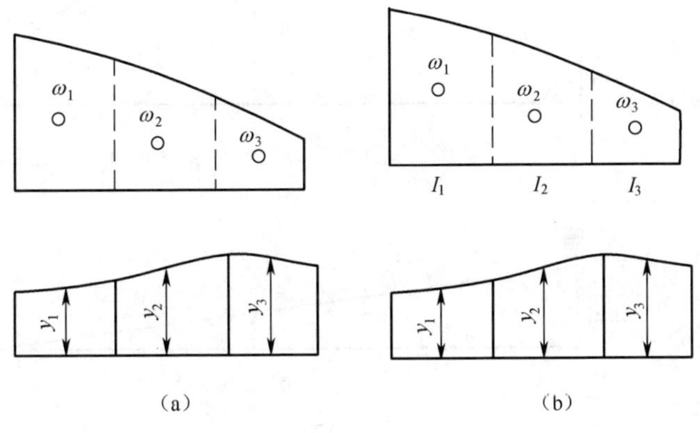

图 6-16

求图 6-16（a）所示悬臂梁 B 截面竖向线位移 Δ_{By}。

解：（1）假设虚拟状态如图 6-17（b）所示。

（2）绘 M_P、$\overline{M}$ 图。

（3）计算 Δ_{By}。由于 AC 与 CB 段 EI 值不同，故图乘时应分段进行图乘，由第三章可知，AC 段的 M_P 图可看作一个梯形图形 $A_{\omega 3}$ 与一个标准二次抛物线图形

$A_{\omega 2}$叠加而成的，具体计算如下：

$$\Delta_{BV}=\frac{1}{EI}A_{\omega 1}y_1+\frac{1}{2EI}(A_{\omega 2}y_2+A_{\omega 3}y_3)=\frac{1}{EI}\left(\frac{1}{3}\times 18\times 3\times\frac{3}{4}\times 3\right)$$

$$+\frac{1}{2EI}\left[-\frac{2}{3}\times\frac{4\times 3^2}{8}\times 3\times\left(\frac{6+3}{2}\right)+\frac{3}{6}(2\times 72\times 6+2\times 18\times 3+72\times 3+18\times 6)\right]$$

$$=\frac{1377}{4EI}\ (\downarrow)$$

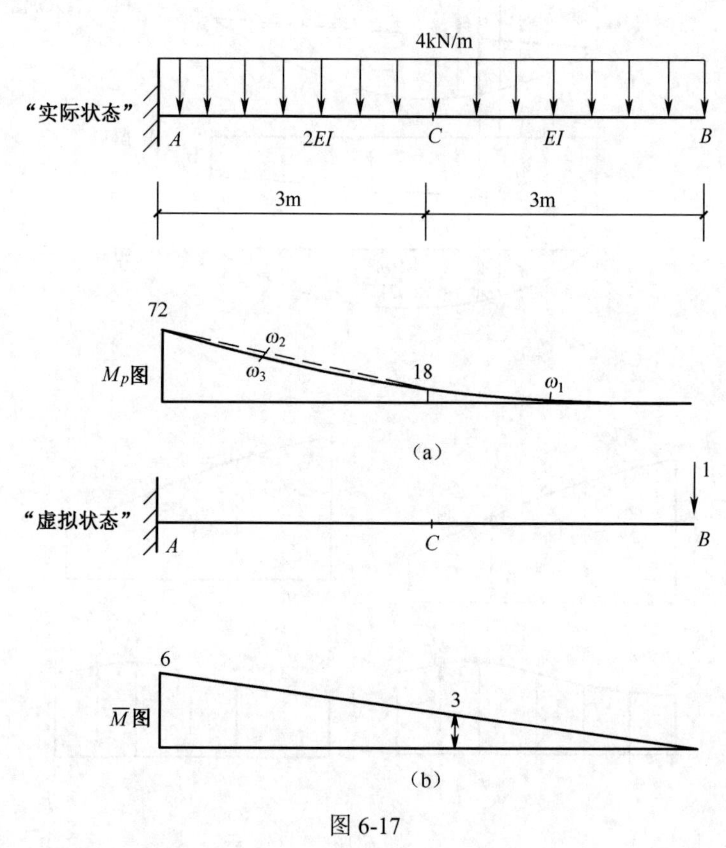

图 6-17

例 6-7　已知 EI 为常数，求 C、D 两点相对水平位移。

解：作荷载弯矩图（图 6-18（b））和单位荷载弯矩图（图 6-18（c）），根据图乘法得

$$\Delta_{CD}=\sum\frac{\omega_{y_C}}{EI}=\frac{1}{EI}\times\frac{2}{3}\times\frac{ql^2}{8}\times l\times h=\frac{qhl^3}{12EI}(\rightarrow\leftarrow)$$

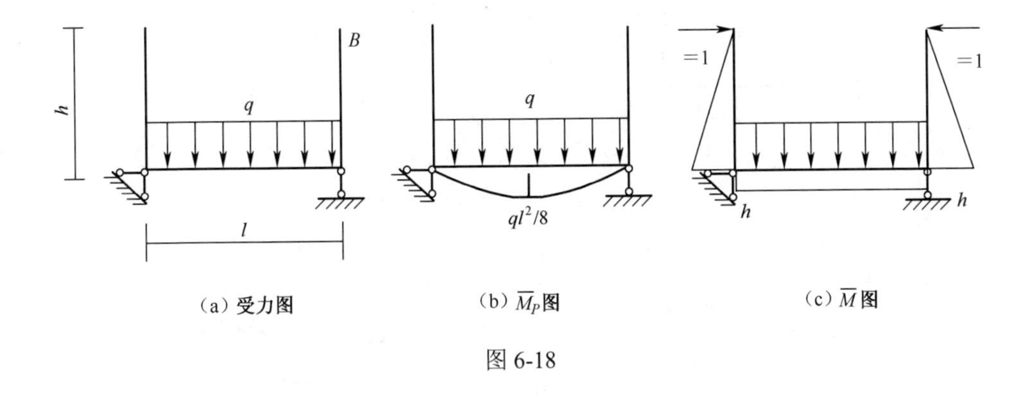

（a）受力图　　（b）$\overline{M}_P$图　　（c）$\overline{M}$图

图 6-18

§6-6　静定结构温度变化时的位移计算

静定结构在温度变化的影响下，结构各截面均不产生内力，只产生变形。下面将用单位荷载法计算温度变化影响下的位移。

首先推导实际状态中任意微段 ds 的变形 du_t、dφ_t、γ_tds，然后代入式（6-5）即可求得任意 K 截面的位移，即

$$\Delta_{Kt}=\sum\int\overline{F}_N\mathrm{d}u_t+\sum\int\overline{M}\mathrm{d}\varphi_t+\sum\int\overline{F}_S\gamma_t\mathrm{d}s \tag{6-11}$$

设 α 为材料的线膨胀系数，t_1、t_2 表示结构外、内侧温度改变值（设 $t_2>t_1$），并假定温度沿截面高 h 按直线变化。由图 6-19（c）可知

$$\begin{aligned}\mathrm{d}u_t&=\alpha t_1\mathrm{d}s+\frac{\alpha t_2\mathrm{d}s+\alpha t_1\mathrm{d}s}{h}h_1\\&=\frac{\alpha(h_2t_1-h_1t_2)}{h}\mathrm{d}s=\alpha t\mathrm{d}s\end{aligned} \tag{a}$$

式中 $t=\dfrac{h_2t_1+h_1t_2}{h}$ 为杆轴线处的温度变化值。若截面对称于形心轴即 $h_1=h_2$，则 $t=\dfrac{t_1+t_2}{2}$。

$$\mathrm{d}\varphi_t=\frac{\alpha t_2\mathrm{d}s-\alpha t_1\mathrm{d}s}{h}=\frac{\alpha(t_2-t_1)}{h}\mathrm{d}s=\frac{\alpha\Delta t}{h}\mathrm{d}s \tag{b}$$

式中 $\Delta t=t_2-t_1$ 为杆件两侧之温差，此外，由于温度变化并不引起截面的剪切变形，故 $\gamma_t\mathrm{d}s=0$。将（a）、（b）式代入式（6-11）得

$$\Delta_{Kt}=\sum\int\overline{F}_N\alpha t\mathrm{d}s+\sum\int\overline{M}\frac{\alpha\Delta t}{h}\mathrm{d}s \tag{c}$$

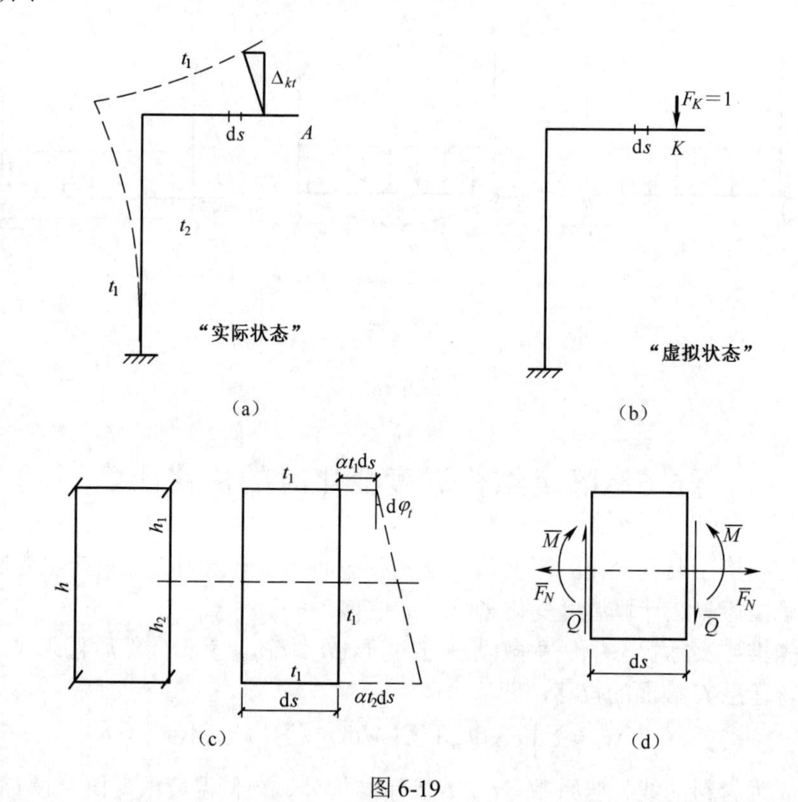

图 6-19

若每根杆件沿其全长温度的改变相同，且截面高度不变，则（c）式又可写为

$$\Delta_{Kt}=\sum\alpha t\int\overline{F}_N\mathrm{d}s+\sum\frac{\alpha\Delta t}{h}\int\overline{M}\mathrm{d}s=\sum\alpha tA\omega_{\overline{F}_N}+\sum\frac{\alpha\Delta t}{h}A\omega_{\overline{M}} \qquad (6\text{-}12)$$

式(6-12)即为静定结构在温度变化时位移的计算公式。应注意在总和号“$\sum$”中每根杆件计算时的正负号，由于$\alpha tA\omega_{\overline{N}}$及$\frac{\alpha\Delta t}{h}A\omega_{\overline{M}}$表示内力所做的变形虚功，故当“实际状态”由于温度变化引起的变形与“虚拟状态”虚拟力产生的内力方向一致时取正，反之取负，t 及 Δt 在式（6-12）中就只代绝对值。受弯杆件在温度变化时，不能忽略轴向变形的影响，这是与承受荷载时的不同之处。

桁架在温度改变时，其微段变形仅有 $\mathrm{d}u_t=\alpha t\mathrm{d}s$ 项，故式（6-9）可写为

$$\Delta_{Kt}=\sum\int\alpha t\overline{F}_N\mathrm{d}s=\sum\alpha t\overline{F}_N\int\mathrm{d}s=\sum\alpha t\overline{F}_N l \qquad (6\text{-}13)$$

当桁架因制造误差与设计长度不同时，若各杆长度的误差为Δl，则位移计算公式为

$$\Delta_K=\sum\overline{F}_N\Delta l \qquad (6\text{-}14)$$

此外，在工程中，混凝土收缩与徐变的性质与温度变化类似，所产生的变形

相当于降温 25℃，如果混凝土为分段浇筑，则取值-15℃。

例 6-8　求图 6-20（a）所示刚架 D 截面的水平线位移 Δ_{Dt}。各杆截面为矩形，截面高度 h=60cm，刚架内侧温度上升 15℃，外侧温度无变化。线膨胀系数 α=0.00001。

解：（1）假设“虚拟状态”如图 6-20（b）所示。

（2）绘 $\overline{M}$ 、$\overline{F}_N$ 图，如图 6-20（c）、（d）所示。

（3）计算 Δ_{Dt}。Δt=15℃−0=+15℃，t=(0+15℃)/2=+7.5℃，t 为正号，说明杆轴线处温度是升高 7.5℃，变形是沿杆轴伸长，由“实际状态”的温度变化 Δt=+15℃可以看出刚架各杆内侧纤维伸长，虚拟力的方向可从 $\overline{M}$ 、$\overline{F}_N$ 图中看出。

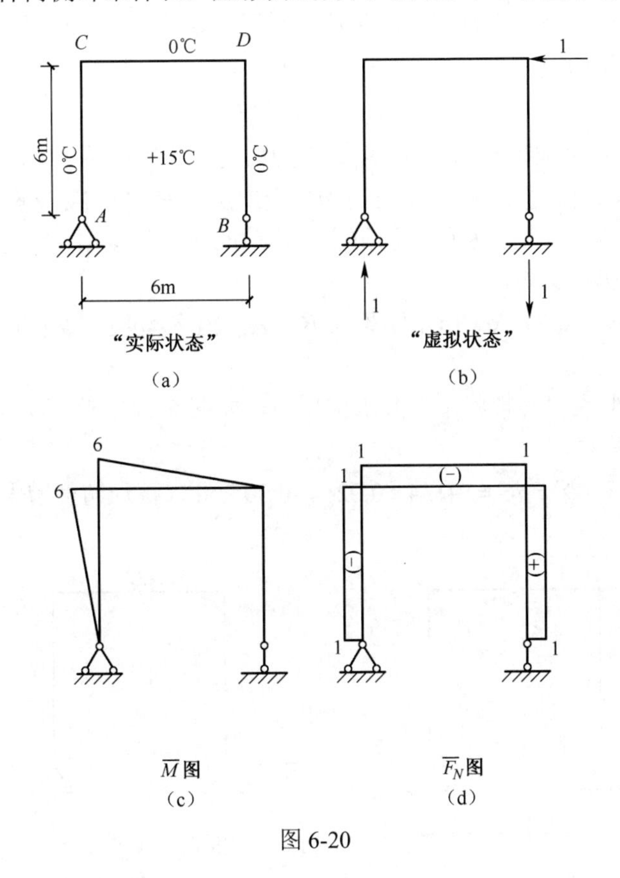

图 6-20

利用式（6-12）可得

$$\Delta_{Dt} = \sum \alpha t A\omega_{\overline{F}_N} + \sum \frac{\alpha \Delta t}{h} A\omega_{\overline{M}}$$

$$
\begin{aligned}
&= \alpha(7.5\times1\times6-7.5\times1\times6-7.5\times1\times6)\\
&\quad+\frac{\alpha}{h}\left(-15\times\frac{1}{2}\times6\times6-15\times\frac{1}{2}\times6\times6\right)\\
&= \alpha(-45-540/0.6)\\
&= -0.00945\text{m} = -0.945\text{cm}\ (\rightarrow)
\end{aligned}
$$

§6-7 静定结构支座移动时的位移计算

静定结构在支座发生移动时，各杆既不变形也无内力，只有刚体位移，位移计算的一般式简化为

$$\Delta_{KC} = -\sum \overline{F}_R C \tag{6-15}$$

式中，$\overline{F}_R$ 表示在"虚拟状态"中，由虚拟力引起的各支座反力，C 为"实际状态"中各支座的移动量。$\sum \overline{F}_R C$ 为反力虚功，当虚反力 $\overline{F}_R$ 与实际支座移动 C 方向一致时，其乘积为正，反之为负。总和符号 $\sum$ 前的负号是该项移到等号右边时而得来的，计算时切勿遗漏。

例 6-9 求图 6-21（a）所示刚架在 B 支座发生移动时，铰 C 两侧截面的相对角位移 φ_C。

解:（1）假设"虚拟状态"并求虚反力，如图 6-21（b）所示。

（2）求 φ_C。

$$\varphi_c = -\sum \overline{F}_R C = -(1/4\times0.02) = \text{-0.005rad}\ （下面角度增大）$$

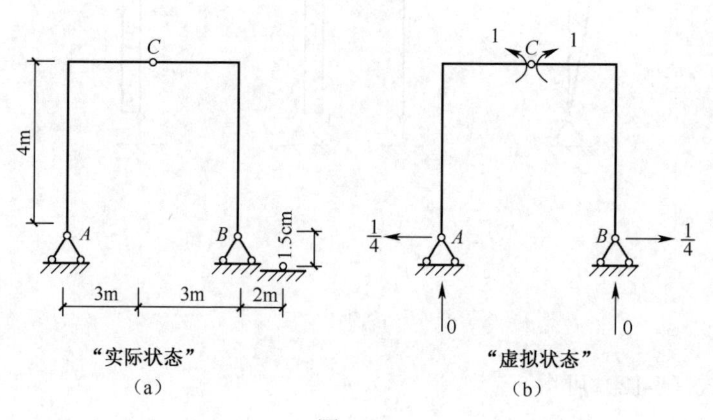

图 6-21

§6-8 线弹性结构的互等定理

1. 功的互等定理

设两组外力分别作用在同一线弹性结构上，如图 6-22 所示。首先计算“第一状态”的外力、内力在“第二状态”相应的位移和变形上所做的虚功 W_{12} 及虚变形能 W_{i12}，并根据虚功原理 $W_{12}=W_{i12}$ 可得

$$F_1\Delta_{12}=\Sigma\int\frac{M_1M_2\mathrm{d}s}{EI}+\Sigma\int\frac{F_{N1}F_{N2}\mathrm{d}s}{EA}+\Sigma\int k\frac{F_{S1}F_{S2}\mathrm{d}s}{GA} \quad \text{(a)}$$

再计算“第二状态”的外力、内力在“第一状态”相应的位移和变形上所做的虚功 W_{21} 和虚变形能 W_{i21}，同理可得

$$F_2\Delta_{21}=\Sigma\int\frac{M_2M_1\mathrm{d}s}{EI}+\Sigma\int\frac{F_{N2}F_{N1}\mathrm{d}s}{EA}+\Sigma\int k\frac{F_{S2}F_{S1}\mathrm{d}s}{GA} \quad \text{(b)}$$

比较（a）、（b）两式，可以看出

$$F_1\Delta_{12}=F_2\Delta_{21} \quad \text{(6-16)}$$

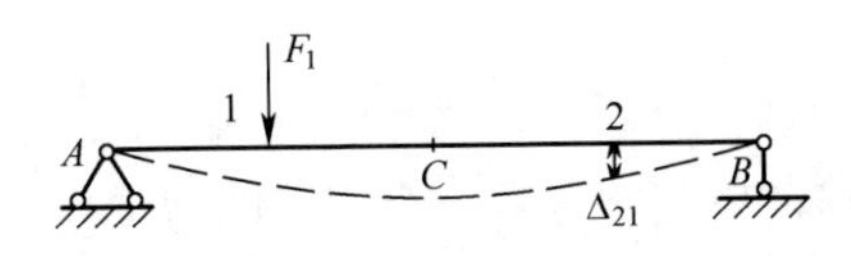

“第一状态”

（a）

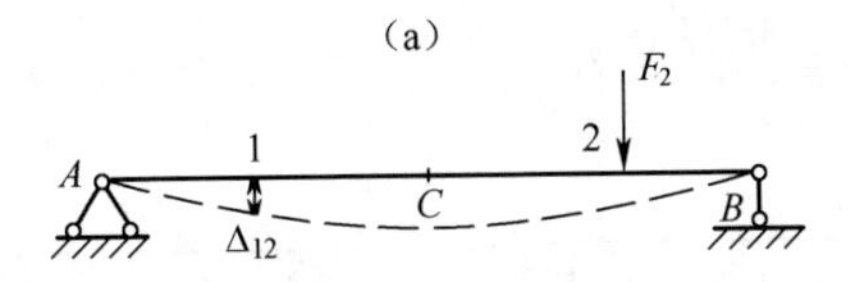

“第二状态”

（b）

图 6-22

式（6-16）表示“第一状态”的外力 F_1 在“第二状态”相应位移 Δ_{12} 上所做的虚功等于“第二状态”的外力 F_2 在“第一状态”相应位移 Δ_{21} 上所做的虚功，称为**功的互等定理**。

2. 位移互等定理

假定图 6-21 中 $F_1=F_2=1$，若用 δ_{12}、δ_{21} 表示单位力引起的位移（图 6-23），则式（6-16）可写为

$$\delta_{12}=\delta_{21} \tag{6-17}$$

式（6-17）表示第二个单位力所引起的在第一个单位力作用点沿其方向上的位移 δ_{12}，等于第一个单位力引起的在第二个单位力作用点沿其方向上的位移 δ_{21}，称为**位移互等定理**。

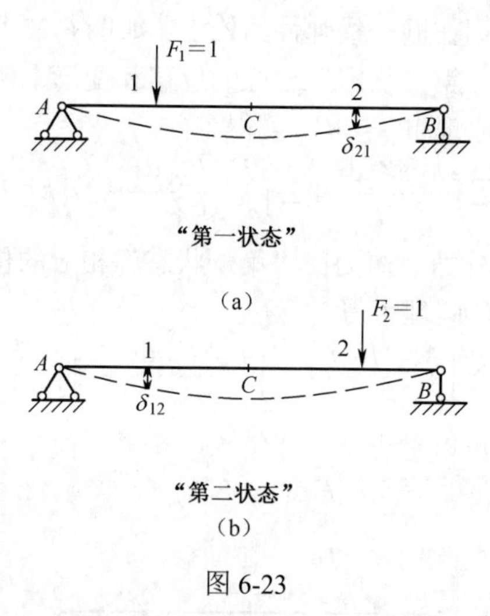

图 6-23

δ 是一个广义的位移，单位力也是一个广义的力。

如图 6-24（a）欲求简支梁跨中作用单位集中力时 A 截面的转角 φ_A，与图 6-24（b）中欲求 A 截面作用一单位力偶时跨中截面 C 的竖向线位移 δ_{Cy}，利用图乘法进行计算，可得出 $\varphi_A=\delta_{Cy}$ 的结论。

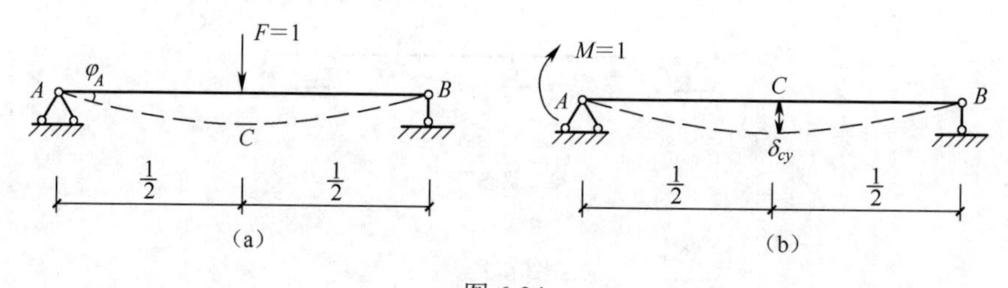

图 6-24

$\varphi_A=\dfrac{l^2}{16EI}$（顺时针转），$\delta_{Cy}=\dfrac{l^2}{16EI}$（↓），二者数值及量纲均相同，但表示的位移是不同的，前者表示角位移，后者表示线位移，位移互等定理在力法中大量应用。

3. *反力互等定理*

图 6-25（a）中当支座 1 发生单位位移 $\Delta_1=1$ 时，引起的各支座反力分别为

$r_{01},r_{11},r_{21},r_{31}$。在图 6-25（b）中当支座 2 发生单位位移 $\Delta_2=1$ 时，各支座反力为 $r_{02},r_{12},r_{22},r_{32}$。利用（6-16）式可得

$$r_{21}=r_{21} \tag{6-18}$$

式（6-18）表示当支座 2 发生单位位移，引起在支座 1 处的反力 r_{12} 等于支座 1 发生单位位移引起在支座 2 处的反力 r_{21}，称为反力互等定理。反力互等定理只在超静定结构中适用，因为在静定结构中支座移动不产生反力。

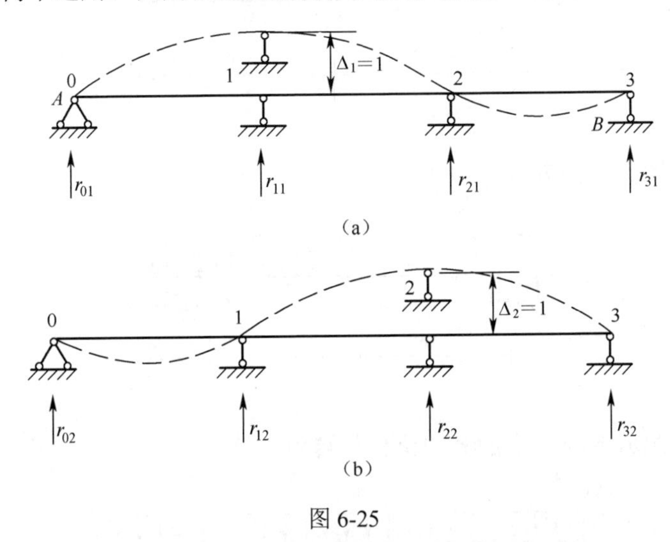

图 6-25

复习思考题

1．为什么要计算结构的位移？

2．产生静定结构位移的因素有哪些？

3．虚功原理中对力状态和位移状态有什么要求？为什么？

4．变形体虚功原理与刚体的虚功原理有何区别和联系？

5．单位荷载法是否适用于超静定结构位移的计算？

6．图乘法的适用条件是什么？对连续变截面梁或拱能否用图乘法？

7．图乘法公式中正负号如何确定？

8．为什么在计算支座位移引起的位移计算公式中，求和符号前总有一个负号？

9．反力互等定理是否适用于静定结构？会得到什么结果？

习题

6-1　求图示结构 B 点的竖向位移和转角。

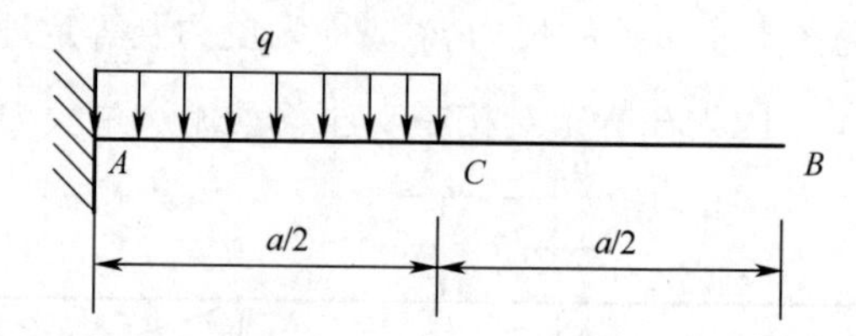

6-2　求图示结构 B 点的转角。

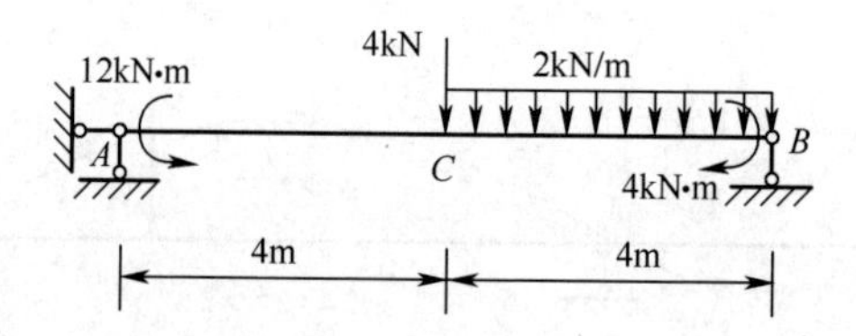

6-3　求图示结构 C 点的竖向位移和转角。

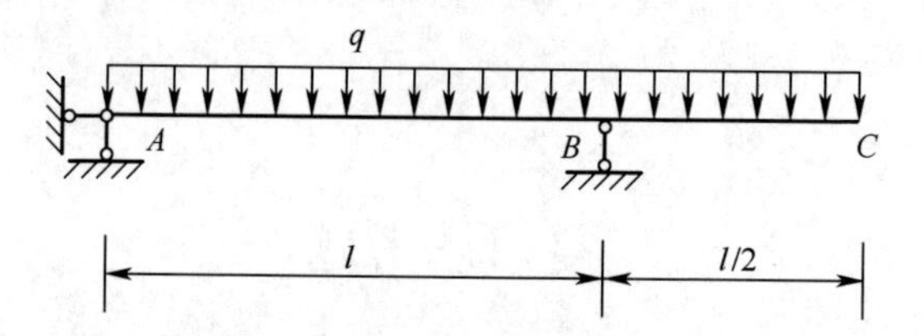

6-4　求图示结构 B 点的竖向位移和转角。

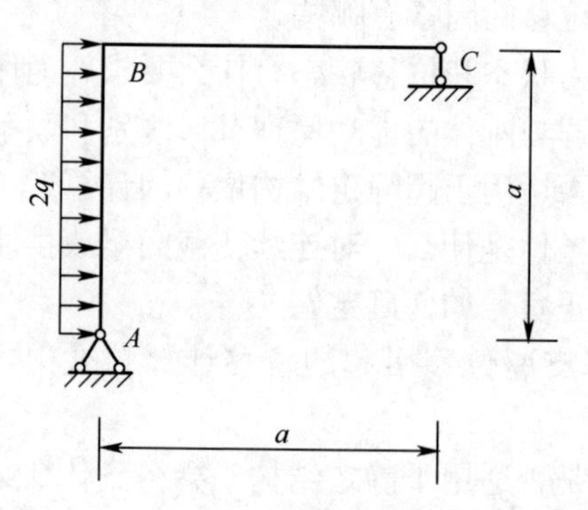

6-5　求图示结构 CD 点的相对水平位移和相对转角。

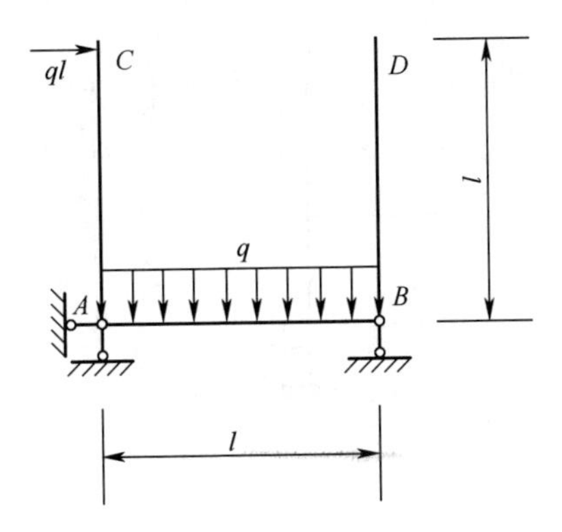

6-6　求图示结构 B 点的转角。

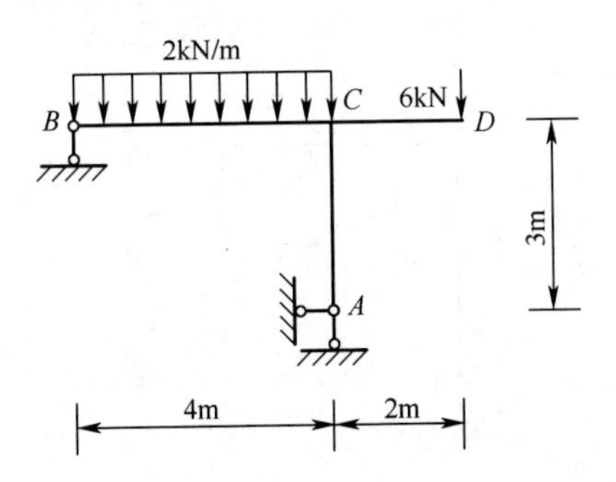

6-7　求图示结构 C 点的竖向位移和 D 点的竖向位移。

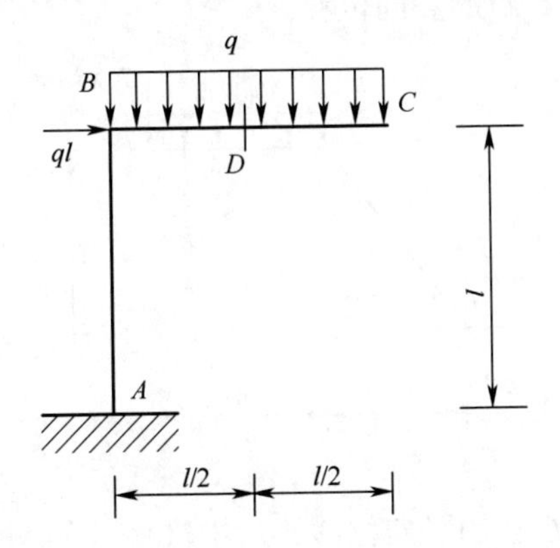

6-8 求图示结构 B 点的转角和 C 点的竖向位移。

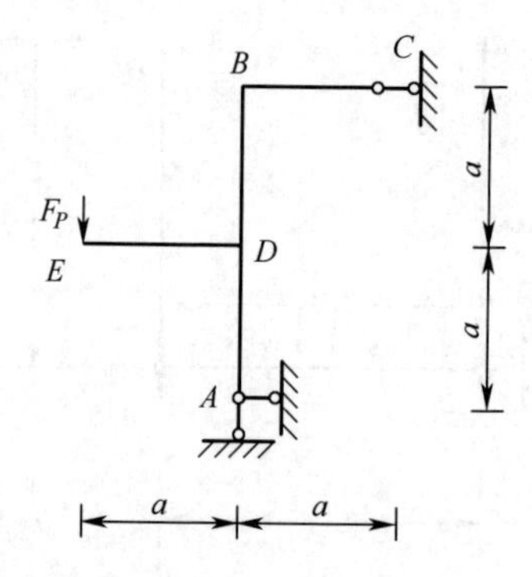

6-9 求图示结构 B 点的水平位移和 E 点的水平位移。

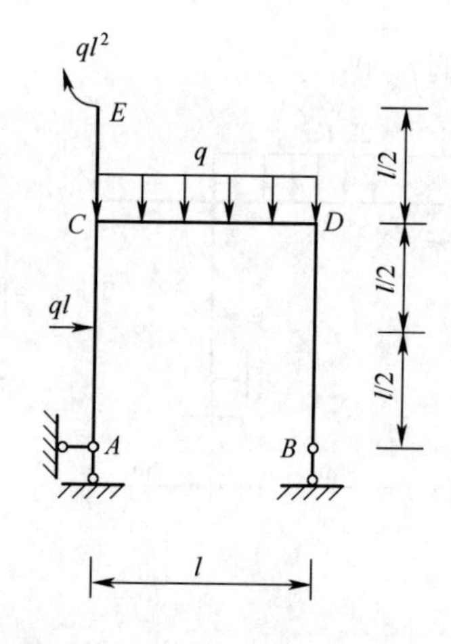

6-10 求图示结构 C 点的竖向位移。

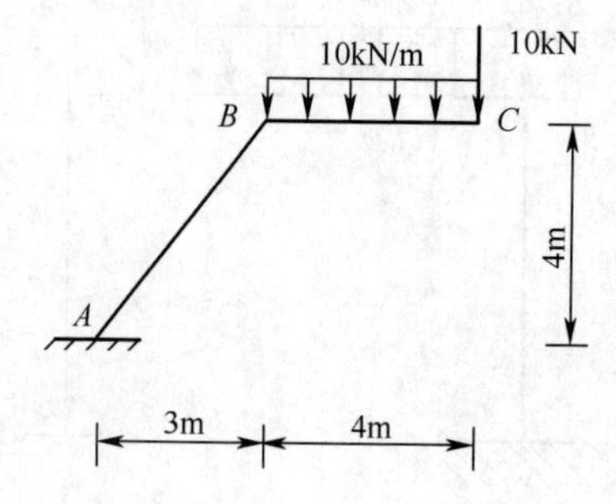

6-11 求图示结构 C 点的竖向位移、水平位移以及 NC 杆的相对转角。

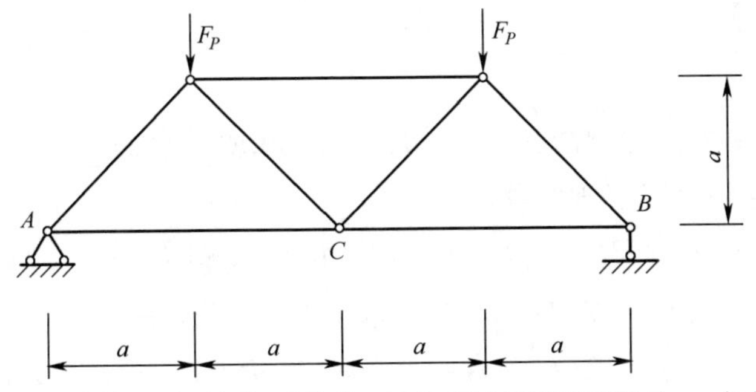

6-12　求图示结构 C 点的水平位移。已知材料膨胀系数为α，各杆EI均为常数。

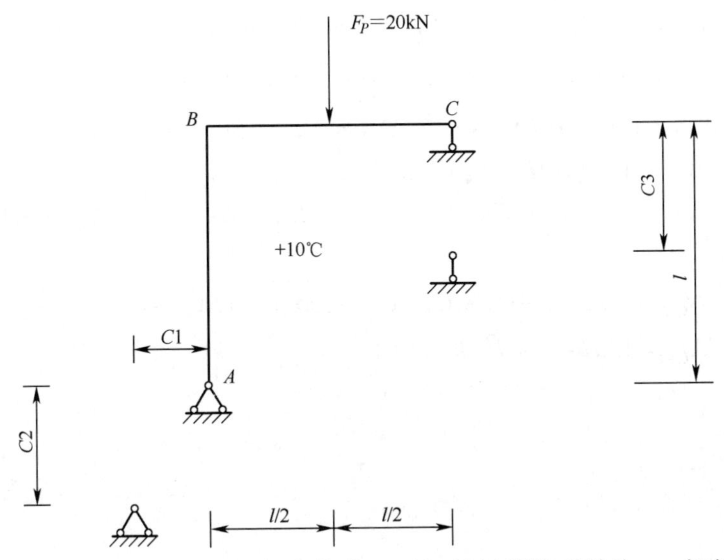

6-13　求图示结构 C 点的竖向位移。已知材料膨胀系数为α，杆件截面为矩形，高度为 h。

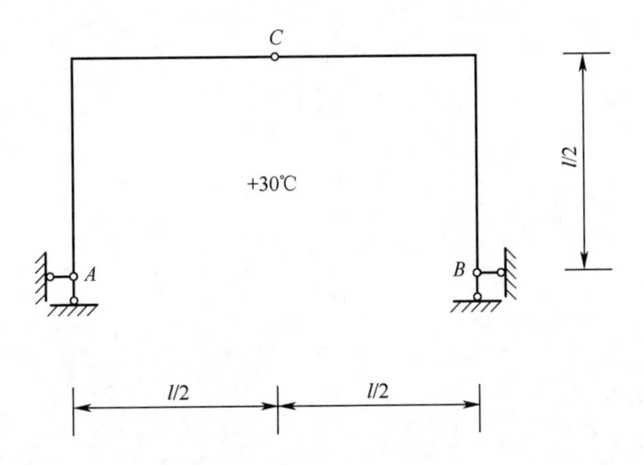

参考答案

6-1 $\Delta_{BV}=7qa^4/384EI$（↓） $\theta_B=qa^3/48EI$（顺时针）

6-2 $\theta_B=40/3EI$（逆时针）

6-3 $\Delta_{CV}=ql^4/128EI$（↓），$\theta_C=ql^3/48EI$（顺时针）

6-4 $\Delta_{BH}=3qa^4/4EI$（→），$\theta_B=qa^3/3EI$（顺时针）

6-5 $\Delta_{C-D}^{H}=11ql^4/12EI$（→←） $\theta_{C-D}=13ql^3/12EI$（顺一逆时针）

6-6 $\theta_B=8/3EI$（逆时针）

6-7 $\Delta_{CV}=9ql^4/8EI$（↓），$\Delta_{DV}=209ql^4/384EI$（↓）

6-8 $\theta_B=F_pa^2/12EI$（顺时针），$\Delta_{CV}=F_pa^3/12EI$（↓）

6-9 $\Delta_{BH}=17ql^4/16EI$（→），$\Delta_{BH}=7ql^4/6EI$（→）

6-10 $\Delta_{CV}=18250/3EI$（↓）

6-11 $\Delta_{CV}=5.414F_Pa/EA$（↓），$\Delta_{CH}=2F_Pa/EA$（→），$\theta_{AC}=3.414F_P/EA$（顺时针）

6-12 $\Delta_{CH}=l^3/16EI-(C_1+C_2-C_3)+10\alpha(1+1/h)$（→）

6-13 $\Delta_{CV}=15\alpha l+7.5\alpha l^2/h$（↑）

第七章　力法

§7-1　超静定和超静定次数

前面各章讨论了静定结构的计算，从本章起将讨论超静定结构的计算。

如图 7-1（a）所示，结构全部反力和内力只靠平衡条件便可确定的结构，称为静定结构；而单靠平衡条件还不能确定全部反力和内力的结构，便称为超静定结构。例如图 7-1（b）所示梁，其竖向反力仅靠平衡条件就无法确定，因而也就无法确定其内力。又如图 7-2 所示桁架，虽然由平衡条件可以确定其全部反力，但不能确定全部杆件的内力。因此，这两个结构都是超静定结构。

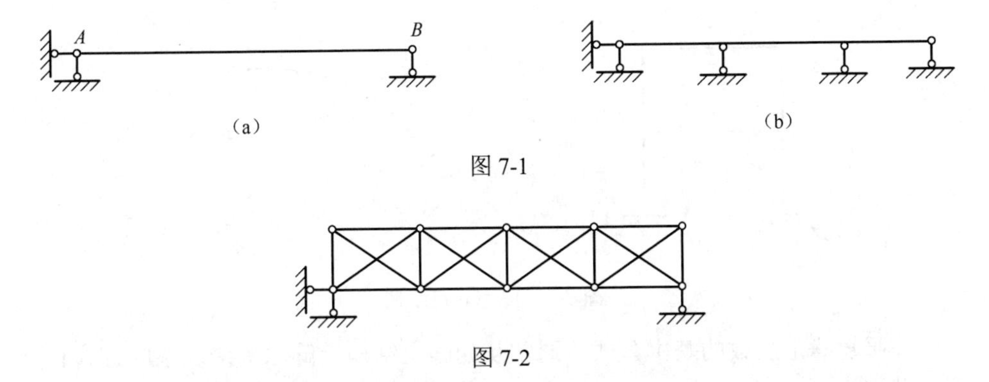

（a）　（b）

图 7-1

图 7-2

分析以上结构的几何组成，不管是静定结构还是超静定结构，从几何组成上来看，都是几何不变的。静定结构不存在多余联系，而超静定结构存在多余联系。所谓“多余”，是指这些联系仅就保持结构的几何不变性来说，是不必要的。总体来说，反力或内力是超静定的，约束有多余的，这就是超静定结构区别于静定结构的基本特征。

在超静定结构中，由于具有多余未知力，使平衡方程的数目少于未知力的数目，故单靠平衡条件无法确定其全部反力和内力，还必须考虑位移条件以建立补充方程。一个超静定结构有多少个多余联系，相应地便有多少个多余未知力，也就需要建立同样数目的补充方程才能求解。因此，用力法计算超静定结构时，首先必须确定多余联系或多余未知力的数目。多余联系或多余未知力的数目，称为超静定结构的超静定次数。

在几何构造上，超静定结构可以看作是在静定结构的基础上增加若干多余联系而构成的。因此，确定超静定次数最直接的方法就是解除多余联系，使原结构变成一个静定结构，而所去多余联系的数目，就是原结构的超静定次数。因此，可以定义如下基本公式：

超静定次数等于多余联系或多余约束个数，也等于把超静定结构变成静定结构时所需解除的联系或多余约束个数。由于解除多余联系后，结构仍然为静定结构，故应用第二章自由度的概念，超静定次数等于$-W$，W为体系的计算自由度数。

图 7-3 所示超静定结构在解除多余联系后变为图 7-4 所示结构，在图中标明了相应的多余未知力。因此超静定次数依次为 2、4、6、3。

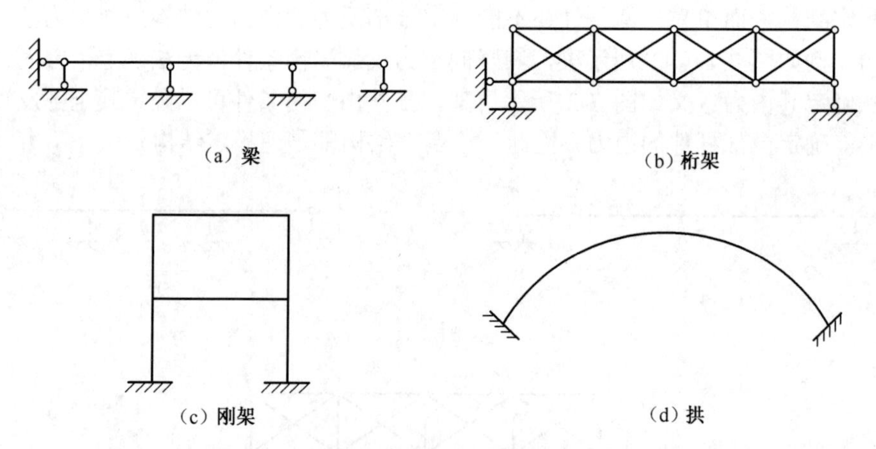

图 7-3 原超静定结构

按照超静定次数的基本公式，通常从超静定结构上解除多余联系的方式有以下几种方式：

（1）去掉或切断一根链杆，相当于去掉一个联系（图 7-4（a）、（b））。

（2）拆开一个单铰，相当于去掉两个联系。

（3）在刚结处打开一切口，或去掉一个固定端，相当于去掉三个联系（图 7-4（c））。

（4）将刚结改为单铰联结，相当于去掉一个联系（图 7-4（d））。

（5）将固定端改为固定铰支座，相当于去掉一个联系（图 7-4（d））。

（6）将固定端改为可动铰支座，相当于去掉两个联系。

（7）将滑动支座改为可动铰支座，相当于去掉一个联系。

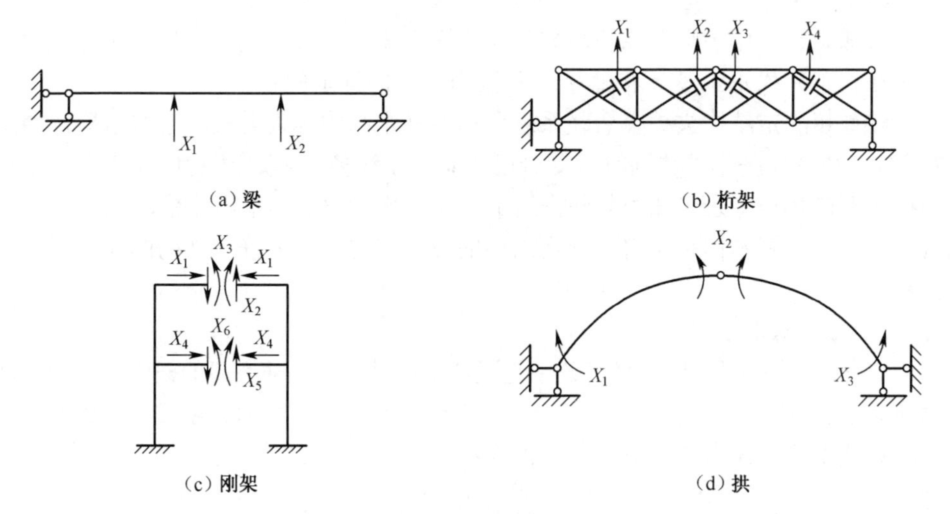

（a）梁　（b）桁架　（c）刚架　（d）拱

图 7-4　解除多余联系后的静定结构

应用上述方法，不难确定任何超静定结构的超静定次数。但是在解除多余联系时应注意以下两点：

（1）不要把原结构拆成一个几何可变体系。例如，如果把图 7-4（a）所示连续梁中的水平链杆解除掉，这样就变成了几何可变体系。

（2）必须解除掉所有的多余联系。如图 7-5（a）所示的结构，如果只拆去一根竖向支杆，如图 7-5（b）所示，则其中的框格仍然具有三个多余联系。因此，必须把框格在刚接处打开一个切口，如图 7-5（c）所示，这时才成为静定结构。所以，原结构总共有四个多余联系，超静定次数为 4。

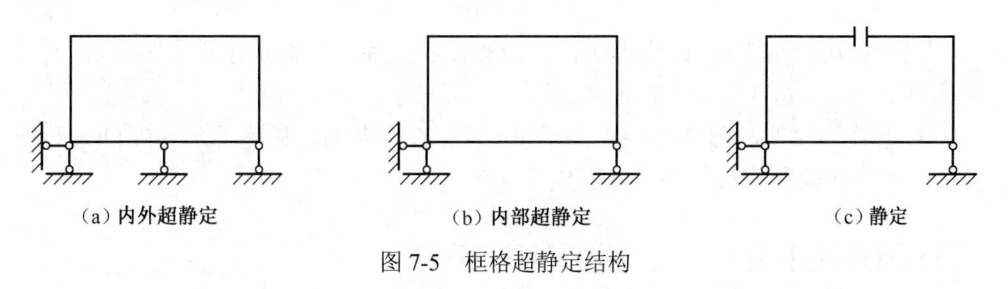

（a）内外超静定　（b）内部超静定　（c）静定

图 7-5　框格超静定结构

§7-2　力法的基本概念

下面以一个简单的结构为例，说明如何用力法求解超静定结构。

1．力法基本体系

图 7-6（a）所示结构为一次超静定结构，如果去掉支座 B，代以一个相应的

多余未知力 X_1 的作用，如果可以设法求出多余未知力 X_1，则原结构就转化为静定结构在均布荷载 q 和多余未知力 X_1 共同作用下的静定问题。

将原超静定结构去掉多余联系后所得的静定结构称为力法的基本结构，如图 7-6（c）所示。基本结构同时承受着已知荷载 q 和多余未知力 X_l 的作用，基本结构在原有荷载和多余未知力共同作用下的体系称为力法的基本体系，如图 7-6（b）所示。所以，基本体系是将超静定结构的计算问题转化为静定结构的计算问题的体系。

2. 力法基本方程

怎样求出 X_1 呢？仅靠平衡条件是无法求出的，必须补充新的条件。因为在基本体系中截取的任何隔离体上，除了 X_1 之外还有三个未知内力或反力，故平衡方程的总数少于未知力的总数，其解答是不定的。

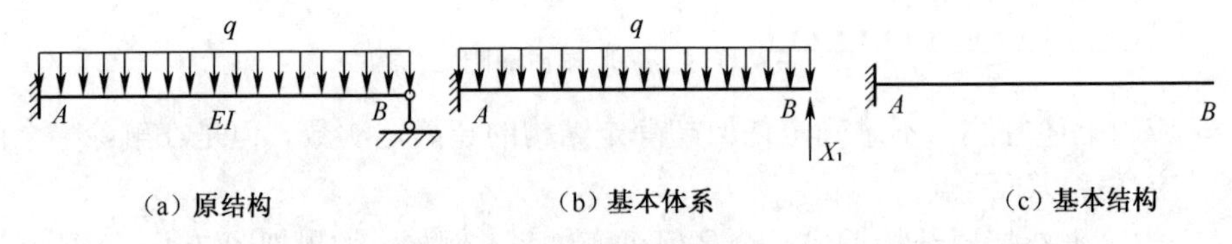

（a）原结构　（b）基本体系　（c）基本结构

图 7-6　力法的基本结构和基本体系

为此，对比原结构与基本体系的变形情况。原结构在支座 B 处，由于多余联系而不可能有竖向位移；转换后基本体系在荷载 q 和多余未知力 X_1 共同作用下，结构受力和变形与原结构保持一致，在 B 点上也没有竖向位移，即在荷载 q 和多余未知力 X_1 共同作用下，沿力 X_1 方向上的位移Δ_1 也应等于零，即

$$\Delta_1 = 0 \tag{a}$$

这就是用以确定的 X_1 变形条件，或称位移条件，也就是计算未知力 X_1 的补充条件。

根据叠加原理，图 7-7（a）所示 B 点在 X_1 方向的位移等于图 7-7（b）和图 7-7（c）的代数和。故位移可以写成

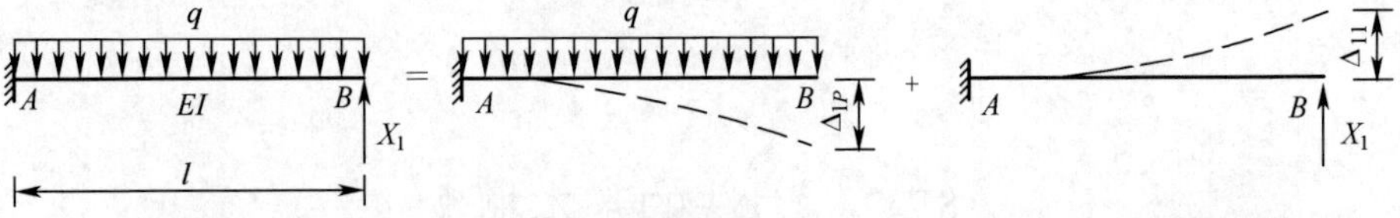

（a）基本结构　（b）基本体系　（c）基本结构

图 7-7　基本体系位移叠加

$$\Delta_1 = \Delta_{11} + \Delta_{1P} = 0 \tag{b}$$

式中：Δ_1 —— 基本体系在荷载 q 和多余未知力 X_1 共同作用下的位移；

Δ_{11} —— 基本体系在 X_1 单独作用下沿 X_1 方向的位移；

Δ_{1p} —— 基本体系在外荷载单独作用下沿 X_1 方向的位移；

以上三个位移以沿 X_1 方向为正，相反为负。

由于结构处在线弹性变化范围，Δ_{11} 可以写成 $\delta_{11}X_1$，故（b）式可以改写为

$$\delta_{11}X_1+\Delta_{1P}=0 \tag{7-1}$$

由于 δ_{11} 和 Δ_{1P} 都是静定结构在已知力作用下的位移，可以用前述章节求出，因而多余未知力 X_1 即可由此方程解出。此方程便称为一次超静定结构的力法基本方程。

为了具体计算 δ_{11} 和 Δ_{1P}，作基本结构在 $\bar{X}_1=1$ 和 q 作用下的弯矩图 $\bar{M}_1$ 图和 M_P 图（图 7-8（a）、（b））。应用图乘法得

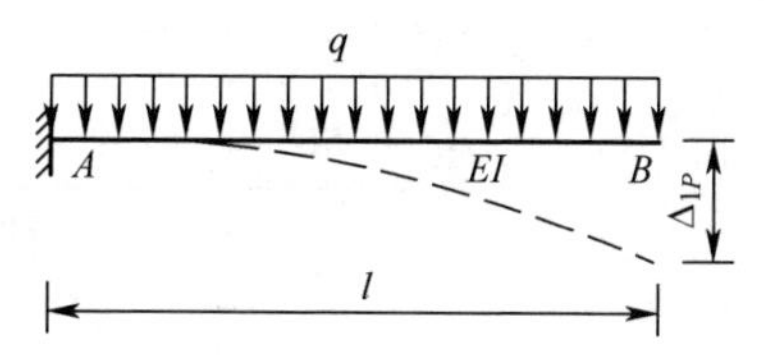

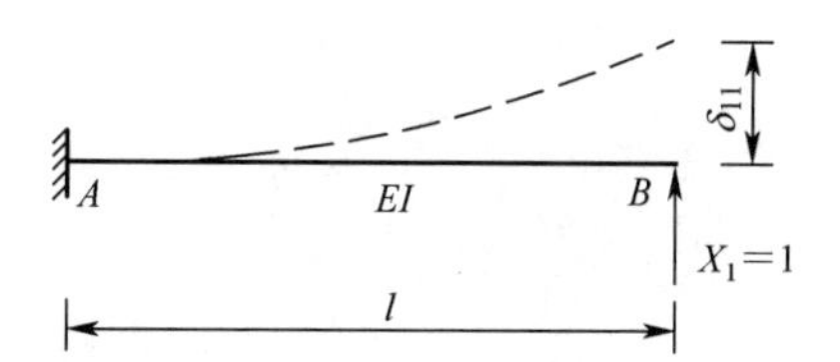

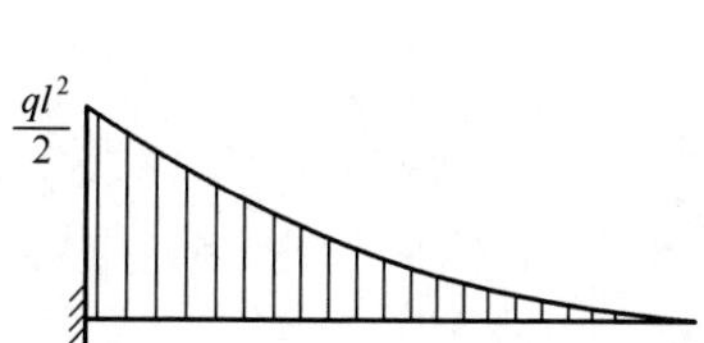

（a）M_P图

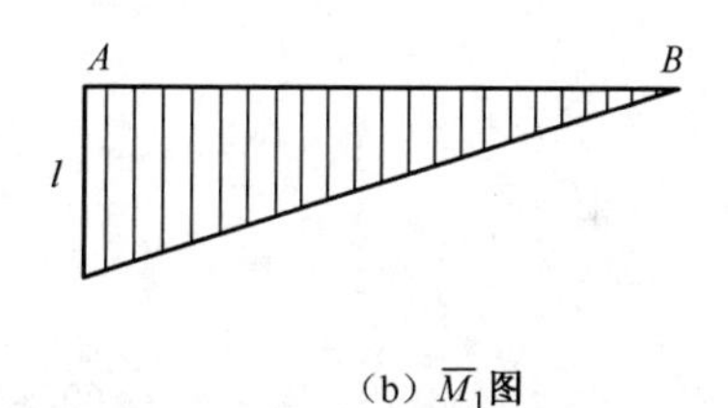

（b）$\bar{M}_1$图

图 7-8

求 δ_{11} 时应为 $\bar{M}_1$ 图乘 $\bar{M}_1$ 图，称为 $\bar{M}_1$ 图“自乘”：

$$\delta_{11}=\sum\int\frac{\bar{M}_1^2\mathrm{d}s}{EI}=\frac{1}{EI}\frac{l^2}{2}\frac{2l}{3}=\frac{l^3}{3EI}$$

求 Δ_{1P} 则为 $\bar{M}_1$ 图与 M_P 图相乘：

$$\Delta_{1P}=\sum\int\frac{\bar{M}_1M_P\mathrm{d}s}{EI}=-\frac{1}{EI}\left(\frac{1}{3}\frac{ql^2}{2}l\right)\frac{3l}{4}=-\frac{ql^4}{8EI}$$

将 δ_{11} 和 Δ_{1P} 代入式（7-1）可求得

$$X_1=-\frac{\Delta_{1P}}{\delta_{11}}=-\left(-\frac{ql^4}{8EI}\right)\Big/\frac{l^3}{3EI}=\frac{3ql}{8}\quad(\uparrow)$$

正号表明 X_1 的实际方向与假定相同，即向上。

多余未知力 X_1 求出后，其余所有反力、内力的计算都是静定问题，见图 7-9（a）和图 7-9（c）。在绘制最后弯矩图 M 图时，可以利用已经绘出的 $\bar{M}_1$ 图和 M_P 图按叠加法绘制，即

$$M=\bar{M}_1X_1+M_P$$

也就是将 $\bar{M}_1$ 图的竖标乘以 X_1，再与 M_P 图的对应竖标相加。于是，可绘出 M 图如图 7-9（b）所示。

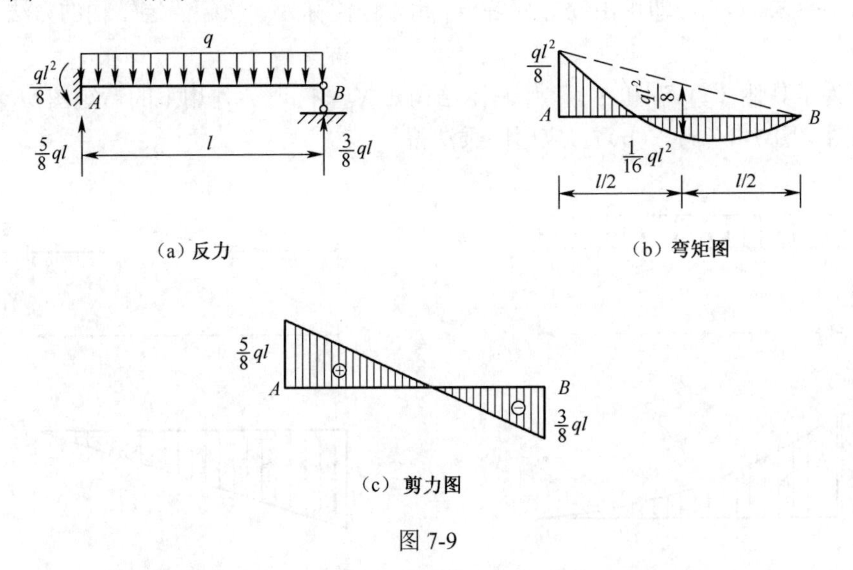

（a）反力　　（b）弯矩图

（c）剪力图

图 7-9

像上述这样解除超静定结构的多余联系而得到静定的基本结构，以多余未知力作为基本未知量，根据基本体系应与原结构变形相同而建立的位移条件，首先求出多余未知力，然后由平衡条件即可计算其余反力、内力的方法，称为力法。因此，用力法计算超静定结构的关键在于如何根据变形条件建立力法方程，求解基本未知量——多余未知力。

§7-3　力法的典型方程

图 7-10（a）为两次超静定结构，分析此结构时应去掉两个多余联系，假设去掉支座 B，并以相应的多余未知力 X_1 和 X_2 代替所去联系的作用，则得到图 7-10（b）所示基本体系。X_1 和 X_2 即为基本未知量。原结构在 B 点不可能有任何位移，即水平位移和竖向位移都等于零，即 A 点沿 X_1 和 X_2 方向的相应位移 Δ_1 和 Δ_2 也都应该为零。

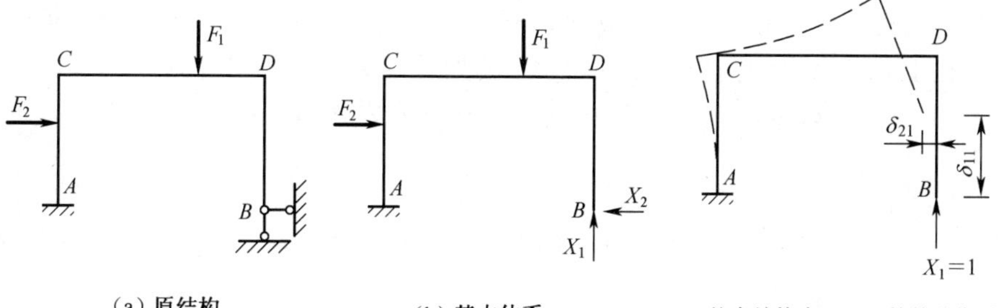

（a）原结构　　（b）基本体系　　（c）基本结构在 $X_1=1$ 的单独作用下

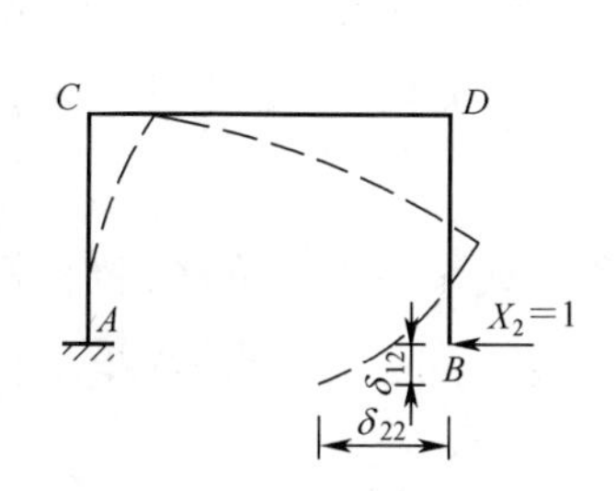

（d）基本结构在 $X_2=1$ 的单独作用下

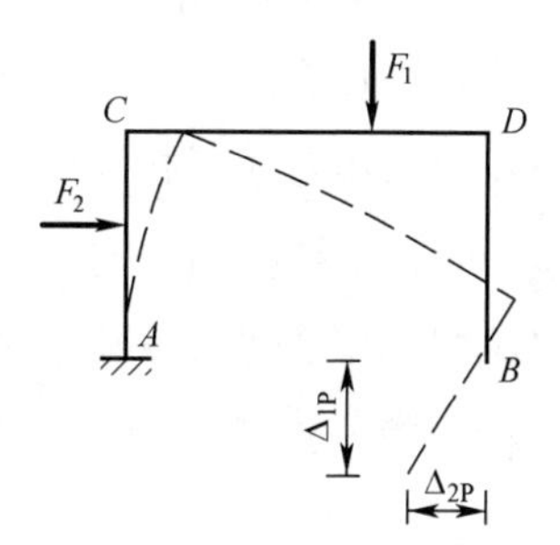

（e）基本结构在外荷载作用下

图 7-10

位移条件为

$$\begin{cases} \Delta_1 = 0 \\ \Delta_2 = 0 \end{cases}$$

式中：Δ_1 —— 基本体系在 X_1、X_2 和荷载共同作用下沿 X_1 方向的位移，即 B 点的竖向位移；

Δ_2 —— 基本体系在 X_1、X_2 和荷载共同作用下沿 X_2 方向的位移，即 B 点的水平位移。

设各单位多余未知力 $\bar{X}_1=1$、$\bar{X}_2=1$ 和荷载 F 分别作用于基本结构上时，A 点沿 X_1 方向的位移分别为 δ_{11}、δ_{12} 和 Δ_{1P}，沿 X_2 方向的位移分别为 δ_{21}、δ_{22} 和 Δ_{2P}（见图 7-10），则根据叠加原理，上述位移条件可写为

$$\left.\begin{aligned} \Delta_1 = \delta_{11}X_1 + \delta_{12}X_2 + \Delta_{1P} = 0 \\ \Delta_2 = \delta_{21}X_1 + \delta_{22}X_2 + \Delta_{2P} = 0 \end{aligned}\right\} \tag{7-2}$$

求解这一方程组，便可求得多余未知力 X_1 和 X_2。

对于 n 次超静定结构，多余未知力的个数为 n 个，相应的力法基本体系要从

原结构中去掉多余联系的个数为 n 个，从而需要建立 n 个方程。根据变形条件，当原结构上各多余未知力作用处的位移为零时，这 n 个方程可写为

$$\left.\begin{array}{l}\delta_{11}X_1+\delta_{12}X_2+\cdots+\delta_{1i}X_i+\cdots+\delta_{1n}X_n+\Delta_{1P}=0\\ \cdots\cdots\cdots\cdots\\ \delta_{i1}X_1+\delta_{i2}X_2+\cdots+\delta_{ii}X_i+\cdots+\delta_{in}X_n+\Delta_{iP}=0\\ \cdots\cdots\cdots\cdots\\ \delta_{n1}X_1+\delta_{n2}X_2+\cdots+\delta_{ni}X_i+\cdots+\delta_{nn}X_n+\Delta_{nP}=0\end{array}\right\} \tag{7-3}$$

这就是 n 次超静定结构的力法基本方程。这一组方程的物理意义为：基本结构在全部多余未知力和荷载共同作用下，在去掉各多余联系处沿各多余未知力方向的位移，应与原结构相应的位移相等。

系数 δ_{ij} 和 Δ_{iP} 分别表示基本结构在单位力和荷载作用下的位移。位移符号中有两个下标：第一个下标表示发生位移的方向，第二个下标表示产生位移的原因。故，

δ_{ij}——单位力 $\bar{X}_j=1$ 单独作用于基本结构时产生的沿 X_i 方向的位移；

Δ_{iP}——由荷载作用于基本结构时产生的沿 X_i 方向的位移。

在上述方程组中，主斜线（自左上方的 δ_{11} 至右下方的 δ_{nn}）上的系数 δ_{ii} 称为主系数或主位移，它是单位多余未知力 $\bar{X}_i=1$ 单独作用时所引起的沿其本身方向上的位移，其值恒为正，且不会等于零。其他的系数 δ_{ii} 称为副系数或副位移，它是单位多余未知力 $\bar{X}_j=1$ 单独作用时所引起的沿 X_i 方向的位移。各式中最后一项 Δ_{iP} 称为自由项，它是荷载 F 单独作用时所引起的沿 X_i 方向的位移。副系数和自由项的值可能为正、副或零。根据位移互等定理可知，在主斜线两边处于对称位置的两个副系数 δ_{ij} 和 δ_{ji} 是相等的，即

$$\delta_{ij}=\delta_{ji}$$

上述力法基本方程在组成上具有一定规律，并有副系数互等的性质，故又常称它为力法的典型方程。

§7-4 力法求解超静定结构

根据以上所述用力法，计算超静定结构的步骤可以归纳如下：

（1）去掉原结构的多余联系得到一个静定的基本结构，并以多余力代替相应

多余联系的作用，其中多余联系的数目等于原结构的超静定次数。

（2）根据基本结构在多余未知力和荷载共同作用下，所去各多余联系处的位移应与原结构各相应位移相等的条件，建立力法的典型方程。

（3）求自由项和系数。为此，需分两步进行：

1）令 X_i=1，作基本结构单位弯矩图 $\bar{M}_i$ 和基本荷载作用下的 M_P

2）按照求静定结构位移的方法，求出多余未知力。

（4）解算典型方程，求出各多余未知力。

（5）按分析静定结构的方法，由平衡条件或叠加法求得最后内力。

例 7-1　试分析图 7-11（a）所示刚架，EI=常数。

解：

（1）确定超静定次数，选取基本结构。

此刚架具有一个多余联系，是一次超静定结构，去掉支座链杆 C 即为静定结构，并用 X_1 代替支座链杆 C 的作用，得到基本体系如图 7-11（b）所示。

（2）建立力法典型方程。

原结构在支座 C 处的竖向位移为 0。根据位移条件可得力法典型方程如下：

$$\delta_{11}X_1+\Delta_{1P}=0$$

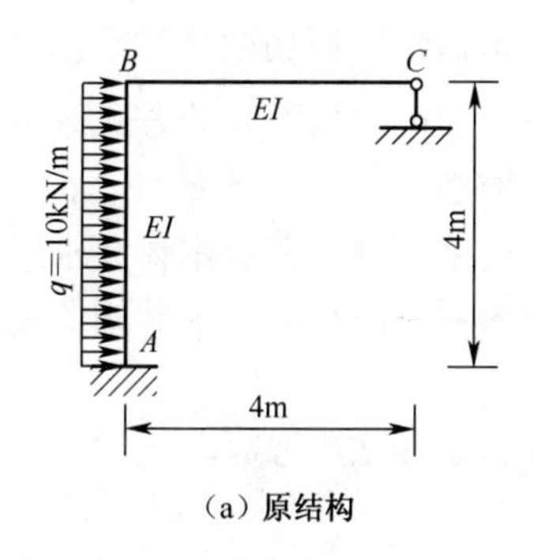

（a）原结构

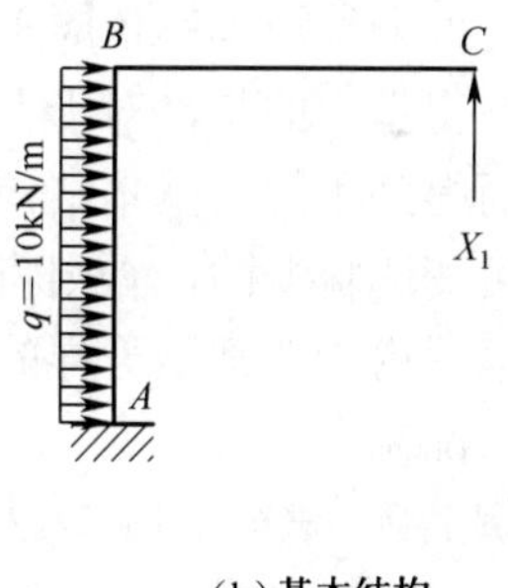

（b）基本结构

图 7-11

（3）求系数和自由项。

首先作 $\bar{X}_1=1$ 单独作用于基本结构的弯矩图 $\bar{M}_1$ 图，如图 7-12（a）所示，再作荷载单独作用于基本结构时的弯矩图 M_P 图，如图 7-12（b）所示，然后用图乘法求系数和自由项如下：

$$\delta_{11}=\frac{1}{\mathrm{EI}}\left(\frac{1}{2}\times4\mathrm{m}\times4\mathrm{m}\times\frac{2}{3}\times4\mathrm{m}+4\mathrm{m}\times4\mathrm{m}\times4\mathrm{m}\right)=\frac{256}{3EI}\mathrm{m}^3$$

$$\Delta_{1P}=-\frac{1}{EI}\left(\frac{1}{3}\times80\mathrm{kN}\cdot\mathrm{m}\times4\mathrm{m}\times4\mathrm{m}\right)=-\frac{1280}{3EI}\mathrm{kN}\cdot\mathrm{m}^3$$

（4）求解多余力。

将δ_{11}和Δ_{1P}代入力法典型方程有

$$\frac{256}{3EI}X_1-\frac{1280}{3EI}=0$$

解得$X_1=5\text{kN}$（正值说明多余力的实际方向与基本结构上力的假定方向相同，即垂直向上）。

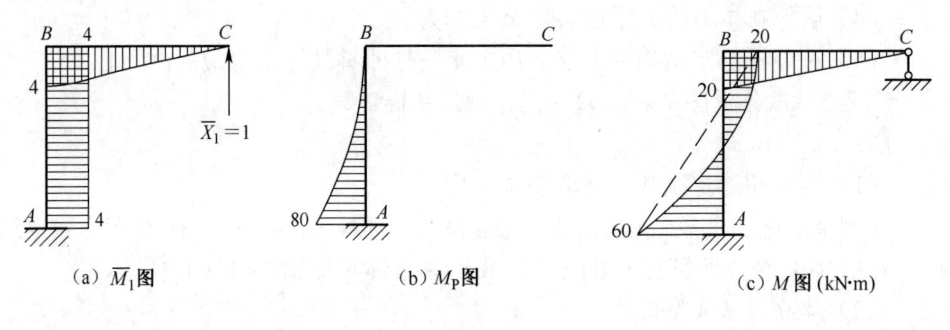

（a）$\overline{M}_1$图　（b）M_P图　（c）M图（kN·m）

图 7-12

（5）绘制最后弯矩图。

各杆端弯矩可以按照$M=\bar{M}_1X_1+M_P$计算，最后弯矩图如图 7-12（c）所示。

值得指出的是，对于上题一次超静定结构来说，可以按不同的方式去掉多余联系而得到不同的基本结构。但须注意，基本结构必须是几何不变的，而不能是几何可变或瞬变的，否则将无法求解。然而，不论采用哪一种基本体系求解，所得的最后内力图都是一样的，因为任何一种基本体系都应与同一原结构的受力和变形情况完全一致。

例 7-2　试分析图 7-13（a）所示两端固定梁。其中 EI=常数。

（1）确定超静定次数，选取基本体系。

此梁为 3 次超静定结构，选取基本体系如图 7-13（b）所示（在图的中点处剪断，图中为了能清晰地表达剪断后两段的关系，有一个切口，其实此切口并不存在）。

（2）建立力法典型方程。

此切口两端截面无相对位移，故力法方程为

$$\begin{cases}\delta_{11}X_1+\delta_{12}X_2+\delta_{13}X_3+\Delta_{1P}=0\\ \delta_{21}X_1+\delta_{22}X_2+\delta_{23}X_3+\Delta_{2P}=0\\ \delta_{31}X_1+\delta_{32}X_2+\delta_{33}X_3+\Delta_{3P}=0\end{cases}$$

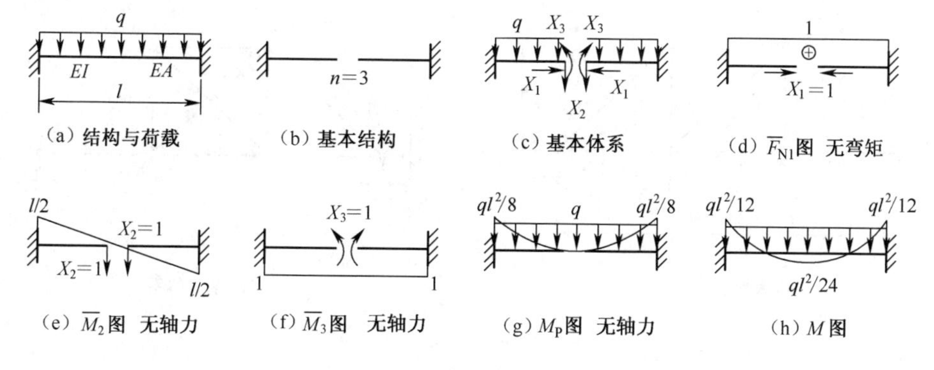

图 7-13

（3）求系数和自由项，解方程。单位内力图如图 7-13（d）、（e）、（f）所示，荷载内力图如图 7-13（g）所示。

由单位内力图自乘和互乘得如下位移系数：

$$\delta_{11}=l/EA,\ \delta_{22}=l^3/12EI,\ \delta_{33}=l/EI$$

因为$\bar{M}_1=0$, $\bar{F}_{N1}=\bar{F}_{N2}=0$，所以$\delta_{12}=\delta_{13}=0$；

因$\bar{M}_3$对称，$\bar{M}_2$反对称，所以$\delta_{23}=0$；

由位移互等定理可知$\delta_{ij}=\delta_{ji}$，因此$\delta_{21}=\delta_{31}=\delta_{32}=0$。

由M_P图和M_i（i=1,2,3）图互乘，可得$\Delta_{1P}=\Delta_{2P}=0$, $\Delta_{3P}=-\dfrac{ql^3}{24EI}$。

将系数和自由项代入力法方程，解得

$$X_1=X_2=0,\ X_3=\frac{ql^2}{24EI}$$

（4）由$M=\bar{M}_3X_3+M_P$，可得图 7-13（h）所示的弯矩图。

例 7-3 求图 7-14（a）所示超静定桁架各杆的内力。各杆的材料相同，截面面积在表 7-1 中给出。

解：

（1）确定超静定次数，选取基本结构。

此桁架为 1 次超静定，切断编号为 10 的杆件，并用X_1代替，得到基本体系如图 7-14（b）所示。

（2）建立力法典型方程。

原结构在杆（10）的变形连续，即切口处相对位移为 0 的条件，列力法典型方程为$\delta_{11}X_1+\Delta_{1P}=0$

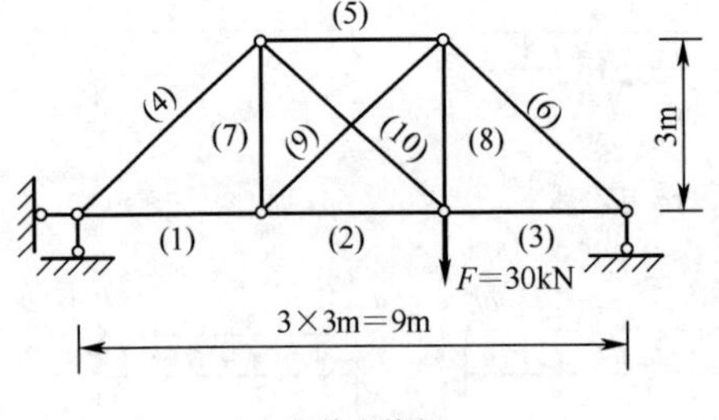

(a) 超静定桁架

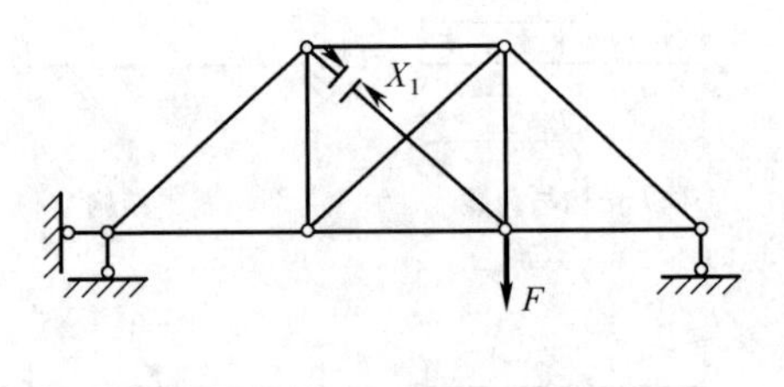

(b) 基本体系

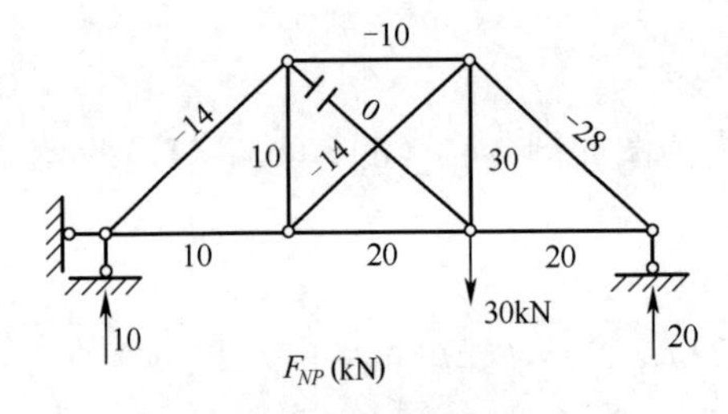

(c) 基本结构受荷载作用

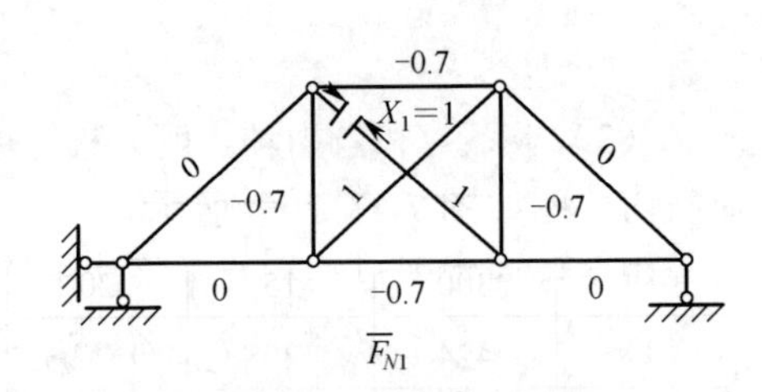

(d) 基本结构在单位力作用下

图 7-14

(3) 求系数和自由项。

首先作 $\bar{X}_1=1$ 单独作用于基本结构的弯矩图 $\bar{M}_1$ 图，如图 7-14（a）所示，再作荷载单独作用于基本结构时弯矩图 M_P 图，如图 7-14（b）所示，然后用图乘法求系数和自由项如下：

基本结构在荷载作用下的各轴力 F_{NP} 示于图 7-14（c）中，在单位力 $X_1=1$ 作用下的各轴力 $\bar{F}_{N1}$ 示于图 7-14（d）中。系数和自由项可根据位移公式

$$\delta_{11}=\sum\frac{\bar{F}_{N1}l}{EA}$$

$$\Delta_{1P}=\sum\frac{\bar{F}_{N1}\bar{F}_{NP}l}{EA}$$

列表（表 7-1）进行计算，得

$$\delta_{11}=\frac{89.35}{E}\text{m}^{-1}$$

$$\Delta_{1P}=-\frac{1082\text{kN/m}}{E}$$

(4) 求多余未知力。

将系数和自由项代入力法方程，得

$$X_1 = -\frac{\Delta_{1P}}{\delta_{11}} = -\frac{-1082E}{89.35E} = 12.1\text{kN}$$

（5）计算各杆轴力。

利用叠加公式计算

$$F_N = \overline{F}_{N1}X_1 + F_{NP}$$

计算结果也列在表 7-1 中。

表 7-1　δ_{11} Δ_{1P} 和轴力 N 的计算

杆件	L（cm）	A（cm^3）	F_{NP}（kN）	$\overline{F}_{N1}$	$\frac{\overline{F}_{N1}^2 l}{A}$	$\frac{\overline{F}_{N1}F_{NP}l}{A}$	$F_N = \overline{F}_{N1}X_1 + F_{NP}$（kN）
（1）	300	15	10	0	0	0	10.0
（2）	300	20	20	−0.7	7.35	−210	11.5
（3）	300	15	20	0	0	0	20.0
（4）	424	20	−14	0	0	0	−14.0
（5）	300	25	−10	−0.7	5.88	84	−18.5
（6）	424	20	−28	0	0	0	−28.0
（7）	300	15	10	−0.7	9.8	−140	1.5
（8）	300	15	30	−0.7	9.8	−420	21.5
（9）	424	15	−14	1	28.26	−396	−1.9
（10）	424	15	0	1	28.26	0	12.1
Σ					89.35	−1082	

例 7-4　计算图 7-15（a）所示超静定组合结构的内力。横梁 $I = 1\times10^{-4}\text{m}^4$，链杆 $A = 1\times10^{-3}\text{m}^2$，$E$=常数。

解：

（1）选择基本体系。

这是一次超静定组合结构，切断竖向链杆并以多余未知力 X_1 代替，可得图 7-15（b）所示基本体系。

（2）列力法方程。

基本体系在荷载和 X_1 共同作用下，在竖向链杆切口处两侧截面的相对轴向位移为零，故力法方程为

$$\delta_{11}X_1 + \Delta_{1P} = 0$$

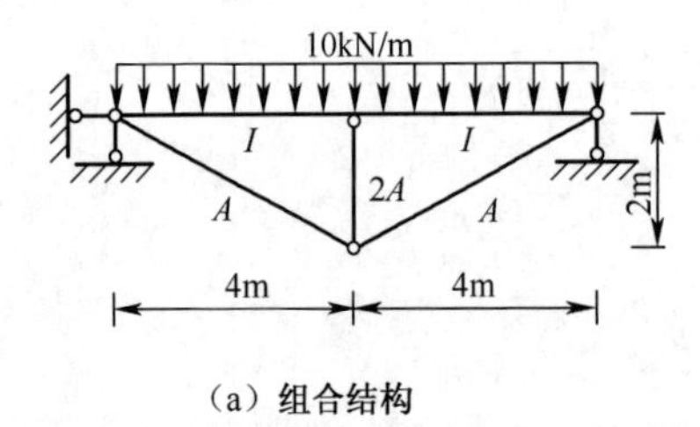

（a）组合结构

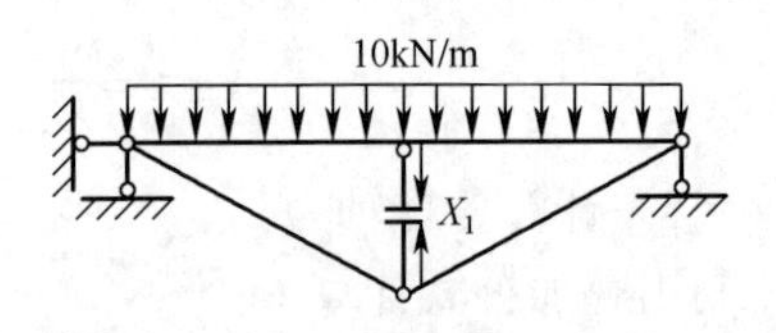

（b）基本体系

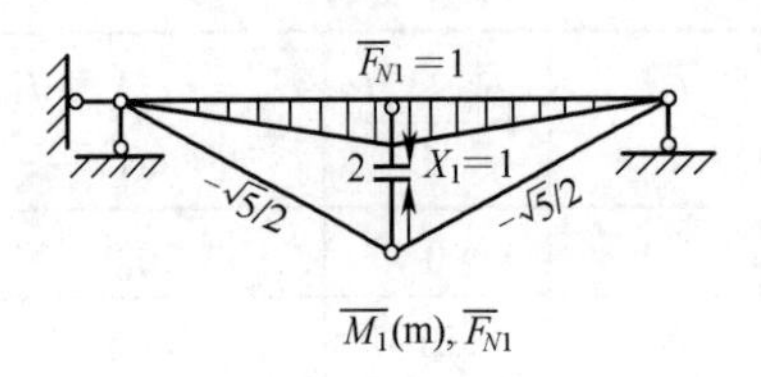

（c）基本结构受作用 $X_1=1$

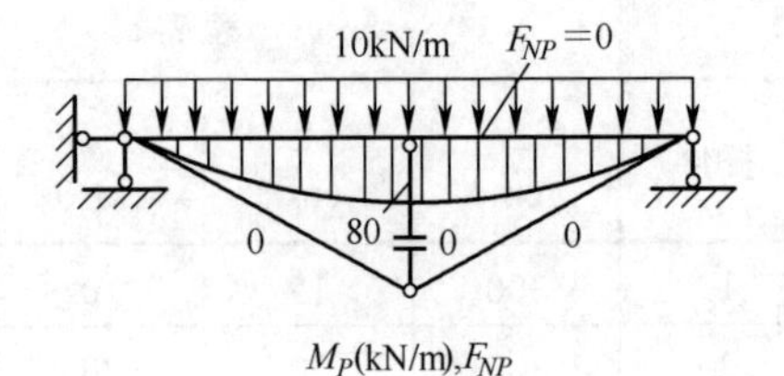

（d）基本结构受荷载作用

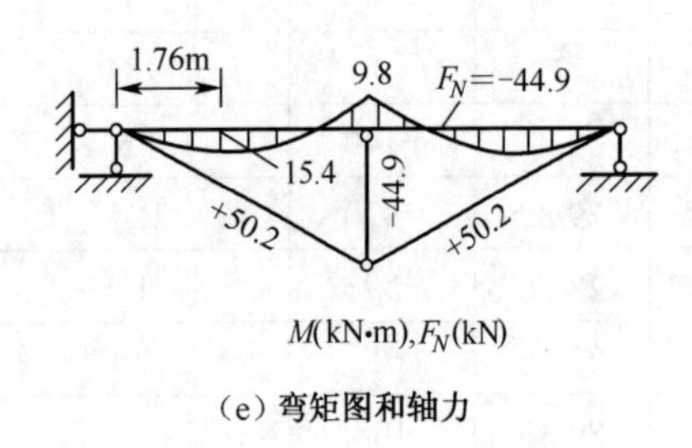

（e）弯矩图和轴力

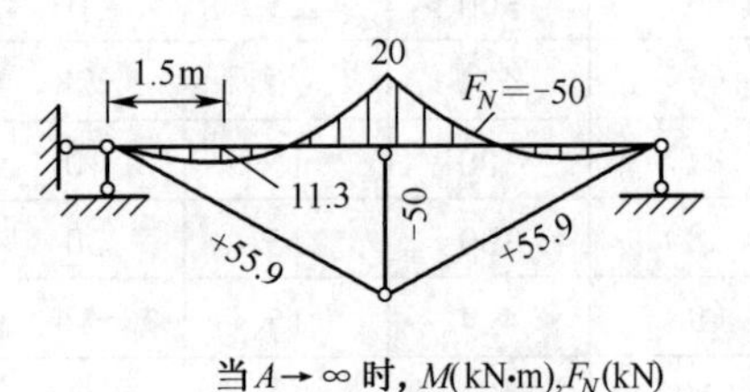

（f）$A\to\infty$ 时的弯矩图和轴力

图 7-15

（3）计算系数和自由项。

绘制基本结构在荷载作用下梁的 M_P 图和各杆的轴力 F_{NP}，以及在单位力 $X_1=1$ 作用下的 $\bar{M}_1$ 图和轴力 $\bar{F}_{N1}$，如图 7-15（c）、（d）所示。由位移计算公式可求得：

$$\delta_{11}=\sum\int\frac{\bar{M}_1^2}{EI}\mathrm{d}x+\sum\frac{\bar{F}_{N1}^2 l}{EA}$$

$$=\frac{1}{E\times1\times10^{-4}\,\mathrm{m}^4}\left(2\times\frac{4\mathrm{m}\times2\mathrm{m}}{2}\times\frac{2\mathrm{m}\times2}{3}\right)$$

$$+\frac{1}{E\times1\times10^{-3}\,\mathrm{m}^2}\left[\frac{1^2\times2\mathrm{m}}{2}+2\times\left(-\frac{\sqrt{5}}{2}\right)^2\times2\sqrt{5}\mathrm{m}\right]$$

$$=\frac{1}{E}(1.067\times10^5\text{m}^{-1}+0.122\times10^5\text{m}^{-1})$$

$$=\frac{1}{E}(1.189\times10^5)\text{m}^{-1}$$

$$\Delta_{1P}=\sum\int\frac{\bar{M}_1M_P}{EI}\text{d}x+\sum\frac{\bar{F}_{N1}F_{NP}}{EA}l$$

$$=\frac{1}{E\times1\times10^{-4}\text{m}^4}\left(2\times\frac{2\times4\text{m}\times80\text{kN}\cdot\text{m}}{3}\times\frac{5\times2\text{m}}{8}\right)+0$$

$$=\frac{1}{E}(5.333\times10^6)\text{kN/m}$$

（4）计算多余未知力。

$$X_1=-\frac{\Delta_{1P}}{\delta_{11}}=-\frac{5.333\times10^6\text{kN/m}}{1.189\times10^5\text{m}^{-1}}=-44.9\text{kN}\ （压力）$$

（5）计算内力。

由叠加公式

$$M=\bar{M}_1X_1+M_P$$

$$F_N=F_{N1}X_1+F_{NP}$$

可绘出梁的弯矩图和各杆轴力，如图 7-15（e）所示。

（6）讨论。

由图 7-15（e）所示 M 图可以看出，由于横梁中点有下部链杆支承作用，横梁的最大弯矩值为 15.4kN·m，比在同样荷载作用而没有下部链杆支承的最大弯矩值80kN·m 减少 80.75%。

如果改变链杆截面 A 的大小，组合结构的内力将随之改变。当 A 减小时，梁的正弯矩值将增大，而负弯矩值将减小。当 $A\to0$ 时，梁的弯矩图将与简支梁的弯矩图相同，如图 7-15（d）所示。反之，当 A 增大时，梁的正弯矩值将减小，而负弯矩值将增大。当 $A\to\infty$ 时，梁的中点相当于有一刚性支杆，其弯矩图将与两跨连续梁的弯矩图相同，如图 7-15（f）所示。

§7-5　对称性的利用

用力法分析超静定结构时，结构的超静定次数愈高，计算工作量也就愈大，而其中主要工作量又在于求解力法方程，即需要计算大量的系数、自由项，并求解线性方程组。若要使计算简化，则须从简化典型方程入手。在力法典型方程中，如能使一些系数及自由项等于零，则计算可得到简化。我们知道，主系数是恒为正且不会等于零的。因此，力法简化的原则是：使尽可能多的副系数以及自由项等于零。能达到这一目的的途径很多，例如利用对称性、弹性中心法等，而各种方法的关键都在于选择合理的基本结构，以及设置适宜的基本未知量。本节讨论对称性的利用。

1. 结构和荷载对称性

结构的对称指结构沿着某一对称轴对折两侧可以完全重合。所以结构对称必然存在对称轴。对称结构的条件是：

（1）结构的几何形状、尺寸和支撑情况对某一轴对称。

（2）各杆件尺寸和弹性模量（EA、EI、GA 等）也对称于此轴。

如图 7-16（a）所示结构，关于对称轴 y-y 对称；图 7-16（b）所示结构关于对称轴 x-x 和对称轴 y-y 对称。

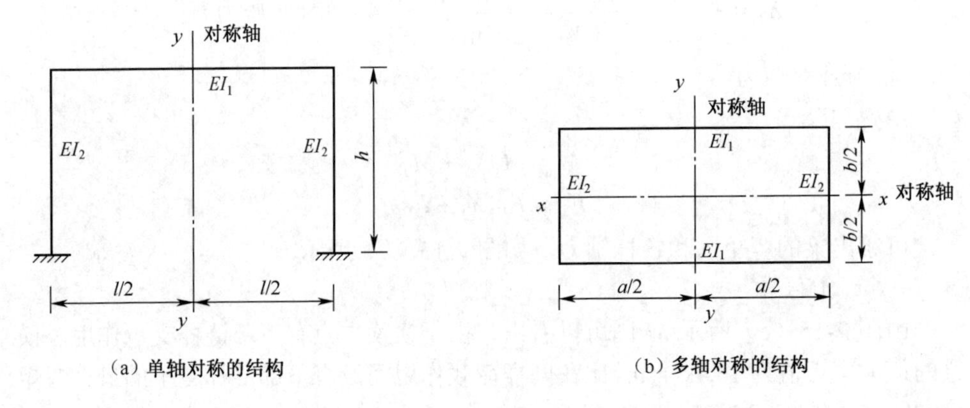

图 7-16　对称结构

荷载对称指荷载沿着某一对称轴对折，两端荷载重合。任何荷载都可以分成两部分，一部分是正对称荷载，另一部分是反对称荷载，如图 7-17（a）所示。

正对称荷载——绕对称轴对折后，对称轴两边的荷载彼此重合（作用点相对应、数值相等、方向相同）如图 7-17（b）所示。

反对称荷载——绕对称轴对折后，对称轴两边的荷载正好相反（作用点相对应、数值相等、方向相反）如图 7-17（c）所示。

荷载分组——既不正对称也不反对称的荷载称为非对称荷载，非对称荷载实际上都可划为正对称荷载和反对称荷载的叠加，常称为荷载分组。

2. 选取对称的基本结构

计算对称结构，要考虑对称结构的基本体系。7-18（a）所示结构为三次超静定结构，可以沿着对称轴上梁的截面截开，所得基本体系是对称的。此时，多余未知力包括三对力，一对弯矩 X_1、一对轴力 X_2 和一对剪力 X_3。由此可知，在上述多余未知力中，X_1 和 X_2 是正对称的，X_3 是反对称的。

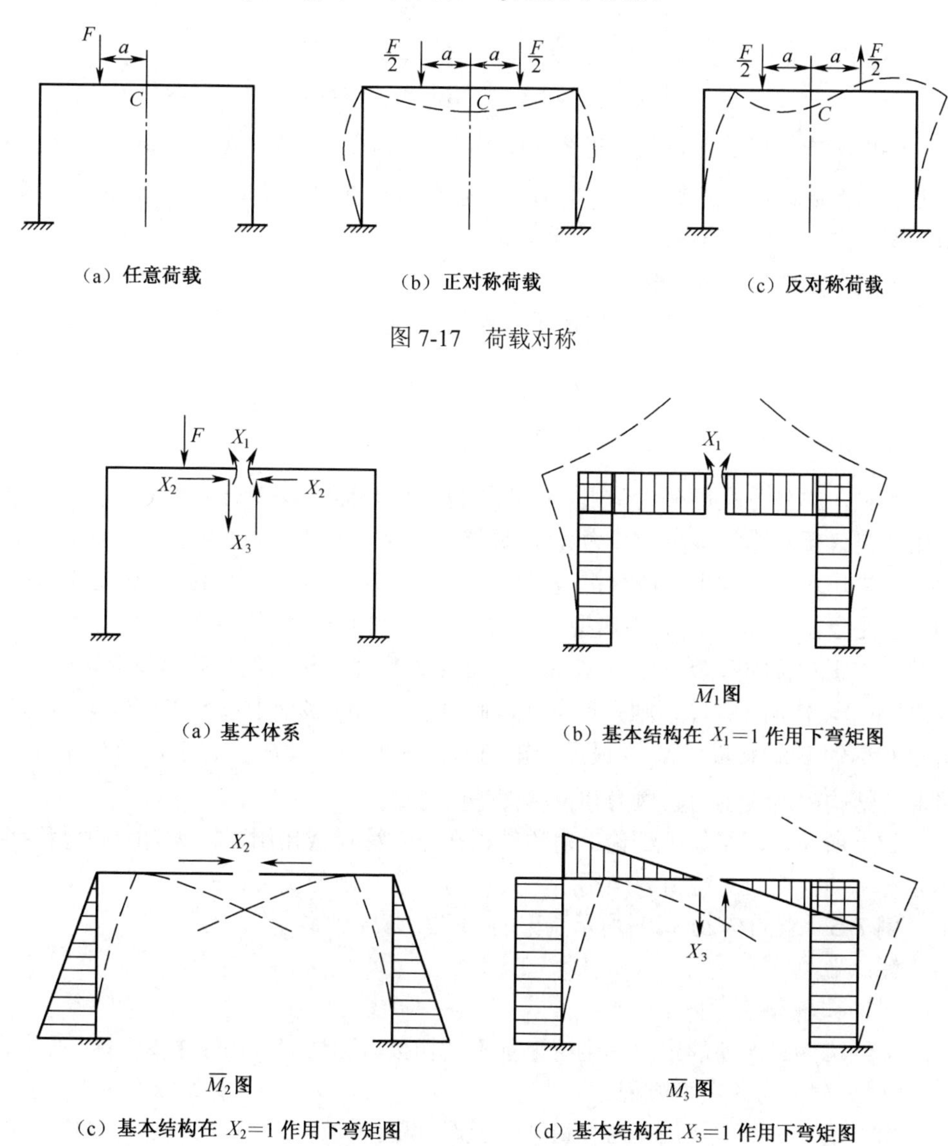

图 7-17　荷载对称

图 7-18　对称结构的单位弯矩图

基本体系在荷载与未知力的共同作用下，在切口位置处的相对位移为零，故力法典型方程如下：

$$\begin{cases}\delta_{11}X_1+\delta_{12}X_2+\delta_{13}X_3+\Delta_{1P}=0\\ \delta_{21}X_1+\delta_{22}X_2+\delta_{23}X_3+\Delta_{2P}=0\\ \delta_{31}X_1+\delta_{32}X_2+\delta_{33}X_3+\Delta_{3P}=0\end{cases}$$

绘出基本结构的各单位弯矩图（图 7-18）。可以看出，$\bar{M}_1$图和$\bar{M}_2$图是正对称的，而$\bar{M}_3$图是反对称的。由于正、反对称的两图相乘时恰好正负抵消，使结果为零，因而可知负系数δ_{13}=δ_{31}=0，δ_{23}=δ_{32}=0

于是，典型方程便简化为

$$\begin{cases}\delta_{11}X_1+\delta_{12}X_2+\Delta_{1P}=0\\ \delta_{21}X_1+\delta_{22}X_2+\Delta_{2P}=0\\ \delta_{33}X_3+\Delta_{3P}=0\end{cases}$$

可见，典型方程已分为两组，一组只包含正对称的多余未知力X_1和X_2，另一组只包含反对称的多余未知力X_3。显然，这比一般的情形计算简单得多。

如果作用在结构上的荷载也是正对称的（图 7-19（a）），则M_P图也是正对称的，于是自由项$\Delta_{3P}=0$。由典型方程的第三式可知反对称的多余未知力$X_3=0$，因此只有正对称的多余未知力X_1和X_2。如果作用在结构上的荷载是反对称的（图 7-19（c）），作出M_P图，则同理可证，此时正对称的多余未知力X_1=$X_2=0$，只有反对称的多余未知力X_3。最后弯矩图为$M=M_3X_3+M_P$，它也是反对称的，且此时结构的所有反力、内力和位移都是反对称的。

综上所述，可得如下结论：对称结构在正对称荷载作用下，其内力和位移都是正对称的；在反对称荷载作用下，其内力和位移都是反对称的。

例 7-5 求图 7-20（a）所示刚架的M图，EI=常数。

解:

（1）取基本结构。

原结构为二次超静定对称刚架，基本结构按对称性取，如图 7-20（b）所示。

（2）建立力法典型方程。

由于是对称结构作用正对称荷载，反对称未知力为零，则只需求正对称未知力X_1，于是有

$$\delta_{11}X_1+\Delta_{1P}=0$$

（3）求系数和自由项。

作$\bar{M}_1$图和M_P图见图 7-20（c）和图 7-20（d），并求系数和自由项为:

$$\delta_{11}=\frac{88}{3EI}\ \mathrm{m}^3,\ \Delta_{1P}=\frac{337.5\mathrm{kN}\cdot\mathrm{m}^3}{3EI}$$

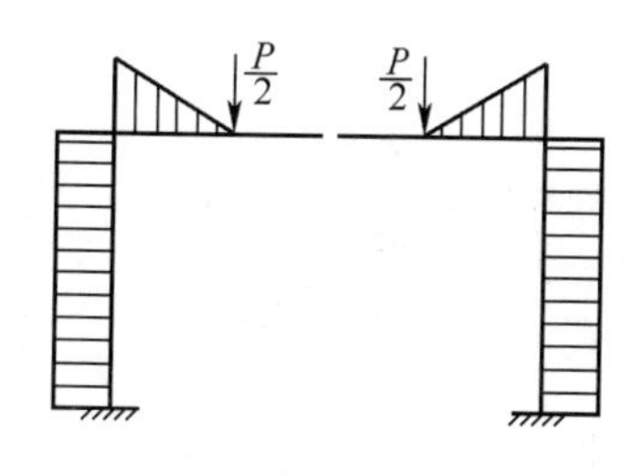

M_P图

(a) 对称结构受对称荷载

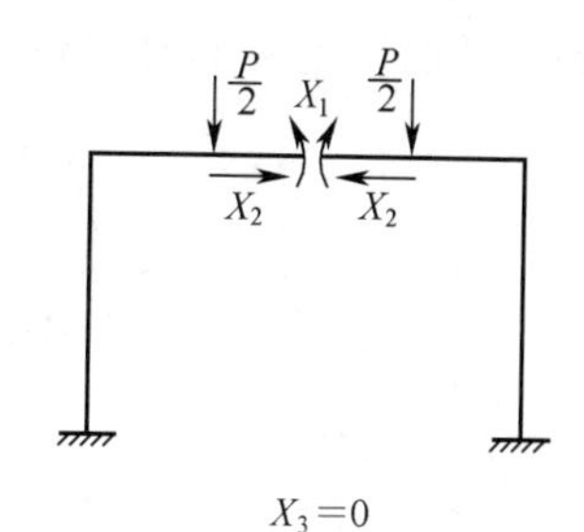

(b) 未知力只有 X_1 和 X_2

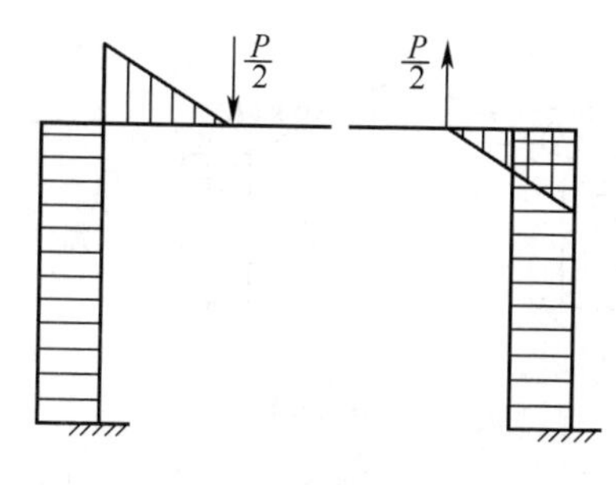

M_P图

(c) 对称结构受反对称荷载

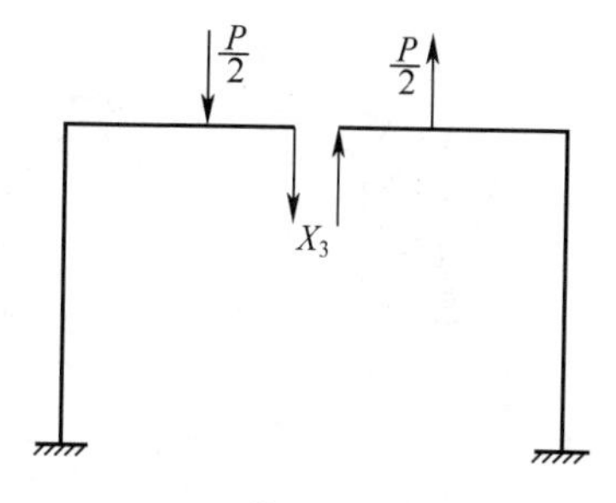

$X_1=X_2=0$

(d) 未知力只有 X_3

图 7-19 对称结构作用不同荷载的情形

(4) 求解未知力。

将系数和自由项代入力法和典型方程得:

$$\frac{88\mathrm{m}^3}{3EI}X_1+\frac{337.5\mathrm{kN}\cdot\mathrm{m}^3}{3EI}=0$$

解方程得

$$X_1=-3.835\mathrm{kN}$$

(5) 作最后弯矩图如图 7-20 (e) 所示。

3. 取一半结构计算

当对称结构承受正对称或反对称荷载时，也可以只截取结构的一半来进行计算。下面分别就奇数跨和偶数跨两种对称刚架加以说明。

(1) 奇数跨对称刚架。如图 7-21 (a) 所示刚架，在正对称荷载作用下，由于只产生正对称的内力和位移，故可知在对称轴上的截面 C 处不可能发生转角和水平线位移，但可以有竖向线位移。同时，该截面上将有弯矩和轴力，而无剪力。因此，截取刚架的一半时，在该处应用一滑动支座（也称定向支座）来代替原有联系，从而得到图 7-21（b）所示的计算简图。

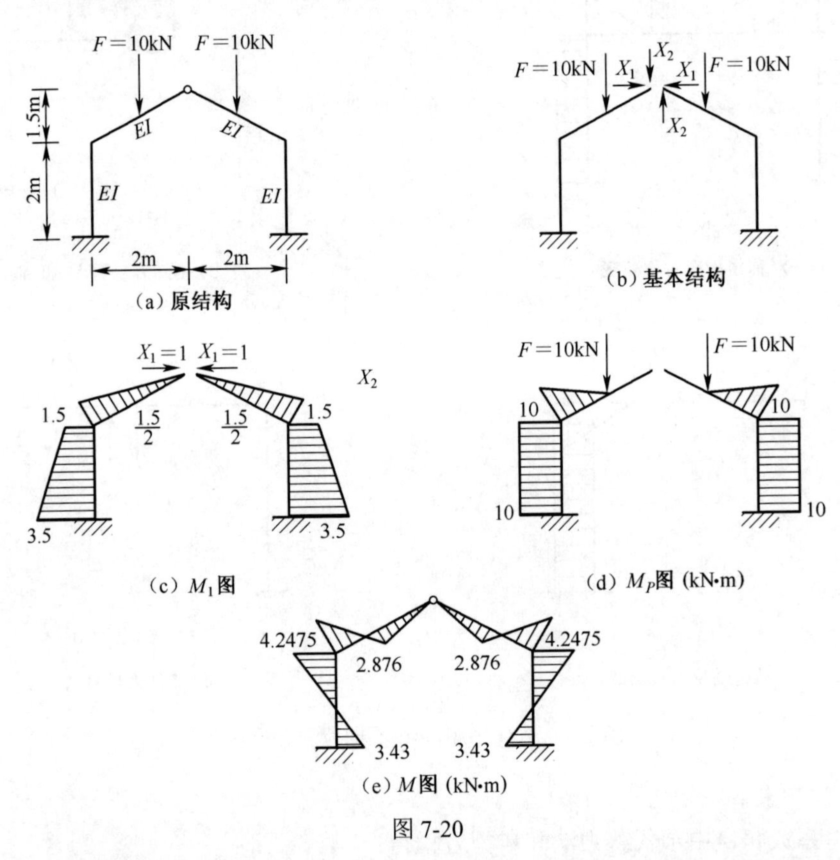

图 7-20

在反对称荷载作用下（图（7-22（a）），由于只产生反对称的内力和位移，故可知在对称轴上的截面 C 处不可能发生竖向位移，但可有水平向位移及转角。同时，该截面上弯矩、轴力均为零，而只有剪力。因此，截取刚架的一半时，该处用一竖向支承链杆来代替原有联系，从而得到图 7-22（b）所示的计算简图。

（2）偶数跨对称刚架。如图 7-23（a）所示刚架，在正对称荷载作用下，若忽略杆件的轴向变形，则在对称轴上的刚结点 C 处将不可能产生任何位移。同时，在该处的横梁杆端有弯矩、轴力和剪力存在。因此，截取刚架的一半时，该处用固定支座代替，从而得到图 7-23（b）所示的计算简图。

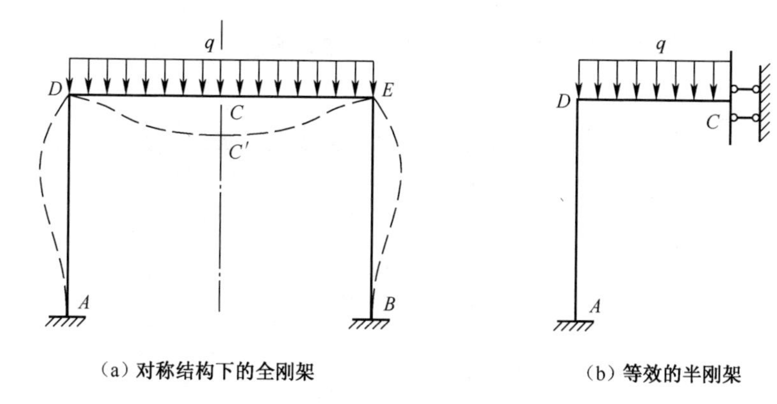

(a) 对称结构下的全刚架　　(b) 等效的半刚架

图 7-21　对称荷载作用下奇数跨刚架

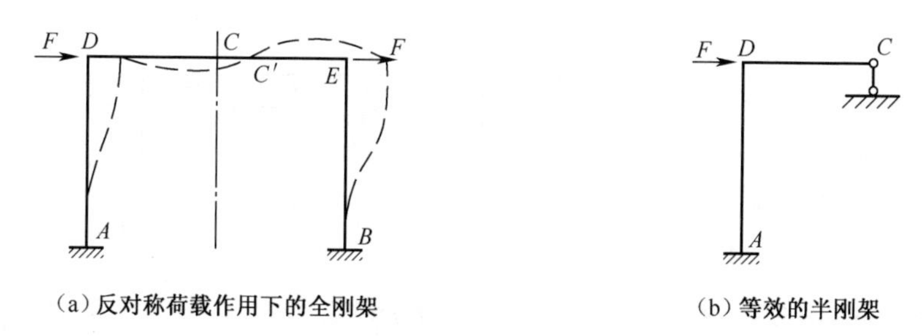

(a) 反对称荷载作用下的全刚架　　(b) 等效的半刚架

图 7-22　反对称荷载作用下奇数跨刚架

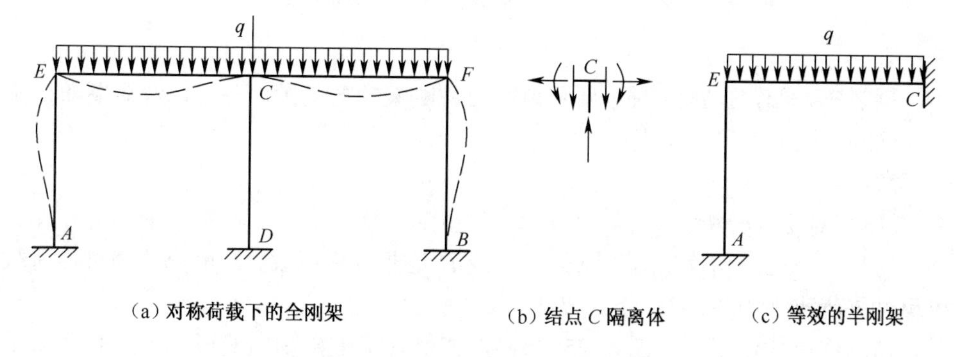

(a) 对称荷载下的全刚架　　(b) 结点 C 隔离体　　(c) 等效的半刚架

图 7-23　对称荷载作用下偶数跨刚架

在反对称荷载作用下(图 7-24(a)),可将其中间柱设想为由两根刚度各为 $I/2$ 的竖柱组成，它们在顶端分别与横梁刚结（图 7-24（e)），显然这与原结构是等效的。然后，设想将此两柱中间的横梁切开，则由于荷载是反对称的，故切口上只有剪力 F_{SC}（图 7-24（b)）。因忽略轴向变形，这对剪力将只使两柱分别产生等值反号的轴力，而不使其他杆件产生内力。而原结构中间柱的内力等于该两柱内力之代数和，故剪力 F_{SC} 实际上对原结构的内力和变形均无影响。因此，可将其去掉不计，而去一半刚架的计算简图如图 7-24（d）所示。

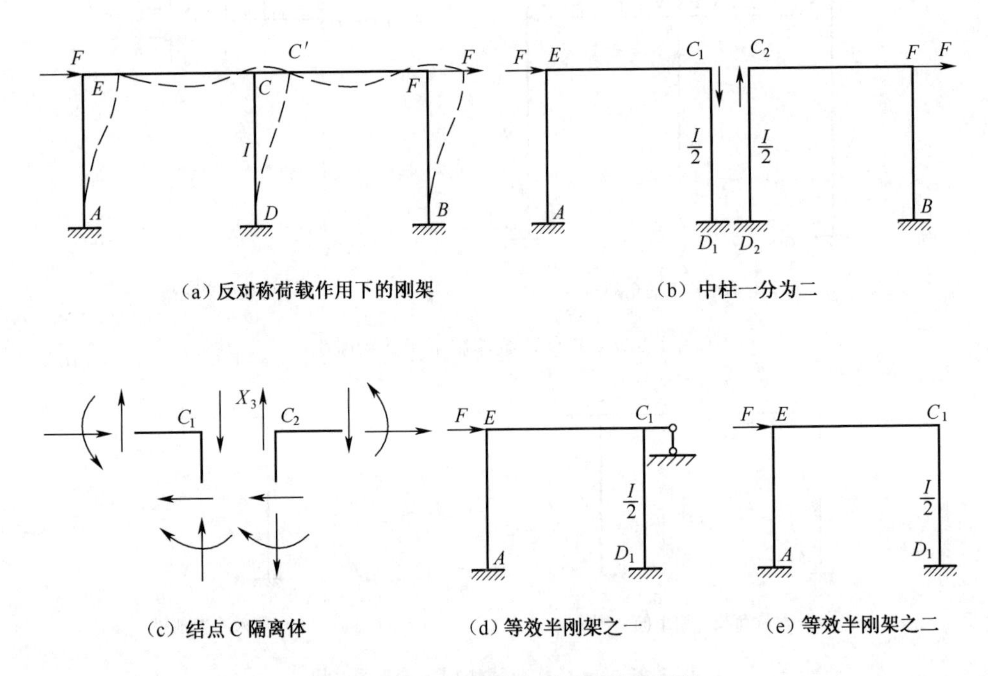

（a）反对称荷载作用下的刚架

（b）中柱一分为二

（c）结点 C 隔离体

（d）等效半刚架之一

（e）等效半刚架之二

图 7-24　反对称荷载作用下偶数跨刚架

例 7-6　求作图 7-25（a）所示单跨对称刚架的弯矩图，并讨论弯矩图随横梁与立柱刚度比值 k 的变化规律。

解：

（1）对称性分析。

这是一个三次超静定对称刚架，荷载 P 是非对称荷载。P 可分解为对称荷载和反对称荷载，如图 7-25（b）、7-25（c）所示。

在对称荷载作用下（图 7-25（b）），如果忽略横梁轴向变形，则只有横梁承受压力 $P/2$，其他杆件无内力。这个内力状态和变形状态不仅满足平衡条件，同时也满足变形条件，所以它就是真正的内力状态。因此，为了作原刚架的弯矩图，只需作在反对称荷载（图 7-25（c））作用下的弯矩图即可。

（2）基本体系。

在反对称荷载作用下，基本体系如图 7-25（d）所示。切口截面的弯矩、轴力均是对称未知力，应为零。只有反对称未知力 X_1 存在。

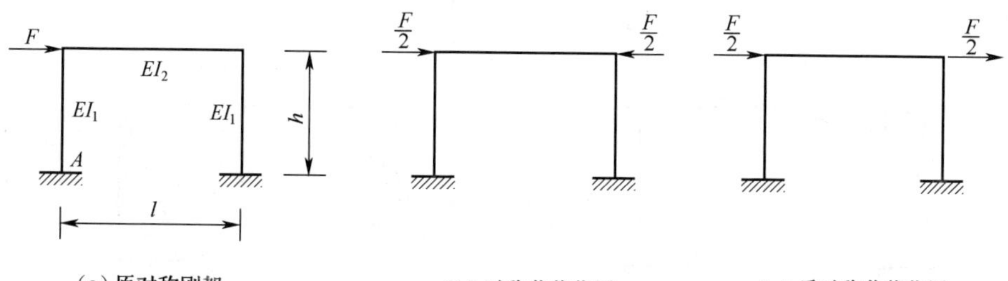

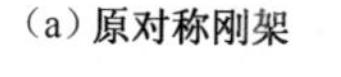

(a) 原对称刚架　　(b) 对称荷载作用　　(c) 反对称荷载作用

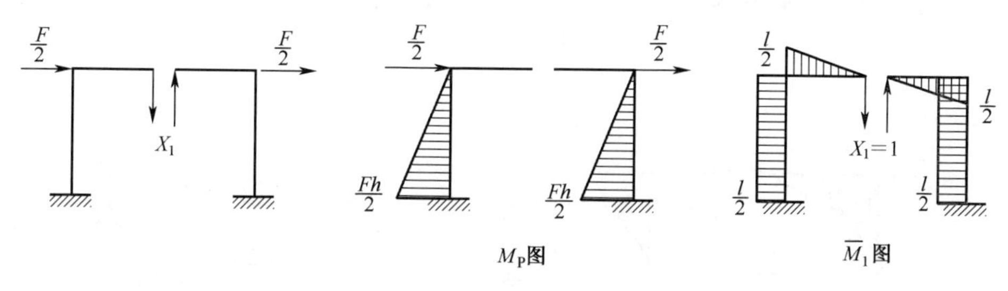

(d) 反对称荷载作用的基本体系　　(e) 基本结构受荷载作用　　(f) 基本结构受 $X_1=1$ 作用

图 7-25

（3）力法方程为

$$\delta_{11}X_1+\Delta_{1P}=0$$

（4）系数和自由项。

分别绘制 M_P 图和 $\bar{M}_1$ 图，如图 7-25（e）、（f）所示，由此得

$$\delta_{11}=2\times\left[\left(\frac{l}{2}\cdot h\right)\times\frac{l}{2EI_1}+\left(\frac{1}{2}\times\frac{l}{2}\times\frac{l}{2}\right)\times\frac{l}{3}\times\frac{1}{EI_2}\right]=\frac{l^2h}{2EI_1}+\frac{l^3}{12EI_2}$$

$$\Delta_{1P}=2\left(\frac{1}{2}\times\frac{Fh}{2}\times h\right)\times\frac{l}{2EI_1}=\frac{Fh^2l}{4EI_1}$$

（5）解力法方程。

设 $k=\dfrac{I_2h}{I_1l}$，得

$$X_1=-\frac{\Delta_{1P}}{\delta_{11}}=-\frac{6k}{6k+1}\frac{Ph}{2l}$$

（6）作弯矩图。

由叠加公式 $M=\bar{M}_1X_1+M_P$，可得刚架弯矩图如图 7-26（a）所示。

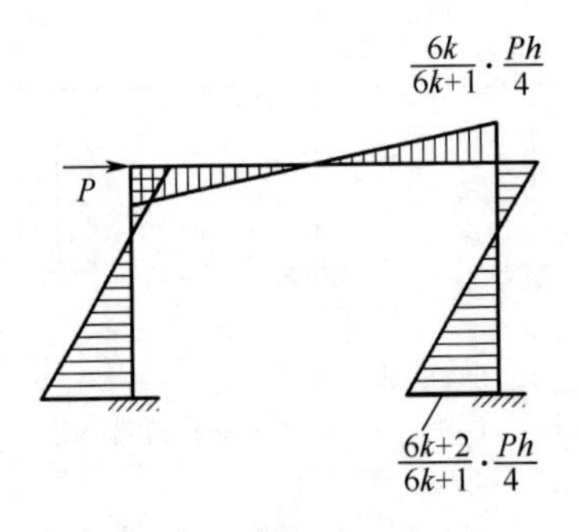

(a) 一般情况结果

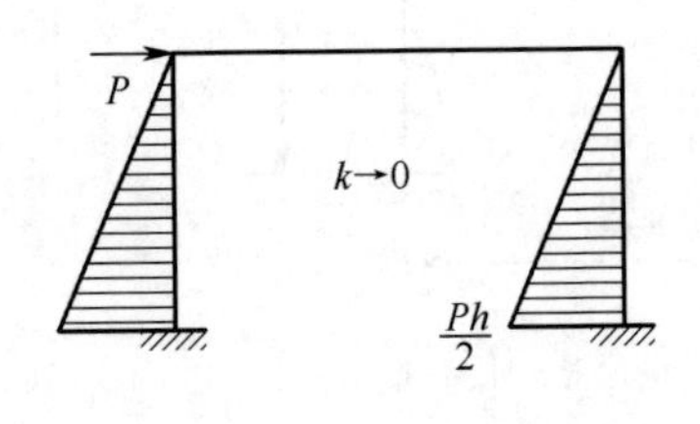

(b) 梁柱刚度比 $k\to 0$ 时的弯矩图（$I_2<<I_1$）

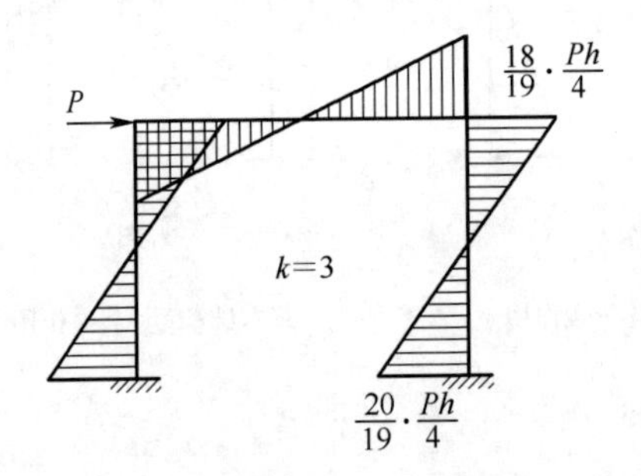

(c) 梁柱刚度比为 3 时的弯矩图

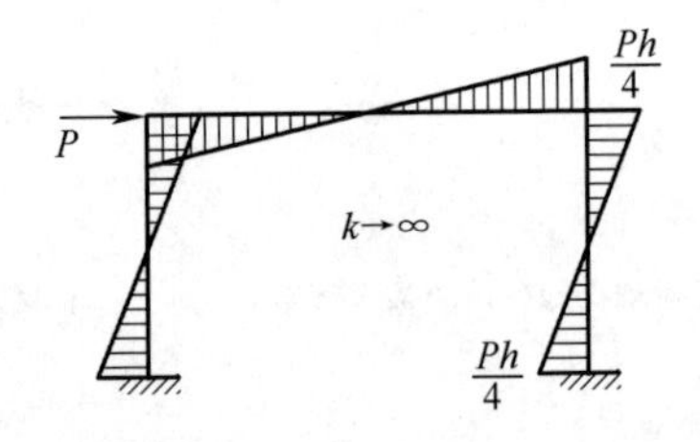

(d) 梁柱刚度比 $k\to\infty$ 时的弯矩图（$I_2>>I_1$）

图 7-26

（7）讨论。

1）当横梁的 I_2 比立柱的 I_1 小很多时，即 $I_2<<I_1$，k 很小（$k\to 0$），弯矩图如图 7-26（b）所示，此时弯矩零点在柱顶。

2）当横梁的 I_1 比立柱的 I_1 大很多时，即 $I_2>>I_1$，k 很大（$k\to\infty$），弯矩图如图 7-26（d）所示，此时弯矩零点趋于柱中点。

3）在一般情况下，柱的弯矩图有零点，且零点在柱的中点以上的半柱范围内变动。当 $k=3$ 时，柱的弯矩零点的位置与柱中点已很接近，弯矩图如图 7-26（c）所示。

例 7-7 求作图 7-27（a）所示刚架的弯矩图。

解：

（1）对称性分析。

这是一个四次两跨对称超静定刚架，可取半边结构分析，在对称荷载作用下，计算简图如图 7-27（b）所示。

（2）基本体系。

在半边结构为一个两次超静定刚架，可取基本体系为如图 7-27（c）所示的三铰刚架，基本未知力为 X_1 和 X_2。

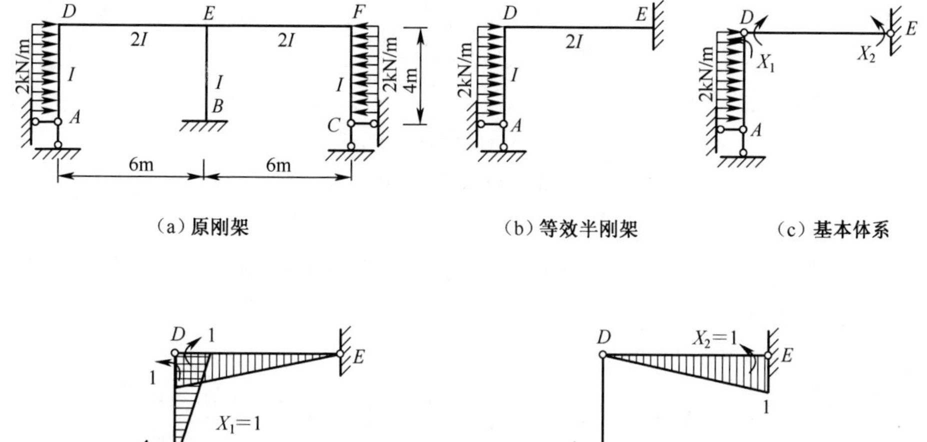

（a）原刚架　　（b）等效半刚架　　（c）基本体系

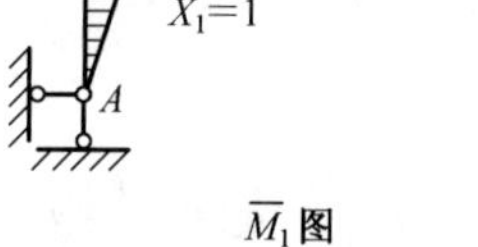

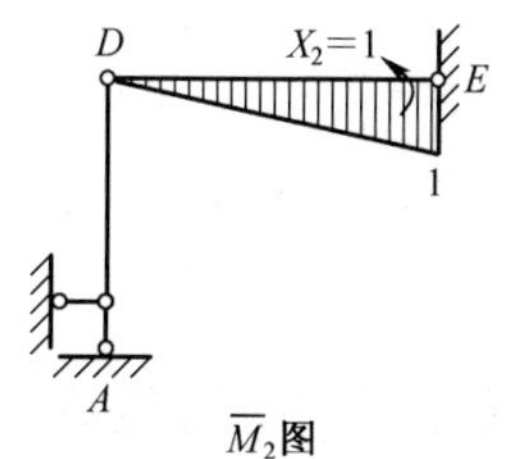

$\overline{M}_1$图

（d）基本结构受 $X_1=1$ 作用

$\overline{M}_2$图

（e）基本结构受 $X_2=1$ 作用

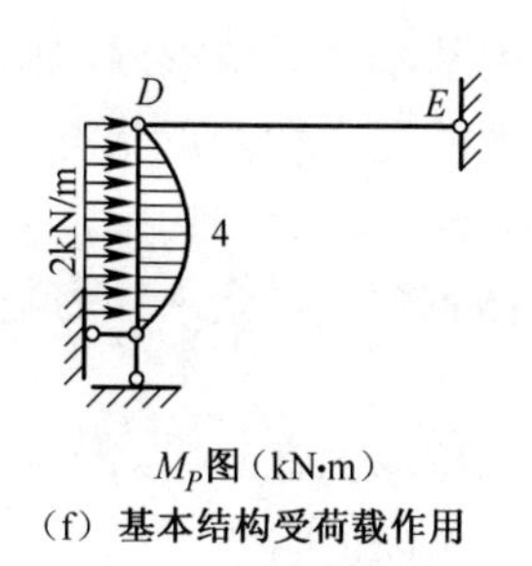

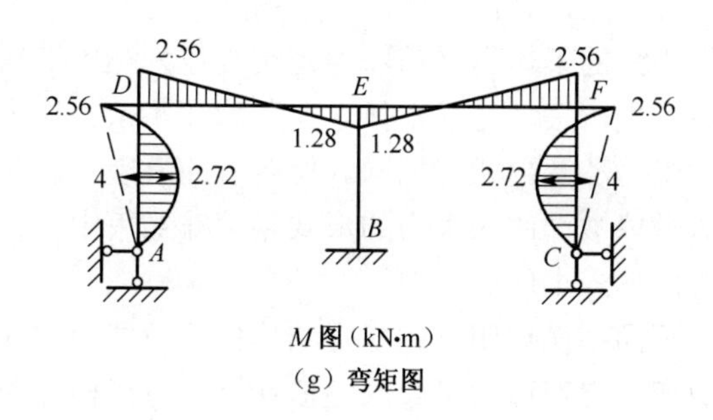

M_P图（kN·m）

（f）基本结构受荷载作用

M图（kN·m）

（g）弯矩图

图 7-27

（3）力法方程。

根据基本体系在X_1、X_2和荷载共同作用下，在铰结点 D 处两侧截面相对转角为零和铰支座 E 的转角为零的变形条件，可列出力法方程

$$\delta_{11}X_1+\delta_{12}X_2+\Delta_{1P}=0$$

$$\delta_{21}X_1+\delta_{22}X_2+\Delta_{XP}=0$$

（4）系数和自由项。

分别绘制$\bar{M}_1$、$\bar{M}_2$、M_P图，如图7-27（d）、（e）、（f）所示，可求出：

$$\delta_{11}=\frac{7\text{m}}{3EI},\ \delta_{12}=\frac{1\text{m}}{2EI},\ \delta_{22}=\frac{1\text{m}}{EI}$$

$$\Delta_{1P}=\frac{16\text{kN}\cdot\text{m}^3}{3EI},\ \Delta_{2P}=0$$

（5）解力法方程，可得

$$X_1=-2.56\text{kN}\cdot\text{m}$$
$$X_2=1.28\text{kN}\cdot\text{m}$$

（6）作弯矩图。

利用叠加公式$M=\bar{M}_1X_1+\bar{M}_2X_2+M_P$及弯矩图的对称性质，可得$M$图如图7-27（g）所示。

§7-6 超静定结构的位移计算

超静定结构位移计算的基本原理与第六章所讨论的静定结构的位移计算相同，仍然是以虚功原理为基础的单位荷载法。为避免计算时绘制超静定结构在单位荷载作用下的内力图，可以把单位虚设力加在超静定结构的任一基本结构（静定结构）上，这样，单位内力图是静定的，计算和绘制内力图都较简便。

力法的基本思路是取静定结构作为基本结构，利用基本体系来求原结构的内力。这里，关键是基本体系在荷载和多余未知力作用下的受力和变形状态与原结构的受力和变形状态相同。但两者的表现形态又是不同的。在原结构中，多余约束力是以被动的约束力的形式隐含在约束中；在基本体系中，多余未知力是以主动力的形式出现的。

下面举例说明，超静定结构由于荷载作用而产生的位移的计算；对于由于温度改变、支座移动引起的位移计算，将在相应的内容中加以说明。

例7-8 求图7-28（a）所示刚架B点的水平位移Δ_{BH}和横梁中点D的竖向位移Δ_{DV}。EI为常数。

解：在计算内力时，选取去掉支座C处多余联系所得的静定结构作为基本结构。最后弯矩图如图7-28（b）所示。

求B点的水平位移，取图7-28（c）所示的基本结构作为虚拟状态。在B点虚拟水平单位力$\bar{F}=1$，得虚拟状态的$\bar{M}_1$图（图7-28（c））。应用图乘法得

$$\Delta_{BH}=\frac{1}{EI}\left(\frac{1}{2}\times 60\text{kN}\cdot\text{m}\times 4\text{m}\times\frac{2}{3}\times 4\text{m}-\frac{1}{2}\times 20\text{kN}\cdot\text{m}\times 4\text{m}\times\frac{1}{3}\times 4\text{m}\right.$$
$$\left.-\frac{2}{3}\times 4\text{m}\times 20\text{kN}\cdot\text{m}\times\frac{1}{2}\times 4\text{m}\right)=\frac{480}{EI}\text{kN}\cdot\text{m}^3\ (\rightarrow)$$

计算结果为正，表示位移方向与所设单位力的方向一致。

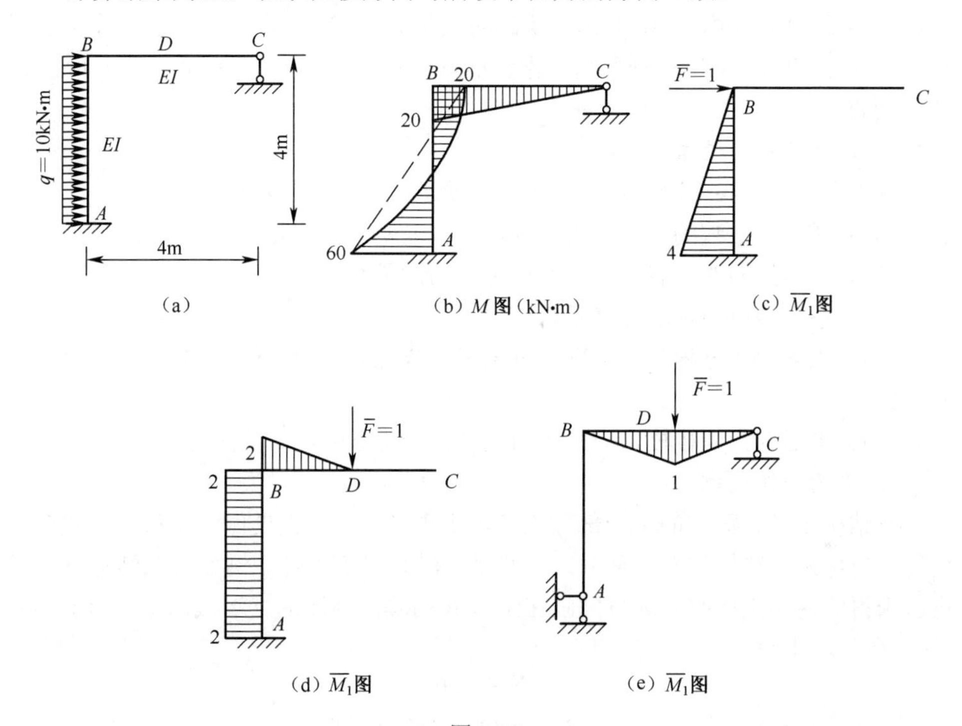

图 7-28

求横梁中点 D 的竖向位移。若取图 7-28（d）所示结构作为虚拟状态，在 D 点虚拟竖向单位力 $\overline{P}=1$，并作 $\overline{M}_1$ 图（图 7-28（e）），然后图乘得

$$\Delta_{DV}=\frac{1}{EI}\left[\frac{1}{2}\times 1\text{m}\times 4\text{m}\times 10\text{m}\right]=\frac{20}{EI}\ (\downarrow)$$

所得结果完全相同。显然，选取图 7-28（e）所示基本结构作为虚拟状态时，计算比较简单。

综上所述，计算超静定结构位移的步骤是：

（1）计算超静定结构，求出最后内力，此为实际状态。

（2）任选一种基本结构，加上单位力，求出虚拟状态的内力。

（3）按位移计算公式或图乘法计算所求位移。

§7-7 超静定结构最后内力图的校核

用力法计算超静定结构时，步骤多、易出错，因此应注意步步检查。作为计算成果的最后内力图是结构设计的依据，必须保证其正确性，故应加以校核。正确的内力图必须同时满足平衡条件和位移条件，因而校核亦应从这三方面进行。

1. 计算过程的校核

应根据计算的各个阶段按步骤进行，要求每一步必须正确。

（1）超静定次数的判断是否正确，选择的基本结构是否几何不变。

（2）基本结构的荷载内力图及单位内力图是否正确。

（3）系数和自由项的计算是否有误。

（4）求解力法方程是否正确，解出多余未知力 X_i 后代回原方程，检查是否满足。

（5）最后内力图校核，应从平衡条件和变形条件两方面进行。

2. 平衡条件校核

从结构中任意截取的某一部分应满足平衡条件。一般的做法是截取结点或者杆件，也可截取结构的某一部分，检查是否满足平衡条件。例如截取结点 B，并将已求得的内力值按照实际方向画在结点 B 的隔离体图的杆端截面上，如图 7-29（e）所示，于是有

$$\sum F_x = 0$$

$$\sum F_y = -5\text{kN} + 5\text{kN} = 0$$

$$\sum M_B = 20\text{kN}\cdot\text{m} - 20\text{kN}\cdot\text{m} = 0$$

可见，结点 B 满足平衡方程。再取杆件 AB 为隔离体，并将荷载和已知杆端内力标在其上，如图 7-29（f）所示，于是有

$$\sum F_X = \frac{10\text{kN}}{\text{m}} \times 4\text{m} - 40\text{kN} = 0$$

$$\sum F_Y = 5\text{kN} - 5\text{kN} = 0$$

$$\sum M_B = 40\text{kN} \times 4\text{m} - 20\text{kN}\cdot\text{m} - 60\text{kN}\cdot\text{m} - \frac{1}{2} \times 10\text{kN/m} \times (4\text{m})^2 = 0$$

可见杆件 AB 也满足平衡方程，同理可以校核杆件 BC，也满足平衡方程。

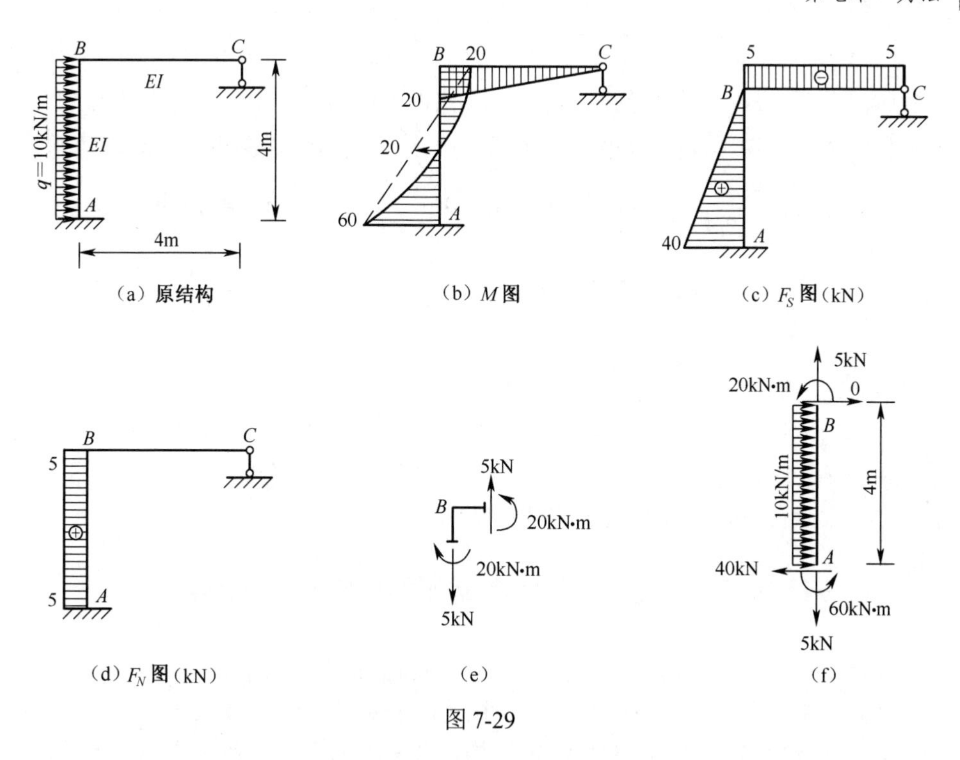

图 7-29

3. 位移条件校核

仅用平衡条件难以说明最后内力图的正确性。平衡条件是校核内力图的必要非充分条件。这是因为最后内力图是在求得多余未知力后，按照平衡条件求出的，而多余未知力是否有误，单靠平衡条件是检查不出来的，尚需进行位移条件的校核。只有既满足平衡条件又满足位移条件的内力图，才是位移正确的解答。

按位移条件校核的方法，通常是根据最后内力图验算沿任一多余 X_i $(i=1,2,\cdots,n)$方向的位移，看它是否与实际相符。对于 n 次超静定刚架来说，一般校核最后弯矩图是否满足下式

$$\Delta_i=\sum\int\frac{\bar{M}_iM}{EI}\mathrm{d}s=0\ (i=1,2,\cdots,n)$$

式中，$\bar{M}_i$ 为基本结构单位弯矩图。n次超静定结构利用了 n 个位移条件才求出 n 个多余力，所以严格来说，也应该校核 n 个位移条件，但一般只作少量的几个校核即可。

进行位移条件的校核，实际上就相当于求超静定结构的位移，故可按上节所述方法进行。下面仍用图 7-29（a）所示刚架的弯矩图 7-29（b），说明超静定结构内力图的校核方法。

图 7-29（a）所示刚架在支座 C 处的竖向位移为零。为用位移条件校核原结构最后内力图，去掉支座 C 的竖向联系，并代以单位力 $\bar{X}_1=1$ 作为虚拟状态，作 $\bar{M}_1$ 图，利用图乘法将其与图 7-29（b）所示的原结构最后弯矩图进行图乘，可得

$$\Delta_{CV}=\frac{1}{EI}\left(-\frac{1}{2}\times 60\mathrm{kN\cdot m}\times 4\mathrm{m}\times 4\mathrm{m}+\frac{1}{2}\times 20\mathrm{kN\cdot m}\times 4\mathrm{m}\times 4\mathrm{m}\right.$$
$$\left.+\frac{2}{3}\times 20\mathrm{kN\cdot m}\times 4\mathrm{m}\times 4\mathrm{m}+\frac{1}{2}\times 20\mathrm{kN\cdot m}\times 4\mathrm{m}\times\frac{2}{3}\right)$$
$$=0$$

表明最后弯矩图满足所验算的位移条件。

从理论上讲，一个 n 次超静定结构需要 n 个位移条件才能求出全部多余未知力，故位移条件的校核也应进行 n 次。不过，通常只需抽查少数的位移条件即可，而且也不限于在原来计算时所用的基本结构上进行。

§7-8　温度变化时超静定结构的计算

静定结构温度改变时会产生变形，但不引起内力。而超静定结构在温度改变时，既会产生变形，也可以引起内力，这是超静定结构的特点之一。

用力法分析温度改变时的超静定结构，其基本原理与在荷载作用下的情况相似，所不同的是，力法典型方程中的自由项不再是荷载因素产生，而是温度改变引起。基本结构的选择原则和建立典型方程的位移条件则与荷载作用时一样。

用力法分析超静定结构在温度变化时的内力，其原理与前述荷载作用下的计算相同，仍是根据基本结构在外因和多余未知力共同作用下，在去掉多余联系处的位移应与原结构的位移相符这一原则进行的。

图 7-30（a）所示两次超静定结构，设此刚架杆件的外侧纤维温度升高 t_1，内侧纤维温度升高 t_2，且 $t_1>t_2$。

将支座 B 处的两根链杆作为多余约束去掉，而代以多余力 X_1 和 X_2，则得基本结构如图 7-30（b）所示。显然，基本结构在温度改变和多余力共同作用下，支座 B 处的位移条件应与原结构一致，即基本结构中沿 X_1 方向的位移 Δ_1 和沿 X_2 方向的位移 Δ_2 等于零。由此用叠加原理（图 7-30（c）、(d)、(e)）可列温度改变时的力法典型方程为

$$\Delta_1=\delta_{11}X_1+\delta_{12}X_2+\Delta_{1t}=0$$
$$\Delta_2=\delta_{21}X_1+\delta_{22}X_2+\Delta_{2t}=0$$

其中所有系数仍按图乘法计算，自由项 Δ_{1t} 和 Δ_{2t} 分别表示基本结构的 B 点在 X_1 和 X_2 方向上由于温度改变引起的位移（图 7-37（e）），其计算公式为

$$\Delta_{it}=\sum\overline{F}_{Ni}\alpha tl+\sum\frac{\alpha\Delta t}{h}\int\overline{M}_i\mathrm{d}s$$

将系数和自由项求得后代入典型方程，即可解出多余未知力。

因为基本结构是静定的，温度变化并不使其产生内力，故最后内力只是由多余未知力所引起的，即

$$M=\overline{M}_1X_1+\overline{M}_2X_2+\overline{M}_3X_3$$

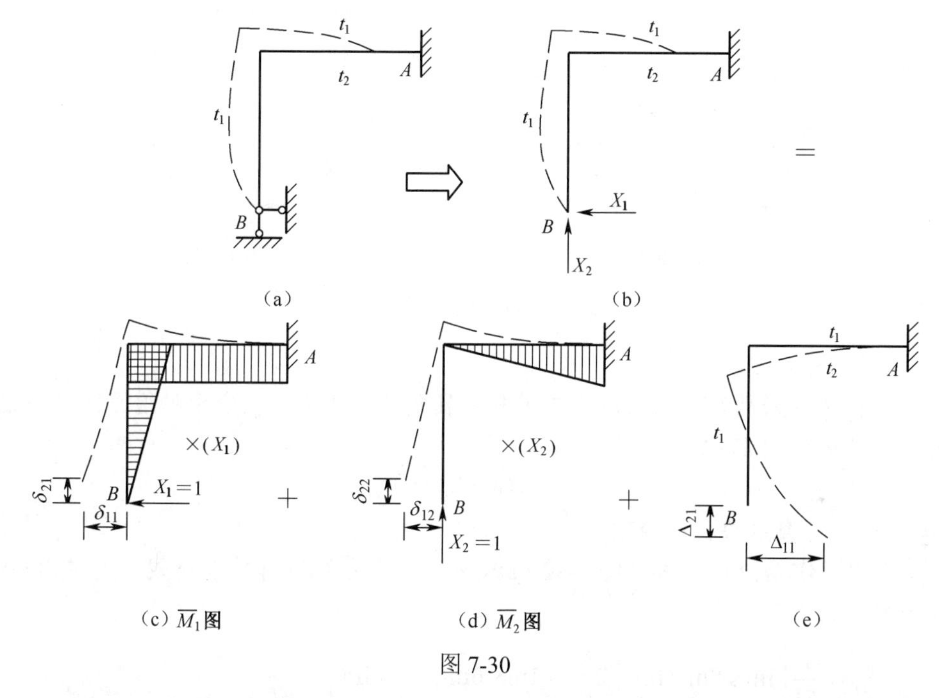

图 7-30

但温度变化却会使基本结构产生位移，因此在求位移时，除了考虑由于内力而产生的弹性变形所引起的位移外，还要加上由于温度变化所引起的位移。对于刚架，位移计算公式一般可写为

$$\Delta_K=\sum\int\frac{\overline{M}_KM\mathrm{d}s}{EI}+\Delta_{Kt}=\sum\int\frac{\overline{M}_KM\mathrm{d}s}{EI}+\sum F_{\mathrm{NK}}\alpha tl+\sum\frac{\alpha\Delta t}{h}\int\overline{M}_K\mathrm{d}s \quad (7\text{-}5)$$

同理，在对最后内力图进行位移条件校核时，亦应把温度变化所引起的基本结构的位移考虑进去。对多余未知力 X_i 方向上的位移校核式一般为

$$\Delta_i=\sum\int\frac{\overline{M}_iM\mathrm{d}s}{EI}+\Delta_{it}=0$$

例 7-9　图 7-31（a）所示刚架，施工时的温度为 15℃，图中所标注为使用时冬季外温度为-35℃，室内温度为 15℃，求此时由于温度改变在刚架中引起的内力。

各杆 EI=常数，截面尺寸如图所示，混凝土的弹性模量为 $E=2\times10^6\,\text{N/cm}^2$ $=2\times10^7\,\text{kN/m}^2$，材料线膨胀系数为 $\alpha=0.00001$。

解：

（1）选取基本结构。

此刚架为一次超静定，取基本结构如图 7-31（b）所示。

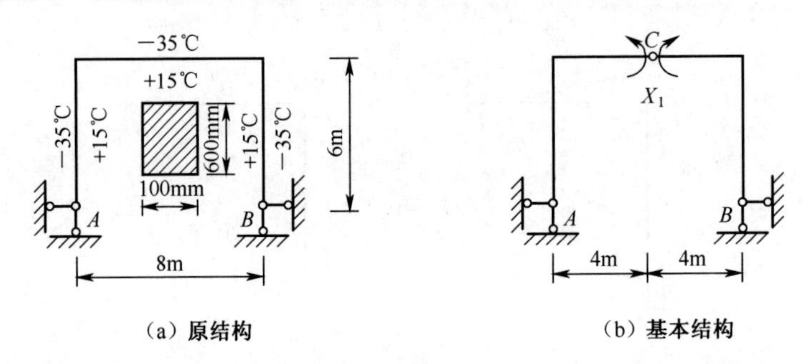

（a）原结构　（b）基本结构

图 7-31

（2）建立力法典型方程。

位移条件为基本结构在铰 C 处的相对转角应等于零。这个相对角位移是由温度改变和多余力 X_1 共同作用产生的，即

$$\delta_{11}X_1+\Delta_{1t}=0$$

（3）计算系数和自由项。

为此，作 $\bar{M}_1$ 和 $\bar{F}_{N1}$ 图（图 7-32（a）、（b））。其系数的计算与荷载作用时相同，由图乘法得

$$\delta_{11}=\frac{1}{EI}\left[1\text{m}\times8\text{m}\times1\text{m}+2\left(\frac{1}{2}\times1\text{m}\times6\text{m}\right)\times\frac{2}{3}\times1\text{m}\right]=\frac{12}{EI}$$

自由项 Δ_{1t} 利用式 $\Delta_{it}=\sum\bar{F}_{Ni}\alpha tl+\sum\frac{\alpha\Delta t}{h}\int\bar{M}_i\text{d}s$ 计算。

施工时的温度与冬季温度的变化值为：室外 $t_1=-50$ ℃

室内 $t_2=0$ ℃

因此，中性轴处平均温度变化为

$$t_0=\frac{1}{2}(-50+0)=-25\ ℃$$

室内、外温度改变差

$$\Delta t=0-(-50)=50\ ℃$$

所以

$$\Delta_{1t}=\alpha\times\frac{50}{0.6\text{m}}\left(1\times8\text{m}+\frac{1\text{m}\times6\text{m}}{2}\times2\right)-\alpha\times25\left(\frac{1}{6\text{m}}\times8\text{m}\right)$$
$$=16.72-33.32=1133.42$$

（4）求解多余力。

由典型方程得

$$X_1=-\frac{\Delta_{1t}}{\delta_{11}}=-\frac{1133.4\alpha}{12\text{m}^3/EI}=-94.45\alpha EI/\text{m}^3$$

由杆件截面尺寸计算 $I=\dfrac{0.4\times0.6^3}{12}=0.0072\text{m}^4$，连同 E、α 值代入得

$$X_1=-94.45\text{m}^3\times0.00001\times2\times10^7\text{kN/m}^2\times0.0072\text{m}^4=-136.008\ (\text{kN}\cdot\text{m})$$

（5）作内力图。

由叠加原理作 M 图和 N 图，如图 7-32（c）、图 7-32（d）所示。

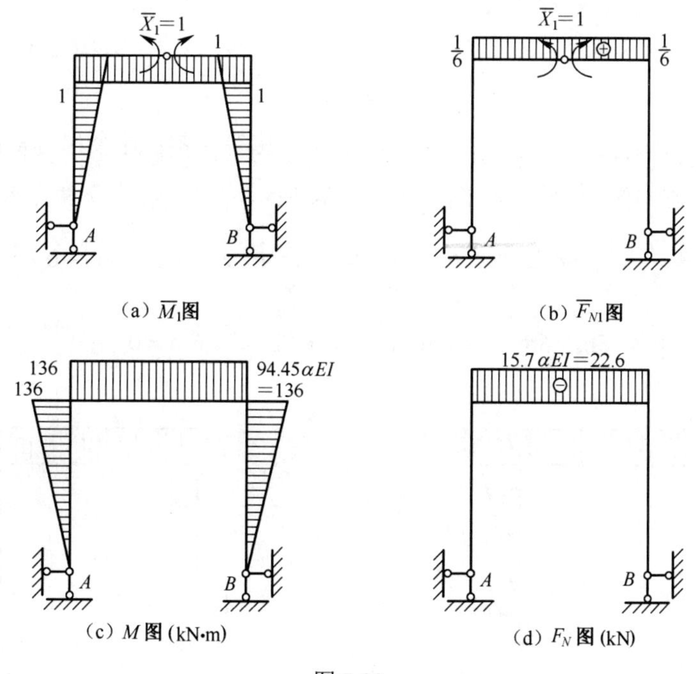

图 7-32

超静定结构在温度影响下的位移计算和最后弯矩图的校核，与荷载作用下的计算也有所不同。若需求 7-33（a）横梁中点 K 的竖向位移，则取基本结构在该点虚拟单位力 $\overline{F}=1$，再作 $\overline{M}_K$ 图和 $\overline{F}_{NK}$ 图（图 7-33），然后按下式计算：

$$\Delta_K = \sum\int \frac{\bar{M}_K M}{EI} ds + \Delta_{Kt}$$

即

$$\Delta_K = \frac{1}{EI}\left(-\frac{1}{2}\times 8\text{m}\times 2\times 94.5\alpha EI\right) + \alpha\times\frac{50}{0.6\text{m}}\times\frac{1}{2}\times 2\text{m}\times 8\text{m} + \alpha\times 25\times 1\times 6\text{m}\times 2$$

$$= 213.1\alpha\text{m} = 0.00213\text{m}\ (\downarrow)$$

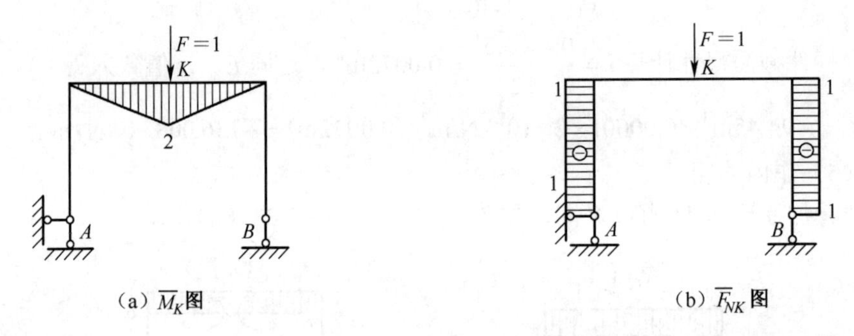

图 7-33

同理，可校核最后弯矩图，例如以 B 支座水平位移等于零为条件进行校核，则作虚拟状态并作 $\bar{M}_1$ 图和 $\bar{N}_1$ 图，如图 7-34 所示，按上式计算 B 点水平位移得：

$$\Delta_B = \frac{1}{EI}\left(\frac{1}{2}\times 94.2\alpha EI\times 6\text{m}\times\frac{2}{3}\times 6\times 2 + 94.2\alpha EI\times 8\text{m}\times 6\right) - \alpha\times\frac{50}{0.6\text{m}}$$

$$\times\left(\frac{1}{2}\times 6\text{m}\times 6\text{m}\times 2 + 6\text{m}\times 8\text{m}\right) + \alpha\times 25\times 1\times 6\text{m} = 0$$

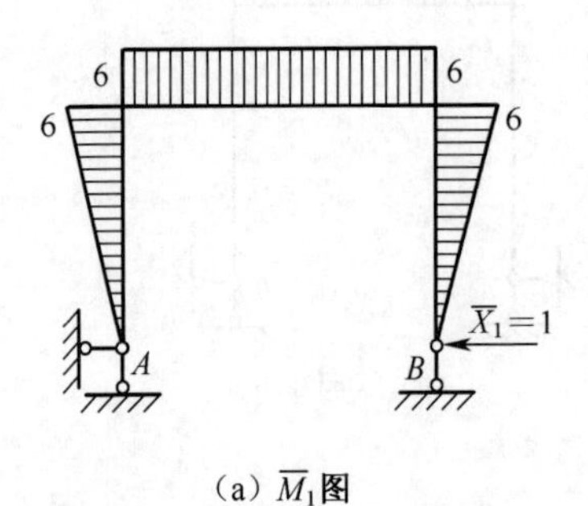

(a) $\bar{M}_1$图

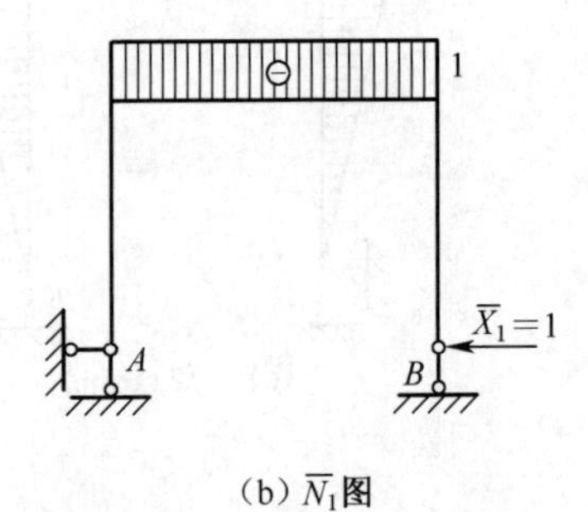

(b) $\bar{N}_1$图

图 7-34

说明最后弯矩图是正确的。

§7-9 支座位移时超静定结构对的计算

静定结构在支座位移时，可以产生刚体位移，但不产生内力。而超静定结构由于支座位移的影响，既产生变形，也产生内力，这也是超静定结构的特性之一。

用力法计算支座位移时的超静定结构，其基本原理与荷载作用或温度改变时的情况相同，唯一的区别在于，典型方程中的自由项计算不同，下面举例说明。

如图 7-35（a）所示刚架，其支座 A 由于某种原因发生位移。它向右移动水平距离 a，向下移动竖向距离 b，且沿顺时针方向转动角 φ。分析此结构时，设取基本结构如图 7-35（b）所示。根据基本结构在多余力 X_1、X_2 和支座位移共同作用下与原结构具有相同位移条件，即 $\Delta_1=0$ 和 $\Delta_2=\varphi$，可建立典型方程如下：

$$\Delta_1=\delta_{11}X_1+\delta_{12}X_2+\Delta_{1\Delta}=0$$

$$\Delta_2=\delta_{21}X_1+\delta_{22}X_2+\Delta_{2\Delta}=\varphi$$

式中应用了叠加原理，见图 7-35（b）～（e）。

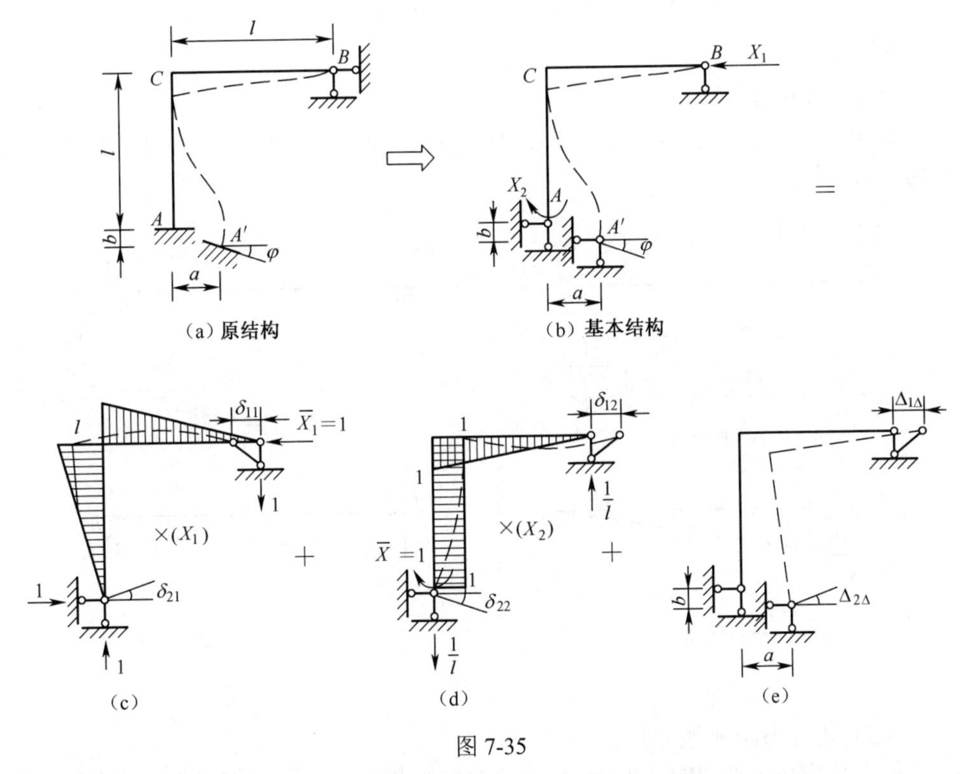

图 7-35

上述方程等号右边的符号，应根据结构中已知位移的方向与基本结构中所设未知力方向来确定，两者方向相同时取正号，相反时取负号。

上述方程中的系数求法同前，自由项可用下式计算，即

$$\Delta_{1\Delta} = -\sum \overline{F}_R \cdot C$$

式中：$\overline{R}$——与 $X_1 = 1$ 平衡的支座反力；

C——实际的支座位移。

本例根据图 7-35（c）、（d）所示的虚反力，利用上述公式得

$$\Delta_{1\Delta} = -(1 \times a - 1 \times b) = -a + b$$

$$\Delta_{2\Delta} = -\frac{1}{l} \times b = -\frac{b}{l}$$

$\Delta_{1\Delta}$、$\Delta_{2\Delta}$ 分别表示基本结构由于支座位移在去掉多余约束处沿 X_1 和 X_2 方向引起的线位移和角位移，如图 7-35（e）所示。

自由项求出后，解出多余力，按叠加原理求得最后内力。最后弯矩可由 $M = \bar{M}_1 X_1 + \bar{M}_2 X_2$ 计算。

例 7-10 图 7-36（a）所示为等截面梁 AB，A 端为固定端，B 端为可动铰支座，如果已知支座 A 转角 φ，支座 B 下沉为 a，作该梁的弯矩图。

解:

（1）选取基本结构 。

此梁为一次超静定梁，去掉支座 B 链杆，代以多余力 X_1，得基本结构如图 7-36（b）所示。

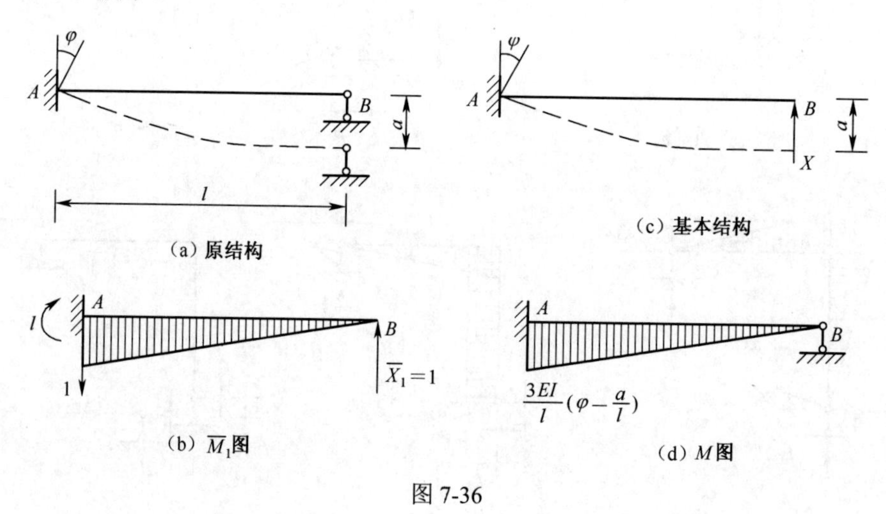

图 7-36

（2）建立力法典型方程。

基本结构在 B 点的竖向位移 Δ_1 应与原结构相符，由于原结构在 B 点的竖向位

移已知为 a，方向与所设的 X_1 方向相反，故位移条件为 $\Delta_1=-a$，典型方程为

$$\Delta_1=\delta_{11}X_1+\Delta_{1\Delta}=-a$$

（3）求系数和自由项。

令 $\bar{X}_1=1$ 作用于基本结构，作 $\bar{M}_1$ 图并求相应的支座反力 $\bar{R}$（图 7-36（c）），由此得

$$\delta_{11}=\frac{l^3}{3EI}\qquad\Delta_{1\Delta}=-l\varphi$$

（4）求解多余力。

将系数和自由项代入典型方程后得

$$\frac{l^3}{3EI}X_1-l\varphi=-a$$

解方程得

$$X_1=\frac{3EI}{l^2}\left(\varphi-\frac{a}{l}\right)$$

（5）作最后弯矩图。

因为本例中只有一个基本未知力，所以将 $\bar{M}_1$ 图的弯矩竖标扩大 X_1 倍后，即得梁的最后弯矩图，如图 7-36（d）所示。

如果本例选取 7-37（a）所示的简支梁作为基本结构，由相应的力法典型方程并由位移条件 $\Delta_1=\varphi$ 得

$$\Delta_{1\Delta}=\delta_{11}X_1+\Delta_{1\Delta}=\varphi$$

绘出 $\bar{M}_1$ 图并求出相应的反力 $\bar{R}$（图 7-37（b））。由此可得

$$\delta_{11}=\frac{1}{3EI}\qquad\Delta_1=-\left(-\frac{1}{l}\times a\right)=\frac{a}{l}$$

将 δ_{11} 和 $\Delta_{1\Delta}$ 代入上式，得

$$\frac{l}{3EI}X_1+\frac{a}{l}=\varphi$$

解方程得

$$X_1=\frac{3EI}{l}\left(\varphi-\frac{a}{l}\right)$$

据此作最后弯矩图仍为图 7-36（d）所示。

综上所述可知：在支座位移影响下，其力法典型方程的右边项可能不为零，且随基本结构的选取不同而不同；力法典型方程的自由项是支座位移产生的，内力全部是多余力引起的，且其内力与各杆抗弯刚度 EI 的绝对值有关。这些都与荷载作用下的内力计算不同。

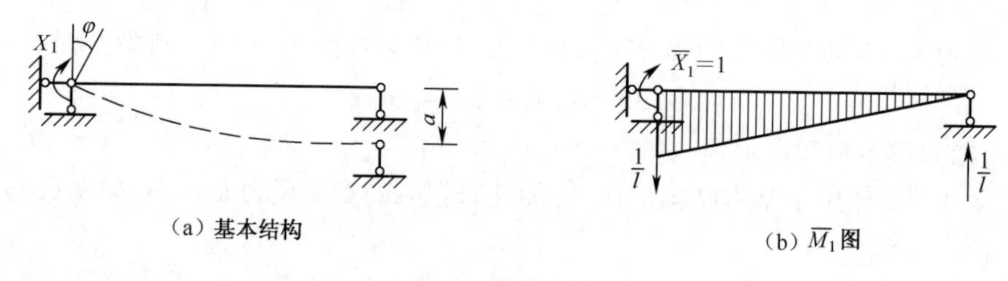

（a）基本结构　　（b）$\overline{M}_1$图

图 7-37

有支座位移的超静定结构的最后内力图作出后，进而也可以计算其某点的位移和校核最后弯矩图的正确性。如需计算例 7-10 超静定单跨梁的跨中 C 点的竖向位移，同样需作图 7-38（a）所示的虚拟状态，并作 $\overline{M}_C$ 图及相应的支座反力 $\overline{R}$。其 C 点的位移计算如下：

$$\begin{aligned}\Delta_{CV} &= \sum\int\frac{\overline{M}_C M}{EI}\mathrm{d}s + \Delta_{C\Delta} \\ &= \frac{1}{EI}\left[\frac{1}{2}\times\frac{l}{4}\times l\times\frac{1}{2}\times\frac{3EI}{l}\left(\varphi-\frac{a}{l}\right)\right]+\frac{1}{2}\times a \\ &= \frac{3l\varphi}{16}\times\frac{5a}{16}\quad(\downarrow)\end{aligned}$$

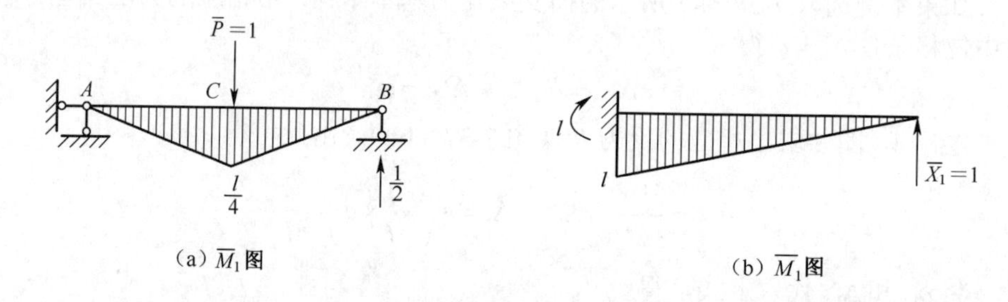

（a）$\overline{M}_1$图　　（b）$\overline{M}_1$图

图 7-38

同理，也可利用计算 B 支座竖向位移的条件来对最后弯矩图校核。为此，作虚拟状态和 $\overline{M}$ 图及求相应的支座反力，如图 7-38（b）所示。于是可计算：

$$\begin{aligned}\Delta_{BV} &= \int\frac{\overline{M}_1 M}{EI}\mathrm{d}s + \Delta_{1\Delta} \\ &= \frac{1}{EI}\left[\frac{1}{2}\times l\times\frac{3EI}{l}\left(\varphi-\frac{a}{l}\right)\times\frac{2}{3}\times l\right]-l\cdot\varphi=-a\quad(\downarrow)\end{aligned}$$

其位移与原结构的位移相同，说明最后弯矩正确。

§7-10　超静定结构的特性

超静定结构与静定结构相比，具有以下一些重要特性。了解这些特性有助于加深对超静定结构的认识，并更好地应用它们。

（1）对于静定结构，除荷载外，其他任何因素（如温度变化、支座位移等）均不引起内力。但对于超静定结构，由于存在着多余联系，当结构受到这些因素影响而发生位移时，一般将要受到多余联系的约束，因而相应地要产生内力。

超静定结构的这一特性，在一定条件下会带来不利影响，例如连续梁可能由于地基不均匀沉陷而产生过大的附加内力。但是，在另外的情况下又可能成为有利的方面，例如同样对于连续梁，可以通过改变支座的高度来调整梁的内力，以得到更合理的内力分布。

（2）静定结构的内力只按平衡条件即可确定，其值与结构的材料性质和截面尺寸无关。但超静定结构的内力只由平衡条件则无法全部确定，还必须考虑变形条件才能确定其解答，因此其内力数值与材料性质和截面尺寸有关。

由于这一特性，在计算超静定结构前，必须事先确定各杆截面大小或其相对值。但是，由于内力尚未算出，故通常只能根据经验拟定或用较简单的方法近似估算各杆截面尺寸，以此为基础进行计算。然后，按算出的内力再选择所需的截面，这与事先拟定的截面当然不一定相符，这就需要重新调整截面再进行计算。如此反复进行，直至得出满意的结果为止。因此，设计超静定结构的过程比设计静定结构复杂。但是，同样也可以利用这一特性，通过改变各杆的刚度大小来调整超静定结构的内力分布，以达到预期的目的。

（3）超静定结构在多余联系被破坏后，仍能维持几何不变；而静定结构在任何一个联系被破坏后，便立即成为几何可变体系而丧失了承载能力。因此，从军事及抗震方面来看，超静定结构具有较强的防御能力。

（4）超静定结构由于具有多余联系，一般来说，要比相应的静定结构刚度大些，内力分布也均匀些。

复习思考题

1．说明静定结构和超静定结构的区别。

2. 用力法解超静定结构的思路是什么？何为基本结构和基本未知量？为什么要首先计算基本未知量？基本结构与原结构有何异同？

3．在选取力法基本结构时，应掌握什么原则？如何确定超静定次数？

4．力法典型方程的意义是什么？其系数和自由项的物理意义是什么？

5．为什么力法典型方程中的主系数恒大于零？而副系数则可能为正值、负值或为零？

6．试比较在荷载作用下，用力法计算超静定刚架、桁架、组合结构、排架的异同。

7．试述用力法求解超静定结构的步骤。

8．为什么在荷载作用下，超静定结构的内力状态只与各杆的 EI、EA 相对值有关，而与它们的绝对值无关？为什么静定结构的内力与各杆的 EI、EA 值无关？

9．用力法计算超静定结构时，在求得基本未知量后，绘制超静定梁、刚架、排架的最后内力图，可用哪两种方法？

10．怎样利用结构的对称性以简化计算？

11．为什么对称结构在对称荷载作用下，反对称多余未知力为零？反之，在反对称荷载作用下，对称的多余未知力为零？

12．为什么在温度改变、支座移动影响下，超静定结构的内力与杆 EI 的绝对值有关？

13．计算超静定结构的位移与计算静定结构的位移，两者有何异同？

14．计算超静定结构的位移时，为什么可以将虚设的单位力施加于任一基本结构作为虚拟力状态？

15．计算超静定结构在荷载作用下的位移，与温度改变、支座移动影响下的位移有何不同？

16．为什么校核超静定结构最后内力图时，除校核平衡条件外，还要校核位移条件？

17．试比较超静定结构与静定结构的不同特性。

习题

7-1　确定图示结构的超静定系数，并用撤除多余约束的方法，将超静定结构变为静定结构。

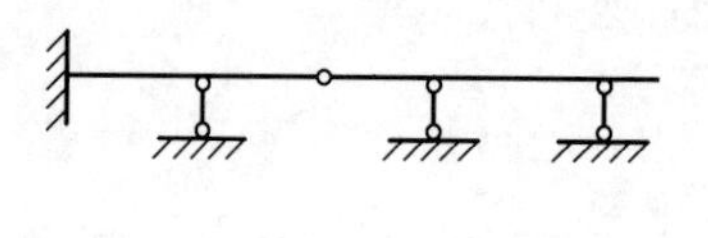

（a）

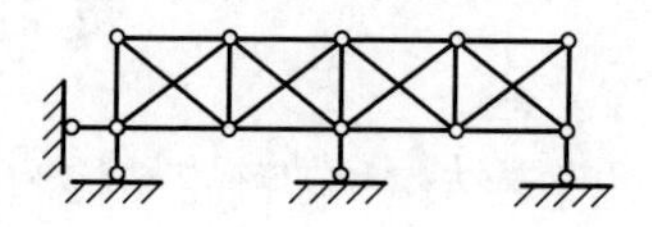

（b）

题 7-1 图

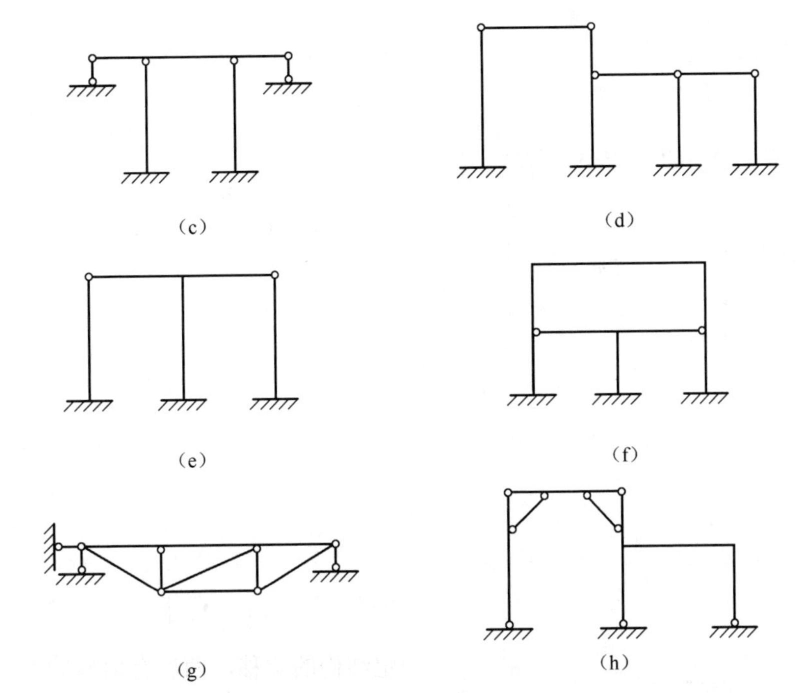

题 7-1 图（续图）

7-2　试用力法计算图示超静定梁。

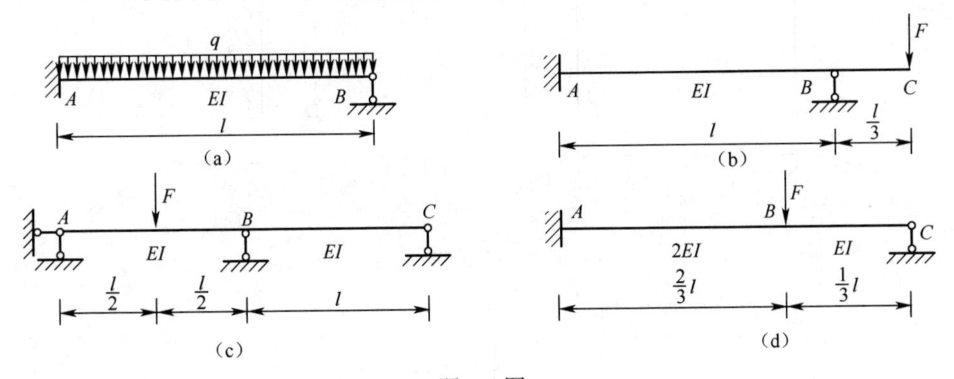

题 7-2 图

7-3　试用力法计算下列超静定刚架，作出内力图。

7-4　试用力法计算图示桁架。各杆 EA 相同。

7-5　计算图示桁架结构。已知：横梁 $E_b = 3\times\dfrac{10^7\,\text{kN}}{\text{m}^2}$，$I$=$6.63\times10^{-4}\,\text{m}^4$，$A_1 = 8.28\times10^{-2}\,\text{m}^2$，压杆 CE、DF；$E_b = 3\times10^7\,\text{kN/m}^2$；$A_2 = 1.65\times10^{-2}\,\text{m}^2$；拉杆

AE、EF、FB：$E_g = 2\times\dfrac{10^8\,\text{kN}}{\text{m}^2}$，$A_3 = 0.12\times10^{-2}\,\text{m}^2$。

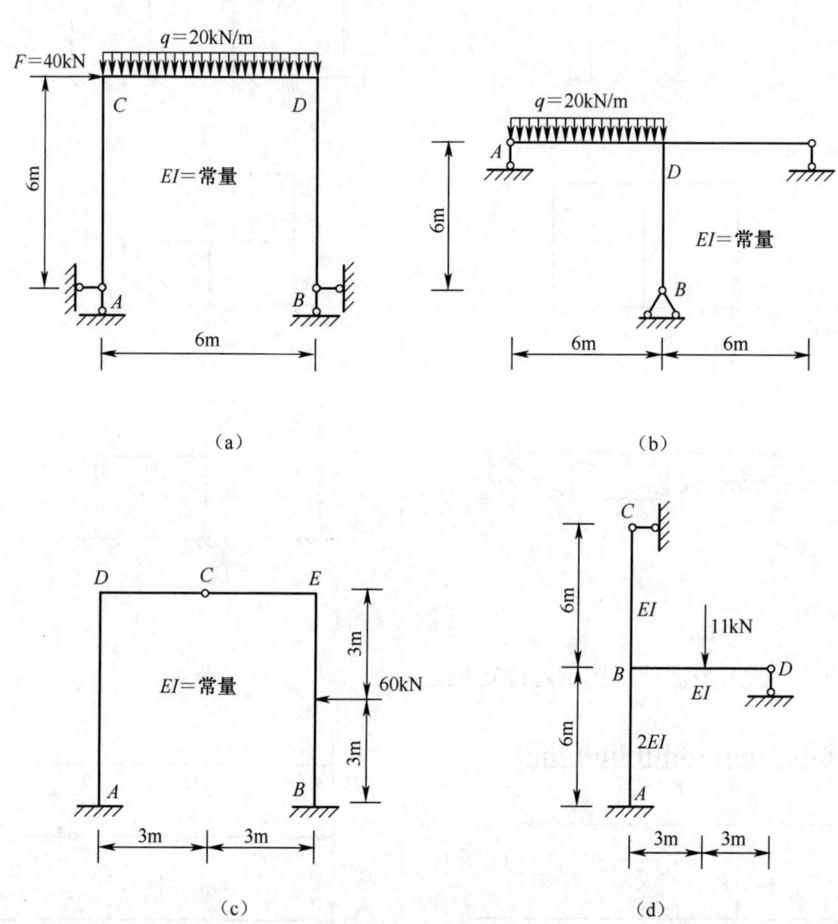

题 7-3 图

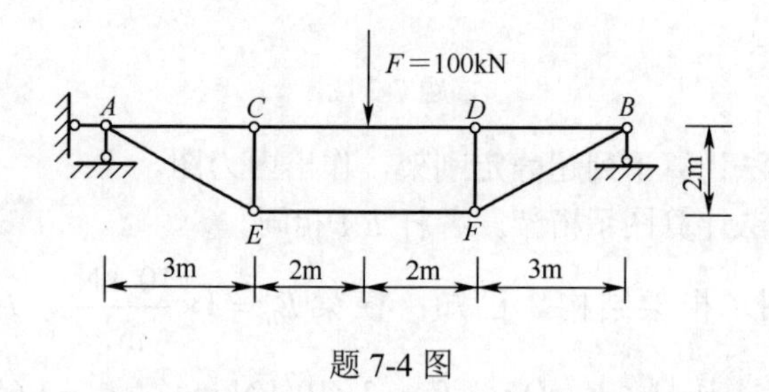

题 7-4 图

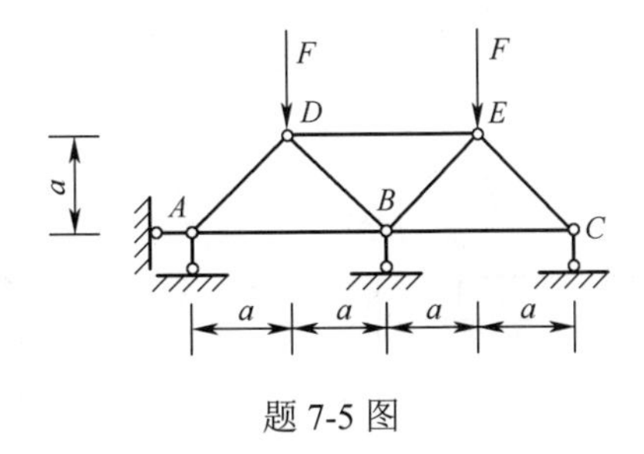

题 7-5 图

7-6 试用力法计算下列排架，作出弯矩图。

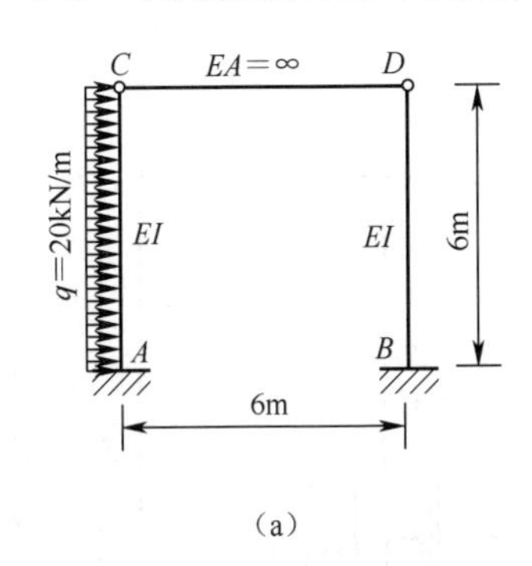

（a）

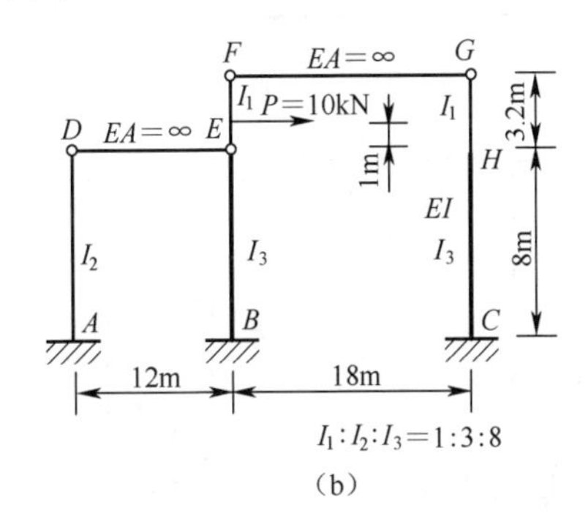

（b）

题 7-6 图

7-7 试求题 7-3 图（a）中 D 点的角位移；题 7-3 图（b）中 D 点的角位移；题 7-3 图（c）中铰 C 两侧的相对角位移。

7-8 试对题 7-3 图（a）、题 7-3 图（b）、题 7-3 图（c）的 M 图进行校核。

7-9 利用对称性计算图示结构，并绘出弯矩图。

7-10 设结构温度改变如图所示，试求结构内力图，并计算 A 点的转角。设各杆截面为矩形，截面高度为 $h=\dfrac{l}{10}$，现行膨胀系数为 α，EI 为常数。

7-11 图示桁架 CD 杆制作时比原设计短 20mm，现将其拉伸安转，试求桁架中各杆的内力。已知各杆 $EA=7.68\times10^5\text{kN}$。

7-12 试绘出图示连续梁的 M 图，并作校核。已知 $I=36\times10^{-4}\text{m}^4$，$E=3\times10^2\text{kN/m}^2$。

7-13 设支座 B 下沉 $\Delta_B=0.5\text{cm}$，作刚架的内力图。并对 M 图进行校核，求 C 点的转角。

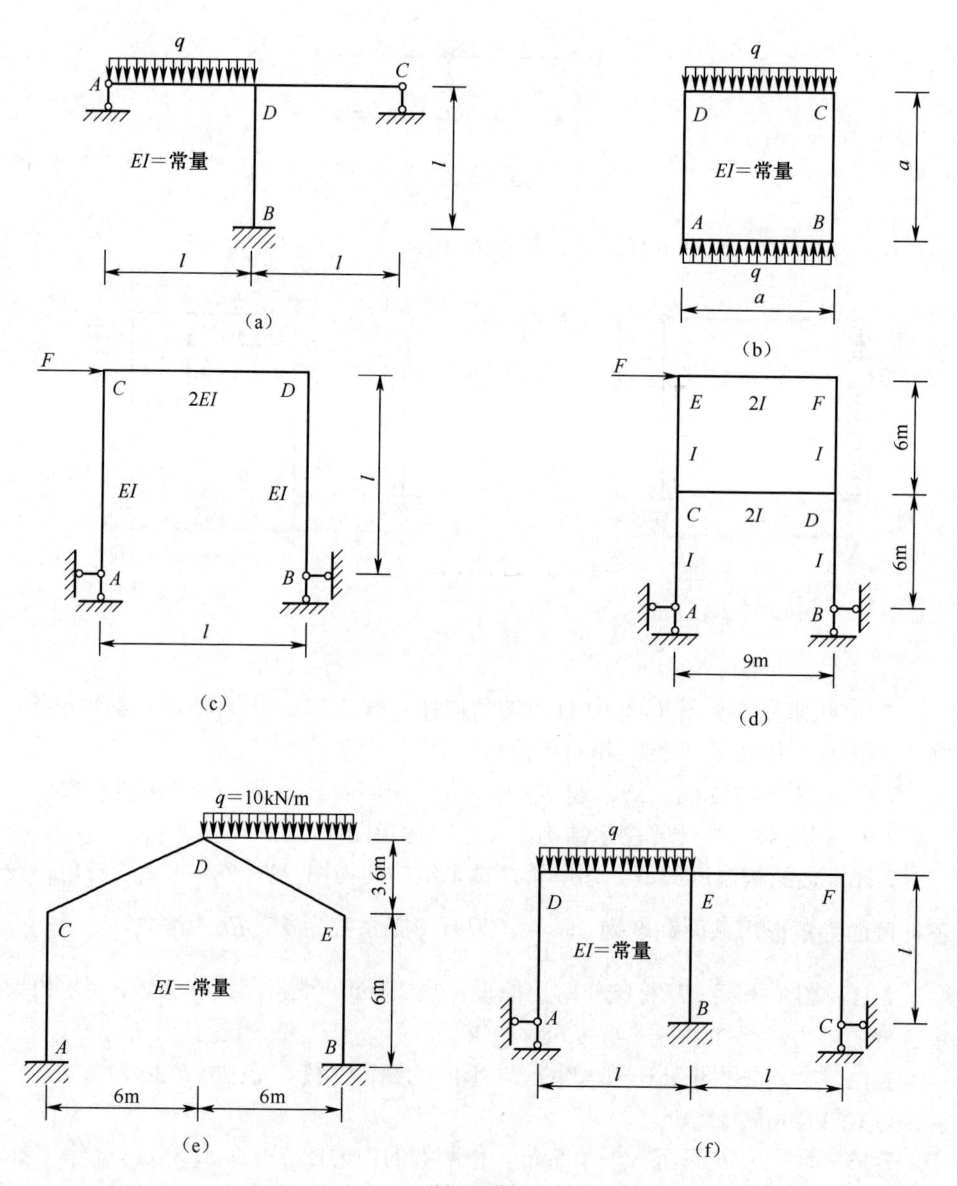
q
A
C
D
EI=常量
B
l
l
l
(a)
q
D
C
EI=常量
A
B
q
a
a
(b)
F
C
2EI
D
EI
EI
A
B
l
l
(c)
F
E
2I
F
I
I
C
2I
D
I
I
A
B
6m
6m
9m
(d)
q=10kN/m
D
3.6m
C
E
EI=常量
6m
A
B
6m
6m
(e)
q
D
E
F
EI=常量
A
B
C
l
l
l
(f)

题 7-9 图

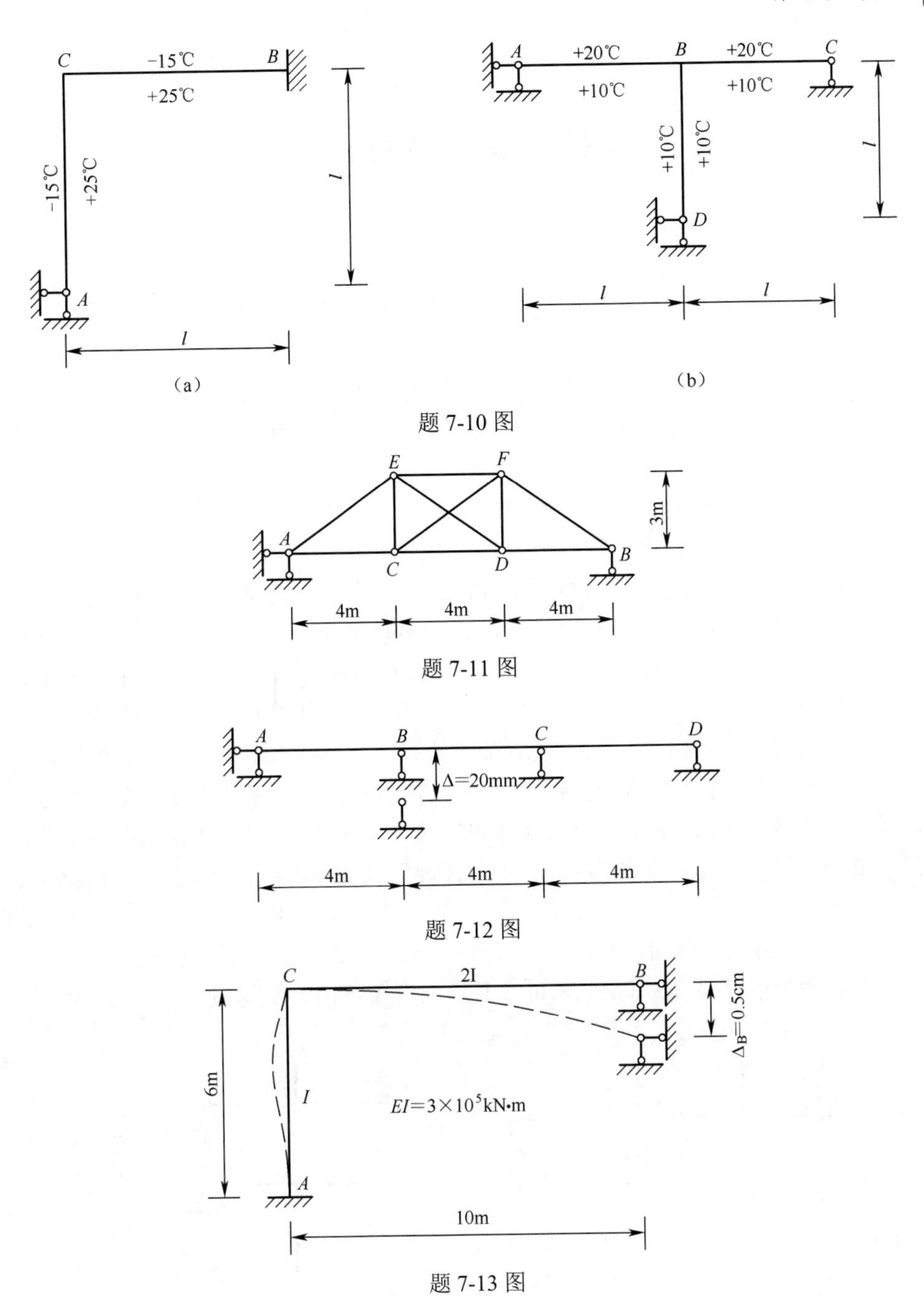

题 7-10 图

题 7-11 图

题 7-12 图

题 7-13 图

第八章　位移法

§8-1　概述

力法和位移法是分析超静定结构的两种基本方法。力法发展较早，19 世纪末已经应用于分析各种超静定结构。而位移法稍晚，是在 20 世纪初为了计算复杂刚架而建立起来的。

位移法是以结构的结点位移为基本未知量，通过平衡条件建立位移方程，求出位移后，即可利用位移和内力的关系，求出杆件和结构的内力。

分析图 8-1（a）所示的刚架。在荷载 F 的作用下，若忽略 AB、AC 两杆的轴向变形，再注意到结点 A 是刚性结点，其变形如虚线所示。此刚架没有结点线位移，只有结点角位移，即汇交于结点 A 的两杆杆端应有相同的角位移 Z_1，并假设 Z_1 顺时针方向转动。

为确定每根杆的内力，先在刚结点 A 处添加一个约束刚结点转动的刚臂，它使得 A 点产生与实际情况完全相同的角位移，然后假想把刚架拆成两个单跨超静定梁，见图 8-1（b）、图 8-1（c）。在拆的过程中，可把刚结点 A 视为产生了角位移 Z_1 的固定支座，AB 为两端固定、A 端有转角 Z_1 的单跨梁，AC 为 C 端铰支，A 端有转角 Z_1，且 AC 上有集中荷载作用的单跨梁，AC 的内力可由图 8-1（d）、图 8-1（e）两种情况的叠加得到（计算过程中不考虑杆件沿轴向的变形）。

对于两个单跨梁 AB 和 AC 来说，其杆端弯矩可由力法算得

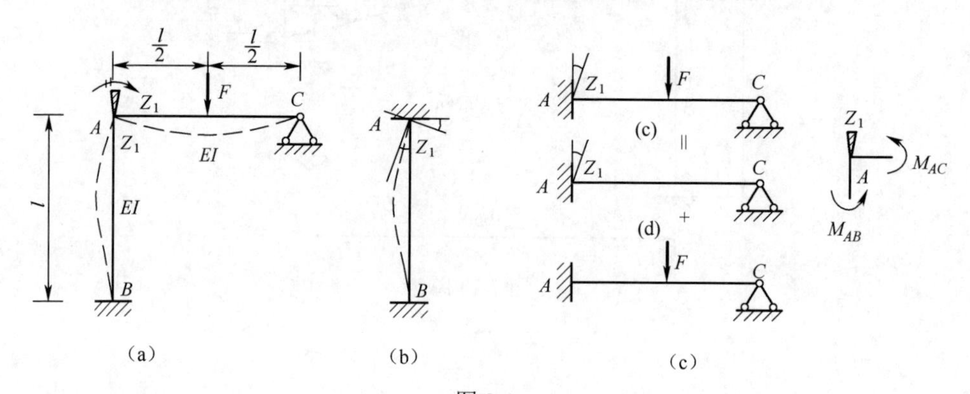

图 8-1

$$\left.\begin{aligned} M_{AB} &= 4iZ_1 \\ M_{BA} &= 2iZ_1 \\ M_{AC} &= 3iZ_1 - \frac{3}{16}Fl \end{aligned}\right\} \tag{8-1}$$

式中：i ——杆件的线刚度，$i=\dfrac{EI}{l}$。

为了求得未知角位移 Z_1，应考虑平衡条件。Z_1 与 M_{AB}、M_{AC} 有关，当刚结点 A 产生了角位移 Z_1 后，仍处于平衡状态，因此对取出的隔离体结点 A 来说，应满足平衡条件 $\sum M_A = 0$，亦即

$$M_{AB} + M_{AC} = 0$$

把式（8-1）中的 M_{AB}、M_{AC} 代入上式，则有

$$4iZ_1 + 3iZ_1 - \frac{3}{16}Fl = 0$$

解得
$$Z_1 = \frac{3}{112i}Fl \qquad \text{（顺时针）}$$

再把 Z_1 回代到式（8-1），可得到各杆的杆端弯矩

$$M_{AB} = \frac{6}{56}Fl \qquad \text{（左侧受拉）}$$

$$M_{BA} = \frac{3}{56}Fl \qquad \text{（右侧受拉）}$$

$$M_{AC} = -\frac{6}{56}Fl \qquad \text{（上边受拉）}$$

$$M_{CA} = 0$$

在知道杆端弯矩的情况下，可画出刚架的弯矩图，如图 8-2 所示。

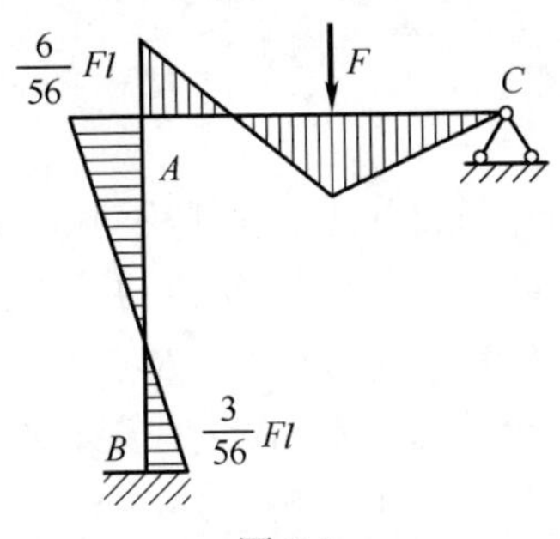

图 8-2

通过这个简单的例子，我们可以了解到用位移法分析超静定刚架的解题过程：

（1）根据结构的变形分析，确定某些结点位移的基本未知量。

（2）把每根杆件都视为单跨超静定梁，必要时可以单独画出来，以建立杆端内力与结点位移之间的关系。

（3）根据平衡条件建立结点位移为未知量的方程，即可求得结点位移未知量。

（4）由结点位移求出结构的杆端内力。

§8-2 位移法的基本未知量及基本结构

用位移法计算超静定结构时，是以刚结点的角位移和独立的结点线位移作为基本未知量的。因此计算时，先要确定作为基本未知量的角位移和线位移。

1. 结点角位移

确定独立的结点角位移数目比较容易。由于在同一刚结点处的各杆端的转角都相等，即每一个刚结点只有一个独立的角位移。因此结构有几个刚结点就有几个角位移。如图 8-3（a）有 6 个角位移，图 8-3（b）有 3 个角位移。至于铰结点或者铰支座处杆端的转角，它们不是独立的，在确定一端固定另一端铰支的等截面直杆的杆端弯矩时，可不需要它们的数值，一般不取为基本未知量。这样，结点角位移未知量的数目就等于结构刚结点的数目。

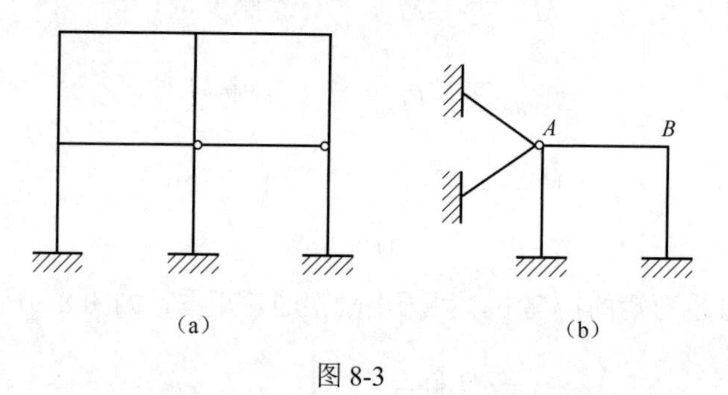

图 8-3

2. 结点线位移

由于位移法变形前后杆端连线的长度保持不变，结点的线位移可以用垂直于杆件的直线来代替。如图 8-4（a）所示，结点 A 只能产生水平位移，设其为Δ，向右与 AC 垂直，由于 AB 不考虑轴向变形，B 点亦产生向右位移Δ，且与 BD 垂直。因此，这个刚架只有一个线位移Δ。Δ也是横梁 AB 产生的刚体水平位移，它对横梁 AB 本身内力无影响。由以上分析可知，图 8-4（a）所示刚架自由结点位移只有两个，即一个角位移和一个线位移。分别用 Z_1 和 Z_2 来表示作为位移法的基本未知量。

然而对于简单刚架的结点线位移，可通过观察判断确定。对于复杂刚架结点线位移数目的确定并不那么容易，有一种简便的方法：在确定独立的结点线位移数目时，首先可把原结构的所有刚结点和固定支座假设为铰，这样就得到一个铰接体系。如此铰接体系是几何不变的，则可以知道原结构所有结点均无线位移。如果这个铰接图形是几何可变或者瞬变的，则可以通过添加链杆使其成为几何不变体系，所需添加的最少链杆的数目就是原结构独立的线位移数目。如图 8-4（b）所示的刚架，把所有的刚结点及固定支座都换成铰后，变成了一个几何可变的铰接体系，然后再加两根支座链杆，这时体系就变为几何不变的，如图 8-4（c）所示。因此原结构有两个独立的结点线位移，即 C 点和 D 点的水平线位移Δ_1，E 点和 F 点的水平线位移Δ_2。

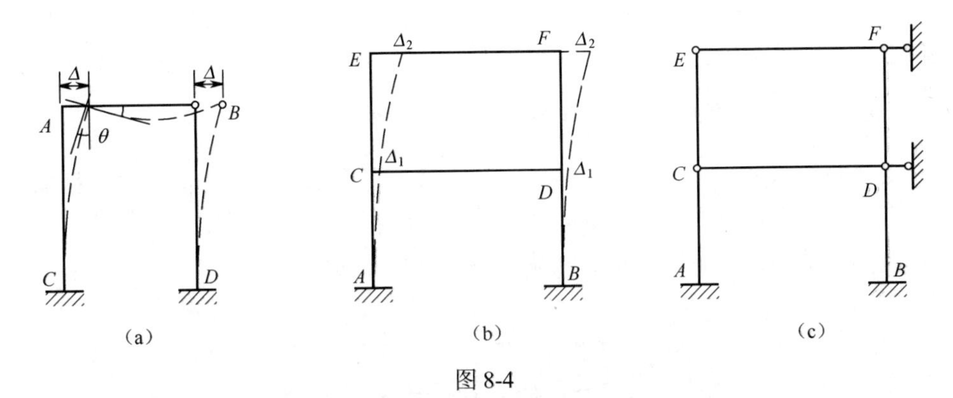

图 8-4

建立位移法的基本结构，可在刚架的每个刚性结点上假想地加上一个刚臂，以阻止刚结点的转动，但不能阻止刚结点的移动；对产生线位移的结点加上附加链杆，以阻止其线位移，而不阻止结点转动。这样一来，就得到了单跨梁的组合体。这就是位移法的基本结构。

图 8-5（a）为一超静定刚架，它有两个刚结点 D、E，两个刚结点有相同的线位移，其个数为 1。如在刚结点 D、E 处分别加两个刚臂，在 E 点加一根水平支座链杆，就得到如图 8-5（b）所示的基本结构。

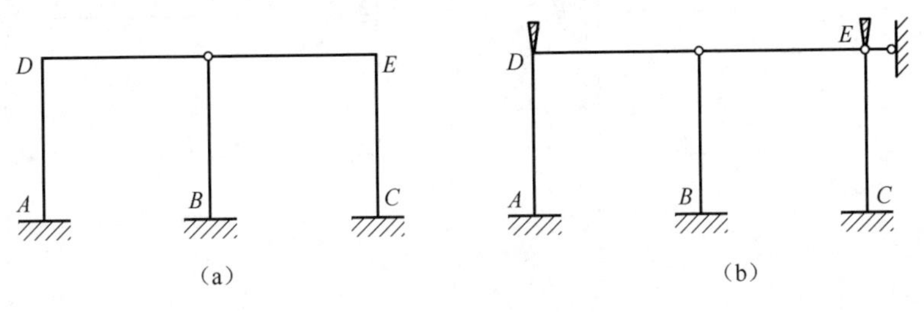

图 8-5

位移法的基本结构是通过增加刚臂和链杆得到的，一般情况下只有一种形式的基本结构。这与力法不同，力法的基本结构是通过减少约束，用多余未知力来代替多余约束，采用静定结构作为基本结构，因此它的基本结构可有多种形式。并且位移法的基本未知量和超静定次数无关。

§8-3 等截面直杆的转角位移方程

如上所述，用位移法计算超静定刚架时，每根杆件均可看作是单跨超静定梁。在计算过程中，要用到这种梁在杆端发生转动或移动时，以及荷载等外因作用下的杆端弯矩和剪力。为了以后应用方便，本节先导出其杆端弯矩的计算公式。

如图 8-6 所示等截面直杆的隔离体，杆件材料和截面惯性矩 EI 为常数，杆端 A 和 B 的角位移分别为 θ_A 和 θ_B，杆端 A 和 B 在垂直于杆轴 AB 方向的相对线位移为Δ，转角 $\varphi=\dfrac{\Delta}{l}$，杆端 A 和 B 的弯矩和剪力分别为 M_{AB}，M_{BA}，F_{SAB}，M_{QBA}。

关于正负号的规定，在位移法中，为了适应位移法基本方程的需要，杆端弯矩是对杆端顺时针方向为正；φ_B、φ_A 均以顺时针方向为正；Δ则以使整个杆件顺时针方向转动为正。下图所示的杆端弯矩及位移均为正值。

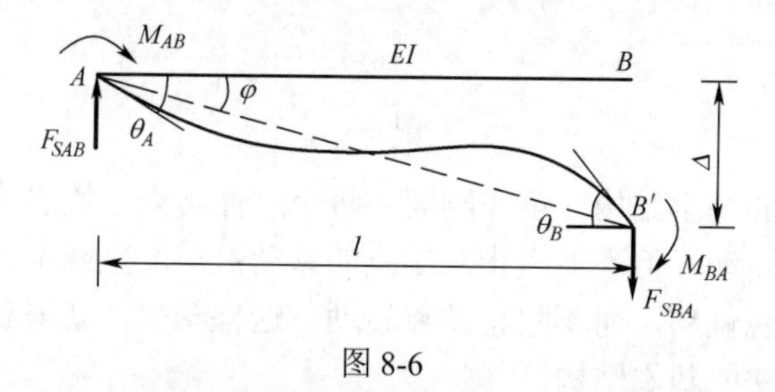

图 8-6

图 8-7（a）所示两端固定的等截面梁，支座位置发生位移，用力法求解这一问题，可得以下结果。

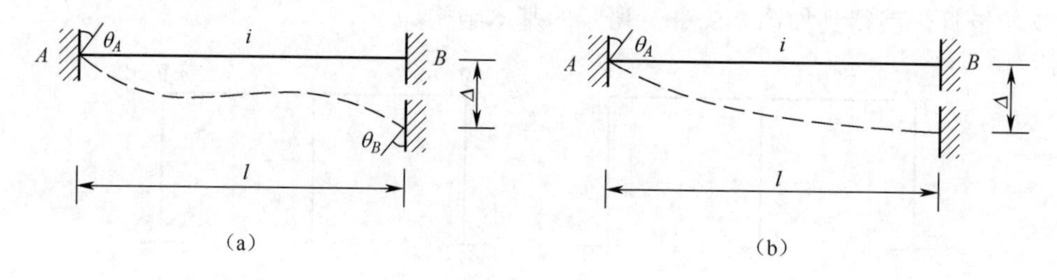

图 8-7

$$\left.\begin{aligned}M_{AB}&=4i\varphi_A+2i\varphi_B-\frac{6i}{l}\Delta_{AB}\\M_{BA}&=4i\varphi_B+2i\varphi_A-\frac{6i}{l}\Delta_{AB}\end{aligned}\right\}\tag{8-2}$$

若两端固定梁除了上述支座位移作用外，还受到了荷载及温度变化等外因的作用，则最后弯矩为上述杆端位移引起的弯矩叠加上荷载及温度变化等外因引起的弯矩，即

$$\left.\begin{aligned}M_{AB}&=4i\varphi_A+2i\varphi_B-\frac{6i}{l}\Delta_{AB}+M_{AB}^F\\M_{BA}&=4i\varphi_B+2i\varphi_A-\frac{6i}{l}\Delta_{AB}+M_{BA}^F\end{aligned}\right\}\tag{8-3}$$

式中，M_{AB}、M_{BA}为此两端固定梁在荷载及温度变化等外因作用下的杆端弯矩，称为固端弯矩，也不难由力法求出。

式（8-2）是两端固定等截面梁的杆端弯矩的一般计算公式，通常称为转角位移方程。

对于一端固定另一端铰支的等截面梁，如图 8-8 所示，其转角位移方程可由式（8-2）导出。设 B 端为铰支，则因

$$M_{BA}=4i\varphi_B+2i\varphi_A-\frac{6i}{l}\Delta_{AB}+M_{BA}^F=0$$

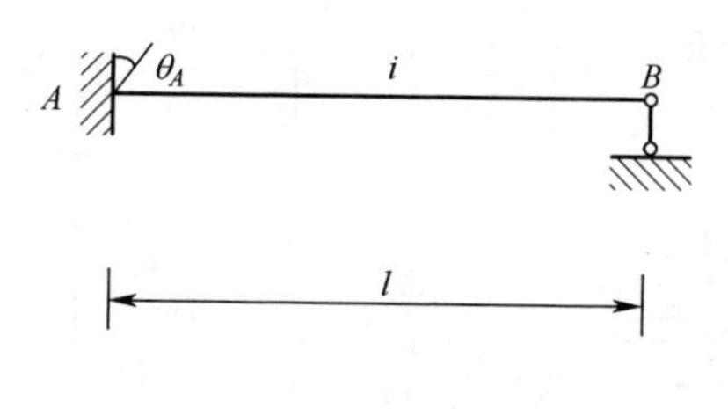

图 8-8

得

$$\varphi_B=-\frac{1}{2}\left(\varphi_A-\frac{3}{l}\Delta_{AB}+\frac{1}{2i}M_{BA}^F\right)$$

可见，φ_B、Δ_{AB} 等的函数不是独立的。把它代入式（8-2）的第一式，就有

$$M_{AB}=3i\varphi_A-\frac{3i}{l}\Delta_{AB}+M_{AB}^{F'}\tag{8-4}$$

式中

$$M_{AB}^{F'} = M_{AB}^{F} - \frac{1}{2}M_{BA}^{F}$$

即为这种梁的固端弯矩。

杆端弯矩求出后，杆端剪力便不难由平衡条件求出，此处不再赘述。剪力正负号的规定与以前相同。

为了应用方便，把等截面单跨超静定梁在各种不同情况下的杆端弯矩和剪力列于表 8-1 中。

表 8-1　等截面直杆杆端弯矩和剪力

序号	梁的简图	杆端弯矩		杆端剪力	
		M_{AB}	M_{BA}	F_{SAB}	F_{SBA}
1	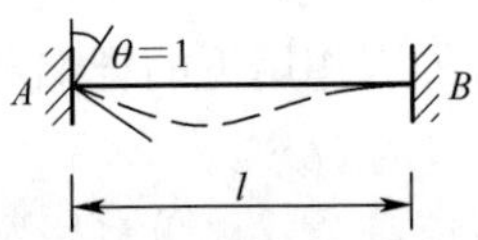 A端固定（转角 $\theta=1$），B端固定，跨长 l	$4i$（$i=\frac{EI}{l}$，下同）	$2i$	$-\frac{6i}{l}$	$-\frac{6i}{l}$
2	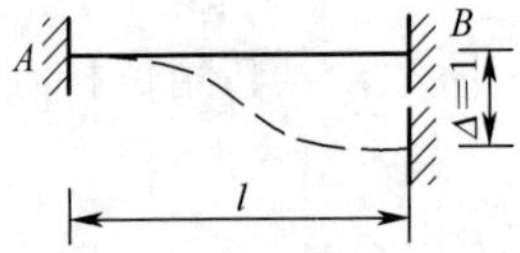 A端固定，B端固定（竖向位移 $\Delta=1$），跨长 l	$-\frac{6i}{l}$	$-\frac{6i}{l}$	$\frac{12i}{l^2}$	$\frac{12i}{l^2}$
3	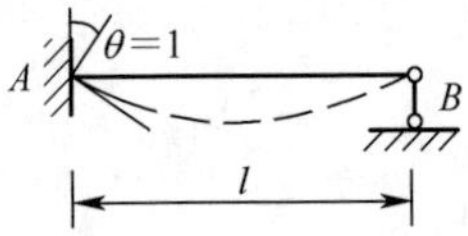 A端固定（转角 $\theta=1$），B端铰支，跨长 l	$3i$	0	$-\frac{3i}{l}$	$-\frac{3i}{l}$
4	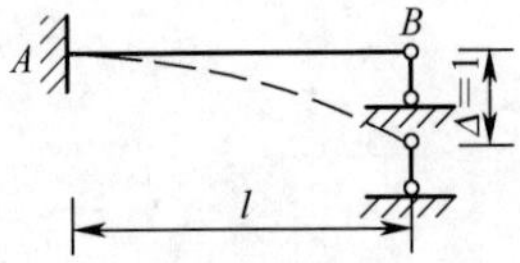 A端固定，B端铰支（竖向位移 $\Delta=1$），跨长 l	$-\frac{3i}{l}$	0	$\frac{3i}{l^2}$	$\frac{3i}{l^2}$
5	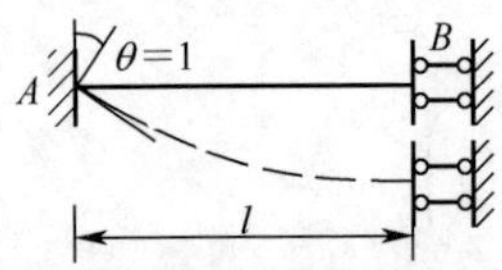 A端固定（转角 $\theta=1$），B端滑动支座，跨长 l	i	$-i$	0	0
6	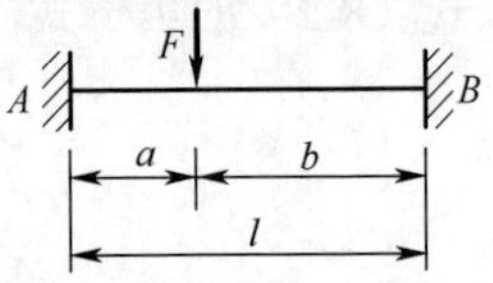 A端固定，B端固定，集中力 F 距A为 a，距B为 b，跨长 l	$-\frac{Fab^2}{l^2}$	$\frac{Fa^2b}{l^2}$	$\frac{Fb^2}{l^2}(1+\frac{2a}{l})$	$-\frac{Fb^2}{l^2}(1+\frac{2b}{l})$

续表

序号	梁的简图	杆端弯矩		杆端剪力	
		M_{AB}	M_{BA}	F_{SAB}	F_{SBA}
7	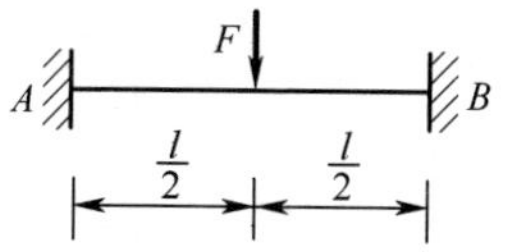	$-\frac{1}{8}Fl$	$-\frac{1}{8}Fl$	$\frac{F}{2}$	$-\frac{F}{2}$
8	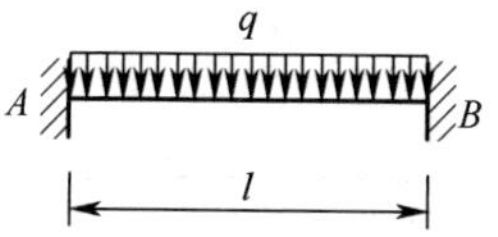	$-\frac{1}{12}ql^2$	$\frac{1}{12}ql^2$	$\frac{ql}{2}$	$-\frac{ql}{2}$
9	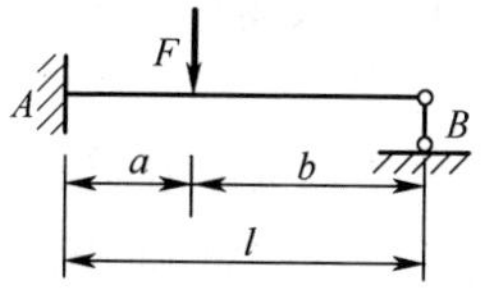	$-\frac{Fab(l+b)}{2l^2}$	0	$\frac{Fb(3l^2-b^2)}{2l^3}$	$-\frac{Fa^2(2l+b)}{2l^3}$
10	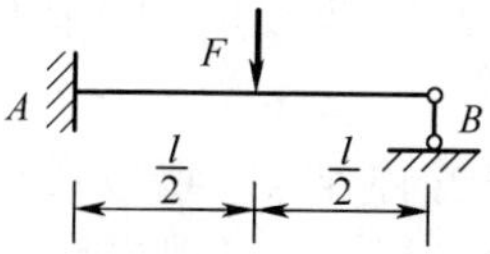	$-\frac{3Fl}{16}$	0	$\frac{11}{16}F$	$-\frac{5}{16}F$
11	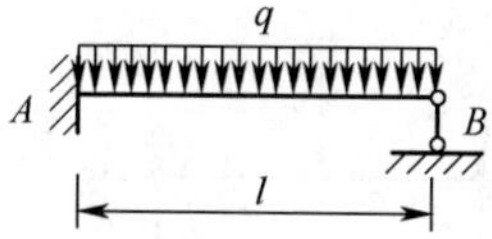	$-\frac{ql^2}{8}$	0	$\frac{5}{8}ql$	$-\frac{3}{8}ql$
12	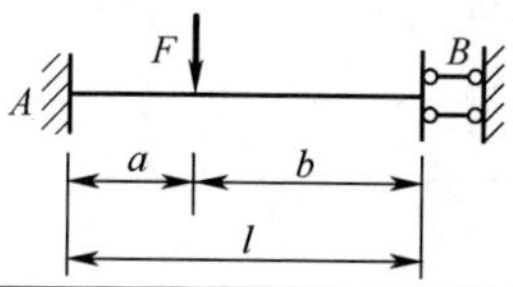	$-\frac{Fa(l+b)}{2l}$	$-\frac{Fa^2}{2l}$	F	0
13	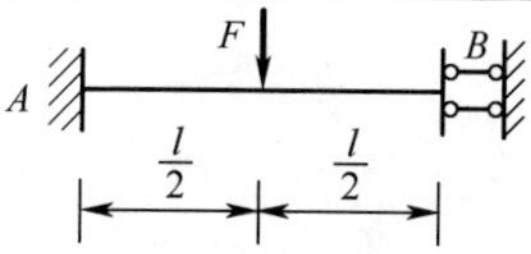	$-\frac{3}{8}Fl$	$-\frac{1}{8}Fl$	F	0

续表

序号	梁的简图	杆端弯矩		杆端剪力	
		M_{AB}	M_{BA}	F_{SAB}	F_{SBA}
14		$-\frac{Fl}{2}$	$-\frac{Fl}{2}$	F	0
15		$-\frac{ql^2}{3}$	$-\frac{1}{6}ql^3$	ql	0

§8-4　位移法的典型方程及计算步骤

用位移法计算超静定刚架有两种方法。其一是确定位移未知量后，由表 8-1 写出各杆的杆端转角角位移方程，再列出平衡方程求解；其二是确定结点位移未知量后，借助表 8-1 作出基本结构的单位弯矩图和荷载作用下的弯矩图，由此求得系数和自由项，再列出位移法典型方程并求解。在此，以图 8-9 刚架为例，来说明位移法典型方程的建立和求解过程。步骤如下：

（1）确定基本未知量和基本结构。此刚架只有一个刚结点，所以只有一个结点角位移 Z_1，按顺时针方向转动，这样方便查表 8-1。由前述方法分析可知，此刚架还有一个独立结点线位移 Z_2。

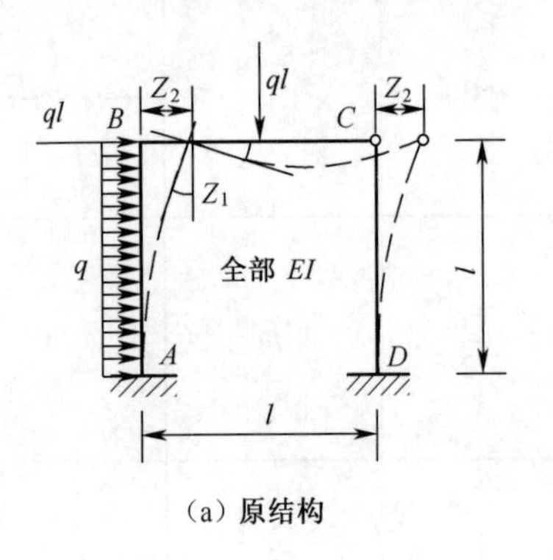

（a）原结构

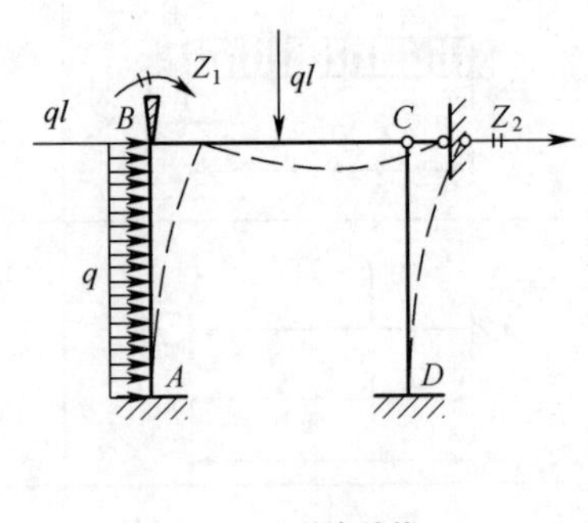

（b）基本结构

图 8-9

这个刚架有 Z_1 和 Z_2 两个基本未知量。在刚结点 B 处加刚臂，在结点 C 处加一水平支撑链杆，这便得到了如图 8-9（b）所示的基本结构。这个基本结构是由三根单跨超静定梁组成。

（2）建立位移法典型方程。原结构在荷载的作用下使刚结点 B 有一个角位移 Z_1，结点 C 和结点 B 同时还有向右的线位移 Z_2，而在基本结构上，由于附加刚臂和附加链杆的存在，阻止了角位移 Z_1 和线位移 Z_2 的发生，且其必然会产生附加反力。设刚臂上的附加反力矩为 R_1，链杆上的附加反力为 R_2，而原结构上并没有这些反力。为了使基本结构和原结构保持一致，以便在计算中能用基本结构代替原结构，在基本结构上使刚臂连同 B 结点产生一个与原结构相同的转角 Z_1，同时使链杆连同 C 结点和 B 结点产生一个与原结构相同的线位移 Z_2，这样，基本结构上的位移就与原结构上的位移完全相同了，其受力情况也完全一样。由于原结构没有附加刚臂和链杆，所以基本结构由于结点位移 Z_1、Z_2 和荷载的共同作用，刚臂上的附加反力矩 R_1 和链杆上的附加反力矩 R_2 都应等于零。

设由 Z_1、Z_2 和 F 所引起的刚臂上的反力偶分别为 R_{11}、R_{22} 和 $R_{2\mathrm{P}}$，则根据叠加原理，可得

$$\left.\begin{aligned} R_1 = R_{11} + R_{12} + R_{1P} = 0 \\ R_2 = R_{21} + R_{22} + R_{2P} = 0 \end{aligned}\right\} \tag{8-5}$$

再设 r_{11}、r_{22} 分别表示由单位位移 $\bar{Z}_1 = 1$ 和 $\bar{Z}_2 = 1$ 所引起的刚臂上的反力偶，以 r_{21}、r_{22} 分别表示由单位位移 $\bar{Z}_1 = 1$ 和 $\bar{Z}_2 = 1$ 所引起的链杆上的反力，则上式可写为

$$\left.\begin{aligned} r_{11}Z_1 + r_{12}Z_2 + R_{1P} = 0 \\ r_{21}Z_1 + r_{22}Z_2 + R_{2P} = 0 \end{aligned}\right\} \tag{8-6}$$

式（8-6）就是求解结点位移 Z_1、Z_2 的位移法的典型方程。其物理意义是：基本结构在荷载及各结点位移等因素共同作用下，每一个附加联系中的附加反力矩或附加反力都等于零。位移法典型方程的实质是静力平衡方程。

（3）求系数和自由项。要计算典型方程的系数和自由项，必须根据它们的物理意义并借助表 8-1 有关的弯矩图分别求出。绘出基本结构在 $\bar{Z}_1 = 1$、$\bar{Z}_2 = 1$ 及荷载作用下的弯矩图 $\bar{M}_1$、$\bar{M}_2$、M_P 图，如图 8-10 所示。注意到系数和自由项分为两类：一类是附加刚臂上的反力矩 r_{11}、r_{12} 和 R_{1P}，其方向和 Z_1 相同；另一类是附加链杆上的反力 r_{21}、r_{22} 和 R_{2P}，其方向和 Z_2 相同。这就需要根据绘出的弯矩图取出与刚臂有关的结点为隔离体与附加链杆有关的杆件作为隔离体，并从表 8-1 查出杆端剪力。对结点取隔离体，由力矩平衡方程 $\sum M_B = 0$ 可求得

$$r_{11}=7i\text{，}\quad r_{12}=-\frac{6}{l}i\text{，}\quad R_{1P}=-\frac{5}{48}ql^2$$

对杆件隔离体，由投影方程$\sum F_x=0$可求得

$$r_{21}=-\frac{6}{l}i\text{，}\quad r_{22}=\frac{15}{l^2}i\text{，}\quad R_{2P}=-\frac{3}{2}ql$$

计算结果表明：$r_{11}>0$，$r_{22}>0$，$r_{12}=r_{21}$。

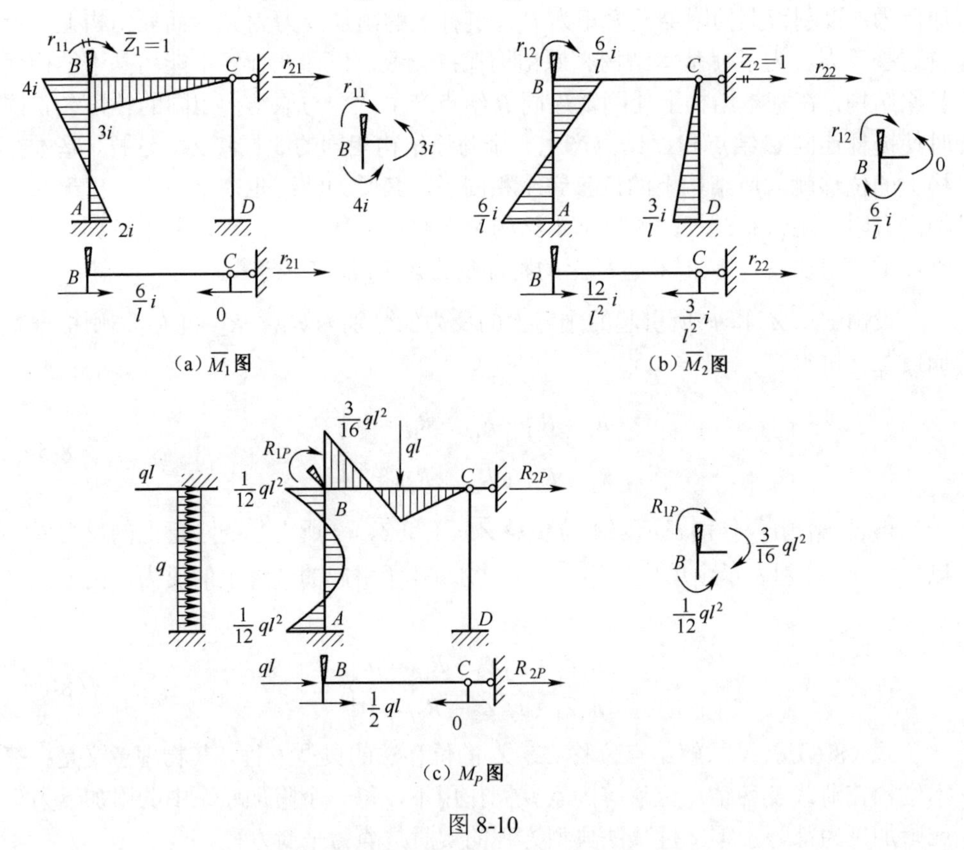

（a）$\overline{M}_1$图　（b）$\overline{M}_2$图

（c）M_P图

图 8-10

（4）解算典型方程。把求得的系数和自由项代入典型方程有

$$\begin{cases}7iZ_1-\frac{6}{l}iZ_2-\frac{5}{48}ql^2=0\\-\frac{6}{l}iZ_1+\frac{15}{l^2}iZ_2-\frac{3}{2}ql=0\end{cases}$$

解出Z_1、Z_2得：

$$Z_1=\frac{169}{1104i}ql^2\text{ ， }Z_2=\frac{89}{552i}ql^3$$

Z_1、Z_2均为正值，说明Z_1、Z_2与所设方向一致。

（5）绘制内力图。求得未知位移后，应绘制出刚架的弯矩M图、剪力F_s图和轴力F_N图。绘制弯矩M图，用算式$M=\bar{M}_1Z_1+\bar{M}_2Z_2+M_P$算得的各杆端弯矩值如下：

$$M_{BA}=4iZ_1-\frac{6}{l}iZ_2+\frac{1}{12}ql^2=\frac{169\times4}{1104}ql^2-\frac{89\times6}{552}ql^2+\frac{1}{12}ql^2=-\frac{50}{184}ql^2$$

$$M_{AB}=2iZ_1-\frac{6}{l}iZ_2-\frac{1}{12}ql^2=-\frac{137}{184}ql^2$$

$$M_{BC}=3iZ_2-\frac{3}{16}ql^2=\frac{50}{184}ql^2$$

$$M_{DC}=-\frac{3}{l}iZ_2=-\frac{89}{184}ql^2$$

$$M_{CB}=M_{CD}=0$$

把得到的杆端弯矩根据其符号和绕杆端的转向标在杆端受拉的一侧，对于有荷载作用的杆件，还要把荷载产生的弯矩叠加进去。得到的弯矩图如图8-11所示。

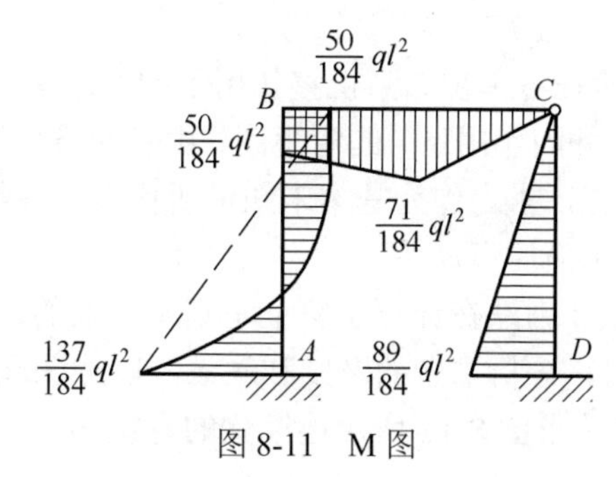

图8-11　M图

（6）最后内力图校核。这一工作在前面已讲过，其方法和过程没有什么不同，这里只是再次强调工程计算中的这一个不可忽略的步骤。

对于具有n个独立结点线位移的结构，相应地在基本结构中需要加入n个附加联系，根据每个附加联系的附加反力偶或附加反力均应为零的平衡条件，同样可建立n个方程如下

$$\left.\begin{aligned}r_{11}Z_1+\cdots+r_{1i}Z_i+\cdots+r_{1n}Z_n+R_{1P}=0\\\cdots\cdots\\r_{i1}Z_1+\cdots+r_{1i}Z_i+\cdots+r_{in}Z_n+R_{iP}=0\\\cdots\cdots\\r_{n1}Z_1+\cdots+r_{ni}Z_i+\cdots+r_{nn}Z_n+R_{nP}=0\end{aligned}\right\}\tag{8-7}$$

在上述典型方程中，主斜线上的系数r_{ii}称为主系数或主反力；其他系数r_{ij}称为副系数或副反力；R_{iP}称为自由项。系数和自由项的符号规定是：以与该附加联系所设位移方向一致者为正。主反力r_{ii}的方向总是与所设位移Z_i的方向一致，故恒为正且不为零；副系数和自由项则可能为正、负或零。此外，根据反力互等原理可知，主斜线两边处于对称位置的两个副系数r_{ij}与r_{ji}是相等的，即$r_{ij}=r_{ji}$。

综上所述，可将位移法的计算步骤归纳如下：

（1）确定原结构的基本未知量，即独立的结点角位移和线位移的数目，加入附加联系而得到基本结构。

（2）各个附加联系发生与结构相同的结点位移，根据基本结构在荷载等外因和各结点位移共同作用下，各附加联系上的反力偶或反力均应等于零的条件，建立位移法的典型方程。

（3）绘出基本结构在各单位结点位移作用下的弯矩图和荷载作用下（或支座位移、温度变化等其他外因作用下）的弯矩图，由平衡条件求出各系数和自由项。

（4）求解典型方程，求出作为基本未知量所代表的各结点位移。

（5）按叠加法绘制最后弯矩图。

可以看出，位移法和力法在计算步骤上是基本一致的，但二者的原理却有所不同，读者可自行比对，分析二者的区别和联系，以加深理解。

例 8-1 试用位移法求图 8-12 所示连续梁的弯矩图。

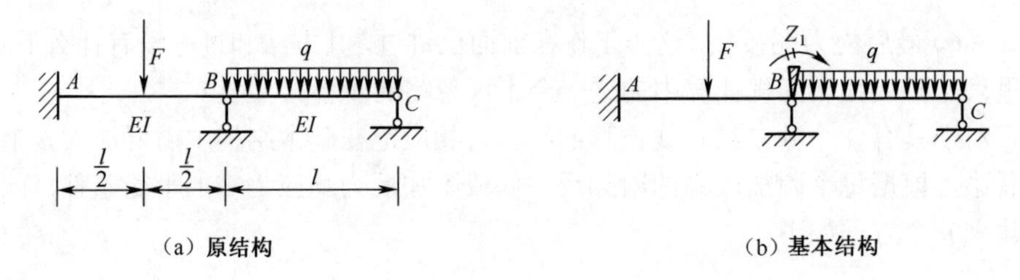

图 8-12

解：（1）确定基本未知量和基本结构。

此连续梁只有一个刚结点 B，设其未知角位移为 Z_1，在刚结点处加附加刚臂就得到基本结构。

（2）建立位移法的典型方程。

此连续梁位移法的典型方程为：

$$r_{11}Z_1 + R_{1P} = 0$$

（3）求系数和自由项，解方程。

为了确定系数和自由项，可先画出基本结构只有角位移 $\bar{Z}_1 = 1$ 作用时的弯矩图 $\bar{M}_1$，再画出基本结构只有荷载作用的弯矩图 M_P，从这两个弯矩图中分别取出带有附加刚臂 B 的隔离体，如图 8-13（a）、（b）所示，再由结点力矩平衡条件 $\sum M_B = 0$ 可得：

$$r_{11} = 7i\text{，}\quad R_{1P} = \frac{1}{8}Fl - \frac{1}{8}ql^2$$

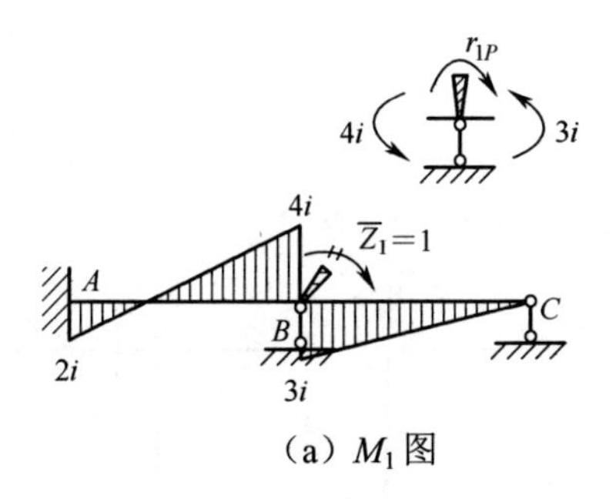

（a）M_1 图

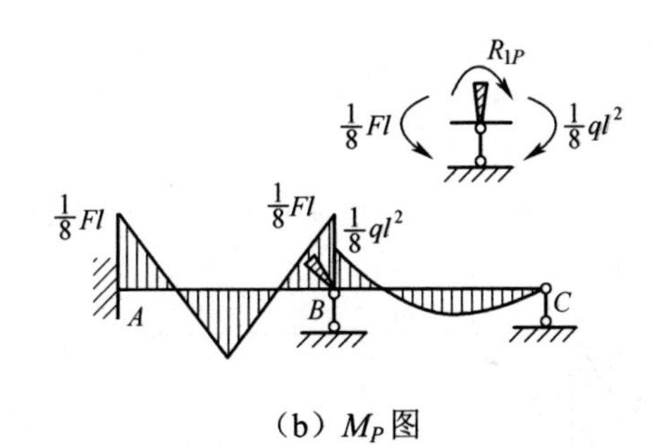

（b）M_P 图

图 8-13

将 r_{11}、R_{1P} 代入典型方程有：

$$7iZ_1 + \frac{1}{8}Fl - \frac{1}{8}ql^2 = 0$$

由此解得：

$$Z_1 = -\frac{1}{56i}(Fl - ql^2)$$

（4）绘制内力图。

在算得角位移后，可绘制内力图。这里绘制的是 $F = \frac{3}{2}ql$ 时的内力图，这时 $Z_1 = -\frac{1}{112i}ql^2$，负号表示刚结点 B 的转向与所假设的转动方向相反，即逆时针方向转动。

绘制弯矩图时，可先由 $M = \bar{M}_1 Z_1 + M_P$ 算得各杆端弯矩：

$$M_{AB}=-\frac{23}{112}ql^2,\quad M_{BA}=\frac{17}{112}q^2$$

$$M_{BC}=-\frac{17}{112}ql^2,\quad M_{CB}=0$$

根据杆端弯矩的正负号，知道它绕杆端的转向，从而把杆端弯矩标在杆件受拉一侧，再叠加上荷载作用下的弯矩图，得到整个连续梁的弯矩图，如图 8-14（a）所示。

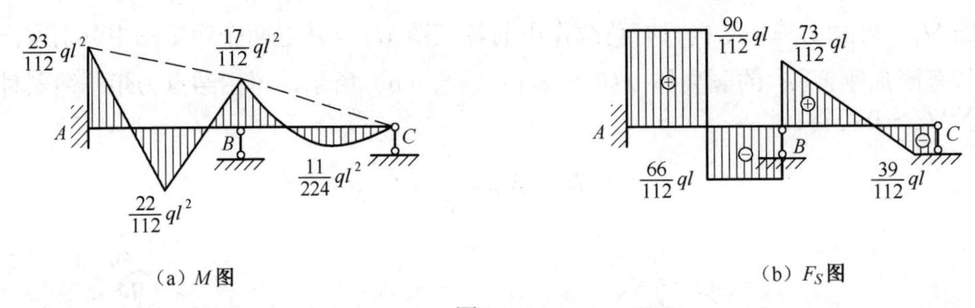

（a）M 图　　　　（b）F_S 图

图 8-14

例 8-2　用位移法计算图 8-15（a）所示刚架，并绘制弯矩图。

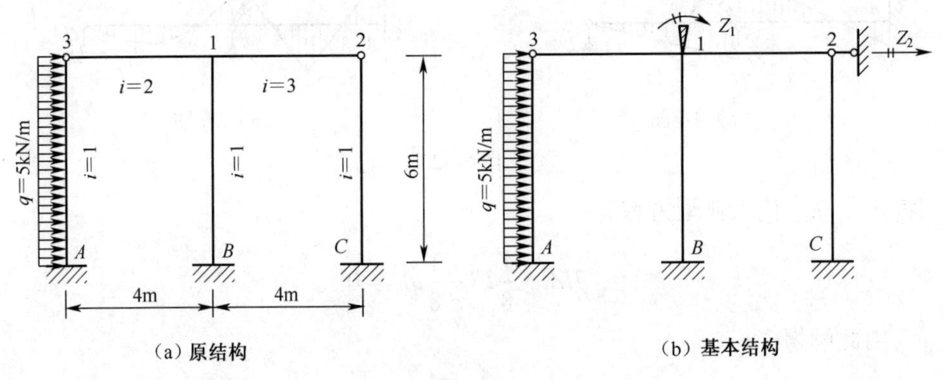

（a）原结构　　　　（b）基本结构

图 8-15

解：（1）确定基本未知量和基本结构。

设刚结点 1 的角位移为 Z_1，结点 2、3、1 的水平线位移为 Z_2。其基本结构如图 8-15（b）所示。

（2）建立位移法典型方程如下：

$$r_{11}Z_1+r_{12}Z_2+R_{1P}=0$$

$$r_{21}Z_1+r_{22}Z_2+R_{2P}=0$$

（3）求系数、自由项并解位移法方程。

借助表 8-1，绘出基本结构在单位位移 $\bar{Z}_1=1$ 、 $\bar{Z}_2=1$ 以及在荷载作用下的弯矩图 $\bar{M}_1$ 、 $\bar{M}_2$ 和 M_P ，如图 8-16（a）～（c）所示。对附加刚臂上的反力矩 r_{11} 、 r_{12} 、 R_{1P} ，可从 $\bar{M}_1$ 、 $\bar{M}_2$ 和 M_P 中取刚结点 1 为隔离体；对附加链杆上的反力矩 r_{21} 、 r_{22} 和 R_{2P} ，可从 $\bar{M}_1$ 、 $\bar{M}_2$ 和 M_P 中取附加链杆轴线方向上的杆件为隔离体，见图 8-16（a）～（c），然后再分别由平衡条件 $\sum M=0$ 和 $\sum F_x=0$ 求得：

$$r_{11}=19\text{，}\quad r_{12}=-1\text{，}\quad R_{1P}=0$$

$$r_{21}=-1\text{，}\quad r_{22}=\frac{1}{2}\text{，}\quad R_{2P}=-\frac{3}{8}ql$$

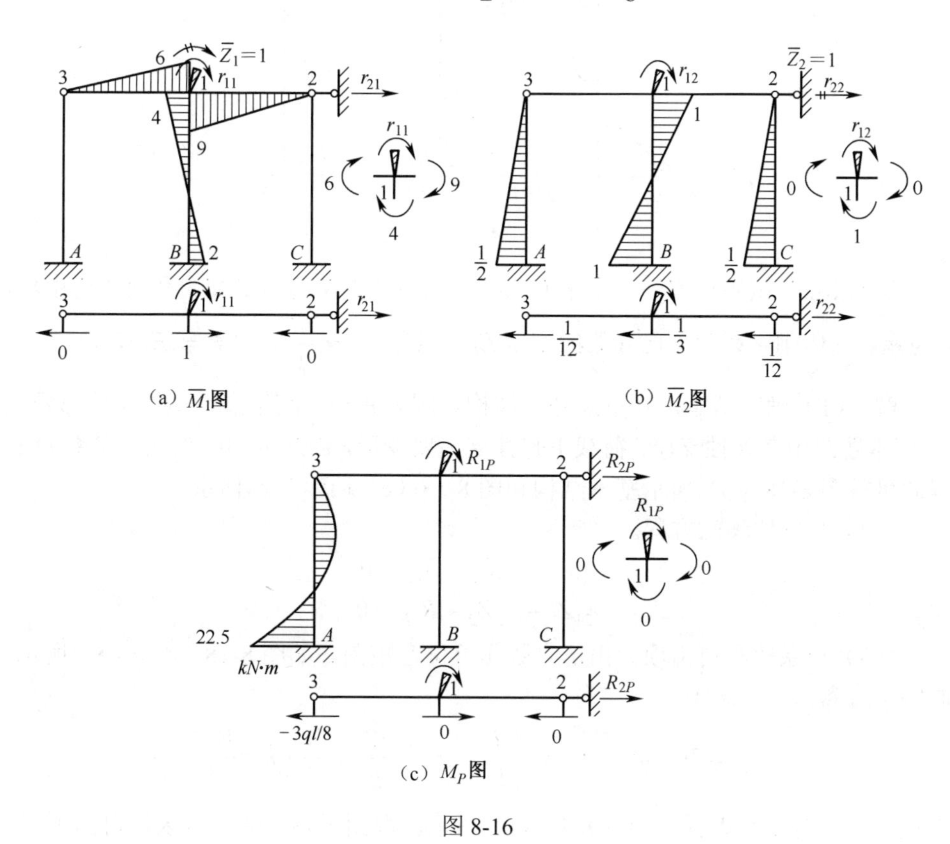

（c） M_P图

图 8-16

求得系数和自由项后，典型方程变为：

$$19Z_1-Z_2+0=0$$

$$-Z_1+\frac{1}{2}Z_2-\frac{3}{8}ql=0$$

由此解出：

$$Z_1 = 0.0441ql, \quad Z_2 = 0.838ql$$

其值均为正，可知实际位移方向与假设位移方向一致。

（4）绘制弯矩图。

可由公式 $M = \bar{M}_1 Z_1 + \bar{M}_2 Z_2 + M_P$ 画出弯矩图，见图 8-17。

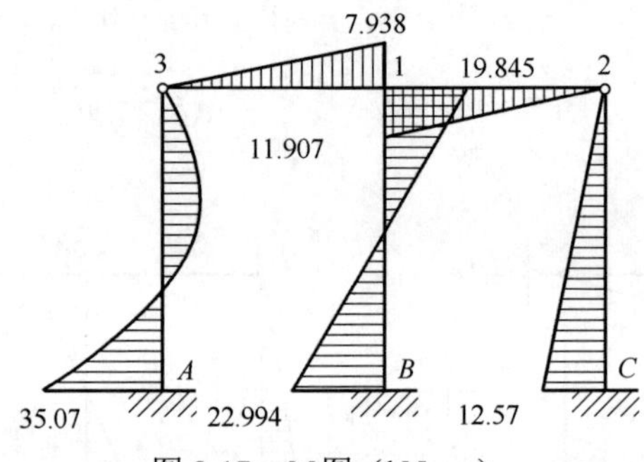

图 8-17　M 图（kN·m）

例题 8-3　试用位移法求图 8-18（a）所示弹性支座超静定梁的系数和自由项，k 为弹性支座刚度系数，已知梁的刚度 EI = 常数，$i = \dfrac{EI}{l}$，且 $k = 3EI/l^2$。

解：（1）确定基本未知量及基本结构。因为有一个刚结点，结点角位移数为 1。但本题跨中是弹性支座，荷载下弹性支座要变形，由此可知结点线位移数为 1。据此可得图 8-18（b）所示基本结构和图 8-18（c）所示基本体系。

（2）建立位移法方程。

$$r_{11}Z_1 + r_{12}Z_2 + R_{1P} = 0$$
$$r_{21}Z_1 + r_{22}Z_2 + R_{2P} = 0$$

（3）求系数和自由项。由形常数作单位弯矩图，如图 8-18（d）、（e）所示。取图示隔离体，可求得

$$r_{11} = 7i, \quad r_{12} = r_{21} = -\frac{3i}{l}, \quad r_{22} = \frac{12i}{l^2} + \frac{3i}{l^2} + k = \frac{18i}{l^2}$$

由载常数作荷载弯矩图，如图 8-18（f）所示。取图示隔离体，可求得自由项

$$R_{1P} = \frac{ql^2}{24}, \quad R_{2P} = \frac{9ql}{8}$$

两点说明：

（1）任何具有弹性支座的问题都应按此思路来求解，即弹性支座处必须加限制位移的约束。抵抗线位移的弹簧加链杆约束，抵抗转动的弹簧加刚臂约束。

（2）建议读者自行完成本题余下的计算，作出最终弯矩图。

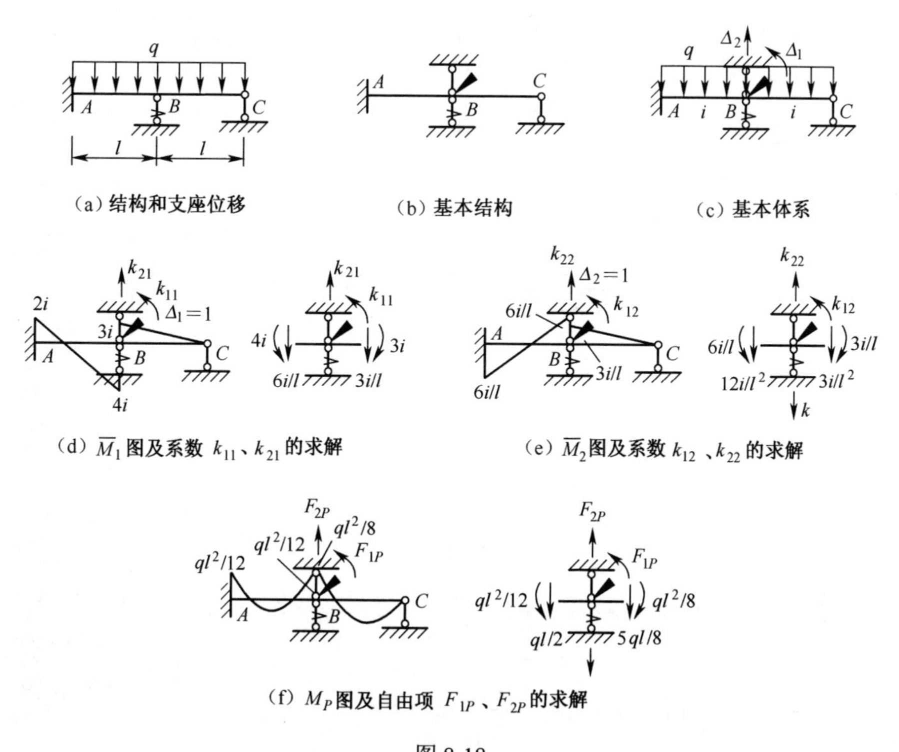

图 8-18

§8-5 直接由平衡条件建立位移法基本方程

按前述方法，用位移法计算超静定刚架时，需加入附加刚臂和链杆以得到基本结构，又由附加刚臂和链杆上的总反力或反力偶等于零（相当于又取消刚臂和链杆）的条件，建立位移法的基本方程（即典型方程），而基本方程的实质就是反映原结构的平衡条件。因此，我们也可以不通过基本结构，而直接由原结构的平衡条件来建立位移法的基本方程。现以图 8-19（a）的刚架为例来说明这一方法。

此刚架由位移法求解时有两个基本未知量：刚结点 C 的转角 Z_1 和结点 C、D 的水平位移 Z_2。根据结点 C 的力矩平衡条件 $\sum M_C=0$（图 8-19（b）），及截取两柱顶端以上横梁部分为隔离体的投影平衡条件 $\sum F_x=0$（图 8-19（c）），可写出如下两个方程：

$$\sum M_C = M_{CA} + M_{CD} = 0 \tag{a}$$

$$\sum F_x = F_{SCA} + F_{SDB} = 0 \tag{b}$$

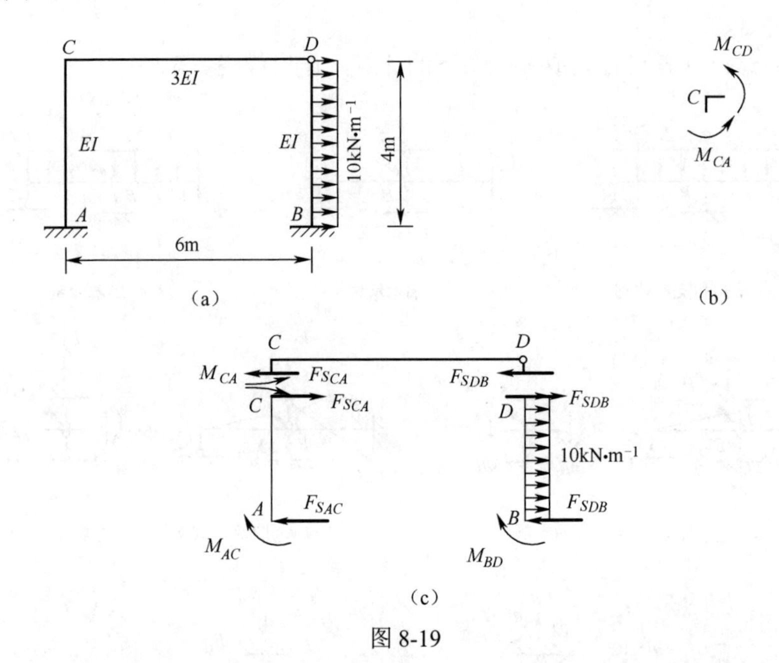

图 8-19

利用转角位移方程（8-2）、（8-3）及表 8-1，并假设 Z_1 为顺时针方向，Z_2 向右，可得以下方程：

$$\begin{cases} M_{CA}=4i_{CA}Z_1-\dfrac{6i_{CA}}{l_{CA}}Z_2=4iZ_1-\dfrac{3i}{2}Z_2 \\ M_{CD}=3i_{CD}Z_1=3\times(2i)Z_1=6iZ_1 \\ F_{SCA}=-\dfrac{6i_{CA}}{l_{CA}}Z_1+\dfrac{12i_{CA}}{l_{CA}^2}Z_2=-\dfrac{6i}{l}Z_1+\dfrac{12i}{l^2}Z_2 \\ F_{SDB}=\dfrac{3i_{DB}}{l_{DB}^2}Z_2+15=\dfrac{3i}{l^2}Z_2+15 \end{cases}$$

将以上四式代入式（a）和（b）得

$$\begin{cases} 10Z_1-\dfrac{3}{2}Z_2=0 \\ -6iZ_1+3.75Z_2+60=0 \end{cases}$$

得

$$Z_1=3.16\frac{1}{i},\quad Z_2=21.05\frac{1}{i}$$

弯矩图如图 8-20 所示。

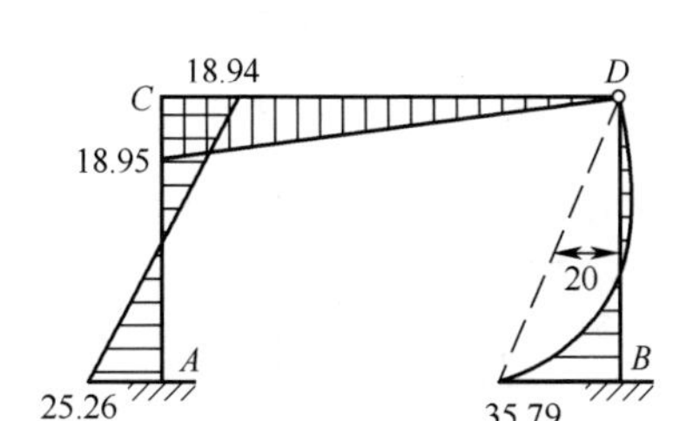

图 8-20 M 图（kN · m）

上题若用位移法所建立的典型方程与上式完全一样。可见，两种方法本质相同，只是在处理方法上稍有差别。

一般情况下，当结构有 n 个基本未知量时，对应于每一个结点转角都有一个相应的刚结点力矩平衡方程，对应于每一个独立的结点线位移都有一个相应的截面方程。因此，可建立 n 个方程，求解出 n 个结点位移。然后各杆杆端的最后弯矩即可由转角位移方程算得。

§8-6 对称性的利用

工程中常遇到对称结构，在第七章用力法计算超静定结构时，已经讨论过对称性的利用。得到一个重要的结论：对称结构在正对称荷载作用下，其内力和位移是正对称的；在反对称荷载作用下，其内力和位移都是反对称的。在位移法中，同样可利用这一结论简化计算。当对称结构承受一般非对称荷载作用时，可将荷载分解为正、反对称的两组，分别加于结构上求解，然后再将结果叠加。

例如图 8-21（a）所示的对称刚架，在正对称荷载作用下只有正对称的基本未知量，即两结点的一对正对称的转角 Z_1（图 8-21（b））；同理，在反对称荷载作用下，将只有反对称的基本未知量 Z_2 和 Z_3（图 8-21（c））。在正反对称的情况下，均可只取结构的一半来进行计算（图 8-21（d）、（e））。

用位移法分析图 8-21（d）所示半刚架时，将遇到一端固定另一端滑动的梁的内力如何确定的问题。显然，这不难用力法求解；但也可以将原两端固定的梁在正对称情况下的内力图作出，然后截取其一半即可。例如要作图 8-22（a）所示等截面量 A 端发生单位转角的弯矩图时，可将图 8-22（b）所示刚度相同但长为其 2 倍的两端固定梁，在两端发生正对称的单位转角时的弯矩图作出，这可以用叠加法得到，如图 8-22（c）所示。然后，取其左边即为所求一端固定一端滑动的梁的弯矩图。此时需注意，此梁由于比原两端固定梁缩短了一半，固其相应的线刚度增加了 1 倍，即 $i_1 = 2i$ 。至于在荷载作用下这种梁的内力也可类似求出，不需要细述。其有关数据已列入表 8-1，可直接查用。

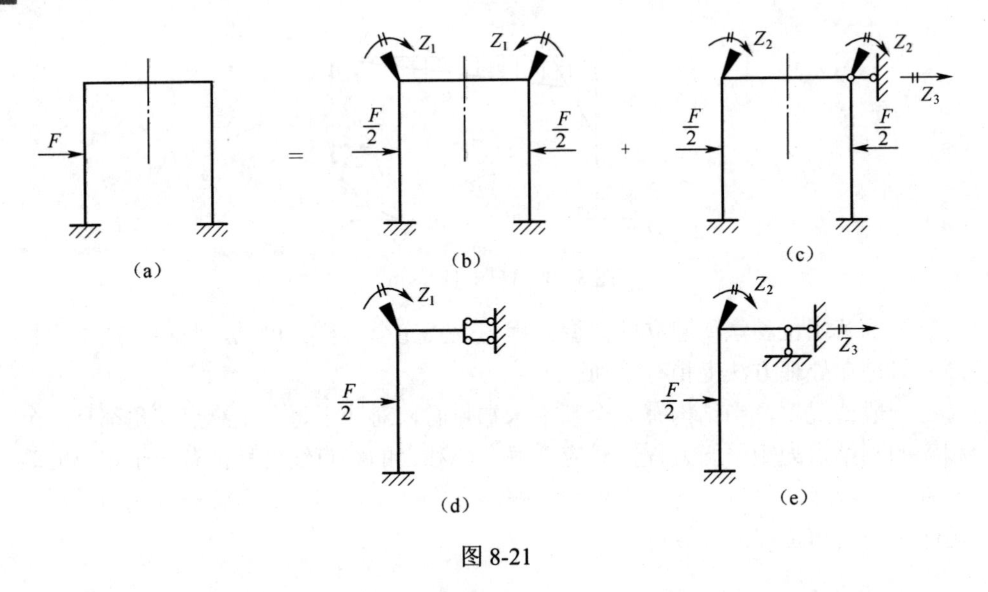

图 8-21

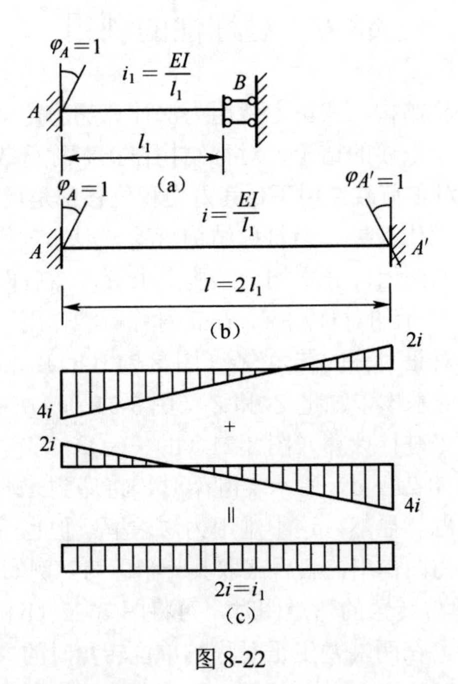

图 8-22

此外，分析图 8-21 的结构可知，在正对称荷载时，用位移法求解只有一个基本未知量；但在反对称荷载时，若用位移法求解将有两个基本未知量，而用力法求解则只有一个基本未知量。因此，反对称时显然改用力法求解更简便。

*例 8-4　试计算图 8-23（a）所示弹性支承连续梁，EI=常数，弹性支座刚度系数 $k=\dfrac{EI}{10m^3}$。

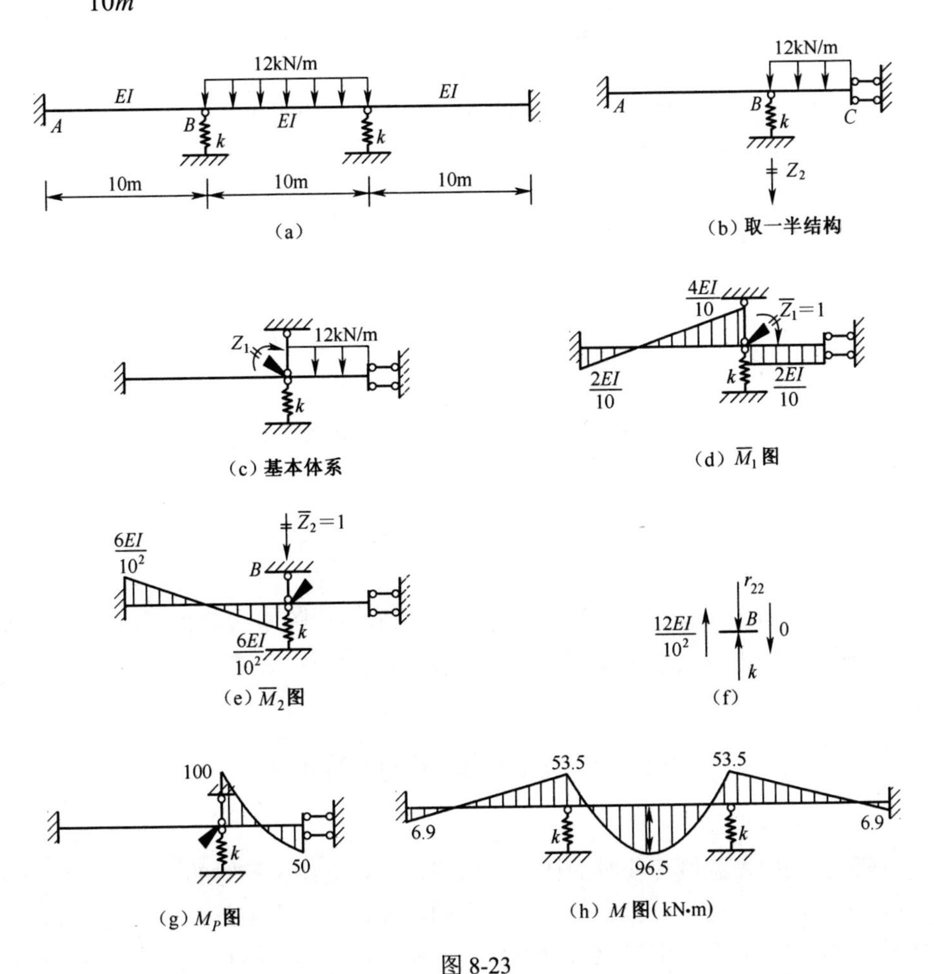

图 8-23

解：这是一个对称结构，承受正对称荷载，取一半结构如图 8-23（b）所示，C 处为滑动支座。用位移法求解，基本未知量为结点 B 的转角 Z_1 和竖向位移 Z_2，基本体系如图 8-23（c）所示，典型方程为

$$\left.\begin{aligned} r_{11}Z_1+r_{12}Z_2+R_{1P}=0 \\ r_{21}Z_1+r_{22}Z_2+R_{2P}=0 \end{aligned}\right\}$$

绘出基本结构的 $\overline{M}_1$、$\overline{M}_2$、M_P 图（图 8-23（d）、（e）和（g）），可求得

$$r_{11}=\frac{6EI}{10m}$$

$$r_{12}=r_{21}=-\frac{6EI}{100m^2}$$

$$r_{22}=\frac{12EI}{(10m)^3}+k=\frac{12EI}{1000m^3}+\frac{EI}{10m^3}=\frac{112EI}{1000m^3}$$

$$R_{1P}=-100\text{kN}\cdot\text{m}$$

$$R_{2P}=-60\text{kN}$$

以上系数、自由项读者可自行校核，其中 r_{22} 的计算如图 8-23（f）所示。代入典型方程有

$$\begin{cases}\dfrac{6EI}{10m}Z_1-\dfrac{6EI}{100m^2}Z_2-100\text{kN}\cdot\text{m}=0\\[2ex]-\dfrac{6EI}{100m^2}Z_1+\dfrac{112EI}{1000m^3}Z_2-60\text{kN}=0\end{cases}$$

可解得

$$Z_1=\frac{232.7\text{kN}\cdot\text{m}^2}{EI},\quad Z_2=\frac{660.4\text{kN}\cdot\text{m}^3}{EI}$$

由叠加法 $M=\bar{M}_1Z_1+\bar{M}_2Z_2+M_P$ 可绘出最后弯矩图如图 8-23（h）所示。然后，不难绘出剪力图及求出支座反力，读者可自行完成。

*§8-7　温度变化时的计算

在位移法中，温度变化时的计算与荷载作用或支座位移时的计算，原理是相同的，区别仅在于典型方程中的自由项不同。此时，自由项是基本结构由于温度变化而产生的附加联系中的反力偶或反力，在作出了基本结构在温度变化影响下的弯矩图后，同样可由平衡条件求出这些反力偶或反力。这里要注意的是，在温度变化时不能忽略杆件的轴向变形，因此前述受弯不考虑轴向变形的假设这里不再适用。下面举例具体说明温度变化时的计算。

例 8-5　试绘图 8-24（a）所示刚架温度变化时的弯矩图。各杆的 EI=常数，截面为矩形，其高度 $h=l/10$，材料的线膨胀系数为 α 。

解:

（1）基本未知量。此刚架有一个独立的结点角位移 Z_1。考虑轴向变形时，结点 C、D 均分别有水平和竖向线位移。但各杆由于温度变化产生的伸长（或缩

短）可事先算出，因此两结点的竖向位移即为已知；在求出了一个结点的水平位移之后，另一结点的水平位移也就随之确定。因此，独立的结点线位移只有一个，今以结点 D 的水平位移 Z_2 作为基本未知量。于是，此刚架只有两个基本未知量。

（2）基本体系。在结点 C 附加转动约束，在结点 D 附加水平支杆约束，得到基本体系如图 8-24（b）所示。

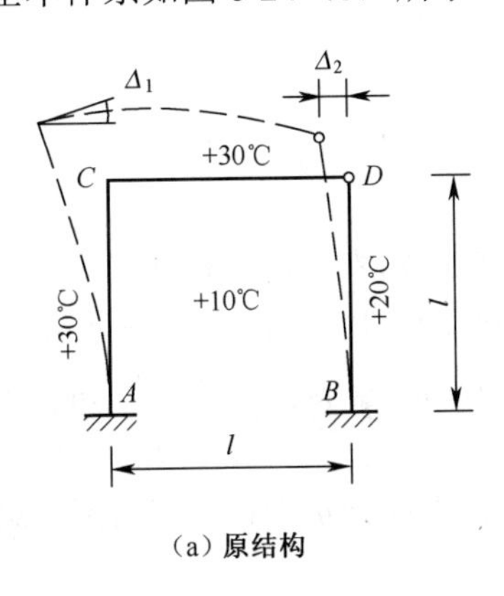

（a）原结构

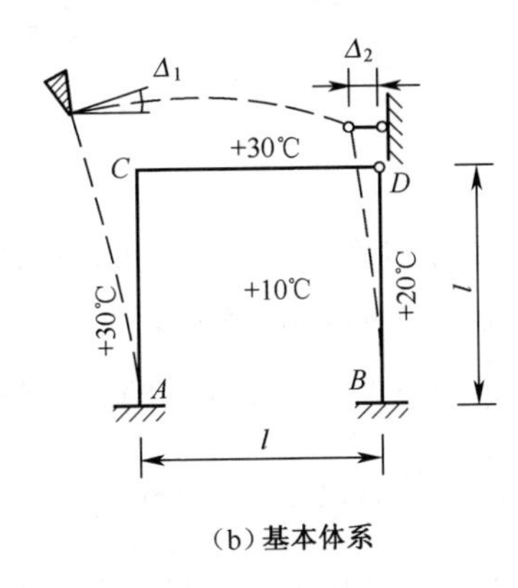

（b）基本体系

图 8-24

（3）位移法典型方程为

$$r_{11}Z_1 + r_{12}Z_2 + R_{1t} = 0$$
$$r_{21}Z_1 + r_{22}Z_2 + R_{2t} = 0$$

（4）求系数。式中的各系数与外因无关，绘出 $\bar{M}_1$、$\bar{M}_2$ 图（8-25（a）、（b））后可求得

$$r_{11} = 7i，\ r_{12} = r_{21} = -\frac{6i}{l}，\ r_{22} = \frac{15i}{l^2}$$

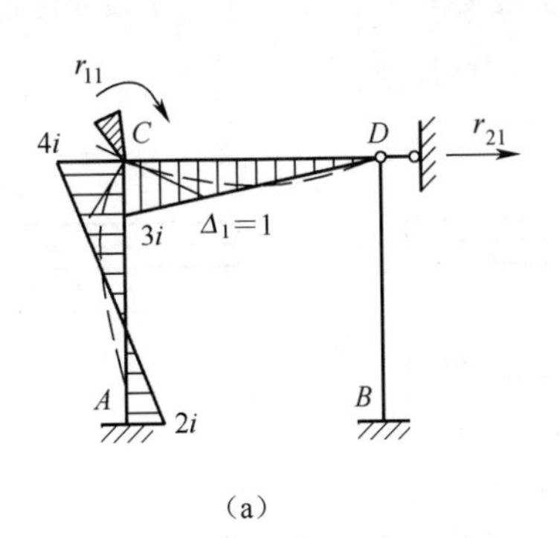

（a）

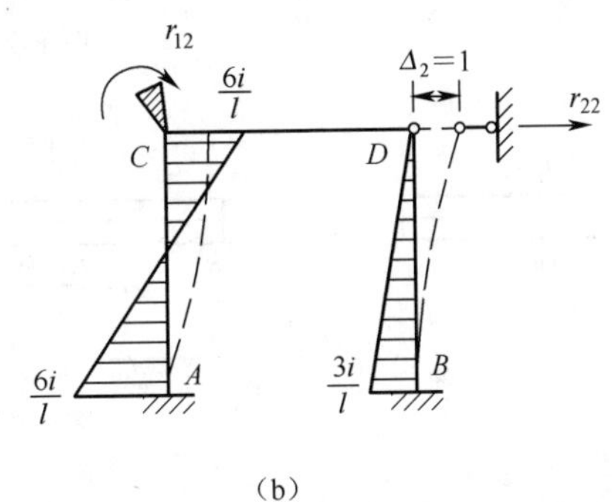

（b）

图 8-25

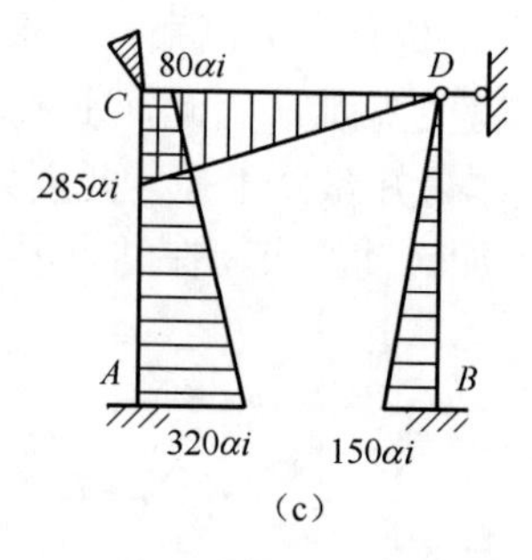

（c）

图 8-25（续图）

（5）求自由项。为了求自由项 R_{1t} 和 R_{2t}，应算出基本结构在温度变化时各杆的固端弯矩并绘出 M_t 图。为了便于计算，我们可将杆件两侧的温度变化 t_1 和 t_2 对杆轴线分为正、反对称的两部分（图 8-27）：平均温度变化 $t=\dfrac{t_1+t_2}{2}$ 和温度变化之差 $\pm\dfrac{\Delta t}{2}=\pm\dfrac{t_2-t_1}{2}$，如图 8-26（b）、（c）所示。下面分别来计算这两部分温度变化在基本结构中所引起的各杆固端弯矩。

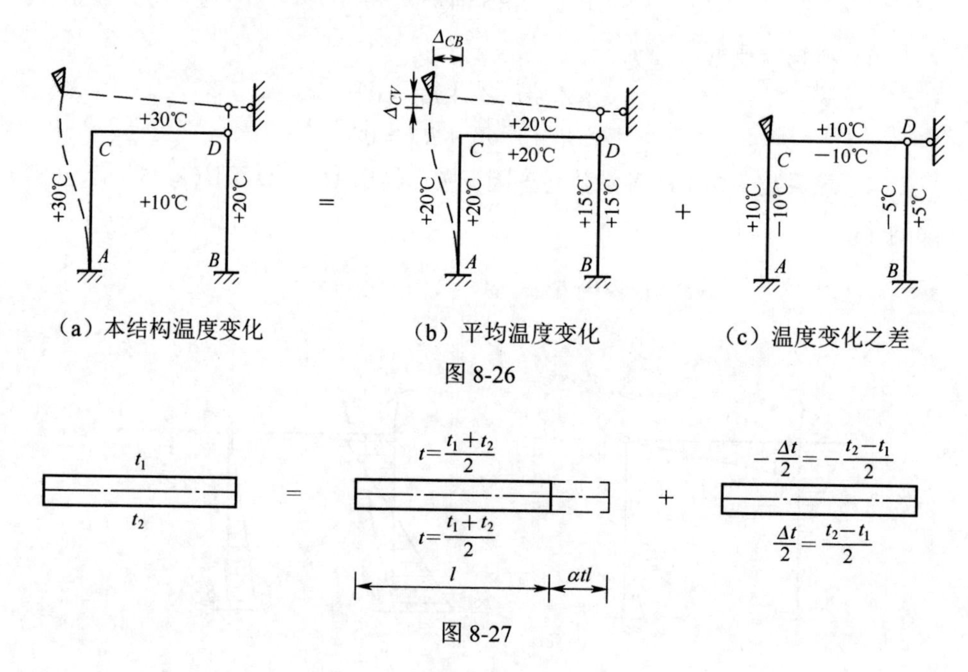

（a）本结构温度变化　（b）平均温度变化　（c）温度变化之差

图 8-26

图 8-27

1）平均温度变化。此时，各杆将伸长（或缩短），其值为 αtl，由此将使基本结构的各杆两端发生相对线位移。根据图 8-26（a）所示几何关系，可求得各杆

两端相对线位移为

$$\Delta_{13}=-20\alpha l$$
$$\Delta_{12}=20\alpha l-15\alpha l=5\alpha l$$
$$\Delta_{24}=0$$

这些杆端相对侧移将会使各杆端产生固端弯矩，由表 8-1 有

$$\left.\begin{aligned}&M_{AC}^{F}=M_{CA}^{F}=-\frac{6i}{l}\Delta_{CH}=120\alpha i\\&M_{CD}^{F}=-\frac{3i}{l}\Delta_{CV}=-15\alpha i\\&M_{BD}^{F}=0\end{aligned}\right\}\qquad\text{(a)}$$

2）温度变化之差。此时，各杆并不伸长（或缩短），由此引起的各杆固端弯矩可直接由表 8-1 算出：

$$\left.\begin{aligned}&M_{AC}^{F}=-M_{CA}^{F}=-\frac{EI\alpha\Delta t}{h}=-\frac{EI\alpha\times(-20)}{l/10}=200\alpha i\\&M_{CD}^{F}=-\frac{3EI\alpha\Delta t}{2h}=-\frac{3EI\alpha\times(-20)}{2l/10}=300\alpha i\\&M_{BD}^{F}=-\frac{3EI\alpha\Delta t}{2h}=-\frac{3EI\alpha\times10}{2l/10}=-150\alpha i\end{aligned}\right\}\qquad\text{(b)}$$

总的固端弯矩为式（a）与（b）的叠加：

$$M_{AC}^{F}=120\alpha i+200\alpha i=320\alpha i$$
$$M_{CA}^{F}=120\alpha i-200\alpha i=-80\alpha i$$
$$M_{CD}^{F}=-15\alpha i+300\alpha i=285\alpha i$$
$$M_{BD}^{F}=-150\alpha i$$

（6）据此即可绘出 M_t 图，如图 8-25（c）所示。取结点 1 为隔离体，由 $\sum M_1=0$ 可求得

$$R_{1t}=285\alpha i-80\alpha i=205\alpha i$$

确定 13、24 两柱的剪力后，取柱顶端以上横梁部分为隔离体，由 $\sum X=0$ 可算出

$$R_{2t}=-\frac{240\alpha i}{l}+\frac{150\alpha}{l}=-\frac{90\alpha i}{l}$$

将系数和自由项代入典型方程，有

$$7iZ_1-\frac{6i}{l}Z_2+205\alpha i=0$$

$$-\frac{6i}{l}Z_1+\frac{15i}{l^2}Z_2-\frac{90\alpha i}{l}=0$$

解得

$$Z_1=-\frac{845}{23}\alpha\ （逆时针方向）$$

$$Z_2=-\frac{200}{23}\alpha l\ （向左）$$

（7）作弯矩图。

$$M=\bar{M}_1Z_1+\bar{M}_2Z_2+M_t$$

弯矩图如图 8-28 所示。

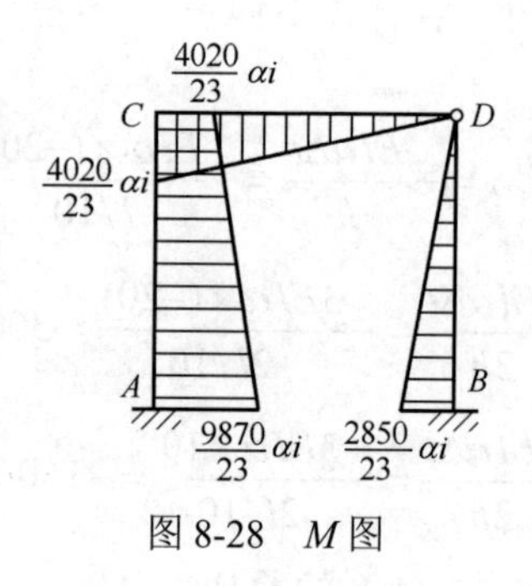

图 8-28　M 图

复习思考题

1．位移法的基本思路是什么？为什么说位移法是建立在力法的基础上的？

2．位移法的基本未知量与超静定次数有关吗？

3．位移法的典型方程是平衡条件，那么在位移法中，是否只用平衡条件就可以确定基本未知量从而确定超静定结构的内力？在位移法中是否满足了结构的位移条件（包括支承条件和变形连续条件）？在力法中又是怎样满足结构的位移条件和平衡条件的？

4．在什么条件下，独立的结点位移数目等于使相应铰结体系成为几何不变所需添加的最少链杆数？

5．力法与位移法在原理与步骤上有何异同点？试将二者从基本未知量、基本结构、基本体系、典型方法的意义、每一系数和自由项的含义求法等方面做一全面比较。

6．在什么情况下求内力时可采用刚度的相对值？求结点位移时能否采用刚度的相对值？

7．结构对称但荷载不对称时，可否取一半结构计算？

习题

8-1　试确定题 8-1 图所示结构用位移法计算时的基本未知量数目，并画出基本结构。

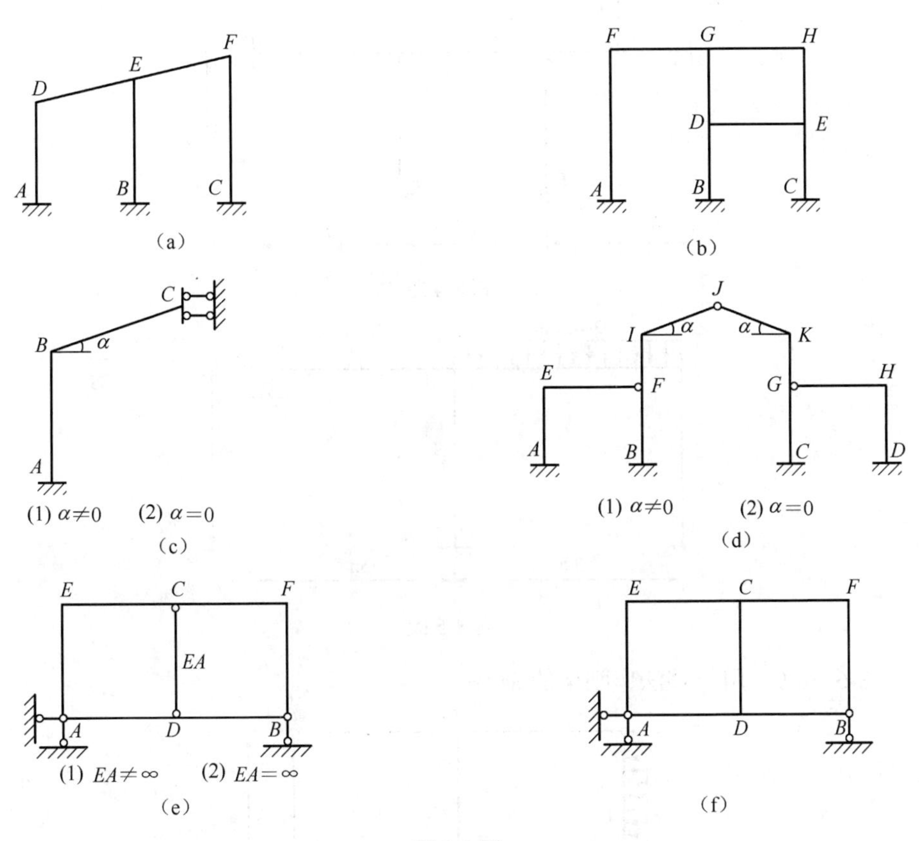

题 8-1 图

8-2～8-5　用位移法作连续梁和无侧移刚架的弯矩图。

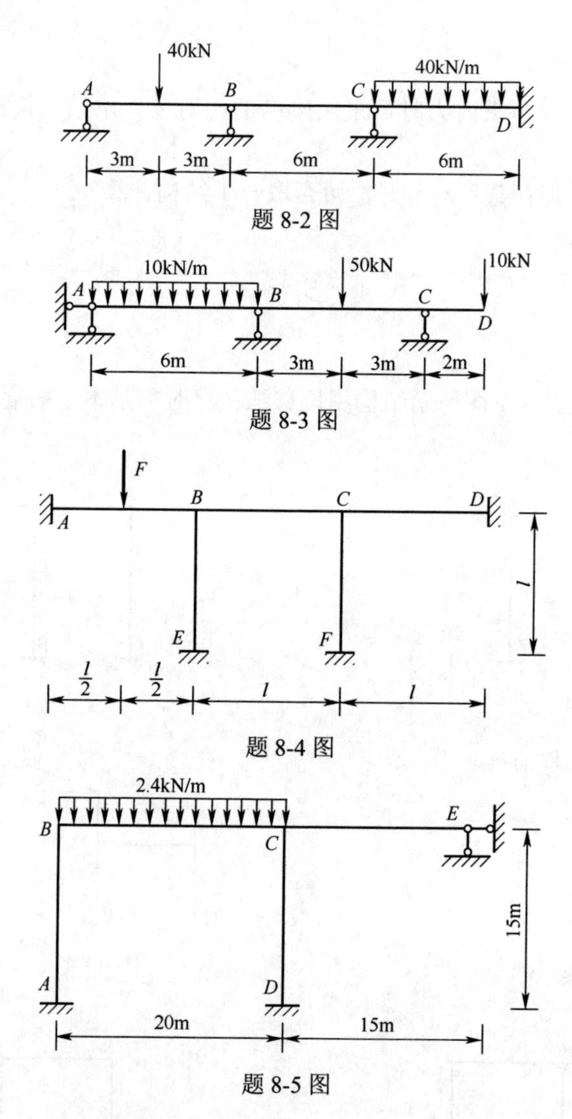

题 8-2 图

题 8-3 图

题 8-4 图

题 8-5 图

8-6～8-9 用位移法作刚架的 M 图。

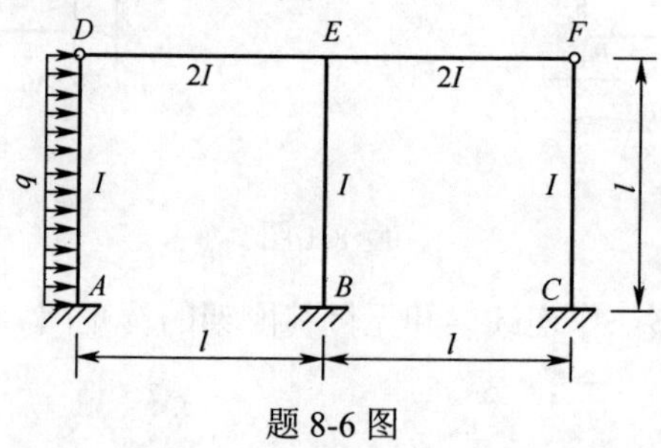

题 8-6 图

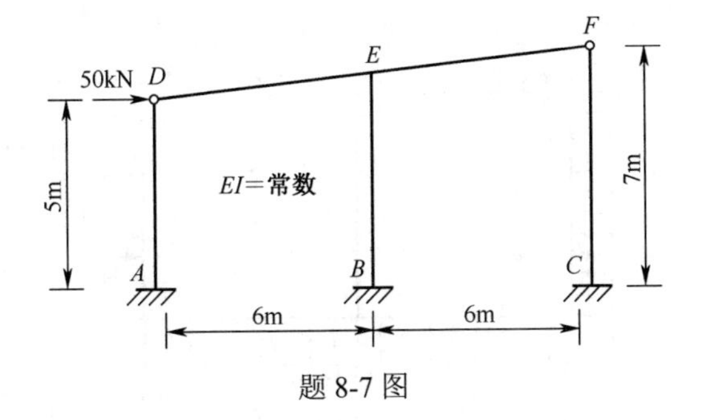

题 8-7 图

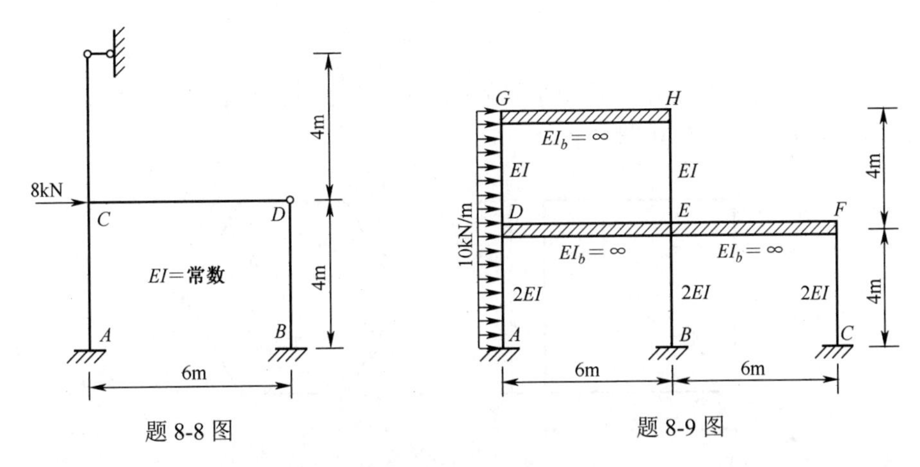

题 8-8 图

题 8-9 图

8-10～8-12 用位移法作刚架的 M 图。

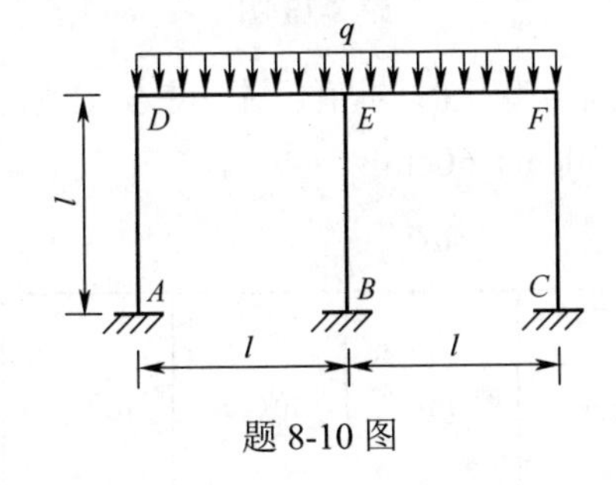

题 8-10 图

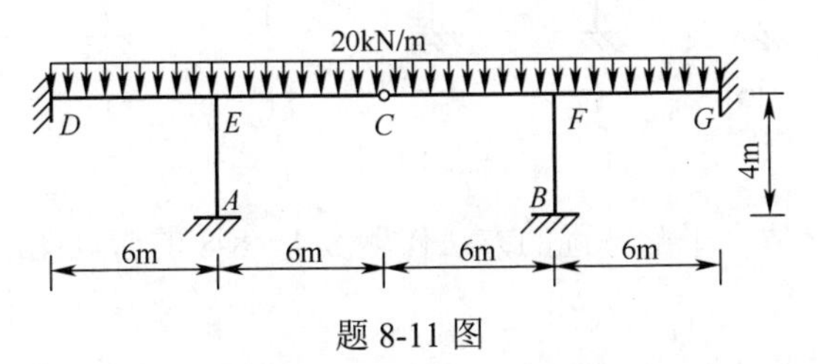

题 8-11 图

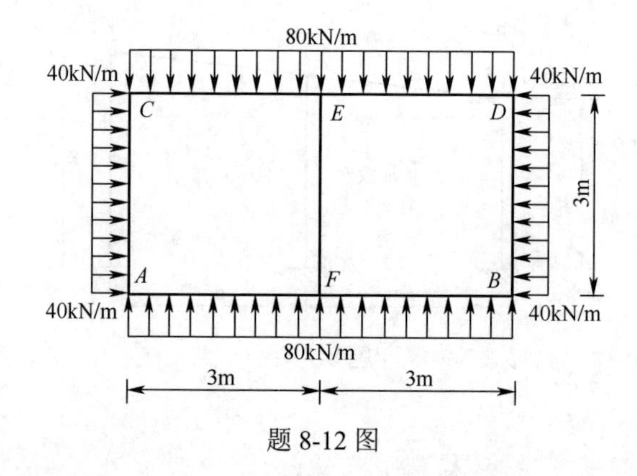

题 8-12 图

*8-13 图示正方形和正六边形刚架，内部温度升高 t℃，杆件厚度为 h，温度膨胀系数为α，作M图。

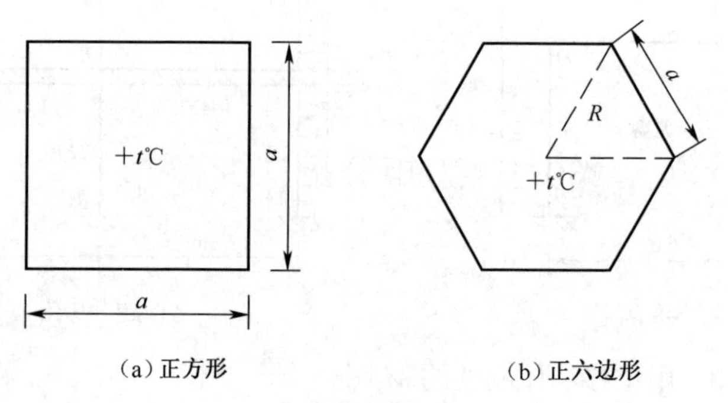

题 8-13 图

*8-14 作图示刚架温度变化时的弯矩图。设$E=1.5\times10^6\,\text{N/cm}^2$，$\alpha=1\times10^{-5}$ ℃$^{-1}$，各杆截面尺寸均为$50\text{cm}\times60\text{cm}$。

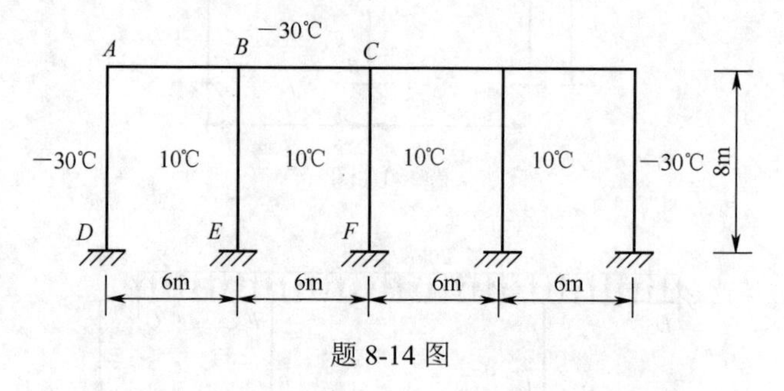

题 8-14 图

8-15 用直接建立平衡方程的方法作题 8-4～8-8 的弯矩图。

第九章　渐进法

§9-1　概述

用力法与位移法计算超静定结构，都需要建立并解算联立方程组。当未知量数目较多时，这项计算工作将是十分繁重的。为了寻求计算超静定刚架更简捷的途径，自 20 世纪 30 年代以来，又陆续出现了各种渐近法，例如力矩分配法、无剪力分配法、迭代法等。这些方法都是位移法的变体，共同特点是避免了组成和解算典型方程，而以逐次渐进的方法来计算杆端弯矩，其结果的精度随计算轮次的增加而提高，最后收敛于精确解。这些方法的物理概念生动形象，每轮计算又是按同一步骤重复进行，易于掌握，适合手算。因此得到了广泛的应用。

§9-2　力矩分配法的概念

力矩分配法是位移法演变而来的一种结构计算方法，因此，其结点角位移、杆端弯矩的正负号规定与位移法相同，即都假设对杆端顺时针旋转为正。下面先介绍力矩分配法中的几个名词。

1. 转动刚度

转动刚度是杆端对转动的抵抗能力，它的大小等于使杆端产生单位转角所需施加的力矩，用 S 表示。例如，AB 杆 A 端的转动刚度用 S_{AB} 表示，两个角标 AB 表示 AB 杆件，其中 A 表示转动端，或者施力端，也称为近端；B 表示另一端，也称为远端。图 9-1（a）所示 A 端铰支、B 端固定的梁 EI=常数，使 A 端产生单位转角所需施加的力矩即为转动刚度。由于 AB 杆的受力、变形情况与图 9-1（b）两段固定梁完全相同，很容易知道，$S_{AB}=M_{AB}=4i$。

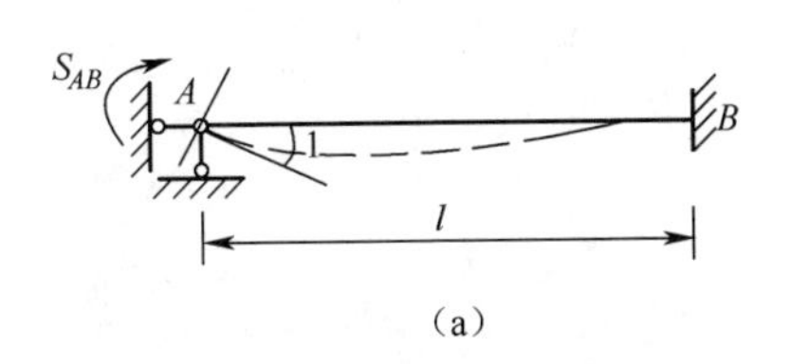

（a）

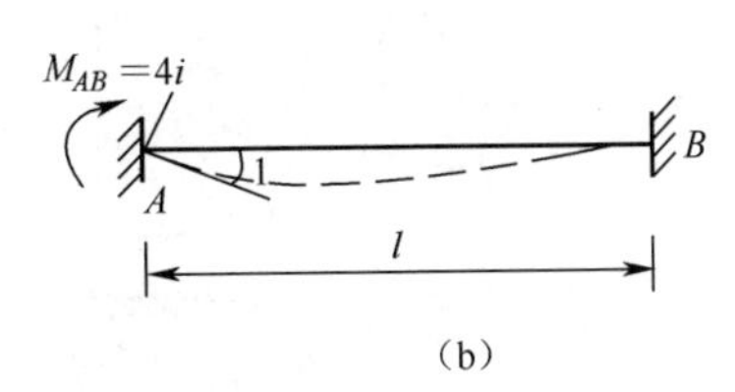

（b）

图 9-1

图 9-2 中的转动刚度可由位移法中的杆端弯矩求出。从图中可以看出，转动刚度 S_{AB} 的数值与杆件的线刚度 i 和远端支撑有关，而与近端支撑无关。当远端支撑情况不同时，则 S_{AB} 的数值也不同。

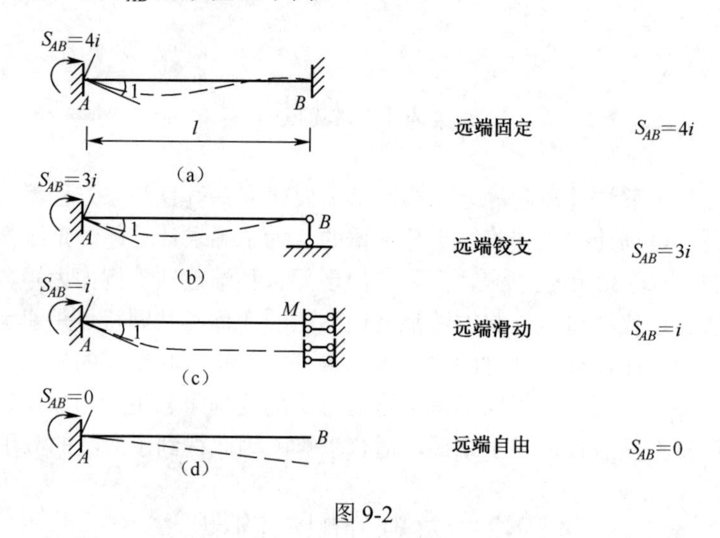

图 9-2

2. 分配系数

图 9-3（a）所示结构，各杆均为等截面直杆，在 A 处作用一顺时针方向的集中力偶 M，使结点 A 产生转角 θ_A，然后达到平衡。欲求杆端弯矩 M_{AB}、M_{AC} 和 M_{AD}。

由转动刚度的定义可知

$$\left.\begin{aligned} M_{AB} &= 4i_{AB}\theta_A = S_{AB}\theta_A \\ M_{AC} &= i_{AC}\theta_A = S_{AC}\theta_A \\ M_{AD} &= 3i_{AD}\theta_A = S_{AD}\theta_A \end{aligned}\right\} \tag{a}$$

取结点 A 为隔离体，如图 9-3（b）所示，由平衡方程 $\sum M = 0$ 得

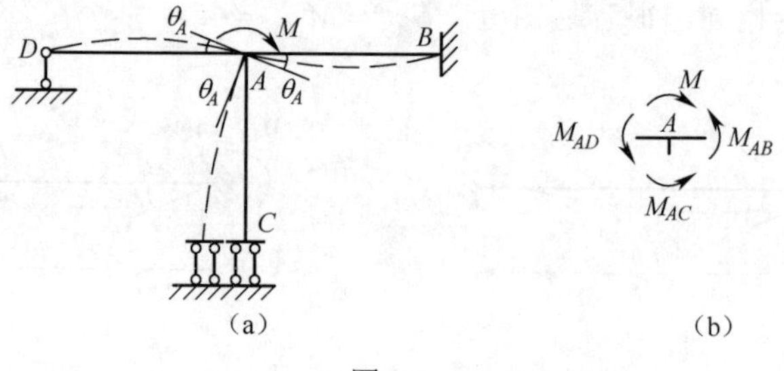

图 9-3

$$M = M_{AB} + M_{AC} + M_{AD} = S_{AB}\theta_A + S_{AC}\theta_A + S_{AD}\theta_A$$

$$\theta_A = \frac{M}{S_{AB} + S_{AC} + S_{AD}} = \frac{M}{\sum S} \tag{b}$$

式中$\sum S$表示各杆的转动刚度之和。

将θ_A代入式（a）得

$$\left.\begin{aligned} M_{AB} &= \frac{S_{AB}}{\sum S}M \\ M_{AC} &= \frac{S_{AC}}{\sum S}M \\ M_{AD} &= \frac{S_{AD}}{\sum S}M \end{aligned}\right\}$$

由上式可知，作用于结点A的外力偶M将按汇交于A结点各杆的转动刚度的比例分配给各杆的A端，转动刚度愈大，所承担的弯矩愈大，即各杆A端的弯矩与转动刚度成正比。上式可以用下式来表示

$$M_{Aj} = \mu_{Aj}M \tag{9-1}$$

式中

$$\mu_{Aj} = \frac{S_{Aj}}{\sum S} \tag{9-2}$$

μ_{Aj}称为杆Aj在A端的分配系数，在数值上等于Aj的转动刚度与交于A点的各杆的转动刚度之和的比值。结点A的外力偶按杆的分配系数作用于各杆的近端，因为各杆近端弯矩也称为分配弯矩。

由式（9-2）知，同一结点各杆分配系数之间存在以下关系：

$$\sum \mu_{Aj} = \mu_{AB} + \mu_{AC} + \mu_{AD} = 1$$

3. 传递系数

图9-3（a）所示刚架中，外力偶加于结点A，使结点A发生转动，不但使各杆近端产生弯矩，同时也使各杆远端产生弯矩，我们把远端弯矩与近端弯矩的比值称为由近端向远端的传递系数：

$$C_{Aj} = \frac{M_{jA}}{M_{Aj}} \tag{9-3}$$

图9-3（a）刚架中，各杆端弯矩的数值可由位移法中的刚度方程得出：

$$M_{AB} = 4i_{AB}\theta_A \qquad M_{BA} = 2i_{AB}\theta_A$$

$$M_{AC} = i_{AC}\theta_A \qquad M_{CA} = -i_{CA}\theta_A$$

$$M_{AD}=3i_{AD}\theta_A \qquad M_{DA}=0$$

由上述结果可知

$$C_{AB}=\frac{M_{BA}}{M_{AB}}=\frac{1}{2}，\ C_{AC}=\frac{M_{CA}}{M_{AC}}=-1，\ C_{AD}=\frac{M_{DA}}{M_{AD}}=0$$

对于等截面杆件来说，传递系数 C 将随远端的支撑情况不同而不同，数值如下：

远端固定　$C=\frac{1}{2}$

远端滑动　$C=-1$

远端铰支　$C=0$

用下列公式表示传递系数的应用：

$$M_{BA}=C_{AB}M_{AB}$$

系数 C_{AB} 称为由 A 端至 B 端的传递系数。

下面以图 9-4 所示刚架为例来说明力矩分配法的基本概念。当用位移法计算时，此结构只有一个基本未知量，即结点转角 Z_1，其典型方程为：

$$r_{11}Z_1+R_{1P}=0$$

式中的系数和自由项可由单位弯矩图 9-4（c）和荷载弯矩图 9-4（b）求得如下：

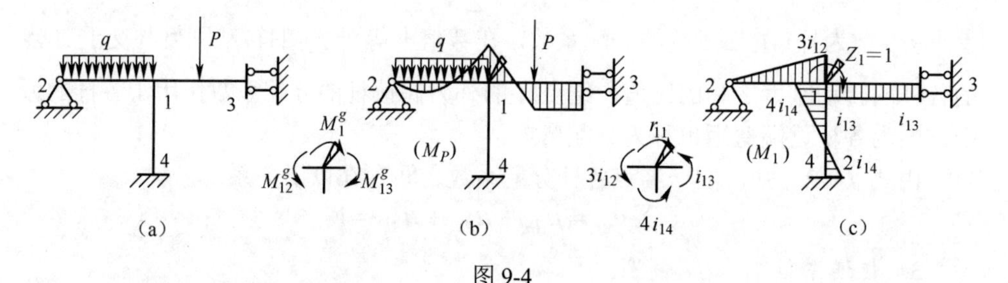

图 9-4

$$r_{11}=3i_{12}+i_{13}+4i_{14}=S_{12}+S_{13}+S_{14}=\sum S_{1j}$$

$\sum S_{1j}$ 代表汇交于结点 1 的各杆端的转动刚度的总和。

$$R_{1P}=\sum M_{1j}^g=M_{12}^g+M_{13}^g=M_1^g$$

R_{1P} 代表附加刚臂上的反力矩。它等于汇交于结点 1 的各杆端固端弯矩的代数和，用 M_1^g 表示，由于它代表了各固端弯矩所不能平衡的差额，故称为结点不平衡力矩。

解典型方程得，

$$Z_1 = \frac{-R_{1P}}{r_{11}} = -\frac{M_1^g}{\sum S_{1j}}$$

然后按照叠加法 $M = \bar{M}_1 Z_1 + M_P$

各近端弯矩为

$$M_{12} = M_{12}^g + Z_1 \times 3i_{12} = M_{12}^g + \frac{S_{12}}{\sum S_{1j}}(-M_1^g)$$

$$M_{13} = M_{13}^g + Z_1 \times i_{13} = M_{13}^g + \frac{S_{13}}{\sum S_{1j}}(-M_1^g)$$

$$M_{14} = M_{14}^g + Z_1 \times 3i_{14} = M_{14}^g + \frac{S_{14}}{\sum S_{1j}}(-M_1^g)$$

写成一般形式，则有

$$M_{1k} = M_{1k}^g + Z_1 \times S_{1k} = M_{1k}^g + \frac{S_{1k}}{\sum S_{1j}}(-M_1^g) = M_{1k}^g + \mu_{1k}(-M_1^g)$$

分析上面式中各项可知，第一项为各杆由荷载产生的弯矩，即固端弯矩。第二项为附加刚臂转动Z_1角度时所引起的弯矩，这相当于把结点不平衡力矩反号后，按转动刚度大小的比例分配给相较于该点的各杆端，因此成为分配弯矩，而 μ_{1k} 则称为分配系数。其计算公式为

$$M_{1k}^{\mu} = -\mu_{1k} M_1^g$$

$$\mu_{1k} = \frac{S_{1k}}{\sum S_{1j}}$$

显然汇交于同一结点各杆端的分配系数之和应等于 1，即 $\sum \mu_{1k} = 1$。

至于各杆远端的最后弯矩，则可写成

$$M_{21} = M_{21}^g + C_{12} M_{12}^{\mu}$$

$$M_{31} = M_{31}^g + C_{13} M_{13}^{\mu}$$

$$M_{41} = M_{41}^g + C_{14} M_{14}^{\mu}$$

写成一般形式，则为

$$M_{k1} = M_{k1}^g + C_{1\mathrm{k}} M_{1k}^{\mu}$$

式中第一项仍为固端弯矩，第二项是由附加刚臂转动 Z_1 角度时所产生的弯矩，它好比是将各近端分配弯矩 M_{1k}^{μ} 以传递系数的比例传递到各远端一样，故称为传递弯矩。其计算公式可表示为

$$M_{k1}^{\mu} = C_{1k} M_{1k}^{\mu}$$

得到上述规律后，可以不画 $\bar{M}_1$ 和 M_P 图，也不必列出典型方程和计算未知量

Z_1，就能直接计算各杆端的最后弯矩。其过程可以归纳为以下两个步骤：

（1）固定结点。假想的加上刚臂，各杆端就有固端弯矩，结点上就有不平衡力矩，就由刚臂来承担。

（2）放松结点。结点处原没有刚臂，也不存在不平衡力矩。因此，取消刚臂，相当于增加一个反向的不平衡力矩，结点就重新获得平衡。此不平衡力矩按照分配系数分配给近端，按照传递系数传递给远端。使得近端弯矩等于固端弯矩加分配弯矩，远端弯矩等于固端弯矩加传递弯矩。

例 9-1 图 9-5 所示为一连续梁，用力矩分配法作弯矩图。

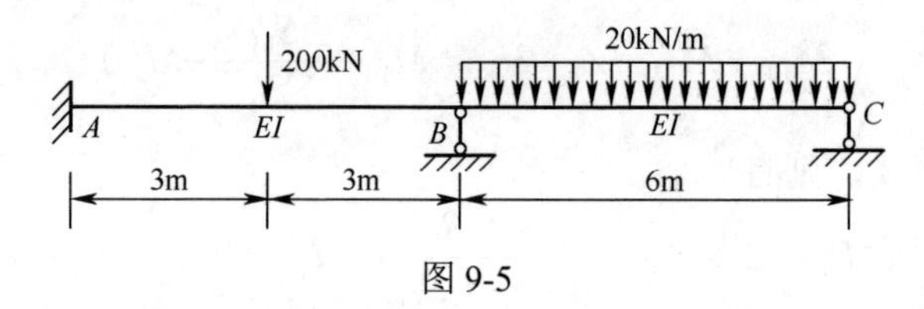

图 9-5

解：（1）计算各杆端的分配系数。

杆 AB 和 BC 的线刚度相等，$i_{AB}=i_{BC}=\dfrac{EI}{l}=i$

分配系数：

$$\mu_{AB}=\frac{4i}{4i+3i}=0.571$$

$$\mu_{BC}=\frac{3i}{4i+3i}=0.429$$

（2）计算由荷载产生的固端弯矩（固定结点）。

通过固定结点，梁转换为两个单跨静定梁，固端弯矩的大小见表 9-1。

$$M_{AB}^{g}=-\frac{200\text{kN}\times 6\text{m}}{8}=-150\text{kN}\cdot\text{m}$$

$$M_{BA}^{g}=\frac{200\text{kN}\times 6\text{m}}{8}=150\text{kN}\cdot\text{m}$$

$$M_{BC}^{g}=-\frac{20\text{kN/m}\times(6\text{m})^2}{8}=-90\text{kN}\cdot\text{m}$$

表 9-1 计算过程

分配系数	0.571			0.429		
固端弯矩（kN·m）	-150		150	-90		0
分配与传递	-17.2	←	<u>-34.1</u>	<u>34.1</u>	→	0
杆端弯矩（kN·m）	-167.2		115.7	-115.7		0

（3）分配与传递。

分配与传递弯矩见表 9-1。

（4）将以上结果叠加就得到最终弯矩图。

最终弯矩图如图 9-6 所示。

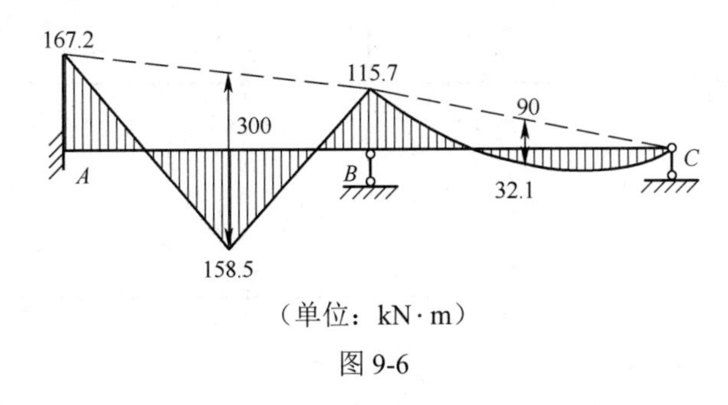

（单位：kN · m）

图 9-6

§9-3 用力矩分配法计算连续梁和无侧移刚架

在位移法中，将刚架分为无侧移刚架（基本未知量只有结点角位移）和有侧移刚架（基本未知量既有结点角位移，又有结点线位移）。

上节对力矩分配法的基本原理进行了介绍，但只有一个结点转角，即单个结点力矩分配法。对于多个结点的连续梁和无侧移刚架，只要逐次对每一个结点应用上节的基本运算，即可求出杆端弯矩，下面通过实例进行说明。

下面用图 9-7（a）所示的一个三跨连续梁来说明多结点力矩分配法基本原理。

（1）在具有独立角位移的结点 B 和 C 上加刚臂，阻止结点转动，然后施加荷载，如图 9-7（b）所示。这时连续梁就分为三根单跨梁，在荷载作用下则可求出各杆端的固端弯矩，由固端弯矩计算出各点的不平衡力矩。

（2）为了消除这两个不平衡力矩，在力矩分配法中，采用逐个结点轮流放松的办法。比如，首先放松结点 B，此时结点 C 仍然固定，这就相当于在结点 B 上施加一个等值反向的力偶，然后按单结点的力矩分配法和传递的方法消除结点 B 的不平衡力矩，与结点 B 相连的各杆的近端得到分配力矩，各杆远端得到传递弯矩，此时结点 B 暂时获得平衡，但结点 C 上的不平衡力矩演变成如图 9-7（c）所示。

（3）重新将结点 B 锁住，放松结点 C，这时的不平衡力矩就包括了传递弯矩加固端弯矩，等值反号，进行力矩的分配和传递。结点 C 暂时获得了平衡，但结点 B 上又有新的不平衡力矩，即传递弯矩。

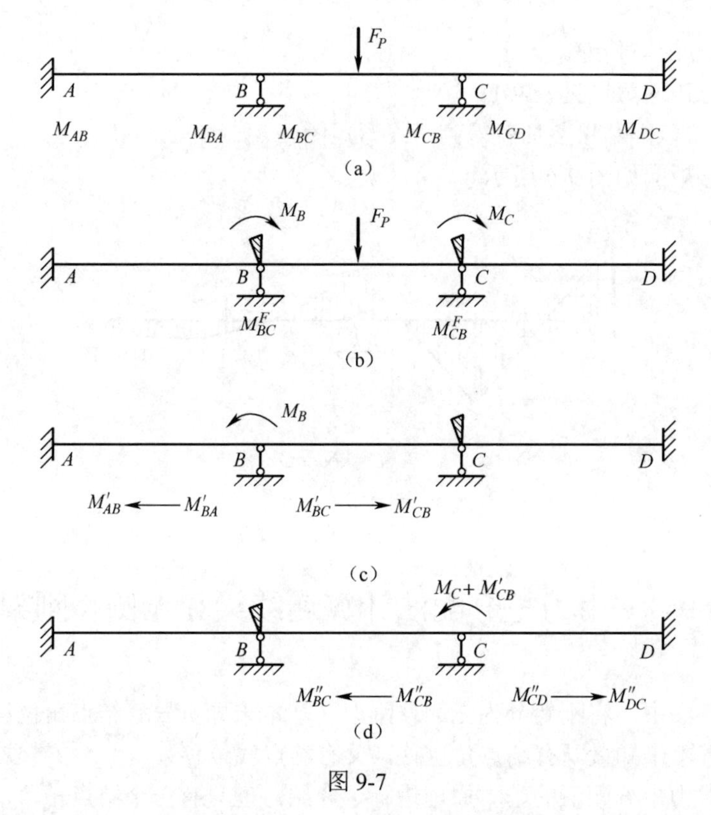

图 9-7

（4）重复第（2）步和第（3）步，轮流去掉结点 B 和结点 C 的约束。如此反复地将各结点轮流的固定、放松，不断地进行力矩的分配和传递，则不平衡力矩的数值将愈来愈小（因为分配系数和传递系数均小于 1），直到传递弯矩数值小到按计算精度要求可以略去时，便可停止计算。由于每次放松一个结点，故每一步都是单结点的力矩分配和传递的运算。最后，将各杆端的固端弯矩和历次所得的分配弯矩、传递弯矩相加，便得到各杆端的最后弯矩。

例 9-2 用力矩分配法计算图 9-8 所示连续梁，作弯矩图。

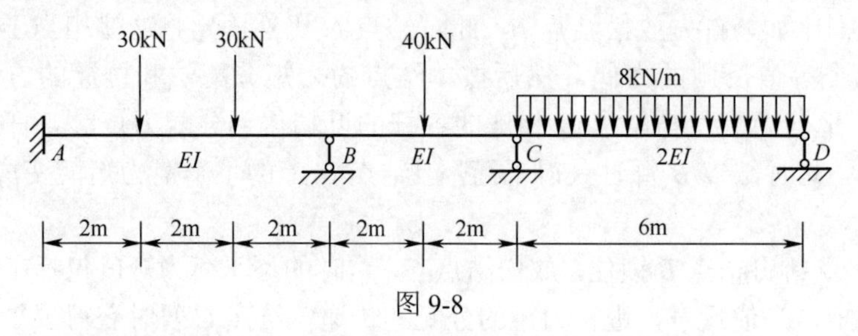

图 9-8

解：（1）计算各杆端的分配系数。

分配系数的结果见表 9-2。

（2）计算由荷载产生的固端弯矩（固定结点）。

$$M_{AB}^{g}=-\frac{30\text{kN}\times2\times(4\text{m})^2}{6^2}-\frac{30\text{kN}\times(2\text{m})^2\times4}{6^2}=-40\text{kN}\cdot\text{m}$$

$$M_{BA}^{g}=\frac{30\text{kN}\times2\times(4\text{m})^2}{6^2}+\frac{30\text{kN}\times(2\text{m})^2\times4}{6^2}=40\text{kN}\cdot\text{m}$$

$$M_{BC}^{g}=-\frac{40\text{kN}\times4\text{m}}{8}=-20\text{kN}\cdot\text{m}$$

$$M_{BC}^{g}=\frac{40\text{kN}\times4\text{m}}{8}=20\text{kN}\cdot\text{m}$$

$$M_{CD}^{g}=-\frac{8\text{kN}\times(6\text{m})^2}{8}=-36\text{kN}\cdot\text{m}$$

（3）分配与传递。

分配与传递弯矩见表 9-2。

表 9-2 计算过程

分配系数		0.4	0.6	0.5	0.5	
固端弯矩（kN·m）	-40	40	-20	20	-36	
	-4 ←	-8	-12 →	-6		
			5.50 ←	11	11	0
	-1.10 ←	-2.20	-3.30 →	-1.65		
			0.42 ←	0.83	0.83	0
	-0.09 ←	-0.17	-0.25 →	-0.13		
				0.06	0.06	
最后弯矩（kN·m）	-45.19	29.63	-29.63	24.11	-24.11	

（4）将以上结果叠加就得到最终弯矩图。

弯矩图如图 9-9 所示。

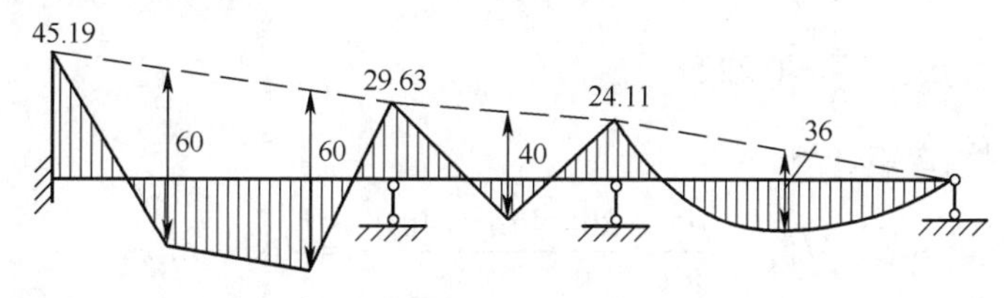

M 图（kN · m）

图 9-9

例 9-3 用力矩分配法计算图 9-10 所示刚架的弯矩图，各杆的 E 相同。

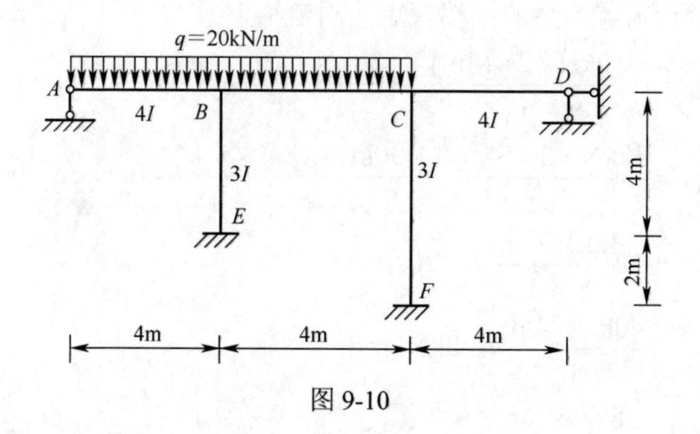

图 9-10

解：（1）计算各杆端的分配系数。

为了方便计算，取各杆的刚度 EI=1。

$$i_{BA}=\frac{4EI}{4}=1\text{，}\quad S_{BA}=3i_{BA}=3$$

$$i_{BC}=\frac{5EI}{5}=1\text{，}\quad S_{BC}=4i_{BC}=4$$

$$i_{CD}=\frac{4EI}{4}=1\text{，}\quad S_{CD}=3i_{CD}=3$$

$$i_{BE}=\frac{3EI}{4}=\frac{3}{4}\text{，}\quad S_{BE}=4i_{BE}=4\times\frac{3}{4}=3$$

$$i_{CF}=\frac{3EI}{6}=\frac{1}{2}\text{，}\quad S_{CF}=4i_{CF}=4\times\frac{1}{2}=2$$

结点 B：$\sum S=S_{BA}+S_{BE}+S_{BC}=3+3+4=10$

$$\mu_{BA}=\frac{3}{10}=0.3\text{，}\quad \mu_{BC}=\frac{4}{10}=0.4\text{，}\quad \mu_{BE}=\frac{3}{10}=0.3$$

结点 C：$\sum S=S_{CB}+S_{CD}+S_{CF}=4+3+2=9$

$$\mu_{CE}=\frac{4}{9}=0.445\text{，}\quad \mu_{CD}=\frac{3}{9}=0.333$$

$$\mu_{CF}=\frac{2}{9}=0.222$$

（2）固端弯矩计算。

$$M_{BA}^{g}=\frac{ql^2}{8}=\frac{20\text{kN/m}\times(4\text{m})^2}{8}=40\text{kN}\cdot\text{m}$$

$$M_{BC}^{g}=-\frac{ql^2}{12}=-\frac{20\text{kN/m}\times(5\text{m})^2}{12}=-41.7\text{kN}\cdot\text{m}$$

$$M_{CB}^{g}=\frac{ql^2}{12}=\frac{20\text{kN/m}\times(5\text{m})^2}{12}=41.7\text{kN}\cdot\text{m}$$

（3）分配与传递。

分配与传递见图 9-11。

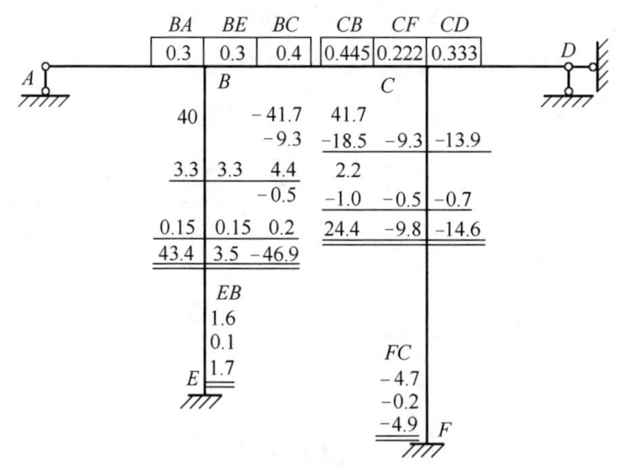

图 9-11

（4）将以上结果叠加就得到最终弯矩图。

最终弯矩图如图 9-12 所示

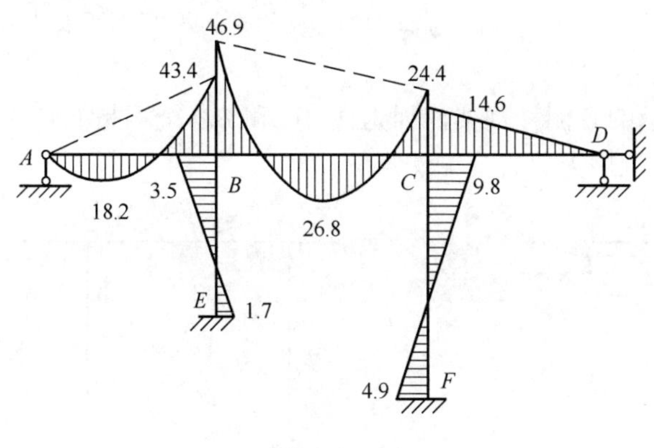

M 图（kN · m）

图 9-12

§9-4　无剪力分配法

力矩分配法只能求解无侧移刚架，不能直接计算有侧移刚架。但对于某些特殊的有侧移刚架，可以用与力矩分配法类似的无剪力分配法进行计算。

无剪力分配法只能适用于某些特殊刚架，本节以单跨对称刚架在反对称荷载作用下的半刚架为例，说明这种方法。

对于图 9-13（a）所示单跨对称刚架，可将其荷载分为正、反对称两组。正对称时（图 9-13（b）），结点只有转角，没有侧移，故可用前述一般力矩分配法计算，不需要赘述。反对称时（图 9-13（c））则结点除转角外，还有侧移，此时可采用下面的无剪力分配法来计算。

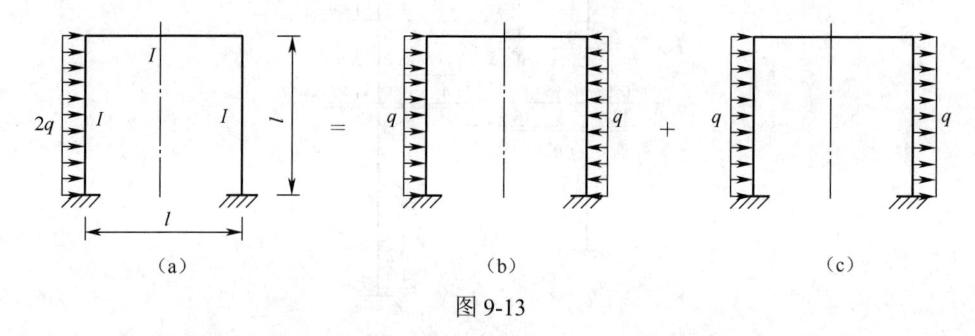

图 9-13

取反对称时的半刚架如图 9-14 所示，C 处为一竖向链杆支座。此半刚架的变形和受力有如下特点：横梁 BC 虽有水平位移但两端并无相对线位移，这称为无侧移杆件；竖柱 AB 两端虽有相对侧移，但由于支座 C 处无水平反力，故 AB 柱的剪力是静定的，这称为剪力静定杆件（即剪力可以根据平衡条件直接求出）。

图 9-15 所示的有侧移刚架，因为柱 AC 和 BD 既不是无侧移杆，也不是剪力静定杆，所以不能用无剪力分配法求解。

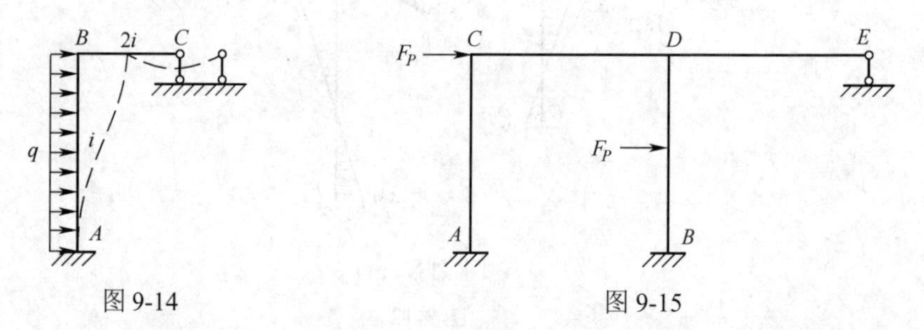

图 9-14　　图 9-15

用无剪力分配法计算图 9-14 所示半刚架时，计算过程与力矩分配法相似，可以将其分为两步骤考虑：

（1）固定结点。只加刚臂阻止结点 B 的转动，而不加链杆阻止其线位移，如图 9-16（a）所示。这样，柱 AB 的上端虽不能转动，但仍可自由地水平滑行，故相当于上端滑动的梁（图 9-16（b））。对于横梁 BC，则因其水平移动并不影响本身能力，仍相当于一端固定一端铰支的梁。查表可得柱的固端弯矩为

$$M_{AB}^{F}=-\frac{ql^{2}}{3}，\quad M_{BA}^{F}=-\frac{ql^{2}}{6}$$

结点 B 的不平衡力矩暂时由刚臂承受。

$$M_{B}=M_{AB}^{F}+M_{BC}^{F}=-\frac{ql^{2}}{6}$$

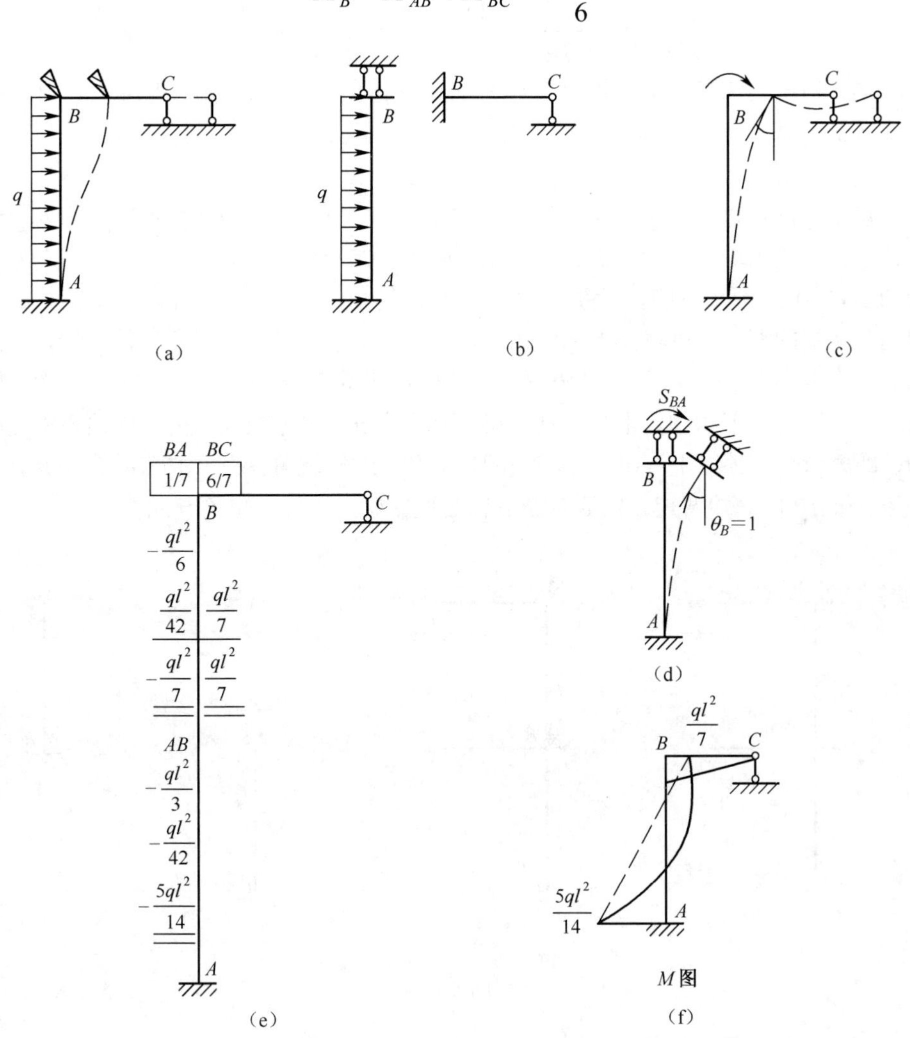

图 9-16

（2）放松结点。为了消除刚臂上的不平衡力矩，放松结点，进行力矩的分

配和传递。放松结点 B，即在结点 B 上施加一等值反向的力偶。此时，结点 B 不仅转动 Z_1 角，同时也发生水平位移，如图 9-16（c）所示。将该力偶在结点 B 处进行分配和传递，求出各杆在 B 点的分配力矩和远端的传递弯矩。对杆 BC 而言，其转动刚度、分配系数、传递系数及固端弯矩的求解与力矩分配法中完全相同。

于是，结点 B 的分配系数为

$$\mu_{BA}=\frac{i}{i+3\times 2i}=\frac{1}{7}，\quad \mu_{bc}=\frac{3\times 2}{i+3\times 2i}=\frac{6}{7}$$

当杆 AB 上只有 B 端（滑动支座）的单位转角作用时，如图 9-14（d）所示，易知各截面剪力都等于零，容易求得此时的杆端弯矩。

其余计算如图 9-16（e）所示。M 图如图 9-16（f）所示。

以上方法可以推广到多层的情况。如图 9-17（a）所示刚架，各横梁均为无侧移杆，各竖梁则均为剪力静定杆。加刚臂阻止各结点的转动，而不阻止其线位移，如图 9-17（b）所示。此时，各层柱子之间均无转角，但有侧移。任取一层柱子 BC，根据其两端的相对，可将其下端看作下端固定，上端滑动。由平衡条件可知，其上端的剪力值为 $F_{P1}+F_{P2}$，如图 9-17（c）所示。由此可知，对于多层刚架，每一层的柱子都可看成下端固定上端滑动的梁，除了柱身承受本层荷载外，柱顶还承受剪力，即要承受柱顶以上各层水平荷载的代数和。这样就可由图 9-17（c）、（d）算得杆 BC 和 AB 的固端弯矩。然后各结点轮流地放松，进行力矩的分配传递。

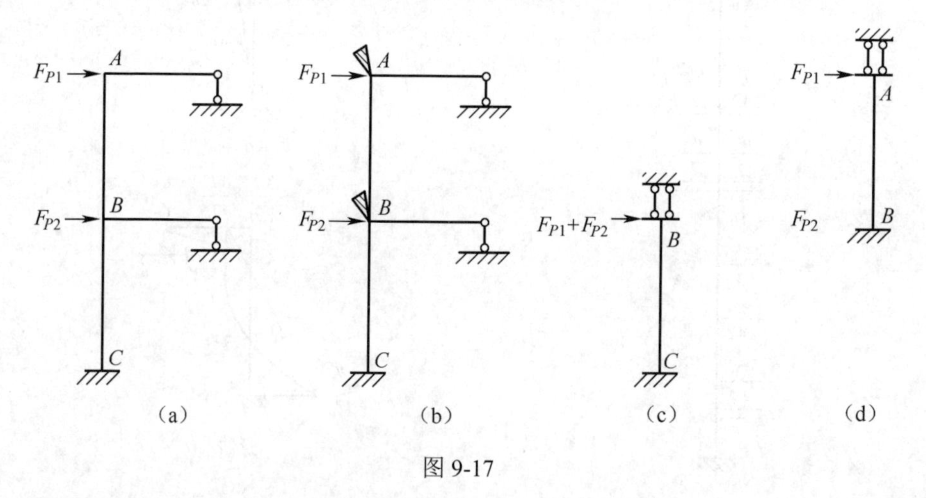

图 9-17

例 9-4 试用无剪力分配法计算图 9-18 所示刚架的 M 图。

解：刚架中杆 BC 为无侧移杆，杆 AB 为剪力静定杆，可用无剪力分配法计算。

（1）计算分配系数。

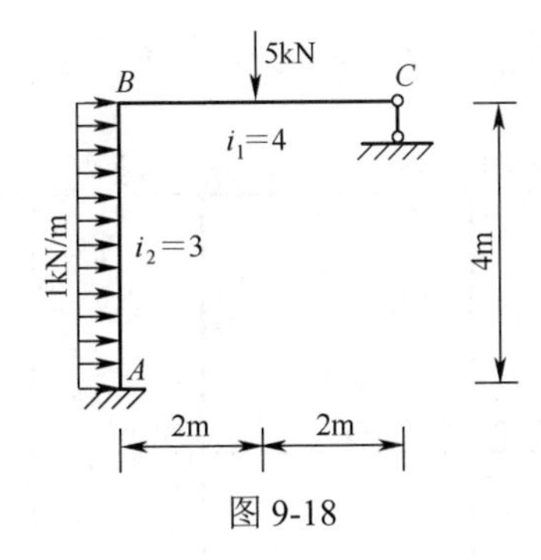

图 9-18

注意各柱端的转动刚度应等于其柱的线刚度。

$$S_{BA}=i_2=3\text{，}\quad S_{BC}=3i_1=12$$

$$\mu_{BA}=\frac{3}{3+12}=0.2$$

$$\mu_{BC}=\frac{12}{3+12}=0.8$$

（2）固端弯矩。

$$M_{AB}^F=-\frac{ql^2}{3}=-\frac{1\text{kN/m}\times(4\text{m})^2}{3}=-5.33\text{kN}\cdot\text{m}$$

$$M_{BA}^F=-\frac{ql^2}{6}=-\frac{1\text{kN/m}\times(4\text{m})^2}{6}=-2.67\text{kN}\cdot\text{m}$$

$$M_{AB}^F=-\frac{3F_Pl}{16}=-\frac{3\times5\text{kN}\times4\text{m}}{16}=-3.75\text{kN}\cdot\text{m}$$

（3）分配与传递。

注意杆 BA 的传递系数等于-1。分配和传递过程见图 9-19（a）。弯矩图见图 9-19（b）。

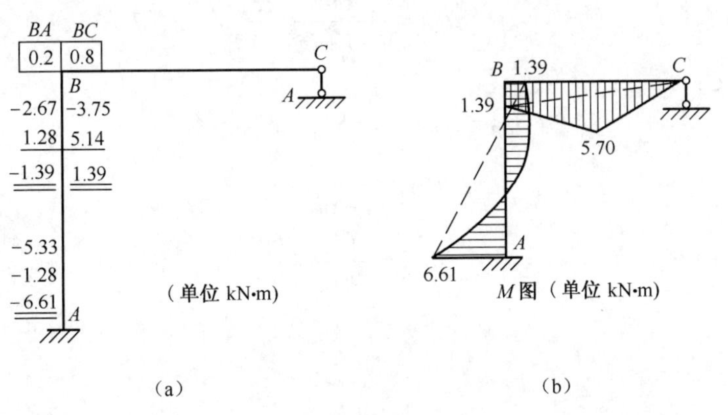

图 9-19

例 9-5 试用无剪力分配法计算图 9-20 所示刚架的 M 图。

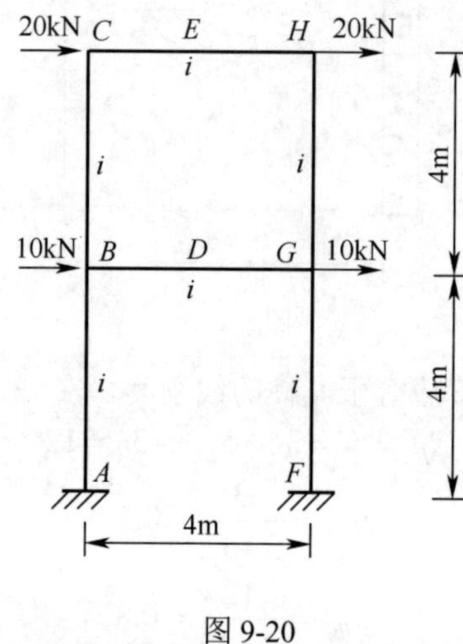

图 9-20

解：由于题目中所示结构为对称结构，且承受反对称荷载，可取图 9-21（a）一半结构进行计算。

（1）计算分配系数。

结点 B：

$$S_{BC}=i_{BC}=i\,,\quad S_{BA}=i_{BA}=i\,,\quad S_{BD}=3i_{BD}=6i$$

$$\mu_{BC}=\frac{i}{i+i+6i}=\frac{1}{8}$$

$$\mu_{BA}=\frac{i}{i+i+6i}=\frac{1}{8}$$

$$\mu_{BD}=\frac{6i}{i+i+6i}=\frac{3}{4}$$

结点 C：

$$S_{CB}=i_{CB}=i\,,\quad S_{CE}=3i_{CE}=6i$$

$$\mu_{CB}=\frac{i}{i+6i}=\frac{1}{7}$$

$$\mu_{CE}=\frac{6i}{i+6i}=\frac{6}{7}$$

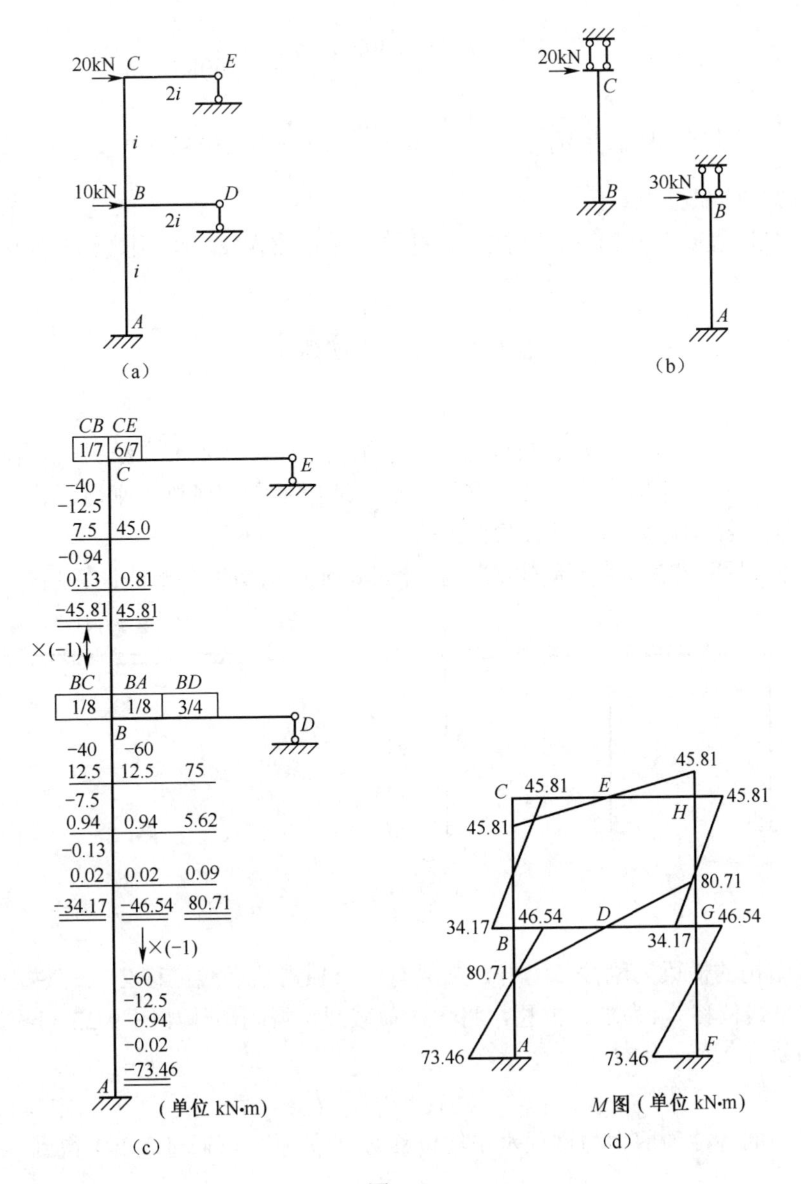

图 9-21

（2）计算固端弯矩。

柱 AB 和 BC 为剪力静定杆，由平衡方程求得剪力为

$$F_{SCB}=20\text{kN}，\quad F_{SBA}=30\text{kN}$$

将杆端剪力看成杆端荷载，按照图 9-21（b）所示杆件求出固端弯矩如下：

$$M_{AB}^F = M_{BA}^F = -\frac{F_P l}{2} = -\frac{30\text{kN}\times 4\text{m}}{2} = -60\text{KN}\cdot\text{m}$$

$$M_{BC}^F = M_{CB}^F = -\frac{F_P l}{2} = -\frac{20\text{kN}\times 4\text{m}}{2} = -40\text{KN}\cdot\text{m}$$

（3）分配与传递。

计算过程如图 9-21（c），注意立柱的传递系数为-1。弯矩图见图 9-21（d）。

§9-5 剪力分配法

本章除了介绍力矩分配法和无剪力分配法之外，在本节介绍另一种计算超静定结构的方法，即剪力分配法。这种方法是适用于所有横梁为刚性杆、竖柱为弹性杆的框架结构计算的一种较简便的方法。

下面以图 9-22（a）所示排架为例，来讨论如何用剪力分配法计算超静定结构。

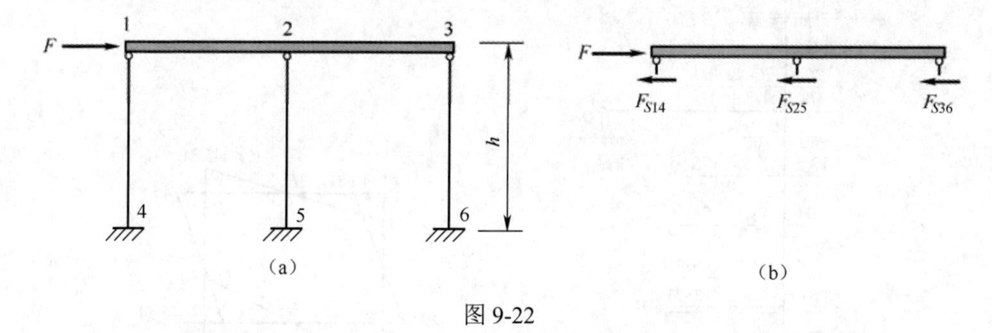

（a）　（b）

图 9-22

该结构的横梁为刚性二力杆，故只有一个独立结点线位移 Z_1（即柱顶 1、2、3 的水平线位移），为求此位移，将各柱顶截开，得隔离体如图 9-22（b）所示，其平衡条件 $\sum F_x = 0$ 为

$$F = F_{S14} + F_{S25} + F_{S36}$$

式中的各柱顶剪力与柱顶水平线位移 Z_1 的关系，可通过表 8-1 得到

$$F_{S14} = \frac{3i_{14}}{h^2}Z_1，\quad F_{S25} = \frac{3i_{25}}{h^2}Z_1，\quad F_{S36} = \frac{3i_{36}}{h^2}Z_1$$

令

$$D_1 = \frac{3i_{14}}{h^2}，\quad D_2 = \frac{3i_{25}}{h^2}，\quad D_3 = \frac{3i_{36}}{h^2}$$

称为杆件的侧移刚度，即杆件发生单位侧移时，所产生的杆端剪力。

将上述剪力代入平衡条件，可求出线位移

$$Z_1 = \frac{F}{D_1 + D_2 + D_3} = \frac{F}{\sum D_i}$$

从而可得各柱顶剪力为

$$F_{S14} = \frac{D_1}{\sum D_i} F = \nu_1 F \text{，} \quad F_{S25} = \frac{D_2}{\sum D_i} F = \nu_2 F \text{，} \quad F_{S36} = \frac{D_3}{\sum D_i} F = \nu_3 F$$

式中

$$\nu_1 = \frac{D_1}{\sum D_i} \text{，} \quad \nu_2 = \frac{D_2}{\sum D_i} \text{，} \quad \nu_3 = \frac{D_3}{\sum D_i}$$

称为剪力分配系数，可见$\nu_1 + \nu_2 + \nu_3 = 1$。由柱顶剪力即可求出结构的弯矩。对于排架结构，各柱固定端的弯矩等于柱顶剪力与其高度之积，即

$$M_{41} = -F_{S41} h \text{，} \quad M_{52} = -F_{S52} h \text{，} \quad M_{63} = -F_{S63} h$$

式中负号表示弯矩绕杆端逆时针转动。

这种利用剪力分配系数求柱顶剪力的方法，称为剪力分配法。

若荷载不是作用于柱顶，而是作用于竖柱上，如图 9-23（a）所示，这是按与力矩分配法相似的思路来分析。首先，将结构分解为只有结点线位移和只有荷载 q 的单独作用，如图 9-23（b）、（c）所示。显然，图 9-23（b）中各种内力（称为固端力）可查表 8-1 求出，从而求出附加链杆上的反力 F_1。而由叠加原理可知，图 9-23（c）中右柱顶的柱顶荷载值为 F_1，方向与图 9-23（b）中的 F_1 相反，这种情况可用上述剪力分配法进行计算。最后，将图 9-23（b）、（c）两种情况的内力叠加，即得原结构的内力。

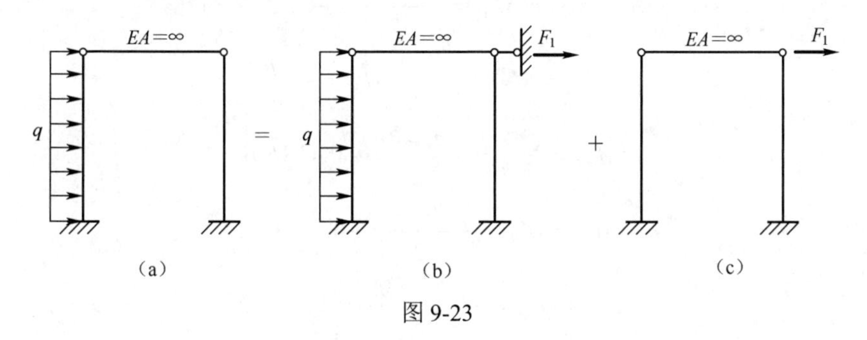

图 9-23

例 9-6　试用剪力分配法求图 9-24（a）所示刚架竖柱的弯矩图。竖柱 EI 为常数。

解：为了方便起见，设$\frac{12EI}{h^3} = 1$，查表 8-1，可得上层各竖柱的侧移刚度为 $D_1 = D_2 = D_3 = 1$，下层各竖柱（从左至右）的侧移刚度为

$D_4=1$，$D_5=\dfrac{12E\times 2I}{h^3}=2$，$D_6=\dfrac{12E\times 2I}{\left(\dfrac{3h}{2}\right)^3}=\dfrac{16}{27}$，则上下层各竖柱顶的剪力

分配系数分别为

$$\nu_1=\nu_2=\nu_3=\frac{1}{1+1+1}=\frac{1}{3}$$

$$\nu_4=\frac{1}{1+2+\dfrac{16}{27}}=0.2784$$

$$\nu_5=\frac{2}{1+2+\dfrac{16}{27}}=0.5567$$

$$\nu_6=\frac{\dfrac{16}{27}}{1+2+\dfrac{16}{27}}=0.1649$$

上下层的总剪力分别为 F 和 $3F$，则各柱顶的剪力为

$$F_{S14}=\nu F=\frac{F}{3}，\ F_{S25}=\nu F=\frac{F}{3}$$

$$F_{S47}=\nu\times 3F=0.835F，\ F_{S58}=1.670F，\ F_{S69}=0.495F$$

各柱端的弯矩分别为

$$M_{14}=M_{41}=-\frac{F_{S14}h}{2}=-\frac{Fh}{6}$$

$$M_{25}=M_{52}=M_{36}=M_{63}=-\frac{Fh}{6}$$

$$M_{47}=M_{74}=-\frac{F_{S47}h}{2}=-0.418Fh$$

$$M_{58}=M_{85}=-\frac{F_{S58h}}{2}=-0.835Fh$$

$$M_{69}=M_{96}=-F_{S96}\times\frac{3h}{2}=-0.371Fh$$

求出了各竖柱的弯矩后，还可按如下方法确定刚性横梁的弯矩：若结点只联结一根刚性横梁，则可由结点的力矩平衡条件确定横梁在该结点端的杆端弯矩；若结点联结二根刚性横梁，则可近似认为两根刚性横梁的转动刚度相同，从而分配到相同的杆端弯矩。最后弯矩图如图 9-24（b）所示。

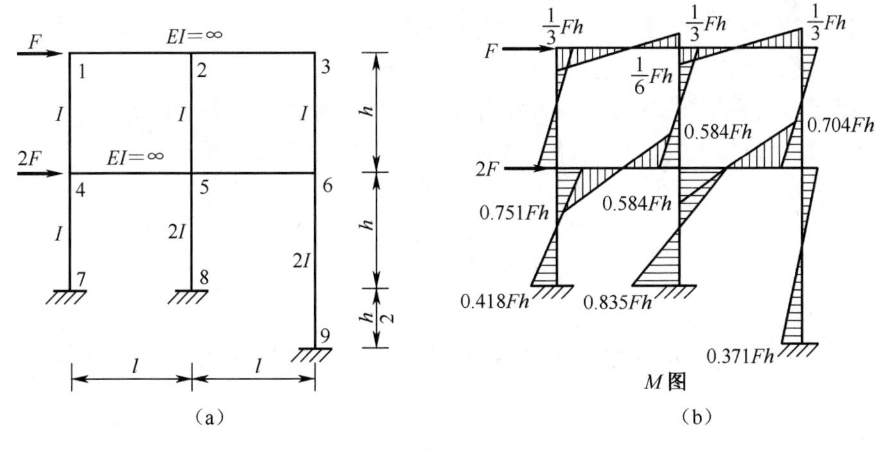

图 9-24

以上剪力分配法对于绘制多层多跨刚架在风力、地震力（通常简化为结点水平力荷载）作用下的弯矩图是非常方便的，但其基本假设是横梁刚度为无穷大，各刚结点均无转角，因而各柱的反弯点在其高度的一半处。但实际结构的横梁刚度并非无穷大，故各柱的反弯点的高度与上述结果有所不同。经验表明，当梁与柱的线刚度比大于 5 时，上述结果仍足够精确。随着梁柱线刚度比的减小，结点转动的影响将逐渐增加，柱的反弯点位置将有所变动，大体变化规律是：底层柱的反弯点位置逐渐提高；顶部少数层柱的反弯点位置逐渐降低（尤以最顶层较为显著）；其余中间各层则变化不大，柱的反弯点仍在中点附近。了解这一规律，对于确定多层刚架弯矩图的形状以及校核计算机的输出有无重大错误，都是很有用处的。

复习思考题

1. 什么是转动刚度（劲度系数）？分配系数和转动刚度有何关系？为什么每一个刚结点处各杆端的分配系数之和等于 1？

2. 什么是固端弯矩？如何计算约束力矩？为何要将它反号才能进行分配？

3. 什么是传递弯矩、传递系数？

4. 试述力矩分配法的基本运算步骤及每一步的物理意义。

5. 为什么力矩分配法的计算过程是收敛的？

6. 多结点的力矩分配中，每次是否只能放松一个结点？可以同时放松多个结点吗？

7．力矩分配法只适合于无结点线位移的结构，当这类结构发生已知支座移动时，结点是有线位移的，是否还可以用力矩分配法计算？

8．无剪力分配法的使用条件是什么？为什么称为无剪力分配？

9．剪力分配法的使用条件是什么？为什么称为剪力分配？

习题

9-1～9-3　用力矩分配法计算图示结构，并作 M 图。各杆 EI 为常数（注明者除外）。

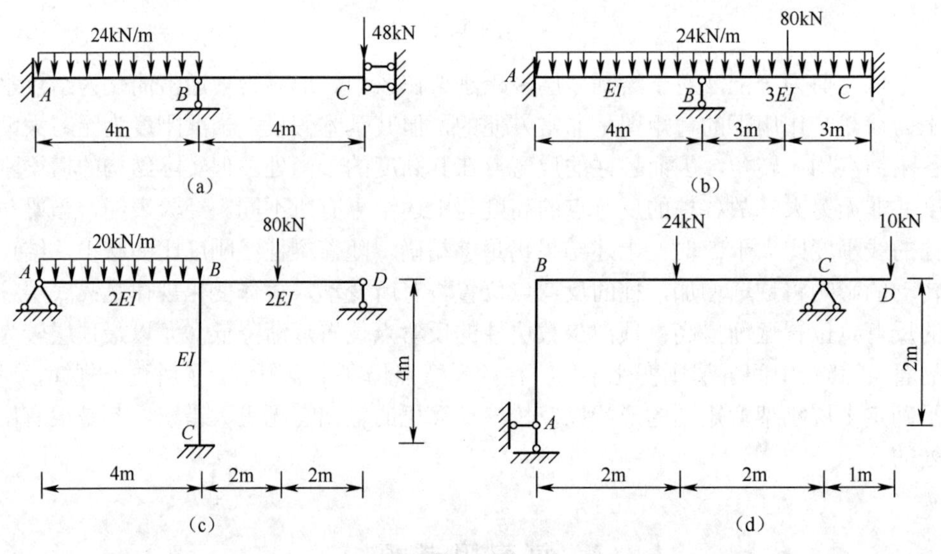

题 9-1 图

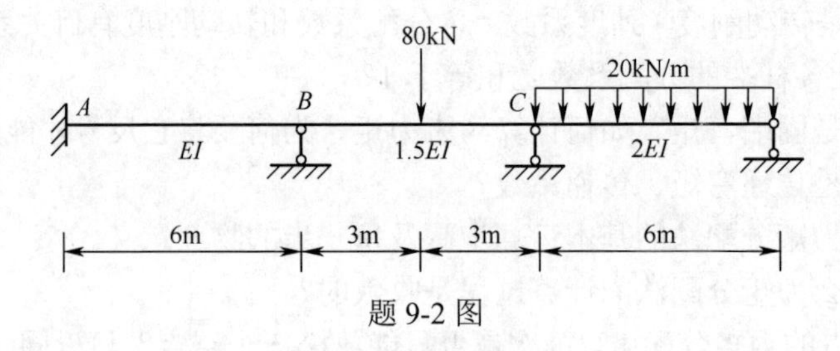

题 9-2 图

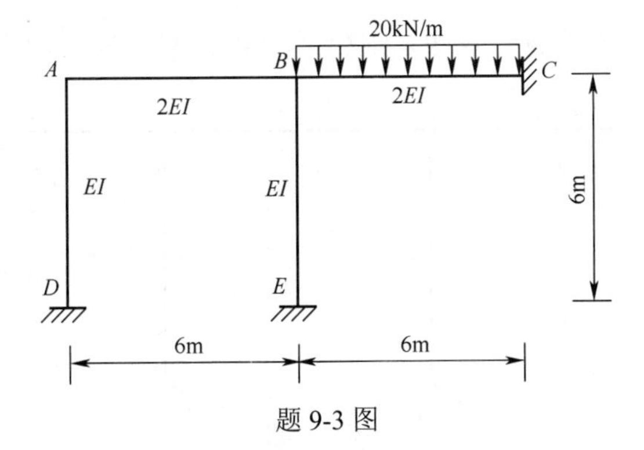

题 9-3 图

9-4 试利用对称性，按力矩分配法计算图示刚架，并作 M 图。各杆 EI 为常数。

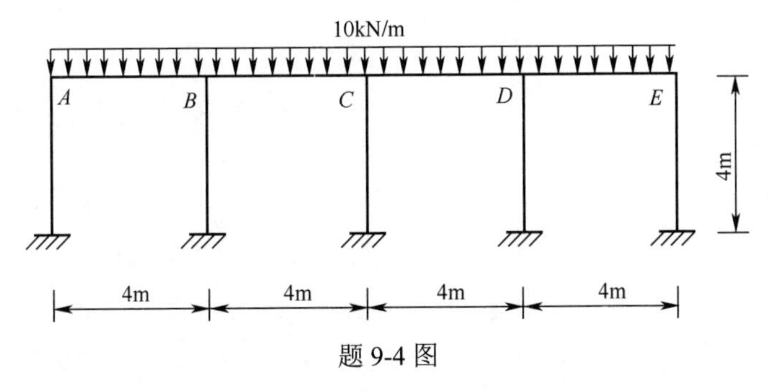

题 9-4 图

9-5 试用无剪力分配法计算图示刚架，并作 M 图。各杆 EI 为常数。（注明者除外）。

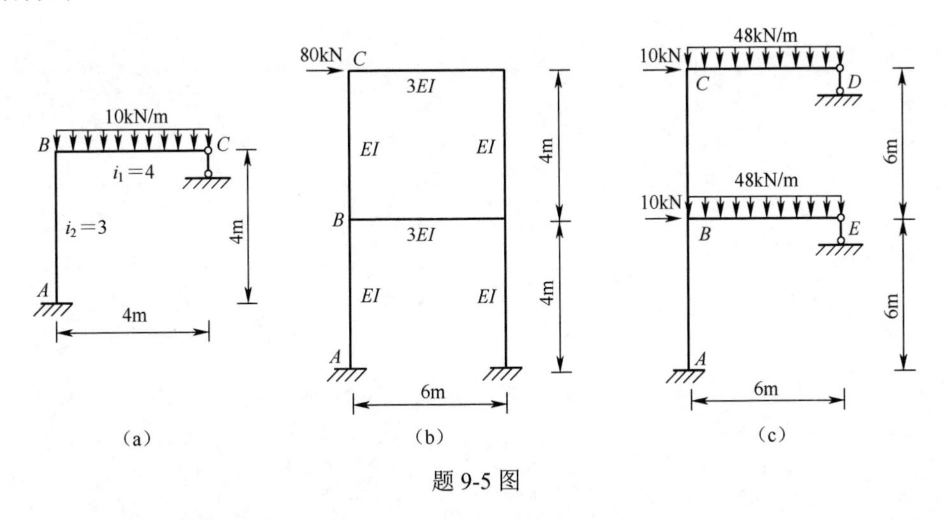

题 9-5 图

9-6 试用剪力分配法计算图示刚架，并作 M 图。各杆 EI 为常数。

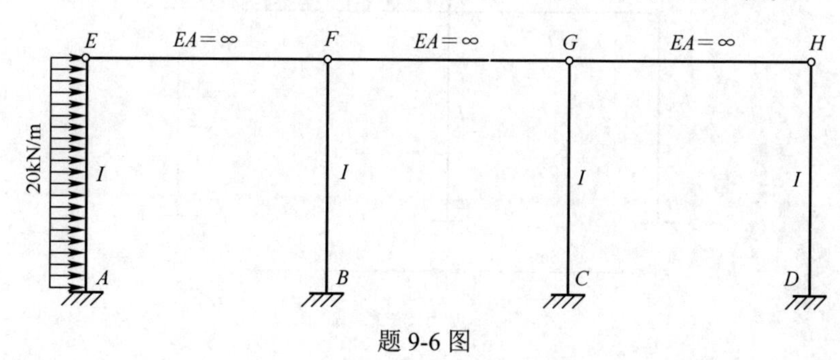

题 9-6 图

第十章　矩阵位移法

§10-1　概述

前面介绍的力法、位移法和力矩分配法都是建立在手算基础上的传统计算超静定结构的方法，因而只能解决一些比较简单的超静定结构的计算问题。随着电子计算机的广泛使用，给以计算为特征的结构力学在计算方法上带来了很大的变革。传统计算方法已不能适应新的计算技术的要求，于是适合于电算的结构矩阵分析便得到了迅速的发展。它是以传统的位移法作为理论基础，力学分析中采用数学中的矩阵形式，计算工具采用计算机。因为采用矩阵运算，不仅使得公式形式紧凑，而且运算规律性强，很适合电算的要求，便于编制简单而通用性强的计算程序，故该方法得到了广泛应用。

杆系结构矩阵分析又叫杆系结构的有限元法，分为矩阵力法和矩阵位移法，亦称为柔度法和刚度法。由于矩阵位移法比矩阵力法更容易实现计算过程程序化，因而应用很广泛，故本章只讨论矩阵位移法。

矩阵位移法的内容包括以下两部分：

（1）将整体结构分成有限个较小的单元（在杆系结构中常把一个等截面直杆作为一个单元），即进行结构的离散化。然后分析单元内力与位移之间的关系式，建立单元刚度矩阵，形成单元的刚度方程，称该过程为单元分析。

（2）把各单元按结点处的变形协调条件和结点的平衡条件集合成原整体结构，建立结构刚度矩阵，形成结构刚度方程，解方程后求出原结构的结点位移和内力，称该过程为整体分析。

上述一分一合，先拆后搭的过程中，是将复杂结构的计算问题转化为简单单元的分析及集合问题。而由单元刚度矩阵直接形成结构刚度矩阵是矩阵位移法的核心内容。

由于矩阵位移法和传统位移法计算手段不同，引起计算方法的差异。若从手算角度看，会感到该方法死板、繁杂。而从电算的角度看则是方便的，说明该方法适合电算，不适合手算。因为手算怕繁，怕重复性的大量运算；而电算怕乱，怕无规律性的计算，它适用于计算过程程序化强、计算量大的问题。

§10-2 局部坐标系中的单元刚度矩阵

1. 一般单元杆端力和杆端位移的表示方法

图 10-1 所示平面刚架中的一等截面直杆单元 e。设杆件除弯曲变形外，还有轴向变形。杆件两端各有三个位移分量（两个移动、一个转动）、六个杆端位移分量，这是平面杆系结构单元的一般情况，故称为一般单元。单元的两端采用局部编码 i 和 j。现以 i 点为原点，以从 i 向 j 的方向为 $\bar{x}$ 轴的正方向，并以 $\bar{x}$ 轴正向逆时针转过 90°为 $\bar{y}$ 的正方向。这样的坐标系称为单元的局部坐标系。字母 x、y 上面的一横是局部坐标系的标志。i 端、j 端分别称为单元的始端和末端。i 端的杆端位移为 $\bar{u}_i^e$、$\bar{v}_i^e$、$\bar{\varphi}_i^e$，相应的杆端力为 $\bar{F}_{Ni}^e$、$\bar{F}_{Si}^e$、$\bar{M}_i^e$（各符号上面的一横代表局部坐标系中的量值，上标 e 表示是单元的编号，下同）；j 端的杆端位移为 $\bar{u}_j^e$、$\bar{v}_j^e$、$\bar{\varphi}_j^e$，相应的杆端力为 $\bar{F}_{Nj}^e$、$\bar{F}_{Sj}^e$、$\bar{M}_j^e$。杆端力和杆端位移的正负号规定为：杆端轴力 $\bar{F}_N^e$ 以与 $\bar{x}$ 轴正方向一致为正，杆端剪力 $\bar{F}_S^e$ 以与 $\bar{y}$ 轴正方向相同为正，杆端弯矩 $\bar{M}^e$ 以顺时针转向为正，杆端位移的正负号规定与杆端力相同。这种正负号规定不同于材料力学中的规定，也与前面各章中杆端剪力的正负号规定不同，应特别注意。

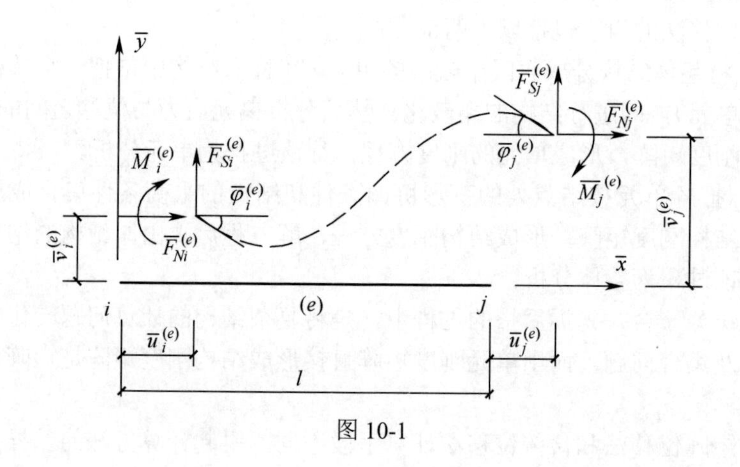

图 10-1

若用 $\bar{\boldsymbol{F}}^e$ 代表单元杆端力列向量，$\bar{\boldsymbol{\delta}}^e$ 代表单元的杆端位移列向量，则有

$$\bar{\boldsymbol{F}}^e=\begin{bmatrix}\bar{F}_{Ni}^e\\\bar{F}_{Si}^e\\\bar{M}_i^e\\\cdots\cdots\\\bar{F}_{Nj}^e\\\bar{F}_{Sj}^e\\\bar{M}_j^e\end{bmatrix},\quad \bar{\boldsymbol{\delta}}^e=\begin{bmatrix}\bar{u}_i^e\\\bar{v}_i^e\\\bar{\varphi}_i^e\\\cdots\cdots\\\bar{u}_j^e\\\bar{v}_j^e\\\bar{\varphi}_j^e\end{bmatrix} \qquad (10\text{-}1),(10\text{-}2)$$

2. *单元杆端力与杆端位移之间的关系式*

若忽略轴向变形和弯曲变形之间的相互影响，则可分别导出轴向变形和弯曲变形的刚度方程。首先，由胡克定律可知

$$\bar{F}_{Ni}^e=\frac{EA}{l}\bar{u}_i^e-\frac{EA}{l}\bar{u}_j^e,\quad \bar{F}_{Nj}^e=-\frac{EA}{l}\bar{u}_i^e+\frac{EA}{l}\bar{u}_j^e \qquad (a)$$

其次，可由转角位移方程（8-2），并按本节规定的符号和正负号，可将单元两端的弯矩和剪力表示为

$$\begin{aligned}
\bar{F}_{Si}^e&=\frac{12EI}{l^3}\bar{v}_i^e-\frac{6EI}{l^2}\bar{\varphi}_i^e-\frac{12EI}{l^3}\bar{v}_j^e-\frac{6EI}{l^2}\bar{\varphi}_j^e\\
\bar{M}_i^e&=-\frac{6EI}{l^2}\bar{v}_i^e+\frac{4EI}{l}\bar{\varphi}_i^e+\frac{6EI}{l^2}\bar{v}_j^e+\frac{2EI}{l}\bar{\varphi}_j^e\\
\bar{F}_{Sj}^e&=-\frac{12EI}{l^3}\bar{v}_i^e+\frac{6EI}{l^2}\bar{\varphi}_i^e+\frac{12EI}{l^3}\bar{v}_j^e+\frac{6EI}{l^2}\bar{\varphi}_j^e\\
\bar{M}_j^e&=-\frac{6EI}{l^2}\bar{v}_i^e+\frac{2EI}{l}\bar{\varphi}_i^e+\frac{6EI}{l^2}\bar{v}_j^e+\frac{4EI}{l}\bar{\varphi}_j^e
\end{aligned} \qquad (b)$$

将（a）、（b）两式中的六个刚度方程合在一起，写成矩阵形式为

$$\begin{bmatrix} \overline{F}_{Ni}^e \\ \overline{F}_{Si}^e \\ \overline{M}_i^e \\ \cdots\cdots \\ \overline{F}_{Nj}^e \\ \overline{F}_{Sj}^e \\ \overline{M}_j^e \end{bmatrix} = \begin{bmatrix} \frac{EA}{l} & 0 & 0 & \vdots & -\frac{EA}{l} & 0 & 0 \\ 0 & \frac{12EI}{l^3} & -\frac{6EI}{l^2} & \vdots & 0 & -\frac{12EI}{l^3} & -\frac{6EI}{l^2} \\ 0 & -\frac{6EI}{l^2} & \frac{4EI}{l} & \vdots & 0 & \frac{6EI}{l^2} & \frac{2EI}{l} \\ \cdots\cdots & \cdots\cdots & \cdots\cdots & \vdots & \cdots\cdots & \cdots\cdots & \cdots\cdots \\ -\frac{EA}{l} & 0 & 0 & \vdots & \frac{EA}{l} & 0 & 0 \\ 0 & -\frac{12EI}{l^3} & \frac{6EI}{l^2} & \vdots & 0 & \frac{12EI}{l^3} & \frac{6EI}{l^2} \\ 0 & -\frac{6EI}{l^2} & \frac{2EI}{l} & \vdots & 0 & \frac{6EI}{l^2} & \frac{4EI}{l} \end{bmatrix} \begin{bmatrix} \overline{u}_i^e \\ \overline{v}_i^e \\ \overline{\varphi}_i^e \\ \cdots\cdots \\ \overline{u}_j^e \\ \overline{v}_j^e \\ \overline{\varphi}_j^e \end{bmatrix} \tag{10-3}$$

上式称为单元的刚度方程，它可简写为

$$\overline{\boldsymbol{F}}^e = \overline{\boldsymbol{k}}^e \overline{\boldsymbol{\delta}}^e \tag{10-4}$$

式中

$$\overline{\boldsymbol{k}}^e = \begin{bmatrix} \frac{EA}{l} & 0 & 0 & \vdots & -\frac{EA}{l} & 0 & 0 \\ 0 & \frac{12EI}{l^3} & -\frac{6EI}{l^2} & \vdots & 0 & -\frac{12EI}{l^3} & -\frac{6EI}{l^2} \\ 0 & -\frac{6EI}{l^2} & \frac{4EI}{l} & \vdots & 0 & \frac{6EI}{l^2} & \frac{2EI}{l} \\ \cdots\cdots & \cdots\cdots & \cdots\cdots & \vdots & \cdots\cdots & \cdots\cdots & \cdots\cdots \\ -\frac{EA}{l} & 0 & 0 & \vdots & \frac{EA}{l} & 0 & 0 \\ 0 & -\frac{12EI}{l^3} & \frac{6EI}{l^2} & \vdots & 0 & \frac{12EI}{l^3} & \frac{6EI}{l^2} \\ 0 & -\frac{6EI}{l^2} & \frac{2EI}{l} & \vdots & 0 & \frac{6EI}{l^2} & \frac{4EI}{l} \end{bmatrix} \tag{10-5}$$

称为单元刚度矩阵（简称为单刚）。它的行数等于杆端力列向量的分量数，列数等于杆端位移列向量的分量数，因而 $\overline{\boldsymbol{k}}^e$ 是一个 6×6 阶的方阵。

值得注意的是，杆端力列向量和杆端位移列向量的各个分量，必须按式（10-1）和（10-2）那样从 i 到 j 按一定次序排列。否则，随着排列顺序的改变，$\bar{\boldsymbol{k}}^e$ 中各元素的排列亦将随之改变。

（1）单元刚度矩阵中各元素的物理意义。

$\bar{\boldsymbol{k}}^e$ 中每一元素的物理意义就是当所在列对应的杆端位移分量等于 1（其余杆端位移分量为零）时，所引起的所在行对应的杆端力分量的数值。

（2）单元刚度矩阵的性质。

1）对称性。由反力互等定理可知，在单元刚度矩阵 $\bar{\boldsymbol{k}}^e$ 中，位于主斜线两边对称位置的两个元素是相等的，故 $\bar{\boldsymbol{k}}^e$ 是一个对称方阵。

2）奇异性。单元刚度矩阵 $\bar{\boldsymbol{k}}^e$ 是奇异矩阵。$\bar{\boldsymbol{k}}^e$ 的相应行列式的值为零，逆矩阵不存在。因此，若给定了杆端位移 $\bar{\boldsymbol{\delta}}^e$，则可以由式（10-4）确定出杆端力 $\bar{\boldsymbol{F}}^e$；但是给定了杆端力 $\bar{\boldsymbol{F}}^e$ 后，却不能由式（10-4）反求出杆端位移。

由于讨论的是一般单元（自由单元），两端设有任何支承约束，因此，杆件除了由杆端力所引起的弹性变形外，还可以具有任意的刚体位移。

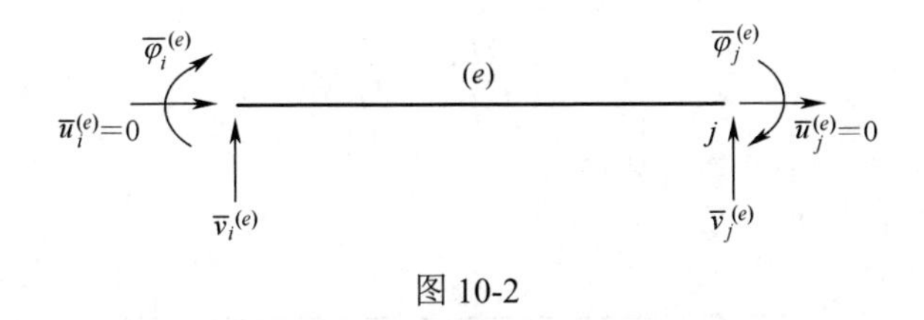

图 10-2

3. 特殊单元

式（10-5）是一般单元的刚度矩阵，六个杆端位移可指定为任意值。有时，由于支承条件、考虑变形形式的影响及杆件受力特性等情况的不同，经常会遇到一些特殊单元。在这些单元中，由于有些杆端位移的值已知为零，而不能随意指定，从而使单元刚度矩阵较一般单元的要简单。各种特殊单元的刚度矩阵无须另行推导，只需由一般单元刚度矩阵式（10-5）作一些特殊处理即可得到。

（1）梁单元的刚度矩阵。

在梁单元中，通常略去轴向变形的影响，杆端只有垂直于杆轴方向的线位移和转角位移，如图 10-2 所示。其相应的单元刚度矩阵可由式（10-5）中删去与零位移相应的第一、四行和第一、四列各元素而得到，即

$$\overline{\boldsymbol{k}}^e=\begin{bmatrix} \dfrac{12EI}{l^3} & -\dfrac{6EI}{l^2} & \vdots & -\dfrac{12EI}{l^3} & -\dfrac{6EI}{l^2} \\ -\dfrac{6EI}{l^2} & \dfrac{4EI}{l} & \vdots & \dfrac{6EI}{l^2} & \dfrac{2EI}{l} \\ \cdots\cdots & \cdots\cdots & \vdots & \cdots\cdots & \cdots\cdots \\ -\dfrac{12EI}{l^3} & \dfrac{6EI}{l^2} & \vdots & \dfrac{12EI}{l^3} & \dfrac{6EI}{l^2} \\ -\dfrac{6EI}{l^2} & \dfrac{2EI}{l} & \vdots & \dfrac{6EI}{l^2} & \dfrac{4EI}{l} \end{bmatrix} \tag{10-6}$$

当杆端只有转角位移而无线位移时（如不考虑轴向变形影响的无侧移刚架及取每跨梁作为一个单元的连续梁），如图 10-3 所示，其单元刚度矩阵可由式（10-5）中删去第一、二、四、五行和第一、二、四、五列的元素后得到，即

$$\overline{\boldsymbol{k}}^e=\begin{bmatrix} \dfrac{4EI}{l} & \dfrac{2EI}{l} \\ \dfrac{2EI}{l} & \dfrac{4EI}{l} \end{bmatrix} \tag{10-7}$$

式（10-7）是一个非奇异矩阵。

$\overline{\varphi}_j^{(e)}$
(e)
$\overline{\varphi}_j^{(e)}$
$\overline{u}_j^{(e)}=0$
j
$\overline{u}_j^{(e)}=0$
$\overline{v}_j^{(e)}=0$
$\overline{v}_j^{(e)}=0$

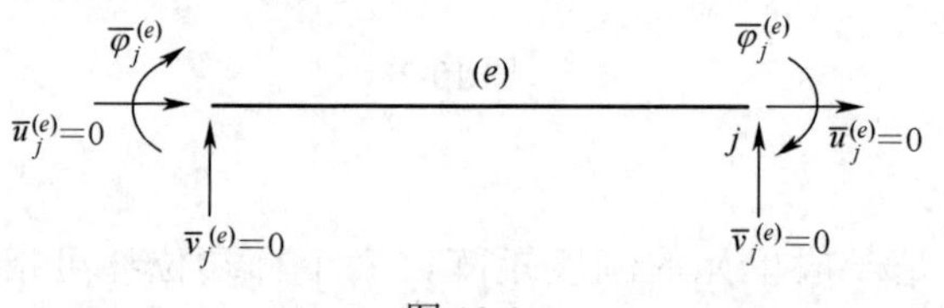

图 10-3

（2）拉压杆单元。

两端铰结的拉压杆件（例如桁架中的杆件），在外因影响下，杆件只有轴力，即该单元杆件两端只有轴向变形而无弯曲变形，如图 10-4 所示。单元刚度矩阵仍可由式（10-5）中删去第二、三、五、六行及第二、三、五、六列各元素得到，即

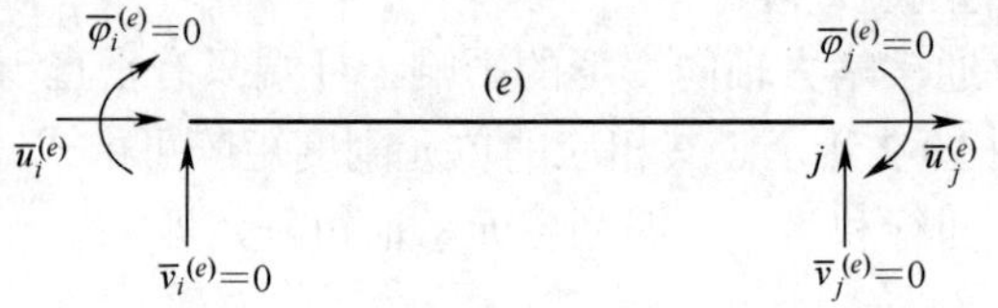

$\overline{\varphi}_i^{(e)}=0$
(e)
$\overline{\varphi}_j^{(e)}=0$
$\overline{u}_i^{(e)}$
j
$\overline{u}_j^{(e)}$
$\overline{v}_i^{(e)}=0$
$\overline{v}_j^{(e)}=0$

图 10-4

$$\bar{\boldsymbol{k}}^e=\begin{bmatrix}\frac{EA}{l} & -\frac{EA}{l}\\ -\frac{EA}{l} & \frac{EA}{l}\end{bmatrix} \tag{10-8}$$

为了以后便于进行坐标变换，可在式（10-8）中添上零元素的行和列，将 2×2 阶矩阵扩充为 4×4 阶矩阵：

$$\bar{\boldsymbol{k}}^e=\left[\begin{array}{cc:cc}\frac{EA}{l} & 0 & -\frac{EA}{l} & 0\\ 0 & 0 & 0 & 0\\ \cdots\cdots & \cdots\cdots & \cdots\cdots & \cdots\cdots\\ -\frac{EA}{l} & 0 & \frac{EA}{l} & 0\\ 0 & 0 & 0 & 0\end{array}\right] \tag{10-9}$$

§10-3　结构坐标系中的单元刚度矩阵

在上节中，单元刚度矩阵是建立在杆件的局部坐标系中的。其目的是使推导出的单元刚度矩阵形式最简单。如果从整体分析的角度来考虑，对于整个结构，由于各杆轴方向不尽相同，因而各单元的局部坐标也不尽相同，很不统一。为了便于整体分析，在考虑整个结构的几何条件和平衡条件时，必须选定一个统一的坐标系，称为结构坐标系（或整体坐标系）。为了与局部坐标相区分，结构坐标系用 xoy 表示。

为了推导结构坐标系下的单元刚度矩阵 $\boldsymbol{k}^e$，可采用坐标变换的方法，即把局部坐标系中建立的单元刚度矩阵 $\bar{\boldsymbol{k}}^e$ 转换为结构坐标系中的 $\boldsymbol{k}^e$，为此，首先讨论两种坐标系中单元杆端力的转换式，得到单元坐标转换矩阵；其次再讨论两种坐标系中单元刚度矩阵的转换式。

1. 单元坐标转换矩阵

下面讨论两种坐标系中杆端力之间的转换关系。图 10-5 所示杆件 ij，在局部坐标系中，仍按式（10-1）、（10-2），以 $\bar{\boldsymbol{F}}^e$ 、$\bar{\boldsymbol{\delta}}^e$ 分别表示杆端力列向量和杆端位移列向量。而在结构坐标系中，用 $\boldsymbol{F}^e$ 、$\boldsymbol{\delta}^e$ 来表示杆端力列向量和杆端位移列向量，即

$$\boldsymbol{F}^e=\begin{bmatrix}F_{xi}^e\\F_{yi}^e\\M_i^e\\\cdots\cdots\\F_{xj}^e\\F_{yj}^e\\M_j^e\end{bmatrix},\quad \boldsymbol{\delta}^e=\begin{bmatrix}u_i^e\\v_i^e\\\varphi_i^e\\\cdots\cdots\\u_j^e\\v_j^e\\\varphi_j^e\end{bmatrix}\tag{10-10),(10-11}$$

其中力和线位移与结构坐标系指向一致者为正，力偶和角位移以顺时针方向为正，由 x 轴到 $\bar{x}$ 轴的夹角 α 以逆时针转向为正。

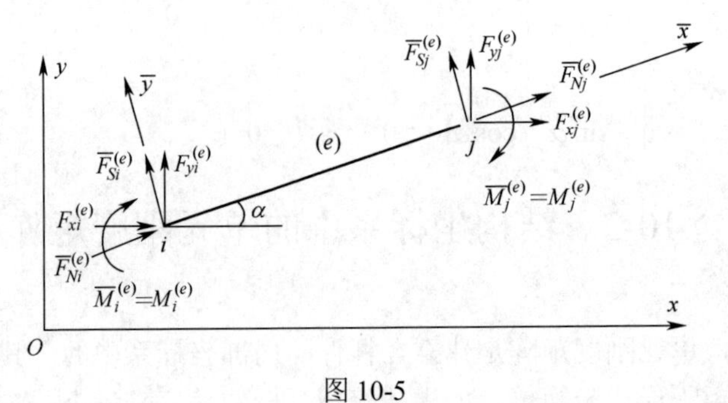

图 10-5

在两种坐标系中，力偶都作用在同一平面上，是垂直于坐标平面的矢量，因而不受平面内坐标变换的影响，有

$$\bar{M}_i^e=M_i^e,\quad \bar{M}_j^e=M_j^e\tag{a}$$

杆端力之间的转换关系式可由投影关系得到，即

$$\begin{aligned}\bar{F}_{Ni}^e&=F_{xi}^e\cos\alpha+F_{yi}^e\sin\alpha\\\bar{F}_{Si}^e&=-F_{xi}^e\sin\alpha+F_{yi}^e\cos\alpha\\\bar{F}_{Nj}^e&=F_{xj}^e\cos\alpha+F_{yj}^e\sin\alpha\\\bar{F}_{Sj}^e&=-F_{xj}^e\sin\alpha+F_{yj}^e\cos\alpha\end{aligned}\tag{b}$$

将（a）、（b）两式写成矩阵形式，则为

$$\begin{bmatrix} \bar{F}_{Ni}^e \\ \bar{F}_{Si}^e \\ \bar{M}_i^e \\ \cdots\cdots \\ \bar{F}_{Nj}^e \\ \bar{F}_{Sj}^e \\ \bar{M}_j^e \end{bmatrix} = \begin{bmatrix} \cos\alpha & \sin\alpha & 0 & \vdots & 0 & 0 & 0 \\ -\sin\alpha & \cos\alpha & 0 & \vdots & 0 & 0 & 0 \\ 0 & 0 & 1 & \vdots & 0 & 0 & 0 \\ \cdots\cdots & \cdots\cdots & \cdots\cdots & \vdots & \cdots\cdots & \cdots\cdots & \cdots\cdots \\ 0 & 0 & 0 & \vdots & \cos\alpha & \sin\alpha & 0 \\ 0 & 0 & 0 & \vdots & -\sin\alpha & \cos\alpha & 0 \\ 0 & 0 & 0 & \vdots & 0 & 0 & 1 \end{bmatrix} \begin{bmatrix} F_{xi}^e \\ F_{yi}^e \\ M_i^e \\ \cdots\cdots \\ F_{xj}^e \\ F_{yj}^e \\ M_j^e \end{bmatrix} \tag{10-12}$$

或简写为

$$\bar{\boldsymbol{F}}^e = \boldsymbol{T}\boldsymbol{F}^e \tag{10-13}$$

其中

$$\boldsymbol{T} = \begin{bmatrix} \cos\alpha & \sin\alpha & 0 & \vdots & 0 & 0 & 0 \\ -\sin\alpha & \cos\alpha & 0 & \vdots & 0 & 0 & 0 \\ 0 & 0 & 1 & \vdots & 0 & 0 & 0 \\ \cdots\cdots & \cdots\cdots & \cdots\cdots & \vdots & \cdots\cdots & \cdots\cdots & \cdots\cdots \\ 0 & 0 & 0 & \vdots & \cos\alpha & \sin\alpha & 0 \\ 0 & 0 & 0 & \vdots & -\sin\alpha & \cos\alpha & 0 \\ 0 & 0 & 0 & \vdots & 0 & 0 & 1 \end{bmatrix} \tag{10-14}$$

称为坐标转换矩阵。即为两种坐标系中杆端力之间的转换式。

单元坐标转换矩阵 $\boldsymbol{T}$ 是一个正交矩阵。因此，其逆矩阵就等于其转置矩阵，即

$$\boldsymbol{T}^{-1} = \boldsymbol{T}^T \tag{10-15}$$

故式（10-13）的逆转换式为

$$\boldsymbol{F}^e = \boldsymbol{T}^T \bar{\boldsymbol{F}}^e \tag{10-16}$$

同理，在两种坐标系中，单元杆端位移之间也存在相同的转换关系式，即

$$\bar{\boldsymbol{\delta}}^e = \boldsymbol{T}\boldsymbol{\delta}^e \tag{10-17}$$

$$\boldsymbol{\delta}^e = \boldsymbol{T}^T \bar{\boldsymbol{\delta}}^e \tag{10-18}$$

2. 结构坐标系中的单元刚度矩阵

在结构坐标系中，单元杆端力与杆端位移之间的关系式可写为

$$\boldsymbol{F}^e = \boldsymbol{k}^e \boldsymbol{\delta}^e \tag{10-19}$$

其中，$\boldsymbol{k}^e$ 为结构坐标系中的单元刚度矩阵。

下面讨论两种坐标系中单元刚度矩阵之间的转换关系。由式（10-4）有

$$\overline{\boldsymbol{F}}^e = \overline{\boldsymbol{k}}^e \overline{\boldsymbol{\delta}}^e$$

将式（10-13）和式（10-17）代入上式，得

$$\boldsymbol{T}\overline{\boldsymbol{F}}^e = \overline{\boldsymbol{k}}^e \boldsymbol{T}\boldsymbol{\delta}^e$$

两边同左乘以 $\boldsymbol{T}^T$，得

$$\boldsymbol{F}^e = \boldsymbol{T}^T \overline{\boldsymbol{k}}^e \boldsymbol{T}\boldsymbol{\delta}^e \tag{c}$$

比较式（c）及式（10-19），可得

$$\boldsymbol{k}^e = \boldsymbol{T}^T \overline{\boldsymbol{k}}^e \boldsymbol{T} \tag{10-20}$$

这里 $\boldsymbol{k}^e$ 就是结构坐标系中的单元刚度矩阵，式（10-20）即为两种坐标系中单元刚度矩阵之间的转换关系式。

由于在以后的结构分析中，要对结构中的每个结点分别建立平衡方程，为便于讨论，把式（10-19）按单元的始末端结点 i、j 进行分块，写成如下分块形式：

$$\begin{bmatrix} \boldsymbol{F}_i^e \\ \cdots \\ \boldsymbol{F}_j^e \end{bmatrix} = \begin{bmatrix} \boldsymbol{k}_{ii}^e & \vdots & \boldsymbol{k}_{ij}^e \\ \cdots\cdots & \vdots & \cdots\cdots \\ \boldsymbol{k}_{ji}^e & \vdots & \boldsymbol{k}_{jj}^e \end{bmatrix} \begin{bmatrix} \boldsymbol{\delta}_i^e \\ \cdots \\ \boldsymbol{\delta}_j^e \end{bmatrix} \tag{10-21}$$

式中

$$\boldsymbol{F}_i^e = \begin{bmatrix} F_{xi}^e \\ F_{yi}^e \\ M_i^e \end{bmatrix},\quad \boldsymbol{F}_j^e = \begin{bmatrix} F_{xj}^e \\ F_{yj}^e \\ M_j^e \end{bmatrix},\quad \boldsymbol{\delta}_i^e = \begin{bmatrix} u_i^e \\ v_i^e \\ \boldsymbol{\varphi}_i^e \end{bmatrix},\quad \boldsymbol{\delta}_j^e = \begin{bmatrix} u_j^e \\ v_j^e \\ \boldsymbol{\varphi}_j^e \end{bmatrix} \tag{10-22}$$

分别为始端 i 及末端 j 的杆端力及杆端位移列向量。$\boldsymbol{k}_{ii}^e$、$\boldsymbol{k}_{ij}^e$、$\boldsymbol{k}_{ji}^e$、$\boldsymbol{k}_{jj}^e$ 为单元刚度矩阵的四个子块，即

$$\boldsymbol{k} = \begin{bmatrix} \boldsymbol{k}_{ii}^e & \vdots & \boldsymbol{k}_{ij}^e \\ \cdots\cdots & \vdots & \cdots\cdots \\ \boldsymbol{k}_{ji}^e & \vdots & \boldsymbol{k}_{jj}^e \end{bmatrix} \tag{10-23}$$

每个子块为 3×3 阶方阵。由式（10-21）可知

$$\boldsymbol{F}_i^e = \boldsymbol{k}_{ii}^e \boldsymbol{\delta}_i^e + \boldsymbol{k}_{ij}^e \boldsymbol{\delta}_j^e,\quad \boldsymbol{F}_j^e = \boldsymbol{k}_{ji}^e \boldsymbol{\delta}_i^e + \boldsymbol{k}_{jj}^e \boldsymbol{\delta}_j^e \tag{10-24}$$

与局部坐标系中的单元刚度矩阵 $\overline{\boldsymbol{k}}^e$ 相似，结构坐标系中的单元刚度矩阵也具有如下性质：

（1）$\boldsymbol{k}^e$ 也是一个对称矩阵。

（2）一般单元的 $\boldsymbol{k}^e$ 也是奇异矩阵。

当结构坐标系与局部坐标系相同（α=0°）时，则两种坐标系中的单元刚度矩阵亦相同，即

$$\boldsymbol{k}^e = \overline{\boldsymbol{k}}^e \tag{10-25}$$

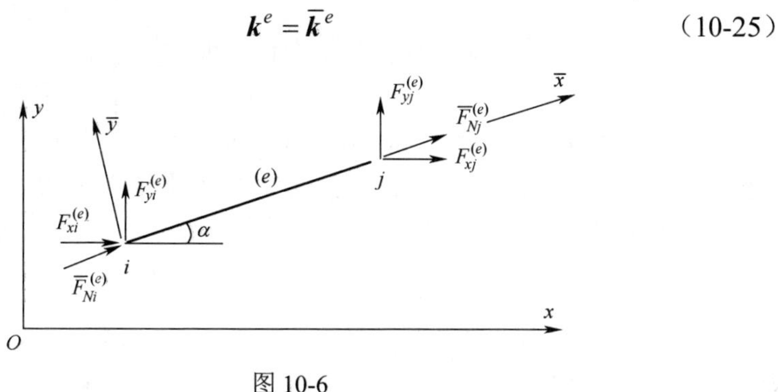

图 10-6

对拉压杆单元（如桁架中各杆件），如图 10-6 所示，结构坐标系中的杆端力和杆端位移列向量分别为

$$\boldsymbol{F}^e = \begin{bmatrix} \boldsymbol{F}_i^e \\ \cdots \\ \boldsymbol{F}_j^e \end{bmatrix} = \begin{bmatrix} F_{xi}^e \\ F_{yi}^e \\ \cdots \\ F_{xj}^e \\ F_{yj}^e \end{bmatrix}, \quad \boldsymbol{\delta}^e = \begin{bmatrix} \boldsymbol{\delta}_i^e \\ \cdots \\ \boldsymbol{\delta}_j^e \end{bmatrix} = \begin{bmatrix} u_i^e \\ v_i^e \\ \cdots \\ u_j^e \\ v_j^e \end{bmatrix} \tag{10-26}$$

杆件在局部坐标系中的单元刚度矩阵 $\overline{\boldsymbol{k}}^e$ 如式（10-9）所示，而坐标转换矩阵 $\boldsymbol{T}$ 为

$$\boldsymbol{T} = \begin{bmatrix} \cos\boldsymbol{\alpha} & \sin\boldsymbol{\alpha} & \vdots & 0 & 0 \\ -\sin\boldsymbol{\alpha} & \cos\boldsymbol{\alpha} & \vdots & 0 & 0 \\ \cdots\cdots & \cdots\cdots & \vdots & \cdots\cdots & \cdots\cdots \\ 0 & 0 & \vdots & \cos\boldsymbol{\alpha} & \sin\boldsymbol{\alpha} \\ 0 & 0 & \vdots & -\sin\boldsymbol{\alpha} & \cos\boldsymbol{\alpha} \end{bmatrix} \tag{10-27}$$

结构坐标系下的单元刚度矩阵可按式（10-20）来计算，其四个子块为

$$\boldsymbol{k}_{ii}^e = \boldsymbol{k}_{jj}^e = \frac{EA}{l}\begin{bmatrix} \cos^2\boldsymbol{\alpha} & \cos\boldsymbol{\alpha}\sin\boldsymbol{\alpha} \\ \cos\boldsymbol{\alpha}\sin\boldsymbol{\alpha} & \sin^2\boldsymbol{\alpha} \end{bmatrix}$$

$$\boldsymbol{k}_{ij}^{e}=\boldsymbol{k}_{ji}^{e}=\frac{EA}{l}\begin{bmatrix}-\cos^{2}\boldsymbol{\alpha} & -\cos\boldsymbol{\alpha}\sin\boldsymbol{\alpha}\\ -\cos\boldsymbol{\alpha}\sin\boldsymbol{\alpha} & -\sin^{2}\boldsymbol{\alpha}\end{bmatrix} \tag{10-28}$$

§10-4 结构的刚度矩阵

从本节开始进行结构的整体分析，即在单元分析的基础上，考虑各结点的几何条件及平衡条件，建立结构的刚度方程和结构刚度矩阵。现以图 10-7（a）所示刚架为例来说明。

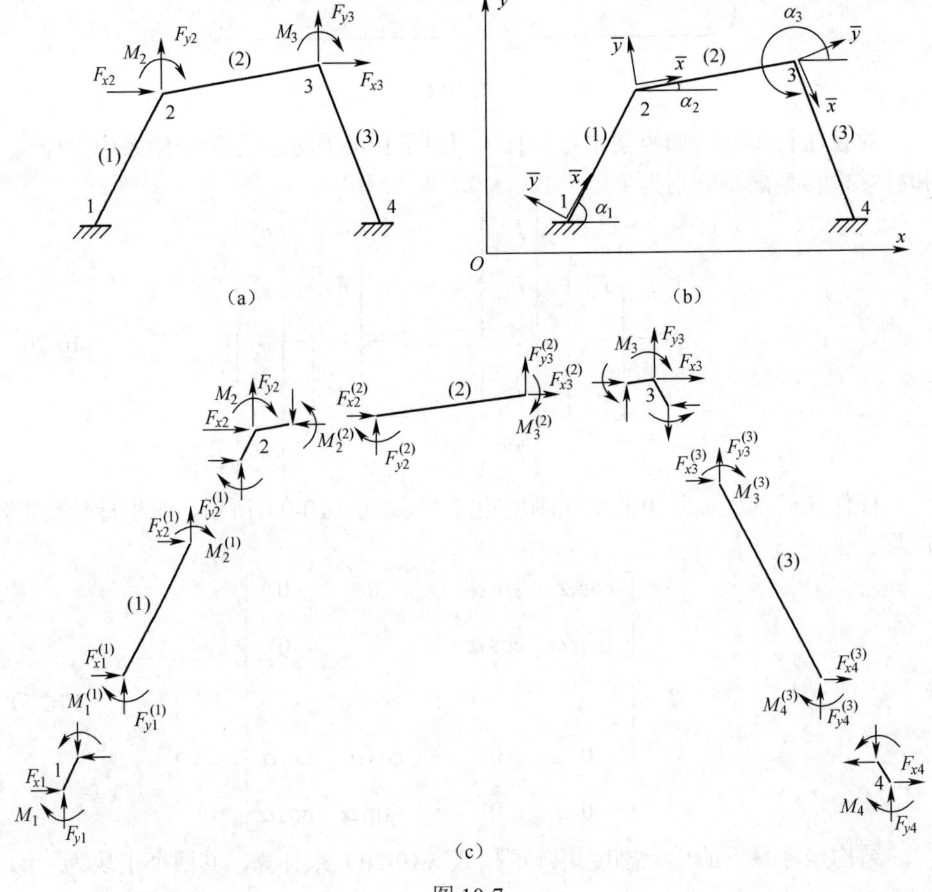

图 10-7

首先对各单元及结点进行编号。用（1），（2），…表示单元编号；用 1,2,…表示结点编号，这里支座也视为结点。其次，选取结构坐标系和各单元的局部坐标系如图 10-7（b）所示。各单元的始末两端 i、j 的结点号码如表 10-1 所示，则按式（10-23）表示的各单元刚度矩阵的四个子块应为

表 10-1　各单元始末端的结点编号

单元	始端 i	末端 j
（1）	1	2
（2）	2	3
（3）	3	4

$$\boldsymbol{k}^{(1)}=\begin{bmatrix}\boldsymbol{k}_{11}^{(1)} & \vdots & \boldsymbol{k}_{12}^{(1)}\\ \cdots\cdots & \vdots & \cdots\cdots\\ \boldsymbol{k}_{21}^{(1)} & \vdots & \boldsymbol{k}_{22}^{(1)}\end{bmatrix},\quad \boldsymbol{k}^{(2)}=\begin{bmatrix}\boldsymbol{k}_{22}^{(2)} & \vdots & \boldsymbol{k}_{23}^{(2)}\\ \cdots\cdots & \vdots & \cdots\cdots\\ \boldsymbol{k}_{32}^{(2)} & \vdots & \boldsymbol{k}_{33}^{(2)}\end{bmatrix},\quad \boldsymbol{k}^{(3)}=\begin{bmatrix}\boldsymbol{k}_{33}^{(3)} & \vdots & \boldsymbol{k}_{34}^{(3)}\\ \cdots\cdots & \vdots & \cdots\cdots\\ \boldsymbol{k}_{43}^{(3)} & \vdots & \boldsymbol{k}_{44}^{(3)}\end{bmatrix} \tag{a}$$

在平面刚架中，每个结点有两个线位移和一个角位移。此刚架有 4 个结点，共有 12 个结点位移分量，按一定顺序排列成一列阵，称为结点位移列向量，即

$$\boldsymbol{\Delta}=\begin{bmatrix}\boldsymbol{\Delta}_1\\ \boldsymbol{\Delta}_2\\ \boldsymbol{\Delta}_3\\ \boldsymbol{\Delta}_4\end{bmatrix}$$

其中

$$\boldsymbol{\Delta}_1=\begin{bmatrix}u_1\\ v_1\\ \varphi_1\end{bmatrix},\quad \boldsymbol{\Delta}_2=\begin{bmatrix}u_2\\ v_2\\ \varphi_2\end{bmatrix},\quad \boldsymbol{\Delta}_3=\begin{bmatrix}u_3\\ v_3\\ \varphi_3\end{bmatrix},\quad \boldsymbol{\Delta}_4=\begin{bmatrix}u_4\\ v_4\\ \varphi_4\end{bmatrix}$$

这里，$\boldsymbol{\Delta}_i$ 表示结点 i 的位移列向量，u_i、v_i、φ_i 分别为结点 i 沿结构坐标系 x、y 轴的线位移和角位移，它们分别以沿坐标轴的正向和顺时针方向为正。

设刚架只受到结点荷载（非结点荷载可等效为结点荷载，见 10-6 节），则与结点位移列向量相应的结点外力（包括荷载和反力）列向量为

$$\boldsymbol{F}=\begin{bmatrix}\boldsymbol{F}_1\\ \boldsymbol{F}_2\\ \boldsymbol{F}_3\\ \boldsymbol{F}_4\end{bmatrix}$$

其中

$$\boldsymbol{F}_1=\begin{bmatrix}F_{x1}\\F_{y1}\\M_1\end{bmatrix}，\boldsymbol{F}_2=\begin{bmatrix}F_{x2}\\F_{y2}\\M_2\end{bmatrix}，\boldsymbol{F}_3=\begin{bmatrix}F_{x3}\\F_{y3}\\M_3\end{bmatrix}，\boldsymbol{F}_4=\begin{bmatrix}F_{x4}\\F_{y4}\\M_4\end{bmatrix}$$

这里，$\boldsymbol{F}_i$ 代表结点 i 的外力列向量，F_{xi}、F_{yi} 和 M_i 分别为作用于结点 i 的沿 x、y 方向的外力和外力偶，它们的正负号规定与相应的结点位移相同。在结点 2、3 处，结点外力 $\boldsymbol{F}_2$、$\boldsymbol{F}_3$ 就是结点荷载，它们通常是给定的。而在结点 1、4 上，当没有给定结点荷载时，结点外力 $\boldsymbol{F}_1$、$\boldsymbol{F}_4$ 就是支座反力；当支座处还有给定的荷载作用时，则应为结点荷载与支座反力的代数和。下面考虑结构的平衡条件和变形条件。各单元和各结点的隔离体图如图 10-7（c）所示。图中各单元上的杆端力均是沿着结构坐标系的正向作用的。在前面单元分析中，已经保证了各单元本身的平衡和变形连续，因此只需考虑各单元联结处（即各结点处）的平衡条件和变形连续条件。现以结点 3 为例，由平衡条件 $\Sigma F_x=0$，$\Sigma F_y=0$ 和 $\Sigma M=0$，可得

$$F_{x3}=F_{x3}^{(2)}+F_{x3}^{(3)}，\quad F_{y3}=F_{y3}^{(2)}+F_{y3}^{(3)}，\quad M_3=M_3^{(2)}+M_3^{(3)}$$

写成矩阵形式

$$\begin{bmatrix}F_{x3}\\F_{y3}\\M_3\end{bmatrix}=\begin{bmatrix}F_{x3}^{(2)}\\F_{y3}^{(2)}\\M_3^{(2)}\end{bmatrix}+\begin{bmatrix}F_{x3}^{(3)}\\F_{y3}^{(3)}\\M_3^{(3)}\end{bmatrix}$$

上式左边为结点 3 的荷载列向量 $\boldsymbol{F}_3$，右边两列分别为单元（2）和单元（3）在 3 端的杆端力列向量 $\boldsymbol{F}_3^{(2)}$ 和 $\boldsymbol{F}_3^{(3)}$，故上式可简写为

$$\boldsymbol{F}_3=\boldsymbol{F}_3^{(2)}+\boldsymbol{F}_3^{(3)} \tag{b}$$

根据式（10-24），上述杆端力列向量可用杆端位移列向量来表示

$$\boldsymbol{F}_3^{(2)}=\boldsymbol{k}_{32}^{(2)}\boldsymbol{\delta}_2^{(2)}+\boldsymbol{k}_{33}^{(2)}\boldsymbol{\delta}_3^{(2)}，\quad \boldsymbol{F}_3^{(3)}=\boldsymbol{k}_{33}^{(3)}\boldsymbol{\delta}_3^{(3)}+\boldsymbol{k}_{34}^{(3)}\boldsymbol{\delta}_4^{(3)} \tag{c}$$

根据结点处的变形连续条件，应该有

$$\boldsymbol{\delta}_3^{(2)}=\boldsymbol{\delta}_3^{(3)}=\Delta_3，\quad \boldsymbol{\delta}_2^{(2)}=\Delta_2，\quad \boldsymbol{\delta}_4^{(3)}=\Delta_4 \tag{d}$$

将式（c）和（d）代入式（b），则得到以结点位移表示的结点 3 的平衡方程

$$\boldsymbol{F}_3=\boldsymbol{k}_{32}^{(2)}\Delta_2+(\boldsymbol{k}_{33}^{(2)}+\boldsymbol{k}_{33}^{(3)})\Delta_3+\boldsymbol{k}_{34}^{(3)})\Delta_4 \tag{e}$$

同理，对结点 1、2、4 都可建立类似的平衡方程。将所有四个结点的方程汇集在一起，就有

$$\boldsymbol{F}_1=\boldsymbol{k}_{11}^{(1)}\Delta_1+\boldsymbol{k}_{12}^{(1)})\Delta_1$$

$$
\begin{aligned}
F_2 &= k_{21}^{(1)}\Delta_1 + (k_{22}^{(1)} + k_{22}^{(2)})\Delta_2 + k_{23}^{(2)})\Delta_3 \\
F_3 &= k_{32}^{(2)}\Delta_2 + (k_{33}^{(2)} + k_{33}^{(3)})\Delta_3 + k_{34}^{(3)})\Delta_4 \\
F_4 &= k_{43}^{(3)}\Delta_2 + k_{44}^{(4)})\Delta_4
\end{aligned}
\tag{10-29}
$$

写成矩阵形式则为

$$
\begin{bmatrix} F_1 \\ \cdots \\ F_2 \\ \cdots \\ F_3 \\ \cdots \\ F_4 \end{bmatrix}
=
\begin{bmatrix}
k_{11}^{(1)} & \vdots & k_{12}^{(1)} & \vdots & 0 & \vdots & 0 \\
\cdots\cdots & \vdots & \cdots\cdots & \vdots & \cdots\cdots & \vdots & \cdots\cdots \\
k_{21}^{(1)} & \vdots & k_{22}^{(1)} + k_{22}^{(2)} & \vdots & k_{23}^{(2)} & \vdots & 0 \\
\cdots\cdots & \vdots & \cdots\cdots & \vdots & \cdots\cdots & \vdots & \cdots\cdots \\
0 & \vdots & k_{32}^{(2)} & \vdots & k_{33}^{(2)} + k_{33}^{(3)} & \vdots & k_{34}^{(3)} \\
\cdots\cdots & \vdots & \cdots\cdots & \vdots & \cdots\cdots & \vdots & \cdots\cdots \\
0 & \vdots & 0 & \vdots & k_{43}^{(3)} & \vdots & k_{44}^{(3)}
\end{bmatrix}
\begin{bmatrix} \Delta_1 \\ \cdots \\ \Delta_2 \\ \cdots \\ \Delta_3 \\ \cdots \\ \Delta_4 \end{bmatrix}
\tag{10-30}
$$

上式便是用结点位移表示的所有结点的平衡方程，它表明了结点外力与结点位移之间的关系，通常称为结构的原始刚度方程，“原始”之意是指尚未引入支承条件。上式可简写为

$$
F = K\Delta \tag{10-31}
$$

式中

$$
K =
\begin{bmatrix}
K_{11} & \vdots & K_{12} & \vdots & K_{13} & \vdots & K_{14} \\
\cdots\cdots & \vdots & \cdots\cdots & \vdots & \cdots\cdots & \vdots & \cdots\cdots \\
K_{21} & \vdots & K_{22} & \vdots & K_{23} & \vdots & K_{24} \\
\cdots\cdots & \vdots & \cdots\cdots & \vdots & \cdots\cdots & \vdots & \cdots\cdots \\
K_{31} & \vdots & K_{32} & \vdots & K_{33} & \vdots & K_{34} \\
\cdots\cdots & \vdots & \cdots\cdots & \vdots & \cdots\cdots & \vdots & \cdots\cdots \\
K_{41} & \vdots & K_{42} & \vdots & K_{43} & \vdots & K_{44}
\end{bmatrix}
=
\begin{bmatrix}
k_{11}^{(1)} & \vdots & k_{12}^{(1)} & \vdots & 0 & \vdots & 0 \\
\cdots\cdots & \vdots & \cdots\cdots & \vdots & \cdots\cdots & \vdots & \cdots\cdots \\
k_{21}^{(1)} & \vdots & k_{22}^{(1)} + k_{22}^{(2)} & \vdots & k_{23}^{(2)} & \vdots & 0 \\
\cdots\cdots & \vdots & \cdots\cdots & \vdots & \cdots\cdots & \vdots & \cdots\cdots \\
0 & \vdots & k_{32}^{(2)} & \vdots & k_{33}^{(2)} + k_{33}^{(3)} & \vdots & k_{34}^{(3)} \\
\cdots\cdots & \vdots & \cdots\cdots & \vdots & \cdots\cdots & \vdots & \cdots\cdots \\
0 & \vdots & 0 & \vdots & k_{43}^{(3)} & \vdots & k_{44}^{(3)}
\end{bmatrix}
\tag{10-32}
$$

称为结构的原始刚度矩阵，也称结构的总刚度矩阵（简称总刚）。它的每个子块都是 3×3 阶方阵，故 K 为 12×12 阶方程。其中每一个元素的物理意义就是当其所在列对应的结点位移分量等于 1（其余结点位移分量均为零）时，其所在行对应的结点外力分量的数值。

结构的原始刚度矩阵 K 具有如下性质：

（1）对称性。原始刚度矩阵 K 是一个对称方阵，这可由反力互等定理得知。

（2）奇异性。原始刚度矩阵是奇异的，其逆阵不存在。这是由于建立方程式（10-30）时，没有考虑结构的约束条件，结构还可以有任意刚体位移，结点位移的解答不是唯一的。故还不能由式（10-30）来求结点位移，只能在引入支承条件，对结构的原始刚度方程进行修改后，才能求解未知的结点位移，这将在下一节中讨论。

下面讨论如何由单元刚度矩阵直接形成结构原始刚度矩阵。

考查前面式（a）及式（10-32）可知，结构的原始刚度矩阵是由每个单元刚度矩阵的四个子块，按其两个下标号码送入结构刚度矩阵中的相应位置上而形成的。也就是将各单元子块“对号入座”即形成总刚。以单元（3）的四个子块为例，其入座位置如图 10-8 所示。一般而言，某单刚子块 $\boldsymbol{k}_{ij}^{e}$ 就应被送入总刚（以子块形式表示）中第 i 行第 j 列的位置上去。这种利用结构坐标系中的单元刚度矩阵子块对号入座直接形成总刚的方法，称为直接刚度法。

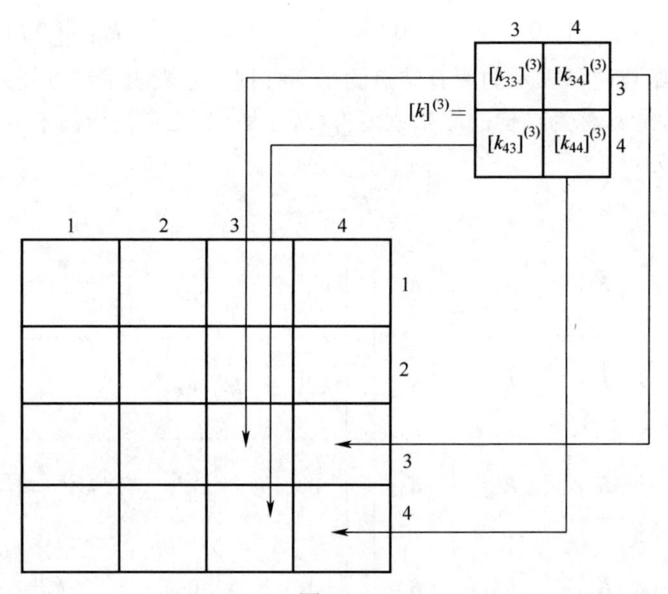

图 10-8

在对号入座时，具有相同下标的各单刚子块在总刚中被送到同一位置上，各单刚子块要进行叠加，而没有单刚子块送入的位置上则为零子块。

位于主对角线上的子块称为主子块；其余子块称为副子块。同交于一个结点上的各杆件称为该结点的相关单元；两个结点之间有杆件直接相联者称为相关结点。则由单刚子块对号入座形成总刚具有如下规律：

总刚中的主子块 $\boldsymbol{K}_{ii}$ 是由结点 i 的各相关单元的主子块叠加求得的，即

$\boldsymbol{K}_{ii}=\sum \boldsymbol{k}_{ii}^{e}$。

总刚中的副子块 $\boldsymbol{K}_{im}$，当 i、m 为相关结点时，即为联结它们的单元的相应副子块，即 $\boldsymbol{K}_{im}=\boldsymbol{k}_{im}^{e}$；当 i、m 为非相关结点时，为零子块，即 $\boldsymbol{K}_{im}=\boldsymbol{0}$。

例 10-1 试求图 10-9 所示刚架的原始刚度矩阵。各杆材料及截面均相同，$EA=1.5\times10^{7}\text{kN}$，$EI=1.25\times10^{6}\text{kN}\cdot\text{m}^{2}$。

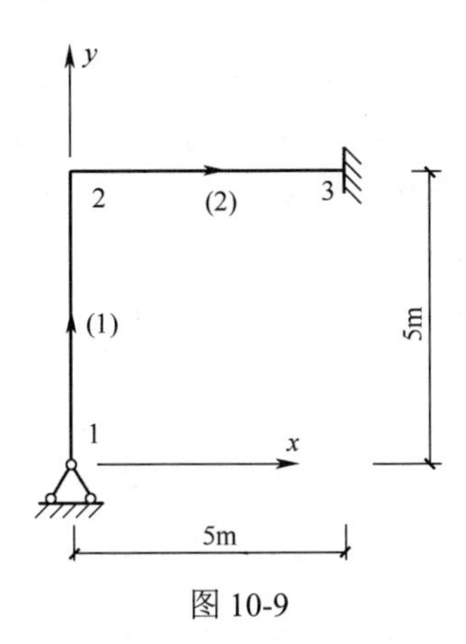

图 10-9

解：（1）将各单元、结点编号，并选取结构坐标系及各单元局部坐标系（图中箭头所示方向为 $\bar{x}$ 方向，其坐标原点在各杆的始端）如图中所示。

（2）各单元在局部坐标系中的单元刚度矩阵按式（10-5）计算。将有关数据计算如下：

$$\frac{EA}{l}=\frac{1.5\times10^{7}\ \text{kN}}{5\text{m}}=300\times10^{4}\ \text{kN/m}。$$

$$\frac{12EI}{l^{3}}=\frac{12\times1.25\times10^{6}\ \text{kN}\cdot\text{m}^{2}}{(5\text{m})^{3}}=12\times10^{4}\ \text{kN/m}$$

$$\frac{6EI}{l^{2}}=\frac{6\times1.25\times10^{6}\ \text{kN}\cdot\text{m}^{2}}{(5\text{m})^{2}}=30\times10^{4}\ \text{kN}$$

$$\frac{4EI}{l}=\frac{4\times1.25\times10^{6}\ \text{kN}\cdot\text{m}^{2}}{5\text{m}}=100\times10^{4}\ \text{kN}\cdot\text{m}$$

$$\frac{2EI}{l}=50\times10^{4}\ \text{kN}\cdot\text{m}$$

由于（1）、（2）两单元材料、尺寸相同，故在局部坐标系中的单刚相同，由式（10-5）得

$$\overline{\boldsymbol{k}}^{(1)}=\overline{\boldsymbol{k}}^{(2)}=10^4\begin{bmatrix} 300\text{kN/m} & 0 & 0 & \vdots & -300\text{kN/m} & 0 & 0 \\ 0 & 12\text{kN/m} & -30\text{kN} & \vdots & 0 & -12\text{kN/m} & -30\text{kN} \\ 0 & -30\text{kN} & 100\text{kN}\cdot\text{m} & \vdots & 0 & 30\text{kN} & 50\text{kN}\cdot\text{m} \\ \cdots\cdots & \cdots\cdots & \cdots\cdots & \vdots & \cdots\cdots & \cdots\cdots & \cdots\cdots \\ -300\text{kN/m} & 0 & 0 & \vdots & 300\text{kN/m} & 0 & 0 \\ 0 & -12\text{kN/m} & 30\text{kN} & \vdots & 0 & 12\text{kN/m} & 30\text{kN} \\ 0 & -30\text{kN} & 50\text{kN}\cdot\text{m} & \vdots & 0 & 30\text{kN} & 100\text{kN}\cdot\text{m} \end{bmatrix}$$

（3）建立结构坐标系中的单元刚度矩阵。对于单元（1），$\alpha=90°$，$\sin\alpha=1$，$\cos\alpha=0$，单元的坐标转换矩阵由式（10-14）可得

$$\boldsymbol{T}=\begin{bmatrix} 0 & 1 & 0 & \vdots & 0 & 0 & 0 \\ -1 & 0 & 0 & \vdots & 0 & 0 & 0 \\ 0 & 0 & 1 & \vdots & 0 & 0 & 0 \\ \cdots\cdots & \cdots\cdots & \cdots\cdots & \vdots & \cdots\cdots & \cdots\cdots & \cdots\cdots \\ 0 & 0 & 0 & \vdots & 0 & 1 & 0 \\ 0 & 0 & 0 & \vdots & -1 & 0 & 0 \\ 0 & 0 & 0 & \vdots & 0 & 0 & 1 \end{bmatrix}$$

再由式（10-20）得

$$\boldsymbol{k}^{(1)}=\begin{bmatrix} \boldsymbol{k}_{11}^{(1)} & \vdots & \boldsymbol{k}_{12}^{(1)} \\ \cdots\cdots & \vdots & \cdots\cdots \\ \boldsymbol{k}_{21}^{(1)} & \vdots & \boldsymbol{k}_{22}^{(1)} \end{bmatrix}=\boldsymbol{T}^T\overline{\boldsymbol{k}}^{(1)}\boldsymbol{T}=10^4\begin{bmatrix} 12\text{kN/m} & 0 & 30\text{kN} & \vdots & -12\text{kN/m} & 0 & 30\text{kN} \\ 0 & 300\text{kN/m} & 0 & \vdots & 0 & -300\text{kN/m} & 0 \\ 30\text{kN} & 0 & 100\text{kN}\cdot\text{m} & \vdots & -30 & 0 & 50\text{kN}\cdot\text{m} \\ \cdots\cdots & \cdots\cdots & \cdots\cdots & \vdots & \cdots\cdots & \cdots\cdots & \cdots\cdots \\ -12\text{kN/m} & 0 & -30\text{kN} & \vdots & 12\text{kN/m} & 0 & -30\text{kN} \\ 0 & -300\text{kN/m} & 0 & \vdots & 0 & 300\text{kN/m} & 0 \\ 30\text{kN} & 0 & 50\text{kN}\cdot\text{m} & \vdots & -30\text{kN} & 0 & 100\text{kN}\cdot\text{m} \end{bmatrix}$$

对于单元（2），$\alpha=0°$，由式（10-25）可知

$$\boldsymbol{k}^{(2)}=\begin{bmatrix} \boldsymbol{k}_{22}^{(2)} & \vdots & \boldsymbol{k}_{23}^{(2)} \\ \cdots\cdots & \vdots & \cdots\cdots \\ \boldsymbol{k}_{32}^{(2)} & \vdots & \boldsymbol{k}_{33}^{(2)} \end{bmatrix}=\overline{\boldsymbol{k}}^{(2)}$$

（4）将各单刚子块对号入座形成总刚。

$$\boldsymbol{K}=\begin{bmatrix} \boldsymbol{k}_{11}^{(1)} & \vdots & \boldsymbol{k}_{12}^{(1)} & \vdots & \boldsymbol{0} \\ \cdots & \vdots & \cdots\cdots & \vdots & \cdots \\ \boldsymbol{k}_{21}^{(1)} & \vdots & \boldsymbol{k}_{22}^{(1)}+\boldsymbol{k}_{22}^{(2)} & \vdots & \boldsymbol{k}_{23}^{(2)} \\ \cdots & \vdots & \cdots\cdots & \vdots & \cdots \\ 0 & \vdots & \boldsymbol{k}_{32}^{(2)} & \vdots & \boldsymbol{k}_{33}^{(2)} \end{bmatrix}$$

$$=10^4\begin{bmatrix} 12\text{kN/m} & 0 & 30\text{kN} & \vdots & -12\text{kN/m} & 0 & 30\text{kN} & \vdots & 0 & 0 & 0 \\ 0 & 300\text{kN/m} & 0 & \vdots & 0 & -300\text{kN/m} & 0 & \vdots & 0 & 0 & 0 \\ 30\text{kN} & 0 & 100\text{kN}\cdot\text{m} & \vdots & -30\text{kN} & 0 & 50\text{kN}\cdot\text{m} & \vdots & 0 & 0 & 0 \\ \cdots & \cdots & \cdots & \vdots & \cdots & \cdots & \cdots & \vdots & \cdots & \cdots & \cdots \\ -12\text{kN/m} & 0 & -30\text{kN} & \vdots & 312\text{kN/m} & 0 & -30\text{kN} & \vdots & -300\text{kN/m} & 0 & 0 \\ 0 & -300\text{kN/m} & 0 & \vdots & 0 & 312\text{kN/m} & -30\text{kN} & \vdots & 0 & -12\text{kN/m} & -30\text{kN} \\ 30\text{kN} & 0 & 50\text{kN}\cdot\text{m} & \vdots & -30\text{kN} & -30\text{kN} & 200\text{kN}\cdot\text{m} & \vdots & 0 & 30\text{kN} & 50\text{kN}\cdot\text{m} \\ \cdots & \cdots & \cdots & \vdots & \cdots & \cdots & \cdots & \vdots & \cdots & \cdots & \cdots \\ 0 & 0 & 0 & \vdots & -300\text{kN/m} & 0 & 0 & \vdots & 300\text{kN/m} & 0 & 0 \\ 0 & 0 & 0 & \vdots & 0 & -12\text{kN/m} & 30\text{kN} & \vdots & 0 & 12\text{kN/m} & 30\text{kN} \\ 0 & 0 & 0 & \vdots & 0 & -30\text{kN} & 50\text{kN}\cdot\text{m} & \vdots & 0 & 30\text{kN} & 100\text{kN}\cdot\text{m} \end{bmatrix}$$

§10-5 支承条件的引入

上节中建立的图 10-7 所示结构的原始刚度方程式（10-30）并没有考虑支承条件，结构还可以有任意的刚体位移，所以原始刚度矩阵是奇异的，其逆矩阵不存在，因而不能由式（10-30）来求解结点位移。

在式（10-30）中，$\boldsymbol{F}_2$、$\boldsymbol{F}_3$是已知的结点荷载，与之相应的$\boldsymbol{\Delta}_2$、$\boldsymbol{\Delta}_3$是待求的未知结点位移；而$\boldsymbol{F}_1$、$\boldsymbol{F}_4$是未知的支座反力，与之相应的$\boldsymbol{\Delta}_1$、$\boldsymbol{\Delta}_4$是已知的结点位移。因结点 1、4 均为固定端，故支承条件为

$$\begin{bmatrix} \boldsymbol{\Delta}_1 \\ \cdots \\ \boldsymbol{\Delta}_4 \end{bmatrix}=\begin{bmatrix} \boldsymbol{0} \\ \cdots \\ \boldsymbol{0} \end{bmatrix} \tag{10-33}$$

代入式（10-30），由矩阵乘法运算可知

$$\begin{bmatrix} \boldsymbol{F}_2 \\ \cdots \\ \boldsymbol{F}_3 \end{bmatrix}=\begin{bmatrix} \boldsymbol{k}_{22}^{(1)}+\boldsymbol{k}_{22}^{(2)} & \vdots & \boldsymbol{k}_{23}^{(2)} \\ \cdots\cdots & \vdots & \cdots\cdots \\ \boldsymbol{k}_{32}^{(2)} & \vdots & \boldsymbol{k}_{33}^{(2)}+\boldsymbol{k}_{33}^{(3)} \end{bmatrix}\begin{bmatrix} \boldsymbol{\Delta}_2 \\ \cdots \\ \boldsymbol{\Delta}_3 \end{bmatrix} \tag{10-34}$$

和

$$\begin{bmatrix} \boldsymbol{F}_1 \\ \cdots \\ \boldsymbol{F}_4 \end{bmatrix} = \begin{bmatrix} \boldsymbol{k}_{12}^{(1)} & \vdots & \boldsymbol{0} \\ \cdots\cdots & \vdots & \cdots\cdots \\ \boldsymbol{0} & \vdots & \boldsymbol{k}_{43}^{(3)} \end{bmatrix} \begin{bmatrix} \boldsymbol{\Delta}_2 \\ \cdots \\ \boldsymbol{\Delta}_3 \end{bmatrix} \tag{10-35}$$

式（10-34）即为引入支承条件后的结构刚度方程，即位移法的典型方程，可简写为

$$\tilde{\boldsymbol{F}} = \tilde{\boldsymbol{K}}\tilde{\boldsymbol{\Delta}} \tag{10-36}$$

其中，$\tilde{\boldsymbol{F}}$ 是已知结点荷载列向量，$\tilde{\boldsymbol{\Delta}}$ 是未知结点位移列向量，$\tilde{\boldsymbol{K}}$ 是从原始刚度矩阵中删去与已知为零的位移对应的行和列而得的，称为结构的刚度矩阵，或称为缩减的总刚。

原结构在引入支承条件后便消除了任意刚体位移，因而结构刚度矩阵 $\tilde{\boldsymbol{K}}$ 为非奇异矩阵，则可由式（10-36）求解未知的结点位移，即

$$\tilde{\boldsymbol{\Delta}} = \tilde{\boldsymbol{K}}^{-1}\tilde{\boldsymbol{F}} \tag{10-37}$$

求出结点位移后，便可由单元刚度矩阵计算各单元的杆端内力。将式（10-19）中的杆端位移 $\boldsymbol{\delta}^e$ 改为用单元两端的结点位移 $\boldsymbol{\Delta}^e$ 来表示，则局部坐标系中的杆端力计算式为

$$\overline{\boldsymbol{F}}^e = \boldsymbol{T}\boldsymbol{F}^e = \boldsymbol{T}\boldsymbol{k}^e\boldsymbol{\Delta}^e \tag{10-38a}$$

或者

$$\overline{\boldsymbol{F}}^e = \overline{\boldsymbol{k}}^e\overline{\boldsymbol{\delta}}^e = \overline{\boldsymbol{k}}^e\boldsymbol{T}\boldsymbol{\Delta}^e \tag{10-38b}$$

当求出未知的结点位移后，还可以利用式（10-35）计算支座反力。不过在全部杆件的内力求出后，一般无须再求反力，即使要求，也可由结点平衡很容易求得，故一般不用该式求反力。

§ 10-6　结点荷载列阵

结构上受到的荷载，按其作用位置的不同可分为两类：一类直接作用在结点上的称为结点荷载(图 10-7)；另一类作用在结点之间的杆件上的称为非结点荷载，非结点荷载不能直接用于结构矩阵分析。但实际问题中所遇到的大部分荷载又是非结点荷载。因此，在结构矩阵分析中，必须将非结荷载处理为结点荷载，将其与结点荷载一并形成结构荷载列阵。

1. 等效结点荷载

图 10-10（a）所示刚架受非结点荷载，可按以下两步来处理。

（1）在具有结点位移的结点上加入附加刚臂和附加链杆，以阻止所有结点的转动和移动，此时各单元将产生固端力，附加刚臂和附加链杆上产生附加反力矩和反力。由结点的平衡可知，这些附加反力矩和反力的大小等于汇交于该结点的各单元固端力的代数和，如图 10-10（b）所示。

（2）取消附加刚臂和链杆，相当于将上述附加反力矩和反力反号作为荷载加于结点上，如图 10-10（c）所示。这些结点荷载称为原非结点荷载的等效结点荷载。这里“等效”之意是指图（a）与图（c）两种情况的结点位移是相等的，因为图（b）情况的结点位移为零。在等效结点荷载作用下，便可按前述方法求解。最后，将以上两步内力叠加，即可得到原结构在非结点荷载作用下的内力解答。

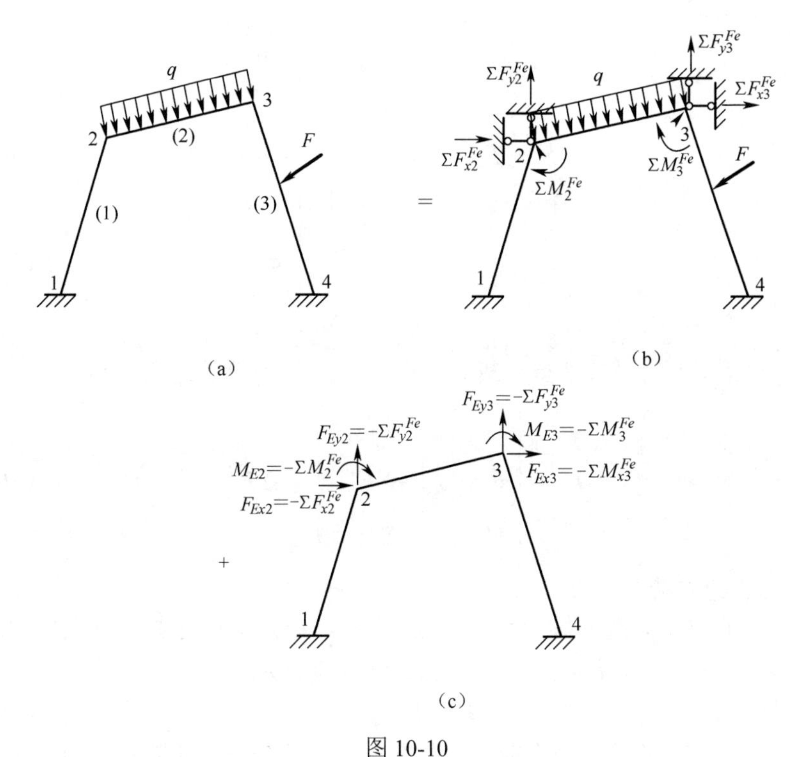

图 10-10

设某单元（e）在非结点荷载作用下，其局部坐标系中的固端力为

$$\overline{\boldsymbol{F}}^{Fe}=\begin{bmatrix}\overline{\boldsymbol{F}}_i^{Fe}\\ \cdots\\ \overline{\boldsymbol{F}}_j^{Fe}\end{bmatrix}=\begin{bmatrix}\overline{F}_{Ni}^{Fe}\\ \overline{F}_{Si}^{Fe}\\ \overline{M}_i^{Fe}\\ \cdots\cdots\\ \overline{F}_{Nj}^{Fe}\\ \overline{F}_{Sj}^{Fe}\\ \overline{M}_j^{Fe}\end{bmatrix} \tag{10-39}$$

其中的上标“F”表示固端之意。固端力可由表 10-3 查得。则结构坐标系中的固端力应为

$$\boldsymbol{F}^{Fe}=\boldsymbol{T}^T\overline{\boldsymbol{F}}^{Fe}=\begin{bmatrix}\boldsymbol{F}_i^{Fe}\\ \cdots\\ \boldsymbol{F}_j^{Fe}\end{bmatrix}=\begin{bmatrix}F_{xi}^{Fe}\\ F_{yi}^{Fe}\\ M_i^{Fe}\\ \cdots\cdots\\ F_{xj}^{Fe}\\ F_{yj}^{Fe}\\ M_j^{Fe}\end{bmatrix} \tag{10-40}$$

任一结点 i 上的等效结点荷载 $\boldsymbol{F}_{Ei}$（下标“E”为等效之意）为

$$\boldsymbol{F}_{Ei}=\begin{bmatrix}F_{Exi}\\ F_{Eyi}\\ M_{Ei}\end{bmatrix}=\begin{bmatrix}-\Sigma F_{xi}^{Fe}\\ -\Sigma F_{yi}^{Fe}\\ -\Sigma M_i^{Fe}\end{bmatrix}=-\Sigma\boldsymbol{F}_i^{Fe} \tag{10-41}$$

2. 综合结点荷载

若除了非结点荷载的等效结点荷载 $\boldsymbol{F}_{Ei}$ 外，结点上还有原来直接作用的荷载 $\boldsymbol{F}_{Di}$（下标“D”表示直接之意），则总的结点荷载为

$$\boldsymbol{F}_i=\boldsymbol{F}_{Di}+\boldsymbol{F}_{Ei} \tag{10-42}$$

$\boldsymbol{F}_i$ 称为结点 i 的综合结点荷载。整个结构的综合结点荷载列阵为

$$\boldsymbol{F}=\boldsymbol{F}_D+\boldsymbol{F}_E \tag{10-43}$$

式中，$\boldsymbol{F}_D$ 是直接结点荷载列阵，$\boldsymbol{F}_E$ 是等效结点荷载列阵。

各单元的最后杆端力是综合结点荷载作用下的杆端力与固端力之和，即

$$\boldsymbol{F}^e = \boldsymbol{F}^{Fe} + \boldsymbol{k}^e \boldsymbol{\Delta}^e \tag{10-44}$$

及

$$\overline{\boldsymbol{F}}^e = \overline{\boldsymbol{F}}^{Fe} + \boldsymbol{T}\boldsymbol{k}^e \boldsymbol{\Delta}^e \tag{10-45}$$

或者

$$\overline{\boldsymbol{F}}^e = \overline{\boldsymbol{F}}^{Fe} + \overline{\boldsymbol{k}}^e \boldsymbol{T} \boldsymbol{\Delta}^e \tag{10-46}$$

结构在温度变化及支座移动影响下的计算，同样可按上述方法处理。只要确定了各杆在温度变化及支座移动下的固端力，即可由式（10-40）及式（10-41）计算相应的等效结点荷载。表 10-2 所示为等直杆单元的固端力列表。

表 10-2　等直杆单元的固端力

序号	荷载	固端力	始端 i	末端 j
1	$\bar{y}$, F_2, F_1, $\bar{x}$, i, j, a, b, l	$\overline{F}_N^F$	$-\dfrac{F_1 b}{l}$	$-\dfrac{F_1 a}{l}$
		$\overline{F}_S^F$	$-\dfrac{F_2 b^2(l+2a)}{l^3}$	$-\dfrac{F_2 a^2(l+2b)}{l^3}$
		$\overline{M}^F$	$\dfrac{F_2 ab^2}{l^2}$	$-\dfrac{F_2 a^2 b}{l^2}$
2	$\bar{y}$, q, p, $\bar{x}$, i, j, a, b, l	$\overline{F}_N^F$	$-\dfrac{pa(l+b)}{2l}$	$-\dfrac{pa^2}{2l}$
		$\overline{F}_S^F$	$-\dfrac{qa(2l^2-2la^2+a^3)}{2l^3}$	$-\dfrac{qa^3(2l-a)}{2l^3}$
		$\overline{M}^F$	$\dfrac{qa^2(6l^2-8la+3a^2)}{12l^2}$	$-\dfrac{qa^3(4l-3a)}{12l^2}$
3	$\bar{y}$, M, $\bar{x}$, i, j, a, b, l	$\overline{F}_N^F$	0	0
		$\overline{F}_S^F$	$-\dfrac{6Mab}{l^3}$	$-\dfrac{6Mab}{l^3}$
		$\overline{M}^F$	$-\dfrac{Mb(3a-l)}{l^2}$	$-\dfrac{Mb(3a-l)}{l^2}$
4	$\bar{y}$, t_1, t_2, $\bar{x}$, i, j, l	$\overline{F}_N^F$	$\dfrac{EA\alpha(t_1+t_2)}{2}$	$-\dfrac{EA\alpha(t_1+t_2)}{2}$
		$\overline{F}_S^F$	0	0
		$\overline{M}^F$	$-\dfrac{EI\alpha(t_2-t_1)}{h}$	$\dfrac{EI\alpha(t_2-t_1)}{h}$

§10-7 矩阵位移法的计算步骤及示例

通过以上的分析，可将矩阵位移法的计算步骤总结如下：

（1）对结点、单元进行编号，选定结构坐标系及局部坐标系。

（2）建立单元在局部坐标系中的单元刚度矩阵。

（3）建立单元在结构坐标系中的单元刚度矩阵。

（4）形式结构原始刚度矩阵。

（5）计算固端力，等效结点荷载及综合结点荷载。

（6）引入支承条件，修改结构原始刚度方程。

（7）解刚度方程，求结点位移。

（8）计算各单元杆端内力。

例 10-2 试求图 10-11 所示刚架内力，已知各杆材料及截面相同，具体数据见例 10-1。

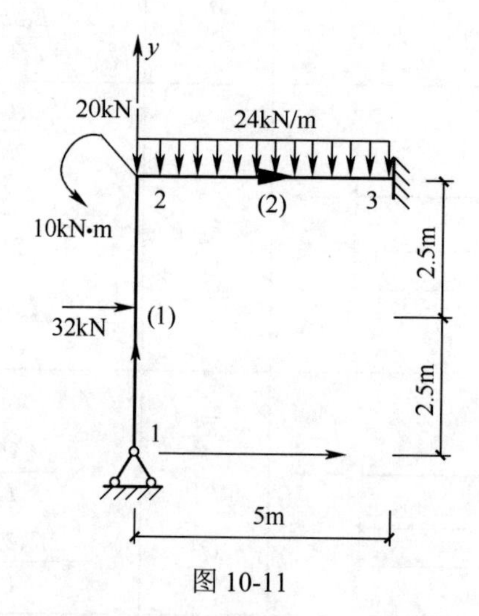

图 10-11

解：（1）将单元、结点编号如图所示。

（2）求出各单元在局部坐标系中的单刚，见例 10-1。

（3）求出各单元在结构坐标系中的单刚，见例 10-1。

（4）将各单刚子块对号入座，形成结构原始刚度矩阵，见例 10-1。

（5）计算固端力、等效结点荷载及综合结点荷载。

根据表 10-3 可知，各单元在局部坐标系中的固端力为

$$\overline{\boldsymbol{F}}^{F(1)}=\begin{bmatrix}\overline{\boldsymbol{F}}_1^{F(1)}\\ \cdots\\ \overline{\boldsymbol{F}}_2^{F(1)}\end{bmatrix}=\begin{bmatrix}0\\16\text{kN}\\-20\text{kN}\cdot\text{m}\\ \cdots\cdots\\0\\16\text{kN}\\20\text{kN}\cdot\text{m}\end{bmatrix},\quad \overline{\boldsymbol{F}}^{F(2)}=\begin{bmatrix}\overline{\boldsymbol{F}}_2^{F(2)}\\ \cdots\\ \overline{\boldsymbol{F}}_3^{F(2)}\end{bmatrix}=\begin{bmatrix}0\\60\text{kN}\\-50\text{kN}\cdot\text{m}\\ \cdots\cdots\\0\\60\text{kN}\\50\text{kN}\cdot\text{m}\end{bmatrix}$$

将单元（1）的 α=90°，单元（2）的 α=0 代入式（10-40），得单元在结构坐标系中的固端力

$$\boldsymbol{F}^{F(1)}=\begin{bmatrix}\boldsymbol{F}_1^{F(1)}\\ \cdots\\ \boldsymbol{F}_2^{F(1)}\end{bmatrix}=\begin{bmatrix}0&-1&0&\vdots&0&0&0\\1&0&0&\vdots&0&0&0\\0&0&1&\vdots&0&0&0\\ \cdots\cdots&\cdots\cdots&\cdots\cdots&\vdots&\cdots\cdots&\cdots\cdots&\cdots\cdots\\0&0&0&\vdots&0&-1&0\\0&0&0&\vdots&1&0&0\\0&0&0&\vdots&0&0&1\end{bmatrix}\begin{bmatrix}0\\16\text{kN}\\-20\text{kN}\cdot\text{m}\\ \cdots\cdots\\0\\16\text{kN}\\20\text{kN}\cdot\text{m}\end{bmatrix}=\begin{bmatrix}-16\text{kN}\\0\\-20\text{kN}\cdot\text{m}\\ \cdots\cdots\\-16\text{kN}\\0\\20\text{kN}\cdot\text{m}\end{bmatrix}$$

$$\boldsymbol{F}^{F(2)}=\begin{bmatrix}\boldsymbol{F}_2^{F(2)}\\ \cdots\\ \boldsymbol{F}_3^{F(2)}\end{bmatrix}=\begin{bmatrix}1&0&0&\vdots&0&0&0\\0&1&0&\vdots&0&0&0\\0&0&1&\vdots&0&0&0\\ \cdots\cdots&\cdots\cdots&\cdots\cdots&\vdots&\cdots\cdots&\cdots\cdots&\cdots\cdots\\0&0&0&\vdots&1&0&0\\0&0&0&\vdots&0&1&0\\0&0&0&\vdots&0&0&1\end{bmatrix}\begin{bmatrix}0\\60\text{kN}\\-50\text{kN}\cdot\text{m}\\ \cdots\cdots\\0\\60\text{kN}\\50\text{kN}\cdot\text{m}\end{bmatrix}=\begin{bmatrix}0\\60\text{kN}\\-50\text{kN}\cdot\text{m}\\ \cdots\cdots\\0\\60\text{kN}\\50\text{kN}\cdot\text{m}\end{bmatrix}$$

由式（10-41）可求出结点 1、2 上的等效结点荷载为

$$\boldsymbol{F}_{E1}=-\boldsymbol{F}_1^{F(1)}=\begin{bmatrix}16\text{kN}\\0\\20\text{kN}\cdot\text{m}\end{bmatrix},$$

$$\boldsymbol{F}_{E2}=-(\boldsymbol{F}_2^{F(1)}+\boldsymbol{F}_2^{F(2)})=-\begin{bmatrix}-16\text{kN}\\0\\20\text{kN}\cdot\text{m}\end{bmatrix}-\begin{bmatrix}0\\60\text{kN}\\-50\text{kN}\cdot\text{m}\end{bmatrix}=\begin{bmatrix}16\text{kN}\\-60\text{kN}\\30\text{kN}\cdot\text{m}\end{bmatrix}$$

再由式（10-42）求得综合结点荷载为

$$\boldsymbol{F}_1=\boldsymbol{F}_{D1}+\boldsymbol{F}_{E1}=\begin{bmatrix}F'_{x1}\\F'_{y1}\\0\end{bmatrix}+\begin{bmatrix}16\text{kN}\\0\\20\text{kN}\cdot\text{m}\end{bmatrix}=\begin{bmatrix}F_{x1}\\F_{y1}\\20\text{kN}\cdot\text{m}\end{bmatrix},$$

$$\boldsymbol{F}_2=\boldsymbol{F}_{D2}+\boldsymbol{F}_{E2}=\begin{bmatrix}0\\-20\text{kN}\\-10\text{kN}\cdot\text{m}\end{bmatrix}+\begin{bmatrix}16\text{kN}\\-60\text{kN}\\30\text{kN}\cdot\text{m}\end{bmatrix}=\begin{bmatrix}16\text{kN}\\-80\text{kN}\\20\text{kN}\cdot\text{m}\end{bmatrix}$$

于是可得结点外力列阵为

$$\boldsymbol{F}=\begin{bmatrix}\boldsymbol{F}_1\\\boldsymbol{F}_2\\\boldsymbol{F}_3\end{bmatrix}=\begin{bmatrix}F_{x1}\\F_{y1}\\M_1\\\cdots\\F_{x2}\\F_{y2}\\M_2\\\cdots\\F_{x3}\\F_{y3}\\M_3\end{bmatrix}=\begin{bmatrix}F_{x1}\\F_{y1}\\20\text{kN}\cdot\text{m}\\\cdots\\16\text{kN}\\-80\text{kN}\\20\text{kN}\cdot\text{m}\\\cdots\\F_{x3}\\F_{y3}\\M_3\end{bmatrix}$$

这里需要指出，对于支座结点 3，同样可按式（10-41）和式（10-42）算出等效结点荷载。但由于 $\boldsymbol{F}_3$ 是综合结点荷载与支座反力的代数和，而其中的反力仍是未知的，又由于在引入支承条件时，未知力 $\boldsymbol{F}_3$ 所对应的行将被删去，故在此可不必计算支座结点 3 的等效结点荷载。

（6）引入支承条件，修改原始刚度方程。结构的原始刚度方程为

$$
\begin{bmatrix} F_{x1} \\ F_{y1} \\ 20\text{kN}\cdot\text{m} \\ \cdots \\ 16\text{kN} \\ -80\text{kN} \\ 20\text{kN}\cdot\text{m} \\ \cdots \\ F_{x3} \\ F_{y3} \\ M_3 \end{bmatrix} = 10^4 \begin{bmatrix}
12\text{kN/m} & 0 & 30\text{kN} & \vdots & -12\text{kN/m} & 0 & 30\text{kN} & \vdots & 0 & 0 & 0 \\
0 & 300\text{kN/m} & 0 & \vdots & 0 & -300\text{kN/m} & 0 & \vdots & 0 & 0 & 0 \\
30\text{kN} & 0 & 100\text{kN}\cdot\text{m} & \vdots & -30\text{kN} & 0 & 50\text{kN}\cdot\text{m} & \vdots & 0 & 0 & 0 \\
\cdots & \cdots & \cdots & \vdots & \cdots & \cdots & \cdots & \vdots & \cdots & \cdots & \cdots \\
-12\text{kN/m} & 0 & -30\text{kN} & \vdots & 312\text{kN/m} & 0 & -30\text{kN} & \vdots & -300\text{kN/m} & 0 & 0 \\
0 & -300\text{kN/m} & 0 & \vdots & 0 & 312\text{kN/m} & -30\text{kN} & \vdots & 0 & -12\text{kN/m} & -30\text{kN} \\
30\text{kN} & 0 & 50\text{kN}\cdot\text{m} & \vdots & -30\text{kN} & -30\text{kN} & 200\text{kN}\cdot\text{m} & \vdots & 0 & 30\text{kN} & 50\text{kN}\cdot\text{m} \\
\cdots & \cdots & \cdots & \vdots & \cdots & \cdots & \cdots & \vdots & \cdots & \cdots & \cdots \\
0 & 0 & 0 & \vdots & -300\text{kN/m} & 0 & 0 & \vdots & 300\text{kN/m} & 0 & 0 \\
0 & 0 & 0 & \vdots & 0 & -12\text{kN/m} & 30\text{kN} & \vdots & 0 & 12\text{kN/m} & 30\text{kN} \\
0 & 0 & 0 & \vdots & 0 & -30\text{kN} & 50\text{kN}\cdot\text{m} & \vdots & 0 & 30\text{kN} & 100\text{kN}\cdot\text{m}
\end{bmatrix} \begin{bmatrix} u_1 \\ v_1 \\ \varphi_1 \\ \cdots \\ u_2 \\ v_2 \\ \varphi_2 \\ \cdots \\ u_3 \\ v_3 \\ \varphi_3 \end{bmatrix}
$$

结点 1 为固定铰支座，结点 3 为固定端，故已知

$$u_1 = v_1 = 0；\quad u_3 = v_3 = \varphi_3 = 0$$

在原始刚度矩阵中删去与上述零位移相应的行和列，同时在结点位移列阵和结点外力列阵中删去相应的行，得结构的刚度方程为

$$
\begin{bmatrix} 20\text{kN}\cdot\text{m} \\ 16\text{kN} \\ -80\text{kN} \\ 20\text{kN}\cdot\text{m} \end{bmatrix} = 10^4 \begin{bmatrix}
100\text{kN}\cdot\text{m} & -30\text{kN} & 0 & 50\text{kN}\cdot\text{m} \\
-30\text{kN} & 312\text{kN/m} & 0 & -30\text{kN} \\
0 & 0 & 312\text{kN/m} & -30\text{kN} \\
50\text{kN}\cdot\text{m} & -30\text{kN} & -30\text{kN} & 200\text{kN}\cdot\text{m}
\end{bmatrix} \begin{bmatrix} \varphi_1 \\ u_2 \\ v_2 \\ \varphi_2 \end{bmatrix}
$$

（7）解方程。求得未知结点位移为

$$
\begin{bmatrix} \varphi_1 \\ u_2 \\ v_2 \\ \varphi_2 \end{bmatrix} = \begin{bmatrix} 212.2\text{rad} \\ 73.59\text{m} \\ -254.4\text{m} \\ 19.81\text{rad} \end{bmatrix} \times 10^{-7}
$$

（8）计算各单元杆端力。按式（10-44）计算。

单元（1）

$$
\overline{\boldsymbol{F}}^{(1)} = \overline{\boldsymbol{F}}^{F(1)} + \boldsymbol{T}\boldsymbol{k}^{(1)}\boldsymbol{\Delta}^{(1)} = \overline{\boldsymbol{F}}^{F(1)} + \boldsymbol{T}\boldsymbol{k}^{(1)} \begin{bmatrix} \boldsymbol{\Delta}_1 \\ \cdots \\ \boldsymbol{\Delta}_2 \end{bmatrix}
$$

$$
=\begin{bmatrix} 0 \\ 16\,\mathrm{kN} \\ -20\,\mathrm{kN\cdot m} \\ \cdots \\ 0 \\ 16\,\mathrm{kN} \\ 20\,\mathrm{kN\cdot m} \end{bmatrix}
+\boldsymbol{T}\times 10^{4}
\begin{bmatrix}
12\,\mathrm{kN/m} & 0 & 30\,\mathrm{kN} & \vdots & -12\,\mathrm{kN/m} & 0 & 30\,\mathrm{kN} \\
0 & 300\,\mathrm{kN/m} & 0 & \vdots & 0 & -300\,\mathrm{kN/m} & 0 \\
30\,\mathrm{kN} & 0 & 100\,\mathrm{kN\cdot m} & \vdots & -30\,\mathrm{kN} & 0 & 50\,\mathrm{kN\cdot m} \\
\cdots\cdots & \cdots\cdots & \cdots\cdots & \vdots & \cdots\cdots & \cdots\cdots & \cdots\cdots \\
-12\,\mathrm{kN/m} & 0 & -30\,\mathrm{kN} & \vdots & 12\,\mathrm{kN/m} & 0 & -30\,\mathrm{kN} \\
0 & -300\,\mathrm{kN/m} & 0 & \vdots & 0 & 300\,\mathrm{kN/m} & 0 \\
30\,\mathrm{kN} & 0 & 50\,\mathrm{kN\cdot m} & \vdots & -30\,\mathrm{kN} & 0 & 100\,\mathrm{kN\cdot m}
\end{bmatrix}
\times 10^{-7}
\begin{bmatrix} 0 \\ 0 \\ 212.2\,\mathrm{rad} \\ \cdots\cdots \\ 73.59\,\mathrm{m} \\ -254.4\,\mathrm{m} \\ 19.8\,\mathrm{rad} \end{bmatrix}
$$

$$
=\begin{bmatrix} 0 \\ 16\,\mathrm{kN} \\ -20\,\mathrm{kN\cdot m} \\ \cdots \\ 0 \\ 16\,\mathrm{kN} \\ 20\,\mathrm{kN\cdot m} \end{bmatrix}
+\begin{bmatrix}
0 & 1 & 0 & \vdots & 0 & 0 & 0 \\
-1 & 0 & 0 & \vdots & 0 & 0 & 0 \\
0 & 0 & 1 & \vdots & 0 & 0 & 0 \\
\cdots\cdots & \cdots\cdots & \cdots\cdots & \vdots & \cdots\cdots & \cdots\cdots & \cdots\cdots \\
0 & 0 & 0 & \vdots & 0 & 1 & 0 \\
0 & 0 & 0 & \vdots & -1 & 0 & 0 \\
0 & 0 & 0 & \vdots & 0 & 0 & 1
\end{bmatrix}
\begin{bmatrix} 6.08\,\mathrm{kN} \\ 76.3\,\mathrm{kN} \\ 20.3\,\mathrm{kN\cdot m} \\ \cdots\cdots \\ -6.08\,\mathrm{kN} \\ -76.3\,\mathrm{kN} \\ 10.4\,\mathrm{kN\cdot m} \end{bmatrix}
=\begin{bmatrix} 73.6\,\mathrm{kN} \\ 9.92\,\mathrm{kN} \\ 0.0 \\ \cdots\cdots \\ -73.6\,\mathrm{kN} \\ 22.1\,\mathrm{kN} \\ 30.4\,\mathrm{kN\cdot m} \end{bmatrix}
$$

单元（2）

$$
\overline{\boldsymbol{F}}^{(2)}=\overline{\boldsymbol{F}}^{F(2)}+\boldsymbol{T}\boldsymbol{k}^{(2)}\boldsymbol{\Delta}^{(2)}=\overline{\boldsymbol{F}}^{F(2)}+\boldsymbol{T}\boldsymbol{k}^{(2)}\begin{bmatrix}\boldsymbol{\Delta}_2 \\ \cdots \\ \boldsymbol{\Delta}_3\end{bmatrix}
$$

$$
=\begin{bmatrix} 0 \\ 60\,\mathrm{kN} \\ -50\,\mathrm{kN\cdot m} \\ \cdots \\ 0 \\ 60\,\mathrm{kN} \\ 50\,\mathrm{kN\cdot m} \end{bmatrix}
+\boldsymbol{T}\times 10^{4}
\begin{bmatrix}
300\,\mathrm{kN/m} & 0 & 0 & \vdots & -300\,\mathrm{kN/m} & 0 & 0 \\
0 & 12\,\mathrm{kN/m} & -30\,\mathrm{kN} & \vdots & 0 & -12\,\mathrm{kN/m} & -30\,\mathrm{kN} \\
0 & -30\,\mathrm{kN} & 100\,\mathrm{kN\cdot m} & \vdots & 0 & 30\,\mathrm{kN} & 50\,\mathrm{kN\cdot m} \\
\cdots\cdots & \cdots\cdots & \cdots\cdots & \vdots & \cdots\cdots & \cdots\cdots & \cdots\cdots \\
-300\,\mathrm{kN/m} & 0 & 0 & \vdots & 300\,\mathrm{kN/m} & 0 & 0 \\
0 & -12\,\mathrm{kN/m} & 30\,\mathrm{kN} & \vdots & 0 & 12\,\mathrm{kN/m} & 30\,\mathrm{kN} \\
0 & -30\,\mathrm{kN} & 50\,\mathrm{kN\cdot m} & \vdots & 0 & 30\,\mathrm{kN} & 100\,\mathrm{kN\cdot m}
\end{bmatrix}
\times 10^{-7}
\begin{bmatrix} 73.59\,\mathrm{m} \\ -254.4\,\mathrm{m} \\ 19.81\,\mathrm{rad} \\ \cdots\cdots \\ 0 \\ 0 \\ 0 \end{bmatrix}
$$

$$
=\begin{bmatrix} 0 \\ 60\,\mathrm{kN} \\ -50\,\mathrm{kN\cdot m} \\ \cdots \\ 0 \\ 60\,\mathrm{kN} \\ 50\,\mathrm{kN\cdot m} \end{bmatrix}
+\begin{bmatrix}
1 & 0 & 0 & \vdots & 0 & 0 & 0 \\
0 & 1 & 0 & \vdots & 0 & 0 & 0 \\
0 & 0 & 1 & \vdots & 0 & 0 & 0 \\
\cdots\cdots & \cdots\cdots & \cdots\cdots & \vdots & \cdots\cdots & \cdots\cdots & \cdots\cdots \\
0 & 0 & 0 & \vdots & 1 & 0 & 0 \\
0 & 0 & 0 & \vdots & 0 & 1 & 0 \\
0 & 0 & 0 & \vdots & 0 & 0 & 1
\end{bmatrix}
\begin{bmatrix} 22.2\,\mathrm{kN} \\ -3.65\,\mathrm{kN} \\ 9.61\,\mathrm{kN\cdot m} \\ \cdots\cdots \\ -22.1\,\mathrm{kN} \\ 3.65\,\mathrm{kN} \\ 8.62\,\mathrm{kN\cdot m} \end{bmatrix}
=\begin{bmatrix} 22.1\,\mathrm{kN} \\ 56.3\,\mathrm{kN} \\ -40.4\,\mathrm{kN\cdot m} \\ \cdots\cdots \\ -22.1\,\mathrm{kN} \\ 63.7\,\mathrm{kN} \\ 58.6\,\mathrm{kN\cdot m} \end{bmatrix}
$$

（9）绘内力图。绘刚架的内力图时，内力正负号规定仍与第三章中的规定相同，而上述计算出的杆端内力正负号是按本章中的规定求得的。故画内力图时应特别注意。

刚架内力图如图 10-12（a）、（b）、（c）所示。

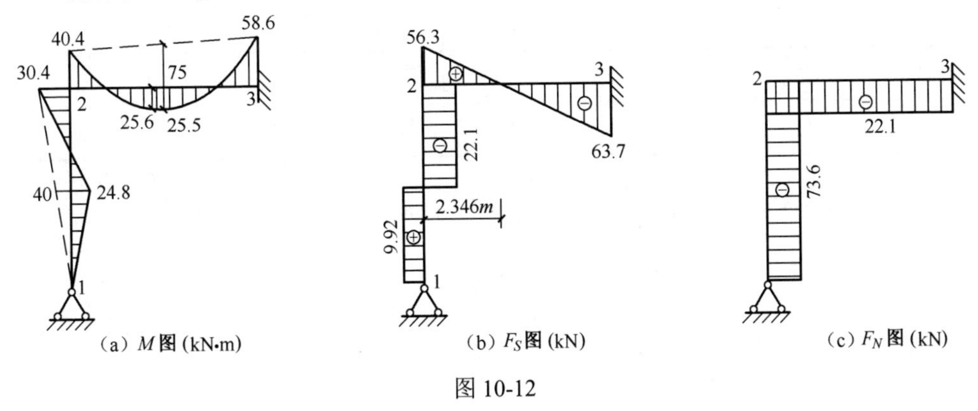

（a）M 图 (kN·m)　（b）F_S 图 (kN)　（c）F_N 图 (kN)

图 10-12

例 10-3　试用矩阵位移法计算图 10-13（a）所示桁架的内力。各杆 EA 相同。

解：（1）对各结点和单元进行编号，并选结构坐标系如图 10-13（b）所示。各单元的局部坐标系如图（b）中箭头所示为 $\bar{x}$ 方向。

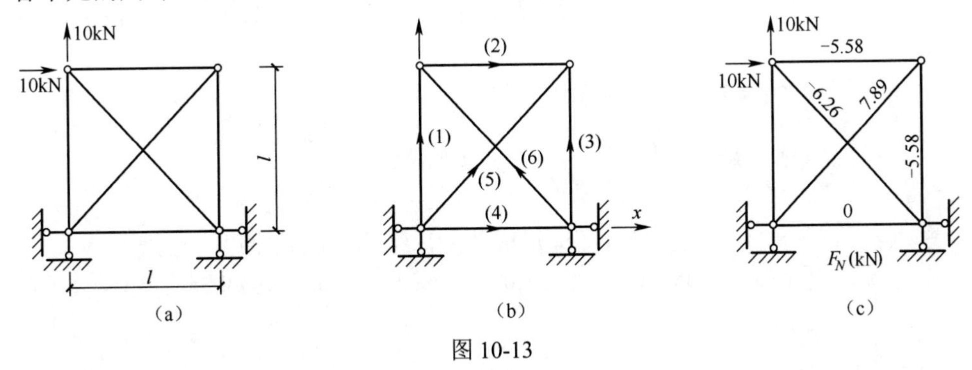

（a）　（b）　（c）

图 10-13

（2）建立结构坐标系中的单刚。

在桁架中，任一结点 i 有两个位移分量 u_i、v_i 和两个结点力分量 F_{xi}、F_{yi}。单刚按式（10-28）计算，根据表 10-3 中的数据，可求得单元（1）、（3）的刚度矩阵的各子块为

表 10-3　各单元几何数据

单元	长度	$\cos\alpha$	$\sin\alpha$	$\cos^2\alpha$	$\sin^2\alpha$	$\cos\alpha\sin\alpha$
(1)	l	0	1	0	1	0
(2)	l	1	0	1	0	0
(3)	l	0	1	0	1	0
(4)	l	1	0	1	0	0

续表

单元	长度	$\cos\alpha$	$\sin\alpha$	$\cos^2\alpha$	$\sin^2\alpha$	$\cos\alpha\sin\alpha$
(5)	$\sqrt{2}l$	$\sqrt{2}/2$	$\sqrt{2}/2$	1/2	1/2	1/2
(6)	$\sqrt{2}l$	$-\sqrt{2}/2$	$\sqrt{2}/2$	1/2	1/2	-1/2

$$\boldsymbol{k}_{11}^{(1)} = \boldsymbol{k}_{33}^{(1)} = \boldsymbol{k}_{22}^{(3)} = \boldsymbol{k}_{44}^{(3)} = \frac{EA}{l}\begin{bmatrix} 0 & 0 \\ 0 & 1 \end{bmatrix}, \quad \boldsymbol{k}_{13}^{(1)} = \boldsymbol{k}_{31}^{(1)} = \boldsymbol{k}_{24}^{(3)} = \boldsymbol{k}_{42}^{(3)} = \frac{EA}{l}\begin{bmatrix} 0 & 0 \\ 0 & -1 \end{bmatrix}$$

单元（2）、（4）的刚度矩阵的各子块为

$$\boldsymbol{k}_{33}^{(2)} = \boldsymbol{k}_{44}^{(2)} = \boldsymbol{k}_{11}^{(4)} = \boldsymbol{k}_{22}^{(4)} = \frac{EA}{l}\begin{bmatrix} 1 & 0 \\ 0 & 0 \end{bmatrix}, \quad \boldsymbol{k}_{34}^{(2)} = \boldsymbol{k}_{43}^{(2)} = \boldsymbol{k}_{24}^{(4)} = \boldsymbol{k}_{21}^{(4)} = \frac{EA}{l}\begin{bmatrix} -1 & 0 \\ 0 & 0 \end{bmatrix}$$

单元（5）的刚度矩阵的各子块为

$$\boldsymbol{k}_{11}^{(5)} = \boldsymbol{k}_{44}^{(5)} = \frac{EA}{\sqrt{2}l}\begin{bmatrix} \frac{1}{2} & \frac{1}{2} \\ \frac{1}{2} & \frac{1}{2} \end{bmatrix} = \frac{EA}{2\sqrt{2}l}\begin{bmatrix} 1 & 1 \\ 1 & 1 \end{bmatrix}, \quad \boldsymbol{k}_{14}^{(5)} = \boldsymbol{k}_{41}^{(5)} = \frac{EA}{2\sqrt{2}l}\begin{bmatrix} -1 & -1 \\ -1 & -1 \end{bmatrix}$$

单元（6）的刚度矩阵的各子块为

$$\boldsymbol{k}_{22}^{(6)} = \boldsymbol{k}_{33}^{(6)} = \frac{EA}{2\sqrt{2}l}\begin{bmatrix} 1 & -1 \\ -1 & 1 \end{bmatrix}, \quad \boldsymbol{k}_{23}^{(6)} = \boldsymbol{k}_{32}^{(6)} = \frac{EA}{2\sqrt{2}l}\begin{bmatrix} -1 & 1 \\ 1 & -1 \end{bmatrix}$$

（3）将各单刚子块对号入座即形成总刚，结构的原始刚度方程为

$$\begin{bmatrix} F_{x1} \\ F_{y1} \\ \cdots \\ F_{x2} \\ F_{y2} \\ \cdots \\ F_{x3} \\ F_{y3} \\ \cdots \\ F_{x4} \\ F_{y4} \end{bmatrix} = \frac{EA}{l}\begin{bmatrix} 1.35 & 0.35 & \vdots & -1 & 0 & \vdots & 0 & 0 & \vdots & -0.35 & -0.35 \\ 0.35 & 1.35 & \vdots & 0 & 0 & \vdots & 0 & -1 & \vdots & -0.35 & -0.35 \\ \cdots\cdots & \cdots\cdots & \vdots & \cdots\cdots & \cdots\cdots & \vdots & \cdots\cdots & \cdots\cdots & \vdots & \cdots\cdots & \cdots\cdots \\ -1 & 0 & \vdots & 1.35 & -0.35 & \vdots & -0.35 & 0.35 & \vdots & 0 & 0 \\ 0 & 0 & \vdots & -0.35 & 1.35 & \vdots & 0.35 & -0.35 & \vdots & 0 & -1 \\ \cdots\cdots & \cdots\cdots & \vdots & \cdots\cdots & \cdots\cdots & \vdots & \cdots\cdots & \cdots\cdots & \vdots & \cdots\cdots & \cdots\cdots \\ 0 & 0 & \vdots & -0.35 & 0.35 & \vdots & 1.35 & -0.35 & \vdots & -1 & 0 \\ 0 & -1 & \vdots & 0.35 & -0.35 & \vdots & -0.35 & 1.35 & \vdots & 0 & 0 \\ \cdots\cdots & \cdots\cdots & \vdots & \cdots\cdots & \cdots\cdots & \vdots & \cdots\cdots & \cdots\cdots & \vdots & \cdots\cdots & \cdots\cdots \\ -0.35 & -0.35 & \vdots & 0 & 0 & \vdots & -1 & 0 & \vdots & 1.35 & 0.35 \\ -0.35 & -0.35 & \vdots & 0 & -1 & \vdots & 0 & 0 & \vdots & 0.35 & 1.35 \end{bmatrix}\begin{bmatrix} u_1 \\ v_1 \\ \cdots \\ u_2 \\ v_2 \\ \cdots \\ u_3 \\ v_3 \\ \cdots \\ u_4 \\ v_4 \end{bmatrix}$$

（4）引入支承条件，$u_1 = v_1 = u_2 = v_2 = 0$，在原始刚度方程中删去与这些零位移相应的行和列，并将已知的结点荷载代入，得结构刚度方程为

$$\begin{bmatrix} 10\,\text{kN} \\ 10\,\text{kN} \\ 0 \\ 0 \end{bmatrix} = \frac{EA}{l}\begin{bmatrix} 1.35 & -0.35 & -1 & 0 \\ -0.35 & 1.35 & 0 & 0 \\ -1 & 0 & 1.35 & 0.35 \\ 0 & 0 & 0.35 & 1.35 \end{bmatrix}\begin{bmatrix} u_3 \\ v_3 \\ u_4 \\ v_4 \end{bmatrix}$$

（5）解方程。求得未知结点位移为

$$\begin{bmatrix} u_3 \\ v_3 \\ u_4 \\ v_4 \end{bmatrix} = \frac{l}{EA}\begin{bmatrix} 26.94\,\text{kN} \\ 14.42\,\text{kN} \\ 21.36\,\text{kN} \\ -5.58\,\text{kN} \end{bmatrix}$$

（6）计算杆端内力，由式（10-37）及式（10-13）计算。例如单元（1）

$$\boldsymbol{F}^{(1)} = \begin{bmatrix} F_{x1}^{(1)} \\ F_{y1}^{(1)} \\ \cdots \\ F_{x3}^{(1)} \\ F_{y3}^{(1)} \end{bmatrix} = \begin{bmatrix} \boldsymbol{k}_{11}^{(1)} & \vdots & \boldsymbol{k}_{13}^{(1)} \\ \cdots & \vdots & \cdots \\ \boldsymbol{k}_{31}^{(1)} & \vdots & \boldsymbol{k}_{33}^{(1)} \end{bmatrix}\begin{bmatrix} u_1 \\ v_1 \\ \cdots \\ u_3 \\ v_3 \end{bmatrix} = \begin{bmatrix} 0 & 0 & \vdots & 0 & 0 \\ 0 & 1 & \vdots & 0 & -1 \\ \cdots & \cdots & \vdots & \cdots & \cdots \\ 0 & 0 & \vdots & 0 & 0 \\ 0 & -1 & \vdots & 0 & 1 \end{bmatrix}\begin{bmatrix} 0 \\ 0 \\ \cdots \\ 26.94\,\text{kN} \\ 14.42\,\text{kN} \end{bmatrix} = \begin{bmatrix} 0 \\ -14.42\,\text{kN} \\ \cdots \\ 0 \\ 14.42\,\text{kN} \end{bmatrix}$$

$$\overline{\boldsymbol{F}}^{(1)} = \begin{bmatrix} \overline{F}_{N1}^{(1)} \\ \overline{F}_{S1}^{(1)} \\ \cdots \\ \overline{F}_{N3}^{(1)} \\ \overline{F}_{S3}^{(1)} \end{bmatrix} = \boldsymbol{T}\boldsymbol{F}^{(1)} = \begin{bmatrix} 0 & 1 & \vdots & 0 & 0 \\ -1 & 0 & \vdots & 0 & 0 \\ \cdots & \cdots & \vdots & \cdots & \cdots \\ 0 & 0 & \vdots & 0 & 1 \\ 0 & 0 & \vdots & -1 & 0 \end{bmatrix}\begin{bmatrix} 0 \\ -14.42\,\text{kN} \\ \cdots \\ 0 \\ 14.42\,\text{kN} \end{bmatrix} = \begin{bmatrix} -14.42\,\text{kN} \\ 0 \\ \cdots\cdots \\ 14.42\,\text{kN} \\ 0 \end{bmatrix}$$

又如单元（5）

$$\mathbf{F}^{(5)}=\begin{bmatrix}F_{x1}^{(5)}\\F_{y1}^{(5)}\\\cdots\\F_{x4}^{(5)}\\F_{y4}^{(5)}\end{bmatrix}=\begin{bmatrix}\boldsymbol{k}_{11}^{(5)}&\vdots&\boldsymbol{k}_{14}^{(5)}\\\cdots&\vdots&\cdots\\\boldsymbol{k}_{41}^{(5)}&\vdots&\boldsymbol{k}_{44}^{(5)}\end{bmatrix}\begin{bmatrix}u_1\\v_1\\\cdots\\u_4\\v_4\end{bmatrix}=\frac{1}{2\sqrt{2}}\begin{bmatrix}1&1&\vdots&-1&-1\\1&1&\vdots&-1&-1\\\cdots&\cdots&\vdots&\cdots&\cdots\\-1&-1&\vdots&1&1\\-1&-1&\vdots&1&1\end{bmatrix}\begin{bmatrix}0\\0\\\cdots\\21.36\text{kN}\\-5.58\text{kN}\end{bmatrix}=\begin{bmatrix}-5.58\text{kN}\\-5.58\text{kN}\\\cdots\\5.58\text{kN}\\5.58\text{kN}\end{bmatrix}$$

$$\overline{\boldsymbol{F}}^{(5)}=\begin{bmatrix}\overline{F}_{N1}^{(5)}\\\overline{F}_{S1}^{(5)}\\\cdots\\\overline{F}_{N4}^{(5)}\\\overline{F}_{S4}^{(5)}\end{bmatrix}=\boldsymbol{TF}^{(5)}=\frac{1}{\sqrt{2}}\begin{bmatrix}1&1&\vdots&0&0\\-1&1&\vdots&0&0\\\cdots&\cdots&\vdots&\cdots&\cdots\\0&0&\vdots&1&1\\0&0&\vdots&-1&1\end{bmatrix}\begin{bmatrix}-5.58\text{kN}\\-5.58\text{kN}\\\cdots\\5.58\text{kN}\\5.58\text{kN}\end{bmatrix}=\begin{bmatrix}-7.89\text{kN}\\0\\\cdots\cdots\\7.89\text{kN}\\0\end{bmatrix}$$

同理可求出其他各杆内力，各杆内力值标在图 10-13（c）中杆件旁边。

例 10-4 用矩阵位移法求图 10-14（a）所示连续梁的弯矩图。已知 $EI=6\times10^4\text{kN}\cdot\text{m}^2$。

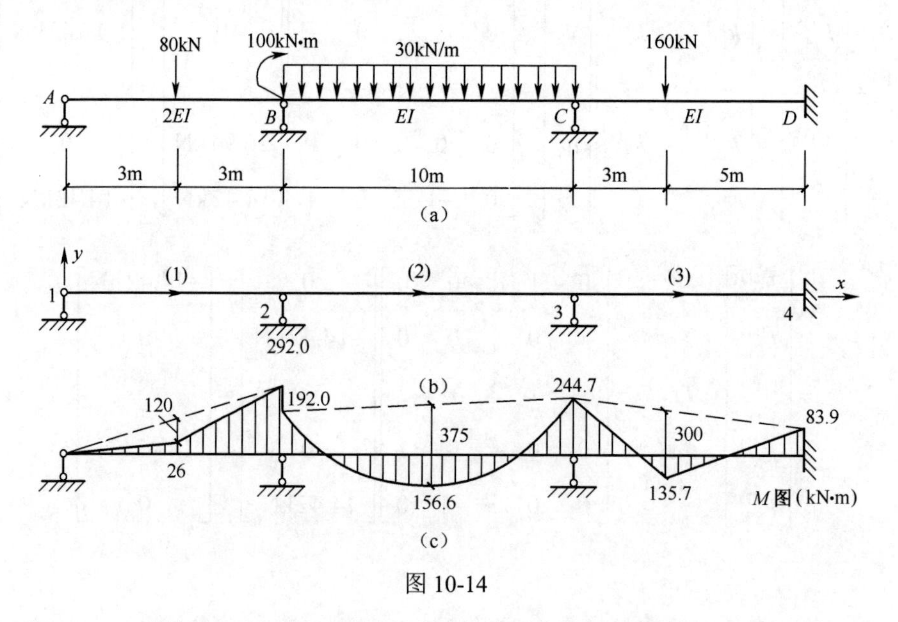

图 10-14

解：（1）对单元、结点进行编号，并选定坐标系如图 10-14（b）所示。

（2）建立单元在结构坐标系中的单刚。由于各单元的局部坐标系与结构坐标

系相同，故各单元都有

$$\boldsymbol{k}^e = \overline{\boldsymbol{k}}^e$$

由式（10-7）可得

$$\boldsymbol{k}^{(1)} = \begin{bmatrix} \boldsymbol{k}_{11}^{(1)} & \vdots & \boldsymbol{k}_{12}^{(1)} \\ \cdots & \vdots & \cdots \\ \boldsymbol{k}_{21}^{(1)} & \vdots & \boldsymbol{k}_{22}^{(1)} \end{bmatrix} = \begin{bmatrix} \dfrac{8EI}{l_1} & \vdots & \dfrac{4EI}{l_1} \\ \cdots & \vdots & \cdots \\ \dfrac{4EI}{l_1} & \vdots & \dfrac{8EI}{l_1} \end{bmatrix} = 10^3 \begin{bmatrix} 80\,\mathrm{kN\cdot m} & \vdots & 40\,\mathrm{kN\cdot m} \\ \cdots & \vdots & \cdots \\ 40\,\mathrm{kN\cdot m} & \vdots & 80\,\mathrm{kN\cdot m} \end{bmatrix},$$

$$\boldsymbol{k}^{(2)} = \begin{bmatrix} \boldsymbol{k}_{22}^{(2)} & \vdots & \boldsymbol{k}_{23}^{(2)} \\ \cdots & \vdots & \cdots \\ \boldsymbol{k}_{32}^{(2)} & \vdots & \boldsymbol{k}_{33}^{(2)} \end{bmatrix} = \begin{bmatrix} \dfrac{4EI}{l_2} & \vdots & \dfrac{2EI}{l_2} \\ \cdots & \vdots & \cdots \\ \dfrac{2EI}{l_2} & \vdots & \dfrac{4EI}{l_2} \end{bmatrix} = 10^3 \begin{bmatrix} 24\,\mathrm{kN\cdot m} & \vdots & 12\,\mathrm{kN\cdot m} \\ \cdots & \vdots & \cdots \\ 12\,\mathrm{kN\cdot m} & \vdots & 24\,\mathrm{kN\cdot m} \end{bmatrix},$$

$$\boldsymbol{k}^{(3)} = \begin{bmatrix} \boldsymbol{k}_{33}^{(3)} & \vdots & \boldsymbol{k}_{34}^{(3)} \\ \cdots & \vdots & \cdots \\ \boldsymbol{k}_{43}^{(3)} & \vdots & \boldsymbol{k}_{44}^{(3)} \end{bmatrix} = \begin{bmatrix} \dfrac{4EI}{l_3} & \vdots & \dfrac{2EI}{l_3} \\ \cdots & \vdots & \cdots \\ \dfrac{2EI}{l_3} & \vdots & \dfrac{4EI}{l_3} \end{bmatrix} = 10^3 \begin{bmatrix} 30\,\mathrm{kN\cdot m} & \vdots & 15\,\mathrm{kN\cdot m} \\ \cdots & \vdots & \cdots \\ 15\,\mathrm{kN\cdot m} & \vdots & 30\,\mathrm{kN\cdot m} \end{bmatrix}$$

（3）将各单刚子块对号入座即形成总刚，结构刚度方程为

$$\begin{bmatrix} M_1 \\ M_2 \\ M_3 \\ M_4 \end{bmatrix} = 10^3 \begin{bmatrix} 80\,\mathrm{kN\cdot m} & 40\,\mathrm{kN\cdot m} & 0 & 0 \\ 40\,\mathrm{kN\cdot m} & 104\,\mathrm{kN\cdot m} & 12\,\mathrm{kN\cdot m} & 0 \\ 0 & 12\,\mathrm{kN\cdot m} & 54\,\mathrm{kN\cdot m} & 15\,\mathrm{kN\cdot m} \\ 0 & 0 & 15\,\mathrm{kN\cdot m} & 30\,\mathrm{kN\cdot m} \end{bmatrix} \begin{bmatrix} \varphi_1 \\ \varphi_2 \\ \varphi_3 \\ \varphi_4 \end{bmatrix}$$

（4）引入支承条件 $\varphi_4 = 0$，修改后的刚度方程为

$$\begin{bmatrix} M_1 \\ M_2 \\ M_3 \end{bmatrix} = 10^3 \begin{bmatrix} 80\,\mathrm{kN\cdot m} & 40\,\mathrm{kN\cdot m} & 0 \\ 40\,\mathrm{kN\cdot m} & 104\,\mathrm{kN\cdot m} & 12\,\mathrm{kN\cdot m} \\ 0 & 12\,\mathrm{kN\cdot m} & 54\,\mathrm{kN\cdot m} \end{bmatrix} \begin{bmatrix} \varphi_1 \\ \varphi_2 \\ \varphi_3 \end{bmatrix}$$

（5）计算结构荷载列向量。与单元杆端力相对应，固端力只考虑弯矩一项，也无须坐标变换。

$$\boldsymbol{F}^{F(1)}=\begin{bmatrix}\boldsymbol{F}_1^{F(1)}\\ \cdots\\ \boldsymbol{F}_2^{F(1)}\end{bmatrix}=\begin{bmatrix}-\dfrac{Fl_1}{8}\\ \cdots\\ \dfrac{Fl_1}{8}\end{bmatrix}=\begin{bmatrix}-60\,\text{kN}\cdot\text{m}\\ \cdots\\ 60\,\text{kN}\cdot\text{m}\end{bmatrix},$$

$$\boldsymbol{F}^{F(2)}=\begin{bmatrix}\boldsymbol{F}_2^{F(2)}\\ \cdots\\ \boldsymbol{F}_3^{F(2)}\end{bmatrix}=\begin{bmatrix}-\dfrac{ql_2^2}{12}\\ \cdots\\ \dfrac{ql_2^2}{12}\end{bmatrix}=\begin{bmatrix}-250\,\text{kN}\cdot\text{m}\\ \cdots\\ 250\,\text{kN}\cdot\text{m}\end{bmatrix},$$

$$\boldsymbol{F}^{F(3)}=\begin{bmatrix}\boldsymbol{F}_3^{F(3)}\\ \cdots\\ \boldsymbol{F}_4^{F(3)}\end{bmatrix}=\begin{bmatrix}-\dfrac{Fab^2}{l_3^2}\\ \cdots\\ \dfrac{Fa^2b}{l_3^2}\end{bmatrix}=\begin{bmatrix}-187.5\,\text{kN}\cdot\text{m}\\ \cdots\\ 112.5\,\text{kN}\cdot\text{m}\end{bmatrix}$$

等效结点荷载为

$$\boldsymbol{F}_{E1}=-\boldsymbol{F}_1^{F(1)}=60\,\text{kN}\cdot\text{m}$$

$$\boldsymbol{F}_{E2}=-(\boldsymbol{F}_2^{F(1)}+\boldsymbol{F}_2^{F(2)})=-(60\,\text{kN}\cdot\text{m}-250\,\text{kN}\cdot\text{m})=190\,\text{kN}\cdot\text{m}$$

$$\boldsymbol{F}_{E3}=-(\boldsymbol{F}_3^{F(2)}+\boldsymbol{F}_3^{F(3)})=-(250\,\text{kN}\cdot\text{m}-187.5\,\text{kN}\cdot\text{m})=-62.5\,\text{kN}\cdot\text{m}$$

则

$$\boldsymbol{F}_E=\begin{bmatrix}\boldsymbol{F}_{E1}\\ \boldsymbol{F}_{E2}\\ \boldsymbol{F}_{E3}\end{bmatrix}=\begin{bmatrix}60\,\text{kN}\cdot\text{m}\\ 190\,\text{kN}\cdot\text{m}\\ -62.5\,\text{kN}\cdot\text{m}\end{bmatrix}$$

直接结点荷载为

$$\boldsymbol{F}_D=\begin{bmatrix}\boldsymbol{F}_{D1}\\ \boldsymbol{F}_{D2}\\ \boldsymbol{F}_{D3}\end{bmatrix}=\begin{bmatrix}0\\ 100\,\text{kN}\cdot\text{m}\\ 0\end{bmatrix}$$

故综合结点荷载为

$$\boldsymbol{F}_D=\begin{bmatrix}M_1\\M\\M_3\end{bmatrix}=\boldsymbol{F}_D+\boldsymbol{F}_E=\begin{bmatrix}0\\100\,\text{kN}\cdot\text{m}\\0\end{bmatrix}+\begin{bmatrix}60\,\text{kN}\cdot\text{m}\\190\,\text{kN}\cdot\text{m}\\-62.5\,\text{kN}\cdot\text{m}\end{bmatrix}=\begin{bmatrix}60\,\text{kN}\cdot\text{m}\\290\,\text{kN}\cdot\text{m}\\-62.5\,\text{kN}\cdot\text{m}\end{bmatrix}$$

将荷载列向量代入结构刚度方程，得

$$\begin{bmatrix}60\,\text{kN}\cdot\text{m}\\290\,\text{kN}\cdot\text{m}\\-62.5\,\text{kN}\cdot\text{m}\end{bmatrix}=10^3\begin{bmatrix}80\,\text{kN}\cdot\text{m}&40\,\text{kN}\cdot\text{m}&0\\40\,\text{kN}\cdot\text{m}&104\,\text{kN}\cdot\text{m}&12\,\text{kN}\cdot\text{m}\\0&12\,\text{kN}\cdot\text{m}&54\,\text{kN}\cdot\text{m}\end{bmatrix}\begin{bmatrix}\varphi_1\\\varphi_2\\\varphi_3\end{bmatrix}$$

（6）解方程，求未知结点转角位移

$$\begin{bmatrix}\varphi_1\\\varphi_2\\\varphi_3\end{bmatrix}=\begin{bmatrix}-0.934\,\text{rad}\\3.367\,\text{rad}\\-1.906\,\text{rad}\end{bmatrix}\times10^{-3}$$

（7）计算单元杆端弯矩。

$$\overline{\boldsymbol{F}}^e=\boldsymbol{F}^e=\boldsymbol{k}^e\boldsymbol{\Delta}^e+\boldsymbol{F}^{Fe}$$

$$\overline{\boldsymbol{F}}^{(1)}=\begin{bmatrix}\overline{M}_1^{(1)}\\\overline{M}_2^{(1)}\end{bmatrix}=\begin{bmatrix}80\,\text{kN}\cdot\text{m}&40\,\text{kN}\cdot\text{m}\\40\,\text{kN}\cdot\text{m}&80\,\text{kN}\cdot\text{m}\end{bmatrix}\begin{bmatrix}-0.934\,\text{rad}\\3.367\,\text{rad}\end{bmatrix}+\begin{bmatrix}-60\,\text{kN}\cdot\text{m}\\60\,\text{kN}\cdot\text{m}\end{bmatrix}=\begin{bmatrix}0\\292.0\,\text{kN}\cdot\text{m}\end{bmatrix}$$

$$\overline{\boldsymbol{F}}^{(2)}=\begin{bmatrix}\overline{M}_2^{(2)}\\\overline{M}_3^{(2)}\end{bmatrix}=\begin{bmatrix}24\,\text{kN}\cdot\text{m}&12\,\text{kN}\cdot\text{m}\\12\,\text{kN}\cdot\text{m}&24\,\text{kN}\cdot\text{m}\end{bmatrix}\begin{bmatrix}3.367\,\text{rad}\\-1.906\,\text{rad}\end{bmatrix}+\begin{bmatrix}-250\,\text{kN}\cdot\text{m}\\250\,\text{kN}\cdot\text{m}\end{bmatrix}=\begin{bmatrix}-192.0\,\text{kN}\cdot\text{m}\\244.7\,\text{kN}\cdot\text{m}\end{bmatrix}$$

$$\overline{\boldsymbol{F}}^{(3)}=\begin{bmatrix}\overline{M}_3^{(3)}\\\overline{M}_4^{(3)}\end{bmatrix}=\begin{bmatrix}30\,\text{kN}\cdot\text{m}&15\,\text{kN}\cdot\text{m}\\15\,\text{kN}\cdot\text{m}&30\,\text{kN}\cdot\text{m}\end{bmatrix}\begin{bmatrix}-1.906\,\text{rad}\\0\end{bmatrix}+\begin{bmatrix}-187.5\,\text{kN}\cdot\text{m}\\112.5\,\text{kN}\cdot\text{m}\end{bmatrix}=\begin{bmatrix}-244.7\,\text{kN}\cdot\text{m}\\83.9\,\text{kN}\cdot\text{m}\end{bmatrix}$$

（8）绘 M 图。由以上各杆端弯矩即可绘出结构的弯矩图，如图 10-14（c）所示。

复习思考题

1．矩阵位移法的基本思路是什么？

2．试述矩阵位移法和传统位移法的异同。

3．矩阵位移法中，杆端力、杆端位移和结点力、结点位移的正负号是如何规定的？

4．为何用矩阵位移法分析时，要建立两种坐标系？

5．什么叫单元刚度矩阵？其每一元素的物理意义是什么？

6．结构的总刚度方程的物理意义是什么？总刚度矩阵的形成有何规律？其每一元素的物理意义是什么？

7．能否用结构的原始刚度方程求解结点位移？

8．矩阵位移法计算中，引入支承条件的目的是什么？

9．什么叫等效结点荷载？如何求得？“等效”是指什么效果相等？

10．能否用矩阵位移法（以及传统位移法）计算静定结构？它与计算超静定结构有何不同？

习题

10-1　试求图示刚架单元（1）和（2）在结构坐标系中的单元刚度矩阵，并以子块形式写出结构原始刚度矩阵。各杆长度为 l，EA、EI 相同。

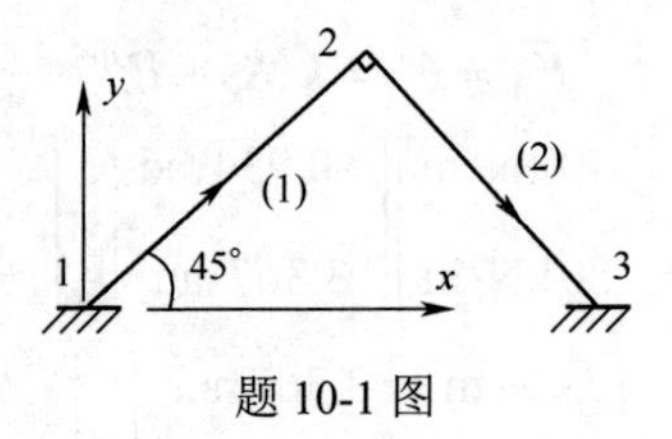

题 10-1 图

10-2　用矩阵位移法形成图示连续梁的结构刚度矩阵 $\tilde{\boldsymbol{K}}$ 。不考虑轴向变形影响。

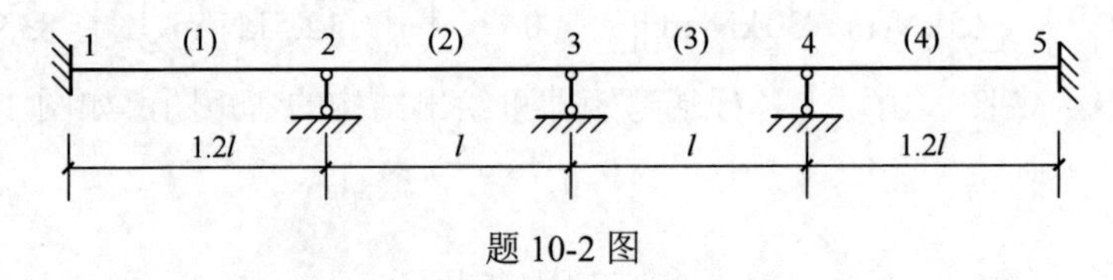

题 10-2 图

10-3　用矩阵位移法形成图示结构的刚度矩阵 $\tilde{\boldsymbol{K}}$ 。已知各杆 EA、EI 为常数。

10-4　试求图示刚架引入支承条件后的结构刚度矩阵 $\tilde{\boldsymbol{K}}$ 。略去各杆轴向变形的影响。

10-5　用矩阵位移法形成刚度矩阵 $\tilde{\boldsymbol{K}}$ 。

10-6　试求图示刚架的综合结点荷载列向量。

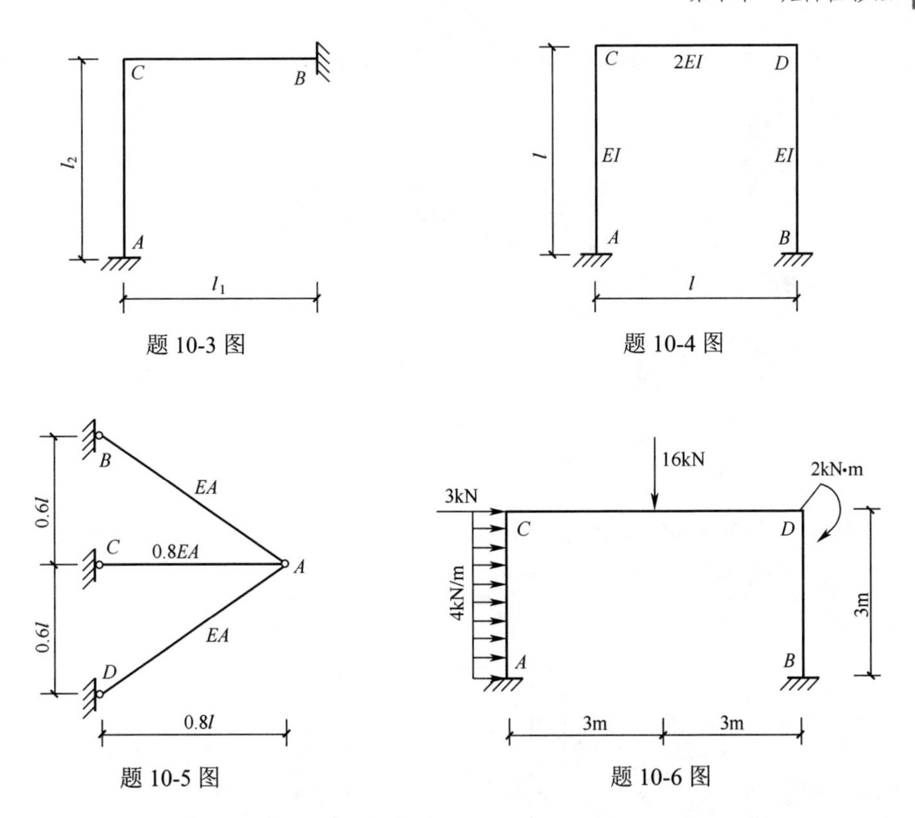

题 10-3 图　　题 10-4 图

题 10-5 图　　题 10-6 图

10-7　用矩阵位移法计算图示连续梁，作弯矩图。

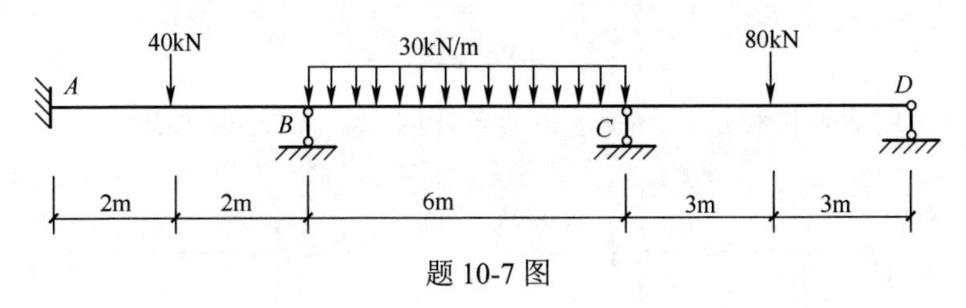

题 10-7 图

10-8　图示连续梁，支座 C 下沉 Δ=0.03m，试用矩阵位移法计算，作出内力图。已知 $EI=1.75\times10^4\text{kN}\cdot\text{m}^2$。

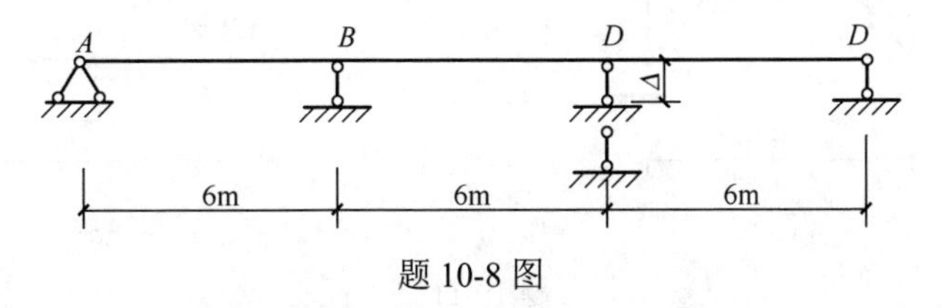

题 10-8 图

10-9　用矩阵位移法计算图示刚架，作内力图。各杆 $EA=1.0\times10^6$kN，$EI=1.0\times10^5$kN·m^2。

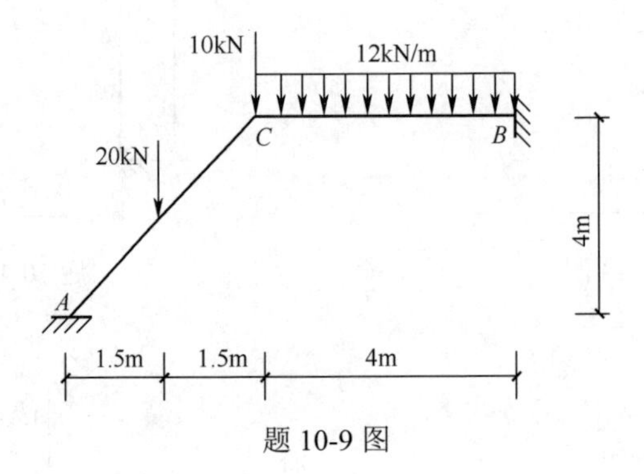

题 10-9 图

10-10　用矩阵位移法计算图示刚架，作内力图。已知各杆 $EI=1.0\times10^6$kN·m^2，略去轴向变形影响。

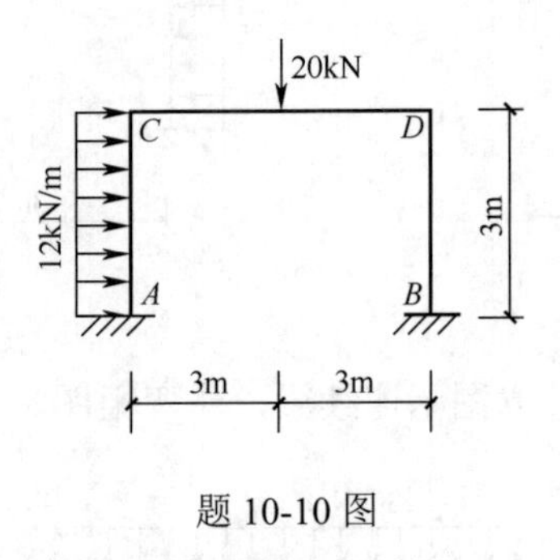

题 10-10 图

10-11　用矩阵位移法计算图示桁架各杆内力。各杆 EA 相同。

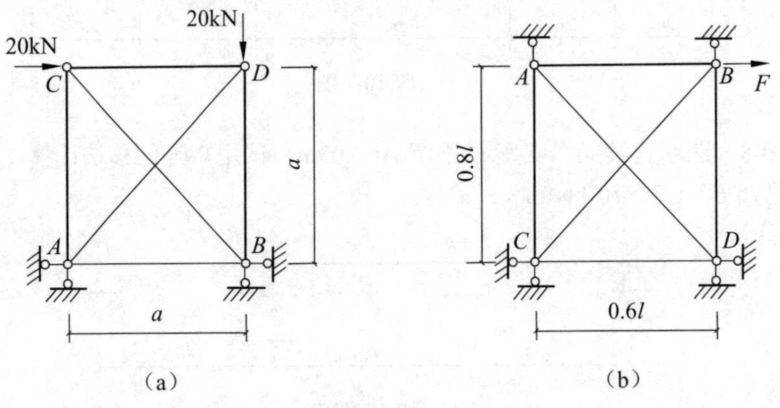

（a）　　（b）

题 10-11 图

答案

10-2 $\tilde{\boldsymbol{K}}=\frac{EI}{l}\begin{bmatrix}7.33 & 2 & 0\\ 2 & 8 & 2\\ 0 & 2 & 7.33\end{bmatrix}$

10-3 $\tilde{\boldsymbol{K}}=\begin{bmatrix}\frac{EA}{l_1}+\frac{12EI}{l_2^2} & 0 & -\frac{6EI}{l_2^2}\\ 0 & \frac{12EI}{l_1^3}+\frac{EA}{l_2} & -\frac{6EI}{l_1^2}\\ -\frac{6EI}{l_2^2} & -\frac{6EI}{l_1^2} & \frac{4EI}{l_1}+\frac{4EI}{l_2}\end{bmatrix}$

10-4 $\tilde{\boldsymbol{K}}=\frac{2EI}{l}\begin{bmatrix}\frac{12}{l^2} & -\frac{3}{l} & -\frac{3}{l}\\ -\frac{3}{l} & 6 & 2\\ -\frac{3}{l} & 2 & 6\end{bmatrix}$

10-5 $\tilde{\boldsymbol{K}}=\frac{EA}{l}\begin{bmatrix}2.28 & 0\\ 0 & 0.72\end{bmatrix}$

10-6 $\boldsymbol{F}=\begin{bmatrix}9\,\text{kN} & -8\,\text{kN} & 9\,\text{kN}\cdot\text{m} & 0 & -8\,\text{kN} & -10\,\text{kN}\cdot\text{m}\end{bmatrix}^T$

10-7 $M_{BA}=64.5\,\text{kN}\cdot\text{m}$； $M_{CD}=-96.4\,\text{kN}\cdot\text{m}$

10-8 $M_{BA}=35.0\,\text{kN}\cdot\text{m}$； $M_{CB}=-52.5\,\text{kN}\cdot\text{m}$

10-9 $M_{AC}=-14.13\,\text{kN}\cdot\text{m}$； $M_{CA}=1.33\,\text{kN}\cdot\text{m}$

$F_{SAC}=8.56\,\text{kN}$； $F_{SCB}=16.8\,\text{kN}$

10-10 $M_{AC}=1.57\,\text{kN}\cdot\text{m}$； $M_{CD}=-11.02\,\text{kN}\cdot\text{m}$

$F_{SCD}=9.63\,\text{kN}$； $F_{NDB}=-10.38\,\text{kN}$

10-11 （a）$F_{NAC}=13.46\,\text{kN}$； $F_{NCB}=-19.04\,\text{kN}$； $F_{NBD}=-6.54\,\text{kN}$

（b）$F_{NAB}=0.451F$； $F_{NAC}=0$； $F_{NAD}=-0.752F$； $F_{NBC}=0.915F$

$F_{NBD}=0$； $F_{NCD}=0$

第十一章　影响线及其应用

§11-1　概述

前面几章讨论结构的内力计算时，荷载的位置是固定不动的。但一般工程结构除了承受固定荷载作用外，还要受到移动荷载的作用。例如桥梁承受列车、汽车等荷载，厂房中的吊车梁要承受吊车荷载等。在移动荷载作用下，结构的反力、内力及位移都将随荷载位置的移动而变化，它们都是荷载位置的函数。结构设计中必须求出各量值（如某一反力、某一截面内力或某点位移）的最大值。因此，寻求产生与该量值最大值对应的荷载位置，即最不利荷载位置，并进而求出该量值的最大值，就是移动荷载作用下结构计算中必须解决的问题。

工程结构中所遇到的荷载通常都是由一系列间距不变的竖向荷载组成的。由于其类型很多，不可能对它们逐一加以研究。为了使问题简化，可从各类移动荷载中抽象出一个共同具有的最基本、最简单的单位集中荷载 F=1，首先研究这个单位集中荷载 F=1 在结构上移动时对某一量值的影响，然后再利用叠加原理确定各类移动荷载对该量值的影响。

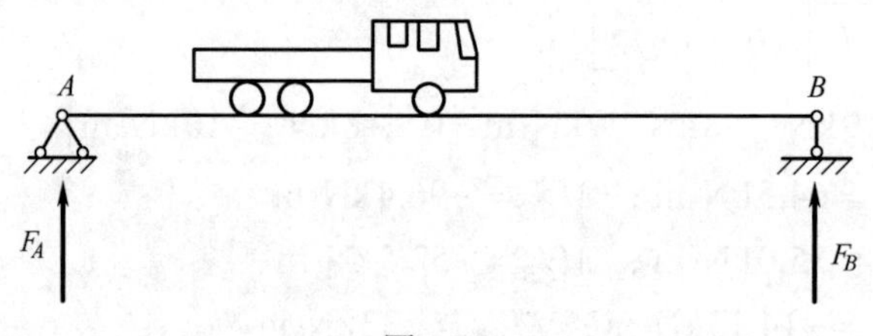

图 11-1

例如图 11-2 所示简支梁，当荷载 F=1 分别移动到 A、1、2、3、B 各等分点时，反力 F_A 的数值分别为 1、3/4、1/2、1/4、0。如果以横坐标表示 F=1 的位置，以纵坐标表示 F_A 的数值，则可将以上各数值在水平的基线上用竖标绘出，用曲线将竖标各顶点连起来，这样所得的图形就表示了 $F=1$ 在梁上移动时反力 F_A 的变化规律。为了更直观地描述上述问题，可把某量值随荷载 $F=1$ 的位置移动而变化的规律（即函数关系）用图形表示出来，这种图形称为该量值的影响线。由此可得影响线的定义如下：当一个指向不变的单位集中荷载（通常其方向是竖直向下的）沿结构移动时，表示某一指定量值变化规律的图形，称为该量值的影响线。

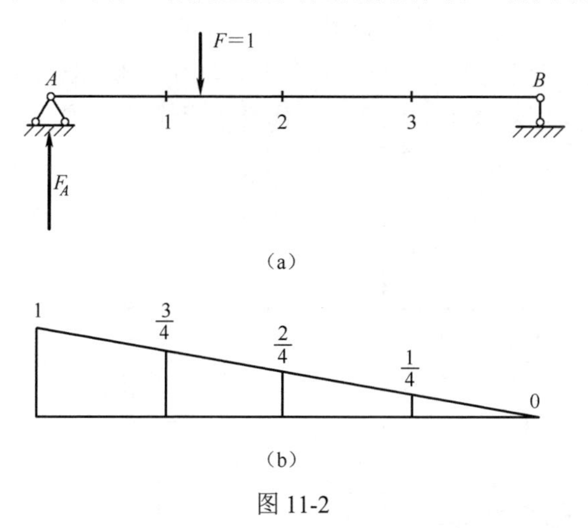

图 11-2

某量值的影响线绘出后，即可借助于叠加原理及函数极值的概念，将该量值在实际移动荷载作用下的最大值求出。下面首先讨论影响线的绘制。

§11-2　用静力法作单跨静定梁的影响线

绘制影响线有两种方法，即静力法和机动法。

静力法是以移动荷载的作用位置 x 为变量，然后根据平衡条件求出所求量值与荷载位置 x 之间的函数关系式，即影响线方程。再由方程作出图形即为影响线。

1. 简支梁的影响线

（1）支座反力影响线。要绘制图 11-3（a）所示反力 F_A 的影响线，可设 A 为坐标原点，x 轴向右为正，荷载 F=1 距 A 支座的距离为 x，并假设反力方向以向上为正。当 $F=1$ 在梁上任意位置（即 $0 \leqslant x \leqslant l$）时，取全梁为隔离体，由平衡方程 $\sum M_B = 0$，得

$$F_A \cdot l - 1 \cdot (l - x) = 0$$

即

$$F_A = \frac{l-x}{l} \qquad 0 \leqslant x \leqslant l$$

上式称为反力 F_A 的影响线方程，它是 x 的一次式，即 F_A 的影响线是一段直线。为此，可定出以下两点：

当 $x=0$ 时，$F_A = 1$；

当$x=l$时，$F_A=0$。

即可绘出反力F_A的影响线，如图 11-3（b）所示。绘影响线图形时，通常规定纵距为正时画在基线的上方，反之画在下方。并要求在图中注明正负号。根据影响线的定义，F_A影响线中的任一纵距代表当荷载$F=1$移动至梁上该处时，反力F_A的大小。

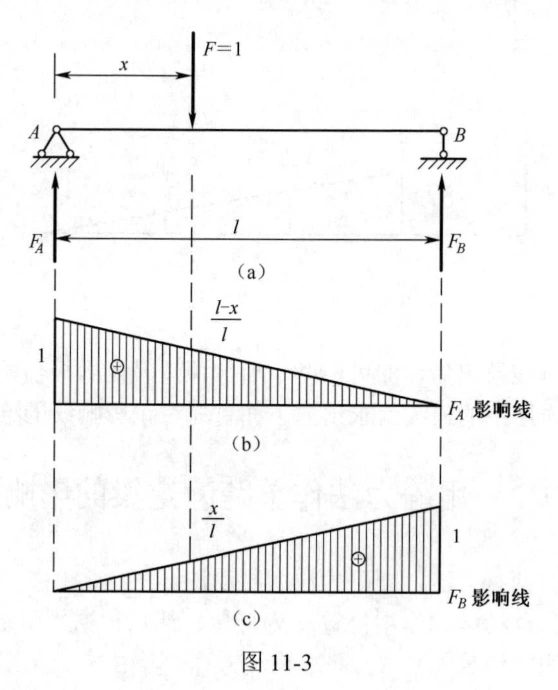

图 11-3

绘制F_B的影响线时，利用平衡方程$\sum M_A=0$，可得

$$F_B\cdot l-Fx=0$$

得F_B的影响线方程为

$$F_B=\frac{x}{l}\quad（0\leqslant x\leqslant l）$$

它也是x的一次式，故F_B的影响线也是一条直线，如图 11-3（c）所示。

由上可知反力影响线的特点：跨度之间为一直线，最大纵距在该支座之下，其值为 1；最小纵距在另一支座之下，其值为 0。

作影响线时，由于单位荷载$F=1$为量纲是 1 的量，因此，反力影响线的纵距亦是量纲是 1 的量。以后利用影响线研究实际荷载对某一量值的影响线时，应乘上荷载的相应单位。

（2）弯矩影响线。设要绘制任一截面C（如图 11-4（a）所示）的弯矩影响线。仍以 A 点为坐标原点，荷载 $F=1$ 距 A 点的距离为 x。当 $F=1$ 在截面 C 以左的梁段 AC 上移动时（$0\leqslant x\leqslant a$），为计算简便起见，可取 CB 段为隔离体，并规定使梁的下侧纤维受拉的弯矩为正，由平衡方程 $\Sigma M_C=0$，得

$$M_C=F_B\cdot b=\frac{x}{l}b\ (0\leqslant x\leqslant a)$$

可知 M_C 影响线在 AC 之间为一直线。并且

当 $x=0$ 时，$M_C=0$；

当 $x=a$ 时，$M_C=ab/l$。

据此，可绘出 $F=1$ 在 AC 之间移动时 M_C 的影响线，如图 11-4（b）所示。

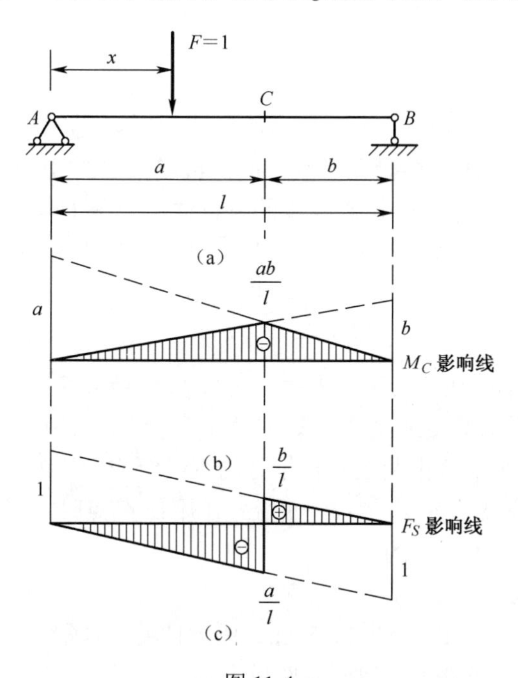

图 11-4

当荷载 $F=1$ 在截面 C 以右移动时，为计算简便，取 AC 段为隔离体，由 $\sum M_C=0$，得

$$M_C=F_A\cdot a=\frac{l-x}{l}a\ (a\leqslant x\leqslant l)$$

上式表明，M_C 的影响线在截面 C 以右部分也是一直线。

当 $x=a$ 时，$M_C=ab/l$；

当 $x=l$ 时，$M_C=0$。

即可绘出当 $F=1$ 在截面 C 以右移动时 M_C 的影响线。M_C 影响线如图 11-4（b）

所示。M_C的影响线由两段直线组成，呈一个三角形，两直线的交点即三角形的顶点就在截面 C 的下方，其纵距为ab/l。通常称截面 C 以左的直线为左直线，截面 C 以右的直线为右直线。

由上述弯矩影响线方程可知，左直线可由反力 F_B 的影响线乘以常数 b 所取 AC 段而得到；而右直线可由反力 F_A 的影响线乘以常数 a 并取 CB 段而得到。这种利用已知量值的影响线来作其他未知量值影响线的方法，常会带来很大的方便，以后常用到。弯矩影响线的纵距的量纲是长度的量纲。

（3）剪力影响线。设要绘制截面 C（如图 11-4（a）所示）的剪力影响线。当$F=1$ 在 AC 段移动时（$0 \leqslant x < a$），可取 CB 部分为隔离体，由$\sum F_y = 0$，得

$$F_{SC} + F_B = 0$$
$$F_{SC} = -F_B$$

由此可知，在 AC 段内，F_{SC} 的影响线与反力F_B 的影响线相同，但正负号相反。因此，可先把F_B影响线画在基线下面，再取其中的AC 部分。C 点的纵距由比例关系可知为。该段称为F_{SC}影响线的左直线，如图 11-4（c）所示。

当$F=1$在 CB 段移动时（$a < x \leqslant l$），可取AC段为隔离体，由$\sum F_y = 0$，得

$$F_A - F_{SC} = 0$$
$$F_{SC} = F_A$$

此式即为F_{SC}影响线的右直线方程，它与F_A影响线完全相同。画图时可先作出 F_A影响线，而后取其 CB 段，如图 11-4（c）所示。C 点的纵距由比例关系知为b/l。显然，F_{SC}影响线由两段互相平行的直线组成，其纵距在C处有突变（由$-a/l$变为b/l），突变值为 1。当$F=1$恰好作用在C点时，F_{SC}的值是不确定的。剪力影响线的纵距为量纲一的量。

2. 伸臂梁的影响线

（1）支座反力影响线。图 11-5（a）所示伸臂梁，取 A 支座为坐标原点，x 以向右为正。由平衡条件可求得两支座反力为

$$\left.\begin{aligned} F_A &= \frac{l-x}{l} \\ F_B &= \frac{x}{l} \end{aligned}\right\} (-l_1 \leqslant x \leqslant l + l_2)$$

当$F=1$在 A 点以左时，x 为负值，故以上两方程在全梁范围内均适用。由于方程与相应简支梁的反力影响线方程完全相同，故只需将简支梁反力影响线向两伸臂部分延长，即可得到伸臂梁的反力影响线，如图 11-5（b）、（c）所示。

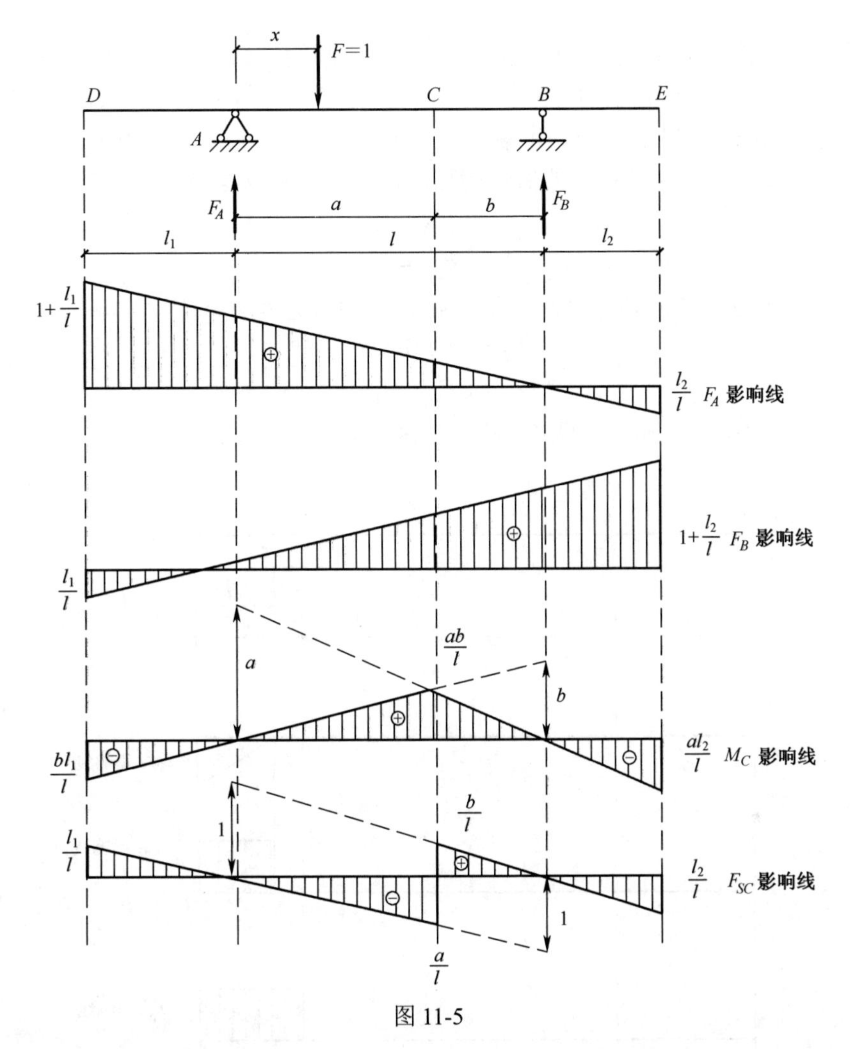

图 11-5

（2）跨内截面内力影响线。为求两支座间任一截面 C 的弯矩和剪力影响线，首先应写出影响线方程。当 F=1 在截面 C 以左移动时，取截面 C 以右部分为隔离体，由平衡条件得

$$M_C = F_B \cdot b，\quad F_{SC} = -F_B$$

当 F=1 在截面 C 以右部分移动时，取截面 C 以左部分为隔离体，由平衡条件得

$$M_C = F_A \cdot a，\quad F_{SC} = F_A$$

由此可知，M_C 和 F_{SC} 的影响线方程与简支梁相应截面的相同。因而与作反力影响线一样，只需将相应简支梁截面 C 的弯矩和剪力影响线的左、右两直线向两

伸臂部分延长，即可得到伸臂梁的 M_C 和 F_{SC} 影响线，如图 11-5（d）、（e）所示。

（3）伸臂截面的内力影响线。求伸臂部分任一截面 K（如图 11-6（a）所示）的内力影响线，为计算方便，可取 K 点为坐标原点，x 仍以向右为正。当 $F=1$ 在 K 点以左移动时，取截面 K 的右边为隔离体，由平衡方程得

$$M_K = 0$$

$$F_{SK} = 0$$

当 F=1 在 K 点右边移动时，仍取截面 K 的右边为隔离体，得

$$M_K = -x \ (0 \leqslant x \leqslant d)$$

$$F_{SK} = 1$$

由此可作出 M_K 和 F_{SK} 的影响线，如图 11-6（b）、（c）所示。

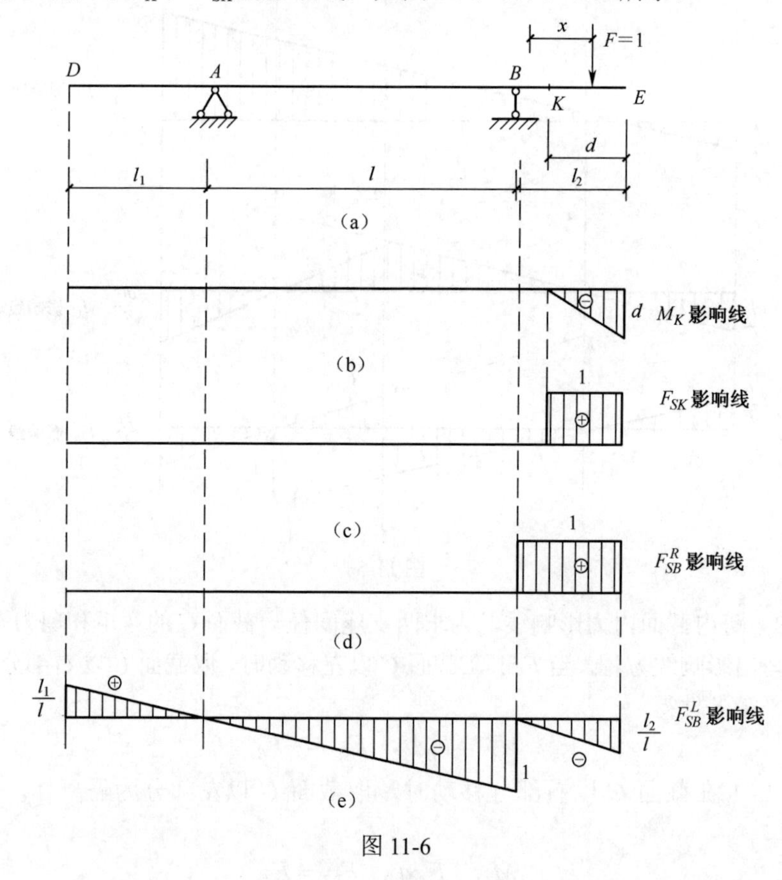

图 11-6

绘支座两侧截面的剪力影响线时，应分清是属于跨内截面还是伸臂部分截面。例如，支座 B 的左侧截面剪力 F_{SB}^L 的影响线，可由跨内截面 C 的 F_{SC} 影响线（如

图 11-5（e）所示）使截面 C 趋近于支座 B 的左侧而得到，如图 11-6（e）所示。而支座 B 右侧截面的剪力 F_{SB}^{R} 的影响线可由 F_{SK} 的影响线使截面 F 趋近于 B 支座右侧而得到，如图 11-6（d）所示。

最后需要指出，对于静定结构，由于其反力和内力影响线方程均为 x 的一次式，故影响线都是由直线组成的。

3. 影响线与内力图的比较

影响线与内力图是截然不同的，初学者容易将两者混淆。尽管两者均表示某种函数关系的图形，但各自的自变量和因变量是不同的。现以简支梁弯矩影响线和弯矩图为例，作比较如下：

图 11-7（a）表示简支梁的弯矩 M_C 影响线，图 11-7（b）表示荷载 F 作用在 C 点时的弯矩图。两图形状相似，但各纵距代表的含义却截然不同。例如 D 点的纵距，在 M_C 影响线中，y_D 代表 $F=1$ 移动至 D 点时引起的截面 C 的弯矩大小。而弯矩图中，y_D 代表固定荷载 F 作用在 C 点时产生的截面 D 的弯矩值 M_D。其他内力图与内力影响线的区别也与之相同。

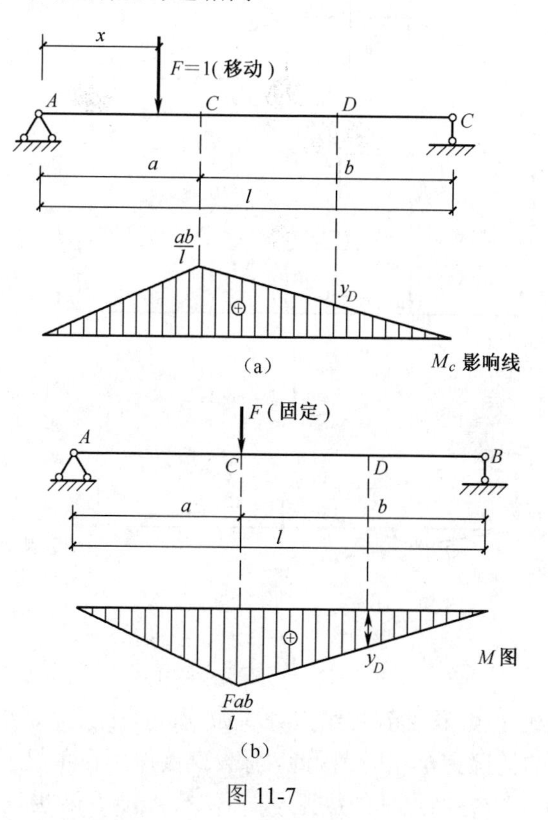

图 11-7

§11-3 间接荷载作用下的影响线

图 11-8（a）所示为桥梁结构中的纵横梁桥面系统及主梁的简图。计算主梁时通常可假定纵梁简支在横梁上，横梁简支在主梁上。荷载直接作用在纵梁上，再通过横梁传到主梁，主梁只在各横梁处（结点处）受到集中力作用。对主梁来说，这种荷载称为间接荷载或结点荷载。下面讨论在间接荷载作用下，主梁各种量值影响线的作法。现以主梁上截面 C 的弯矩影响线为例说明。

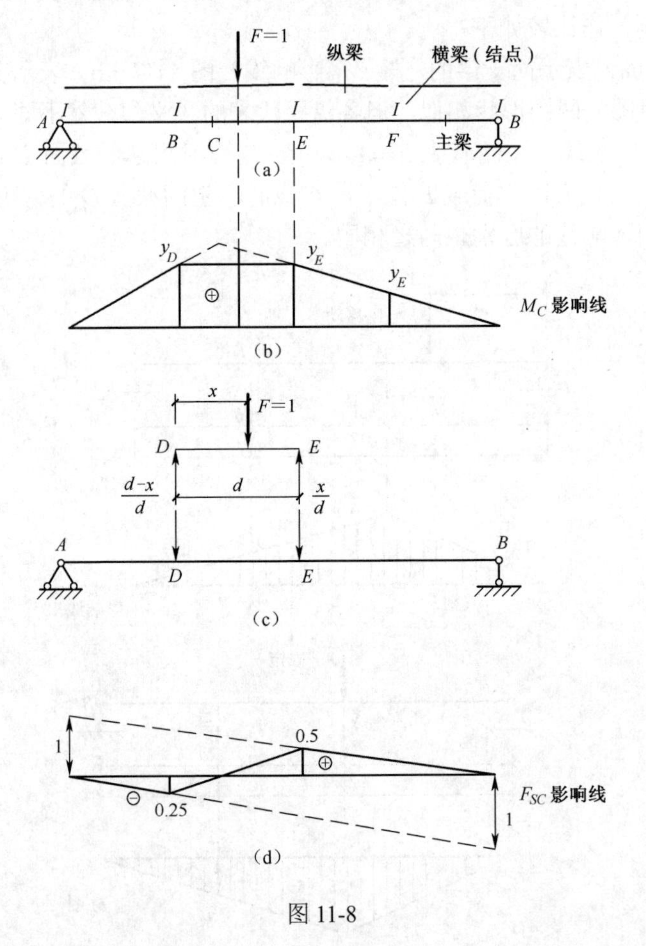

图 11-8

首先，当荷载 F=1 移动到各结点处（如 A、D、E、F、B）时，则与荷载直接作用在主梁上的情况完全相同。因此，荷载直接作用在主梁上时，M_C 影响线（如图 11-8（b）所示）中各结点处的纵距 y_A、y_D、y_E、y_F、y_B 也是主梁在间接荷载作

用下各结点处 M_C 影响线的纵距。

其次，当荷载 F=1 在任意两相邻结点 D、E 之间的纵梁上移动时，主梁将只在 D、E 两点处分别受到结点荷载 $(d-x)/d$ 及 x/d 的作用，如图 11-8（c）所示。由影响线的定义及叠加原理可知，在上述两结点荷载共同作用下 M_C 值应为

$$y=\frac{d-x}{d}y_D+\frac{x}{d}y_E$$

这便是 $F=1$ 在纵梁 DE 段时，主梁 DE 段的影响线方程。上式是 x 的一次式，表明在 DE 段内 M_C 的影响线是一直线。且由当 $x=0$ 时，$y=y_D$；当 $x=d$ 时，$y=y_E$，可知此直线是联结纵距 y_D 和 y_E 的直线，如图 11-8（b）所示。

同理，当 F=1 在其他各纵梁上移动时，主梁对应的各段的影响线也应是各段两结点处影响线纵距的连线。由此，可总结出绘制间接荷载下主梁某量值影响线的方法：

（1）首先作出直接荷载作用下所求量值的影响线，确定各结点处的纵距。

（2）在每一根梁段范围内，将各结点处纵距联成直线，即为该量值的影响线。

按上述方法，不难绘出主梁截面 C 的剪力影响线，如图 11-8（d）所示。图 11-9 所示为间接荷载作用下主梁影响线的另一例子。

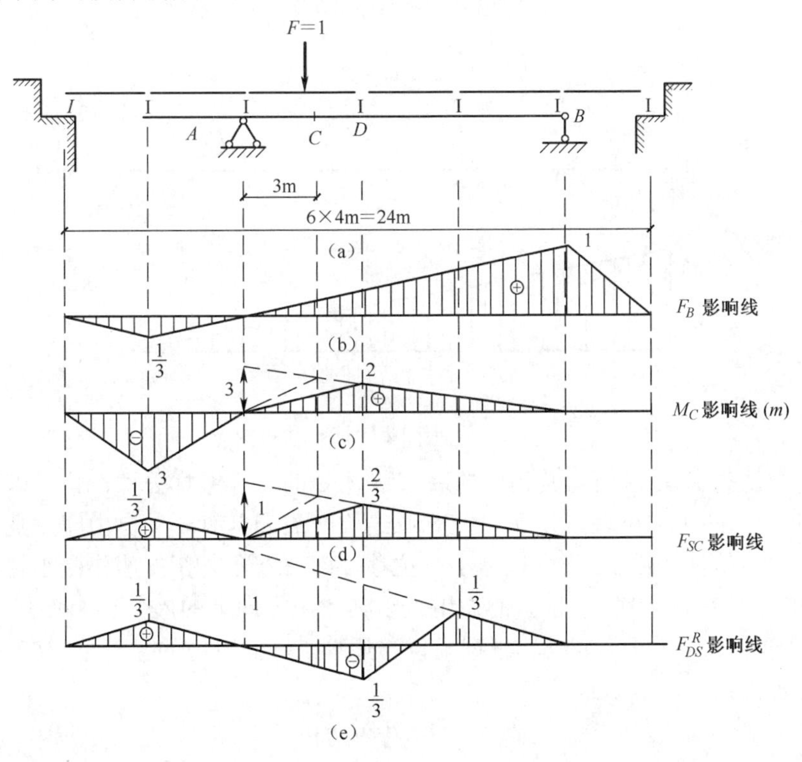

图 11-9

§11-4 用机动法作单跨静定梁的影响线

机动法作影响线是以虚位移原理为依据的，即刚体体系在力系作用下处于平衡的必要和充分条件是：在任何微小的虚位移中，力系所作的虚功总和为零。它把求内力或支座反力影响线的静力问题转化为作位移图的几何问题。下面先以绘制图 11-10（a）所示简支梁的反力 F_A 影响线为例，说明用机动法作影响线的概念和步骤。

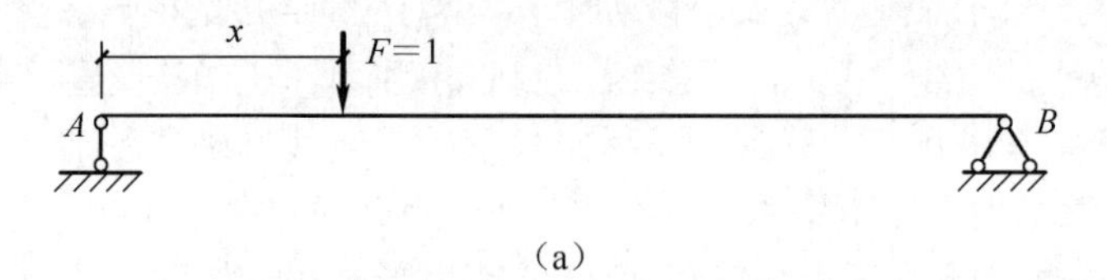

（a）

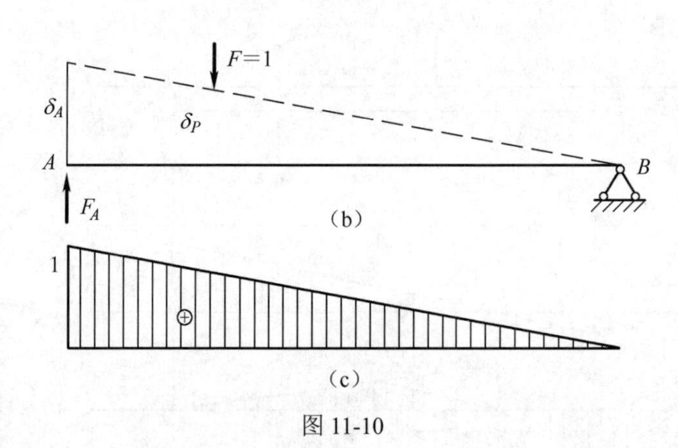

（b）

（c）

图 11-10

为求反力 F_A，应将与其相应的联系即 A 处的支座链杆去掉，代之以正向的反力 F_A，如图 11-10（b）所示。此时原结构变成为具有一个自由度的几何可变体系。然后给体系沿 F_A 正向以微小虚位移，即 AB 梁绕 B 支座作微小转动，并以 δ_A 和 δ_P 分别表示在 F_A 和 F 的作用点沿其作用方向上的虚位移。梁在 F_A、F、F_B 共同作用下处于平衡状态。根据虚位移原理，它们所做的虚功总和应等于零。虚功方程为：

$$F_A \cdot \delta_A + F \cdot \delta_P = 0$$

作影响线时，因 F=1，故得：

$$F_A = -\delta_P / \delta_A$$

式中，δ_A为反力F_A的作用点沿其方向上的位移，在给定的虚位移下它是常数；δ_P则为在荷载$F=1$作用点沿其方向上的位移，由于$F=1$是在梁上移动的，因而δ_P就是沿着荷载移动的各点的竖向虚位移图。可见，F_A的影响线与位移图δ_P成正比，将位移图δ_P的纵距除以δ_A并反号，就得到F_A的影响线。为方便起见，可令$\delta_A=1$，则上式成为$F_A=-\delta_P$，即此时的虚位移图代表F_A的影响线，只是符号相反。但是虚位移δ_P应是与力$F=1$方向一致为正，即以向下为正。因而可知，当δ_P向下时，F_A为负；当δ_P向上时，F_A为正，这与影响线的纵距正值要画在基线上方恰好一致，从而可得F_A的影响线如图11-10（c）所示。

由A支座反力F_A影响线的绘制过程，可总结出机动法作影响线的步骤如下：

（1）欲作某一量值S的影响线，应撤去与S相应的联系，代之以正向的未知约束力S。

（2）使体系沿S的正方向发生单位虚位移（$\delta=1$），从而可得出荷载作用点的竖向位移图（δ_P图），此位移图即是S的影响线。

（3）注明影响线的正负号：在横坐标以上的图形为正，反之为负。

机动法的优点是不需经过计算即可绘出影响线的轮廓。在工程中，当仅需要知道影响线的轮廓，用以确定最不利荷载位置时，用机动法特别方便。此外，还可用机动法来校核用静力法作出的影响线。

现按上述步骤，用机动法作图11-11（a）所示简支梁截面C的弯矩和剪力影响线。

作弯矩M_C影响线时，首先撤去与M_C相应的联系，即将截面C改为铰结，沿M_C的正方向加一对等值反向的力偶M_C代替原有联系的作用。然后，使AC、BC两刚片沿M_C的正方向发生虚位移，并写出虚功方程

$$M_C(a+b)+F\delta_P=0$$

得

$$M_C=-\frac{\delta_P}{\alpha+\beta}$$

式中$\alpha+\beta$是AC与BC两刚片的相对转角。若令$\alpha+\beta=1$，则所得竖向虚位移图即为M_C影响线如图11-11（c）所示。

由图可以看出，与M_C相应的位移是铰C两侧截面的相对转角$(\alpha+\beta)$。由于$(\alpha+\beta)$是微小的，可知$AA_1=a(\alpha+\beta)$，由比例关系知$CC_1=ab/l(\alpha+\beta)$。若令$(\alpha+\beta)=1$，即可求出影响线顶点处的纵距为ab/l。从而可绘出M_C影响线。

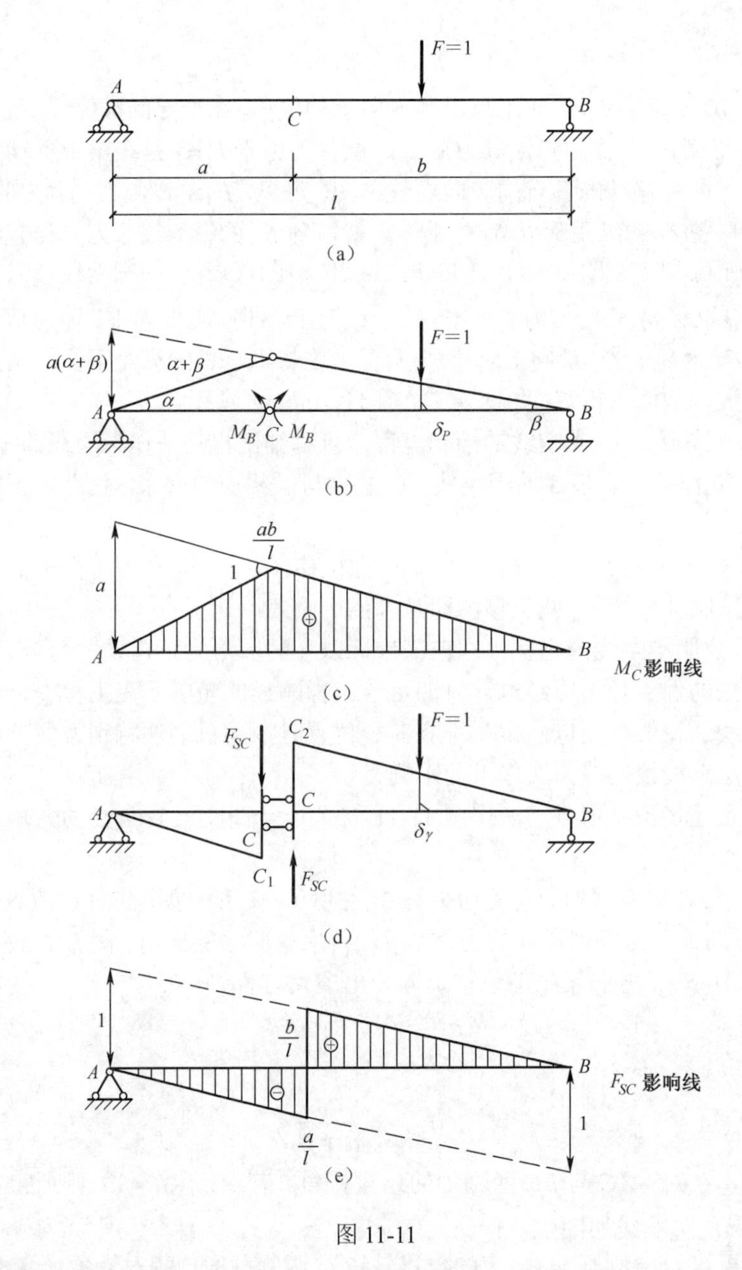

图 11-11

作剪力 F_{SC} 影响线时，撤去与 F_{SC} 相应的联系，即将截面 C 处改为用两根水平链杆相联（这样，该截面不能抵抗剪力，但仍能承受弯矩和轴力），同时加上一对正向剪力 F_{SC} 代替原有联系的作用。再令该体系沿 F_{SC} 正方向发生虚位移。由虚位移原理有，

$$F_{SC}(CC_1+CC_2)+F\delta_P=0$$

得

$$F_{SC}=-\frac{\delta_P}{CC_1+CC_2}$$

此时(CC_1+CC_2)为C左右两截面的相对竖向位移，令$(CC_1+CC_2)=1$，则所得的虚位移图即为F_{SC}影响线。由于截面C处只能发生相对竖向位移，不能发生相对转动和水平移动，故在虚位移图中AC_1和C_2B两直线为平行线，即F_{SC}影响线的左、右两直线是相互平行的。

§11-5　多跨静定梁的影响线

与作单跨静定梁影响线一样，作多跨静定梁的影响线也有静力法和机动法。

1．*静力法作多跨静定梁的影响线*

用静力法作多跨静定梁的影响线，首先要分清基本部分和附属部分以及各部分之间的传力关系。再将多跨静定梁的每个梁段看作是一个单跨梁，然后利用单跨静定梁的已知影响线，则可绘出多跨静定梁的影响线。例如图 11-12（a）所示多跨静定梁，图 11-12（b）为其层叠图。现要作弯矩M_K的影响线。当$F=1$在AC段上移动时，CE段为附属部分而不受力，故M_K的影响线在AC段内的纵距恒为零；当$F=1$在CE段上移动时，此时M_K的影响线与CE段单独作为伸臂梁时相同；当$F=1$在EG段上移动时，CE梁则承受一个作用位置不变而大小变化的力F_{Ey}的作用。若以E点为坐标原点，写出F_{Ey}的影响线方程为$F_{Ey}=\dfrac{l-x}{l}$，可见，F_{Ey}是x的一次式。由这个反力所引起的CE梁内指定截面的内力也是x的一次式，如$M_K=-\dfrac{l_4a}{l_3}F_{Ey}=-\dfrac{l_4a}{l_3}\dfrac{(l-x)}{l}$，这说明$M_K$的影响线在$EG$段内是一直线。画出直线只需定出两点，当$x$=0 时，$M_K=-\dfrac{l_4a}{l_3}$；当$x=l$时，$M_K=0$。$M_K$影响线在全梁的变化图形如图 11-12（c）所示。

由上述分析可知，多跨静定梁反力及内力影响线的一般作法如下：

（1）当$F=1$在量值本身所在的梁段上移动时，该量值的影响线与相应单跨静定梁影响线相同。

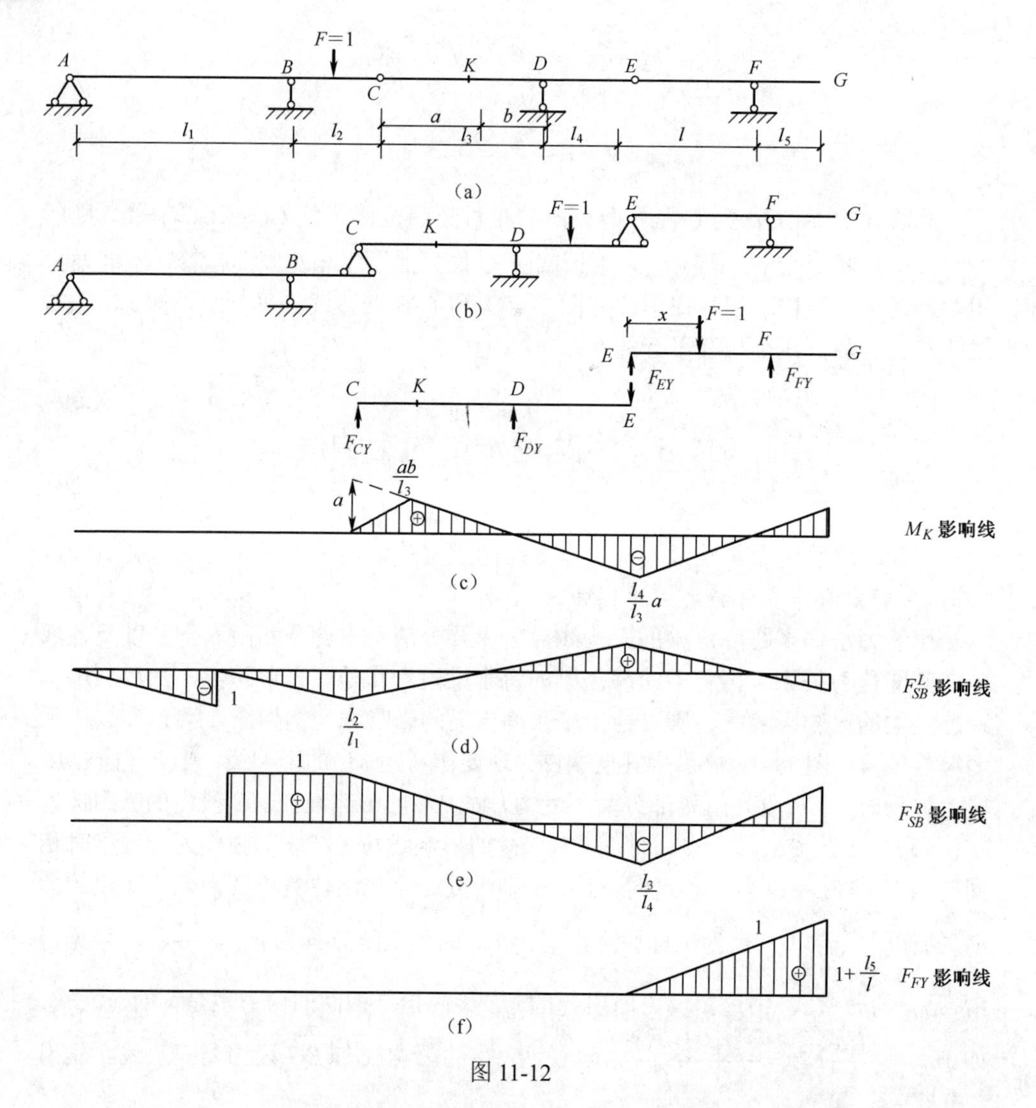

图 11-12

（2）当 $F=1$ 在对于该量值所在的梁段来说是附属部分的梁段上移动时，量值的影响线是一直线，可根据支座处纵距为零，铰处的纵距为已知的两点绘出。

（3）当 $F=1$ 在对于该量值所在的梁段来说是基本部分的梁段上移动时，该量值影响线的纵距为零。

按上述方法，即可作出 F_{SB}^L、F_{SB}^R 和 F_F 的影响线，如图 11-12（d）、（e）、（f）所示。

2. 机动法作多跨静定梁的影响线

用机动法作多跨静定梁影响线的步骤与单跨梁完全相同。与静力法相比显得更方便。首先去掉与所求量值 S 相应的联系，代之以未知力 S，然后使该体系沿 S 的正方向发生单位位移，此时根据每一段梁的位移图应为一直线，以及在支座处竖向位移为零，便可很方便地绘出各部分的位移图。现用机动法校核图 11-10（a）所示多跨静定梁 M_K、F_{SB}^{L}、F_{SB}^{R} 和 F_F 影响线，如图 11-13 所示。

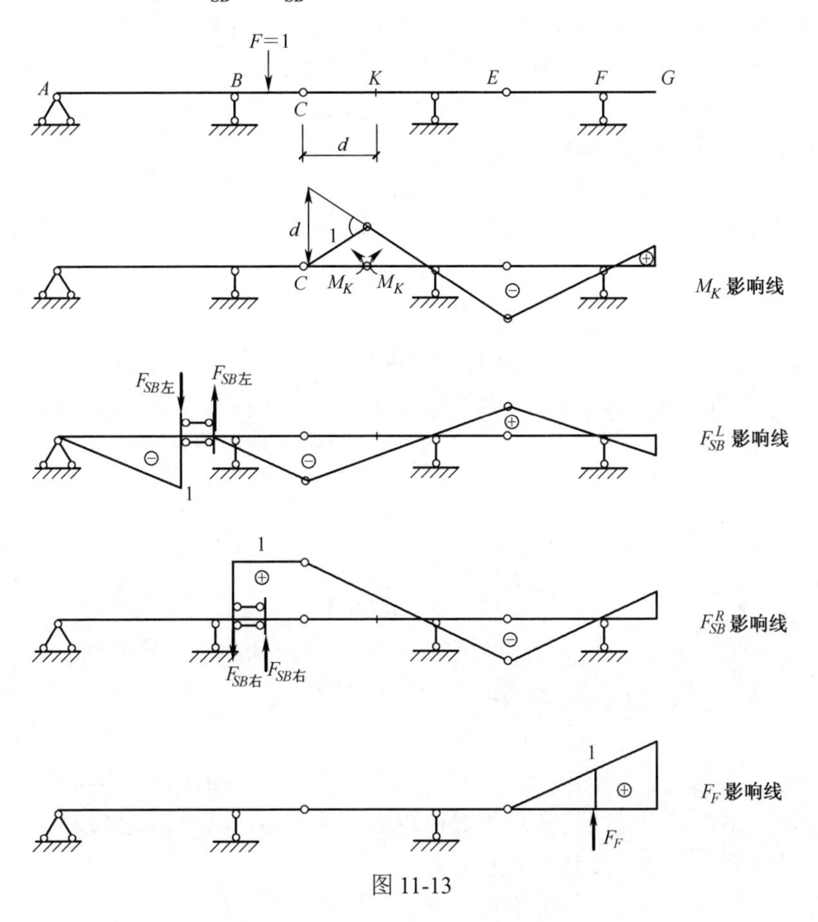

图 11-13

§11-6　桁架的影响线

对于单跨静定梁式桁架，其支座反力的计算与相应的单跨静定梁相同，故其反力影响线也与单跨静定梁支座反力影响线完全一样。下面只讨论桁架杆件内力的影响线。

计算桁架内力的方法通常有结点法和截面法，而截面法又可分为力矩法和投影法。用静力法作桁架内力的影响线时，同样是用这些方法，只不过所作用的荷载是一个移动的单位荷载。因此，只需考虑 F=1 在不同部分移动时，分别写出所求杆件内力的影响线方程，即可根据方程作出影响线。对于斜杆，为计算方便，可先绘出其水平或竖向分力影响线，然后按比例关系求得其内力影响线。

在桁架中，荷载一般是通过纵横梁系以结点荷载的形式作用在桁架结点上，故前面讨论的关于间接荷载作用下影响线的性质，对桁架都是适用的。即桁架中任一杆件轴力影响线在相邻两结点之间应为一直线。

现以图 11-14（a）所示下弦承受单位荷载 F=1 的平行弦桁架为例，说明桁架杆件内力影响线的绘制方法。

1. 上弦杆轴力 F_{N89} 的影响线

作截面Ⅰ-Ⅰ，当 F=1 在 A、2 段移动时，取截面右部分为隔离体，由 $\sum M_2 = 0$，得

$$F_B \cdot 4d + F_{N89} \cdot h = 0$$

$$F_{N89} = -4d / h \cdot F_B \tag{a}$$

由（a）式可知，将反力 F_B 的影响线乘以 $4d/h$，并画在基线的下方，取其对应于 A、2 之间的一段，即可得到 F_{N89} 在该部分的影响线，称为左直线。

当 F=1 在 3、B 之间移动时，取截面Ⅰ-Ⅰ的左部分为隔离体，由 $\Sigma M_2 = 0$，得

$$F_A \cdot 2d + F_{N89} \cdot h = 0$$

$$F_{N89} = -2d / h \cdot F_A \tag{b}$$

可知，将反力 F_A 的影响线乘以 $2d / h$，并画在基线下方，取其对应于 3、B 之间的一段，即可得 F_{N89} 影响线的右直线。

当 $F = 1$ 在 2、3 之间移动时，由间接荷载下影响线的性质可知，应为一直线。即将结点 2、3 处的纵距相连，可得 F_{N89} 的影响线，如图 11-14（b）所示。由几何关系知，左、右两直线的交点恰好在矩心 2 的下面，其纵距为 $4d / 3h$。利用这一特点可对 F_{N89} 的影响线进行校核。

2. 下弦杆轴力 F_{N23} 的影响线

与上弦杆内力影响线作法完全相同。仍用截面Ⅰ-Ⅰ，取结点 9 为矩心。影响线的顶点也在矩心 9 下面，纵距为 $3d / 2h$，如图 11-14（c）所示。

3. 斜杆轴力 F_{N72} 的影响线

作截面Ⅱ-Ⅱ，用投影法求影响线方程。当 $F = 1$ 在 A、1 之间移动时，取截面Ⅱ-Ⅱ右部分为隔离体，由 $F_{N72} = -\dfrac{1}{\sin\alpha} F_B$，得

$$F_{N72}\sin\alpha + F_B = 0 \text{，} \quad F_{N72} = -\frac{1}{\sin\alpha} F_B$$

当$F=1$在2、B之间移动时，取截面Ⅱ-Ⅱ左部分为隔离体，由$\sum F_y=0$，得

$$-F_{N72}\sin\alpha+F_A=0\text{，}\quad F_{N72}=\frac{1}{\sin\alpha}F_A$$

当$F=1$在1、2之间移动时，F_{N72}的影响线为一直线。F_{N72}影响线如图11-14（d）所示。

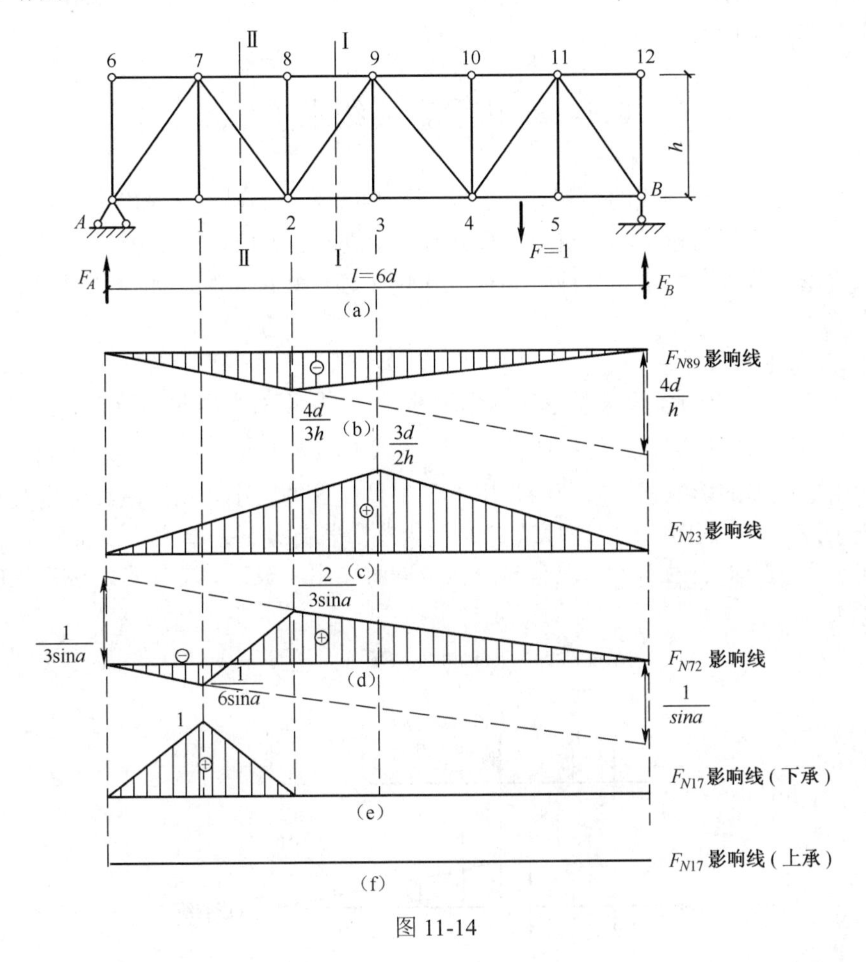

图 11-14

4. 竖杆轴力N_{17}的影响线

取结点1为隔离体，用平衡方程$\sum F_y=0$，分别按$F=1$在该结点及不在该结点这两种情况建立：

（1）当$F=1$移动至结点1时，$F_{N17}=1$；

（2）当$F=1$作用在其他各结点时，$F_{N17}=0$。然后根据影响线在各节间应为直线的性质，即可绘出F_{N17}的影响线，如图11-14（e）所示。

图 11-14（a）所示桁架，当 $F=1$ 在上弦移动时，欲求 F_{N17} 影响线，仍取结点 1 为隔离体，由 $\sum F_y=0$，可知不论荷载作用在上弦哪个结点上，F_{N17} 恒为零。F_{N17} 的影响线则与基线重合，如图 11-14（f）所示。

综上所述，作桁架影响线时，应特别注意桁架是下弦承载（纵横梁系安置在桁架下面，简称下承）还是上弦承载（上承）。因为在两种情况下，某些杆件的内力影响线是不同的。

§11-7　利用影响线求量值

前面讨论了影响线的绘制方法。绘制影响线是为了利用它来确定实际移动荷载对于某一量值的最不利位置，从而求出该量值的最大值。在讨论这一问题之前，先来讨论当若干个集中荷载或分布荷载作用于某已知位置时，如何利用影响线来求量值。

1．集中荷载作用

如图 11-15 所示，设某量值 S 的影响线已绘出，现有一组集中荷载 $F_1,F_2,\cdots,F_n$ 作用在结构的已知位置上，其对应于 S 影响线上的纵距分别为 $y_1,y_2,\cdots,y_n$。现要求利用量值 S 的影响线，求荷载作用下产生量值 S 的大小。由影响线的定义知，y_1 表示荷载 $F=1$ 作用于该处时量值 S 的大小，若荷载不是单位荷载而是 F_1，则引起量值 S 的大小为 F_1y_1。现有 n 个荷载同时作用，根据叠加原理，所产生的量值 S 为

$$S=F_1y_1+F_2y_2+\ldots+F_ny_n=\sum F_iy_i \tag{11-1}$$

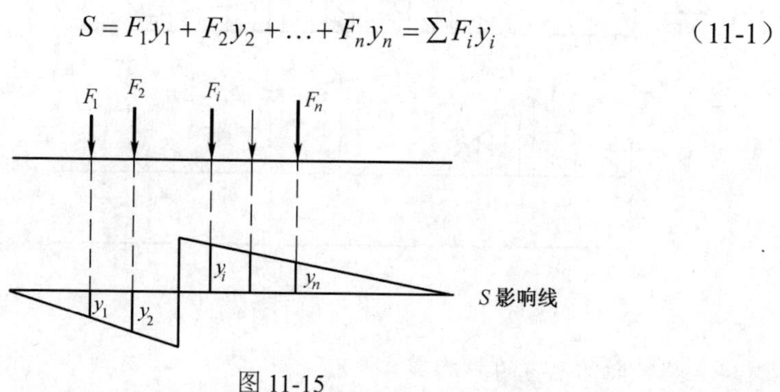

图 11-15

当影响线某一直线段范围内有一组集中荷载作用时（图 11-16），为简化计算，也可以用合力 F 来代替它们的作用。若将该段直线延长，使之与基线交于 O 点，则有

$$S=F_1y_1+F_2y_2+\ldots+F_ny_n=(F_1x_1+F_2x_2+\ldots+F_nx_n)\tan\alpha=\tan\alpha\sum F_ix_i$$

由于$\sum F_i x_i$为各分力对O点力矩之和，根据合力矩定理，得

$$\sum F_i x_i = F_R x$$

则
$$S = F_R x \tan\alpha = F_R \overline{y} \tag{11-2}$$

其中，$\overline{y}$为合力F_R所对应的影响线的纵距。

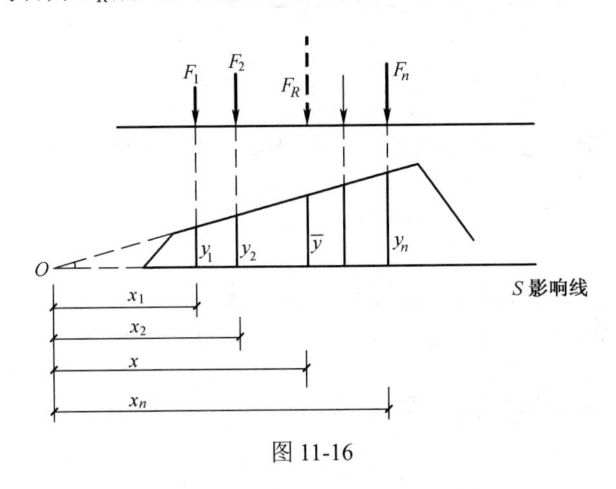

图 11-16

2. 分布荷载作用

设有分布荷载作用于结构的已知位置上，若将分布荷载沿其长度方向划分为许多无穷小的微段dx，可将每一微段上的荷载$q(x)dx$看成集中荷载（图 11-17），则在ab段内分布荷载产生的量值S为

$$S = \int_a^b q(x) y \mathrm{d}x \tag{11-3}$$

若$q(x)$是均布荷载q时（图 11-18），则上式为

$$S = q\int_a^b y \mathrm{d}x = qA_\omega \tag{11-4}$$

式中A_ω表示均布荷载长度范围内影响线图形的面积。若在该范围内影响线有正有负，则A_ω应为正负面积的代数和。

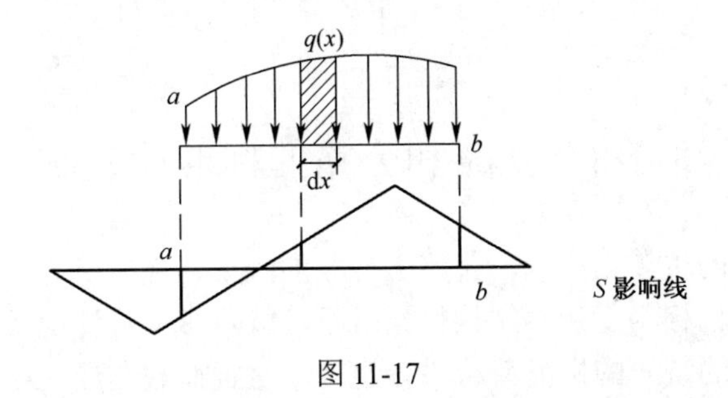

图 11-17

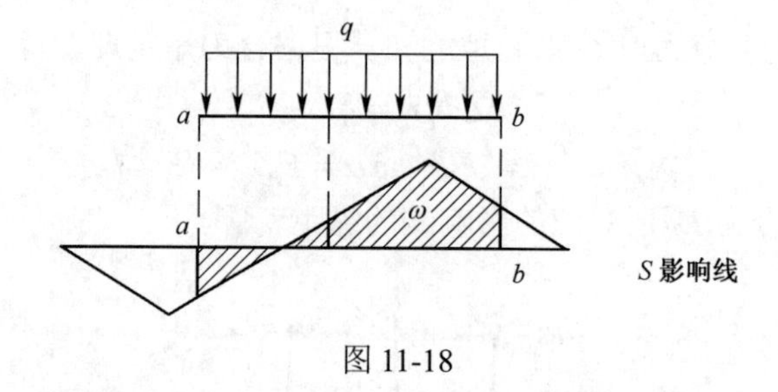

图 11-18

例 11-1 试利用影响线求图 11-19（a）所示简支梁在荷载作用下截面 C 的剪力。

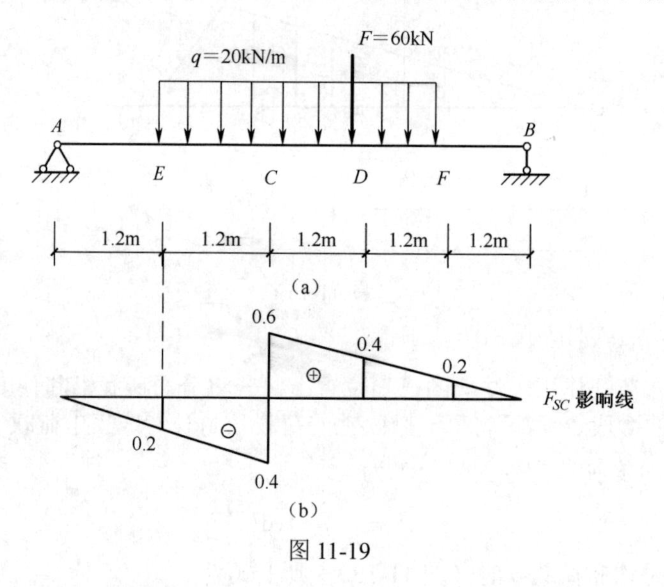

图 11-19

解：首先作出 F_{SC} 影响线，并求有关纵距值，如图 11-19（b）所示。其次由叠加原理，可得

$$F_{SC} = F_{yD} + q \cdot A_{\omega}$$

$$= 60\ \text{kN} \times 0.4 + 20\ \text{kN/m} \times [1/2 \times (0.2 + 0.6) \times 2.4\ \text{m} - 1/2 \times (0.2 + 0.4) \times 1.2\ \text{m}]$$

$$= 36\ \text{kN}$$

§11-8 铁路和公路的标准荷载制

铁路上行驶的机车、车辆，公路上行驶的汽车、拖拉机等，规格不一，类型繁多，载运情况也相当复杂。结构设计时不可能对每一种情况都进行计算，而是按照一种制定出的统一的标准荷载进行设计。这种荷载是经过统计分析制定出来

的，它既能概括当前各种类型车辆的情况，又必须考虑到将来交通发展的情况。

我国铁路桥涵设计使用的标准荷载，称为“中华人民共和国铁路标准活载”，简称为“中—活载”。它包括普通活载和特种活载两种，其形式如图 11-20 所示。一般设计时采用普通活载，它代表一列火车的重量，前面五个集中荷载代表一台机车的五个轴重，中部一段 30m 长的均布荷载代表煤水车和与其相联挂的另一台机车与煤水车的平均重量。后面任意长的均布荷载代表车辆的平均重量。特种活载代表某些机车、车辆的较大轴重。特种活载虽轴重较大，但轴数较少，故仅对小跨度桥梁（约 7m 以下）控制设计。

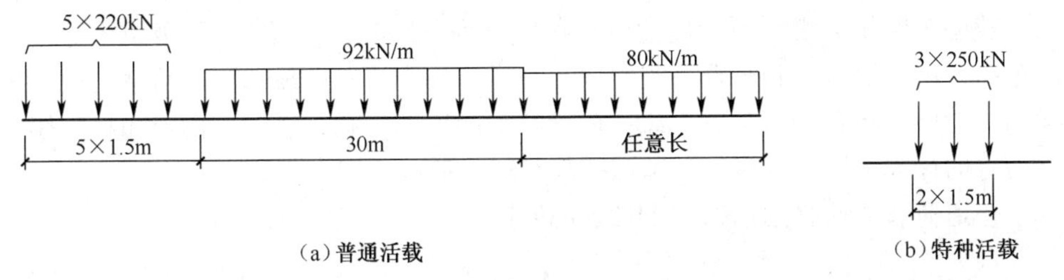

图 11-20

使用中—活载时，可由图式中任意截取，但不得变更轴间距。列车可由左端或右端进入桥涵，视何种方向产生更大的内力为准。图 11-20 所示为单线上的荷载，若桥梁由两片主梁组成，则单线上每片主梁承受图 11-20 所示荷载的一半。

我国高速铁路桥梁使用的都是 *ZK* 活载，即中国客运专线，它包括标准活载和特种活载两种，其形式如图 11-21 所示。单线或双线的桥涵结构应按每一条线路作用 *ZK* 活载设计。两线以上的桥涵结构，应按下列两种条件中的最不利情况设计：两条线路在最不利位置各承受 *ZK* 活载，其余线路不承受列车活载；所有线路在最不利位置各承受 75%的 *ZK* 活载。设计加载时，活载图示可任意截取，对多符号影响线，活载图示可隔开，即在同符号影响线各区段进行加载，中间的异符号影响线区段不加载。用空车检算桥梁各部分构件时，其竖向活载应按每米 10kN 计算。桥跨结构和墩台尚应按实际的施工荷载加以检算。

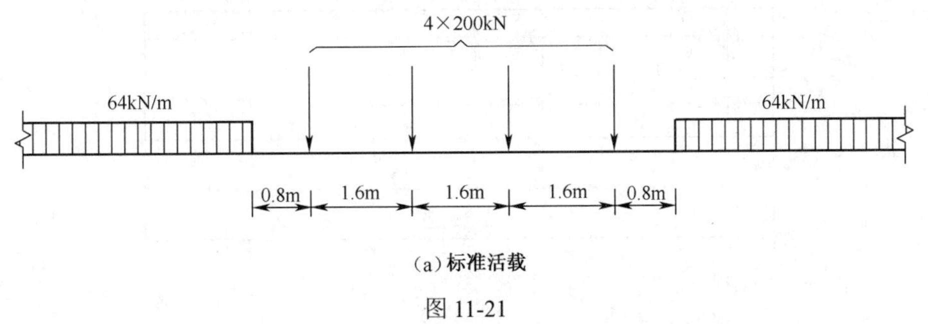

图 11-21

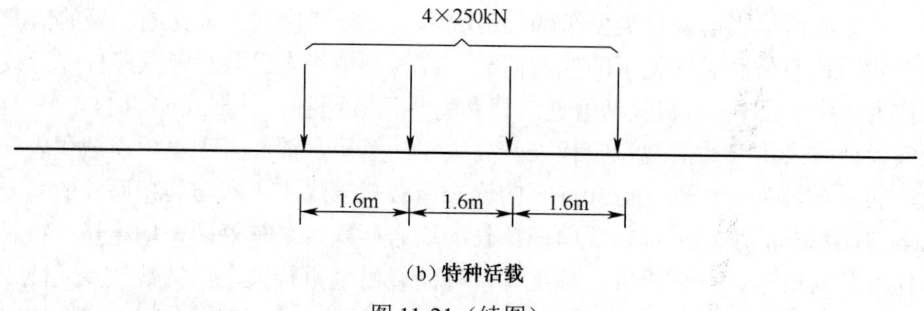

(b) 特种活载

图 11-21（续图）

我国公路桥涵设计所使用的汽车荷载分为公路-Ⅰ级和公路-Ⅱ级两个等级。汽车荷载由车道荷载和车辆荷载组成。车道荷载由均布荷载和集中荷载组成。桥梁结构的整体计算采用车道荷载；桥梁结构的局部加载、涵洞、桥台和挡土墙土压力等的计算采用车辆荷载。车道荷载和车辆荷载作用不得叠加。

车道荷载的计算图示如图 11-22（a）所示。

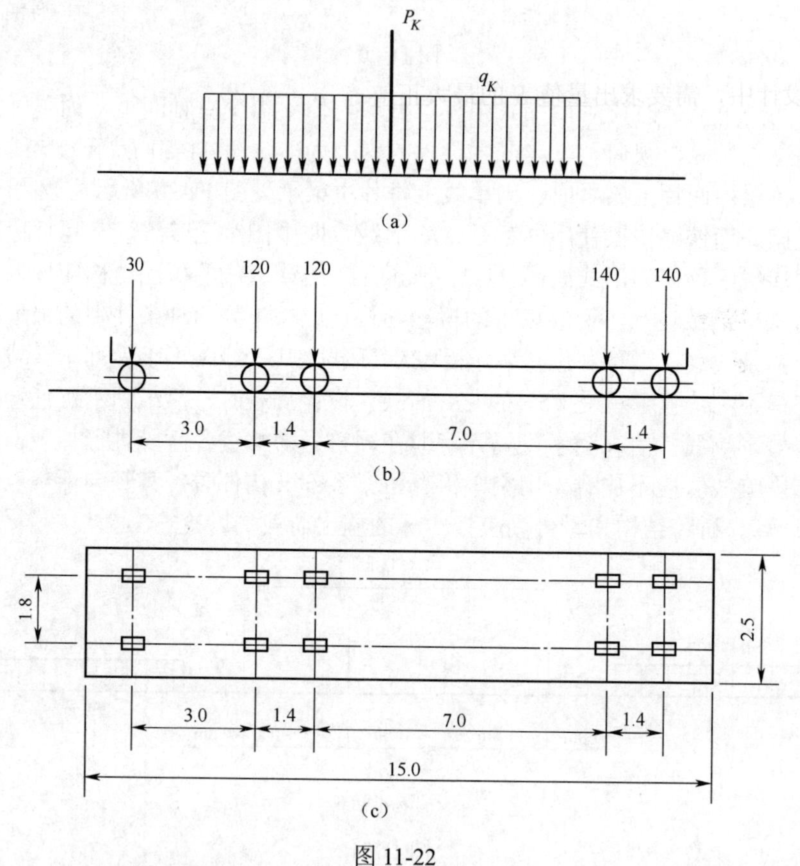

图 11-22

公路-Ⅰ级车道荷载的均布荷载标准值为$q_K=10.5\text{kN/m}$；集中荷载标准值F_K按以下规定选取：桥涵计算跨径小于或等于5m时，$F_K=180\text{kN}$；桥涵计算跨径大于或等于50m时，$F_K=360\text{kN}$；桥涵计算跨径大于5m小于50m时，F_K值采用直线内插求得。当计算剪力效应时，上述集中荷载标准值应乘以1.2的系数。

公路-Ⅱ级车道荷载的均布荷载标准值q_K和集中荷载标准值F_K，为公路-Ⅰ级车道荷载的0.75倍。

车道荷载的均布荷载标准值应满布于使结构产生最不利效应的同号影响线上；集中荷载标准值只作用于相应影响线中一个影响线峰值处。

车辆荷载布置图如图11-22（b）（立面）与（c）（平面）所示。公路-Ⅰ级和公路-Ⅱ级汽车荷载采用相同的车辆荷载标准值。

§11-9　最不利荷载位置

在移动荷载作用下，结构上某一量值S是随着荷载位置的变化而变化的。在结构设计中，需要求出量值S的最大正值S_{max}和最大负值S_{min}（也称最小值）作为设计的依据。为此，必须首先确定产生某一量值最大值（或最小值）时的荷载位置，即该量值的最不利荷载位置。最不利荷载位置确定后，即可按本节前述方法计算出该量值的最大值（或最小值）。影响线最主要的应用就在于用它来确定最不利荷载位置。

下面讨论在不同的荷载作用下，最不利荷载位置的确定方法。

1. 单个集中荷载

只有一个集中荷载F时，显然将F置于S影响线的最大纵距处即产生S_{max}值（$S_{max}=Fy_{max}$）；将F置于S影响线的最小纵距处即产生S_{min}值（$S_{min}=Fy_{min}$），如图11-23所示。

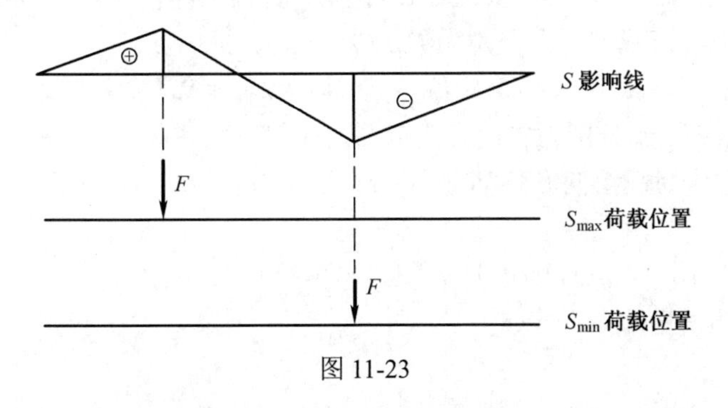

图11-23

2. 可任意分割的均布荷载（如人群、货物）

对于可以任意分割的均布荷载（也称可动均布荷载，如人群、货物等），由式（11-4）可知$S = q \cdot A_\omega$，显然，将荷载布满影响线所有正面积的部分，则产生S_{max}；反之，将荷载布满对应影响线所有负面积的部分，则产生S_{min}（图 11-24）。

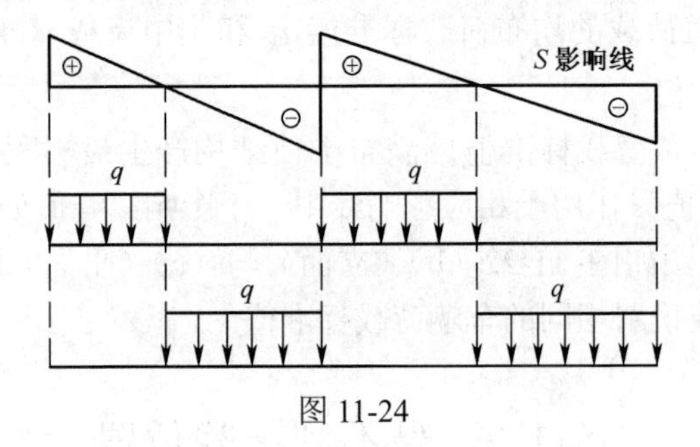

图 11-24

3. 行列荷载

行列荷载是指一系列间距不变的移动集中荷载（也包括均布荷载）。如中—活载、汽车车队等，其最不利荷载位置难以由直观得出。但是，根据最不利荷载位置的定义可知，当荷载移动到该位置时，所求量值 S 为最大，因而荷载由该位置不论向左或向右移动到邻近位置时，S 值均将减小。只能通过寻求 S 的极值条件来解决求 S_{max} 的问题。一般分两步进行：

（1）求出使量值 S 达到极值的荷载位置。该荷载位置叫做荷载的临界位置。

（2）从荷载的临界位置中找出其最不利位置，即从 S 的极大值中找最大值，从极小值中找最小值。

1）临界位置的判定。

设某量值 S 的影响线如图 11-25（a）所示为一折线形，各段直线的倾角分别为 $\alpha_1,\alpha_2,\ldots\alpha_n$。取坐标轴 x 向右为正，y 轴向上为正，倾角 α 以逆时针转动为正。现有行列荷载作用于图 11-25（b）所示位置，此时产生的量值以 S_1 表示。若每一直线段范围内各荷载的合力分别为 $F_{R1},F_{R2},\ldots,F_{Rn}$，则有

$$S_1 = F_{R1}y_1 + F_{R2}y_2 + \ldots + F_{Rn}y_n = \sum F_{Ri}y_i$$

这里 $y_1,y_2,\ldots,y_n$ 分别为各段直线范围内荷载合力 $F_{R1},F_{R2},\ldots,F_{Rn}$ 对应的影响线的竖标。当整个荷载组向右移动微小距离 Δx（向右移动 Δx 为正），则此时产生的量值 S_2 为

$$S_2 = F_{R1}(y_1 + \Delta y_1) + F_{R2}(y_2 + \Delta y_2) + \ldots + F_{Rn}(y_n + \Delta y_n)$$

量值 S 的增量为

$$\begin{aligned}\Delta S = S_2 - S_1 &= F_{R1}\Delta y_1 + F_{R2}\Delta y_2 + \cdots + F_{Rn}\Delta y_n \\ &= F_{R1}\Delta x\tan\alpha_1 + F_{R2}\Delta x\tan\alpha_2 + \cdots + F_{Rn}\Delta x\tan\alpha_n \\ &= \Delta x\sum F_{Ri}\tan\alpha_i\end{aligned}$$

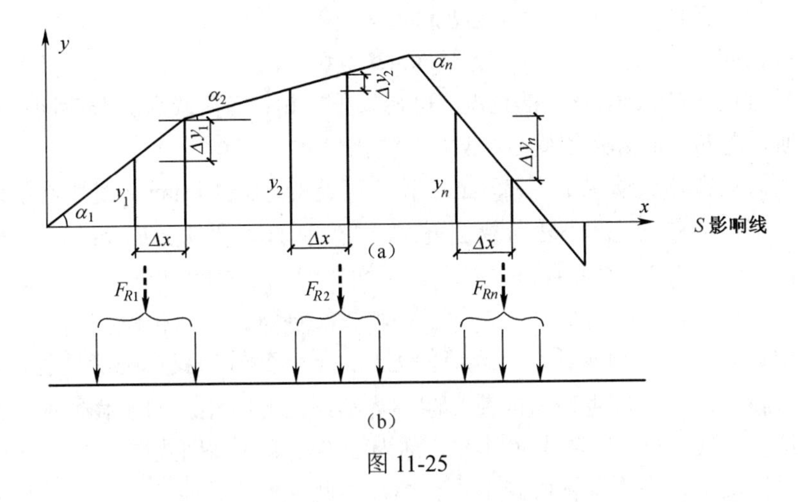

图 11-25

即

$$\frac{\Delta S}{\Delta x} = \sum_{i=1}^{n} F_{Ri}\tan\alpha_i$$

由数学可知，函数的一阶导数为零或变号处函数可能存在极值，如图 11-26 所示。其中图 11-26（a）是分布荷载的极值条件，后一种则用于集中荷载，此时，极值两边的导数必定符号相反。

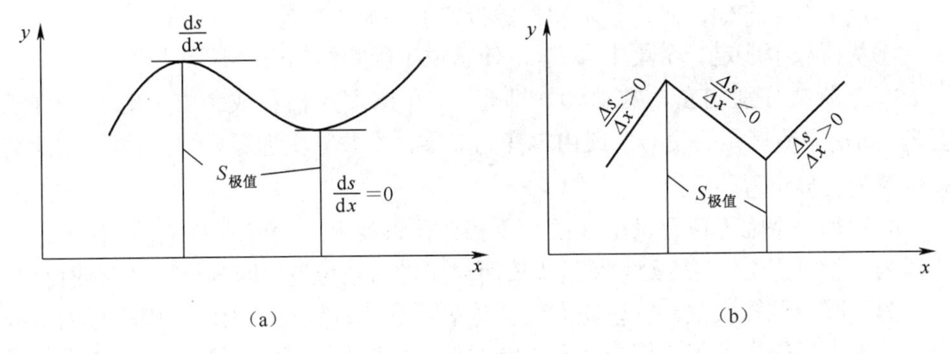

图 11-26

使 S 成为极大值的条件是：荷载自该位置向左或向右移动时，量值 S 均应减小或保持不变，即 $\Delta S < 0$ 。由于荷载向左移动时 $\Delta x < 0$ ，而向右移动时 $\Delta x > 0$ ，故使 S 成为极大值的条件为

荷载稍向左移：　　　　$\sum F_{Ri}\tan\alpha_i > 0$

荷载稍向右移：　　　　$\sum F_{Ri}\tan\alpha_i < 0$　　　　(11-5)

同理，使 S 成为极小值的条件应为

荷载稍向左移：　　　　$\sum F_{Ri}\tan\alpha_i < 0$

荷载稍向右移：　　　　$\sum F_{Ri}\tan\alpha_i > 0$　　　　(11-5′)

若只讨论 $\sum F_{Ri}\tan\alpha_i \neq 0$ 的情况，可得如下结论：当荷载组向左或向右移动微小距离时，$\sum F_{Ri}\tan\alpha_i$ 必须变号，S 才产生极值。

下面讨论在什么情况下 $\sum F_{Ri}\tan\alpha_i$ 才有可能变号。由于 $\tan\alpha_i$ 是影响线中各段直线的斜率，是常数，并不随荷载位置而改变，因此，要使 $\sum F_{Ri}\tan\alpha_i$ 改变符号，只有各段内的合力 F_{Ri} 改变数值才有可能。而要使 F_{Ri} 改变数值，只有当某一个集中荷载正好作用在影响线的某一顶点（转折点）处时，才有可能。当然，并不是每个集中荷载位于影响线顶点时都能使 $\sum F_{Ri}\tan\alpha_i$ 变号。我们把能使 $\sum F_{Ri}\tan\alpha_i$ 变号的荷载，即使 S 产生极值的荷载叫临界荷载。此时相应的荷载位置称为临界位置。这样，式（11-5）及式（11-5′）称为临界位置的判别式。

一般情况下，临界位置可能不止一个，因此 S 的极值也不止一个，这时需要将各个 S 的极值分别求出，再从中找出最大（或最小）的 S 值。至于哪一个荷载是临界荷载，则需要试算，将该荷载置于影响线某一顶点处是否能满足判别式。为了减少试算次数，可从以下两点估计最不利荷载位置：

①将行列荷载中数值较大且较密集的部分置于影响线的最大纵距附近。

②位于同符号影响线范围内的荷载应尽可能的多。

2）确定最不利荷载位置的步骤。

由以上分析可知，确定最不利荷载位置的一般步骤如下：

①从荷载中选定一个集中力 F_{Ri}，使它位于影响线的一个顶点上。

②令荷载分别向左、右移动（即当 F_{Ri} 在该顶点稍左或稍右）时，分别求 $\sum F_{Ri}\tan\alpha_i$，看其是否变号（或由零变为非零，由非零变为零）。若变号，则此荷载位置为临界位置。

③对每一个临界位置求出 S 的一个极值，再找出最大值即为 $S_{\max}$，找出最小值即为 $S_{\min}$。与产生该最大值及最小值所对应的荷载位置，即为最不利荷载位置。

为了减少试算次数，宜事先大致估计最不利荷载位置。为此，应将行列荷载中数值较大且较为密集的部分置于影响线的最大竖标附近，同时注意位于同符号影响线范围内的荷载应尽可能多，因为这样才可能产生较大的 S 值。

例 11-2　试求图 11-27（a）所示简支梁在中—活载作用下，截面 C 的最大弯矩。

解：首先作出 M_C 影响线如图 11-27（b）所示。由图求得各段斜率为

$$\tan\alpha_1 = 5/8,\quad \tan\alpha_2 = 1/8,\quad \tan\alpha_3 = -3/8$$

其次，由式（11-5）通过试算确定临界位置。

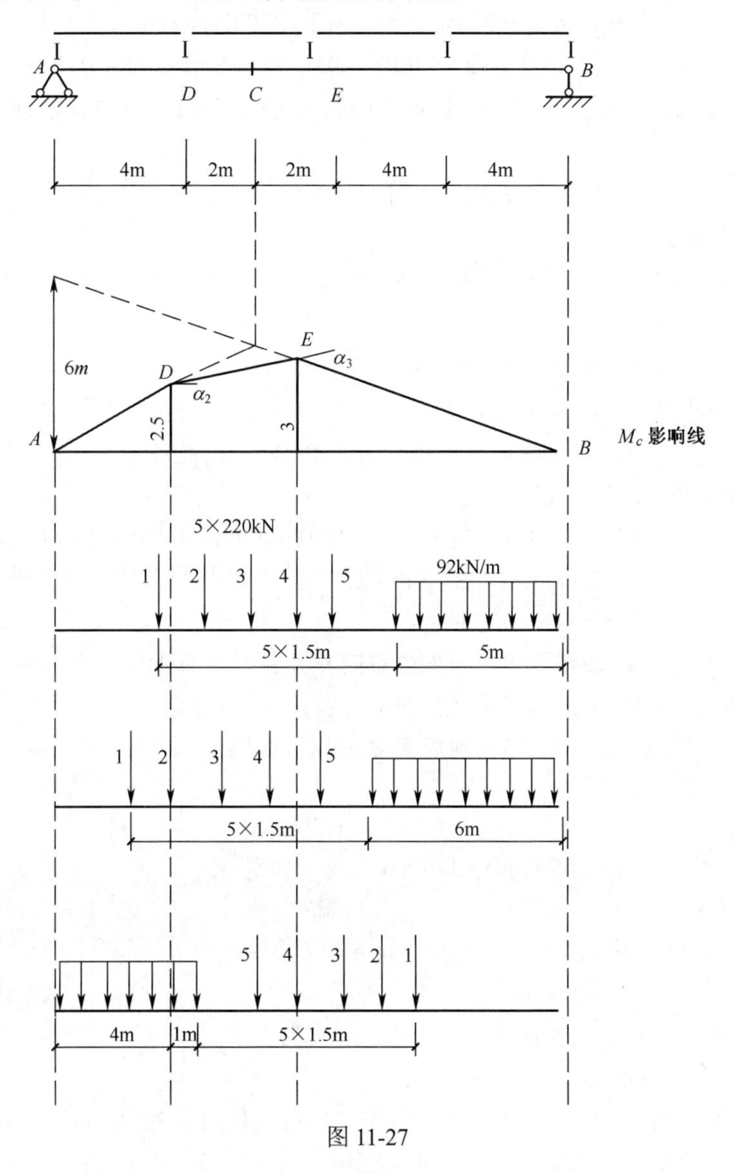

图 11-27

1．先考虑列车从右向左开行时的情况。

（1）将轮 4 置于影响线顶点 E 处试算，如图 11-27（c）所示。由判别式（11-5），有

荷载左移：

$$\sum F_{Ri}\tan\alpha_i = 220\text{ kN}\times 5/8 + (3\times 220\text{kN})\times 1/6 - (220\text{kN} + 92\text{kN/m}\times 5\text{m})\times 3/8 < 0$$

荷载右移：

$$\sum F_{Ri}\tan\alpha_i = 220\text{kN}\times 5/8 + (2\times 220\text{kN})\times 1/6 - (2\times 220\text{kN} + 92\text{kN/m}\times 5\text{m})\times 3/8 < 0$$

$\sum F_{Ri}\tan\alpha_i$ 未变号，说明轮 4 位于 E 点不是临界位置。应将荷载向左移到下一位置试算。

（2）将轮 2 置于 D 点试算，如图 11-27（d）所示。

荷载左移：

$$\sum F_{Ri}\tan\alpha_i = (440\text{ kN})\times 5/8 + (440\text{ kN})\times 1/6 - (220\text{ kN} + 92\text{ kN/m}\times 6\text{ m})\times 3/8 > 0$$

荷载右移：

$$\sum F_{Ri}\tan\alpha_i = (220\text{ kN})\times 5/8 + (660\text{ kN})\times 1/6 - (220\text{ kN} + 92\text{ kN/m}\times 6\text{ m})\times 3/8 < 0$$

$\sum F_{Ri}\tan\alpha_i$ 变号，可知轮 2 在 D 点为一临界位置。在算出各荷载对应的影响线纵距后（同一段直线上的荷载可用合力 F 代替），则此位置产生的 M_C 值为

$$\begin{aligned}M_C^{(1)} &= \Sigma F_i y_i + q\cdot A\omega \\ &= 220\ kN\times 1.5625\text{ m} + 660\text{ kN}\times 2.6875\text{ m} + 220\ \times 2.8125\text{ m} \\ &\quad + 92\text{ kN/m}\times 1/2\times 6\text{ m}\times 2.25\text{ m} \\ &= 3357.3\text{kN}\cdot\text{m}\end{aligned}$$

（3）经过继续试算可知，列车由右向左开行时只有上述一个临界位置。

2．再考虑列车从左向右开行时的情况。

（1）先将轮 4 置于影响线顶点 E 处试算，如图 11-27（e）所示，有

荷载左移：

$$\sum F_{Ri}\tan\alpha_i = (92\text{ kN/m}\times 4\text{ m})\times 5/8 + (92\text{ kN/m}\times 1\text{ m} + 440\text{ kN})\times 1/6 - (660\text{ kN})\times 3/8 > 0$$

荷载右移：

$$\sum F_{Ri}\tan\alpha_i = (92\text{ kN/m}\times 4\text{ m})\times 5/8 + (92\text{ kN/m}\times 1\text{ m} + 220\text{ kN})\times 1/6 - (880\text{kN})\times 3/8 < 0$$

故知这也是一个临界位置。相应的 M_C 值为

$$\begin{aligned}M_C^{(2)} &= \Sigma F_i y_i + q\cdot A\omega \\ &= 92\text{ kN/m}\times(1/2\times 4\text{ m}\times 2.5\text{ m}) + 92\text{ kN/m}\times[1/2\times(2.625\text{ m} + 2.5\text{ m})\times 1\text{m}] \\ &\quad + 220\text{ kN}\times 2.8125\text{m} + 220\text{kN}\times 3\text{m} + 660\text{kN}\times 1.875\text{m} \\ &= 3212\text{kN}\cdot\text{m}\end{aligned}$$

（2）经继续试算表明，列车从左向右开行也只有上述一个临界位置。

3．比较上面求得的 M_C 的两个极值可知，图 11-27（d）所示荷载位置为最不

利荷载位置。截面 C 的最大弯矩为

$$M_{C(\max)} = M_C^{(1)} = 3357.3\text{kN}\cdot\text{m}$$

（3）三角形影响线时临界位置的判定。

对于常遇到的三角形影响线，临界位置的判别式可用下面更简单的形式表示。

如图 11-28 所示，设 S 影响线为一个三角形。设 F_{cr} 为临界荷载处于三角形影响线的顶点，以 F_{Ra}、F_{Rb} 分别表示表示 F_{cr} 以左和以右荷载的合力，则根据荷载向左、向右移动时 $\Sigma F_{Ri}\tan\alpha_i$ 应由正变负，可写出如下两个不等式：

荷载左移：$(F_{Ra}+F_{cr})\tan\alpha - F_{Rb}\tan\beta > 0$

荷载右移：$F_{Ra}\tan\alpha - (F_{Rb}+F_{cr})\tan\beta > 0$

由图 11-27 可知，$\tan\alpha = \dfrac{h}{a}$，$\tan\beta = \dfrac{h}{b}$，代入上式，得

$$\left.\begin{aligned}\frac{F_{Ra}+F_{cr}}{a} &> \frac{F_{Rb}}{b}\\ \frac{F_{Ra}}{a} &< \frac{F_{Rb}+F_{cr}}{b}\end{aligned}\right\} \tag{11-6}$$

上式表明，临界位置的特点是把临界荷载 P_{cr} 算入哪一边，则哪一边的荷载平均集度就大。

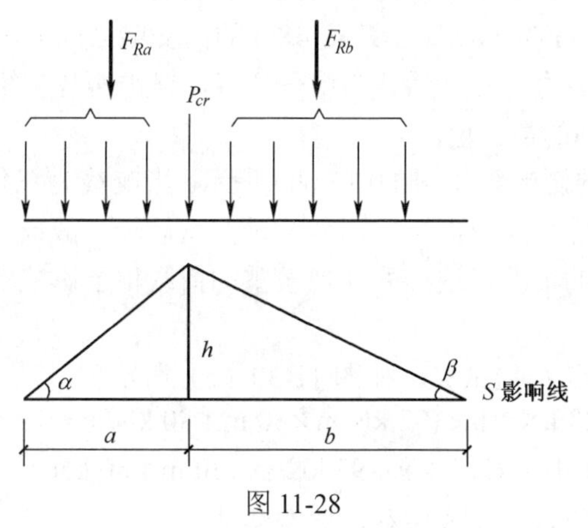

图 11-28

对于均布荷载跨过三角形影响线顶点的情况（图 11-29），可由 $\dfrac{\mathrm{d}S}{\mathrm{d}x} = \sum F_{Ri}\tan\alpha_i = 0$ 的条件来确定临界位置。此时有

$$\sum F_{Ri}\tan\alpha_i = F_a\frac{h}{a} - F_b\frac{h}{b} = 0$$

得

$$\frac{F_a}{a}=\frac{F_b}{b} \tag{11-7}$$

即左、右两边的平均荷载应相等。

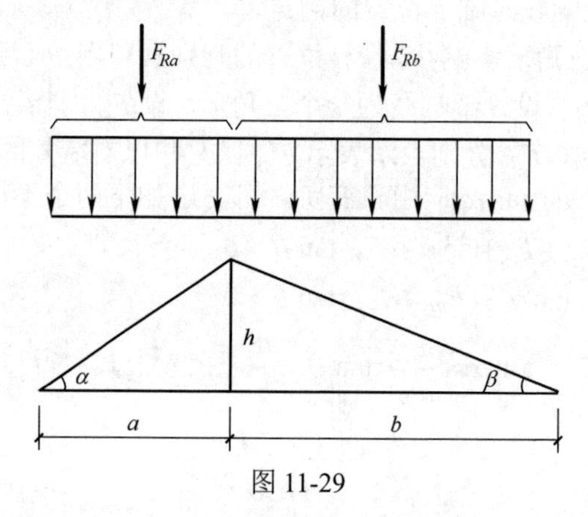

图 11-29

对于直角三角形影响线，上述判别式均不适用。此时的最不利荷载位置，当荷载较简单时，一般可由直观判定；当荷载较复杂时，可按前述估计最不利荷载位置的原则，布置几种荷载位置，直接算出相应的 S 值，而选取其中最大者，最大 S 值对应的荷载位置就是使量值 S 为最大值的最不利荷载位置。

例 11-3 求图 11-30（a）所示跨度 48m 的简支梁截面 C 的最大弯矩及截面 D 的最大剪力、最小剪力。移动活载为中—活载，梁由两片主梁组成。

解：（1）求 M_C 的最大值。

首先作出 M_C 的影响线如图 11-30（b）所示。影响线为三角形，故用式（11-7）试算。此影响线顶点偏左，而中—活载又是前重后轻，故最不利荷载位置必定发生在列车向左开行的情况。这样才能使较重的荷载位于影响线顶点附近，且梁上荷载又较多。

将轮 5 置于顶点 C 处试算，如图 11-30（c）所示。

$$5\times 220\ \text{kN}/16<(92\ \text{kN/m}\times 30\ \text{m}+80\ \text{kN/m}\times 0.5\ \text{m})/32$$

$$4\times 220\ \text{kN}/16<(220\ \text{kN}+92\ \text{kN/m}\times 30\ \text{m}+80\ \text{kN/m}\times 0.5\ \text{m})/32$$

故知不是临界位置。荷载应继续向左移动。

设均布荷载左端跨过 C 点的距离为 x 时是临界位置，如图 11-30（d）所示。则由式（11-8），有

$$(5\times 220\ \text{kN}+92\ \text{kN/m}x)/16=[92\ \text{kN/m}\times(30-x)\text{m}+80\text{kN/m}\times(2+x)\text{m}]/32$$

解得

$$x=3.67\text{m}$$

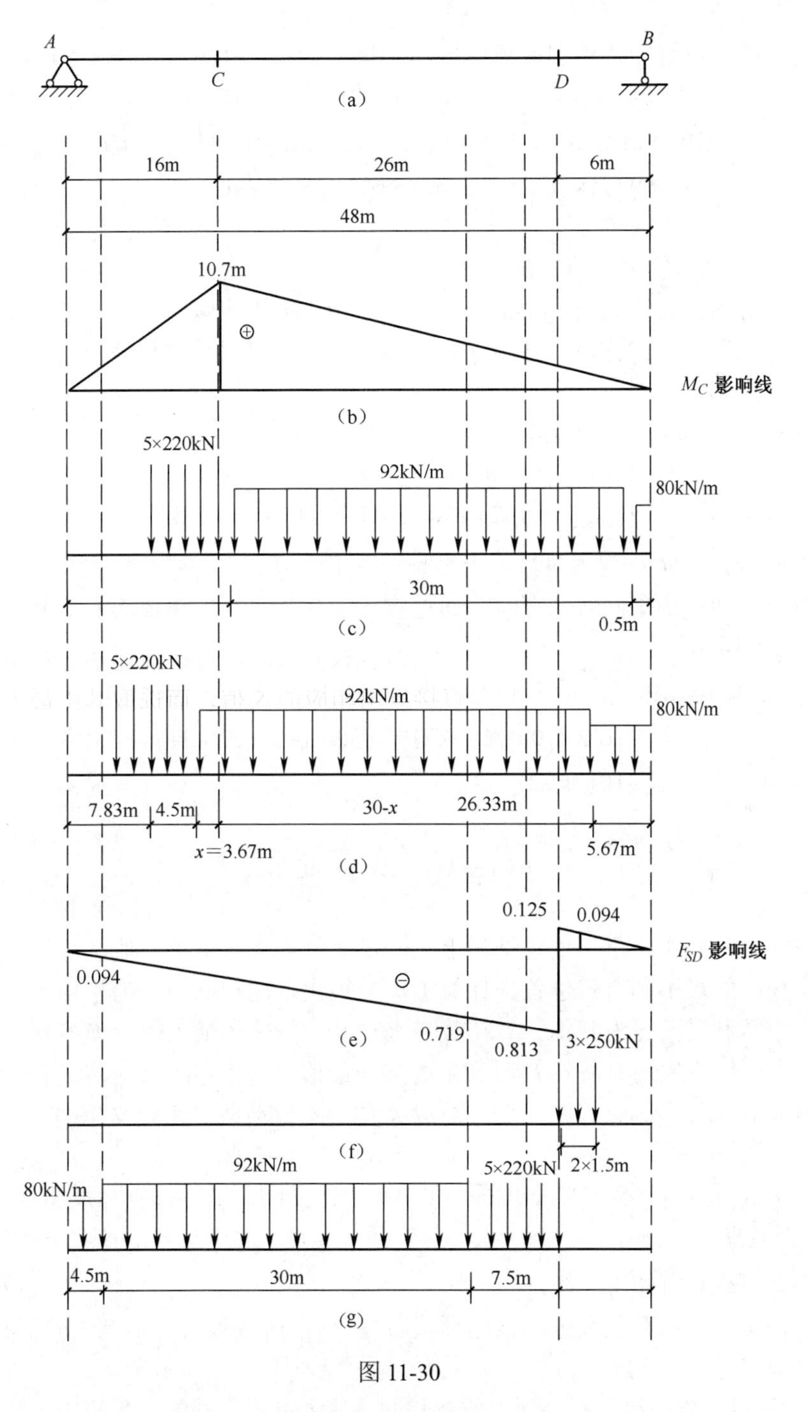

图 11-30

算出 x 后，应注意前轮是否超出梁外，若是，则应重新计算 x 值。目前无上

述情况，故此位置即最不利荷载位置，一片主梁相应截面 C 的弯矩为

$$\begin{aligned}M_{C(\max)} &= 1/2\times\{5\times220\text{kN}\times7.83/16\times10.7\text{m}+92\text{kN/m}\times3.67\text{m}/2\\&\quad(10.7\text{m}+12.33\text{m}/16\times10.7\text{m})+26.33\text{m}/2\left(10.7\text{m}+5.67/32\times10.7\text{m}\right)\\&\quad+80\ \text{kN}/\text{m}\times(1/2\times5.67\text{m}\times5.67/32\times10.7\text{m})\}\\&=12322\ \text{kN}\cdot\text{m}\end{aligned}$$

（2）求 F_{SD} 的最大值及最小值。

作 F_{SD} 的影响线如图 11-30（e）所示。由于剪力影响线是由直角三角形组成的，则判别式（11-5）至式（11-8）均不再适用。此时最不利荷载位置一般可通过观察判定出。

在求截面 D 的最大剪力时，由于影响线的加载长度为 6m，小于 7m，故应采用特种活载。最不利荷载位置如图 11-30（f）所示。

$$F_{SD\ (\max)}=1/2\times(3\times250\text{kN}\times0.094)=35.3\text{kN}$$

求截面 D 的最小剪力时，由于影响线图形为直角三角形，最不利荷载位置只可能发生在列车从左向右开行时，通过直接观察，可判定出最不利荷载位置如图 11-30（g）所示。

$$\begin{aligned}F_{SD(\max)} &= 1/2\times\{80\text{kN/m}\times\left(-1/2\times4.5\text{m}\times0.094\right)+92\text{kN/m}\times\\&\quad[-1/2\times\left(0.094+0.719\right)\times30\text{m}]+5\times220\text{kN}\times\left(-0.813\right)\}\\&=-1017\text{kN}\end{aligned}$$

§11-10　换算荷载

在移动荷载作用下，要求结构上某一量值的最大（最小）值，需经过试算才能确定相应的最不利荷载位置。计算工作量很大，比较麻烦。为了便于使用，实际工作中常利用预先编好的换算荷载表来求某一量值的最大值。换算均布荷载的定义：当一假想的均布荷载 K 所产生的某一量值，与指定的移动荷载产生的该量值的最大值 $S_{\max}$ 相等时，则该均布荷载 K 称为换算荷载。由定义可得

$$KA_{\omega}=S_{\max}$$

式中 A_{ω} 是量值 S 影响线的面积。由上式便可求出任何移动荷载的换算荷载 $K=S_{\max}/A_{\omega}$。

换算荷载具有如下性质：

（1）它与移动荷载及影响线的形状有关。移动荷载数值及影响线的形状不同，换算荷载 K 值亦不同。

（2）对于横坐标一样，顶点位置相同，最大纵距不同的三角形影响线，其换

算荷载相等。

例如图 11-31（a）、（b）所示两影响线的纵距 $y_2 = ny_1$，由于横坐标一样，故有 $A_{\omega2} = nA_{\omega1}$，于是有

$$K_2 = \frac{\sum Fy_2}{A_{\omega2}} = \frac{n\sum Fy_1}{nA_{\omega1}} = \frac{\sum Fy_1}{A_{\omega1}} = K_1$$

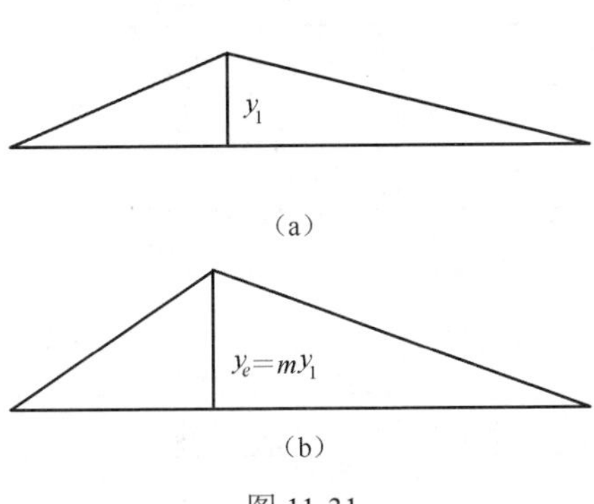

图 11-31

为便于使用，表 11-1 列出了我国现行铁路标准荷载的换算荷载，供使用时查阅。它是根据三角形影响线制成的，使用时应注意以下几点：

（1）表格仅适用于三角形影响线的情况。

（2）加载长度（或跨度、荷载长度）l 指的是同符号影响线长度（图 11-32）。

（3）αl 是顶点至较近零点的水平距离，故 α 的值为 0～0.5（图 11-32）。

（4）当 α 及 l 值在表列数值之间时，K 值按直线内插求得。

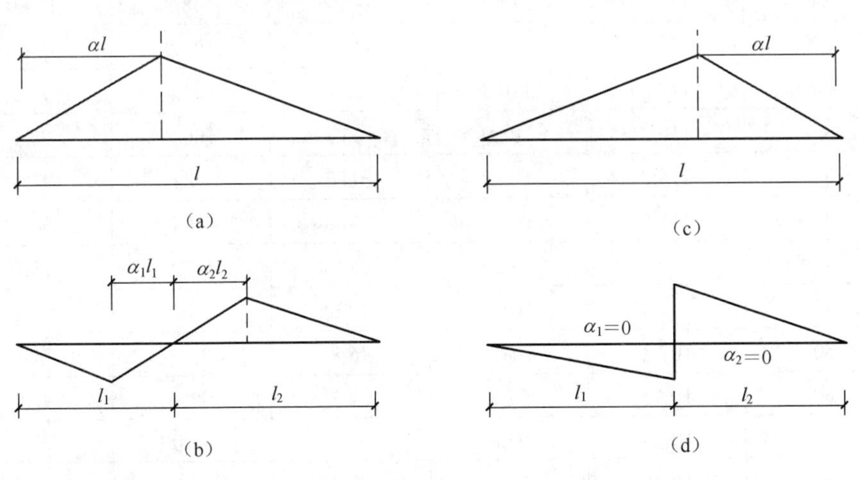

图 11-32

表 11-1 中—活载的换算荷载（每线）kN/m

加载长度 l/m	影响线最大纵坐标位置				
	端部	1/8 处	1/4 处	3/8 处	1/2 处
	K_0	$K_{0.125}$	$K_{0.25}$	$K_{0.375}$	$K_{0.5}$
1	500.0	500.0	500.0	500.0	500.0
2	312.5	285.7	250.0	250.0	250.0
3	250.5	238.1	222.2	200.0	187.5
4	234.4	214.3	187.5	175.0	187.5
5	210.0	197.1	180.0	172.0	180.0
6	187.5	178.6	166.7	161.1	166.7
7	179.6	161.8	153.1	150.9	153.1
8	172.2	157.1	151.3	148.5	151.3
9	165.5	151.5	147.5	144.5	146.7
10	159.8	146.2	143.6	140.0	141.3
12	150.4	137.5	136.0	133.9	131.2
14	143.3	130.8	129.4	127.6	125.0
16	137.7	125.5	123.8	121.9	119.4
18	133.2	122.8	120.3	117.3	114.2
20	129.4	120.3	117.4	114.2	110.2
24	123.7	115.7	112.2	108.3	104.0
25	122.5	114.7	111.0	107.0	102.5
30	117.8	110.3	106.6	102.4	99.2
32	116.2	108.9	105.3	100.8	98.4
35	114.3	106.9	103.3	99.1	97.3
40	111.6	104.8	100.8	97.4	96.1
45	109.2	102.9	98.8	96.2	95.1
48	107.9	101.8	97.6	95.5	94.5
50	107.1	101.1	96.8	95.0	94.1
60	103.3	97.8	94.2	92.8	91.9
64	102.4	96.8	93.4	92.0	91.1
70	100.8	95.4	92.2	90.9	89.9
80	98.6	93.3	90.6	89.3	88.2

续表

加载长度 l/m	影响线最大纵坐标位置				
	端部	1/8 处	1/4 处	3/8 处	1/2 处
	K_0	$K_{0.125}$	$K_{0.25}$	$K_{0.375}$	$K_{0.5}$
90	96.9	91.6	89.2	88.0	86.8
100	95.4	90.2	88.1	86.9	85.5
110	94.1	89.0	87.2	85.9	84.6
120	93.1	88.1	86.4	85.1	83.8
140	91.4	86.7	85.1	83.8	82.8
160	90.0	85.7	84.2	82.9	82.2
180	89.0	84.9	83.4	82.3	81.7
200	88.1	84.2	82.8	81.8	81.4

例 11-4　试利用换算荷载表计算中—活载作用下图 11-33（a）所示简支梁截面 C 的最大（小）剪力和弯矩。

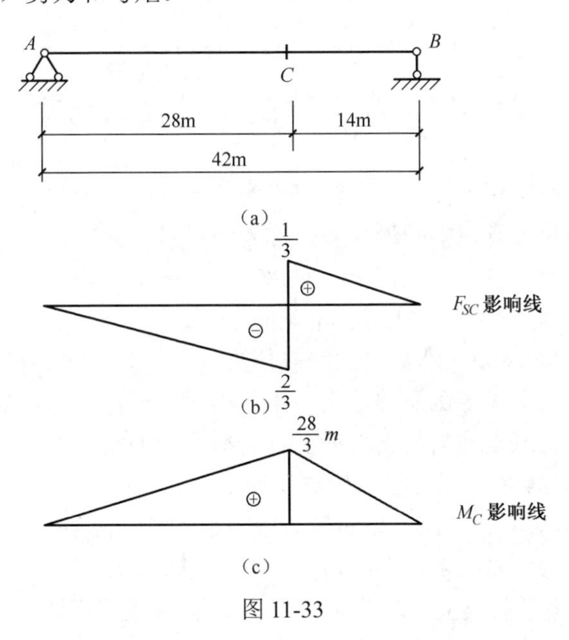

图 11-33

解：先作出 F_{SC} 及 M_C 的影响线，如图 11-33（b）、（c）所示。

（1）计算 $F_{SC(\min)}$。

此时，l=28m，α=0。查表 11-1 知表中无此 l 值，由直线内插可得

$$K = 117.8 + (30 - 28)/(30 - 25) \times (122.5 - 117.8) = 119.7 \text{ kN/m}$$

则

$$F_{SC(\min)} = K\omega = 119.7\text{kN/m} \times (-1/2 \times 28\text{m} \times 2/3) = -1117\text{kN}$$

（2）计算 $F_{SC(\max)}$。

此时，$l = 14\text{m}$，$\alpha = 0$，查表 11-1 得 $K = 143.3 \text{ kN/m}$，故

$$F_{SC(\max)} = K\omega = 143.3 \text{ kN/m} \times (1/2 \times 14 \text{ m} \times 1/3) = 334.4\text{kN}$$

（3）计算 $M_{C(\max)}$。

此时，$l = 42 \text{ m}$，$\alpha = 14/42 = 1/3 = 0.333$，都是表中未列数，故需进行三次内插才能求出 K 值。

当 $l = 42 \text{ m}$，$\alpha = 0.25$ 时，

$$K = 100.6 - (42 - 40)/(45 - 40) \times (100.6 - 98.8) = 100.0 \text{ kN/m}$$

同理，可求出当 $l = 42 \text{ m}$，$\alpha = 0.375$ 时，$K = 96.9 \text{ kN/m}$。

则当 $l = 42\text{m}$，$\alpha = 0.333$ 时

$$K = 100.0 - (0.333 - 0.25)/(0.375 - 0.25) \times (100.0 - 96.9) = 97.9 \text{ kN/m}$$

从而可求得：

$$M_{C(\max)} = KA_{\omega} = 97.9 \text{ kN/m} \times (1/2 \times 42 \text{ m} \times 28/3 \text{ m}) = 19190\text{kN} \cdot \text{m}$$

§11-11 简支梁的绝对最大弯矩

在移动荷载作用下，按前述方法可求出简支梁上任一指定截面的最大弯矩。全梁所有各截面最大弯矩中的最大者，称为绝对最大弯矩。

要确定简支梁的绝对最大弯矩，应解决下面两个问题：

（1）绝对最大弯矩发生在哪一个截面？

（2）此截面产生最大弯矩时的荷载位置。

若按前述方法求出各截面的最大弯矩，再通过比较求绝对最大弯矩，计算工作量太大，下面介绍一种当简支梁所受行列荷载均为集中力时，求绝对最大弯矩的方法。以图 11-34 所示简支梁为例进行说明。

由 11-9 节可知，梁内任一截面最大弯矩必然发生在某一临界荷载 F_{cr} 作用于该截面处时。由此可以断定，绝对最大弯矩一定发生在某一个集中荷载的作用点处。究竟发生在哪个荷载位置时的哪个荷载下面?可采用下述方法解决。在移动荷载中，可任选一个荷载作为临界荷载 F_{cr}，研究它移动到什么位置时，其作用点处的弯矩达到最大值。然后按同样的方法，分别求出其他荷载作用点处的最大弯矩，再加以比较，即可确定绝对最大弯矩。

如图 11-34 所示，设以 x 表示 F_{cr} 至支座 A 的距离，以 a 表示梁上荷载的合力 F_R 与 F_{cr} 之间的距离。由 $\sum M_B = 0$，求得左支座反力

$$F_A = \frac{F_R}{l}(l - x - a)$$

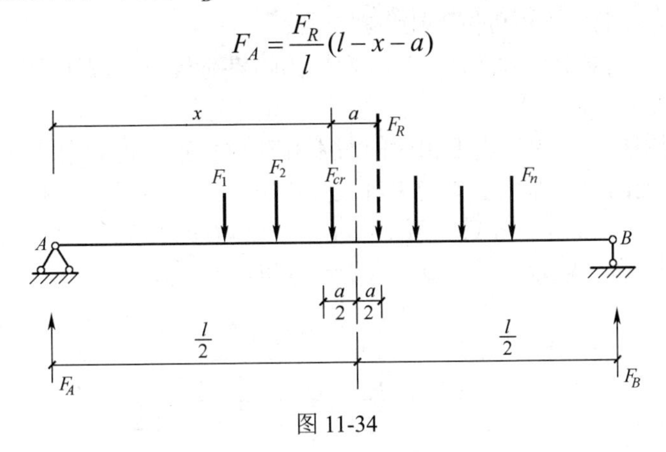

图 11-34

用 F_{cr} 作用截面以左的所有外力对 F_{cr} 作用点取矩，得 F_{cr} 作用截面的弯矩 M_x 为

$$M_x = F_A x - M_K = \frac{F_R}{l}(l - x - a)x - M_K$$

式中，M_K 表示 F_{cr} 以左的各荷载对 F_{cr} 作用点的力矩之和，它是一个与 x 无关的常数。当 M_x 为极大时，利用极值条件

$$\frac{\mathrm{d}M_x}{\mathrm{d}x} = \frac{F_R}{l}(l - 2x - a) = 0$$

得

$$x = \frac{l}{2} - \frac{a}{2} \tag{11-8}$$

上式表明，当 F_{cr} 作用点的弯矩最大时，F_{cr} 与梁上合力 F_R 位于梁的中点两侧的对称位置。此时最大弯矩为

$$M_{\max} = \frac{F_R}{l}\left(\frac{l}{2} - \frac{a}{2}\right)^2 - M_K \tag{11-9}$$

应用上式时应特别注意，F_R 是梁上实有荷载的合力。在安排 F_{cr} 与 F 的位置时，有些荷载进入梁跨范围内，或有些荷载离开梁上。这时应重新计算合力 F_R 的数值和位置。当 F_{cr} 位于合力 F_R 的右边时，上式中 a 应取负值。

利用上述结论，我们可将各个荷载作用点截面的最大弯矩找出，将它们加以比较而得出绝对最大弯矩。不过，当荷载数目较多时，这是较麻烦的。实际计算时，宜事先估计发生绝对最大弯矩的临界荷载。因为简支梁的绝对最大弯矩总是

发生在梁的中点附近，故可设想，使梁中点截面产生最大弯矩的临界荷载，也就是发生绝对最大弯矩的临界荷载。经验表明，这种设想在通常情况下都是正确的。据此，计算绝对最大弯矩可按下述步骤进行：

（1）确定使梁中点截面发生最大弯矩的临界荷载 F_{cr}（此时可顺便求出梁中点截面的最大弯矩 M_{max}）。

（2）利用式（11-9）求出相应的最不利荷载位置，再利用式（11-10）计算出 F_{cr} 作用点处的弯矩即为全梁的绝对最大弯矩。

例 11-5 试求图 11-35（a）所示吊车梁的绝对最大弯矩，并与跨中截面 C 的最大弯矩相比较。已知 $F_1 = F_2 = F_3 = F_4 = 280\text{kN}$。

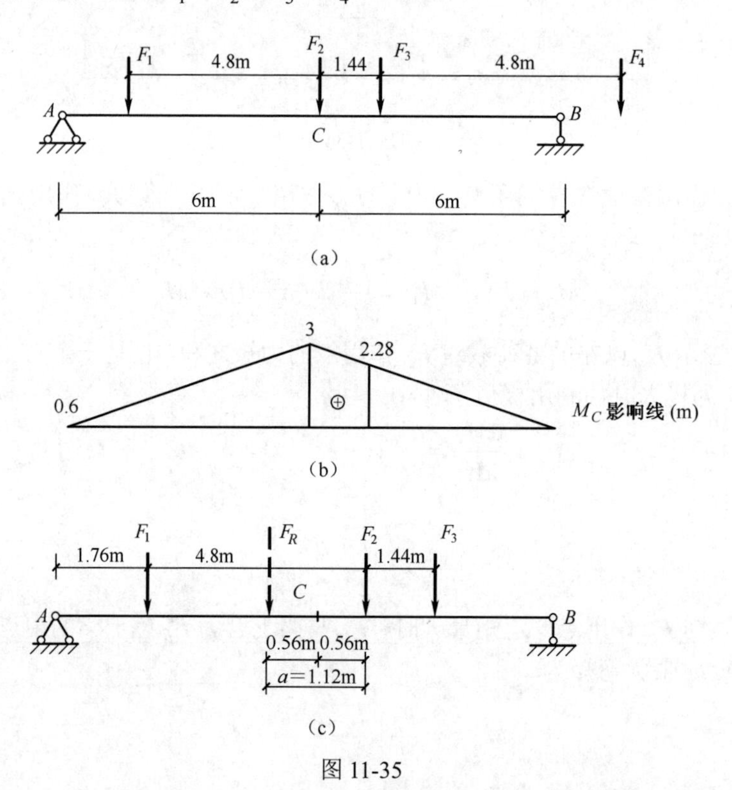

图 11-35

解：（1）首先求出使跨中截面 C 产生最大弯矩的临界荷载。经分析可知，只有 F_2 或 F_3 在 C 点时才能产生截面 C 的最大弯矩。当 F_2 在截面 C 处时，如图 11-35（a）所示，根据 M_C 影响线，如图 11-35（b）所示，得

$$M_{C(\max)} = 280\,\text{kN} \times (0.6\,\text{m} + 2.28\,\text{m}) = 1646.4\,\text{kN}\cdot\text{m}$$

由对称性可知，F_3 作用在 C 点时产生截面 C 的最大弯矩与上相同。因此，F_2

和 F_3 都是产生绝对最大弯矩的临界荷载。现以 $F_{cr}=F_2$ 为例求梁的绝对最大弯矩

（2）确定最不利荷载位置及求绝对最大弯矩。

此时梁上有三个荷载，合力 $F_R=3\times280\text{kN}=840\text{kN}$。合力 F_R 作用点到 F_2 的距离，可由合力矩定理得

$$a=(280\text{kN}\times4.6\text{m}-280\text{kN}\times1.44\text{m})/(3\times280\text{kN})=1.12\text{m}$$

此时最不利荷载位置如图 11-35（c）所示。由于 $F_{cr}=F_2$ 位于合力 F_R 的右侧，故计算绝对最大弯矩时，a 应取负值，即取 $a=-1.12\text{m}$。则 F_2 作用点处截面的弯矩为

$$M_{\max}=\frac{F_R}{l}\left(\frac{l}{2}-\frac{a}{2}\right)^2-M_K$$

$$=\frac{840\text{kN}}{12\text{m}}\left(\frac{12\text{m}}{2}-\frac{-1.12\text{m}}{2}\right)^2-280\text{kN}\times4.8\text{m}=1668.4\text{kN}\cdot\text{m}$$

与跨中截面 C 最大弯矩相比，绝对最大弯矩仅比跨中最大弯矩大 1.3%，在实际工作中，有时也用跨中截面的最大弯矩来近似代替绝对最大弯矩。

§11-12　简支梁的内力包络图

在结构设计中，必须求出恒载和移动活载共同作用下全梁各截面弯矩、剪力的最大（小）值，作为结构设计的依据。按前述方法求出各截面的最大（小）内力后，用横坐标表示梁的截面位置，用纵坐标表示相应截面上同类内力的最大（小）值，依次联结各截面同类内力最大（小）值的曲线称为内力包络图。简支梁的内力包络图包括弯矩包络图及剪力包络图。

在桥梁设计中，对活载还必须考虑其冲击力的影响（即动力影响）。通常是将静活载所产生的内力乘以冲击系数（$1+\mu$）来考虑的。冲击系数的确定可查有关规范。

设梁所承受的恒载为均布荷载 q，某一内力 S 的影响线正、负面积及总面积分别用 $A_{\omega+}$、$A_{\omega-}$ 及 ΣA_ω 表示，活载的换算均布荷载为 K，则在恒载及活载共同作用下，该内力 S 的最大及最小值的算式可写为

$$S_{\max}=S_q+S_{K(\max)}=q\sum A_\omega+(1+\mu)KA_{\omega+}$$

$$S_{\min}=S_q+S_{K(\min)}=q\sum A_\omega+(1+\mu)KA_{\omega-} \qquad (11\text{-}10)$$

例 11-6　一跨度为 16m 的单线铁路钢筋混凝土简支梁桥有两片梁，恒载为 $q=2\times54.1\text{ kN/m}$，承受中—活载，根据铁路桥梁设计规范，其冲击系数为 $1+\mu=1.261$。试绘制一片梁的弯矩和剪力包络图。

解：将梁分成 8 等分，计算各等分点截面的最大、最小弯矩和剪力值。为此，先绘出各截面的弯矩、剪力影响线分别如图 11-36（a）、（c）所示。由于对称，可知计算半跨的截面。为了清楚起见，可根据式（11-10），将全部计算列表进行，详见表 11-2 和表 11-3。

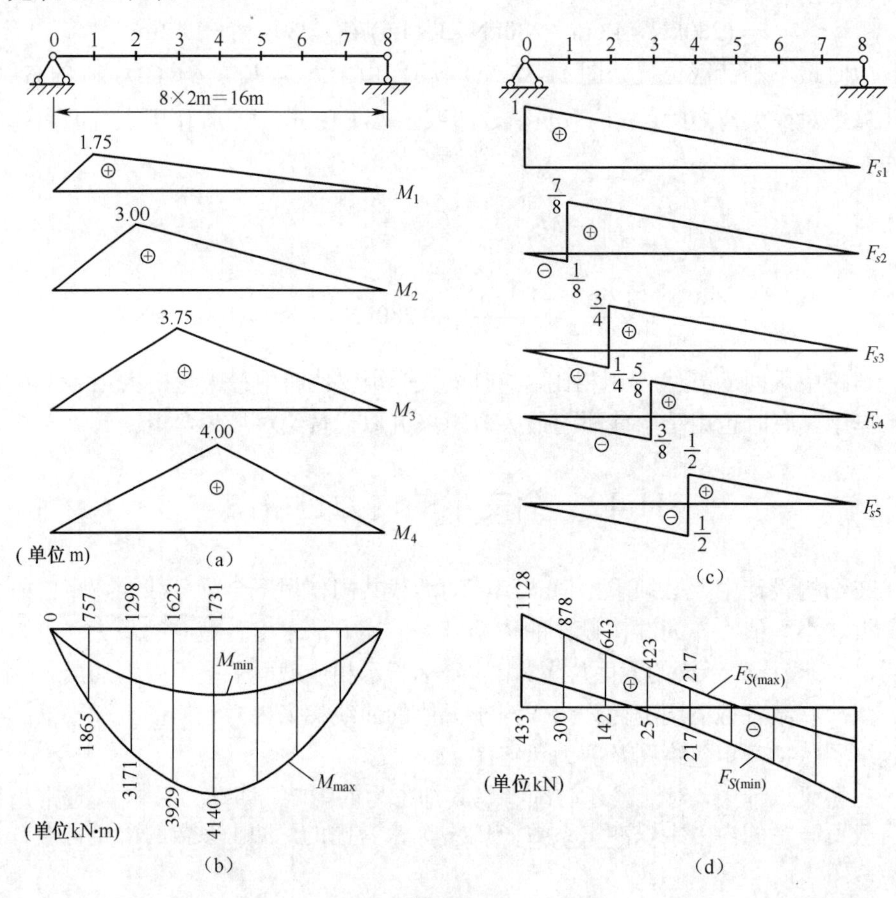

图 11-36

根据表 11-2 的计算结果，将各截面的最大、最小弯矩值分别用曲线相连，即得到弯矩包络图（图 11-36（b））。这里，梁的绝对最大弯矩即近似地以跨中最大弯矩代替。

根据表 11-3 的计算结果，将各截面的最大、最小剪力值分别用曲线相连，即得到剪力包络图如图 11-36（d）所示。可以看出，它很接近于直线。因此，实用上只需求出两端和跨中的最大、最小剪力值，然后连以直线，即可作为近似的剪力包络图（图 11-37）。

表 11-2　弯矩计算表

截面	影响线			恒载弯矩 M_q	换算荷载 K	冲击系数 $1+\mu$	活载弯矩 M_K	最大、最小弯矩 M_{max}、M_{min}
	l /m	α	A_ω /m^2	$\frac{q}{2}A_\omega=54.1A_\omega$ /（kN·m）	/（kN·m）	/（kN·m）	$(1+\mu)\frac{K}{2}A_\omega$ /（kN·m）	$M_{max}=M_q+M_K$ $M_{min}=M_q$ /（kN·m）
1	16	0.125	14	757	125.5	1.261	1.108	1865 757
2	16	0.25	24	1298	12.8	1.261	1.873	3171 1298
3	16	0.375	30	1623	121.9	1.261	2306	3929 1623
4	16	0.5	32	1731	119.4	1.261	2409	4140 1731

表 11-3　剪力计算表

截面	影响线				恒载弯矩 M_q	换算荷载 K	冲击系数 $1+\mu$	活载弯矩 M_K	最大、最小弯矩 M_{max}、M_{min}
	l /m	α	A_ω /m	$\sum A_\omega$ /m	$\frac{q}{2}A_\omega=54.1A_\omega$ /m^2	/（kN·m）	/（kN·m）	$(1+\mu)\frac{K}{2}A_\omega$ /（kN·m）	$M_{max}=M_q+M_K$ $M_{min}=M_q$ /（kN·m）
0	16	0	8	8	433	137.7	1.261	695 0	1128 433
1	14 2	0 0	6.125 -0.125	6	325	143.3 312.5	1.261	553 -25	878 300
2	12 4	0 0	4.5 -0.5	4	216	150.4 234.4	1.261	427 -74	643 142
3	10 6	0 0	3.125 -1.125	2	108	159.8 187.5	1.261	315 -133	423 -25
4	8 8	0 0	2 -2	0	0	172.2 172.2	1.261	217 -217	217 -217

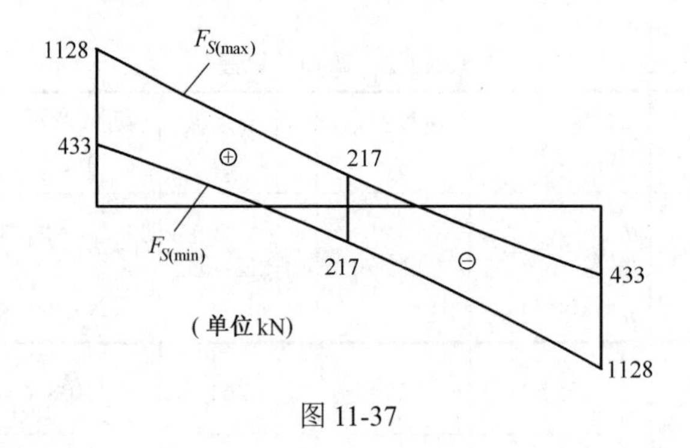

图 11-37

§11-13　超静定结构影响线作法概述

超静定结构在活载作用下的计算，亦应借助于影响线来完成。用力法计算超静定结构，首先须求出多余未知力，然后即可根据平衡条件用叠加法求得其余反力、内力。作超静定结构的影响线也是这样，即先作出多余未知力的影响线，然后根据叠加法便可求其余反力、内力的影响线。

作超静定结构某一反力或内力的影响线，可以有两种方法：一种是按力法求出影响线方程，另一种是利用位移图来作影响线。为了与静定结构影响线的两种方法相对应，也将以上两种方法称为静力法和机动法。

1. 静力法

如图 11-38 所示超静定结构，欲求右端支座反力影响线，以该支座为多余联系而将其去掉，并代以多余未知力 X_1，如图 11-38（b）所示。由力法典型方程得

$$X_1=-\frac{\delta_{1P}}{\delta_{11}} \tag{a}$$

绘出 $\bar{M}_1$、M_P 图（图 11-38（c）、(d)）后，由图乘法可求得

$$\delta_{11}=\sum\int\frac{\bar{M}_1^2}{EI}\mathrm{d}s=\frac{l^3}{3EI} \tag{b}$$

$$\delta_{1P}=\sum\int\frac{\bar{M}_1M_P}{EI}\mathrm{d}s=-\frac{x^2\left(3l-x\right)}{6EI} \tag{c}$$

式中 δ_{11} 是常数，自由项 δ_{1P} 是在基本结构中荷载 F=1 引起的 X_1 方向上的位移，由于 $F=1$ 是移动的，故 δ_{1P} 是荷载位置 x 的函数，其图形便是基本结构右端沿 X_1 方向的位移影响线。代入式（a）得

$$X_1=-\frac{\delta_{1P}}{\delta_{11}}=\frac{x^2(3l-x)}{2l^3} \tag{d}$$

这就是 X_1 影响线方程，据此可绘出 X_1 影响线（图 11-38（e））。

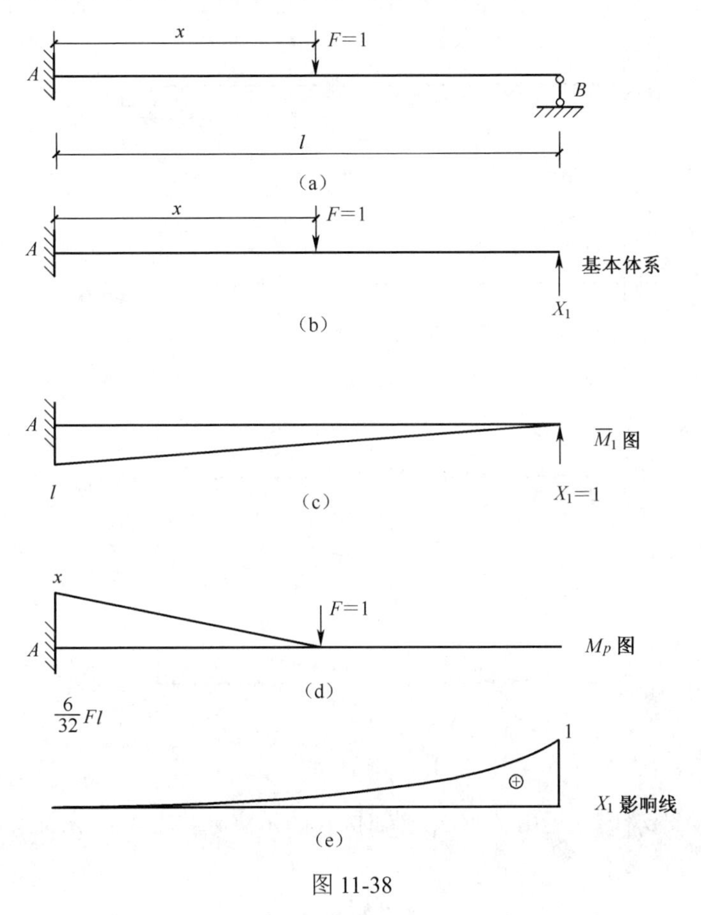

图 11-38

2. 机动法

在上面的（a）式中，如果利用位移互等定理

$$\delta_{1P} = \delta_{P1}$$

则

$$X_1 = -\frac{\delta_{1P}}{\delta_{11}} = -\frac{\delta_{P1}}{\delta_{11}} \qquad \text{(e)}$$

式中，δ_{1P} 是基本结构在移动荷载 $F=1$ 作用下沿 X_1 方向的位移影响线，而 δ_{P1} 则是基本结构在固定荷载 $\overline{X}_1=1$ 作用下沿 $F=1$ 方向的位移，由于 $F=1$ 是移动的，故 δ_{P1} 就是基本结构在作用下的竖向位移图（图 11-39（c））。此位移图 δ_{P1} 除以常数 δ_{11} 并反号，便是 X_1 的影响线（图 11-39（d））。这就把求超静定结构某反力或

内力影响线的问题，转化为寻求基本结构在固定荷载作用下的位移图的问题。

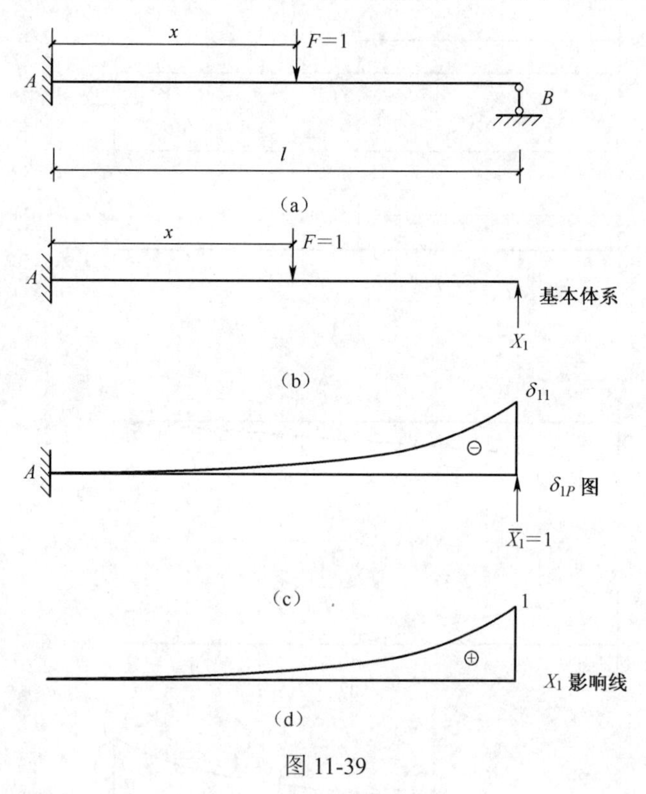

图 11-39

求位移图 δ_{P1} 时，仍用图乘法，此时 $\bar{M}_1$ 图是实际状态，而 M_P 图是虚拟状态，故有

$$\delta_{P1} = \sum\int \frac{M_P \bar{M}_1}{EI} \mathrm{d}s = -\frac{x^2(3l-x)}{6EI}$$

两图相乘，其结果与前面静力法求得的 δ_{1P}（位移影响线）完全相同。

在式（e）中，若假设 $\delta_{11}=1$，则有

$$X_1 = -\delta_{P1}$$

这表明此时的竖向位移图就代表了 X_1 影响线，只是正负号相反。由于 δ_{P1} 向下为正，故当 δ_{P1} 向上时 X_1 为正。可见，这一方法与静定结构影响线的机动法是类似的，同样都是以去掉与所求未知力相应的联系后，体系沿未知力正向发生单位位移时所得的竖向位移图来表示该力影响线的。但二者也有不同之处：对于静定结构，去掉一个联系后就成为一个自由度的几何可变体系，故其位移图是由刚体位移的直线段组成；而超静定结构去掉一个多余联系后仍为几何不变体系，其

位移图则是在所求多余未知力作用下的弹性曲线。由于此曲线的轮廓一般可凭直观勾绘出来，故在具体计算之前即可迅速确定其大致形状，这就给实际工作带来很大方便，这是机动法的一大优点。

以上是一次超静定结构。对于多次超静定结构同样可采用上述机动法来作某一反力或内力影响线。如图 11-40（a）所示连续梁为 n 次超静定结构，欲求反力 X_K 影响线时，去掉相应的联系，并代替以反力（假设向上为正），这样得到了一个（n-1）次超静定结构（图 11-40（b）），现以此体系为基本体系来求解 X_K。虽然此时基本结构仍是静定结构，但按照力法一般原理，求解多余未知力的条件仍是基本结构在多余未知力与荷载共同作用下，沿多余未知力方向的位移等于原结构的位移。可建立典型方程

$$\delta_{KK}X_K+\delta_{KP}=0$$

根据位移互等定理 $\delta_{KP}=\delta_{PK}$，有

$$X_K=-\frac{\delta_{KP}}{\delta_{KK}}=-\frac{\delta_{PK}}{\delta_{KK}} \tag{11-11}$$

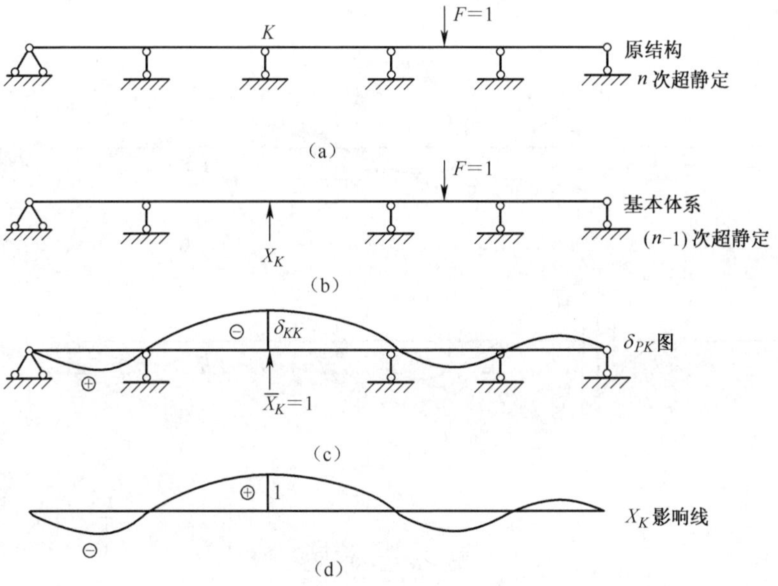

（a）

（b）

（c）

（d）

图 11-40

式中 δ_{KK} 为基本结构上由于 $\bar{X}_K=1$ 作用引起的沿 X_K 方向的位移，它恒为正且是常数；δ_{PK} 则为基本结构上在 $\bar{X}_K=1$ 作用下的竖向位移图（图 11-40（c））。将位移图 δ_{PK} 的竖标乘以常数 $1/\delta_{KK}$ 并反号，便是所求的 X_K 影响线（图 11-40

(d))。当δ_{PK}向上时，X_K影响线竖标为正。若假设$\delta_{KK}=1$，则有

$$X_K=-\delta_{PK}$$

即体系在X_K作用下沿X_K方向的位移若为单位值时，所得的竖向位移图即为X_K影响线（图 11-40（d））。又如，欲绘此连续梁（图 11-41（a））M_i、M_a、F_{Sa}影响线形状时，分别可解除与各力相应的联系，加上正向的多余未知力，然后绘出结构的位移图，这就是所求各力影响线的形状，分别如图 11-41（b）、（c）和（d）所示。

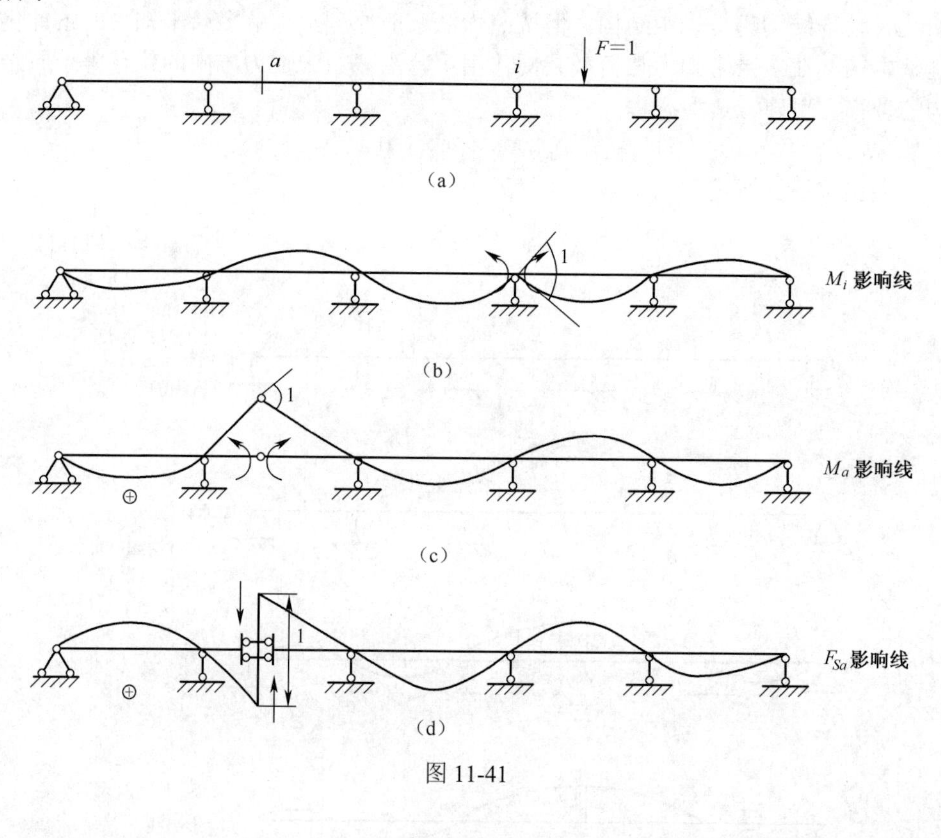

图 11-41

复习思考题

1．影响线的含义是什么？它的x和y坐标各代表什么物理意义？

2．静力法作影响线的步骤是什么？在什么情况下，影响线方程必须分段求出？

3．静力法和机动法作影响线在原理和方法上有何不同？

4．说明简支梁任一截面的剪力影响线中的左、右两直线必定平行的理由。剪力 F_{CS} 影响线和剪力图 F_{SC} 在 C 点都有突变，而突变处左、右两个竖标各代表什么含义？

5．用机动法作静定梁的影响线时，应当注意哪些特点？如何确定影响线竖标及其符号？

6．什么叫做临界荷载和临界位置？

7．桁架影响线为何要区分上弦承载还是下弦承载？在什么情况下，两种承载方式的影响线是相同的？

8．移动荷载组的临界位置和最不利荷载位置如何确定？两者有何联系和区别？

9．绝对最大弯矩的含义是什么？它与简支梁跨中截面最大弯矩是否相等？

10．如何确定产生绝对最大弯矩的截面位置和绝对最大弯矩的数值？

11．何谓内力包络图？它与内力图、影响线有何区别？三者各有何用途？

习题

11-1　试用静力法作图示结构中指定量值的影响线，并用机动法校核。

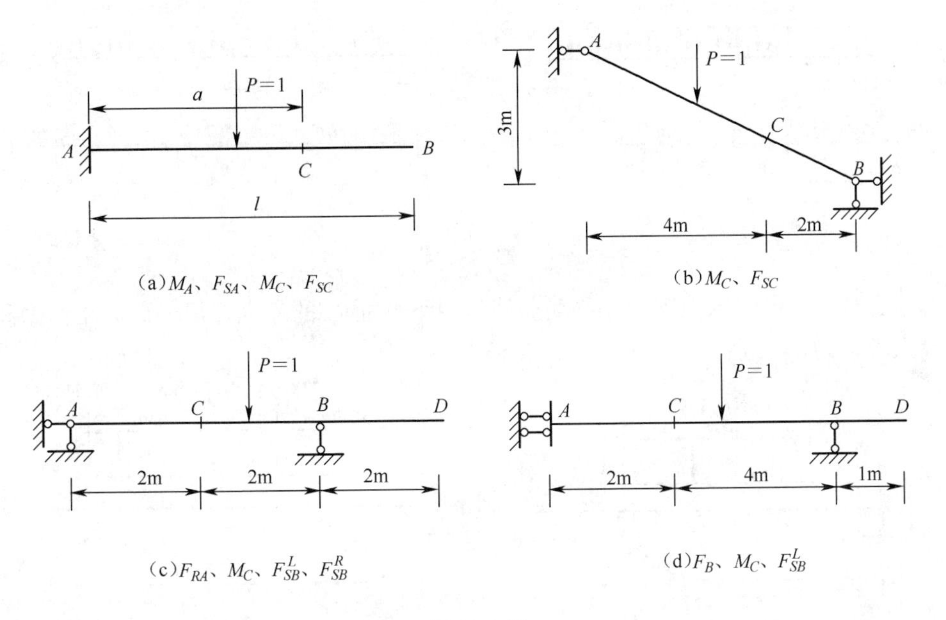

题 11-1 图

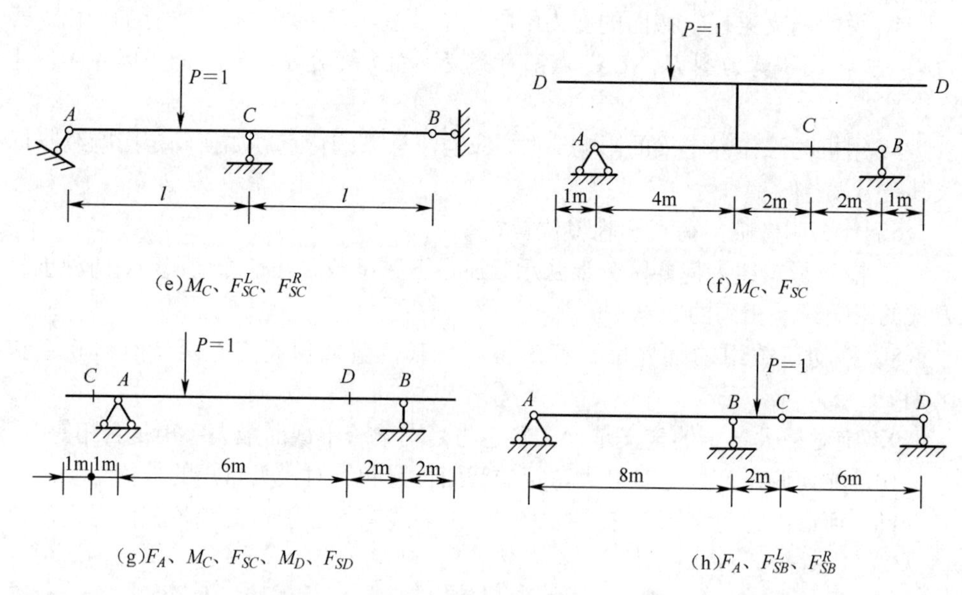

(e) M_C、F_{SC}^L、F_{SC}^R　　(f) M_C、F_{SC}

(g) F_A、M_C、F_{SC}、M_D、F_{SD}　　(h) F_A、F_{SB}^L、F_{SB}^R

题 11-1 图（续图）

11-2　试利用影响线求图示结构在固定荷载作用下指定量值的大小。

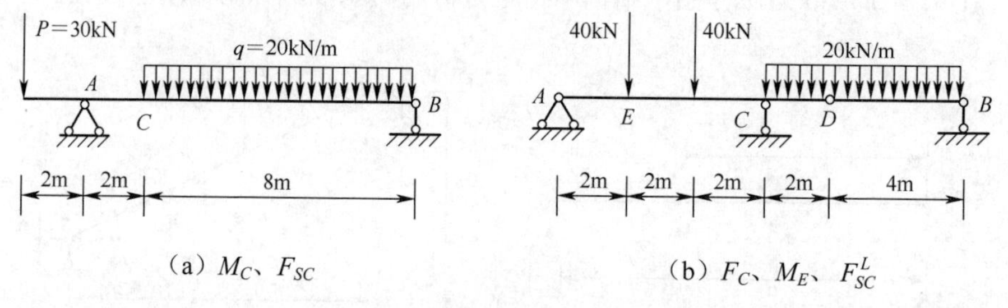

(a) M_C、F_{SC}　　(b) F_C、M_E、F_{SC}^L

题 11-2 图

11-3　试求图示简支梁在移动荷载作用下截面 C 的最大弯矩、最大正剪力和最大负剪力。

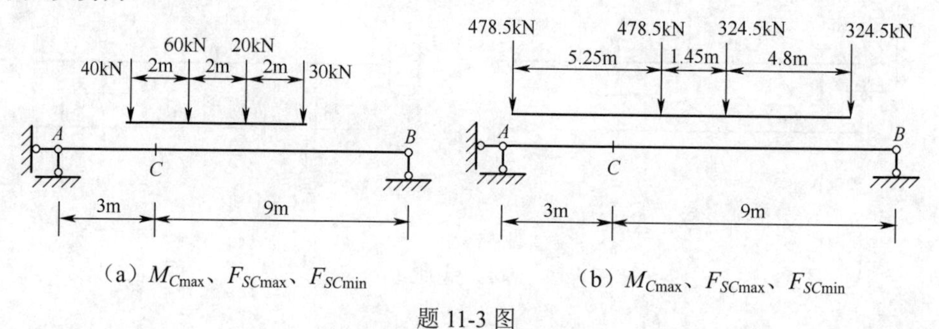

(a) $M_{C\max}$、$F_{SC\max}$、$F_{SC\min}$　　(b) $M_{C\max}$、$F_{SC\max}$、$F_{SC\min}$

题 11-3 图

11-4　试求图示简支梁在移动荷载作用下的绝对最大弯矩，并与跨中截面的最大弯矩相比较。

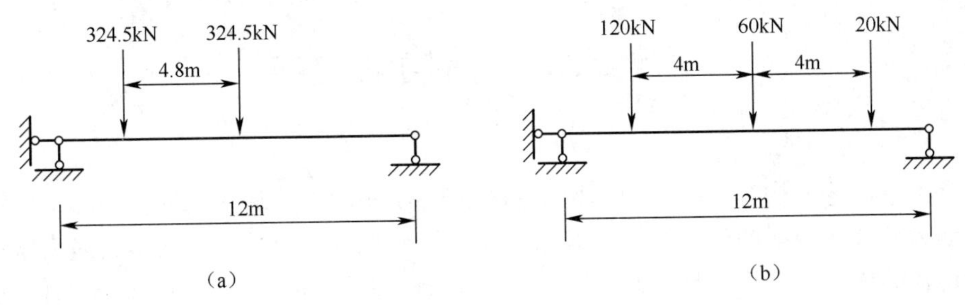

题 11-4 图

答案

11-2（a）$M_C = 80\text{kN}\cdot\text{m}$　　$F_{SC} = 70\text{kN}$

（b）$F_C = 140\text{kN}$（↑）　$M_E = 40\text{kN}\cdot\text{m}$（下边受拉）

$F_{SC}^L = -60\text{kN}$

11-3（a）$M_{Cmax} = 242.5\text{kN}\cdot\text{m}$（下边受拉）

$F_{SC\max} = 33.33\text{kN}$　$F_{SC\min} = -9.17\text{kN}$

（b）$M_{C\max} = 1912.21\text{kN}\cdot\text{m}$（下边受拉）

$F_{SC\max} = 637.43\text{kN}$　$F_{SC\min} = -31.13\text{kN}$

11-4（a）$M_{\max} = 1246.03\text{kN}\cdot\text{m}$（下边受拉）

（b）$M_{\max} = 426.61\text{kN}\cdot\text{m}$（下边受拉）

第十二章　结构动力学

本章讨论结构在动力荷载作用下的反应。结构动力计算的目的在于确定结构在动力荷载作用下的位移、内力等量值随时间变化的规律，从而找出其最大值作为设计的依据。本章主要内容包括：结构动力计算的一般概念（动力计算的特点、动力荷载的分类和体系振动的自由度等），单自由度体系在无阻尼和有阻尼时的自由振动和受迫振动，两个自由度体系及一般多自由度体系的自由振动，多自由度体系在简谐荷载下的受迫振动，振型分解法，无限自由度体系的自由振动，计算频率的近似方法。

§12-1　动力计算概述

1. *动力计算的特点*

前面各章讨论的是结构的静力计算问题，即结构在静力荷载作用下的内力和位移计算问题；本章讨论结构的动力计算问题，即结构在动力荷载作用下的内力和位移（常称为动力反应）计算问题。

先说明静力荷载和动力荷载的区别。

静力荷载是指荷载的大小、方向、作用位置不随时间变化的荷载。严格地说，多数实际荷载并不是静力荷载。但从荷载对结构产生的影响来看，当荷载的变化非常缓慢，它所引起的结构上各质点的加速度比较小，可以忽略惯性力对结构的影响时，则可以把这类荷载看成是静力荷载。如活动人群、雪荷载、吊车荷载等。

动力荷载是指荷载的大小、方向、作用位置随时间迅速变化的荷载。从荷载对结构所产生的影响来看，因荷载变化快，荷载引起的结构上各质点的加速度比较大，不能忽略惯性力对结构的影响，则应把这类荷载看成是动力荷载。如机器的振动荷载、地震作用、爆炸荷载等。

再说明结构动力计算和静力计算的区别。

在结构静力计算中，考虑的是结构的静力平衡问题，即在建立平衡方程时，荷载、约束力、内力、位移等都是不随时间变化的常量。在结构动力计算中，不仅荷载、约束力、内力、位移等都是随时间变化的函数，而且必须考虑结构上各质点的惯性力作用。根据达朗伯原理，在引进惯性力后，可以建立动力平衡方程，将动力计算问题转化为静力平衡问题来处理。但这只是一种形式上的平衡，仅仅是利用平衡这一手段列出运动方程。

概括起来，动力计算的基本特点有两个：

（1）动力反应与时间有关，即荷载、位移、内力等随时间急剧变化；

（2）建立平衡方程时要包括质量的惯性力。

2. 动力荷载的分类

工程中常见的动力荷载有以下几类。

（1）周期荷载

这类荷载随时间作周期性的变化。周期荷载中最简单也是最重要的一种称为简谐荷载，即荷载随时间 t 的变化规律可用正弦或余弦函数表示，如图 12-1（b）所示。具有偏心质量的机器（图 12-1（a））运转时，传到结构上的偏心力 $F(t)$ 随时间 t 的变化规律可用 $F_{\sin\theta t}$ 或 $F_{\cos\theta t}$ 表示。

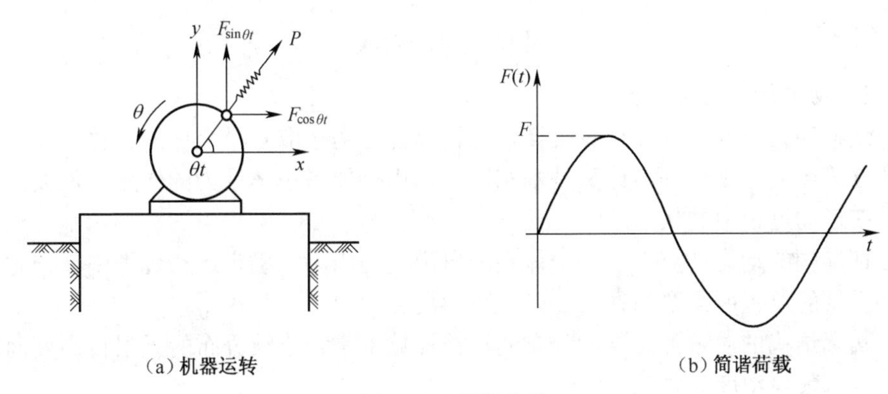

图 12-1 周期荷载

（2）冲击荷载

这类荷载在很短时间内，荷载值急剧增大（图 12-2（a））或急剧减小（图 12-2（b））。各种爆炸荷载属于这一类。当升载时间趋于零时，就是突加荷载（图 12-2（c））。

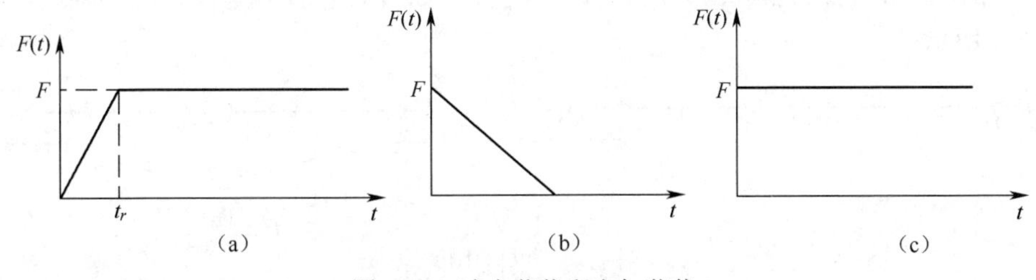

图 12-2 冲击荷载和突加荷载

（3）随机荷载

这类荷载的特点是荷载随时间变化的规律很不规则，荷载在任一时刻（t）的数值无法事先确定，要通过记录和统计得到其规律和计算数值。如地震作用的地面运动加速度（图 12-3）。

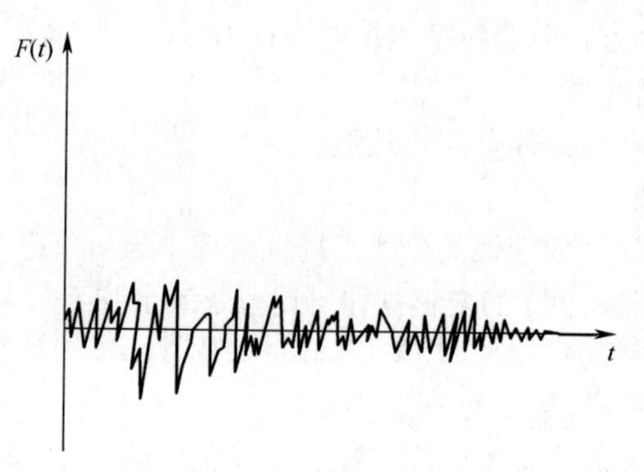

图 12-3 随机荷载

3. 动力计算的自由度

结构动力计算与静力计算一样，在计算时也需选取一个合理的计算简图，选取计算简图的原则与静力计算基本相同，但由于要考虑惯性力的作用，需要确定质量在运动过程中的状态。

在结构的动力计算中，一个体系的自由度是指为了确定运动过程中任一时刻全部质量的位置所需要的独立几何参数的数目。

实际结构的质量都是连续分布的，在计算中常把连续分布的无限自由度问题简化为有限自由度问题。

集中质量法是极常用的方法，是将分布质量集中为有限个质点，集中质点数目的多少可根据具体情况及精度要求来确定。质点简化的一般要求一是要简单，二是要能反映主要的振动特性。

图 12-4（a）所示为一简支梁，跨中放有重物 W。当梁本身质量远小于重物的质量时，可取图 12-4（b）所示计算简图。这时体系为一个自由度，如图 12-4（b）所示。

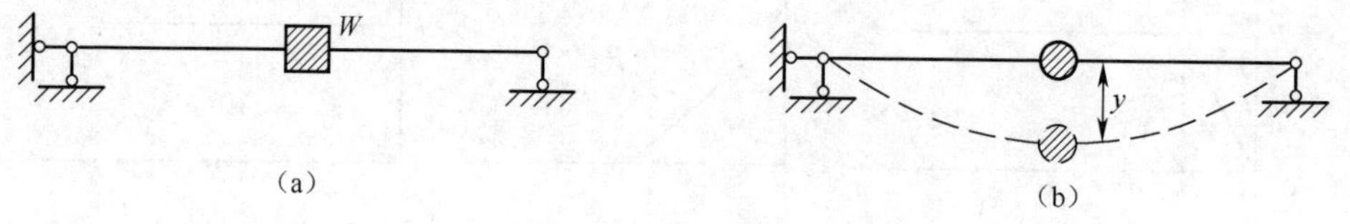

图 12-4 单自由度梁

图 12-5（a）所示为一铰结排架，当计算水平力作用下的水平振动时，因厂房

的屋盖、屋架的质量较大，当柱的质量相对较小时，可将柱的质量集中于柱两端。这时排架的质量都集中于柱的顶部，且在水平振动时忽略屋架的轴向变形，可认为排架两柱的柱顶水平位移相同，因此，体系简化为一个自由度，计算简图示于排架旁。

类似地，图 12-5（b）所示两层刚架，计算侧向振动时，则可简化为质量集中于楼层的两个自由度体系，计算简图示于刚架旁。

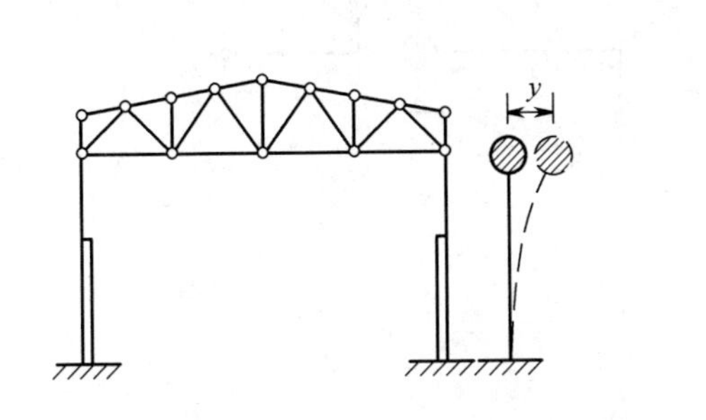

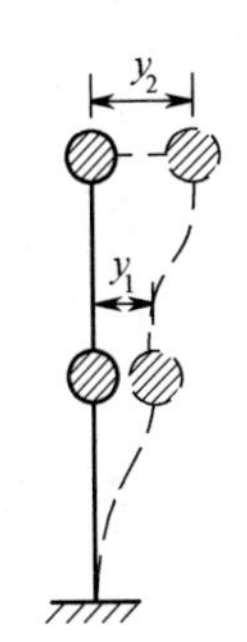

（a）单自由度排架

（b）两个自由度刚架

图 12-5 排架和刚架

由以上几个例子可知，体系的振动自由度与确定质量位置所需独立几何参数的数目有关，与质量的数目并无直接关系，与体系的静定或超静定也无关系。如图 12-6（a）所示的静定刚架上只有一个质量，但为两个自由度体系。而图 12-6（b）所示的超静定刚架柱顶上有两个质量，但却是一个自由度体系。

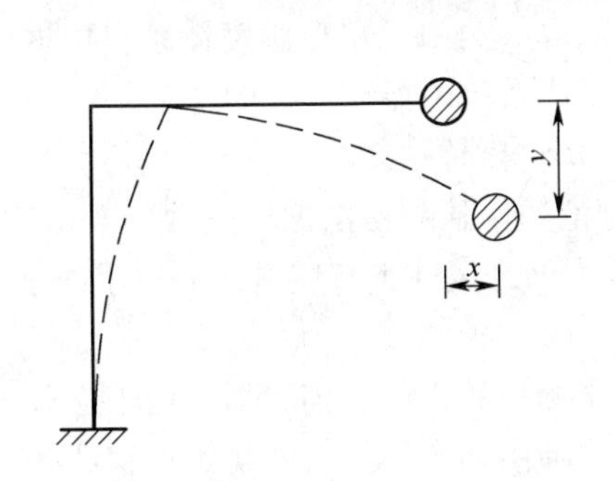

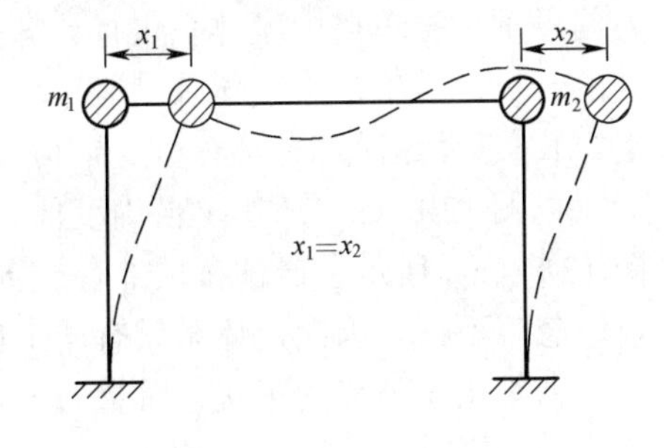

（a）一个质点、两个自自度

（b）两个质点、一个自由

图 12-6 质点数不等于自由度数

确定由集中质量法简化后得到的有限自由度体系的振动自由度时，应注意以下几点：

（1）若无特别说明，一般受弯结构的轴向变形忽略不计；

（2）振动体系的自由度数与计算假定有关，而与集中质量的数目和超静定次数无关。

体系的自由度还可以通过增加刚性约束限制质量全部运动来确定，如果加上 n 个刚性约束之后，各个质点均不能运动，则体系的自由度等于 n。因为去掉这 n 个约束之后（即在原来状态），必定可能发生 n 个独立位移，即自由度等于增加的约束数，如图 12-7 所示。

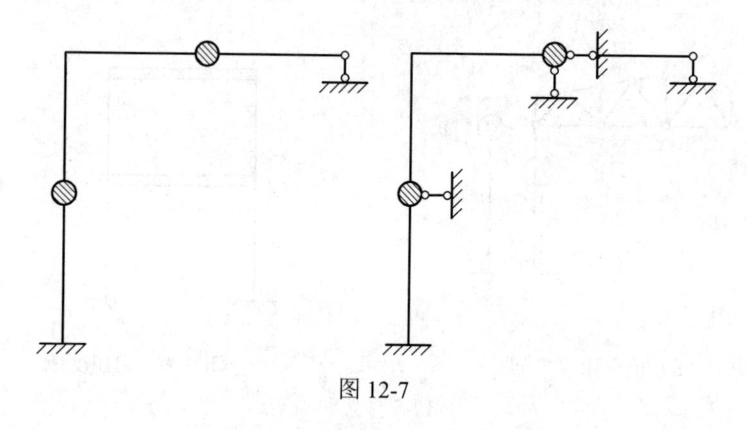

图 12-7

§12-2　单自由度结构的自由振动

单自由度结构自由振动的分析是很重要的，这是因为：第一，很多实际的动力问题都可按单自由度体系进行计算，或初步估算；第二，单自由度体系自由振动的分析，是单自由度体系受迫振动和多自由度体系自由振动分析的基础。

1. 不考虑阻尼时单自由度结构自由振动微分方程的建立

以图 12-8（a）所示单自由度体系为例，讨论如何建立自由振动的微分方程。图 12-8（a）所示悬臂柱在顶部有一质体，质量为 m。设柱本身质量比 m 小得多，可以忽略不计。因此，体系只有一个自由度。

假设由于外界的干扰，质量 m 离开了静止平衡位置，干扰消失后，由于立柱弹性力的影响，质量 m 沿水平方向产生振动。这种由初始干扰（即初始位移或初始速度，或初始位移和初始速度共同作用）所引起的振动，称为自由振动。

在建立自由振动微分方程之前，先把图 12-8（a）所示的单自由度体系用图 12-8（b）所示的弹簧模型来表示。这时原立柱对质量 m 所提供的弹性力改用一弹簧来表示。因此，弹簧的刚度系数 k 必须等于结构的刚度系数，即图 12-8（b）的弹簧刚度系数 k（使弹簧伸长单位距离所需施加的拉力）应等于图 12-8（a）中立柱在柱顶有单位水平位移时，在柱顶所需施加的水平力。

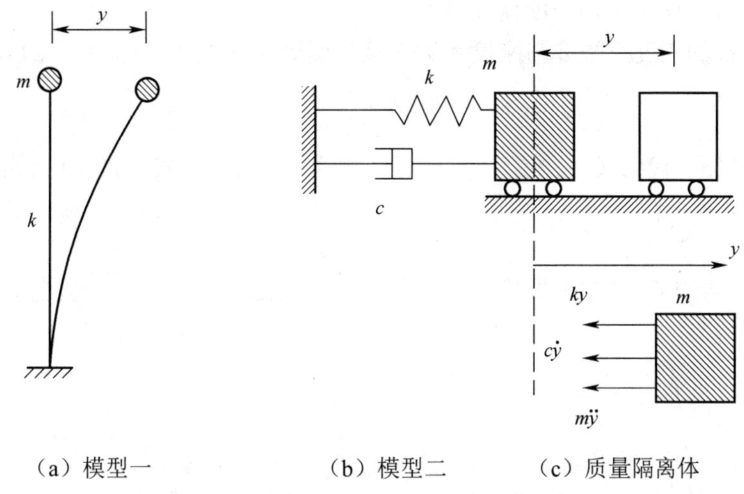

（a）模型一　　（b）模型二　　（c）质量隔离体

图 12-8　单自由度体系自由振动刚度法模型

建立自由振动的微分方程有两种方法：刚度法和柔度法。

（1）从质量 m 隔离体的动力平衡方程建立振动微分方程——刚度法

设以静力平衡位置为原点，在任意时刻 t、质量的水平位移为 $y(t)$ 的状态，取出质量 m 为隔离体，如图 12-8（c）所示。如果忽略振动过程中所受阻力，则作用在 m 隔离体上的力有：

1）弹性力 $F_E=-ky$，它的方向恒与位移 $y(t)$ 的方向相反；

2）惯性力 $F_I=-m\ddot{y}$，它的方向恒与加速度 $\ddot{y}(t)$ 的方向相反。

这里及以后，用 $\dot{y}$ 表示 y 对时间 t 的一阶导数，$\ddot{y}$ 表示对时间 t 的二阶导数。

根据达朗伯原理，可列出隔离体在任一瞬时的动力平衡方程如下：

$$m\ddot{y}+ky=0 \tag{12-1}$$

这种直接建立质量 m 在任意时刻 t 的动力平衡方程的方法，称为刚度法。

（2）从结构的位移方程建立振动微分方程——柔度法

根据达朗伯原理，以静力平衡位置为计算位移的起点，当质量 m 在任意时刻水平位移为 $y(t)$ 时，作用在立柱质量 m 上只有惯性力 F_I，$F_I=-m\ddot{y}$（图 12-9（a）），则质量 m 的位移为：

$$y(t)=F_I\delta$$

即

$$y(t)=-m\ddot{y}(t)\delta \tag{12-2}$$

式中：δ 为立柱的柔度系数，即单位水平力 $F=1$ 作用在柱顶时柱顶的水平位移（图 12-9（b））。

上式表明：质量 m 在运动过程中任一时刻的位移 $y(t)$ 等于该时刻在惯性力作用下的静力位移从位移角度建立方程。

因立柱的柔度系数 δ 与刚度系数 k 互为倒数（图 12-9（b）和（c）），即

$$\delta = \frac{1}{k} \tag{a}$$

将式（a）代入式（12-2），整理后，知式（12-2）与式（12-1）是相同的。

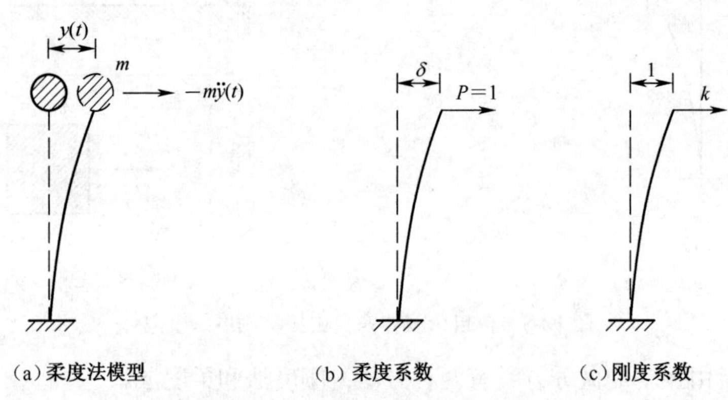

图 12-9 单自由度体系自由振动柔度法模型

2. 自由振动微分方程的解答

单自由度体系自由振动微分方程式（12-1）还可写为

$$\ddot{y} + \omega^2 y = 0 \tag{12-3}$$

式中

$$\omega^2 = \frac{k}{m},\quad \omega = \sqrt{\frac{k}{m}} \tag{12-4}$$

式（12-3）是一个二阶常系数齐次微分方程，其通解形式为

$$y(t) = A_1 \cos\omega t + A_2 \sin\omega t \tag{b}$$

取 y 对时间 t 的一阶导数。得到质点在任意时刻的速度

$$\dot{y}(t) = -\omega A_1 \sin\omega t + \omega A_2 \cos\omega t \tag{c}$$

此两式中的常数 A_1 和可由振动的初始条件来确定。

若当 $t=0$ 时，

$$y = y_0,\quad \dot{y} = \dot{y}_0$$

则有

$$A_1 = y_0,\quad A_2 = \frac{\dot{y}_0}{\omega}$$

因此

$$y = y_0 \cos \omega t + \frac{\dot{y}_0}{\omega} \sin \omega t \tag{12-5}$$

式中，y_0 称为初位移，$\dot{y}_0$ 称为初速度。由此可见，振动由两部分所组成，一部分是由初始位移 y_0（没有初始速度）引起的，表现为余弦规律；另一部分是由初始速度 $\dot{y}_0$（没有初始位移）引起的，表现为正弦规律（如图 12-10（a）、（b））。二者之间的相位差为一直角，后者落后于前者 90°。

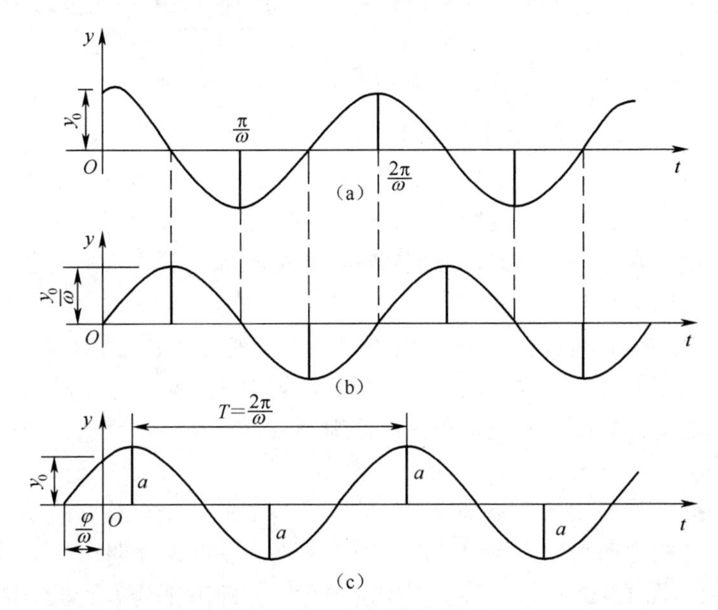

图 12-10 自由振动的位移

若令

$$y_0 = a \sin \varphi \tag{d}$$

$$\frac{\dot{y}_0}{\omega} = a \cos \varphi \tag{e}$$

则有

$$a = \sqrt{y_0^2 + \frac{\dot{y}_0^2}{\omega^2}} \tag{12-6}$$

$$\tan \varphi = \frac{y_0}{\dot{y}_0 / \omega} \tag{12-7}$$

则式（12-5）可写成

$$y = a \sin(\omega t + \varphi) \tag{12-8}$$

且有

$$\dot{y} = a\omega \cos(\omega t + \varphi) \tag{12-9}$$

这种振动为简谐振动，式中 a 表示质点的最大位移，称为振幅；φ 称为初相角。由于 $\sin \omega\varphi$ 和 $\cos \omega\varphi$ 都是周期性函数，它们每经历一定时间就出现相同的数值，若给时间 T 一个增量 $T=\dfrac{2\pi}{\omega}$，则位移 y 和速度 $\dot{y}$ 的数值均不变，故 T 称为周期，其常用单位为 s；周期的倒数 $\dfrac{1}{T}$ 代表每秒钟内所完成的振动次数，用 f 表示，也称为工程频率，单位 Hz；而 $\omega=\dfrac{2\pi}{T}$ 即为 2π 秒内完成的振动次数，称为角频率，通常用 ω 表示，又简称频率，其单位为 rad/s。ω 的值可由式（12-4）确定：

$$\omega=\sqrt{\frac{k}{m}}=\sqrt{\frac{1}{m\delta}}=\sqrt{\frac{g}{mg\delta}}=\sqrt{\frac{g}{\Delta_{st}}} \tag{12-10}$$

式中，g 表示重力加速度，Δ_{st} 表示由于重量 mg 所产生的静力位移。

由以上分析可以看出，结构自振周期 T 和自振频率 ω 的一些重要特性：

（1）自振周期 T 与自振频率 ω 只与结构的刚度（由 k 表示）和质量 m 有关，与外界的干扰因素无关。因此，自振周期和自振频率是反映结构的固有性质，也称固有周期和固有频率。

（2）自振周期与质量的平方根成正比，质量越大，则周期越大，频率越小；自振周期与刚度的平方根成反比，刚度越大，则周期越小，频率越大。因此，若要改变结构的动力性能，也就是改变自振周期或自振频率，应从改变结构的质量或刚度着手。

自振周期 T 和自振频率 ω 是反映结构动力性能的一个很重要的物理量。在动载作用下，结构的动力反应都和结构的固有属性——自振周期和自振频率有关。

例 12-1 图 12-11 所示三种支撑情况的梁，其跨度都为 l，且 EI 都相等，在中点有一集中质量 m。当不考虑梁的自重时，是比较这三者的自振频率。

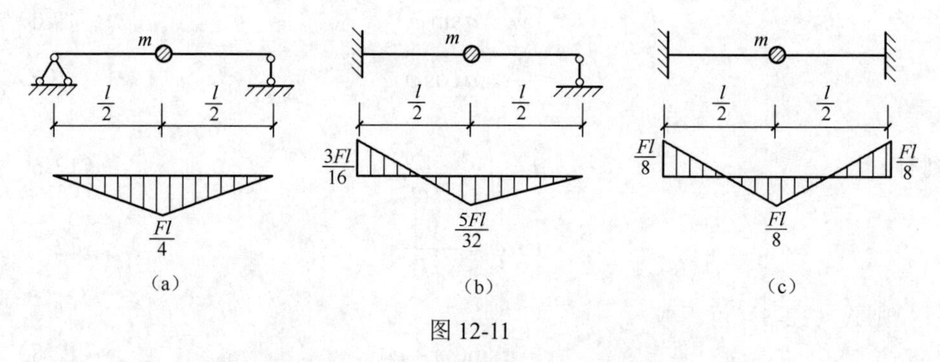

图 12-11

解：按结构的位移计算求得三种情况下的位移 Δ 分别为

$$\Delta_1=\frac{Fl^3}{48EI}，\Delta_2=\frac{7Fl^3}{768EI}，\Delta_3=\frac{Fl^3}{192EI}$$

然后按式（12-10）即可求得三种情况的自振频率为：

$$\omega_1=\sqrt{\frac{48EI}{ml^3}},\quad \omega_2=\sqrt{\frac{768EI}{7ml^3}},\quad \omega_3=\sqrt{\frac{192EI}{ml^3}}$$

据此可得

$$\omega_1:\omega_2:\omega_3=1:1.51:2$$

此例说明随着结构刚度的加大，其自振频率也相应地增加。

3. 考虑阻尼对自由振动的影响

以上所讨论的是在忽略阻尼影响的条件下单自由度体系的自由振动。按照无阻尼的理论，自由振动将是按照周期函数的规律进行不停的振动；实际结构的振动总是有阻尼的。现在讨论阻尼对自由振动的影响。

振动中的阻尼可来自不同的方面。如振动周围介质（空气、液体）的阻力、支承部分的摩擦、材料内部的摩擦等。通常采用的阻尼理论是粘滞阻尼，即假定阻力与速度成正比，且方向与质点的速度方向相反，即

$$F_D=-c\dot{y} \tag{f}$$

这里 c 称为阻尼常数。

具有阻尼的单自由度体系的自由振动模型如图 12-12 所示。

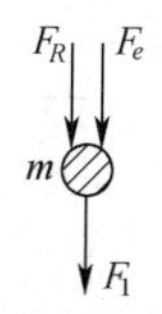

图 12-12

列动力平衡方程

$$F_I+F_D+F_E=0$$

即

$$m\ddot{y}+c\dot{y}+ky=0 \tag{g}$$

令

$$2\delta=\frac{c}{m} \tag{h}$$

有

$$\ddot{y}+2\delta\dot{y}+\omega^2y=0 \tag{12-11}$$

这是一个二阶线性常系数其次微分方程，设其解得形式为

$$y=Ce^{rt}$$

代入原微分方程（12-11），可得确定 r 的特征方程

$$r^2+2\delta r+\omega^2=0$$

其两个根为

$$r_{1,2}=-\delta\pm\sqrt{\delta^2-\omega^2}$$

根据阻尼大小的不同，有以下三种情况：

（1）$\delta < \omega$ 即欠阻尼情况，此时特征根 r_1、r_2 是两个负数。

式（12-11）的通解为

$$\begin{aligned} y &= \mathrm{e}^{-\delta t}(B_1\cos\sqrt{\omega^2-\delta^2}\,t + B_2\sin\sqrt{\omega^2-k^2}\,t) \\ &= \mathrm{e}^{-\delta t}(B_1\cos\omega' t + B_2\sin\omega' t) \end{aligned} \tag{i}$$

其中

$$\omega' = \sqrt{\omega^2-\delta^2} \tag{12-12}$$

称为有阻尼自振频率。常数 B_1、B_2 可由初始条件确定：

将 $t=0$ 时 $y=y_0$ 和 $\dot{y}=\dot{y}_0$ 代入式（i）可得

$$B_1 = y_0,\quad B_2 = \frac{\dot{y}_0+\delta y_0}{\omega'}$$

故

$$y = \mathrm{e}^{-\delta t}\left(y_0\cos\omega' t + \frac{\dot{y}_0+\delta y_0}{\omega'}\sin\omega' t\right) \tag{12-13}$$

上式也可写为

$$y = A\mathrm{e}^{-\delta t}\sin(\omega' t+\varphi') \tag{12-14}$$

其中

$$A = \sqrt{{y_0}^2 + \left(\frac{\dot{y}_0+\delta y_0}{\omega'}\right)^2} \tag{12-15}$$

$$\tan\varphi' = \frac{\omega' y_0}{\dot{y}_0+\delta y_0} \tag{12-16}$$

式（12-14）的位移时间曲线如图 12-13 所示，即为衰减的正弦曲线，其振幅按 $\mathrm{e}^{-\delta t}$ 的规律减小，故 δ 称为阻尼系数。

在工程中还采用阻尼比

$$\xi = \frac{\delta}{\omega} \tag{j}$$

作为阻尼的基本参数。由式（12-12）有

$$\omega' = \omega\sqrt{1-\xi^2} \tag{12-17}$$

可见 ω' 随阻尼的增大而减小。在一般建筑结构中 ξ 是一个很小的数，约在 0.02～0.05 之间，因此有阻尼自振频率 ω' 与无阻尼自振频率 ω 很接近，可认为

$$\omega' \approx \omega \tag{k}$$

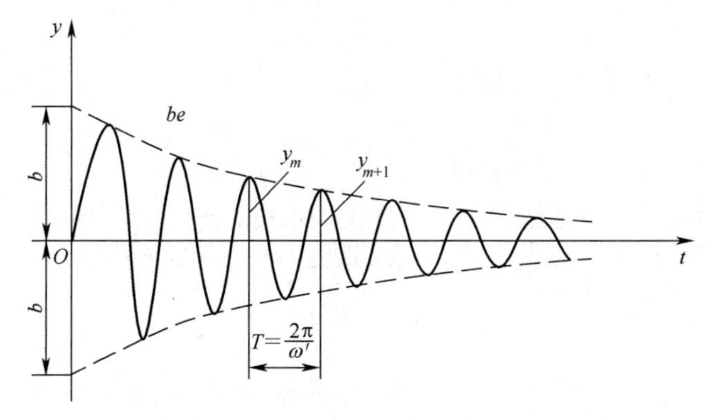

图 12-13

若在某一时刻 t_n 振幅为 y_n，经过一个周期后的振幅为 y_{n+1}，则有

$$\frac{y_n}{y_{n+1}}=\frac{b\mathrm{e}^{-\delta t_n}}{b\mathrm{e}^{-\delta(t_n+T)}}=\mathrm{e}^{\delta T}=\mathrm{e}^{\xi\omega T}$$

上式两边取对数得

$$\ln\frac{y_n}{y_{n+1}}=\xi\omega T=\xi\omega\frac{2\pi}{\omega'}\approx 2\pi\xi \tag{12-18}$$

称为振幅的对数衰减。同理，经过 j 个周期后，有

$$\ln\frac{y_n}{y_{n+j}}=2\pi j\xi \tag{12-19}$$

若由试验测出 y_n 及 y_{n+1} 或 y_{n+j}，则可由式（12-18）或式（12-19）求出阻尼比 ξ。

（2）$\delta>\omega$ 即过阻尼情况，此时特征根 r_1、r_2 是两个负实数。

式（12-11）的通解为

$$y=\mathrm{e}^{-\delta t}(C_1\cosh\sqrt{\delta^2-\omega^2}\,t+C_2\sinh\sqrt{\delta^2-\omega^2}\,t)$$

这是非周期函数，因此不会产生振动，结构受初始干扰偏离平衡位置后，将缓慢地恢复到原有位置。

（3）$\delta=\omega$ 即临界阻尼情况　此时特征根是一对重根 $r_{1,2}=-\delta$，式（12-11）的通解为

$$y=\mathrm{e}^{-\delta t}(C_1+C_2 t)$$

这也是非周期函数，体系不出现振动现象。

§12-3 单自由度结构在简谐荷载作用下的受迫振动

1. 不考虑阻尼的纯受迫振动

所谓受迫振动，是指结构在动力荷载即外来干扰力作用下所产生的振动。若干扰力 $F(t)$ 直接作用在质点 m 上，则质点受力如图 12-14 所示。

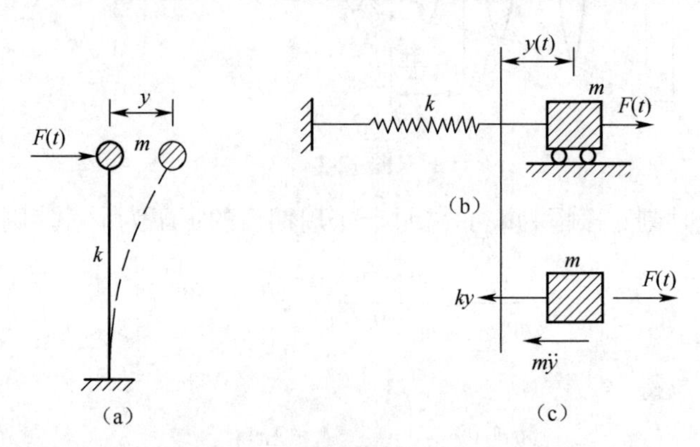

图 12-14

现讨论干扰力为简谐周期荷载时的情况。具有转动部件的机器在匀速转动时，由于偏心的质量所产生的离心力的竖直或水平力，就是这种荷载的例子，它一般可表示为

$$F(t) = F\sin\theta t \tag{12-20}$$

其中，θ 为干扰力的频率，F 为干扰力的最大值。

（1）简谐荷载作用下方程的解答

振动微分方程式由动力平衡条件得

$$F_I + +F_E + F(t) = 0$$

即

$$\mathrm{m}\ddot{y} + ky = F(t)$$

或

$$\ddot{y} + \omega^2 y = \frac{1}{m}F\sin\theta t \tag{12-21}$$

这是二阶常系数非齐次微分方程，其通解由两部分组成：一部分为齐次解 $\overline{y}$，另一部分为特解 y^*。

齐次解 $\overline{y}$ 已在 12-2 节中求出

$$\overline{y} = C_1\sin\theta t + C_2\cos\theta t$$

设特解 y^* 为

$$y^* = A\sin\theta t$$

将上式代入式（12-21），得

$$(-\theta^2+\omega^2)A\sin\theta t=\frac{F}{m}\sin\theta t \tag{a}$$

由此得

$$A=\frac{F}{m(\omega^2-\theta^2)} \tag{b}$$

因此，特解为

$$y^*=\frac{F}{m(\omega^2-\theta^2)}\sin\theta t \tag{c}$$

于是，方程的通解为

$$y(t)=C_1\sin\omega t+C_2\cos\omega t+\frac{F}{m(\omega^2-\theta^2)}\sin\theta t \tag{12-22}$$

积分常数由初始条件确定。

设$t=0$时，初始位移$y(0)$与初始速度$\dot{y}(0)$均为零。将$t=0$代入式（12-22）

$t=0$，$y(0)=0$，即得$C_2=0$

$t=0$，$\dot{y}(0)=0$，即得$C_1=-\dfrac{F\theta}{m(\omega^2-\theta^2)\omega}$

将C_1、C_2代入式（12-22），得

$$y(t)=-\frac{F\theta}{m(\omega^2-\theta^2)\omega}\sin\omega t+\frac{F}{m(\omega^2-\theta^2)}\sin\theta t \tag{12-23}$$

由此看出，振动是由两部分组成的，第一部分是按自振频率ω的振动，第二部分是按荷载频率θ的振动。由于在实际振动过程中存在阻尼力，按自振频率ω振动的那一部分将会逐渐消失，最后只剩下按荷载频率振动的那部分。我们把振动刚开始两部分振动同时存在的阶段称为“过渡阶段”，而把后来只按荷载频率振动的阶段称为“平移阶段”。由于过渡阶段存在的时间较短，因此，我们主要讨论平稳阶段的振动或稳态受迫振动。

（2）简谐荷载的动力系数

平稳阶段任一时刻的位移，由式（12-23）的第二部分；

$$y(t)=\frac{F}{m(\omega^2-\theta^2)}\sin\theta t=\frac{F}{m\omega^2\left(1-\dfrac{\theta^2}{\omega^2}\right)}\sin\theta t \tag{d}$$

由于

$$\omega^2=\frac{k}{m}=\frac{1}{m\delta}$$

所以

$$\frac{F}{m\omega^2}=F\delta$$

引入符号 y_{st}，令 $$y_{st}=F\delta \tag{e}$$

式中 y_{st}——荷载幅值 F 作为静力荷载作用时，结构所产生的位移

将式（e）代入式（d），得

$$y(t)=y_{st}\frac{1}{\left(1-\frac{\theta^2}{\omega^2}\right)}\sin\theta t \tag{12-24}$$

最大位移（即振幅）为

$$A=y_{st}\frac{1}{\left(1-\frac{\theta^2}{\omega^2}\right)}$$

最大动位移与荷载幅值所产生的静位移的比值为动力系数，以 μ 表示，则

$$\mu=\frac{A}{y_{st}}=\frac{1}{\left(1-\frac{\theta^2}{\omega^2}\right)} \tag{12-25}$$

由式（12-25）可以看出，动力系数 μ 与频率比值 $\frac{\theta}{\omega}$ 有关，μ 随 $\frac{\theta}{\omega}$ 变化的规律如图 12-15 所示，其中横坐标为 $\frac{\theta}{\omega}$，纵坐标为 μ 的绝对值（注意：当 $\frac{\theta}{\omega}>1$ 时，μ 为负值）。

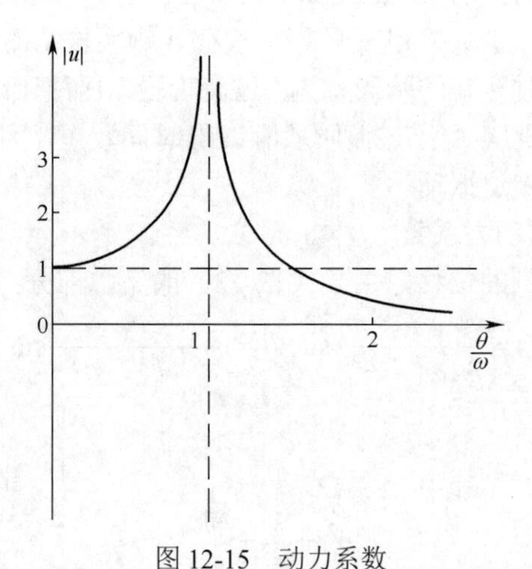

图 12-15　动力系数

图 12-15 可说明结构在简谐荷载作用下无阻尼稳态振动的一些性质。

1）$\frac{\theta}{\omega} \ll 1\left(\frac{\theta}{\omega} \to 0\right)$时，动力系数$\mu \to 1$。

这时简谐荷载的数值变化很缓慢，动力作用不明显，接近于静力作用，因而可当作静荷载处理。

2）$0 < \frac{\theta}{\omega} < 1$时，$\mu$随$\frac{\theta}{\omega}$的增大而增大，动力系数$\mu > 1$。

3）$\frac{\theta}{\omega} \to 1$时，动力系数$\mu \to \infty$。即当荷载频率$\theta$接近于结构自振频率$\omega$时，$\mu$很大，振幅会无限增大，这种现象称为共振。但实际上由于阻尼力的影响，共振时也不会出现振幅为无限大的情况，但共振时的振幅比静位移大很多倍的情况是可能出现的。

4）$\frac{\theta}{\omega} > 1$时，动力系数绝对值$|\mu|$随$\frac{\theta}{\omega}$的增大而减小。

当$\frac{\theta}{\omega} \gg 1$，$|\mu| \to 0$。

以上分析了在简谐荷载作用下，结构的位移幅度随$\frac{\theta}{\omega}$的变化情况分析。对于结构的内力、应力也可作类似分析。

例 12-2　重量$G = 35\text{kN}$的发电机置于简支梁的中点上（如图 12-16），并知梁的惯性矩$I = 8.8 \times 10^{-5}\text{m}^4$，$E = 210\text{GPa}$，发电机转动时其离心力的垂直分量为$F_{\sin\theta t}$，且$F = 10\text{kN}$。若不考虑阻尼，试求当发电机每分钟的转数为$n = 500\text{r/min}$时，梁的最大弯矩和挠度（梁的自重可略去不计）。

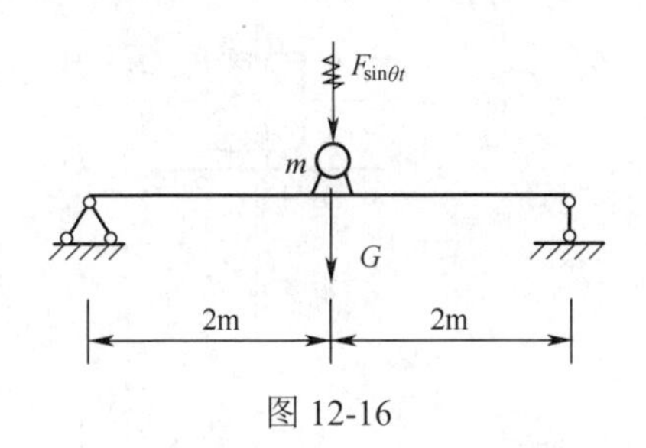

图 12-16

解：在发电机重量作用下，梁中点的最大静力位移为

$$\Delta_{st} = \frac{Gl^3}{48EI} = \frac{35 \times 10^3\,\text{N} \times (4\text{m})^3}{48 \times 210 \times 10^9\,\text{N/m}^2 \times 8.8 \times 10^{-5}\,\text{m}^4} = 2.53 \times 10^{-3}\,\text{m}$$

故自振频率为

$$\omega = \sqrt{\frac{g}{\Delta_{st}}} = \sqrt{\frac{9.81\text{m}/\text{s}^2}{2.53\times10^{-3}\text{m}}} = 62.3\text{s}^{-1}$$

干扰力的频率为

$$\theta = \frac{2\pi n}{60} = \frac{2\times3.14\times500}{60\text{s}} = 52.3\text{s}^{-1}$$

动力系数为

$$\mu = \frac{1}{1-\dfrac{\theta^2}{\omega^2}} = \frac{1}{1-\left(\dfrac{52.3\text{s}^{-1}}{62.3\text{s}^{-1}}\right)^2} = 3.4$$

故知由此干扰力影响所产生的内力和位移等于静力影响的 3.4 倍。梁中点的最大弯矩为

$$M_{\max} = M^G + \mu M_{st}^F = \frac{35\text{kN}\times4\text{m}}{4} + \frac{3.4\times10\text{kN}\times4\text{m}}{4} = 69\text{kN}\cdot\text{m}$$

梁中点的最大挠度为

$$y_{\max} = \Delta_{st} + \mu y_{st}^F = \frac{Gl^3}{48EI} + \mu\frac{Fl^3}{48EI} = \frac{(35+3.4\times10)\times10^3\text{N}\times(4\text{m})^3}{48\times210\times10^9\text{N}/\text{m}^2\times8.8\times10^{-5}\text{m}^4}$$

$$= 4.98\times10^{-3}\text{m} = 4.98\text{mm}$$

2. 考虑阻尼的纯受迫振动

具有阻尼的单自由度体系的受迫振动的模型如图 12-17（a）所示。

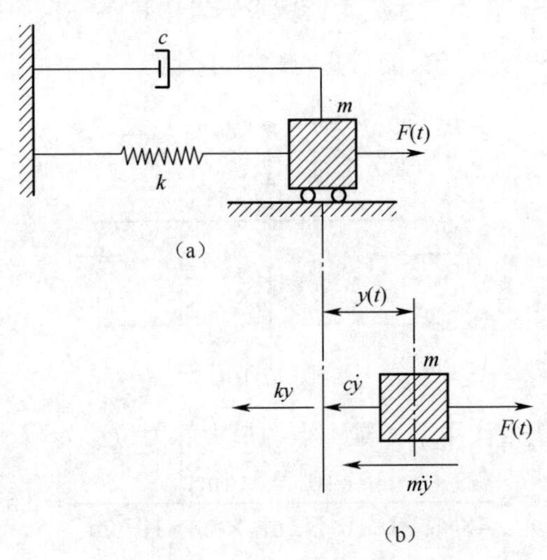

图 12-17 有阻尼的受迫振动模型

在任一时刻，取质量 m 为隔离体，受力如图 12-17（b）所示。弹性力 $-ky$，

阻尼力 $-c\dot{y}$，惯性力 $-m\dot{y}$ 和动力荷载 $F(t)$ 之间的平衡方程为

$$m\ddot{y}+c\dot{y}+ky=F(t) \tag{12-26}$$

在简谐荷载 $F(t)=F\sin\theta t$ 作用下，将 $F(t)=F\sin\theta t$ 代入式（12-26），即得简谐荷载作用下有阻尼体系的振动微分方程：

$$\ddot{y}+2\xi\omega\dot{y}+\omega^2 y=\frac{F}{m}\sin\theta t \tag{12-27}$$

这里，$\xi=\dfrac{c}{2m\omega}$，$\omega=\sqrt{\dfrac{k}{m}}$。

方程的解仍然由齐次解和特解组成，也就是体系的振动是由具有 ω_r 的频率和具有 θ 的频率的两部分振动所组成。由于阻尼的作用，频率为 ω_r 的振动将逐渐衰减而最后消失，只有荷载的影响，频率为 θ 的振动不衰减，这部分振动称为平稳振动。

平稳振动任一时刻的动力位移可用下式表示：

$$y=A\sin(\theta t-\varphi) \tag{12-28}$$

式中：A——振幅；

φ——振幅与动载 F 之间的相位差。

将式（12-28）代入式（12-27），经过一些运算后可求得

振幅
$$A=y_{st}\frac{1}{\sqrt{\left(1-\dfrac{\theta^2}{\omega^2}\right)^2+4\xi^2\dfrac{\theta^2}{\omega^2}}} \tag{12-29}$$

相位差
$$\varphi=\arctan\left(\frac{2\xi\dfrac{\theta}{\omega}}{1-\dfrac{\theta^2}{\omega^2}}\right) \tag{12-30}$$

由式（12-29）可得动力系数如下：

$$\mu=\frac{A}{y_{st}}=\frac{1}{\sqrt{\left(1-\dfrac{\theta^2}{\omega^2}\right)^2+4\xi^2\dfrac{\theta^2}{\omega^2}}} \tag{12-31}$$

由此看出，动力系数 μ 不仅与频率比值 $\dfrac{\theta}{\omega}$ 有关，而且与阻尼比 ξ 有关。对于不同的 ξ 值，可画出相应的 μ 与 $\dfrac{\theta}{\omega}$ 之间的关系曲线，如图 12-18 所示。

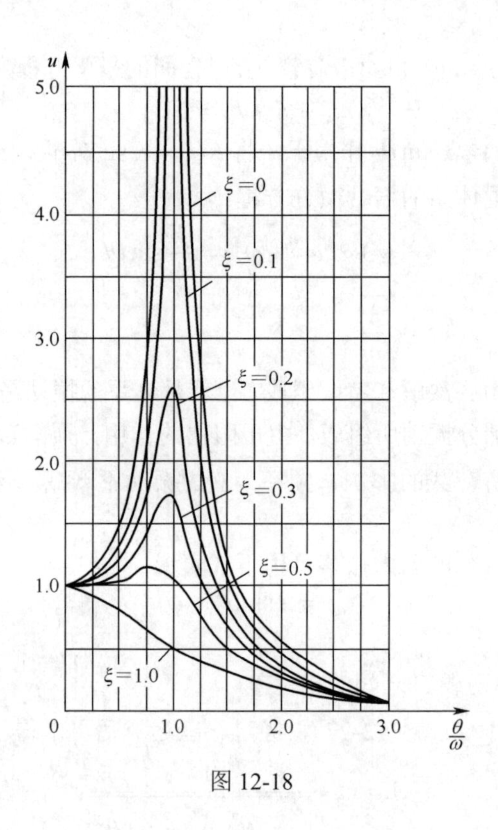

图 12-18

由式（12-29）～式（12-31）及图 12-18 可以看出：

当θ远小于ω时，则$\dfrac{\theta}{\omega}$很小，因而μ接近于 1。这表明可近似地将$F\sin\theta t$作为静力荷载来计算。这时由于振动很慢，因而惯性力和阻尼力都很小，动力荷载主要由结构的恢复力平衡。

由式（12-28）可知，位移y与荷载$F(t)$之间有一个相位差φ，这也就是说，在有阻尼的受迫振动中（$\xi \neq 0$），位移y要比荷载$F(t)$落后一个相位差φ；然而在无阻尼的受迫振动中（$\xi = 0$），位移y与荷载$F(t)$是同步的（当$\theta < \omega$时），或是相差 180° 即方向相反的（当$\theta > \omega$时），这是有无阻尼的重大差别。

当θ远大于ω时，则μ很小，这表明质点近似于不动或只作振幅很微小的颤动。这是由于振动很快，因而惯性力很大，结构的恢复力和阻尼力相对来说可以忽略，此时动力荷载主要由惯性力来平衡。由于惯性力是与位移同相位的，所以动力荷载的方向只能是与位移的方向相反才能平衡。

当θ接近于ω时，则μ增加很快。由式（12-30）可知，此时$\varphi \approx 90^{o}$，说明位移落后于荷载$F(t)$约 90°，即荷载为最大时，位移很小，加速度也很小，因而恢复力和惯性力都很小，这时荷载主要由阻尼力来平衡。因此，荷载频率 θ 在共振频率附近时，阻尼力将起重要作用，μ 值非常明显地受阻尼大小的影响。由图 12-18 可见，在 $0.75<\dfrac{\theta}{\omega}<1.25$ 范围内，阻尼影响将大大地减小受迫振动的位移。当 $\theta\to\omega$ 时，由于阻尼力的存在，μ 值虽不等于无穷大，但其值还是很大的，特别是当阻尼作用较小时，共振现象仍是很危险的，可能导致结构的破坏。因此，在工程设计中，应该注意通过调整结构的刚度和质量来控制结构的自振频率，使其不致与干扰力的频率接近，以避免共振现象。一般常使最低自振频率 ω 至少较 θ 大 25%～30%。

§12-4　单自由度结构在任意荷载作用下的受迫振动

现在讨论在一般动荷载 $F(t)$ 作用下所引起的动力反应。讨论分两步：先讨论瞬时冲量的动力反应，然后在此基础上讨论一般动荷载的动力反应。

设体系在 $t=0$ 时为静止状态，然后作用瞬时冲量 S。在 Δt 时间内作用荷载 F，冲量 S 为 $F\Delta t$（图 12-19（a））。冲量使体系产生初始速度 $\dot{y}_0=\dfrac{S}{m}$，但初始位移仍为零。由式（12-5），有

$$y(t)=\frac{S}{m\omega}\sin\omega t \qquad (12\text{-}32)$$

上式为在 $t=0$ 时作用瞬时冲量 S 所引起的动力反应。

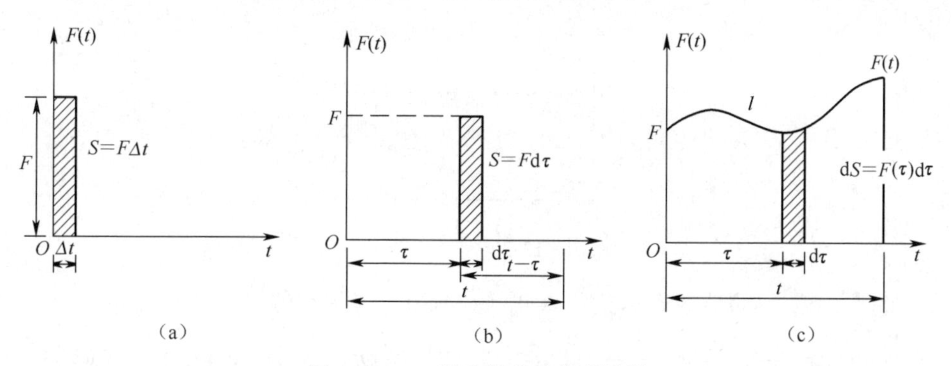

图 12-19　一般动荷载的集成过程

如果在 $t=\tau$ 时作用瞬时冲量 S（图 12-19（b）），则在其后任一时刻 t（$t>\tau$）的位移为

$$y(t)=\frac{S}{m\omega}\sin\omega(t-\tau) \qquad (a)$$

现在讨论一般动荷载$F(t)$作用（图 12-19（c））时的动力反应。一般动荷载可看作由一系列瞬时冲量组成，在时刻$t=\tau$作用荷载为$F(\tau)$，其在时间微分段$\mathrm{d}\tau$内的冲量为$\mathrm{d}S=F(\tau)\mathrm{d}\tau$。由式（a），此微分冲量作用引起的动力反应为

$$\mathrm{d}y(t)=\frac{F(\tau)\mathrm{d}\tau}{m\omega}\sin\omega(t-\tau) \quad (t>\tau) \tag{b}$$

对加载过程中产生的所有微分反应进行叠加，即对式（b）进行积分，可得总反应如下

$$y(t)=\frac{1}{m\omega}\int_0^t F(\tau)\sin\omega(t-\tau)\mathrm{d}\tau \tag{12-33}$$

式（12-33）称为杜哈梅（Duhamel）积分，这就是初始处于静止状态时单自由度体系在任意动荷载$F(t)$作用下的位移公式。如有初始位移y_0和初始速度$\dot{y}_0$，则总位移还应叠加上式（12-5）的结果。

下面应用式（12-33）讨论两种动荷载作用时的动力反应。

（1）突加荷载

体系原处于静止状态，在$t=0$时，突然加上荷载F_0，并一直作用在结构上。吊装重物时的吊装荷载即为此种荷载，其表示式为

$$\begin{aligned} &F(t)=0\text{，当}t<0\\ &F(t)=P_0\text{，当}t\geqslant 0 \end{aligned} \tag{c}$$

其F-t曲线如图 12-20 所示。

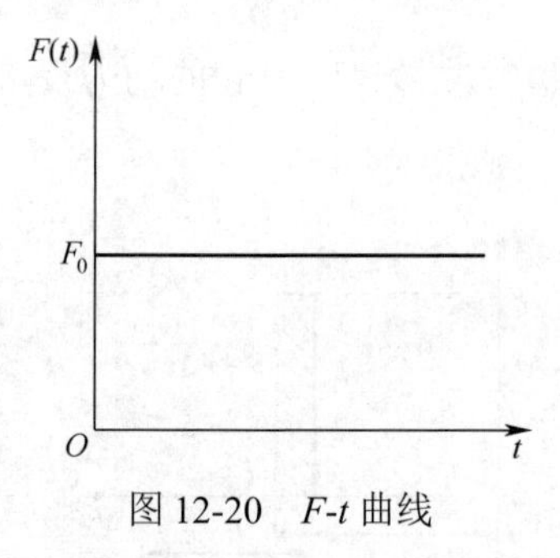

图 12-20　F-t曲线

将式（c）中的荷载表达式代入式（12-33），得到动位移

$$y(t)=\frac{1}{m\omega}\int_0^t F_0\sin\omega(t-\tau)\mathrm{d}\tau=\frac{F_0}{m\omega^2}(1-\cos\omega t)=y_{st}(1-\cos\omega t) \tag{12-34}$$

式中，$y_{st}=\dfrac{F_0}{m\omega^2}=F_0\delta$为静荷载$F_0$作用下产生的静位移。

根据式（12-34）作出的动力位移图如图 12-21 所示。可以看出，质点是围绕其静力平衡位置$y=y_{st}$作简谐运动，动力系数为

$$\mu = \frac{y_{\max}}{y_{st}} = 2 \tag{12-35}$$

由此看出，突加荷载作用引起的最大位移比相应的静位移增大一倍，应该引起注意。

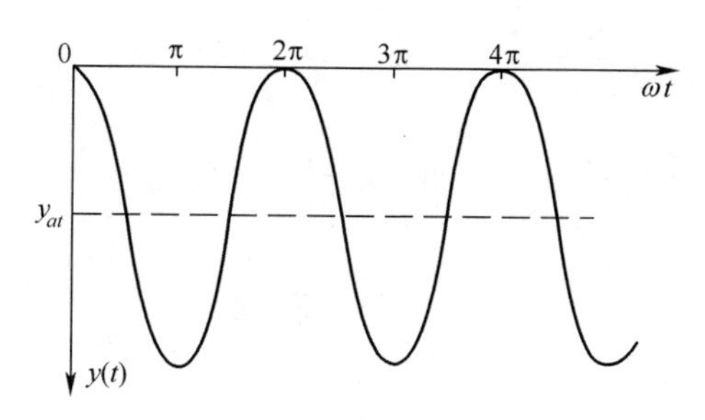

图 12-21　突加荷载位移反应

（2）短期荷载

短期荷载是指只在很短时间内停留在结构的荷载，即当$t=0$时，荷载突然加在结构上，但当$t=t_0$时，荷载又突然消失，如图 12-22 所示。对于这种情况可作如下分析：当$t=0$时有上面所述的突加荷载加入，并一直作用于结构上，到$t=t_0$时，又有一个大小相等但方向相反的突加荷载加入，以抵消原有荷载的作用。这样，便可利用上述突加荷载作用下的计算公式按叠加法来求解。由于这种荷载作用时间较短，最大位移一般发生在振动衰减还很少的开始一段时间内，因此通常可以不考虑阻尼的影响。

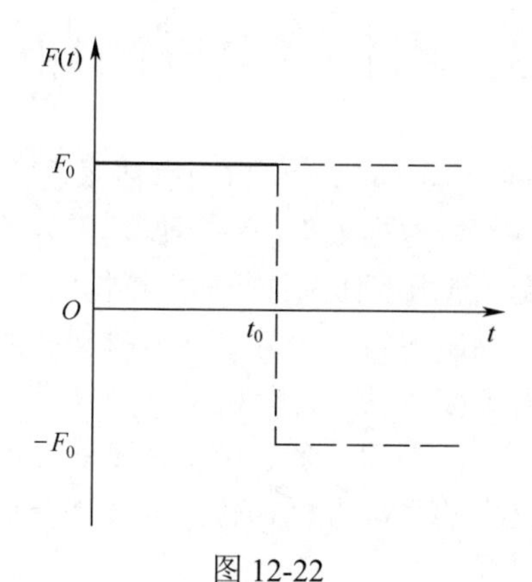

图 12-22

对于这种种况，可按两个阶段分别计算：

第一阶段（$0<t<t_0$）：与突加荷载相同，故由式（12-34）得

$$y(t) = y_{st}(1-\cos\omega t)$$

当$t_0 \geqslant \frac{T}{2}$时，最大位移发生在第一阶段，动力系数为$\mu = 2$。

第二阶段（$t > t_0$）：由上述有

$$y(t) = y_{st}(1-\cos\omega t) - y_{st}\left[1-\cos\omega(t-t_0)\right]$$
$$= 2y_{st}\sin\frac{\omega t_0}{2}\sin\omega\left(t-\frac{t_0}{2}\right)$$

当$t_0 < \frac{T}{2}$时，最大位移发生在第一阶段，其值为

$$y_{\max} = 2y_{st}\sin\frac{\omega t_0}{2}$$

因此，动力系数为

$$\mu = 2\sin\frac{\omega t_0}{2} = 2\sin\frac{t_0}{T}\pi$$

由此可以看出，动力系数的值与加载持续时间t_0相对于自振周期T的长短有关。表 12-1 给出了不同的$\frac{t_0}{T}$比值下μ的数值。

表 12-1　短时荷载的动力系数 μ

t_0/T	0	0.01	0.05	0.05	0.10	1/6	0.20	0.30	0.40	0.50	>0.50
μ	0	0.063	0.126	0.313	0.618	1.00	1.176	1.618	1.902	2.00	2.00

§12-5　多自由度结构的自由振动

在工程实际中，有些结构可简化为单自由度体系进行计算，如单层工业厂房、水塔等，但也有一些问题不能这样处理，这不仅是因为计算简图过于简单将影响到计算的正确性，而且按单自由度体系计算时，结构的某些动力特性反映不出来。如多层房屋的侧向振动、高层建筑、不等高厂房排架和块式基础等，有必要采用更为符合实际情况的多自由度体系进行分析。

按照建立振动方程的方法不同，多自由度体系的振动分析也可分为柔度法和刚度法。刚度法通过建立力的平衡方程求解，柔度法通过建立位移方程求解，二者按照计算方便的原则选择。

1. 柔度法

图 12-23 所示为一具有n个自由度的体系，在自由振动过程中的任一时刻t，质点m_i的位移为y_i，作用于该质点上的惯性力为$-m_i\ddot{y}_i$，将各质点的惯性力看作

静力荷载（图 12-23（a））在这些荷载作用下，结构上任一质点 m_i 处的位移应为

$$y_i=\delta_{i1}(-m_1\ddot{y}_1)+\delta_{i2}(-m_2\ddot{y}_2)+\cdots+\delta_{ii}(-m_i\ddot{y}_i)+\cdots+\delta_{ij}(-m_j\ddot{y}_j)+\cdots+\delta_{in}(-m_n\ddot{y}_n) \tag{a}$$

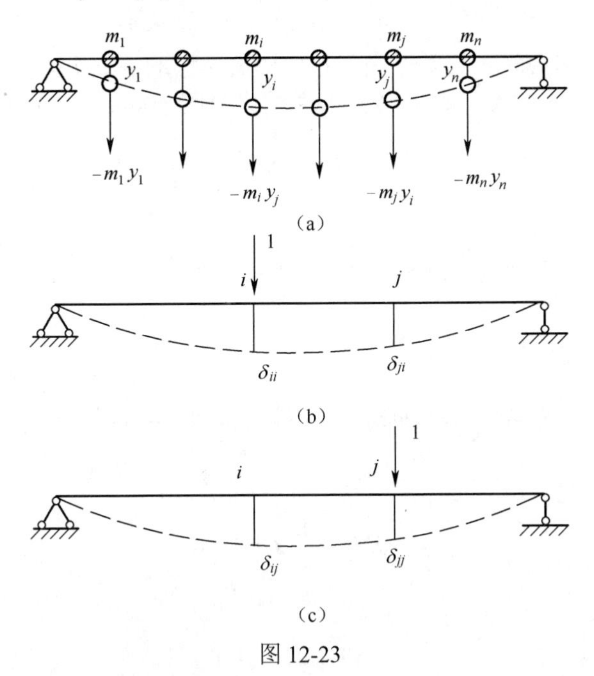

图 12-23

式中 δ_{ii}、δ_{ij} 等是结构的柔度系数，它们的物理意义见图 12-23（b）、（c）所示。据此可以建立 n 个位移方程：

$$\left.\begin{aligned}y_1+\delta_{11}m_1\ddot{y}_1+\delta_{22}m_2\ddot{y}_2+\cdots+\delta_{1n}m_n\ddot{y}_n=0\\y_2+\delta_{21}m_1\ddot{y}_1+\delta_{22}m_2\ddot{y}_2+\cdots+\delta_{2n}m_n\ddot{y}_n=0\\y_n+\delta_{n1}m_1\ddot{y}_1+\delta_{n2}m_2\ddot{y}_2+\cdots+\delta_{nn}m_n\ddot{y}_n=0\end{aligned}\right\} \tag{12-36}$$

写成矩阵形式，就有

$$\begin{bmatrix}y_1\\y_2\\\vdots\\y_n\end{bmatrix}+\begin{bmatrix}\delta_{11}&\delta_{12}&\cdots&\delta_{1n}\\\delta_{21}&\delta_{22}&\cdots&\delta_{2n}\\\vdots&\vdots&\vdots&\vdots\\\delta_{n1}&\delta_{n2}&\cdots&\delta_{nn}\end{bmatrix}\begin{bmatrix}m_1&&&0\\&m_2&&\\&&\ddots&\\0&&&m_n\end{bmatrix}\begin{bmatrix}\ddot{y}_1\\\ddot{y}_2\\\vdots\\\ddot{y}_n\end{bmatrix}=\begin{bmatrix}0\\0\\0\\0\end{bmatrix} \tag{12-37}$$

或简写为

$$\boldsymbol{Y}+\boldsymbol{\delta M\ddot{Y}}=0 \tag{12-38}$$

式中 $\boldsymbol{\delta}$ 为结构的柔度矩阵，根据位移互等定理，它是对称矩阵。

设式（12-36）的特解取如下形式：

$$y_i = A_i \sin(\omega t+\varphi)\ (i=1,2,\cdots,n) \tag{b}$$

设所有质点都按同一频率、同一相位作简谐振动，但个质点的振幅值各不相同谐振动。将式（b）代入式（12-36）并消去公因子 $\sin(\omega t+\varphi)$ 可得

$$\left.\begin{aligned}
&\left(\delta_{11}m_1-\frac{1}{\omega^2}\right)A_1+\delta_{12}m_2A_2+\cdots+\delta_{1n}m_nA_n=0\\
&\delta_{21}m_1A_1+\left(\delta_{22}m_2-\frac{1}{\omega^2}\right)A_2+\cdots+\delta_{2n}m_nA_n=0\\
&\cdots\cdots\cdots\cdots\\
&\delta_{n1}m_1A_1+\delta_{n2}m_2A_2+\cdots+\left(\delta_{nn}m_n-\frac{1}{\omega^2}\right)A_n=0
\end{aligned}\right\} \tag{12-39}$$

写成矩阵形式则为

$$\left(\boldsymbol{\delta M}-\frac{1}{\boldsymbol{\omega}^2}\boldsymbol{I}\right)\boldsymbol{A}=0 \tag{12-40}$$

式中

$$A=(A_1A_2\cdots A_n)^T$$

为振幅列向量，$\boldsymbol{I}$ 是单位矩阵。

式（12-39）为振幅 $A_1\ A_2\ \cdots\ A_n$ 的齐次方程，称为振幅方程。当 $A_1\ A_2\ \cdots\ A_n$ 全为零时该式满足，但这对应于无振动的静止状态。要得到 $A_1\ A_2\ \cdots\ A_n$ 不全为零的解答，则必须使该方程组的系数行列式等于零，即

$$\begin{vmatrix}
\left(\delta_{11}m_1-\frac{1}{\omega^2}\right) & \delta_{12}m_2 & \cdots & \delta_{1n}m_n\\
\delta_{21}m_1 & \left(\delta_{22}m_2-\frac{1}{\omega^2}\right) & \cdots & \delta_{2n}m_n\\
\vdots & \vdots & \vdots & \vdots\\
\delta_{n1}m_1 & \delta_{n2}m_2 & \cdots & \left(\delta_{nn}m_n-\frac{1}{\omega^2}\right)
\end{vmatrix}=0 \tag{12-41}$$

令 $\lambda=\dfrac{1}{\omega^2}$，上式可写为

$$\left|\boldsymbol{\delta M}-\lambda\boldsymbol{I}\right|=0 \qquad (12\text{-}42)$$

由此得到关于λ的n次代数方程，可解出λ的n个正实根，因此，可求出n个自振频率$\omega_1,\omega_2,\cdots,\omega_n$，若按它们的数值由小到大依次排列，则分别称为第一，第二，…，第n自振频率，并总称为结构自振的频谱。把确定ω数值的式（12-41）或式（12-42）称为频率方程。其中最小的频率叫做基本频率或第一频率。

将n个自振频率中的任一个ω_k 代入式（b），即得特解为

$$y_i^{(k)}=A_i^{(k)}\sin(\omega_k t+\varphi_k)\ (i=1,2,\cdots,n) \qquad (12\text{-}43)$$

此时各质点按同一频率ω_k作同步简谐振动，各质点的位移相互间的比值

$$y_1^{(k)}:y_2^{(k)}:\cdots:y_n^{(k)}=A_1^{(k)}:A_2^{(k)}:\cdots:A_n^{(k)}$$

却并不随时间变化，也就是说，在任何时刻结构的振动都保持同一形状，整个结构就像一个单自由度结构一样在振动。多自由度结构按任一自振频率ω_k进行的简谐振动称为主振动，而其相应的特定振动形式称为主振型或简称振型。

要确定振型，就需要确定各质点振幅间的比值。为此，可将ω_k值代回振幅方程（12-39），得

$$\left.\begin{aligned}&\left(\delta_{11}m_1-\frac{1}{\omega^2}\right)A_1^{(k)}+\delta_{12}m_2A_2^{(k)}+\cdots+\delta_{1n}m_nA_n^{(k)}=0\\&\delta_{21}m_1A_1^{(k)}+\left(\delta_{22}m_2-\frac{1}{\omega^2}\right)A_2^{(k)}+\cdots+\delta_{2n}m_nA_n^{(k)}=0\\&\cdots\cdots\cdots\cdots\\&\delta_{n1}m_1A_1^{(k)}+\delta_{n2}m_2A_2^{(k)}+\cdots+\left(\delta_{nn}m_n-\frac{1}{\omega^2}\right)A_n^{(k)}=0\end{aligned}\right\}(k=1,2,\cdots,n) \qquad (12\text{-}44)$$

或写为

$$\left(\boldsymbol{\delta M}-\frac{1}{\boldsymbol{\omega}^2}\boldsymbol{I}\right)\boldsymbol{A}^{(k)}=0 \qquad (k=1,2,\cdots,n) \qquad (12\text{-}45)$$

由于式（12-44）的系数行列式等于零，故其n个方程中只有（$n-1$）个是独立的，因而不能求得$A_1^{(k)},A_2^{(k)},\cdots,A_n^{(k)}$的确定值，但可确定各质点振幅间的相对比值，这便确定了振型。

式（12-45）的

$$A^{(k)}=(A_1^{(k)}\quad A_2^{(k)}\quad\cdots\quad A_n^{(k)})^T$$

称为与ω_k相应的主振型向量。如果假定了其中任一个元素的值，例如通常假定第一个元素的$A_i^{(k)}=1$，便可求出其余各元素值，这样求得的振型称为规准化振型。

对只有两个自由度的结构，振幅方程（12-39）为

$$\left.\begin{aligned}\left(\delta_{11}m_1-\frac{1}{\omega^2}\right)A_1+\delta_{12}m_2A_2=0\\ \delta_{21}m_1A_1+\left(\delta_{22}m_2-\frac{1}{\omega^2}\right)A_2=0\end{aligned}\right\}\tag{c}$$

频率方程为

$$\begin{vmatrix}\left(\delta_{11}m_1-\frac{1}{\omega^2}\right) & \delta_{12}m_2\\ \delta_{21}m_1 & \left(\delta_{22}m_2-\frac{1}{\omega^2}\right)\end{vmatrix}=0\tag{d}$$

$$\lambda^2-(\delta_{11}m_1+\delta_{22}m_2)\lambda+(\delta_{11}\delta_{22}-\delta_{12}{}^2)m_1m_2=0$$

解得 λ 的两个根为

$$\left.\begin{aligned}\lambda_1=\frac{(\delta_{11}m_1+\delta_{22}m_2)+\sqrt{(\delta_{11}m_1+\delta_{22}m_2)^2-4(\delta_{11}\delta_{22}-\delta_{12}^2)m_1m_2}}{2}\\ \lambda_2=\frac{(\delta_{11}m_1+\delta_{22}m_2)-\sqrt{(\delta_{11}m_1+\delta_{22}m_2)^2-4(\delta_{11}\delta_{22}-\delta_{12}^2)m_1m_2}}{2}\end{aligned}\right\}\tag{12-46}$$

得两个自振频率为

$$\left.\begin{aligned}\omega_1=\frac{1}{\sqrt{\lambda_1}}\\ \omega_2=\frac{1}{\sqrt{\lambda_2}}\end{aligned}\right\}\tag{12-47}$$

下面确定相应的两个主振型。求第一振型时，将 $\omega=\omega_1$ 代入式（c），由于系数行列式为零，所以两个方程线性相关，只有一个是独立的，可由其中任何一式求得 $A_1^{(1)}$ 与 $A_2^{(1)}$ 的比值，由第一式可得第一振型为

$$\rho_1=\frac{A_2^{(1)}}{A_1^{(1)}}=\frac{\frac{1}{\omega_1^2}-\delta_{11}m_1}{\delta_{12}m_2}\tag{12-48}$$

同理可求得第二振型为

$$\rho_2=\frac{A_2^{(2)}}{A_1^{(2)}}=\frac{\frac{1}{\omega_2^2}-\delta_{11}m_1}{\delta_{12}m_2}\tag{12-49}$$

例 12-3 试求图 12-24（a）所示梁的自振频率和主振型，梁的 EI 已知。

解：结构有两个自由度，先求柔度系数。为此，作单位弯矩图如图 12-24（b）、（c）所示。由图乘法求得

$$\delta_{11}=\frac{l^3}{EI}, \quad \delta_{12}=\delta_{21}=-\frac{l^3}{4EI}, \quad \delta_{22}=\frac{l^3}{6EI}$$

代入式（12-46），得

$$\lambda_1=1.069\frac{ml^3}{EI}, \quad \lambda_2=0.097\frac{ml^3}{EI}$$

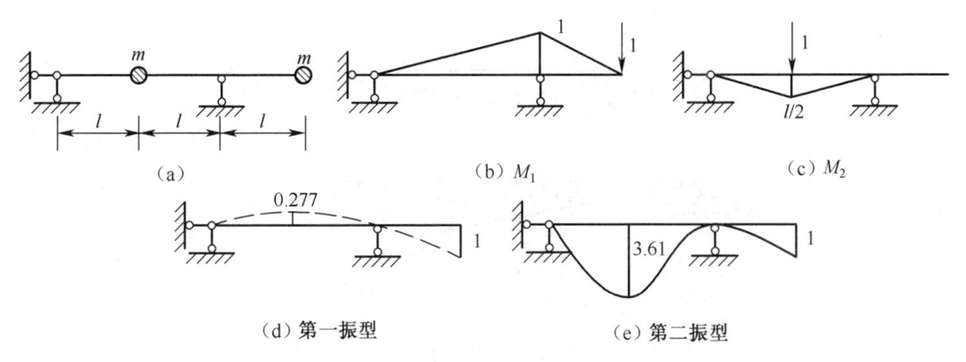

图 12-24

自振频率

$$\omega_1=\frac{1}{\sqrt{\lambda_1}}=0.967\sqrt{\frac{EI}{ml^3}}, \quad \omega_2=\frac{1}{\sqrt{\lambda_2}}=3.203\sqrt{\frac{EI}{ml^3}}$$

第一振型为

$$\rho_1=\frac{A_2^{(1)}}{A_1^{(1)}}=\frac{\lambda_1-\delta_{11}m_1}{\delta_{12}m_2}=-\frac{1}{0.277}$$

第二振型为

$$\rho_2=\frac{A_2^{(2)}}{A_1^{(2)}}=\frac{\lambda_2-\delta_{11}m_1}{\delta_{12}m_2}=\frac{1}{3.61}$$

振型见图 12-24（d）、（e）。

例 12-4　试求图 12-25（a）所示等截面简支梁的自振频率，并确定其主振型。

解：结构有两个自由度，先求柔度系数。作单位弯矩图如图 12-25（b）、（c）所示。由图乘法求得

$$\delta_{11}=\delta_{22}=\frac{4l^3}{243EI}, \quad \delta_{12}=\delta_{21}=\frac{7l^3}{486EI}$$

代入式（12-46），且 $m_1=m_2=m$，可求得

$$\lambda_1 = (\delta_{11} + \delta_{12})m = \frac{15ml^3}{486EI}$$

$$\lambda_2 = (\delta_{11} - \delta_{12})m = \frac{ml^3}{486EI}$$

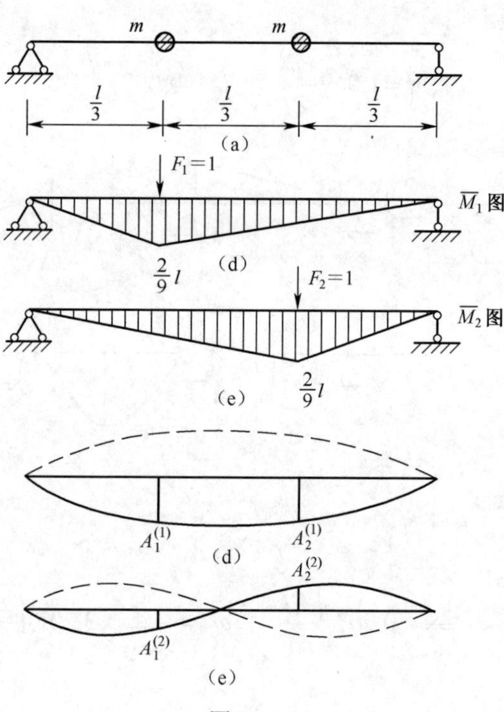

图 12-25

自振频率

$$\omega_1 = \frac{1}{\sqrt{\lambda_1}} = \sqrt{\frac{486EI}{15ml^3}} = 5.69\sqrt{\frac{EI}{ml^3}}$$

$$\omega_2 = \frac{1}{\sqrt{\lambda_2}} = \sqrt{\frac{486EI}{ml^3}} = 22.05\sqrt{\frac{EI}{ml^3}}$$

第一振型为

$$\rho_1 = \frac{A_2^{(1)}}{A_1^{(1)}} = \frac{\lambda_1 - \delta_{11}m_1}{\delta_{12}m_2} = \frac{(\delta_{11} + \delta_{12})m - \delta_{11}m_1}{\delta_{12}m_2} = 1$$

第二振型为

$$\rho_2 = \frac{A_2^{(2)}}{A_1^{(2)}} = \frac{\lambda_2 - \delta_{11}m_1}{\delta_{12}m_2} = \frac{(\delta_{11} - \delta_{12})m - \delta_{11}m_1}{\delta_{12}m_2} = -1$$

振型见图 12-25（d）、（e）。

2. 刚度法

图 12-26（a）所示为一具有 n 个自由度的体系，在自由振动过程中的任一时刻 t，质点 m_i 的位移为 y_i，作用于该质点上的惯性力为 $-m_i\ddot{y}_i$。按刚度法建立微分方程时，可采用类似位移法的步骤来处理。首先加入附加链杆阻止所有质点的位移（图 12-26（b）），则各质点在惯性力 $-m_i\ddot{y}_i$ 作用下，各链杆的反力等于 $m_i\ddot{y}_i$；其次令各链杆发生与各质点实际位置相同的位移（图 12-26（c）），此时各链杆上所需施加的力为 F_{Ri}。若不考虑各质点所受的阻尼力，则将上述两情况叠加，各附加链杆上的总反力应等于零，由此便可列出各质点的动力平衡方程。

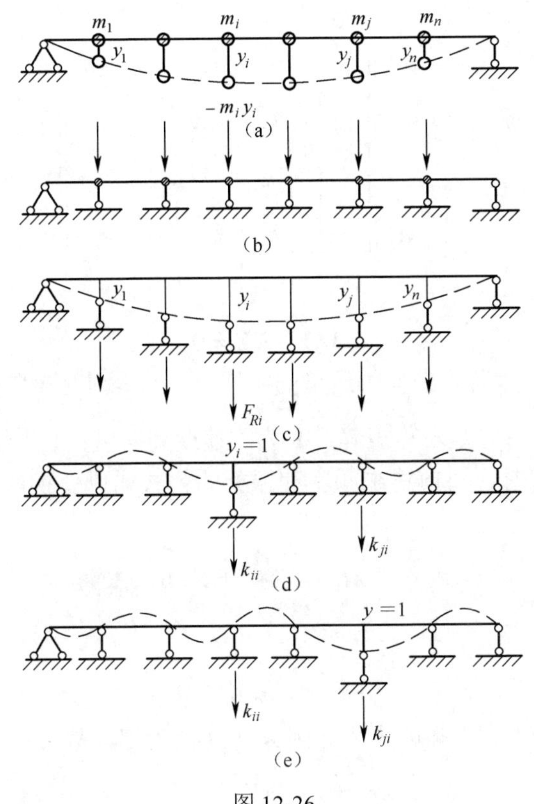

图 12-26

以质点 m_i 为例，有

$$m_i\ddot{y}_i + F_{Ri} = 0 \tag{e}$$

而 F_{Ri} 的大小取决于结构的刚度和各质点的位移值，由叠加原理，可写为

$$F_{Ri} = k_{i1}y_1 + k_{i2}y_2 + \cdots + k_{ii}y_i + \cdots + k_{ij}y_j + \cdots + k_{in}y_n \tag{f}$$

式中k_{ii}、k_{ij}等式结构的刚度系数的物理意义见图 12-26（d)、(e)。k_{ij}为j点发生单位位移（其余各质点位移均为零）时i点处附加链杆的反力。把式（f）代入式（e)，有

$$m_i\ddot{y}_i + k_{i1}y_1 + k_{i2}y_2 + \cdots + k_{in}y_n = 0 \quad \text{(g)}$$

同理，对每个质点都列出这样一个动力平衡方程，可建立n个方程如下：

$$\left.\begin{aligned} m_1\ddot{y}_1 + k_{11}y_1 + k_{12}y_2 + \cdots + k_{1n}y_n = 0 \\ m_2\ddot{y}_2 + k_{21}y_1 + k_{22}y_2 + \cdots + k_{2n}y_n = 0 \\ \cdots \\ m_n\ddot{y}_n + k_{n1}y_1 + k_{n2}y_2 + \cdots + k_{nn}y_n = 0 \end{aligned}\right\} \quad \text{(12-50)}$$

写成矩阵形式为

$$\begin{bmatrix} m_1 & & & 0 \\ & m_2 & & \\ & & \ddots & \\ 0 & & & m_n \end{bmatrix}\begin{bmatrix} \ddot{y}_1 \\ \ddot{y}_2 \\ \vdots \\ \ddot{y}_n \end{bmatrix} + \begin{bmatrix} k_{11} & k_{12} & \cdots & k_{1n} \\ k_{21} & k_{22} & \cdots & k_{2n} \\ \vdots & \vdots & \vdots & \vdots \\ k_{n1} & k_{n2} & \cdots & k_{nn} \end{bmatrix}\begin{bmatrix} y_1 \\ y_2 \\ \vdots \\ y_n \end{bmatrix} = \begin{bmatrix} 0 \\ 0 \\ 0 \\ 0 \end{bmatrix} \quad \text{(12-51)}$$

或简写为

$$\boldsymbol{M}\ddot{\boldsymbol{Y}} + \boldsymbol{KY} = 0 \quad \text{(12-52)}$$

式中M为质量矩阵，在集中质量的结构中，它是对角矩阵；$\boldsymbol{K}$为刚度矩阵，根据反力互等定理，它是对称矩阵；$\ddot{\boldsymbol{Y}}$为加速度列向量；$\boldsymbol{Y}$为位移列向量。

按刚度法求解时，将前述求频率和振型的公式加以变换即可。用$\boldsymbol{\delta}^{-1}$左乘式（12-40）有

$$\left(\boldsymbol{M} - \frac{1}{\boldsymbol{\omega}^2}\boldsymbol{\delta}^{-1}\right)\boldsymbol{A} = 0$$

即

$$(\boldsymbol{K} - \boldsymbol{\omega}^2\boldsymbol{M})\boldsymbol{A} = 0 \quad \text{(12-53)}$$

这是按刚度法求解的振幅方程。因$\boldsymbol{A}$不能全为零，故可得频率方程为

$$\left|\boldsymbol{K} - \boldsymbol{\omega}^2\boldsymbol{M}\right| = 0 \quad \text{(12-54)}$$

将其展开，可解出n个自振频率$\omega_1,\omega_2,\cdots,\omega_n$。再将它们逐一代回振幅方程（12-53)，得

$$(\boldsymbol{K} - \omega_k^2\boldsymbol{M})\boldsymbol{A}^{(k)} = 0 \quad (k = 1,2,\cdots,n) \quad \text{(12-55)}$$

便可确定相应的n个主振型。

对于两个自由度的结构，频率方程（12-54）为

$$\begin{vmatrix} k_{11}-\omega^2 m_1 & k_{12} \\ k_{21}m_1 & k_{22}-\omega^2 m_2 \end{vmatrix}=0$$

展开得

$$m_1m_2(\omega^2)^2-(k_{11}m_2+k_{22}m_1)\omega^2+(k_{11}k_{22}-k_{12}^2)=0$$

由此解得 ω^2 的两个根为

$$\omega_{1,2}^2=\frac{1}{2}\left(\frac{k_{11}}{m_1}+\frac{k_{22}}{m_2}\right)\mp\frac{1}{2}\sqrt{\left(\frac{k_{11}}{m_1}+\frac{k_{22}}{m_2}\right)^2-\frac{4(k_{11}k_{22}-k_{12}^2)}{m_1m_2}} \tag{12-56}$$

分别再开平方便可求得 ω_1 和 ω_2。两个主振型为

$$\left.\begin{aligned} \rho_1&=\frac{A_2^{(1)}}{A_1^{(1)}}=\frac{\omega_1^2m_1-k_{11}}{k_{12}} \\ \rho_2&=\frac{A_2^{(2)}}{A_1^{(2)}}=\frac{\omega_2^2m_1-k_{11}}{k_{12}} \end{aligned}\right\} \tag{12-57}$$

例 12-5　图 12-27 所示为一两层刚架，柱高 h，各柱 EI=常数，设横梁 $EI_b=\infty$，质量集中在横梁上，且 $m_1=m_2=m$，求刚架水平振动时的自振频率。

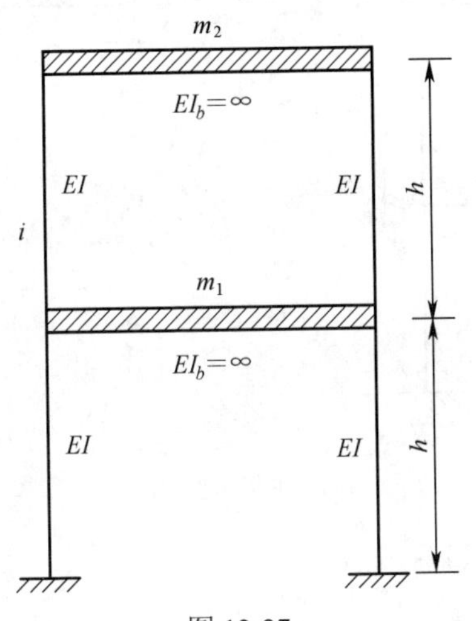

图 12-27

解：在水平振动下，计算两层刚架的刚度系数比柔度系数简单，当 m_1 沿振动方向有单位水平位移 $\delta_1=1$（图 12-28（a））时，在质量 m_1 和 m_2 的约束处需施加的力，即结构的刚度系数 k_{11} 和 k_{21}，可由位移法方程的系数求得。分别取质量 m_1、m_2 为隔离体（图 12-28（b）），利用平衡条件求得

$$k_{11}=\frac{48EI}{h^3}，\ k_{21}=-\frac{24EI}{h^3}$$

同理，当质量 m_2 沿振动方向有单位水平位移 $\delta_2=1$ 时（图 12-28（c）），分别取质量 m_1、m_2 为隔离体（图 12-28（d）），利用平衡条件求得刚度系数如下：

$$k_{12}=-\frac{24EI}{h^3}，\ k_{22}=\frac{24EI}{h^3}$$

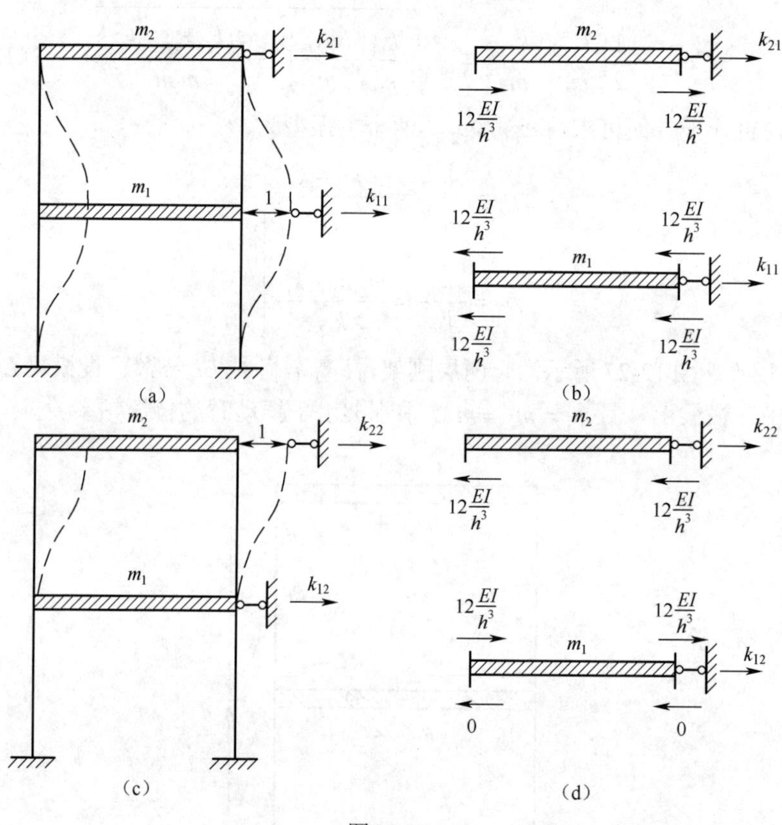

图 12-28

将刚度系数代入式（12-56）

令 $k=\dfrac{24EI}{h^3}$，则 $k_{11}=2k$，$k_{12}=k_{21}=-k$，$k_{22}=k$

$$\omega^2=\frac{1}{2m}[3k\mp\sqrt{(3k)^2-4(2k^2-k^2)}$$

$$\omega_1^2=\frac{(3-\sqrt{5})}{2m}k=0.382\frac{k}{m}$$

$$\omega_2^2 = \frac{(3+\sqrt{5})}{2m}k = 2.618\frac{k}{m}$$

所以，两个频率为

$$\omega_1 = 0.618\sqrt{\frac{k}{m}} = 0.618\sqrt{\frac{24EI}{ml^3}} = 3.028\sqrt{\frac{EI}{ml^3}}$$

$$\omega_2 = 1.618\sqrt{\frac{k}{m}} = 1.618\sqrt{\frac{24EI}{ml^3}} = 7.927\sqrt{\frac{EI}{ml^3}}$$

第一振型

$$\rho_1 = \frac{A_2^{(1)}}{A_1^{(1)}} = \frac{\omega_1^2 m_1 - k_{11}}{k_{12}} = \frac{1.618}{1} = 1.618$$

第二振型

$$\rho_2 = \frac{A_2^{(2)}}{A_1^{(2)}} = \frac{\omega_2^2 m_1 - k_{11}}{k_{12}} = -\frac{0.618}{1} = -0.618$$

振型图如图 12-29 所示。

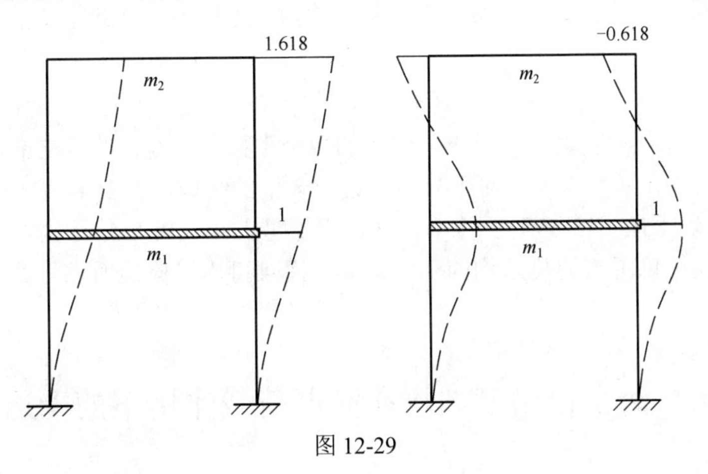

图 12-29

3. 主振型的正交性

由上已知，n 个自由度的结构具有 n 个自振频率及 n 个主振型，每一频率及其相应的主振型均满足式（12-55），即

$$(\boldsymbol{K} - \omega_k^2 \boldsymbol{M})\boldsymbol{A}^{(k)} = 0$$

现在来说明任何两个不同的主振型向量之间的正交性。在式（12-55）中，分别取 k=i 和 k=j，可得

$$\boldsymbol{K}\boldsymbol{A}^{(i)} = \omega_i^2 \boldsymbol{M}\boldsymbol{A}^{(i)} \tag{a}$$

和

$$\boldsymbol{KA}^{(j)}=\omega_j^2\boldsymbol{MA}^{(j)} \tag{b}$$

对式（a）两边左乘以$\boldsymbol{A}^{(j)}$的转置矩阵$(\boldsymbol{A}^{(j)})^T$，对式（b）两边左乘以$\boldsymbol{A}^{(i)}$的转置矩阵$(\boldsymbol{A}^{(i)})^T$，则有

$$(\boldsymbol{A}^{(j)})^T\boldsymbol{KA}^{(i)}=\omega_i^2(\boldsymbol{A}^{(j)})^T\boldsymbol{MA}^{(i)} \tag{c}$$

$$(\boldsymbol{A}^{(i)})^T\boldsymbol{KA}^{(j)}=\omega_j^2(\boldsymbol{A}^{(i)})^T\boldsymbol{MA}^{(j)} \tag{d}$$

由于$\boldsymbol{K}$和$\boldsymbol{M}$均为对称矩阵，故$\boldsymbol{K}^T=\boldsymbol{K}$，$\boldsymbol{M}^T=\boldsymbol{M}$。将式（d）两边转置，将有

$$(\boldsymbol{A}^{(j)})^T\boldsymbol{KA}^{(i)}=\omega_j^2(\boldsymbol{A}^{(j)})^T\boldsymbol{MA}^{(i)} \tag{e}$$

再将式（c）减去式（e）得

$$(\omega_i^2-\omega_j^2)(\boldsymbol{A}^{(j)})^T\boldsymbol{MA}^{(i)}=0$$

当$i\neq j$ 时，$\omega_i\neq\omega_j$，于是应有

$$(\boldsymbol{A}^{(j)})^T\boldsymbol{MA}^{(i)}=0 \tag{12-58}$$

这表明，对于质量矩阵$\boldsymbol{M}$，不同频率的两个主振型是彼此正交的，这是主振型之间的第一个正交关系。将这一关系代入式（c），可知：

$$(\boldsymbol{A}^{(j)})^T\boldsymbol{KA}^{(i)}=0 \tag{12-59}$$

可见，对于刚度矩阵$\boldsymbol{K}$，不同频率的两个主振型也是彼此正交的，这是主振型之间的第二个正交关系。对于只具有集中质量的结构，由于$\boldsymbol{M}$是对角矩阵，故式（12-58）比式（12-59）要简单一些。主振型的正交性也是结构本身固有的特性，它不仅可以用来简化结构的动力计算，而且可用以检验所求得的主振型是否正确。

§12-6 两个自由度结构在简谐荷载作用下的受迫振动

由12-3节单自由度体系在简谐荷载下受迫振动的分析，如果简谐荷载的频率处于共振区以外，则阻尼的影响较小；而在共振区范围内，不考虑阻尼也能反映共振现象。因此，本节的讨论不考虑阻尼的影响。

1. 柔度法

图12-30（a）所示为一两个自由度体系，承受简谐荷载$F(t)=F\sin\theta t$，在任一时刻t，质点1、2的位移分别为y_1、y_2（图12-30（b））。根据柔度法建立受迫振动微分方程的思路是：y_1 和 y_2 应当等于体系在惯性力$-m_1\ddot{y}_1$、$-m_2\ddot{y}_2$和荷载$F\sin\theta t$共同作用下产生的位移（图12-30（b））。

设以Δ_{1P}、Δ_{2P}分别表示由荷载幅值F所产生的在质点1、质点2的静力位移（图12-30（c）），则质点1、质点2的位移为

$$\left.\begin{aligned}y_1=(-m_1\ddot{y}_1)\delta_{11}+(-m_2\ddot{y}_2)\delta_{12}+\Delta_{1P}\sin\theta t\\y_2=(-m_1\ddot{y}_1)\delta_{21}+(-m_2\ddot{y}_2)\delta_{22}+\Delta_{2P}\sin\theta t\end{aligned}\right\}\tag{12-60a}$$

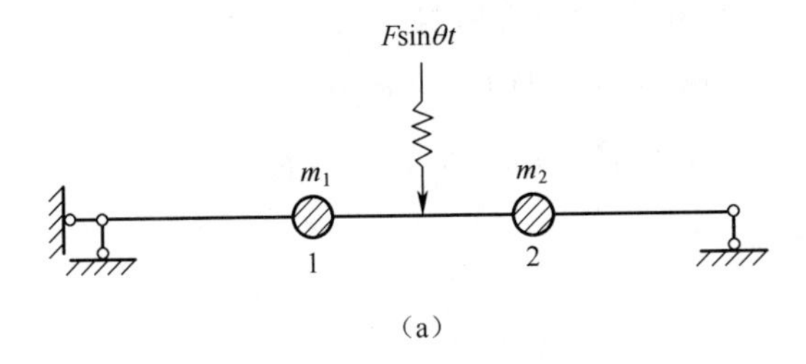

（a）

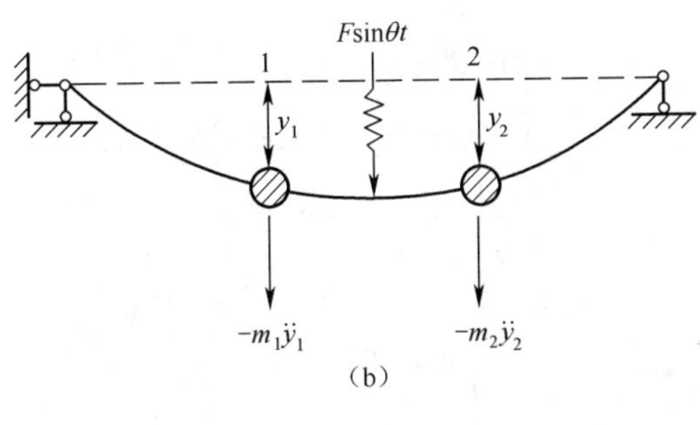

（b）

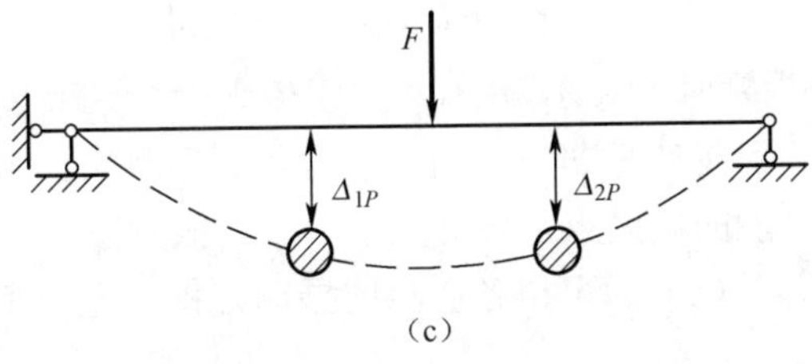

（c）

图12-30

上式也可以写为

$$\left.\begin{aligned}m_1\ddot{y}_1\delta_{11}+m_2\ddot{y}_2\delta_{12}+y_1=\Delta_{1P}\sin\theta t\\m_1\ddot{y}_1\delta_{21}+m_2\ddot{y}_2\delta_{22}+y_2=\Delta_{2P}\sin\theta t\end{aligned}\right\}\tag{12-60b}$$

这就是两个自由度体系在简谐荷载作用下，用柔度法建立的振动微分方程。式（12-60b）是一个非齐次的线性微分方程组，同单自由度体系一样，其受迫振动也存在自由振动与受迫振动共存的初始阶段。因为含自由振动部分的非稳态振动时间很短，故只考虑稳态振动部分，即只研究上述方程的特解。设稳态阶段的

特解为

$$\left.\begin{aligned} y_1(t) &= A_1 \sin\theta t \\ y_2(t) &= A_2 \sin\theta t \end{aligned}\right\} \tag{a}$$

式中 A_1 和 A_2 为质点 1 和质点 2 的动位移幅值。

将式（a）代入式（12-60b）中整理后得

$$\left.\begin{aligned} (m_1\delta_{11}\theta^2 - 1)A_1 + m_2\delta_{12}\theta^2 A_2 + \Delta_{1P} = 0 \\ m_1\delta_{21}\theta^2 A_1 + (m_2\delta_{22}\theta^2 - 1)A_2 + \Delta_{2P} = 0 \end{aligned}\right\} \tag{b}$$

解此方程可求得 A_1 和 A_2 为

$$A_1 = \frac{D_1}{D_0},\quad A_2 = \frac{D_2}{D_0} \tag{12-62}$$

式中

$$D_0 = \begin{vmatrix} (m_1\theta^2\delta_{11} - 1) & m_2\theta^2\delta_{12} \\ m_1\theta^2\delta_{21} & (m_2\theta^2\delta_{22} - 1) \end{vmatrix}$$

$$D_1 = \begin{vmatrix} -\Delta_{1P} & m_2\theta^2\delta_{12} \\ -\Delta_{2P} & (m_2\theta^2\delta_{22} - 1) \end{vmatrix}$$

$$D_2 = \begin{vmatrix} (m_1\theta^2\delta_{11} - 1) & -\Delta_{1P} \\ m_1\theta^2\delta_{21} & -\Delta_{2P} \end{vmatrix} \tag{12-63}$$

当 D_1、D_2 不全为零时，则 A_1 和 A_2 将趋于无限大。实际上，由于阻尼的存在，振幅不可能无限大，但仍然是非常大的，这就是共振现象。由此可知，两个自由度体系存在着两个可能的共振点，各对应于一个自振频率。

将 A_1、A_2 代入式（a）后可得各质点的振动方程，进一步可得各质点的惯性力为

$$\left.\begin{aligned} F_{I1}(t) = -m_1\ddot{y}_1(t) = m_1\theta^2 A_1 \sin\theta t = F_{I1}\sin\theta t \\ F_{I2}(t) = -m_2\ddot{y}_2(t) = m_2\theta^2 A_2 \sin\theta t = F_{I2}\sin\theta t \end{aligned}\right\} \tag{12-64}$$

式中，$F_{I1} = m_1\theta^2 A_1$、$F_{I2} = m_2\theta^2 A_2$ 为惯性力幅值。

由式（a）和式（12-64）可知，位移、惯性力和简谐荷载均按同一频率作同步的简谐变化，且同时达到幅值。因此，在计算最大位移和最大内力时，只需先求出惯性力幅值 F_{I1}、F_{I2}，然后再把 F_{I1}、F_{I2} 和简谐荷载幅值 F 同时作用于结构上，按静力分析方法即可求得最大动位移和最大动内力。

例 12-5 求图 12-31 所示结构质点的最大动位移，并绘最大动力弯矩图。已

知动力荷载幅值为 1kN，$\theta=\sqrt{\frac{4EI}{ml^3}}$，$EI=9\times10^3\text{kN}\cdot\text{m}$，不计阻尼。

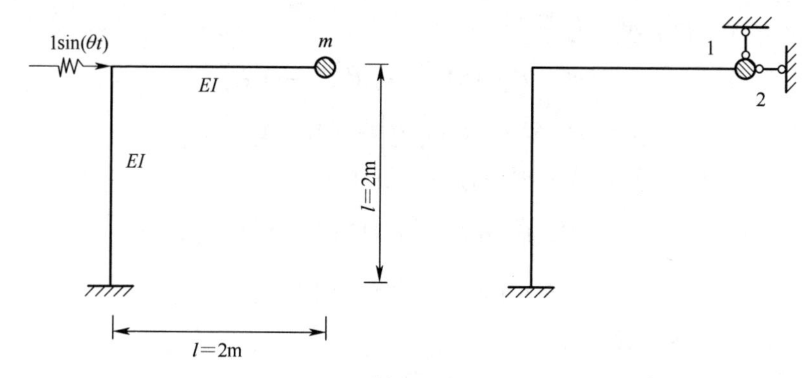

图 12-31

解：（1）求自振频率和根型。

不难求得质点惯性力为 1 时在质点振动方向产生的位移（图 12-32）

$$\delta_{11}=\frac{32}{3EI}，\quad \delta_{12}=\delta_{21}=\frac{4}{EI}，\quad \delta_{22}=\frac{8}{3EI}$$

（2）动荷载幅值在质点处产生的竖向和水平方向的位移 Δ_{1P} 及 Δ_{2P}。

$$\Delta_{1P}=\frac{4}{EI}=4.4444\times10^{-4}，\quad \Delta_{2P}=\frac{8}{3EI}=2.9629\times10^{-4}$$

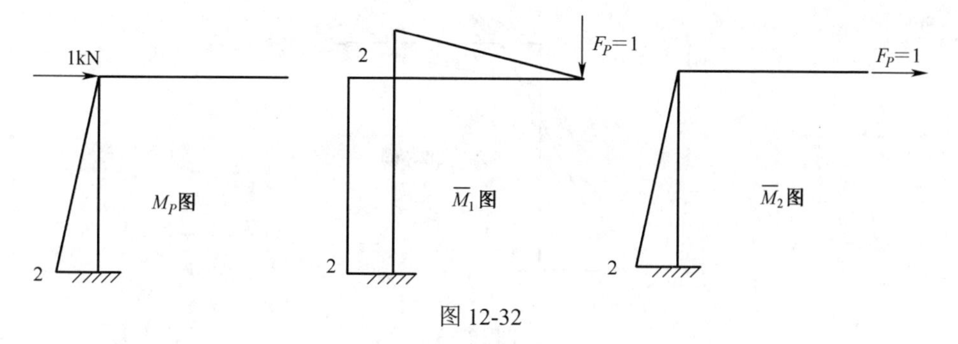

图 12-32

写出振动方程，求出质点的振幅

$$\left.\begin{aligned}y_1(t)&=-m\delta_{11}\ddot{y}_1(t)\pm m\delta_{12}\ddot{y}_2(t)+\Delta_{1P}\sin\theta t\\y_2(t)&=-m\delta_{21}\ddot{y}_2(t)\pm m\delta_{22}\ddot{y}_2(t)+\Delta_{2P}\sin\theta t\end{aligned}\right\}$$

设方程的特解为

$$\left.\begin{aligned} y_1(t) = A_1 \sin\theta t \\ y_2(t) = A_2 \sin\theta t \end{aligned}\right\}$$

代入振动方程，得振型方程

$$\left.\begin{aligned} (m\delta_{11}\theta^2 - 1)A_1 + m\delta_{12}\theta^2 A_2 = \Delta_{1P} \\ m\delta_{21}\theta^2 A_1 + (m\delta_{22}\theta^2 - 1)A_2 = \Delta_{2P} \end{aligned}\right\}$$

式中δ_{ij}、θ、Δ_{iP}已知，代入振型方程，整理得

$$\left.\begin{aligned} 13A_1 + 6A_2 = -1.3333 \times 10^{-3} \\ 6A_1 + A_2 = -0.8888 \times 10^{-3} \end{aligned}\right\}$$

解得两质点的位移幅值（最大动位移）

$$A_1 = -1.7391 \times 10^{-4}\,\text{m}$$

$$A_2 = 1.5459 \times 10^{-4}\,\text{m}$$

质点的惯性力幅值

依惯性力$F_I = -m\ddot{y}(t) = m\theta^2 A \sin\theta t$，得

$$(F_{I1})_{\max} = -0.7826\text{kN}$$

$$(F_{I2})_{\max} = 0.6957\text{kN}$$

求最大动力弯矩图（见图 12-33）

$$M_{\max} = M_P + \bar{M}_1 \cdot (F_{I1})_{\max} + \bar{M}_2 \cdot (F_{I2})_{\max}$$

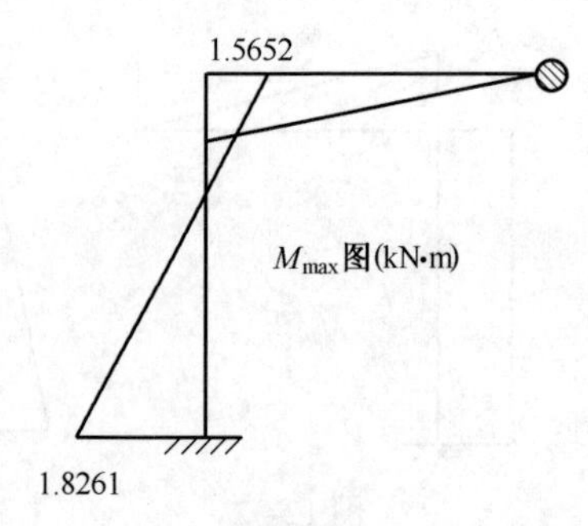

图 12-33

2. 刚度法

图 12-34（a）所示为两个自由度体系，作用在质点 1、2 上的简谐荷载分别为$F_1 \sin\theta t$、$F_2 \sin\theta t$。可写出两个自由度体系在简谐荷载作用下的动力平衡方程如下

$$\left.\begin{aligned} m_1\ddot{y}_1 + k_{11}y_1 + k_{12}y_2 = F_1\sin\theta t \\ m_2\ddot{y}_2 + k_{21}y_1 + k_{12}y_2 = F_2\sin\theta t \end{aligned}\right\} \tag{12-65}$$

这就是两个自由度体系在简谐荷载作用下用刚度法建立的振动微分方程。

仍然设平稳阶段受迫振动部分位移的解答为

$$\left.\begin{aligned} y_1(t) = A_1\sin\theta t \\ y_2(t) = A_2\sin\theta t \end{aligned}\right\} \tag{a}$$

将式（a）代入式（12-65），消去公因子 $\sin\theta t$，可得

$$\left.\begin{aligned} (k_{11} - m_1\theta^2)A_1 + k_{12}A_2 = F_1 \\ k_{21}A_1 + (k_{22} - m_2\theta^2)A_2 = F_2 \end{aligned}\right\} \tag{12-66}$$

由式（12-66）可解得位移幅值为

$$A_1 = \frac{D_1}{D_0}, \quad A_2 = \frac{D_2}{D_0}$$

式中

$$D_0 = \begin{vmatrix} (k_{11} - m_1\theta^2) & k_{12} \\ k_{21} & (k_{22} - m_2\theta^2) \end{vmatrix}$$

$$D_1 = \begin{vmatrix} F_1 & k_{12} \\ F_2 & (k_{22} - m_2\theta^2) \end{vmatrix}$$

$$D_2 = \begin{vmatrix} (k_{11} - m_1\theta^2) & F_1 \\ k_{21} & F_2 \end{vmatrix} \tag{12-67}$$

求得位移幅值 A_1、A_2 后，仍可按式（12-64）计算惯性力幅值 F_{I1}、F_{I2}。将 F_{I1}、F_{I2} 连同荷载幅值 F 加在体系上，按静力分析方法即可求得最大动位移和最大动内力。

例 12-6 图 12-34（a）刚架在二层楼面有荷载 $F\sin\theta t$，$\theta = 4\sqrt{\dfrac{EI}{mh^3}}$，$m_1 = m_2 = m$，计算第一、二层楼面处的侧移幅值、惯性力幅值及柱底端截面弯矩幅值。

解：（1）在例 12-4 中已算出

$$k_{11} = \frac{48EI}{h^3}, \quad k_{12} = k_{21} = -\frac{24EI}{h^3}, \quad k_{22} = \frac{24EI}{h^3}$$

（2）计算 D_0、D_1、D_2

$$m_1\theta^2 = m_2\theta^2 = m\left(4\sqrt{\frac{EI}{mh^3}}\right)^2 = \frac{16EI}{h^3}$$

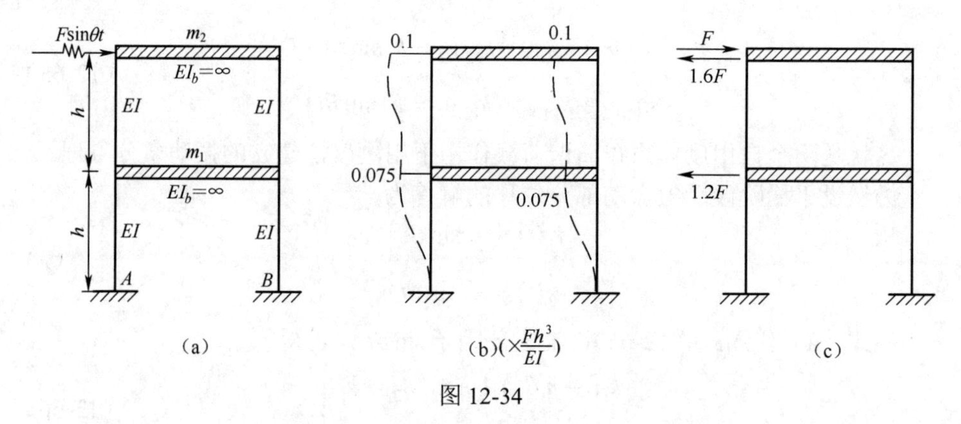

(a)　(b)($\times\frac{Fh^3}{EI}$)　(c)

图 12-34

由式（12-67），得

$$D_0=\begin{vmatrix}(k_{11}-m_1\theta^2) & k_{12}\\ k_{21} & (k_{22}-m_2\theta^2)\end{vmatrix}=\begin{vmatrix}(48-16) & -24\\ -24 & (24-16)\end{vmatrix}\left(\frac{EI}{h^3}\right)^2=-320\left(\frac{EI}{h^3}\right)^2$$

$$D_1=\begin{vmatrix}F_1 & k_{12}\\ F_2 & (k_{22}-m_2\theta^2)\end{vmatrix}=\begin{vmatrix}0 & -24\\ F & 8\end{vmatrix}\frac{EI}{h^3}=24F\frac{EI}{h^3}$$

$$D_2=\begin{vmatrix}(k_{11}-m_1\theta^2) & F_1\\ k_{21} & F_2\end{vmatrix}=\begin{vmatrix}32 & 0\\ -24 & F\end{vmatrix}\frac{EI}{h^3}=32F\frac{EI}{h^3}$$

（3）计算 A_1、A_2

$$A_1=\frac{D_1}{D_0}=-\frac{24}{320}F\frac{h^3}{EI}=-0.075F\frac{h^3}{EI}$$

$$A_2=\frac{D_2}{D_0}=-\frac{32}{320}F\frac{h^3}{EI}=-0.1F\frac{h^3}{EI}$$

（4）计算 F_{I1}、F_{I2}

$$F_{I1}=m_1\theta^2A_1=16\frac{EI}{h^3}\times(-0.075)F\frac{h^3}{EI}=-1.2F$$

$$F_{I2}=m_2\theta^2A_2=16\frac{EI}{h^3}\times(-0.1)F\frac{h^3}{EI}=-1.6F$$

（5）计算内力

刚架受力如图 12-34（c）所示，可用剪力分配法求解，也可用叠加公式求解。如柱底 A 截面弯矩幅值

$$M_A=\bar{M}_1F_{I1}+\bar{M}_2F_{I2}+M_P=-1.2F\left(\frac{h}{4}\right)-1.6F\left(\frac{h}{4}\right)+\frac{Fh}{4}=-0.45Fh$$

§12-7　振型分解法

在一般动荷载作用下，n 个自由度体系的振动方程由下式给出

$$\left.\begin{aligned} m_1\ddot{y}_1 + k_{11}y_1 + k_{12}y_2 + \cdots + k_{1n}y_n = F_1(t) \\ m_2\ddot{y}_2 + k_{21}y_1 + k_{22}y_2 + \cdots + k_{2n}y_n = F_2(t) \\ \cdots \\ m_n\ddot{y}_n + k_{n1}y_1 + k_{n2}y_2 + \cdots + k_{nn}y_n = F_n(t) \end{aligned}\right\} \tag{12-68a}$$

写成矩阵形式为

$$\boldsymbol{M\ddot{Y}} + \boldsymbol{KY} = \boldsymbol{F(t)} \tag{12-68b}$$

这里 $\boldsymbol{Y}$ 和 $\boldsymbol{\ddot{Y}}$ 分别是位移向量和加速度向量，$\boldsymbol{M}$ 和 $\boldsymbol{K}$ 分别是质量矩阵和刚度矩阵，如前所述。$\boldsymbol{F(t)}$ 是动荷载向量：

$$\boldsymbol{F(t)} = \begin{Bmatrix} F_1(t) \\ F_2(t) \\ \vdots \\ F_n(t) \end{Bmatrix}$$

在通常情况下，式（12-68b）中的 $\boldsymbol{M}$ 和 $\boldsymbol{K}$ 并不都是对角短阵，因此，方程组是耦合的。当 n 较大时，求解联立方程的工作非常繁重。为了使计算得到简化，可以采用坐标变换的手段，使方程组由耦合变为不耦合。也就是说，我们设法使方程（12-68b）解耦，以达到简化的目的。实际上，这一目的可以利用主振型的正交性通过坐标变换的途径来实现。

前面所建立的多自由度结构的振动微分方程，是以各质点的位移 $y_1, y_2, \cdots, y_n$ 为对象来求解的，位移向量

$$\boldsymbol{Y} = (y_1 \ \ y_2 \ \ \cdots \ \ y_n)^T$$

称为几何坐标。为了解除方程组的耦合，我们进行如下的坐标变换：将结构一规准化的 n 个主振型向量表示为 $\boldsymbol{\Phi}^{(1)}, \boldsymbol{\Phi}^{(2)}, \cdots, \boldsymbol{\Phi}^{(n)}$ 并作为基底，把几何坐标 $\boldsymbol{Y}$ 表示为基地的线性组合，即

$$\boldsymbol{Y} = \alpha_1\boldsymbol{\Phi}^{(1)} + \alpha_2\boldsymbol{\Phi}^{(2)} + \cdots + \alpha_n\boldsymbol{\Phi}^{(n)} \tag{12-69}$$

这也就是将位移向量 $\boldsymbol{Y}$ 按各主振型进行分解。上式的展开形式为

$$\begin{pmatrix} y_1 \\ y_2 \\ \vdots \\ y_n \end{pmatrix} = \alpha_1 \begin{pmatrix} \boldsymbol{\Phi}^{(1)} \\ \boldsymbol{\Phi}^{(2)} \\ \vdots \\ \boldsymbol{\Phi}^{(n)} \end{pmatrix} + \alpha_2 \begin{pmatrix} \boldsymbol{\Phi}^{(1)} \\ \boldsymbol{\Phi}^{(2)} \\ \vdots \\ \boldsymbol{\Phi}^{(n)} \end{pmatrix} + \cdots \alpha_n \begin{pmatrix} \boldsymbol{\Phi}^{(1)} \\ \boldsymbol{\Phi}^{(2)} \\ \vdots \\ \boldsymbol{\Phi}^{(n)} \end{pmatrix}$$

$$= \begin{pmatrix} \boldsymbol{\Phi}_1^{(1)} & \boldsymbol{\Phi}_1^{(2)} & \cdots & \boldsymbol{\Phi}_1^{(n)} \\ \boldsymbol{\Phi}_2^{(1)} & \boldsymbol{\Phi}_2^{(2)} & \cdots & \boldsymbol{\Phi}_2^{(n)} \\ \vdots & \vdots & \vdots & \vdots \\ \boldsymbol{\Phi}_n^{(1)} & \boldsymbol{\Phi}_n^{(2)} & \cdots & \boldsymbol{\Phi}_n^{(n)} \end{pmatrix} \begin{pmatrix} \alpha_1 \\ \alpha_2 \\ \vdots \\ \alpha_n \end{pmatrix} \tag{12-70}$$

可简写为

$$\boldsymbol{Y} = \boldsymbol{\Phi\alpha} \tag{12-71}$$

这样就把几何坐标 $\boldsymbol{Y}$ 变换成数目相同的另一组新坐标

$$\boldsymbol{\alpha} = (\alpha_1 \ \ \alpha_2 \ \ \cdots \ \ \alpha_n)^T$$

$\boldsymbol{\alpha}$ 称为正则坐标。式（12-71）中

$$\boldsymbol{\Phi} = (\boldsymbol{\Phi}^{(1)} \ \ \boldsymbol{\Phi}^{(2)} \ \ \cdots \ \ \boldsymbol{\Phi}^{(n)}) \tag{12-72}$$

称为主振型矩阵，即几何坐标和正则坐标之间的转换矩阵。将式（12-71）代入式（12-68b）并左乘以 $\boldsymbol{\Phi}^T$，得到

$$\boldsymbol{\Phi}^T \boldsymbol{M\Phi}\ddot{\boldsymbol{\alpha}} + \boldsymbol{\Phi}^T \boldsymbol{K\Phi\alpha} = \boldsymbol{\Phi}^T \boldsymbol{F}(t) \tag{12-73}$$

利用主振型的正交性，很容易证明上式中的 $\boldsymbol{\Phi}^T \boldsymbol{M\Phi}$ 和 $\boldsymbol{\Phi}^T \boldsymbol{K\Phi}$ 都是对角矩阵。由矩阵的乘法有

$$(\boldsymbol{\Phi})^T \boldsymbol{M\Phi} = \begin{pmatrix} (\boldsymbol{\Phi}^{(1)})^T \\ (\boldsymbol{\Phi}^{(2)})^T \\ \vdots \\ (\boldsymbol{\Phi}^{(n)})^T \end{pmatrix} \boldsymbol{M} \begin{pmatrix} \boldsymbol{\Phi}^{(1)} & \boldsymbol{\Phi}^{(2)} & \cdots & \boldsymbol{\Phi}^{(n)} \end{pmatrix}$$

$$= \begin{pmatrix} (\boldsymbol{\Phi}^{(1)})^T \boldsymbol{M\Phi}_1^{(1)} & (\boldsymbol{\Phi}^{(1)})^T \boldsymbol{M\Phi}_1^{(2)} & \cdots & (\boldsymbol{\Phi}^{(1)})^T \boldsymbol{M\Phi}_1^{(n)} \\ (\boldsymbol{\Phi}^{(2)})^T \boldsymbol{M\Phi}_2^{(1)} & (\boldsymbol{\Phi}^{(2)})^T \boldsymbol{M\Phi}_2^{(2)} & \cdots & (\boldsymbol{\Phi}^{(2)})^T \boldsymbol{M\Phi}_2^{(n)} \\ \vdots & \vdots & \vdots & \vdots \\ (\boldsymbol{\Phi}^{(n)})^T \boldsymbol{M\Phi}_n^{(1)} & (\boldsymbol{\Phi}^{(n)})^T \boldsymbol{M\Phi}_n^{(2)} & \cdots & (\boldsymbol{\Phi}^{(n)})^T \boldsymbol{M\Phi}_n^{(n)} \end{pmatrix} \tag{a}$$

由第一个正交关系即式（12-58）知，上式右端矩阵中所有非主对角线上的元素均

为零，因而只剩下主对角线上的元素。令

$$\bar{M}_i = (\boldsymbol{\Phi}^{(i)})^T \boldsymbol{M}\boldsymbol{\Phi}^{(i)} \tag{12-74}$$

称为相应于第 i 个主振型的广义质量。于是式（a）可写为

$$\boldsymbol{\Phi}^T \boldsymbol{M}\boldsymbol{\Phi} = \begin{pmatrix} \bar{\boldsymbol{M}}_1 & & & 0 \\ & \bar{\boldsymbol{M}}_2 & & \\ & & \ddots & \\ 0 & & & \bar{\boldsymbol{M}}_n \end{pmatrix} = \bar{\boldsymbol{M}} \tag{12-75}$$

$\bar{\boldsymbol{M}}$ 称为广义质量矩阵，它是一个对角矩阵。

同理，可以证明 $\boldsymbol{\Phi}^T \boldsymbol{K}\boldsymbol{\Phi}$ 也是对角矩阵，并可将其表示为

$$\boldsymbol{\Phi}^T \boldsymbol{K}\boldsymbol{\Phi} = \begin{pmatrix} \bar{K}_1 & & & 0 \\ & \bar{K}_2 & & \\ & & \ddots & \\ 0 & & & \bar{K}_n \end{pmatrix} = \bar{\boldsymbol{K}} \tag{12-76}$$

其中主对角线上的任一元素为

$$\bar{\boldsymbol{K}}_i = (\boldsymbol{\Phi}^{(i)})^T \boldsymbol{K}\boldsymbol{\Phi}^{(i)} \tag{12-77}$$

称为相应于第 i 个主振型的广义刚度。对角矩阵 $\bar{\boldsymbol{K}}$ 则称为广义刚度矩阵。

由前面 12-5 节的公式 $(\boldsymbol{A}^{(j)})^T \boldsymbol{K}\boldsymbol{A}^{(i)} = \omega_i^2 (\boldsymbol{A}^{(j)})^T \boldsymbol{M}\boldsymbol{A}^{(i)}$，将 $\boldsymbol{A}$ 换为 $\boldsymbol{\Phi}$ 即

$$(\boldsymbol{\Phi}^{(j)})^T \boldsymbol{K}\boldsymbol{\Phi}^{(i)} = \omega_i^2 (\boldsymbol{\Phi}^{(j)})^T \boldsymbol{M}\boldsymbol{\Phi}^{(i)}$$

令 $j = i$，并将式（12-74）和式（12-77）代入，可得

$$\bar{K}_i = \omega_i^2 \bar{M}_i \tag{12-78}$$

或

$$\omega_i = \sqrt{\frac{\bar{K}_i}{\bar{M}_i}} \tag{12-79}$$

这就是自振频率与广义刚度和广义质量间的关系式，其与单自由度结构的频率公式具有相似的形式。如果将 n 个自振频率的平方也组成一个对角矩阵并记为 $\boldsymbol{\Omega}^2$，即

$$\boldsymbol{\Omega}^2 = \begin{pmatrix} \omega_1^2 & & & 0 \\ & \omega_2^2 & & \\ & & \ddots & \\ 0 & & & \omega_n^2 \end{pmatrix} \tag{12-80}$$

则又可写出

$$\overline{\boldsymbol{K}}=\boldsymbol{\Omega}^2\overline{\boldsymbol{M}} \tag{12-81}$$

最后，将式（12-73）的右端记为$\overline{\boldsymbol{F}}(t)$，即

$$\overline{\boldsymbol{F}}(t)=\boldsymbol{\Phi}^T\boldsymbol{F}(t)=\begin{pmatrix}(\boldsymbol{\Phi}^{(1)})^T F(t)\\(\boldsymbol{\Phi}^{(2)})^T F(t)\\\vdots\\(\boldsymbol{\Phi}^{(n)})^T F(t)\end{pmatrix}=\begin{pmatrix}\overline{\boldsymbol{F}}_1(t)\\\overline{\boldsymbol{F}}_2(t)\\\vdots\\\overline{\boldsymbol{F}}_n(t)\end{pmatrix} \tag{12-82}$$

其中任一元素

$$\overline{F}_i(t)=(\boldsymbol{\Phi}^{(i)})^T\boldsymbol{F}(t) \tag{12-83}$$

称为相应于第 i 个主振型的广义荷载，$\overline{\boldsymbol{F}}(t)$ 则称为广义荷载向量。

考虑到式（12-74）、式（12-77）、式（12-82），方程（12-73）为

$$\overline{\boldsymbol{M}}\ddot{\boldsymbol{\alpha}}+\overline{\boldsymbol{K}}\boldsymbol{\alpha}=\overline{\boldsymbol{F}}(t) \tag{12-84}$$

由于 $\overline{\boldsymbol{M}}$ 和 $\overline{\boldsymbol{K}}$ 都是对角矩阵，故此时方程组已解除耦合，而成为 n 个独立方程：

$$\overline{M}_i\ddot{\alpha}_i+\overline{K}_i\alpha_i=\overline{F}_i(t)\qquad(i=1,2,\cdots,n)$$

将式（12-78）代入$\overline{M}_i$，可得

$$\ddot{\alpha}_i+\omega_i^2\alpha_i=\frac{\overline{F}_i(t)}{\overline{M}_i}\qquad(i=1,2,\cdots,n) \tag{12-85}$$

这与单自由度结构的受迫振动方程略去阻尼后的形式相同，因而可按同样方法求解。方程（12-85）的解可用杜哈梅积分求得，在初位移和初速度为零的情况下，参照式（12-33）有

$$\alpha_i(t)=\frac{1}{\overline{M}_i\omega_i}\int_0^t\overline{F}_i(\tau)\sin\omega_i(t-\tau)\mathrm{d}\tau\qquad(i=1,2,\cdots,n) \tag{12-86}$$

这样就把 n 个自由度结构的计算问题简化为 n 个单自由度计算问题。在分别求得了各正则坐标 $\alpha_1\ \ \alpha_2\ \ \cdots\ \ \alpha_n$ 的解答之后，再代入式（12-69）或式（12-71），即可得到各几何坐标 $y_1\ \ y_2\ \ \cdots\ \ y_n$。以上解法的关键之处就在于将位移 $\boldsymbol{Y}$ 分解为各主振型的叠加，故称为振型分解法或振型叠加法。

综上所述，可将振型分解法的步骤归纳如下：

（1）求自振频率 ω_i 和振型 $\boldsymbol{\Phi}^{(i)}$（$i=1,2,\cdots,n$）。

（2）计算广义质量和广义荷载

$$\left.\begin{aligned}\bar{M}_i &= (\boldsymbol{\Phi}^{(i)})^T M\boldsymbol{\Phi}^{(i)} \\ \bar{F}_i(t) &= (\boldsymbol{\Phi}^{(i)})^T F(t)\end{aligned}\right\} \qquad (i=1,2,\cdots,n)$$

（3）求解正则坐标的振动微分方程为

$$\ddot{\alpha}_i + \omega_i^2\alpha_i = \frac{\bar{F}_i(t)}{\bar{M}_i} \qquad (i=1,2,\cdots,n)$$

与单自由度问题一样求解，得到$\alpha_1 \quad \alpha_2 \quad \cdots \quad \alpha_n$。

（4）计算几何坐标。由

$$\boldsymbol{Y} = \boldsymbol{\Phi\alpha}$$

（5）求出各质点位移$y_1 \quad y_2 \quad \cdots \quad y_n$，然后即可计算其他动力反应（加速度、惯性力和动内力等）。

§12-8 计算频率的近似法

当体系的自由度数目较多时，采用精确方法计算体系自振频率的工作量很大。但是，在许多工程实际问题中，较为重要的通常只是结构前几个较低的自振频率。这是因为频率越高，振动速度就越大，因而介质的阻尼影响也就越大。相应于高频率的振动形式也就越不易出现。基于这种原因，用近似法计算结构的较低频率以简化计算就成为必要了。

下面介绍其中两种常用的近似计算方法。

1. 能量法——瑞利法

瑞利法是建立在能量平衡基础上的，计算体系基本频率近似值的一种常用方法。若略去阻尼的影响，弹性体系在自由振动过程中任何时刻应变能 V 和动能 T 之和等于常数。

以梁的自由振动为例，其位移可表示为

$$y(x,t) = Y(x)\sin(\omega t + \varphi)$$

式中$Y(x)$表示梁上任意点的振幅，称为位移形状函数；ω为自振频率。则与此对应的速度为

$$\dot{y}(x,t) = \omega Y(x)\cos(\omega t + \varphi)$$

由以上两式可得体系的动能为

$$T = \frac{1}{2}\int_0^l \bar{m}[\dot{y}(x,t)]^2\,\mathrm{d}x = \frac{1}{2}\omega^2\cos^2(\omega t+\varphi)\int_0^l \bar{m}[Y(x)]^2\,\mathrm{d}x \qquad \text{(a)}$$

最大动能发生于$\cos(\omega t+\varphi)=1$的时候，此时有

$$T_{\max}=\frac{1}{2}\omega^2\int_0^l \overline{m}[Y(x)]^2\,\mathrm{d}x \tag{b}$$

体系的弯曲应变能为

$$V=\frac{1}{2}\int_0^l EI\left(\frac{\partial^2 y}{\partial x^2}\right)^2\mathrm{d}x=\frac{1}{2}\sin^2(\omega t+\varphi)\int_0^l EI[Y''(x)]^2\,\mathrm{d}x \tag{c}$$

当 $\sin(\omega t+\varphi)=1$ 时，有

$$V_{\max}=\frac{1}{2}\int_0^l EI[Y''(x)]^2\,\mathrm{d}x \tag{d}$$

根据能量守恒定律，有

$$T_{\max}=V_{\max} \tag{e}$$

由此可得

$$\omega^2=\frac{\int_0^l EI[Y''(x)]^2\,\mathrm{d}x}{\int_0^l \overline{m}[Y(x)]^2\,\mathrm{d}x} \tag{12-87}$$

如果体系上除分布质量 $\overline{m}(x)$ 外，还有集中质量 m_i（$i=1,2,\cdots,n$），则式（12-87）应改为

$$\omega^2=\frac{\int_0^l EI[Y''(x)]^2\,\mathrm{d}x}{\int_0^l \overline{m}[Y(x)]^2\,\mathrm{d}x+\sum_{i=1}^{n}m_iY^2(x_i)} \tag{12-88}$$

利用上述公式计算自振频率时，必须知道振幅曲线 $Y(x)$，而精确的 $Y(x)$ 往往事先是不知道的，因此，必须先假定一个 $Y(x)$ 来进行计算，这样求得的自振频率通常是近似的。所假设的振幅曲线必须满足位移边界条件，并应尽可能接近振型的实际情况，通常采用结构在某一静力荷载（例如结构自重）作用下的挠度曲线作为 $Y(x)$ 的近似值。此时应变能的最大值可以简便地用相应的外力功来代替。当采用分布荷载 $q(x)$ 作用下的挠度曲线时，有

$$V_{\max}=\frac{1}{2}\int_0^l q(x)Y(x)\mathrm{d}x$$

此时式（12-88）应改写为

$$\omega^2=\frac{\int_0^l q(x)Y(x)\mathrm{d}x}{\int_0^l \overline{m}[Y(x)]^2\,\mathrm{d}x+\sum_{i=1}^{n}m_iY^2(x_i)} \tag{12-89}$$

如果取结构自重作用下的变形曲线作为 $Y(x)$ 的近似表达式（注意，如果考虑水平振动，则重力应沿水平方向作用），则式（12-88）改写为

$$\omega^2 = \frac{\int_0^l \bar{m} g Y(x) \mathrm{d}x + \sum_{i=1}^{n} m_i g Y(x_i)}{\int_0^l \bar{m} [Y(x)]^2 \mathrm{d}x + \sum_{i=1}^{n} m_i Y^2(x_i)} \tag{12-90}$$

式中 g 为重力加速度。

以上所述方法称为瑞利法。所得频率近似值总是大于精确值，这是因为人为地假定振型曲线，并令结构按所假定的曲线振动，这相当于人为地给结构施加了某种约束限制，也就相当于增大了体系的刚度，从而导致频率的增大。

例 12-7　试求等截面简支梁的第一频率。

解：（1）假设位移形状函数 $Y(x)$ 为抛物线

$$Y(x) = \frac{4a}{l^2} x(l-x)$$

$$Y''(x) = -\frac{8a}{l^2}$$

$$V_{\max} = \frac{EI}{2} \int_0^l \frac{64a^2}{l^4} \mathrm{d}x = \frac{32EIa^2}{l^3}$$

$$T_{\max} = \frac{\bar{m}\omega^2}{2} \int_0^l \frac{16a^2}{l^4} x^2 (l-x)^2 \mathrm{d}x = \frac{4}{15} \bar{m}\omega^2 a^2 l$$

因此

$$\omega^2 = \frac{120EI}{\bar{m}l^4}, \quad \omega = \frac{10.95}{l^2}\sqrt{\frac{EI}{\bar{m}}}$$

（2）取均布荷载 q 作用下的挠度曲线作为 $Y(x)$，则

$$Y(x) = \frac{q}{24EI}(l^3 x - 2lx^3 + x^4)$$

代入式（12-89），得

$$\omega^2 = \frac{\int_0^l q Y(x) \mathrm{d}x}{\int_0^l \bar{m}[Y(x)]^2 \mathrm{d}x} = \frac{\frac{q^2 l^5}{120EI}}{\bar{m}\left(\frac{q}{24EI}\right)^2 \frac{31}{630} l^9}$$

$$\omega = \frac{9.87}{l^2}\sqrt{\frac{EI}{\bar{m}}}$$

（3）假设位移形状函数 $Y(x)$ 为正弦曲线，即

$$Y(x) = a \sin \frac{\pi x}{l}$$

代入式（12-87）得

$$\omega^2 = \frac{EIa^2 \frac{\pi^4}{l^4} \int_0^l \left(\sin \frac{\pi x}{l} \right)^2 \mathrm{d}x}{\bar{m}a^2 \int_0^l \left(\sin \frac{\pi x}{l} \right)^2 \mathrm{d}x} = \frac{\pi^4 EI}{\bar{m}l^4}$$

因此

$$\omega = \frac{\pi^2}{l^2}\sqrt{\frac{EI}{\bar{m}}} = \frac{9.8696}{l^2}\sqrt{\frac{EI}{\bar{m}}}$$

从等截面简支梁无限自由度自由振动运动方程可解得，正弦曲线是第一主振型的精确解，因此由它求得的ω是第一频率的精确解。将以上三种解法进行比较，第一种解法的误差为11%，而第二种解法的误差仅为0.07%。这表明，根据均布荷载作用下的挠度曲线求得的ω具有很高的精度。

2. 集中质量法

此法是把体系中的分布质量换成集中质量，则体系即由无限自由度换成单自由度或多自由度，从而使自振频率的计算得到简化。关于质量的集中方法有很多种，最简单的是根据静力等效原则，使集中后的重力与原来的重力互为静力等效（它们的合力彼此相同）。例如每段分布质量可按杠杆原理换成位于两端的集中质量。这种方法的优点是简便灵活，可用于求梁、拱、刚架、桁架等各类结构，以及求最低频率或较高次频率，也可用于确定主振型。

例 12-8 试用集中质量法求等截面简支梁的自振频率。

解：在图12-35（a）、（b）、（c）中，分别将梁分为二等段、三等段、四等段，每段质量集中于该段的两端，这时体系分别简化为具有一、二、三个自由度的体系。根据这三个计算简图，可分别求出第一频率、前两个频率、前三个频率如下（与精确解相比，各近似解的误差为括号内的数字所示）：

图（a）：$\omega_1 = \frac{9.80}{l^2}\sqrt{\frac{EI}{\bar{m}}}(-0.7\%)$

图（b）：$\omega_1 = \frac{9.86}{l^2}\sqrt{\frac{EI}{\bar{m}}}(-0.1\%)$，$\omega_2 = \frac{38.2}{l^2}\sqrt{\frac{EI}{\bar{m}}}(-3.2\%)$

图（c）：$\omega_1 = \frac{9.865}{l^2}\sqrt{\frac{EI}{\bar{m}}}(-0.05\%)$，$\omega_2 = \frac{39.2}{l^2}\sqrt{\frac{EI}{\bar{m}}}(-0.7\%)$

$\omega_3 = \frac{84.6}{l^2}\sqrt{\frac{EI}{\bar{m}}}(-4.8\%)$

精确解：$\omega_1 = \frac{9.87}{l^2}$，$\omega_2 = \frac{39.48}{l^2}\sqrt{\frac{EI}{\bar{m}}}$，$\omega_3 = \frac{88.83}{l^2}\sqrt{\frac{EI}{\bar{m}}}$

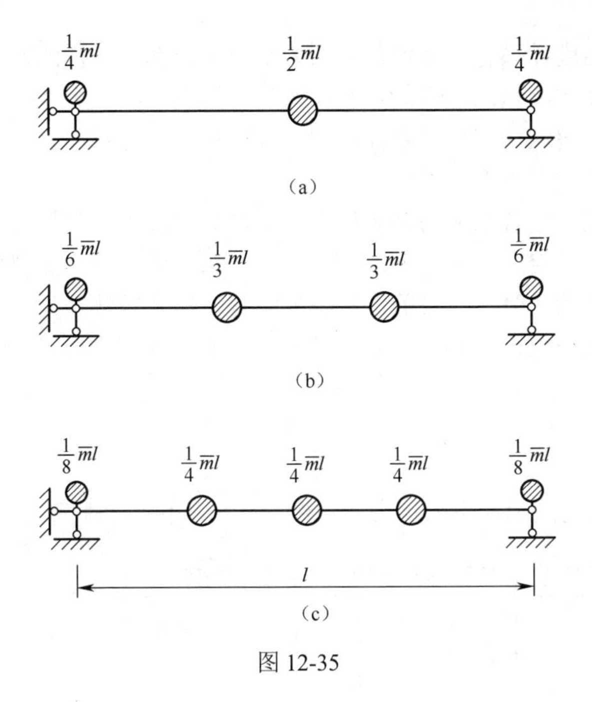

图 12-35

复习思考题

1．怎样区别动力荷载与静力荷载？结构动力计算与静力计算的主要差别是什么？

2．什么是体系的动力自由度？确定体系动力自由度的目的是什么？

3．体系的动力自由度与几何构造分析中体系的自由度之间有何区别？

4．为什么说结构的自振频率和周期是结构的固有性质？怎样去改变它们？

5．低阻尼对自振频率和振幅有何影响？

6．试说明动力系数的含义及其影响因素。在什么情况下，位移动力系数与内力动力系数相同？

7．什么是临界阻尼？什么是阻尼比？怎样量测体系振动过程中的阻尼比？

8．什么是共振现象？如何防止结构发生共振？

9．何谓主振型？在什么情况下，才能使两个自由度体系按某个主振型做自由振动？

10．试比较在建立多自由度体系运动方程时，刚度法与柔度法之间有何联系？在什么情况下用刚度法较好？在什么情况下用柔度法较好？

11．何谓主振型的正交性？

12．多自由度体系各质点的位移动力系数是否都是一样的？

13．为什么按能量法求得的频率都比实际的基本频率大？

14．振型分解法中用到了叠加原理，在结构动力计算中，什么情况下能用这个方法？什么情况下不能应用？

15．能用振型分解法解简谐荷载作用下多自由度体系的受迫振动吗？

16．在何种特定荷载作用下，多自由度体系只按某个主振型作单一振动？

17．应用能量法时，所设的位移因数应满足什么条件？

18．由能量法求得的频率近似值是否总是真实频率的一个上限？

习题

12-1　试确定图示体系的动力自由度。不计杆件分布质量和轴向变形。

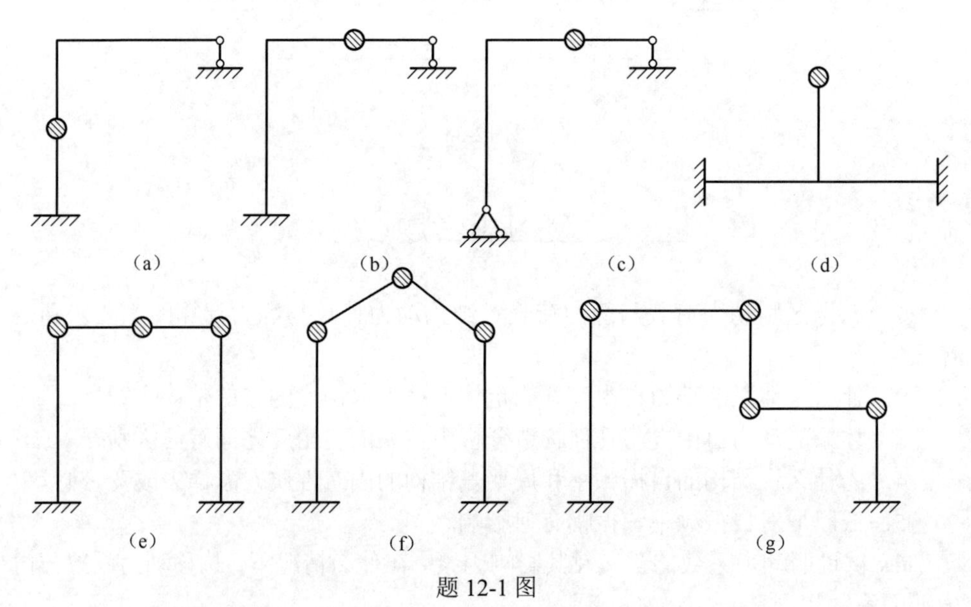

题 12-1 图

12-2　求图示梁的自振频率。梁的自重不计。

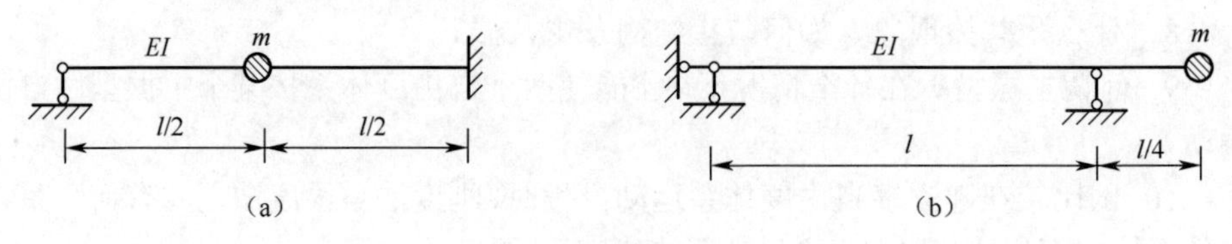

题 12-2 图

12-3　求图示体系的自振频率。自重不计。

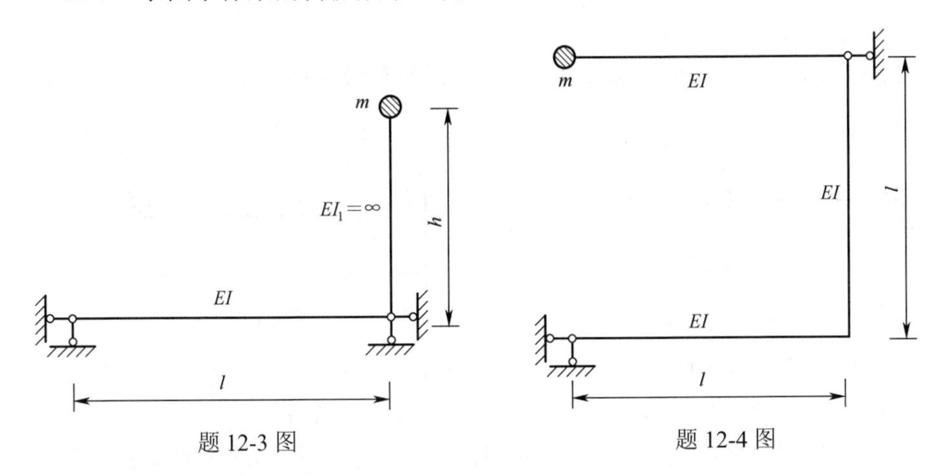

题 12-3 图　　　　题 12-4 图

12-4　求图示体系的自振频率和周期。自重不计。

12-5　求图示体系的自振频率。自重不计。

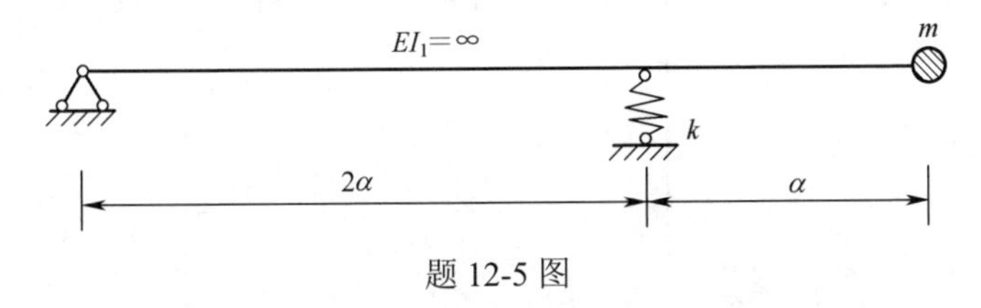

题 12-5 图

12-6　求图示排架的水平自振频率和周期。设屋盖系统的总质量（柱子的部分质量已集到屋盖处，不需另外考虑）为 $m=2\text{kg}$，$I=2\times10^{-3}\text{m}^4$，$E=3\times10^4\text{MPa}$。

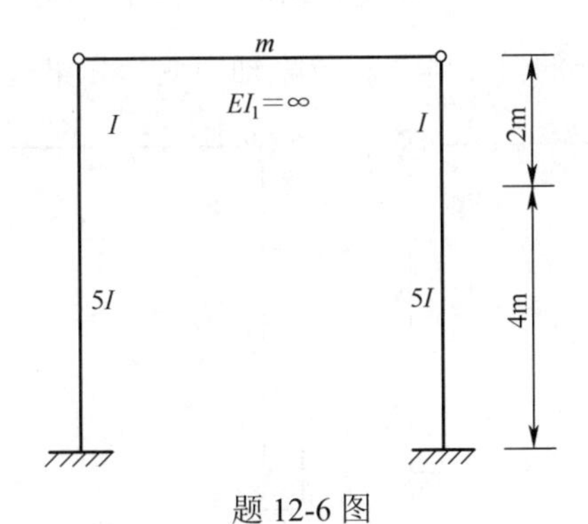

题 12-6 图

12-7　有一单自由度体系作有阻尼自由振动，实测振动 5 周期后振幅衰减为 $y_5=0.04y_0$，试求阻尼比（注：y_0 为初位移，初速度为 0）。

12-8　已知 $v_0 = 10\times10^{-3}\,\text{m/s}$，$E = 24.5\text{GPa}$，$I = 6.4\times10^{-3}\,\text{m}^4$，$m = 5\text{t}$。求图示简支梁的最大动位移。

12-9　已知 $\theta = 0.4\omega$，试求图示体系的振幅和最大动弯矩。

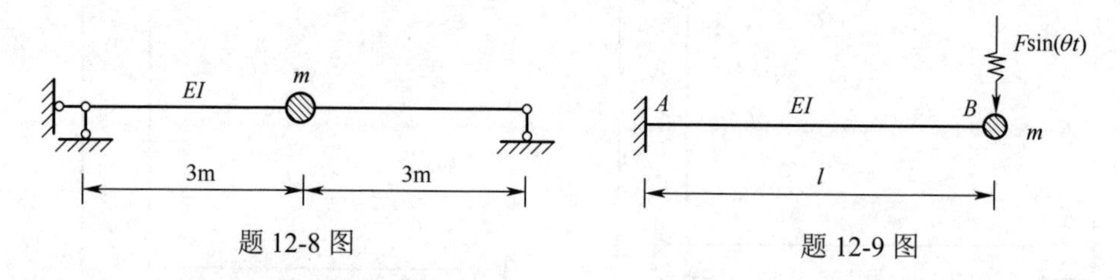

题 12-8 图　　　　题 12-9 图

12-10　图示刚架横梁上置有马达，马达与结构的重量置于刚性横梁上，$W = 10\text{kN}$，马达转速 $n = 500\text{r/min}$，马达水平离心力幅值 $F = 2\text{kN}$，柱顶测移刚度 $k = 1.02\times10^4\,\text{kN/m}$，自振频率为 $\omega = 100\text{s}^{-1}$。求稳态振动的振幅及最大动力弯矩图。

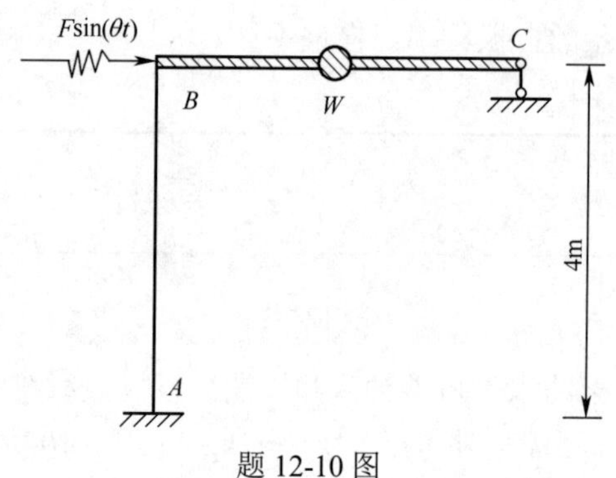

题 12-10 图

12-11　求图示刚架的自振频率。忽略轴向变形和梁的自重。EI = 常数。

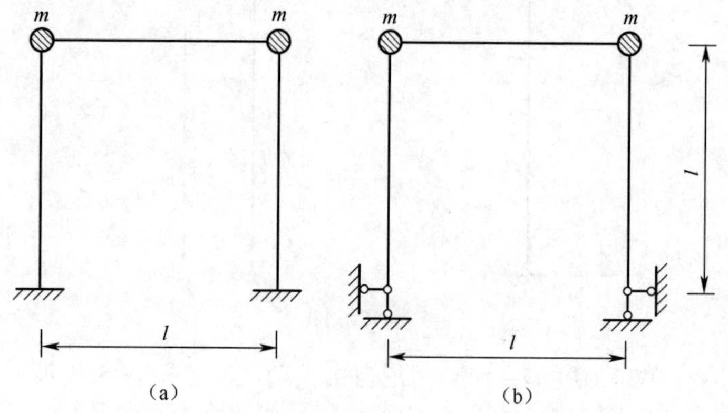

题 12-11 图

12-12　求图示体系的自振频率和主振型。已知 $m_1 = m_2 = m$，各杆 EI = 常数。

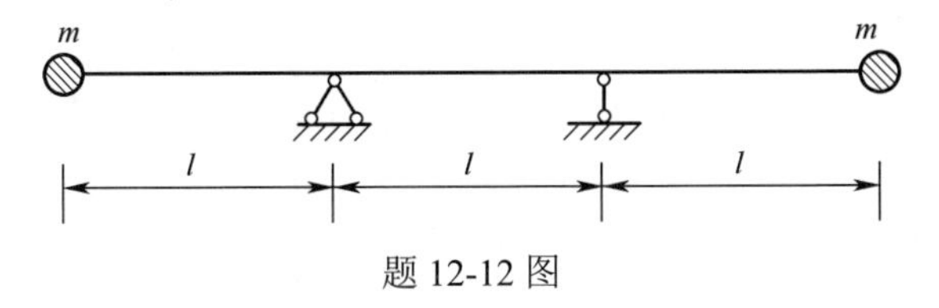

题 12-12 图

12-13　求图示体系的自振频率和主振型，并作出振型图。已知 $m_1 = 2m$，$m_2 = m$，EI = 常数。

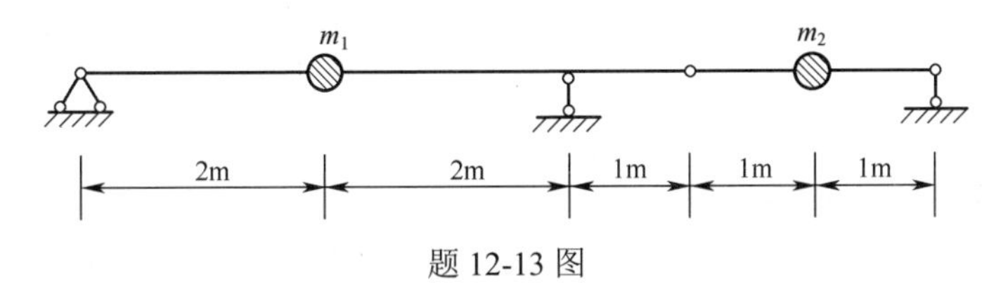

题 12-13 图

12-14　求图示体系的自振频率和主振型，EI = 常数。

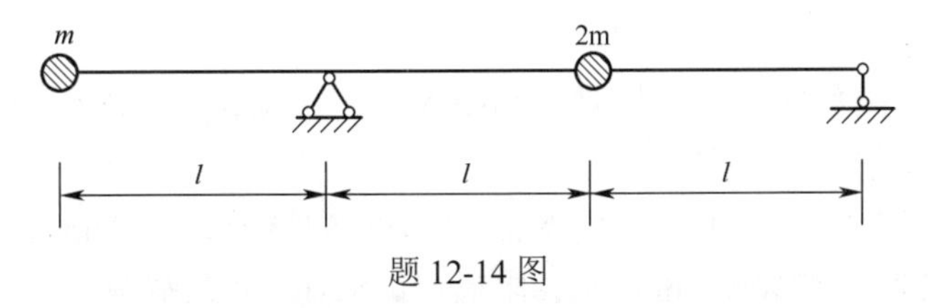

题 12-14 图

12-15　求图示体系的自振频率和主振型。$m_1 = m_2 = m$，EI = 常数。

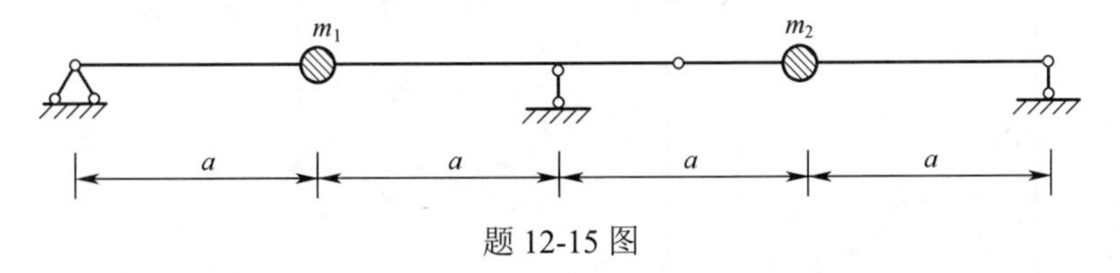

题 12-15 图

12-16　求图示刚架的自振频率和主振型，不计轴向变形。EI = 常数。

12-17　求图示刚架的自振频率和主振型，并验证主振型的正交性。已知：楼面质量分别为 $m_1 = 120\text{kg}$，$m_2 = 100\text{kg}$，柱的质量已集中于楼面；柱的线刚度分别为 $i_1 = 20\text{kN}\cdot\text{m}$，$i_2 = 14\text{kN}\cdot\text{m}$，横梁刚度为无限大。不计轴向变形。

12-18　在题 12-17 的两层刚架的第二层楼面处，沿水平方向作用一简谐荷载 $F\sin\theta t$，其幅值 $F = 5\text{kN}$，机器转速 $n = 500\text{r/min}$。试求第一、二层楼面处的振幅值和柱端弯矩的幅值。不计阻尼。

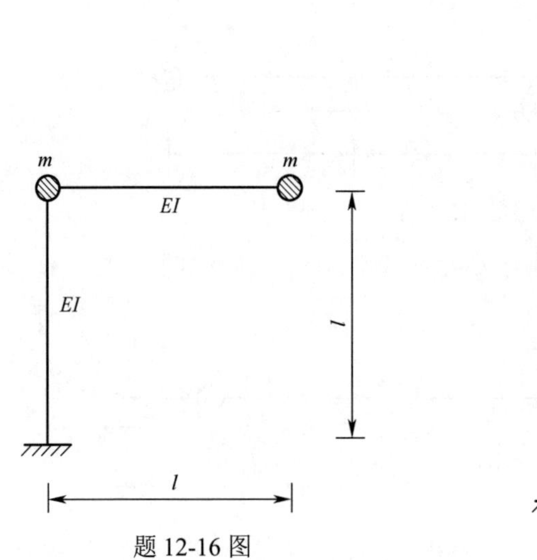

题 12-16 图

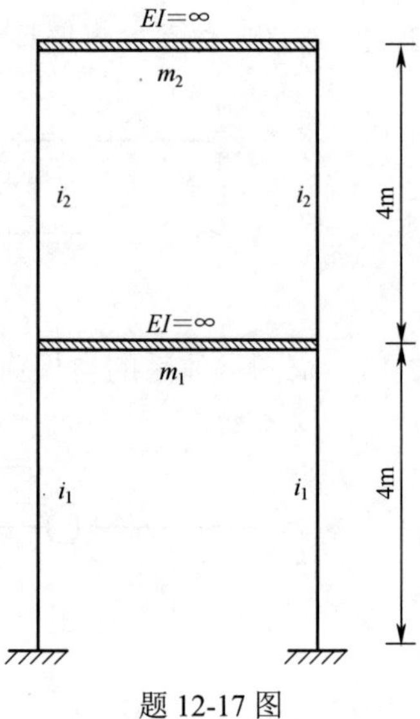

题 12-17 图

12-19　试绘出图示刚架的最大动力 M 图。已知 $\theta = 0.6\omega_1$（ω_1 为第一频率），$EI =$ 常数，各杆自重不计。

12-20　求图示体系的自振频率和主振型。已知 $m_1 = 0.1\text{kg}$，$m_2 = 0.15\text{kg}$，$EI = 6\times10^6\ \text{N}\cdot\text{m}^2$。

12-21　设在题 12-20 图中质点 m_2 受一竖向简谐荷载 $F\sin\theta t$ 作用，其幅值 $F = 2\text{kN}$，转速 $n = 240\text{r/min}$，不计阻尼。试求各质点的振幅。

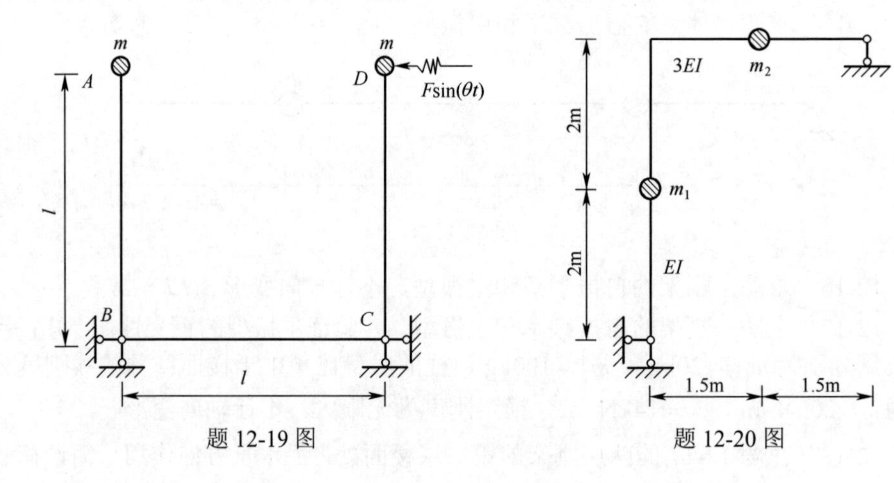

题 12-19 图　　题 12-20 图

12-22　试用能量法求图示梁的第一频率。

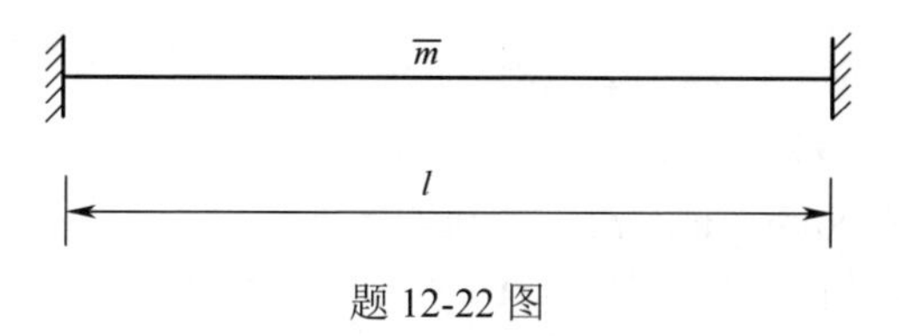

题 12-22 图

参考答案

12-2 （a）$\omega=\sqrt{\dfrac{768EI}{7ml^3}}$，（b）$\omega=\sqrt{\dfrac{192EI}{5ml^3}}$

12-3 $\omega=\sqrt{\dfrac{3EI}{mh^2l}}$

12-4 $\omega=\sqrt{\dfrac{3EI}{5ml^3}}$

12-5 $\omega=\dfrac{2}{3}\sqrt{\dfrac{k}{m}}$

12-6 $T=0.1053\text{s}$

12-7 $\xi=0.1025$

12-8 $y_{\max}=0.12\text{mm}$

12-9 $y_{\max}=0.397\dfrac{Fl^3}{EI}$， $M=1.19Fl$

12-10 $y_{\max}=0.27\text{mm}$， $M_{AB}=5.512\text{kN}\cdot\text{m}$

12-11 （a）$\omega=\sqrt{\dfrac{42EI}{ml^3}}$，（b）$\omega=\sqrt{\dfrac{2EI}{ml^3}}$

12-12 $\omega_1=\sqrt{\dfrac{6EI}{5ml^3}}$， $\omega_2=\sqrt{\dfrac{2EI}{ml^3}}$

12-13 $\omega_1=0.589\sqrt{\dfrac{EI}{m}}$，$\omega_2=1.653\sqrt{\dfrac{EI}{m}}$； $A^{(1)}=[1,-0.434]^T$， $A^{(2)}=[1,4.601]^T$

12-14 $\omega_1=0.931\sqrt{\dfrac{EI}{ml^3}}$，$\omega_2=2.351\sqrt{\dfrac{EI}{ml^3}}$；$A^{(1)}=[1,-0.306]^T$，$A^{(2)}=[1,1.638]^T$

12-15 $\omega_1=2.449\sqrt{\dfrac{EI}{ma^3}}$， $\omega_2=3.703\sqrt{\dfrac{EI}{ma^3}}$

12-16 $\omega_1=0.749\sqrt{\dfrac{EI}{ml^3}}$， $\omega_2=2.140\sqrt{\dfrac{EI}{ml^3}}$；

$A^{(1)}=[1,0.448]^T$， $A^{(2)}=[1,-1.122]^T$

12-17 $\omega_1 = 9.88\text{s}^{-1}$， $\omega_2 = 23.18\text{s}^{-1}$

12-18 $y_{1\max} = -0.202\text{mm}$， $y_{2\max} = -0.206\text{mm}$；

$M_1 = 6.06\text{kN}\cdot\text{m}$， $M_2 = 0.084\text{kN}\cdot\text{m}$

12-19 $M_{AB} = 0.144Fl$， $M_{CD} = 1.42Fl$

12-20 $\omega_1 = 34.2\text{rad/s}$， $\omega_2 = 312\text{rad/s}$， $\omega_3 = 538\text{rad/s}$

12-21 $y_1 = 0.323\text{mm}$， $y_{2H} = 0.553\text{mm}$， $y_{2V} = 0.0718\text{mm}$

12-22 假设振型曲线为$Y(x) = \dfrac{ql^4}{24EI}\left(\dfrac{x^4}{l^4} - 2\dfrac{x^3}{l^3} + \dfrac{x^2}{l^2}\right)$时，$\omega = \dfrac{22.45}{l^2}\sqrt{\dfrac{EI}{\overline{m}}}$

第十三章　结构的弹性稳定

§13-1　概述

为了防止结构发生破坏或发生过大的变形而影响结构的正常使用，要求结构整体及其构件应具有足够的强度和刚度。此外，还应保持结构整体及其构件具有足够的稳定性。历史上曾发生过不少因结构丧失稳定性（即失稳）而造成的工程事故。例如，加拿大的魁北克桥，于1907年在架设过程中由于悬臂端下弦杆失稳而引起严重破坏事故，19 000 t钢材和86名建桥工人落入水中，只有11人生还；澳大利亚墨尔本附近的西门桥，于1970年在架设拼拢整孔左右两半钢箱梁时，上翼板在跨中央失稳，导致112 m的整跨倒塌；美国东部康涅狄格州哈特福市中心体育馆能容纳12 500人的大跨度网架结构于1971年施工，1975年建成，在1978年的一场暴风雪中倒塌，事故的原因也是个别压杆失稳等。随着高强度建筑材料的应用，结构逐步向高层、大跨、薄壁方向发展，细长的压杆、柱、拱和薄壳结构更易出现稳定性破坏。因此，结构的稳定性计算也就愈来愈显得重要。

在考查结构稳定性时，将结构的平衡状态分为下列三种情况：稳定平衡状态、不稳定平衡状态和中性平衡状态。

对处于平衡状态的结构施加一个微小干扰，使其偏离初始平衡位置，如果外干扰撤去后，结构能恢复到初始平衡位置，则称初始平衡状态是稳定平衡状态；如果外干扰撤去后，结构继续偏移，不能恢复到初始平衡位置，则称初始平衡状态是不稳定平衡状态；如果外干扰撤去后，结构既不能继续偏移，也不能恢复到初始平衡位置，而是停留在新的平衡位置，则称初始平衡状态是中性平衡状态或临界平衡状态。临界平衡状态是稳定平衡与不稳定平衡的分界点。结构处于临界平衡状态的荷载称为临界荷载，它是结构保持稳定平衡状态的最大荷载。结构稳定计算的主要任务就是确定结构的临界荷载。

随着荷载的逐渐增大，结构的初始平衡状态可能由稳定平衡状态转变为不稳定平衡状态。此时，初始平衡状态丧失其稳定性，简称失稳。

结构的失稳有两种基本形式：分支点失稳和极值点失稳。

1. 分支点失稳

图 13-1（a）所示简支压杆为理想轴向压杆：杆件轴线绝对平直（无初曲率），荷载 F 是理想的中心受压荷载（没有偏心）。

随着压力 F 逐渐增大的过程，我们考查压力 F 与中点挠度Δ之间的关系曲线，称为 F-Δ曲线或不平衡路径（图 13-1（b））。

当荷载值 F_1 小于欧拉临界值 $F_{cr}=\dfrac{\pi^2 EI}{l^2}$ 时，压杆只是单纯受压，不发生弯曲变形（挠度 $\Delta=0$），压杆处于直线形式的平衡状态（称为原始平衡状态）。在图 13-1（b）中，其 F-Δ 曲线由直线 OAB 表示，称为原始平衡路径（路径Ⅰ）。如果压杆受到轻微干扰而发生弯曲，偏离原始平衡状态，则当干扰消失后，压杆仍又回到原始平衡状态。因此，当 $F<F_{cr}$ 时，原始平衡状态是稳定的。也就是说，在原始平衡路径Ⅰ上，点 A 所对应的平衡状态是稳定的。这时原始平衡形式是唯一的平衡形式。

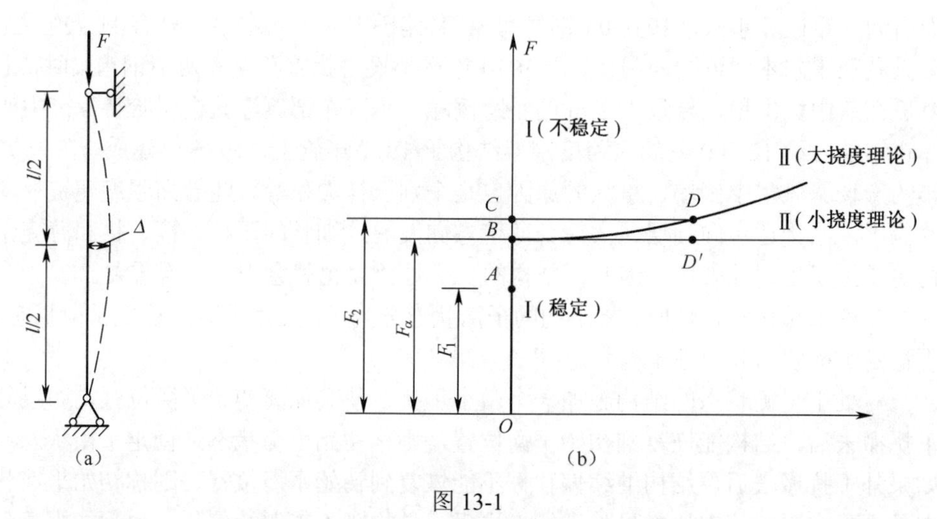

图 13-1

当荷载值 F_2 大于 F_{cr} 时，原始平衡形式不再是唯一的平衡形式，杆既可处于直线形式的平衡状态，还可处于弯曲形式的平衡状态。也就是说，这时存在两种不同形式的平衡状态。与此相应，在图 13-1（b）中也有两条不同的 F-Δ 曲线：原始平衡路径Ⅰ（由直线 BC 表示）和第二平衡路径Ⅱ（根据大挠度理论，由曲线 BD 表示。如果采用小挠度理论进行近似计算，则曲线 BD 退化为水平直线 BD'）。进一步还可看出，这时原始平衡状态（C 点）是不稳定的。如果压杆受到干扰而弯曲，则当干扰消失后，压杆并不能回到 C 点对应的原始平衡状态，而是继续弯曲，直到图中 D 点对应的弯曲形式的平衡状态为止。因此，当 $F_2>F_{cr}$ 时，在原始平衡路径Ⅰ上，点 C 所对应的平衡状态是不稳定的。

两条平衡路径Ⅰ和Ⅱ的交点 B 称为分支点。分支点 B 将原始平衡路径Ⅰ分为两段：前段 OB 上的点属于稳定平衡，后段 BC 上的点属于不稳定平衡。也就是说，在分支点 B 处，原始平衡路径Ⅰ与新平衡路径Ⅱ同时并存，出现平衡形式的二重性，原始平衡路径Ⅰ由稳定平衡转变为不稳定平衡，出现稳定性的转变。具有这种特征的失稳形式称为分支点失稳形式。分支点对应的荷载称为临界荷载，对应的平衡状态称为临界状态。分支点失稳又称为第一类失稳。

其他结构也可能出现分支点失稳现象，其特征仍然是在分支点 $F = F_{cr}$ 处，原始平衡形式由稳定转为不稳定，并出现新的平衡形式。例如 13-2（a）所示承受结点荷载的刚架，在原始平衡形式中，各柱单纯受压，刚架无弯曲变形；在新的平衡形式中，刚架产生侧移，出现弯曲变形。又如图 13-2（b）所示承受静水压力的圆拱，在原始平衡形式中，拱单纯受压，拱轴保持为圆形；在新的平衡形式中，拱轴不再保持为圆形，出现压弯组合变形。再如图 13-2（c）所示悬臂窄条梁，在原始平衡形式中，梁处于平面弯曲状态；在新的平衡形式中，梁处于斜弯曲和扭转状态。

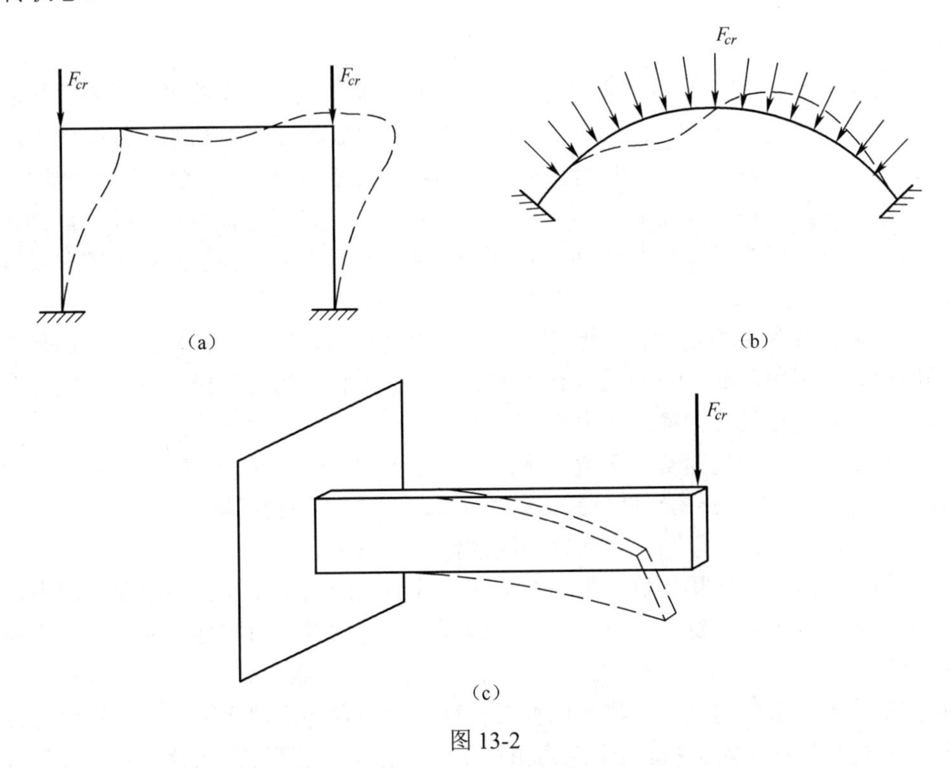

图 13-2

2. 极值点失稳

图 13-3（a)、(b）分别为具有初曲率的压杆和承受偏心荷载的压杆，它们称为压杆的非完善体系。

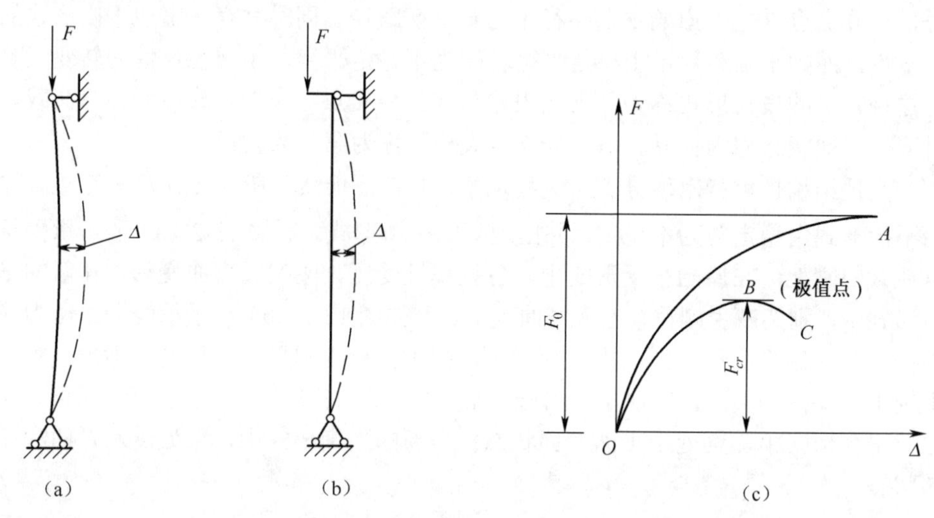

图 13-3

图 13-3（a)、(b）中的非完善压杆从一开始加载就处于弯曲平衡状态。按照小挠度理论，其 F-Δ曲线如图 13-3（c）中的曲线 OA 所示。在初始阶段挠度增加较慢，以后逐渐变快，当 F 接近中心压杆的欧拉临界值 F_e 时，挠度趋于无限大。如果按照大挠度理论，其 F-Δ曲线由曲线 OBC 表示。B 点为极值点，荷载达到极大值。在极值点以前的曲线段 OB，其平衡状态是稳定的；在极值点以后的曲线段 BC，其相应的荷载值反而下降，平衡状态是不稳定的。在极值点处，平衡路径由稳定平衡转变为不稳定平衡。这种失稳形式称为极值点失稳。其特征是平衡形式不出现分支现象，而 F-Δ曲线具有极值点。极值点相应的荷载极大值称为临界荷载，极值点失稳又称为第二类失稳。

对工程中的结构而言，多数受压构件均处于偏心受压状态（即压力和弯矩同有的状态），是不完善的压杆体系，它们多属于第二类失稳问题。

最后，对稳定问题与强度问题的区别作一点说明。

强度问题是指结构在稳定平衡状态下，其最大应力不超过材料的允许应力，其重点是在内力的计算上。对大多数结构而言，通常其应力都处于弹性范围内而且变形很小。因此，按线性变形体系来计算，即认为荷载与变形之间呈线性关系，并按结构未变形前的几何形状和位置来进行计算，叠加原理适用，通常称此种计算为线性分析或一阶分析。对于应力虽处于弹性范围但变形较大的结构（如悬索），因变形对计算的影响不能忽略，应按结构变形后的几何形状和位置来进行计算，此时，荷载与变形之间已为非线性关系，叠加原理不再适用，这种计算称为几何非线性分析或二阶分析。

稳定问题与强度问题不同，它的着眼点不是放在计算最大应力上，而是研究荷载与结构内部抵抗力之间的平衡上，看这种平衡是否处于稳定状态，即要找出变形开始急剧增长的临界点，并找出与临界状态相应的最小荷载（临界荷载）。由于它的计算要在结构变形后的几何形状和位置上进行，其方法也属于几何非线性范畴，叠加原理不再适用，故其计算也属于二阶分析。

稳定计算是结构力学中的一个重要专题，本章只讨论完善体系分支点失稳问题，并根据小挠度理论求临界荷载。

结构稳定计算中，自由度的概念与动力计算中自由度的概念类似。

确定结构失稳时所有可能的变形状态所需的独立几何参数（坐标）的数目，称为结构稳定计算自由度。

如图 13-4（a）所示体系为具有抗转弹性支座的刚性压杆，仅需一个参数 θ 就可确定其失稳时的变形状态（如图虚线所示），因此它是一个自由度体系；图 13-4（b）所示体系为具有两个弹性支座的三根铰结刚性压杆，确定其失稳时的变形状态（如图虚线所示）需要两个独立的参数 y_1、y_2，因此它是两个自由度体系；图 13-4（c）所示体系为两端铰支的弹性压杆（$EI \neq \infty$），确定其失稳时的变形状态（如图虚线所示）需要确定无限多个点的位移 $y(x)$，因此它是无限自由度体系。一般情况下，具有弹性约束的刚性压杆为有限自由度体系，弹性压杆为无限自由度体系。

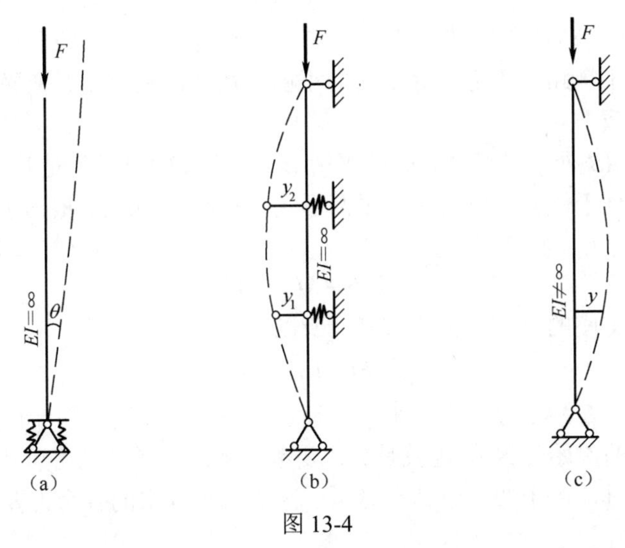

图 13-4

§13-2　用静力法确定临界荷载

确定临界荷载的基本方法有两类：一类是根据临界状态的静力特征而提出的方法，称为静力法；另一类是根据临界状态的能量特征而提出的方法，称为能量法。

下面结合图 13-5（a）的单自由度体系说明解法。在图 13-5（a）中，AB 为刚性压杆，底端 A 为弹性支承，其转动刚度系数为 k。

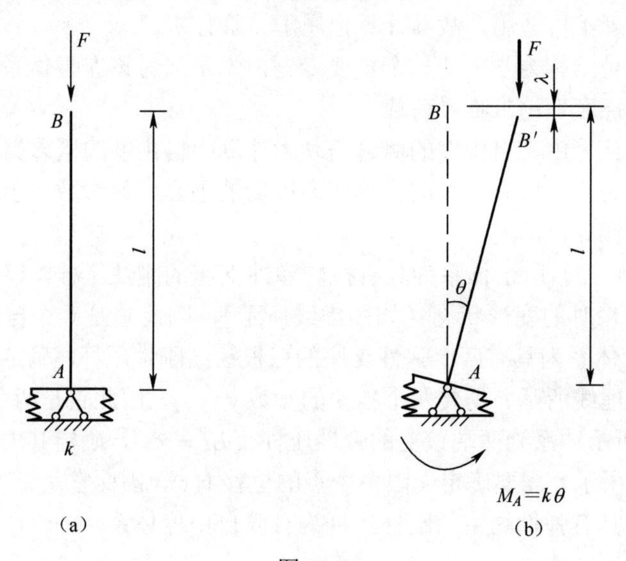

图 13-5

在分支点失稳问题中，临界状态的静力特征是平衡形式的二重性。静力法的要点是在原始平衡路径Ⅰ之外寻找新的平衡路径Ⅱ，确定二者交叉的分支点，由此求出临界荷载。

显然，杆 AB 处于竖直位置时的平衡形式（图 13-5（a））是其原始平衡形式。现在寻找杆件处于倾斜位置时新的平衡形式（图 13-5（b））。根据小挠度理论，其平衡方程为

$$Fl\theta-M_A=0 \tag{a}$$

由于弹性支座的反力矩 $M_A=k\theta$，所以

$$(Fl-k)\theta=0 \tag{b}$$

应当指出，在稳定分析中，平衡方程是针对结构变形后的新位置写出的（不是针对变形前的原始位置），也就是说，要考虑结构变形对几何尺寸的影响。在应用小挠度理论时，由于假设位移是微量，因而对结构中的各个力要区分为主要力

和次要力两类。例如在图 13-5（b）中，纵向力 F 是主要力（有限量），而弹性支座反力矩 $M_A = k\theta$ 是次要力（微量）。建立平衡方程时，方程中各项应是同级微量，因此对主要力 F 的项要考虑结构变形对几何尺寸的微量变化（如式（a）中的第一项为主要力 F 乘以微量位移 $l\theta$），而对次要力的项则不考虑几何尺寸的微量变化（见例 13-1）。

式（b）是以位移 θ 为未知量的齐次方程。齐次方程有两类解：零解和非零解。零解（$\theta = 0$）对应于原始平衡形式，即平衡路径Ⅰ；非零解（$\theta \neq 0$）是新的平衡形式。为了得到非零解，齐次方程（b）的系数应为零，即

$$Fl - k = 0 \quad \text{或} \quad F = \frac{k}{l} \tag{c}$$

式（c）称为特征方程。由特征方程得知，第二平衡路径Ⅱ为水平直线。由两条路径的交点得到分支点，分支点相应的荷载即为临界荷载，因此

$$F_{cr} = \frac{k}{l} \tag{d}$$

对于具有 n 个自由度的结构，需要 n 个独立的位移参数确定新平衡形式的位移状态，在新的平衡形式下也可列出 n 个独立的平衡方程，它们是以 n 个独立的位移参数为未知量的齐次代数方程组。根据临界状态的静力特征，该齐次方程组除零解外（对应于初始平衡形式），还应有非零解（对应于新的平衡形式），故方程组的系数行列式 D 应等于零的条件便可建立稳定方程：

$$D = 0 \tag{13-1}$$

此稳定方程有 n 个根，即有 n 个特征荷载，其中最小特征值就是临界荷载。

例 13-1　图 13-6（a）所示体系中各杆为刚性杆，B、C 处为弹性支座，刚度系数为 k。试用静力法计算体系的临界荷线。

解：（1）设新的平衡形式的变形状态。如图 13-6（b）虚线所示，取 B、C 处的竖向位 y_1、y_2 为位移参数，相应的弹性支座中的反力为 $F_{yB} = ky_1$，$F_{yC} = ky_2$。

（2）建立新平衡位置的平衡方程。

注意：在建立平衡方程时，主要力（如本问题中的纵向力 F）项要考虑结构变形的微量变化，次要力（如本问题中的横向力 F_{yB}、F_{yC}、F_{yD}）项不考虑结构变形的微量变化（跨度仍用 l）。

取图 13-6（b）中 $C'D$ 部分，由 $\sum M_{C'} = 0$ 得

$$F_{yD} l = F y_2 \tag{a}$$

取 $B'C'D$ 部分，由 $\sum M_{B'} = 0$ 得

$$k y_2 l + F y_1 - 2l F_{yD} = 0 \tag{b}$$

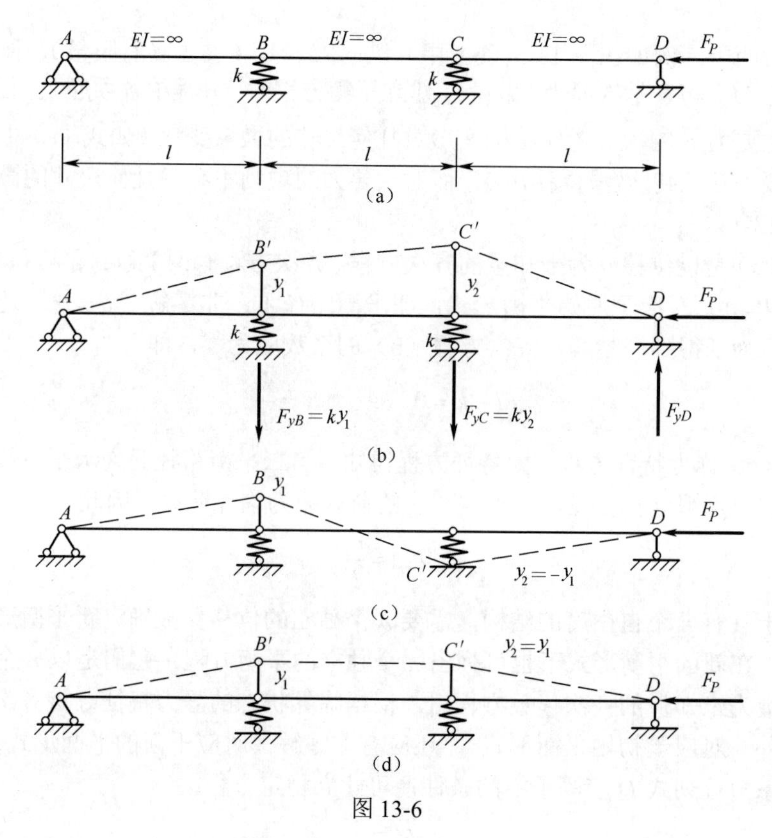

图 13-6

取整体为分离体，由$\sum M_A=0$得

$$lky_1+2lky_2-3lF_{yD}=0 \tag{c}$$

将（a）代入（b）式和（c）式并整理后，得

$$\begin{cases}Fy_1+(kl-2F)y_2=0\\kly_1+(2kl-3F)y_2=0\end{cases} \tag{d}$$

这是关于y_1、y_2的线性齐次代数方程组。

（3）根据临界状态平衡的二重性建立稳定方程。

如果方程组（d）的解$y_1=y_2=0$，则对应于初始平衡状态，不是所需解答。新的平衡形式要求方程组（d）的解y_1、y_2不全为零，故方程组（d）的系数行列式应为零，据此得到稳定方程为

$$\begin{vmatrix}F & kl-2F\\kl & 2kl-3F\end{vmatrix}=0 \tag{e}$$

展开并整理得到

$$3F^2 - 4Fkl + k^2l^2 = 0$$

（4）求荷载特征值，最小者即临界荷载。

$$F_1 = \frac{kl}{3}，\ F_2 = kl$$

$$F_{cr} = F_1 = \frac{kl}{3}$$

（5）求失稳曲线

将荷载特征值代回到方程组（d），可求得 y_1 和 y_2 的比值；将临界荷载 $F_{cr} = F_1 = \frac{kl}{3}$ 代入（d）中第一式，得到 $y_1 = -y_2$，相应的变形形式如图 13-6（c）所示，将 $F_2 = kl$ 代入（d）中第一式，得到 $y_1 = y_2$，相应的变形形式如图 13-6（d）所示。图 13-6（c）为与临界荷载相应的失稳形式。

弹性压杆的抗弯刚度是有限值，失稳时的变形形式为连续曲线，应按无限自由度体系进行稳定性分析。

对于无限自由度体系，确定临界荷载的思路基本上与多自由度体系相同。首先对新的平衡形式的变形状态列出平衡方程，然后根据平衡形式的二重性建立稳定方程，最后由稳定方程求出临界荷载。

需要注意的是：在多自由度体系中所列的平衡方程是齐次代数方程组。根据平衡形式的二重性，位移参数不能全为零，则应使方程组的系数行列式 $D = 0$。得到稳定方程，解稳定方程，最小解即为临界荷载 F_{cr}。

在无限自由度体系中，建立的是平衡微分方程 $EIy'' = \pm M$。求解这个微分方程得到挠曲线 $y(x)$（含有若干个待定参数），并由边界条件获得一组关于待定参数的齐次代数方程组。根据平衡形式的二重性，待定参数不能全为零，则应使齐次方程组的系数行列式 $D = 0$，得到稳定方程。

下面以图 13-7（a）所示的一端固定另一端弹性支座（弹簧的刚度为 k）的等截面压杆为例，说明无限自由度体系由静力法确定临界荷载的基本原理和方法。

给体系一个新的平衡形式的变形状态如图 13-7b 所示，在图示坐标系中，任一截面的弯矩为

$$M = Fy - F_y x$$

式中，F_y 是上端支座的反力。挠曲线的近似微分方程为

$$EIy'' = -M = -Fy + F_y x$$

即

$$y'' + \frac{F}{EI} y = \frac{F_y}{EI} x$$

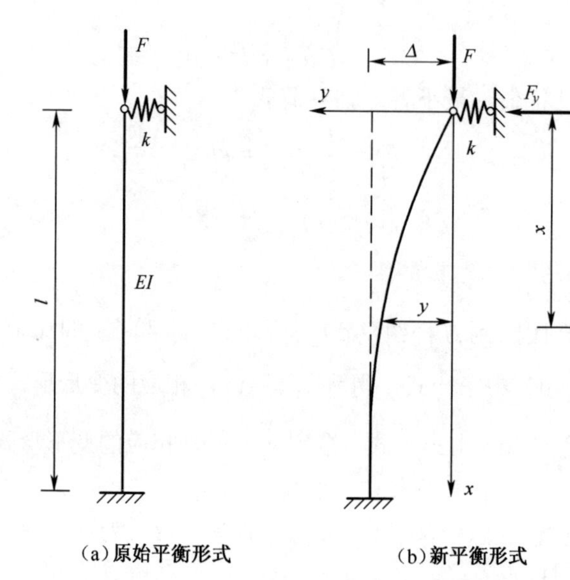

(a)原始平衡形式　　(b)新平衡形式

图 13-7

令

$$\alpha^2 = \frac{F}{EI} \tag{13-2}$$

$$y'' + n\alpha^2 y = \alpha^2 \frac{F_y}{F} x$$

此微分方程的通解为

$$y = A\cos\alpha x + B\sin\alpha x + \frac{F_y}{F} x \tag{f}$$

式中 A、B 为积分常数，$\frac{F_y}{F}$ 也是未知的。已知边界条件为

当 $x=0$ 时，$y=0$，由此求得 $A=0$。

当 $x=l$ 时，$y=\Delta$，$y'=0$，由此得到 $B\sin\alpha l + \frac{F_y}{F} l = \Delta$，$B\alpha\cos\alpha l + \frac{F_y}{F} = 0$

由于 $F_y = k\Delta$，代入上式得到

$$\begin{cases} B\sin\alpha l + \left(\dfrac{l}{F} - \dfrac{1}{k}\right) F_y = 0 \\ B\alpha\cos\alpha l + \dfrac{F_y}{F} = 0 \end{cases} \tag{g}$$

由于 $y(x)$ 不恒等于零，A,B,F_y 不能同时为零，故方程组（g）的系数行列式应为

零，有

$$\begin{vmatrix} \sin\alpha l & \dfrac{l}{F}-\dfrac{1}{k} \\ \alpha\cos\alpha l & \dfrac{1}{F} \end{vmatrix}=0$$

展开整理，并考虑到$F=\alpha^2 EI$，得到稳定方程

$$\tan\alpha l=\alpha l-\frac{(\alpha l)^3 EI}{kl^3} \tag{h}$$

这是一个超越方程，针对不同的参数k，可用图解法或试算法求解。

用图解法求解这个方程。

绘出$y=\alpha l$，$y=\tan\alpha l$两组线（图 13-8），它们的交点即为方程$\tan\alpha l=\alpha l$的解，其中最小的一个就是临界荷载。由图 13-8 可知，最小正根αl略小于$\dfrac{3\pi}{2}\approx 4.7$，可取$\alpha l=4.5$。因此，

$$F_{cr}=(\alpha l)^2\frac{EI}{l^2}=(4.5)^2\frac{EI}{l^2}=20.25\frac{EI}{l^2}$$

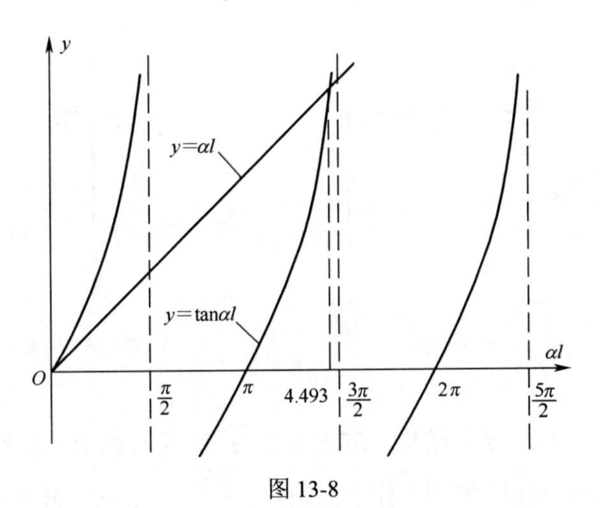

图 13-8

用试算法求解方程$\tan\alpha l=\alpha l$。设$f=\alpha l-\tan\alpha l=0$，假定$(\alpha l)_1$的值求出$f_1$，再假定$(\alpha l)_2$的值求出$f_2$，若$f_1 f_2<0$，则在$(\alpha l)_1$与$(\alpha l)_2$之间必有一个根。然后继续算下去，直到求出使$f$接近于零的根为止。具体计算过程如表 13-1。由该表可得最小根为$(\alpha l)_{\min}=4.493$。因此

$$F_{cr}=(\alpha l)^2\frac{EI}{l^2}=(4.439)^2\frac{EI}{l^2}=20.19\frac{EI}{l^2}$$

表 13-1 试算法计算过程

al	4.5	4.4	4.49	4.491	4.492	4.493	4.494
$\tan al$	4.637	3.096	4.422	4.443	4.464	4.485	4.506
$f = al - \tan al$	−0.137	1.304	0.068	0.048	0.028	0.008	−0.012

§13-3 具有弹性支座压杆的稳定

在计算排架、简单刚架等结构的稳定问题时，为研究其中某一根压杆的稳定性，常将与其相连的不受轴向压力的部分视为压杆的弹性支承，将结构简化为具有弹性支承的压杆计算。弹性支承的刚度系数 k 是非受压部分发生单位位移时所需施加的力（或力矩）。

例如图 13-9a 所示结构，BCD 部分对 AB 压杆的约束可简化为一刚度为 k 的弹簧支承约束，用图 13-9（b）所示的单根压杆来代替，其弹簧刚度系数 $k=\dfrac{3EI}{l^3}$，是 CD 杆的侧移刚度。

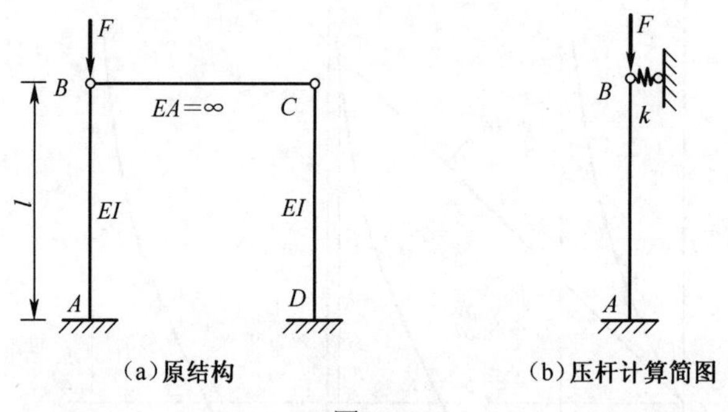

（a）原结构　　（b）压杆计算简图

图 13-9

又如图 13-10（a）所示结构，BDE 部分对 AB 压杆的 B 端约束可简化为一刚度为 k_1 的弹簧支承约束，其弹簧刚度系数 $k_1=\dfrac{3EI}{l^3}$，是 DE 的侧移刚度。CE 部分对 AB 压杆的 A 端约束可简化为一个转动刚度为 k_2 的弹性抗转支承，其转动刚度系数 $k_2=\dfrac{3EI}{l}$，是 AC 梁 A 端的转动刚度。这样原问题就可简化为图 13-10（b）所示的具有弹性支承的压杆稳定问题。

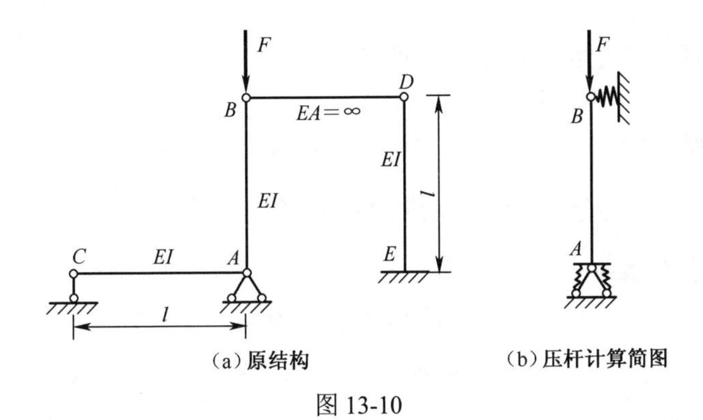

(a) 原结构　(b) 压杆计算简图

图 13-10

例 13-2　图 13-11（a）所示简单刚架，试用静力法计算其临界荷载。

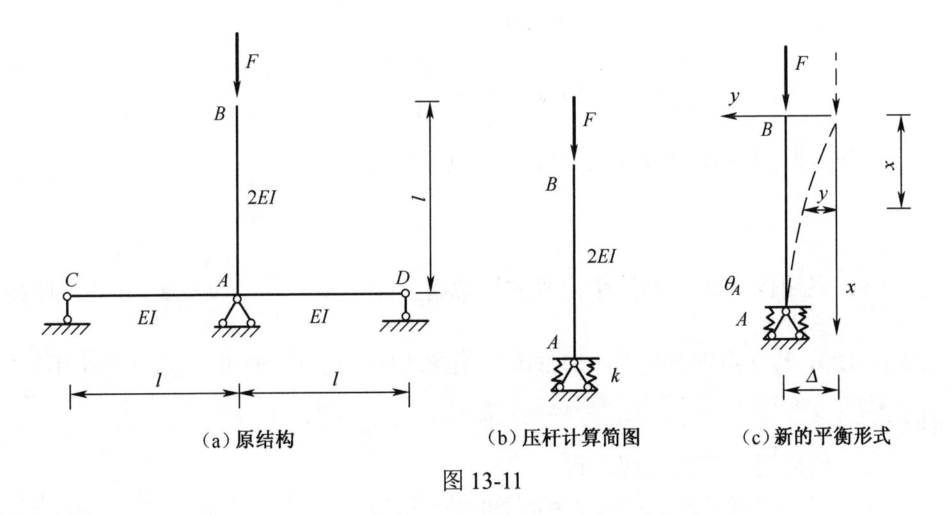

(a) 原结构　(b) 压杆计算简图　(c) 新的平衡形式

图 13-11

解：（1）原体系可以简化为图 13-11（b）所示的具有弹性支承的单根压杆，其中转动刚度 k 为 AC 和 AD 梁 A 端的转动刚度之和

$$k=\frac{3EI}{l}+\frac{3EI}{l}=\frac{6EI}{l}$$

（2）给体系一新的平衡状态如图 13-11（c）所示，在图示坐标系中，任一截面的弯矩为 $M=Fy$。

（3）由材料力学得平衡微分方程为：$2EIy''=-M=-Fy$

改写为：$y''+\alpha^2 y=0 \quad \left(\alpha^2=\dfrac{F}{2EI}\right)$

上式的解为：$y=A\cos\alpha x+B\sin\alpha x$

（4）解中的待定系数由边界条件确定。

当$x=0$时，$y=0$，由此求得$A=0$。

当$x=l$时，$y=\Delta$，$y'=\theta_A$，$M_A=k\theta_A=F\Delta$，由此得到

$$B\sin\alpha l=\Delta\text{，}B\alpha\cos\alpha l=\theta_A=\frac{M_A}{k}=\frac{F\Delta}{k}$$

整理后得到

$$B\sin\alpha l-\Delta=0 \tag{a}$$

$$B\alpha\cos\alpha l-\frac{F}{k}\Delta=0 \tag{b}$$

由于$y(x)$不恒等于零，B，Δ不能全为零，故式（a）、式（b）的系数行列式应为零，有

$$\begin{vmatrix} \sin\alpha l & -1 \\ \alpha\cos\alpha l & -\dfrac{F}{k} \end{vmatrix}=0$$

展开整理，并考虑到$F=2\alpha^2 EI$，得到稳定方程

$$\tan\alpha l=\frac{3}{\alpha l} \tag{c}$$

（5）先用图解法求解这个方程的近似解，绘出$y=\dfrac{3}{\alpha l}$，$y=\tan\alpha l$两组曲线（图 13-12），其交点即为方程（c）的解。由图 13-12 可知，最小正根αl略小于$\dfrac{\pi}{2}$，可取$\alpha l=1.2$。

（6）然后用试算法求解，设

$$f=\alpha l\tan\alpha l-3=0$$

具体计算过程如表 13-2。由该表可得最小根为$(\alpha l)_{\min}=1.1925$。因此

$$F_{cr}=(\alpha l)^2\frac{EI}{l^2}=(1.1925)^2\frac{EI}{l^2}=2.844\frac{EI}{l^2}$$

表 13-2　试算法计算过程

al	1.2	1.1	1.175	1.1925
$\tan al$	2.572	1.965	2.393	2.516
$f=al\tan al-3$	0.8659	− 0.8388	− 0.1880	0.0005

§13-4　用能量法确定临界荷载

用能量法求临界荷载，仍是以结构失稳时平衡的二重性为依据，应用以能量形式表示的平衡条件，寻求结构在新的形式下能维持平衡的荷载，其中最小者即为临界荷载。

用能量形式表示的平衡条件就是势能驻值原理，它可表述为：对于弹性结构，在满足支承条件及位移连续条件的一切虚位移中，同时又满足平衡条件的位移(因而就是真实的位移)，使结构的势能E_P成为驻值，也就是一阶变分等于零，即

$$\delta E_P = 0 \tag{13-3}$$

这里，结构的势能（或称结构的总势能）E_P等于结构的应变能U与外力势能U_P之和：

$$E_P = U + U_P \tag{13-4}$$

外力势能定义为

$$U_P = -\sum F_i \Delta_i \tag{13-5}$$

式中，F_i是结构上的外力，Δ_i是在虚位移中与外力F_i相应的位移。可见，外力势能等于外力所做虚功的负值。

对于有限自由度结构，所有可能的位移状态只用有限个独立参数$a_1, a_2, \cdots, a_n$即可表示，结构的势能E_P可表示为只是这有限个独立参数的函数，因而应用势能驻值原理时，只需使用普通的微分计算即可求解。对于单自由度结构，势能E_P只是参数a_1的一元函数，当a_1有一任意微小增量δa_1（称为位移的变分）时，势能的变分为

$$\delta E_P = \frac{\mathrm{d}E_P}{\mathrm{d}a_1}\delta a_1$$

当结构处于平衡时，应有$\delta E_P = 0$，而由于δa_1是任意的，故只有当

$$\frac{\mathrm{d}E_P}{\mathrm{d}a_1} = 0 \tag{13-6}$$

时，势能的变分δE_P才能等于零，即势能才能为驻值。由式（13-6）即可建立稳定方程以求解临界荷载。对于多自由度结构，则势能的变分为

$$\delta E_P = \frac{\partial E_P}{\partial a_1}\delta a_1 + \frac{\partial E_P}{\partial a_2}\delta a_2 + \cdots + \frac{\partial E_P}{\partial a_n}\delta a_n$$

由$\delta E_P = 0$及$\delta a_1, \delta a_2, \cdots, \delta a_n$的任意性，则必须有

$$\left.\begin{aligned}\frac{\partial E_P}{\partial a_1}&=0\\\frac{\partial E_P}{\partial a_2}&=0\\&\vdots\\\frac{\partial E_P}{\partial a_n}&=0\end{aligned}\right\}\tag{13-7}$$

由此可获得一组含 $a_1,a_2,\cdots,a_n$ 的齐次线性代数方程，要使 $a_1,a_2,\cdots,a_n$ 不全为零，则此方程组的系数行列式等于零，据此可建立稳定方程以求解临界荷载。

例 13-3 图 13-12（a）所示压杆 EI 为无穷大，上端水平弹簧的刚度系数为 k，试确定其临界荷载。

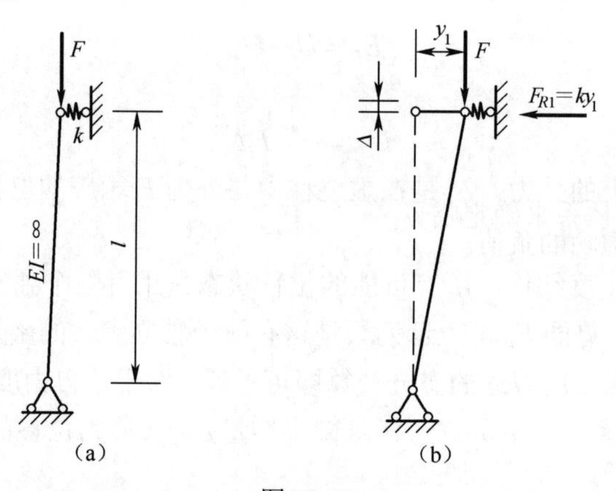

图 13-12

解：此为单自由度结构，设失稳时发生微小的偏离如图 13-12（b）所示，其上端的水平位移为 y_1，竖向位移为Δ，则有

$$\Delta=l-\sqrt{l^2-y_1^2}=l-l\left(1-\frac{y_1^2}{l^2}\right)^{\frac{1}{2}}=l-l\left(1-\frac{1}{2}\frac{y_1^2}{l^2}+\cdots\right)\approx\frac{y_1^2}{2l}$$

弹簧的应变能为

$$U=\frac{1}{2}(ky_1)y_1=\frac{1}{2}ky_1^2$$

外力势能为

$$U_P=-F\Delta=-\frac{F}{2l}y_1^2$$

于是结构的势能为：

$$E_P = U + U_P = \frac{1}{2}ky_1^2 - \frac{F}{2l}y_1^2 = \frac{kl - F}{2l}y_1^2$$

若结构在偏离后的新位置能维持平衡，则根据式（13-6）应有

$$\frac{\mathrm{d}E_P}{\mathrm{d}y_1} = \frac{kl - F}{l}y_1 = 0$$

因为y_1不能为零（y_1为零对应于原有平衡位置），故必须是

$$kl - F = 0$$

从而求得临界荷载为

$$F_{cr} = kl$$

用能量法确定无限自由度体系的临界荷载时，不是像静力法那样通过求解平衡微分方程得到压杆的变形曲线，而是假设压杆的变形曲线为

$$y(x) = \sum_{i=1}^{n} a_i \varphi_i(x) \tag{13-8}$$

式中$a_1, a_2, \cdots, a_n$为n个独立的位移参数，$\varphi_i(x)$为x的已知函数，应满足几何边界条件并尽量满足力的边界条件。这样就将无限自由度体系简化为n个自由度体系，再按有限自由度体系来确定临界荷载。其总势能的计算如下：

弯曲变形能为

$$U = \frac{1}{2}\int_0^l \frac{M^2}{EI}\mathrm{d}x = \frac{1}{2}\int_0^l EI(y'')^2\mathrm{d}x \tag{13-9}$$

当只有压杆承受轴向压力时

$$\Delta = \frac{1}{2}\int_0^l (y')^2\mathrm{d}x \tag{13-10}$$

因而外力势能为

$$U_P = -F\Delta = -\frac{F}{2}\int_0^l (y')^2\mathrm{d}x \tag{13-11}$$

于是，结构的势能为

$$E_P = U + U_P = \frac{1}{2}\int_0^l EI(y'')^2\mathrm{d}x - \frac{F}{2}\int_0^l (y')^2\mathrm{d}x \tag{13-12}$$

总势能是关于$a_1, a_2, \cdots, a_n$的多元函数。由式（13-7）所表示的势能驻值条件，可获得一组含有$a_1, a_2, \cdots, a_n$的齐次线性方程组。由于位移不能是零，所以$a_1, a_2, \cdots, a_n$不能全为零，这就要求方程组的系数行列式$D = 0$，展开得到稳定方程。稳定方程是关于F的n次代数方程，它有n个根，最小根就是临界荷载F_{cr}。

用能量法求无限自由度体系的临界荷载，关键在于选取合适的变形曲线。假

定的变形曲线必须满足几何边界条件和尽量满足力的边界条件。如所取变形曲线与真实的变形曲线相吻合，则用能量法求出的是临界荷载的精确解，如不吻合，则求出的是大于精确解的近似解。因为用具有 n 个参数的近似变形曲线代替真实的变形曲线，将无限自由度体系简化为有限自由度体系，减少了体系的自由度，相当于对体系人为地附加了约束，这就增加了体系抵抗失稳的能力，所以用能量法求出的临界荷载的近似值大于精确解。

例 13-4 用能量法计算图 13-13（a）所示简支压杆的临界荷载。

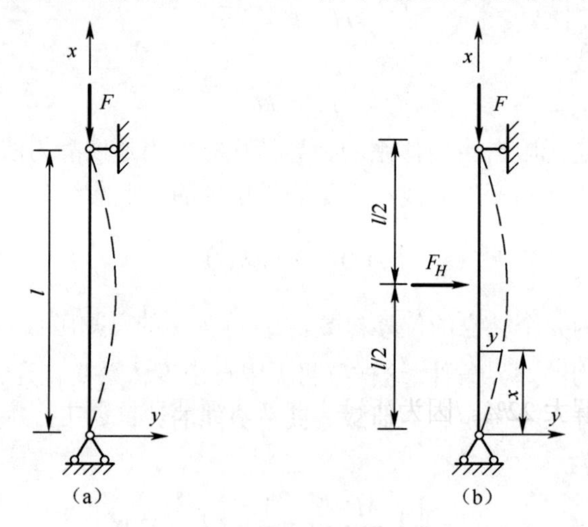

图 13-13

解:（1）设失稳曲线为正弦曲线，$y = a_1 \sin\frac{\pi}{l}x$，

则 $y' = a_1 \frac{\pi}{l}\cos\frac{\pi}{l}x$，$y'' = -a_1\left(\frac{\pi}{l}\right)^2 \sin\frac{\pi}{l}x$

体系的总势能为

$$E_P = \frac{1}{2}\int_0^l EI(y'')^2 \mathrm{d}x - \frac{F}{2}\int_0^l (y')^2 \mathrm{d}x$$

$$= \frac{l}{2}\left(\frac{\pi}{l}\right)^4 EIa_1^2 - \frac{l}{2}F\left(\frac{\pi}{l}\right)^2 a_1^2$$

$$= \frac{l}{2}\left[\left(\frac{\pi}{l}\right)^4 EI - \frac{l}{2}F\left(\frac{\pi}{l}\right)^2\right]a_1^2$$

由 $\frac{\partial E_P}{\partial a_1} = 0$，得到 $l\left[\left(\frac{\pi}{l}\right)^4 EI - \frac{l}{2}F\left(\frac{\pi}{l}\right)^2\right]a_1 = 0$

因为 $a_1 \neq 0$，则 $\left(\dfrac{\pi}{l}\right)^4 EI - \dfrac{l}{2}F\left(\dfrac{\pi}{l}\right)^2 = 0$，得到 $F_{cr} = \dfrac{\pi^2 EI}{l^2}$。

这就是精确解，因为所取变形曲线正是真实的变形曲线。

（2）设失稳曲线为纯弯曲情况下的挠曲线 $y = a_1 x(l-x)$，则

$$y' = a_1(l-2x)，\quad y'' = -2a_1。$$

则体系的总势能为

$$\begin{aligned}E_P &= \frac{1}{2}\int_0^l EI(y'')^2\,\mathrm{d}x - \frac{F}{2}\int_0^l (y')^2\,\mathrm{d}x \\ &= 2EIa_1^2 l - \frac{Fa_1^2}{6}l^3 \\ &= \left(\frac{2EI}{l} - \frac{Fl}{6}\right)a_1^2 l^2\end{aligned}$$

由 $\dfrac{\partial E_P}{\partial a_1} = 0$，得到 $\left(\dfrac{2EI}{l} - \dfrac{Fl}{6}\right)a_1 = 0$。

因为 $a_1 \neq 0$，则 $\dfrac{2EI}{l} - \dfrac{Fl}{6} = 0$，得到 $F_{cr} = \dfrac{12EI}{l^2}$。

该值比精确解大22%。因为所设挠曲线为纯弯曲情况下的挠曲线，杆端弯矩不等于零，不满足力的边界条件，故精度较差。

（3）设失稳曲线为某横向力 F_H 作用下的挠曲线，如图13-13（b）所示。

当 $0 \leqslant x \leqslant \dfrac{l}{2}$ 时，$M(x) = \dfrac{F_H}{2}x$，$y'' = -\dfrac{M(x)}{EI} = -\dfrac{F_H}{2EI}x$，

$$y' = -\frac{F_H}{EI}\left(\frac{x^2}{4} - \frac{l^2}{16}\right)$$

则体系的总势能为

$$E_P = \frac{1}{2}\int_0^l EI(y'')^2\,\mathrm{d}x - \frac{F}{2}\int_0^l (y')^2\,\mathrm{d}x = \int_0^{\frac{l}{2}}\left[EI(y'')^2 - F(y')^2\right] = \frac{l^3}{96EI}F_H^2 - \frac{FF_H^2 l^5}{960E^2 l^2}$$

由 $\dfrac{\partial E_P}{\partial F_H} = 0$，得到 $\left(\dfrac{l^3}{48EI} - \dfrac{Fl^5}{480E^2 l^2}\right)F_H = 0$。

因为 $F_H \neq 0$，则 $\dfrac{l^3}{48EI} - \dfrac{Fl^5}{480E^2 l^2} = 0$，得到 $F_{cr} = \dfrac{10EI}{l^2}$。

这个近似值比精确解大1.3%，如取均布荷载作用下的挠曲线，精度会更高。

注意：（1）由于所取正弦曲线是真实的失稳变形曲线，所得结果是精确解。

（2）所取纯弯时的挠曲线满足位移边界条件，不满足力的边界条件，精度最差。

（3）所取中点横向力引起的挠曲线满足位移边界条件和弯矩边界条件，不满足剪力边界条件，精度稍好。

（4）如果用某一横向荷载引起的挠曲线作为失稳曲线，则体系的应变能也可用该荷载的实功来代替。如在本例解法（3）中应变能为：

$$U=\frac{1}{2}\int_0^l EI(y'')^2\mathrm{d}x=\frac{1}{2}F_H\Delta=\frac{1}{2}F_H\frac{F_Hl^3}{48EI}=\frac{l^3}{96EI}F_H^2$$

（5）能量法的解答决不小于精确解。

§13-5 变截面压杆的稳定

工程中常见的变截面压杆有两类：一类是阶形杆，另一类是截面尺寸沿杆长连续变化的杆。截面尺寸沿杆长连续变化的压杆，用静力法求解时得到的是变系数的平衡微分方程，求解较为复杂，实际计算时多采用能量法。故这里只研究阶形压杆。

图 13-14 所示为一阶形柱，下端固定、上端自由，上部刚度为 EI_1，下部刚度为 EI_2。若以 y_1、y_2 分别表示变形后上、下两部分的挠度，则两部分的平衡微分方程为

$$EI_1\frac{\mathrm{d}^2y_1}{\mathrm{d}x^2}+Fy_1=0,\quad 0\leqslant x\leqslant l_1$$

$$EI_2\frac{\mathrm{d}^2y_2}{\mathrm{d}x^2}+Fy_2=0,\quad l_1\leqslant x\leqslant l$$

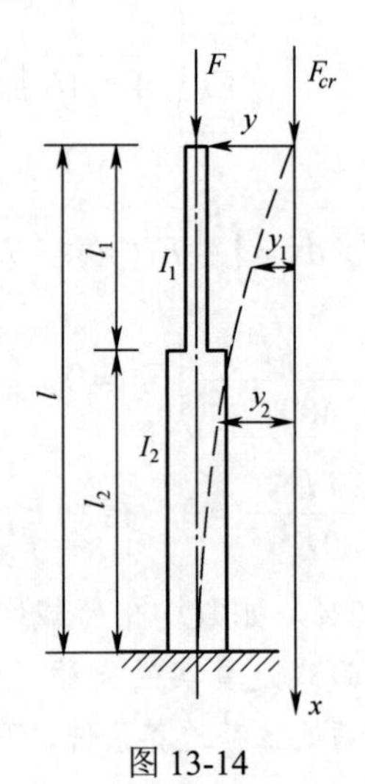

图 13-14

上式可改写为

$$\left.\begin{array}{l} y_1'' + \alpha_1^2 y_1 = 0,\quad 0 \leqslant x \leqslant l_1 \\ y_2'' + \alpha_2^2 y_2 = 0,\quad l_1 \leqslant x \leqslant l \end{array}\right\} \tag{a}$$

式中

$$\alpha_1^2 = \frac{F}{EI_1},\quad \alpha_2^2 = \frac{F}{EI_2}$$

式（a）的解为

$$y_1 = A_1 \sin\alpha_1 x + B_1 \cos\alpha_1 x$$
$$y_2 = A_2 \sin\alpha_2 x + B_2 \cos\alpha_2 x$$

积分常数 A_1、B_1 和 A_2、B_2 由上下端的边界条件和 $x = l_1$ 处的变形连续条件确定。

当 $x = 0$ 时，$y_1 = 0$，由此得

$$B_1 = 0$$

当 $x = l$ 时，$\frac{\mathrm{d}y_2}{\mathrm{d}x} = 0$，由此得

$$A_2 - B_2 \tan\alpha_2 l = 0$$

当 $x = l_1$ 时，$y_1 = y_2$ 和 $\frac{\mathrm{d}y_1}{\mathrm{d}x} = \frac{\mathrm{d}y_2}{\mathrm{d}x}$，由此得

$$A_1 \sin\alpha_1 l_1 - B_2(\tan\alpha_2 l \sin\alpha_2 l_1 + \cos\alpha_2 l_1) = 0$$
$$A_1\alpha_1 \cos\alpha_1 l_1 - B_2\alpha_2(\tan\alpha_2 l \cos\alpha_2 l_1 - \sin\alpha_2 l_1) = 0$$

由上式系数行列式等于零

$$\begin{vmatrix} \sin\alpha_1 l_1 & -(\tan\alpha_2 l \sin\alpha_2 l_1 + \cos\alpha_2 l_1) \\ \alpha_1 \cos\alpha_1 l_1 & -\alpha_2(\tan\alpha_2 l \cos\alpha_2 l_1 - \sin\alpha_2 l_1) \end{vmatrix} = 0$$

展开后，可求得特征方程为

$$\tan\alpha_1 l_1 \cdot \tan\alpha_2 l_2 = \frac{\alpha_1}{\alpha_2}$$

这个方程只有当给定 $\frac{I_1}{I_2}$ 和 $\frac{l_1}{l_2}$ 的比值时才能求解。

当 $EI_2 = 10EI_1$，$l_2 = l_1 = 0.5l$ 时，

$\alpha_1 = \sqrt{\frac{F}{EI_1}}$，$\alpha_2 = \sqrt{\frac{F}{10EI_1}} = 0.31623\alpha_1$。此时特征方程变为

$$\tan\alpha_1 l_1 \cdot \tan(0.31623\alpha_1 l_1) = 3.1623$$

由此解得最小根 $\alpha_1 l_1 = 1.4196$，从而可得

$$F_{cr}=\frac{(1.4196)^2 EI_1}{l_1^2}=3.267\frac{\pi^2 EI_1}{4l^2}$$

例 13-5 试求图 13-15 阶形柱在柱顶承受压力 F_1，变截面处还作用有压力 F_2 时的特征方程和临界荷载。

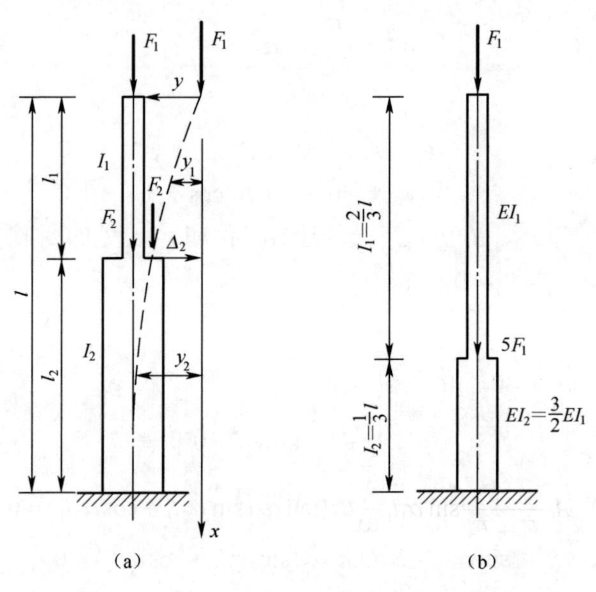

图 13-15

解：设变形后上、下两部分的挠度分别为 y_1 和 y_2，则两部分的平衡微分方程为

$$\frac{\mathrm{d}^2 y_1}{\mathrm{d}x^2}=-\frac{F_1 y_1}{EI_1},\quad 0\leqslant x\leqslant l_1$$

$$\frac{\mathrm{d}^2 y_2}{\mathrm{d}x^2}=-\frac{F_1 y_2+F_2(y_2-\Delta_2)}{EI_2},\quad l_1\leqslant x\leqslant l$$

上式可改写为

$$\left.\begin{aligned} &y_1''+\alpha_1^2 y_1=0, && 0\leqslant x\leqslant l_1\\ &y_2''+\alpha_2^2 y_2=\frac{F_2\Delta_2}{EI_2}, && l_1\leqslant x\leqslant l\end{aligned}\right\}\tag{a}$$

式中

$$\alpha_1^2=\frac{F_1}{EI_1},\quad \alpha_2^2=\frac{F_1+F_2}{EI_2}\tag{b}$$

式（a）的解为

$$y_1 = A_1 \sin\alpha_1 x + B_1 \cos\alpha_1 x$$

$$y_2 = A_2 \sin\alpha_2 x + B_2 \cos\alpha_2 x + \frac{F_2\Delta_2}{\alpha_2^2 EI_2}$$

积分常数 A_1、B_1 和 A_2、B_2 由上下端的边界条件和 $x = l_1$ 处的变形连续条件确定。

当 $x = 0$ 时，$y_1 = 0$，由此得

$$B_1 = 0$$

当 $x = l$ 时，$\frac{\mathrm{d}y_2}{\mathrm{d}x} = 0$，由此得

$$A_2 - B_2 \tan\alpha_2 l = 0$$

当 $x = l_1$ 时，$y_1 = \Delta_2$，$y_1 = y_2$ 和 $\frac{\mathrm{d}y_1}{\mathrm{d}x} = \frac{\mathrm{d}y_2}{\mathrm{d}x}$，由此得

$$A_1 \sin\alpha_1 l_1 = \Delta_2 \tag{c}$$

$$A_1 \sin\alpha_1 l_1 - B_2(\tan\alpha_2 l \sin\alpha_2 l_1 + \cos\alpha_2 l_1) - \frac{F_2\Delta_2}{\alpha_2^2 EI_2} = 0 \tag{d}$$

$$A_1\alpha_1 \cos\alpha_1 l_1 - B_2\alpha_2(\tan\alpha_2 l \cos\alpha_2 l_1 - \sin\alpha_2 l_1) = 0 \tag{e}$$

将式（b）、（c）代入式（d），得

$$A_1 \frac{F_1}{F_1 + F_2} \sin\alpha_1 l_1 - B_2(\tan\alpha_2 l \sin\alpha_2 l_1 + \cos\alpha_2 l_1) = 0 \tag{f}$$

由式（e）和式（f）的系数行式等于零，有

$$\begin{vmatrix} \frac{F_1}{F_1 + F_2}\sin\alpha_1 l_1 & -(\tan\alpha_2 l \sin\alpha_2 l_1 + \cos\alpha_2 l_1) \\ \alpha_1 \cos\alpha_1 l_1 & -\alpha_2(\tan\alpha_2 l \cos\alpha_2 l_1 - \sin\alpha_2 l_1) \end{vmatrix} = 0$$

展开后，可求得特征方程为

$$\tan\alpha_1 l_1 \cdot \tan\alpha_2 l_2 = \frac{\alpha_1}{\alpha_2} \cdot \frac{F_1}{F_1 + F_2} \tag{g}$$

这个方程只有当给定 $\frac{I_1}{I_2}$ 和 $\frac{l_1}{l_2}$ 的比值时才能求解。

如图 13-15（b）所示阶形杆，此时

$$\alpha_1 = \sqrt{\frac{F_1}{EI_1}}，\quad \alpha_2 = \sqrt{\frac{F_1 + F_2}{EI_2}} = \sqrt{\frac{6F_1}{1.5EI_1}} = 2\alpha_1$$

$$\alpha_1 l_1 = \frac{2}{3}\alpha_1 l，\quad \alpha_2 l_2 = 2\alpha_1 \frac{l}{3} = \frac{2}{3}\alpha_1 l$$

此时特征方程式（g）变为

$$\tan^2 \alpha_1 l_1 = 3$$

由此解得最小根 $$\alpha_1 l_1 = \frac{\pi}{3}$$

从而可得 $$F_{cr} = \alpha_1^2 EI_1 = \frac{\pi^2 EI_1}{4l^2}$$

§13-6 剪力对临界荷载的影响

前面确定压杆的临界荷载时只考虑了弯矩对变形的影响。若还要计入剪力对临界荷载的影响，则在建立挠曲线微分方程时，就应同时考虑弯矩和剪力对变形的影响。

设用 y_M 和 y_S 分别表示由于弯矩和剪力影响所产生的挠度，则两者共同影响产生的挠度为

$$y = y_M + y_S$$

对 x 求二阶导数，可得曲率的近似公式

$$\frac{\mathrm{d}^2 y}{\mathrm{d}x^2} = \frac{\mathrm{d}^2 y_M}{\mathrm{d}x^2} + \frac{\mathrm{d}^2 y_s}{\mathrm{d}x^2} \tag{a}$$

由弯矩影响引起的曲率为

$$\frac{\mathrm{d}^2 y_M}{\mathrm{d}x^2} = -\frac{M}{EI} \tag{b}$$

为了计算由于剪力引起的附加曲率 $\frac{\mathrm{d}^2 y_s}{\mathrm{d}x^2}$，我们先来求由于剪力所引起的杆轴切线的附加转角 $\frac{\mathrm{d}y_s}{\mathrm{d}x}$。由图 13-16（b）可知，这个附加转角在数值上等于切应变 γ，而从第六章可知

$$\gamma = k\frac{F_s}{GA}$$

于是可得

$$\frac{\mathrm{d}y_s}{\mathrm{d}x} = -k\frac{F_s}{GA} = -\frac{k}{GA}\frac{\mathrm{d}M}{\mathrm{d}x}$$

从而有

$$\frac{\mathrm{d}^2 y_s}{\mathrm{d}x^2} = -\frac{k}{GA}\frac{\mathrm{d}^2 M}{\mathrm{d}x^2} \tag{c}$$

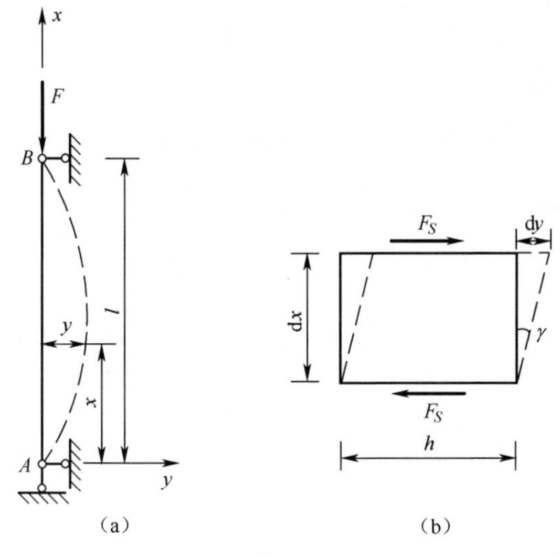

图 13-16

将式（b）、式（c）代入式（a），得同时考虑弯矩和剪力影响的挠曲线微分方程为

$$\frac{d^2y}{dx^2}=-\frac{M}{EI}+\frac{k}{GA}\frac{d^2M}{dx^2} \tag{d}$$

对于图 13-16（a）所示两端铰支的等截面压杆，有

$$M=Fy$$

$$M''=Fy''$$

代入式（d）得

$$y''=-\frac{Fy}{EI}+\frac{kF}{GA}y''$$

即

$$EI\left(1-\frac{kF}{GA}\right)y''+Fy=0$$

令

$$m^2=\frac{F}{EI\left(1-\frac{kF}{GA}\right)} \tag{e}$$

上述微分方程的通解为

$$y=A\cos mx+B\sin mx$$

由边界条件 $x=0$、$y=0$ 和 $x=l$、$y=0$ 可导出稳定方程为

$$\sin ml = 0$$

其最小根 $ml = \pi$。有式（e）可得

$$F_{cr} = \frac{1}{1 + \dfrac{k}{GA}\dfrac{\pi^2 EI}{l^2}} \frac{\pi^2 EI}{l^2} = \beta F_e \qquad (13\text{-}13)$$

式中，$F_e = \dfrac{\pi^2 EI}{l^2}$ 为欧拉临界荷载；β 为修正系数，又可写为

$$\beta = \frac{1}{1 + \dfrac{k}{GA}\dfrac{\pi^2 EI}{l^2}} = \frac{1}{1 + \dfrac{kF_e}{GA}} = \frac{1}{1 + \dfrac{k\sigma_e}{G}}$$

这里 σ_e 为欧拉临界应力。设压杆材料为三号钢，临界应力取为 $\sigma_e = 200\text{MPa}$，切变模量 $G = 80 \times 10^3\,\text{MPa}$，则有

$$\frac{\sigma_e}{G} = \frac{1}{400}$$

可见在实体杆中，剪力的影响很小，通常可略去。

*§13-7 组合压杆的稳定

大型结构中的压杆，如桥梁的上弦杆、厂房的双肢柱、起重机和无线电桅杆的塔身等，常采用组合杆的形式，即由两个主肢用若干连接件连接组成。连接件的形式有缀条式和缀板式两种（图 13-17（a）、（b））。

组合压杆的临界荷载比截面和柔度相同的实体压杆的临界荷载要小，其原因是在组合压杆中剪力的影响较大。当组合压杆的结间数目较多时（如杆长 l 与结间 d 之比不小于 6），其临界荷载可用实体压杆的公式（13-13）进行近似计算，而对式中的 $\dfrac{k}{GA}$ 需另行处理，以反映连接件的影响。从前面的切应变公式可以看出，$\dfrac{k}{GA}$ 是代表在单位剪力作用下的切应变 γ，故只要求出组合压杆在单位剪力作用下的切应变 γ，将它代替式中的 $\dfrac{k}{GA}$ 即可。下面分别就缀条式和缀板式两种情况进行讨论，导出临界荷载及其他实用的有关公式。

1. 缀条式组合压杆

缀条式组合压杆的两肢通常是型钢，缀条常采用单角钢，两者截面相比差别较大，故缀条两端可视为铰结。现取一个结间来考虑（图 13-18），在单位剪力 $\overline{F}_S = 1$ 作用下的切应变，可近似地按下式计算

$$\overline{\gamma} \approx \tan \overline{\gamma} = \frac{\delta_{11}}{d}$$

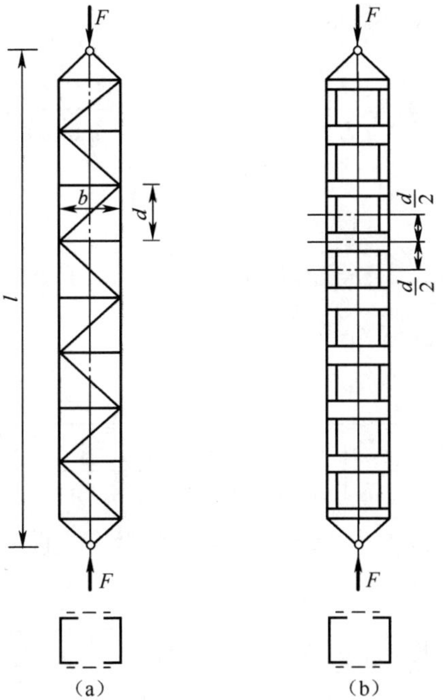

（a）　（b）

图 13-17

位移 δ_{11} 按下式计算：

$$\delta_{11} = \sum \frac{\overline{F}_{N1}^2}{EA} l$$

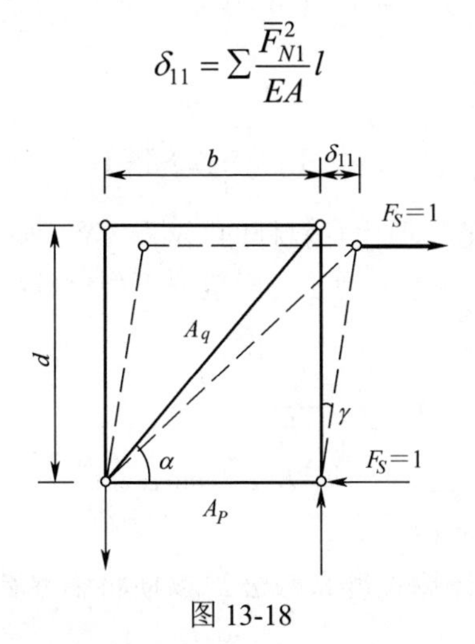

图 13-18

由于主肢杆的截面比缀条的截面大得多，故在上式中可只考虑缀条的影响。缀条的横杆中，内力 $\overline{F}_{N1}=-1$，杆长 $b=\dfrac{d}{\tan\alpha}$，截面积为 A_1；斜杆中，内力页 $\overline{F}_N=\dfrac{1}{\cos\alpha}$，杆长 $\dfrac{d}{\sin\alpha}$，截面积为 A_2，于是有

$$\delta_{11}=\frac{d}{E}\left(\frac{1}{A_2\sin\alpha\cos^2\alpha}+\frac{1}{A_1\tan\alpha}\right)$$

因而

$$\overline{\gamma}=\frac{1}{E}\left(\frac{1}{A_2\sin\alpha\cos^2\alpha}+\frac{1}{A_1\tan\alpha}\right)$$

将上式的 $\overline{\gamma}$ 代替式（13-13）中的 $\dfrac{k}{GA}$，即得

$$F_{cr}=\frac{F_e}{1+\dfrac{F_e}{E}\left(\dfrac{1}{A_2\sin\alpha\cos^2\alpha}+\dfrac{1}{A_1\tan\alpha}\right)}=\beta_1F_e \tag{13-14}$$

式中，计算欧拉临界荷载 F_e 所用的惯性矩 I 为两个主肢的截面对整个截面的形心轴 z 的惯性矩。如用 A' 表示一个主肢的截面积，I' 表示一个主肢的截面对本身形心轴的惯性矩，并近似地认为主肢形心到 z 轴的距离为 $\dfrac{b}{2}$，则有

$$I=2I'+\frac{1}{2}A'b^2$$

由式（13-14）可知，斜杆比横杆对临界荷载的影响更大。例如当两者的 EA 值相同且 $\alpha=45°$ 时，有

$$\beta_1=\frac{1}{1+\dfrac{F_e}{EA}(2.83+1)}$$

上式分母括号中，第一项代表斜杆的影响，第二项代表横杆的影响。

若略去横杆的影响，并考虑到在一般情况下型钢翼缘两侧平面内都设有缀条，则式（13-14）变成

$$F_{cr}=\frac{F_e}{1+\dfrac{F_e}{E}\dfrac{1}{2A_2\sin\alpha\cos^2\alpha}} \tag{13-15}$$

式中 A_2 为一根斜杆的截面积。

如果在上式中引入计算长度系数 μ，以便将临界荷载写成欧拉问题的基本形式：

$$F_{cr}=\frac{\pi^2EI}{(\mu l)^2}$$

则其中 μ 应为

$$\mu=\sqrt{1+\frac{\pi^2I}{l^2}\frac{1}{2A_2\sin\alpha\cos^2\alpha}} \tag{13-16}$$

若用 i 代表两个主肢的截面对整个截面形心轴 z 的回转半径，即

$$I=2A'i^2$$

此外，一般 α 为 $30°\sim60°$，故可取 $\frac{\pi^2}{\sin\alpha\cos^2\alpha}\approx27$，将它代入式（13-16），并引入长细比 $\bar{\lambda}=\frac{l}{i}$（注意，这里 $\bar{\lambda}$ 是按回转半径为 i 的实腹杆计算的长细比），可得

$$\mu=\sqrt{1+\frac{27A'}{A_2\bar{\lambda}^2}} \tag{13-17}$$

最后，缀条式组合压杆的长细比可表示为

$$\lambda=\frac{\mu l}{i}=\mu\bar{\lambda}=\sqrt{\bar{\lambda}^2+27\frac{A'}{A_2}} \tag{13-18}$$

这就是钢结构规范中通常推荐的缀条式组合压杆的计算长细比的公式。

2. 缀板式组合压杆

缀板式组合压杆没有斜杆，缀板与主胶的连接应视为刚结，计算简图是单跨多层刚架。近似计算时，认为主肢的反弯点在结间中点，且剪力平均分配于两主肢，于是可取图 13-19（a）所示的标准结间来计算。弯矩图如图 13-19（b）所示，由图乘法可得

$$\delta_{11}=\sum\int\frac{\bar{M}_1^2\mathrm{d}s}{EI}=\frac{d^3}{24EI'}+\frac{bd^2}{12EI''}$$

因此剪切角为

$$\bar{\gamma}=\frac{\delta_{11}}{d}=\frac{d^2}{24EI'}+\frac{bd}{12EI''}$$

用上式代替式（13-13）中的 $\frac{k}{GA}$ 得

$$F_{cr}=\frac{F_e}{1+\left(\frac{d^2}{24EI'}+\frac{bd}{12EI''}\right)F_e}=\beta_2F_e \tag{13-18}$$

由上式可知，修正系数 β_2 将随结间长度 d 的增大而减小。

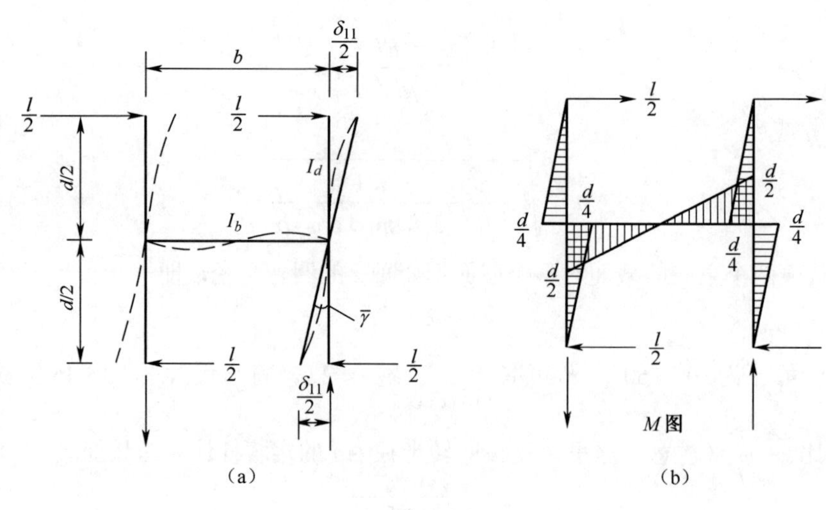

图 13-19

在一般情况下，缀板的刚度要比主肢的刚度大得多，可近似地认为$EI'' \approx \infty$，于是式（13-18）可写成

$$F_{cr} = \frac{F_e}{1 + F_e \dfrac{d^2}{24EI'}} = \frac{F_e}{1 + \dfrac{\pi^2 d^2 I}{24 l^2 I'}} \tag{13-19}$$

这里$I = 2I' + \frac{1}{2}A'b^2$，为整个组合杆的截面惯性矩。

将以下惯性矩、长细比（整个杆按回转半径为i的实腹杆计算，长细比用$\bar{\lambda}$表示，一个主肢在一个结间内的长细比用λ'表示）与回转半径的关系式

$$I = 2A'i^2, \quad I' = A'i'^2$$

和

$$\bar{\lambda} = \frac{l}{i}, \quad \lambda' = \frac{d}{i'}$$

代入式（13-19）即得

$$F_{cr} = \frac{F_e}{1 + \dfrac{\pi^2 2d^2 i^2 A'}{24 l^2 i'^2 A'}} = \frac{F_e}{1 + 0.83\left(\dfrac{\lambda'}{\bar{\lambda}}\right)^2}$$

若近似地以 1 代替 0.83，则有

$$F_{cr} = \frac{\bar{\lambda}^2}{\bar{\lambda}^2 + \lambda'^2} F_e \tag{13-20}$$

相应的计算长度系数可写成

$$\mu=\sqrt{\frac{\overline{\lambda}^2+\lambda'^2}{\overline{\lambda}^2}}$$

因而缀板式组合杆的长细比为

$$\lambda=\frac{\mu\lambda}{\iota}=\mu\overline{\lambda}=\sqrt{\overline{\lambda}^2+\lambda'^2} \tag{13-21}$$

这就是规范中用以确定缀板式组合压杆计算长细比的公式。

*§13-8　圆环及拱的稳定

因拱和圆环在均匀静水压力 q 作用下会出现稳定问题。当荷载较小时，如果忽略轴向变形的影响，则圆拱和圆环只产生轴向压力而没有弯矩和剪力，即处于初始的无弯矩状态。当荷载 q 达到某一临界值 q_{cr} 时，因拱和圆环会突然发生屈曲，产生偏离原轴线形式的变形，从而丧失稳定图（13-20（a）、（b））。同样的情况也发生在沿水平线承受均布竖向荷载的抛物线拱（图 13-20（c））。本节主要讨论受均匀静水压力的圆拱和圆环的稳定问题，并给出抛物线拱的一些计算结果。

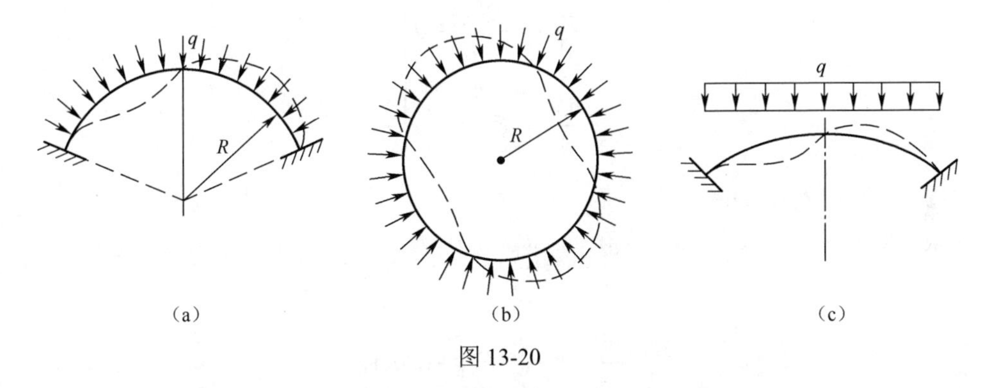

图 13-20

1. 圆环和圆拱受均匀静水压力时的稳定

现在针对圆环和圆拱受均匀静水压力的情况，建立起稳定微分方程。下面分两步进行推导。

（1）研究圆环和圆拱屈曲后的受力状态，推导出用弯矩表示的稳定微分方程。

从圆环或圆拱中取出微段 ds 。图 13-21（a）所示为初始的无弯矩状态，弯矩 M_0 和剪力 F_{S0} 都为零，轴力 $F_{N0}=-qR$ 。图 13-21（b）所示为屈曲后的受力状态。这时，半径和轴力的增量分别为 ΔR 和 N_1 。

$$\left.\begin{aligned}\rho&=R+\Delta R\\F_N&=F_{N0}+F_{N1}\end{aligned}\right\} \tag{a}$$

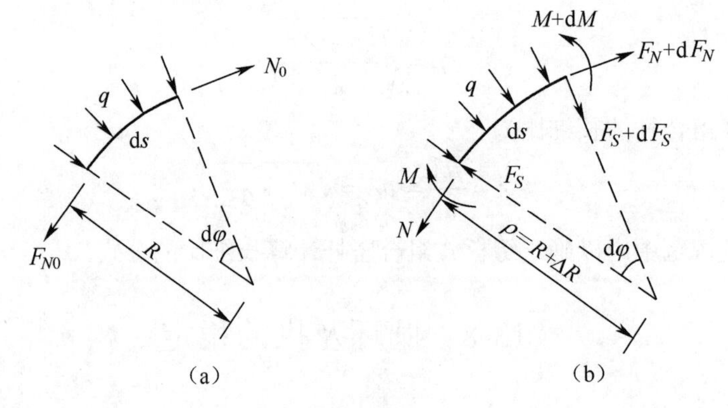

图13-21

此外，还出现新的弯矩 M 和剪力 F_S。屈曲后的内力状态应满足的平衡微分方程如下

$$\left.\begin{aligned}\frac{\mathrm{d}F_N}{\mathrm{d}s}&=\frac{F_S}{\rho}\\\frac{\mathrm{d}F_S}{\mathrm{d}s}&=-\frac{F_N}{\rho}-q\\\frac{\mathrm{d}M}{\mathrm{d}s}&=F_S\end{aligned}\right\}\tag{b}$$

将式（a）代入式（b），得

$$\left.\begin{aligned}\frac{\mathrm{d}F_{N1}}{\mathrm{d}s}&=\frac{F_S}{\rho}\\\frac{\mathrm{d}F_S}{\mathrm{d}s}&=-\frac{1}{\rho}(F_{N1}+q\Delta R)\\\frac{\mathrm{d}M}{\mathrm{d}s}&=F_S\end{aligned}\right\}\tag{c}$$

令 $\mathrm{d}\varphi$ 表示屈曲前微段 $\mathrm{d}s$ 两端法线间的夹角，则有

$$\mathrm{d}s=R\mathrm{d}\varphi\tag{d}$$

将式（d）代入式（c），并取 $\dfrac{R}{\rho}\approx1$，则得

$$\left.\begin{aligned}&\frac{\mathrm{d}F_{N1}}{\mathrm{d}\varphi}=\frac{R}{\rho}F_S\approx F_S\\&\frac{\mathrm{d}F_S}{\mathrm{d}\varphi}=-\frac{1}{\rho}(F_{N1}+q\Delta R)\approx-(F_{N1}+q\Delta R)\\&\frac{\mathrm{d}M}{\mathrm{d}\varphi}=F_SR\end{aligned}\right\}\tag{e}$$

由式（e）中的第二式可得 $F_{N1}=-\frac{\mathrm{d}F_S}{\mathrm{d}\varphi}-q\Delta R$，再代入第一式，得

$$-\frac{\mathrm{d}^2F_S}{\mathrm{d}\varphi^2}-q\frac{\mathrm{d}(\Delta R)}{\mathrm{d}\varphi}=F_S\tag{f}$$

再利用式（e）中的第三式，即得

$$\frac{\mathrm{d}^3M}{\mathrm{d}\varphi^3}+\frac{\mathrm{d}M}{\mathrm{d}\varphi}+Rq\frac{\mathrm{d}(\Delta R)}{\mathrm{d}\varphi}=0\tag{g}$$

曲率半径增量 ΔR 与弯矩之间有如下关系

$$\frac{1}{R+\Delta R}-\frac{1}{R}=-\frac{M}{EI}$$

由此得

$$\Delta R=\frac{MR^2}{EI}\tag{h}$$

将式（h）代入式（g），得

$$\frac{\mathrm{d}^3M}{\mathrm{d}\varphi^3}+\left(1+\frac{qR^3}{EI}\right)\frac{\mathrm{d}M}{\mathrm{d}\varphi}=0\tag{13-22}$$

这就是用 M 表示的圆环和圆拱在均匀水压力作用下的稳定微分方程。

（2）研究圆环和圆拱屈曲后的变形状态，推导出用位移表示的稳定微分方程。

图 13-22（a）所示为圆环或圆拱微段 $\mathrm{d}s$，屈曲前的位置为 AB，屈曲后的新位置为 $A'B'$。设 A 点沿切线方向的位移分量为 u，沿法线方向的位移分量为 v，则 B 点的两个位移分量分别为 $u+\frac{\mathrm{d}u}{\mathrm{d}s}\mathrm{d}s$ 和 $v+\frac{\mathrm{d}v}{\mathrm{d}s}\mathrm{d}s$。先求拱轴的轴向应变 ε，它由两部分组成：由于切向位移 u 产生的为 $\frac{\mathrm{d}u}{\mathrm{d}s}=\frac{\mathrm{d}u}{R\mathrm{d}\varphi}$（图 13-22（b））；由于法向位移 v 产生的为 $-\frac{v}{R}$（图 13-22（c）），因此

$$\varepsilon = \frac{\mathrm{d}u}{R\mathrm{d}\varphi} - \frac{v}{R} \tag{i}$$

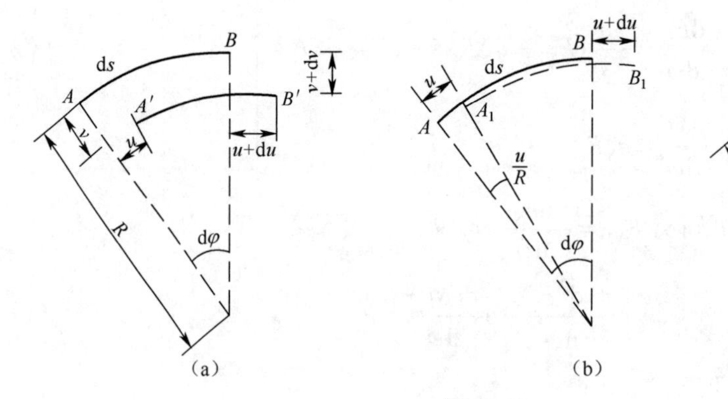

图 13-22

我们假设轴向应变可以忽略，即设$\varepsilon = 0$，由此得

$$\frac{\mathrm{d}u}{\mathrm{d}\varphi} = v \tag{j}$$

再求截面A的转角θ。由于切向位移u产生的为$\frac{u}{R}$（图 13-22（b））；由于法向位移v产生的$\frac{\mathrm{d}v}{\mathrm{d}s} = \frac{\mathrm{d}v}{R\mathrm{d}\varphi}$（图 13-22（c）），因此

$$\theta = \frac{\mathrm{d}v}{R\mathrm{d}\varphi} + \frac{u}{R} = \frac{1}{R}\left(\frac{\mathrm{d}^2 u}{\mathrm{d}\varphi^2} + u\right) \tag{k}$$

变形后曲率的增量为

$$\frac{\mathrm{d}\theta}{\mathrm{d}s} = \frac{1}{R^2}\left(\frac{\mathrm{d}^3 u}{\mathrm{d}\varphi^3} + \frac{\mathrm{d}u}{\mathrm{d}\varphi}\right) \tag{l}$$

弯矩M与曲率增量$\frac{\mathrm{d}\theta}{\mathrm{d}s}$之间的弹性关系为

$$M = -EI\frac{\mathrm{d}\theta}{\mathrm{d}s}$$

故得

$$M = -\frac{EI}{R^2}\left(\frac{\mathrm{d}^3 u}{\mathrm{d}\varphi^3} + \frac{\mathrm{d}u}{\mathrm{d}\varphi}\right) \tag{m}$$

将式（m）代入式（13-22），得到

$$\frac{d^6u}{d\varphi^6}+\frac{d^4u}{d\varphi^4}+\left(1+\frac{qR^3}{EI}\right)\left(\frac{d^4u}{d\varphi^4}+\frac{d^2u}{d\varphi^2}\right)=0 \qquad (13\text{-}23)$$

这就是用 u 表示的圆环和圆拱在均匀水压作用下的稳定微分方程。

方程（13-23）的一般解为

$$u=C_1+C_2\varphi+C_3\sin\varphi+C_4\cos\varphi+C_5\sin\beta\varphi+C_6\cos\beta\varphi \qquad (13\text{-}24)$$

式中

$$\beta=\sqrt{1+\frac{qR^3}{EI}} \qquad (\text{n})$$

由式（j）和式（m），可求得

$$v=\frac{du}{d\varphi}=C_2+C_3\cos\varphi-C_4\sin\varphi+C_5\beta\cos\beta\varphi-C_6\beta\sin\beta\varphi \qquad (13\text{-}25)$$

$$M=-\frac{EI}{R^2}[C_2+C_5(1-\beta^2)\beta\cos\beta\varphi-C_6(1-\beta^2)\beta\sin\beta\varphi] \qquad (13\text{-}26)$$

根据具体问题的边界条件，可以得到包含积分常数 C_1～C_6 的代数方程。要求 C_1～C_6 不全为零的解，必须有方程的系数行列式 $D=0$，从而得到圆环和圆拱问题的特征方程。解此特征方程，即可求出临界荷载 q_{cr}。

2. 拱的临界荷载系数和计算长度

为了应用上的方便，可将用上面方法求得的各种等截面圆拱受均匀静水压力作用时最小临界荷载 q_{cr} 的结果写成如下形式

$$q_{cr}=K_1\frac{EI}{l^3} \qquad (13\text{-}27)$$

式中，l 为拱的跨度；K_1 为与拱的高跨比有关的临界荷载系数，见表 13-3。

表 13-3　等截面抛物线拱受水平均布竖向荷载作用时的临界荷载系数 K_2 值

$\frac{f}{l}$	无铰拱（反对称失稳）	两铰拱（反对称失稳）	三铰拱	
			对称换稳	反对称失稳
0.1	60.7	28.5	22.5	28.5
0.2	101.0	45.4	39.6	45.4
0.3	115.0	46.5	47.3	46.5
0.4	111.0	43.9	49.2	43.9
0.5	97.4	38.4	—	38.4
0.6	83.8	30.5	38.0	30.5

抛物线拱在竖向均布荷载作用下的稳定问题，计算较复杂，其微分方程不能以有限形式解出，而需采用数值积分法。其结果的临界荷载值也可以写成如

下形式

$$q_{cr} = K_2 \frac{EI}{l^3} \tag{13-28}$$

对于拱我们也可以引进计算长度的概念。为此，把拱的临界力表示成如下形式

$$F_{cr} = \frac{\pi^2 EI}{s_0^2} \tag{13-29}$$

式中：F_{cr} 为临界轴力；s_0 为拱的计算长度。

对于受均匀静水压力作用的等截面圆拱

$$F_{cr} = q_{cr} R = K_1 \frac{R}{l}\frac{EI}{l^2}$$

由图 13-23 知，圆弧线的几何尺寸间有以下关系

$$R^2 = (R - f)^2 + \left(\frac{l}{2}\right)^2$$

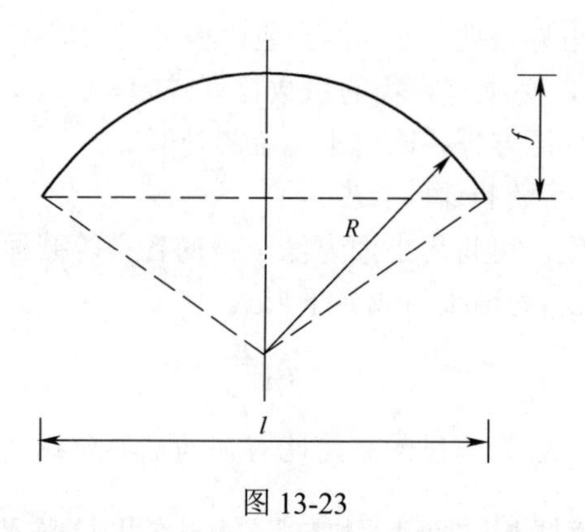

图 13-23

由此求得

$$\frac{R}{l} = \frac{1}{8}\left(\frac{l}{f} + 4\frac{f}{l}\right)$$

所以圆拱的计算长度可由式（13-29）求得如下

$$s_0 = \pi\sqrt{\frac{EI}{F_{cr}}} = l\sqrt{\frac{8\pi^2}{K_1}\frac{1}{\left(\frac{l}{f} + 4\frac{f}{l}\right)}}$$

对于受水平均布竖向荷载作用的等截面抛物线拱，因为各截面的轴力不是常量，可用跨中截面的轴力 F_{cr} 作为临界轴力，即 $F_{cr} = q_{cr}\frac{l^2}{8f}$，再利用式（13-28），

可得

$$F_{cr}=K_2\frac{l}{8f}\frac{EI}{l^2}$$

由式（13-29）得到抛物线拱的计算长度如下

$$s_0=\sqrt{\frac{\pi^2 EI}{N_{cr}}}=l\sqrt{\frac{8\pi^2}{K_2}\frac{f}{l}}$$

可见拱的计算长度是与拱轴的形状和高跨比$\frac{f}{l}$有关的。

表 13-4 给出两种不同轴线形式的两铰拱在不同高跨比时的计算长度系数。

表 13-4　两铰拱的计算长度系数 $\frac{s_0}{l}$

$\frac{f}{l}$	圆拱	抛物线拱
0.1	0.518	0.526
0.2	0.588	0.590
0.3	0.658	0.714
0.4	0.766	0.848
0.5	0.908	1.015

从表 13-4 可以看出，两铰拱的计算长度系数随高跨比$\frac{f}{l}$的增加而增大。在相同的高跨比的情况下，抛物线拱比圆拱的系数稍大一些；当拱较扁平时（如$\frac{f}{l}\leqslant 0.2$），两者的差别不大。

对于扁平的拱，拱的弧长$s\approx l\left(1+\frac{8}{3}\frac{f^2}{l^2}\right)$。当$\frac{f}{l}=\frac{1}{5}$时，$s\approx 1.107l$。由表 13-4 可知，圆拱和抛物线拱的计算长度基本相等，其值为$s_0\approx 0.59\times\frac{1}{1.107}\mathrm{s}=0.533\mathrm{s}$。如果近似地按半个拱的弧长计算，则得$s_0=0.5\mathrm{s}$，这时误差在 6%以内。

§13-9　窄条梁的稳定

图 13-24（a）所示为一窄而高的矩形截面悬臂梁，在荷载 F 作用下 yz 平面内产生平面弯曲。当荷载增大到某个临界值时（此时梁截面上的压应力达到其临界

值），梁将在 yz 平面外产生侧向变形而失稳，如图 13-24（b）所示，此时梁已偏离原平面弯曲状态而同时产生了斜弯曲和扭转。这种问题称为窄条梁的稳定或梁的侧向稳定问题。

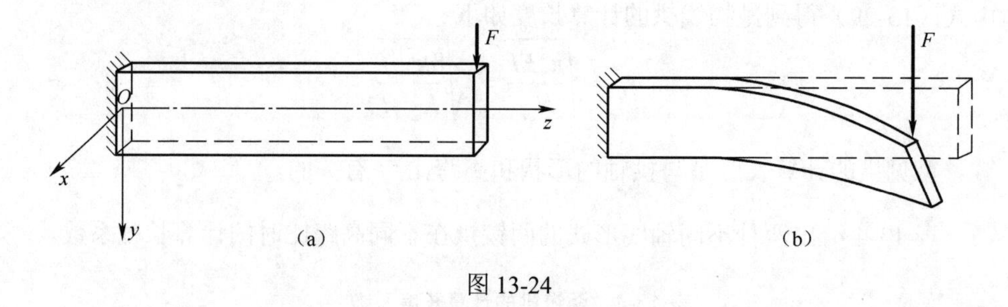

图 13-24

下面结合图 13-25（a）所示承受纯弯的矩形截面简支梁，说明窄条梁稳定问题的特点和解法。

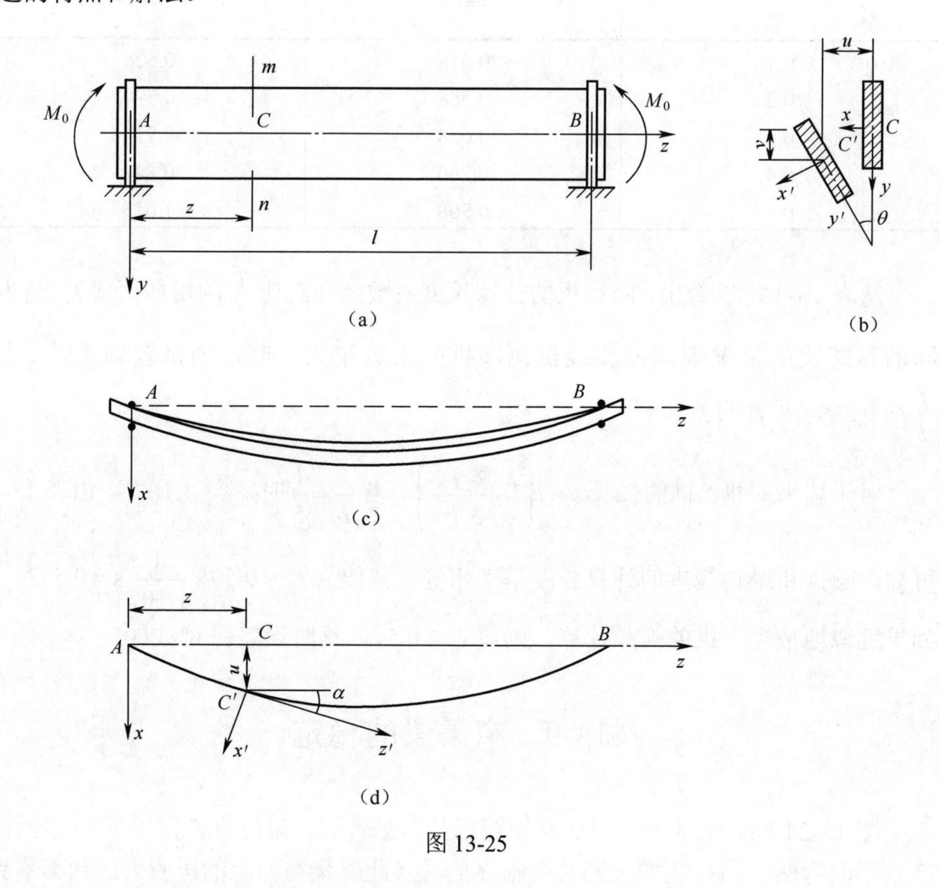

图 13-25

当梁侧向失稳时，任一截面 mn 的形心 C 在 x 和 y 轴方向产生位移 u 和 v，同时截面还绕 z 轴产生转角 θ（图 13-25（b））。位移 u 和 v 以沿 x 轴和 y 轴正方向者为正；当朝正方向看时，转角 θ 以顺时针转向为正。

图 13-25（c）和（d）分别为处于变形状态的梁和梁的轴线在 xz 平面上的投影图。截面 mn 绕 y 轴的转角为 $\alpha=\dfrac{\mathrm{d}u}{\mathrm{d}z}$。

除固定坐标轴 x、y、z 外，我们还在变形后的截面 mn 形心 C'处设置新坐标 x'、y'、z'，其中 x'轴和 y'轴是截面的主轴，而 z'轴则与变形后的梁轴线的切线相重合。

将力偶 M_0 沿 x'、y'、z'轴分解，就可求得梁在截面 mn 处所受的弯矩和扭矩。为了清晰起见，力偶按右手螺旋规则用双箭头向量来表示。同时对弯矩和扭矩的正负号作如下规定：作用于正面（截面的外法线与 z 轴正方向一致者称为正面）上的弯矩和扭矩，如果其向量指向坐标轴的正方向，则取正值。根据图 13-26，并考虑到 θ 和 α 都很小，可求得力偶 M_0 沿 x'、y'、z'轴的三个分量如下

$$\left.\begin{aligned}M_{x'}&=M_0\\M_{y'}&=-M_0\theta\\M_{z'}&=M_0\alpha=M_0\frac{\mathrm{d}u}{\mathrm{d}z}\end{aligned}\right\}\qquad\text{(a)}$$

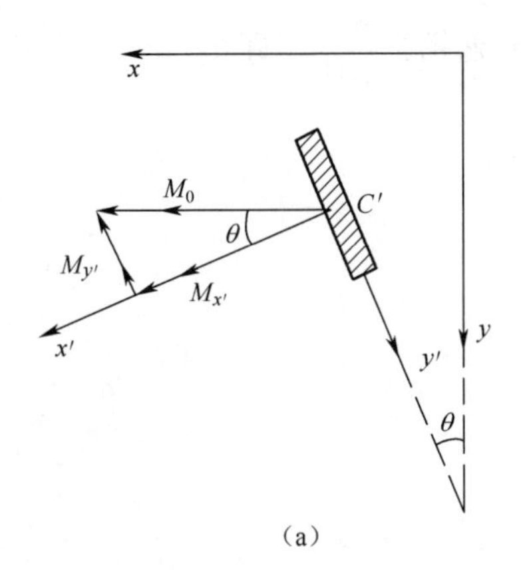

（a）

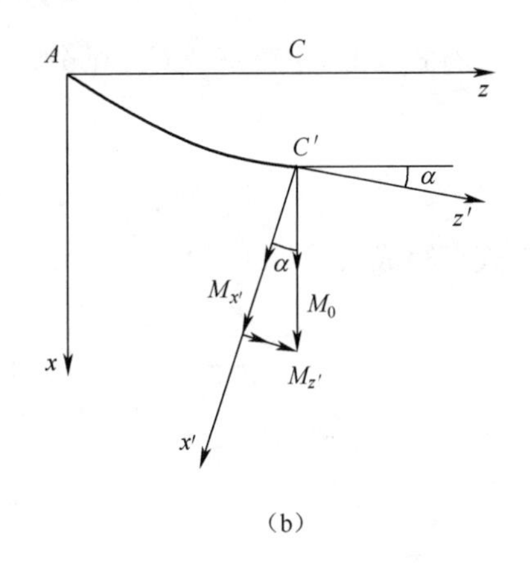

（b）

图 13-26

梁的两个弯曲微分方程为

$$\left.\begin{aligned} EI_x \frac{d^2 v}{dz^2} &= -M_{x'} \\ EI_y \frac{d^2 u}{dz^2} &= M_{y'} \end{aligned}\right\} \tag{b}$$

梁的扭转微分方程为

$$GJ\frac{d\theta}{dz} = M_{z'} \tag{c}$$

这里I_x和EI_y是截面绕两个主轴的抗弯刚度，GJ是载面的抗扭刚度。

将式（a）代入式（b）和式（c），得

$$\left.\begin{aligned} EI_x \frac{d^2 v}{dz^2} &= -M_0 \\ EI_y \frac{d^2 u}{dz^2} &= -M_0\theta \\ GJ\frac{d\theta}{dz} &= M_0\frac{du}{dz} \end{aligned}\right\} \tag{d}$$

其中第一式是梁在yz平面内弯曲的微分方程，与侧向变形无关，我们不加讨论。后面两个式子与侧向位移u和扭转角θ相关。联立解这两个方程，并寻找u和θ不全为零的条件，即可得出侧向失稳时的临界荷载M_{0cr}。

将式（d）中第三式对z微分，再与第二式一起消去$\frac{d^2u}{dz^2}$，即得

$$GJ\frac{d^2\theta}{dz^2} + \frac{M_0^2}{EI_y}\theta = 0$$

上式可写成

$$\frac{d^2\theta}{dz^2} + n^2\theta = 0 \tag{e}$$

其中

$$n^2 = \frac{M_0^2}{GJEI_y} \tag{f}$$

式（a）的解为

$$\theta = A\sin nz + B\cos nz$$

边界条件为：当$z=0$和$z=l$时，

$$\theta = 0$$

由此得

$$B = 0$$

$$A\sin nl = 0$$

为了求θ的非零解，因此$A \neq 0$，而

$$\sin nl = 0$$

由此得

$$nl = \pi$$

由式（f），求得临界弯矩M_{0cr}如下

$$M_{0cr} = \frac{\pi}{l}\sqrt{GJEI_y}$$

由此看出，侧向失稳的临界弯矩M_{0cr}与侧向抗弯刚度I_y和抗扭刚度GJ都有关。

窄条梁在其他荷载作用下或其他支承情况下的临界荷载，可照上述相同的方法求解，在此不再讨论读者可参阅有关书籍。

复习思考题

1. 何谓分支点失稳？何谓极值点失稳？这两种失稳形式的特点有何不同?

2. 试述静力法求临界荷载的原理和步骤。试比较单自由度、多自由度和无限自由度体系的异同点。

3. 增加或减小杆端的约束刚度，对压杆的计算长度和临界荷载值有什么影响？

4. 怎样根据各种刚性支承压杆的临界荷载值来估计弹性支承压杆临界值的范围？

5. 试述能量法求临界荷载的原理和步骤。为什么用能量法求得的临界荷载值通常都是近似解？而且总是大于精确解？

6. 试比较用静力法和能量法求临界荷载在原理和步骤上的异同点。

7. 在什么情况下，刚架的稳定问题才宜于简化为一根弹性支承压杆的稳定问题？

8. 对超静定结构在荷载作用下作静力分析时，各杆的EI值可用相对值，而不影响结果的内力值。在稳定计算时，是否仍然可用各杆EI的相对值？这会影响临界值的结果吗？为什么？

习题

13-1 刚性杆 ABC 在两端分别作用重力 F_1、F_2。设杆可绕 B 点在竖直面内自由手动，试用两种方法对下面三种情况讨论其平衡形式的稳定性：

（a）$F_1 < F_2$；

（b）$F_1 > F_2$；

（c）$F_1 = F_2$。

13-2 假定弹性支座的刚度系数为 k，试用两种方法求临界荷载 q_{cr}。

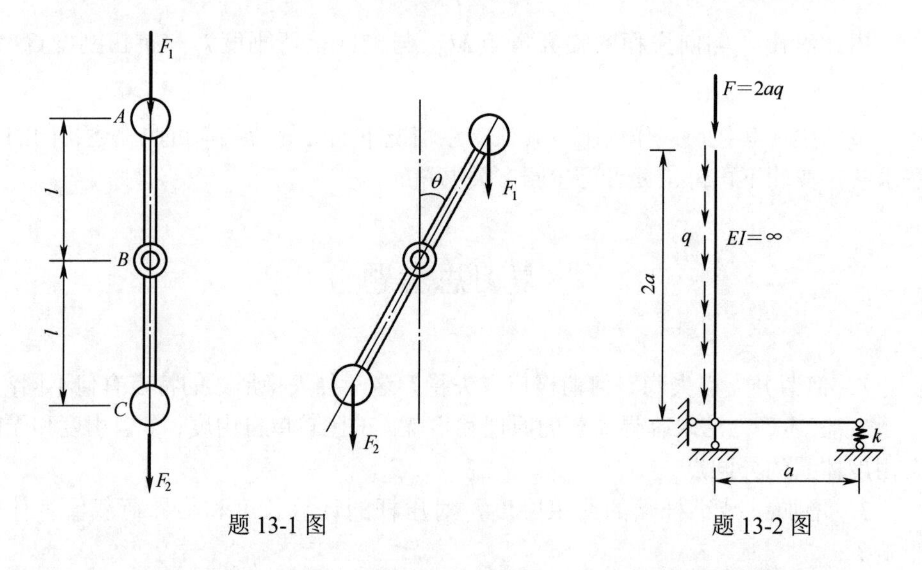

题 13-1 图　　题 13-2 图

13-3 试用两种方法求图示结构临界荷载 F_{cr}，设弹性支座的刚度系数为 k。

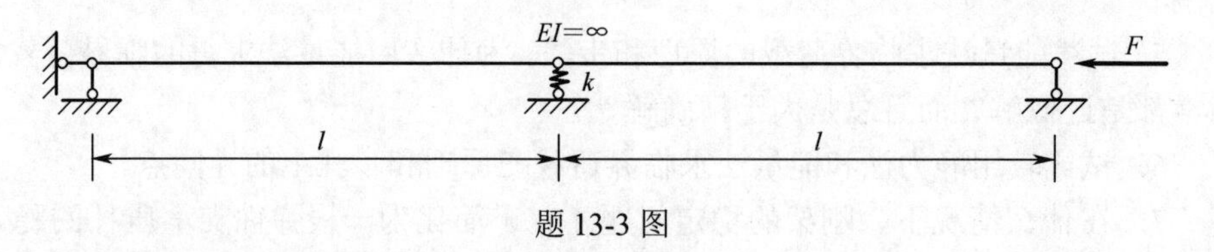

题 13-3 图

13-4 试用两种法求图示结构临界荷载 F_{cr}。

13-5 试用两种方法求图示结构临界荷载 F_{cr}，设备杆 $EI=\infty$，弹性铰相对转动的刚度系数为 k。

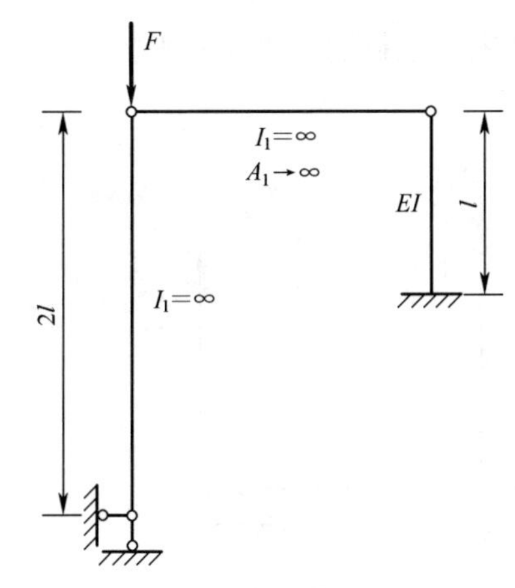

题 13-4 图

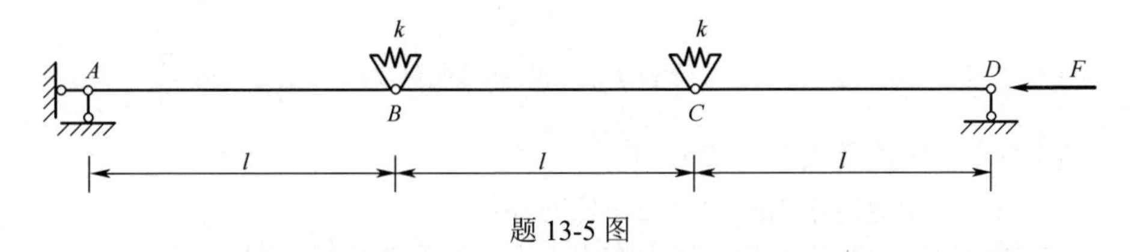

题 13-5 图

13-6　试用静力法求图示结构在下面三种情况下的临界荷载和失稳形式：

（a）$EI_1=\infty$， $EI_2=$常数；

（b）$EI_2=\infty$， $EI_1=$常数；

（c）在什么条件下，失稳形式既可能是（a）的形式又可能是（b）的形式？

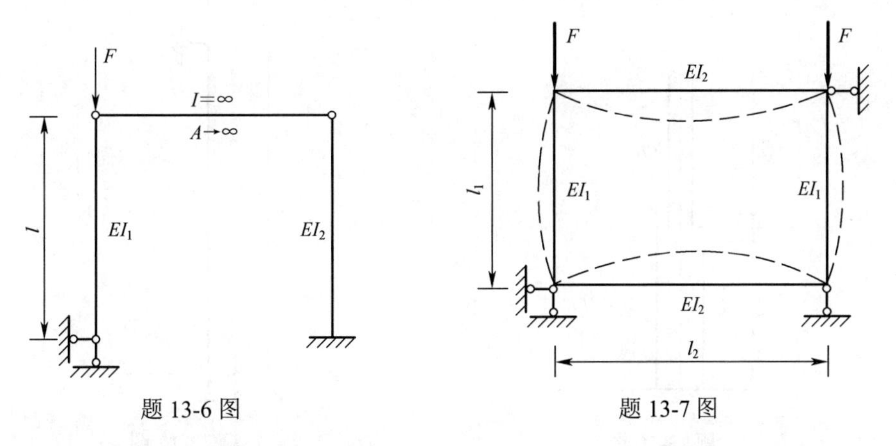

题 13-6 图　　　　题 13-7 图

13-7　设体系按虚线所示变形状态丧失稳定，试写出临界状态的特征方程。

13-8　试写出图示体系丧失稳定时的特征方程。

13-9 试用静力法求图示压杆的临界荷载 F_{cr}。

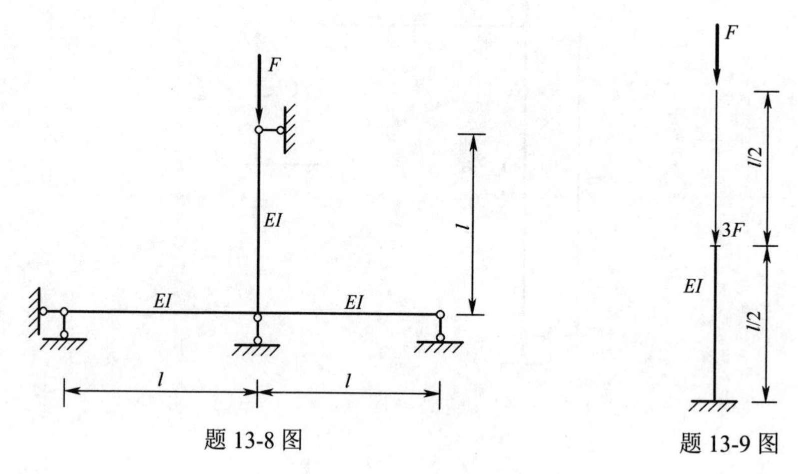

题 13-8 图 题 13-9 图

13-10 试用能量法求临界荷载 F_{cr}，设变形曲线为 $y=a\left(1-\cos\dfrac{\pi x}{2l}\right)$。

13-11 试用能量法重做题 13-9。

13-12 试用能量法求图示变截面杆的临界荷载 F_{cr}。

13-13 试写出在均匀静水压力作用下无铰圆拱的特征方程。

13-14 试写出图示带横隔的圆环的特征方程，并求其临界荷载。

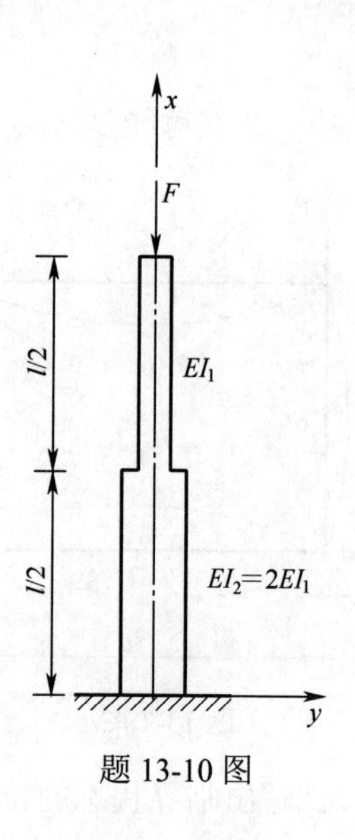

题 13-10 图

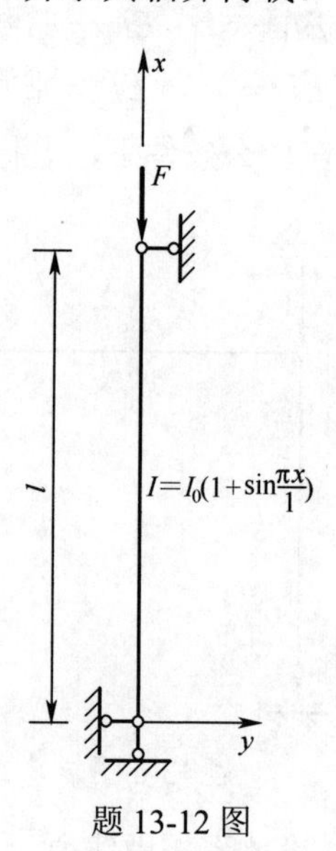

题 13-12 图

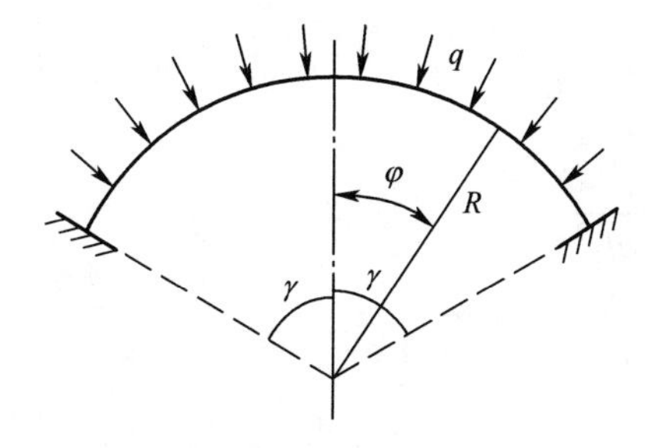

题 13-13 图

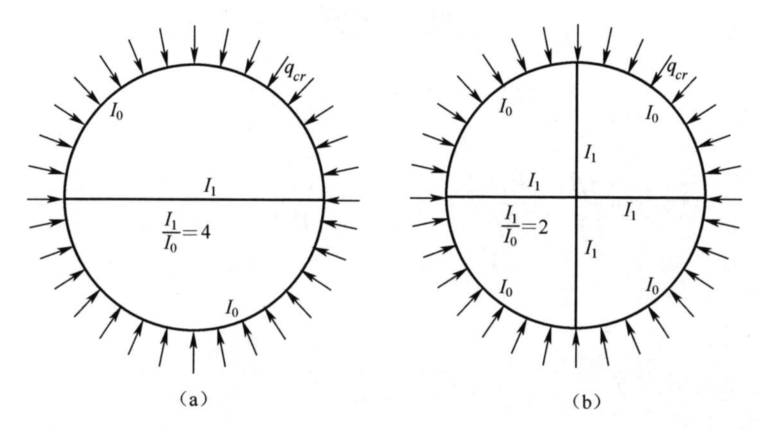

题 13-14 图

参考答案

13-1　（a）$\theta=0$，稳定平衡；$\theta=\pi$，不稳定平衡。
（b）$\theta=0$，不稳定平衡；$\theta=\pi$，稳定平衡。
（c）随遇平衡。

13-2　$q_{cr}=\dfrac{k}{6}$

13-3　$F_{cr}=\dfrac{kl}{2}$

13-4　$F_{cr}=\dfrac{6EI}{l^2}$

13-5　$F_{cr1}=\dfrac{k}{l}$，$F_{cr2}=3\dfrac{k}{l}$

13-6　（a）$F_{cr}=\dfrac{3EI_2}{l^2}$；（b）$F_{cr}=\dfrac{\pi EI_1}{l^2}$；（c）$\pi I_1=3I_2$

13-7 $\tan\frac{al_1}{2}+\frac{i_1}{i_2}\frac{al_1}{2}=0$

13-8 $\tan al=\frac{al}{1+\frac{(al)^2}{6}}$

13-9 $F_{cr}=\frac{1.515EI}{l^2}$

13-13 最小临界荷载发生于反对称变形时，特征方程为

$$\frac{\tan\gamma}{\gamma}=\frac{\tan(\beta\gamma)}{\beta\gamma}$$

13-14 （a）$\cot\frac{\pi\beta}{2}=\frac{2(\beta^2-1)I_0}{3\beta I_1}$，$q_{cr}=6.6\frac{EI_1}{R^3}$

（b）$\cot\frac{\pi\beta}{4}=\frac{\beta^2+2}{3\beta}$，$q_{cr}=20.9\frac{EI_1}{R^3}$

第十四章　结构的极限荷载

§14-1　概述

前面各章主要讨论结构的弹性计算，即假定应力与应变为线性关系，荷载全部卸除后结构没有残余变形。这对于结构在正常使用下的应力和变形状态，弹性计算能给出足够准确的结果。弹性计算在结构设计中采用许用应力法计算结构的强度，认为结构的最大应力达到材料的极限应力σ_u时结构将破坏，故其强度条件为

$$\sigma_{\max} \leqslant [\sigma] = \frac{\sigma_u}{n}$$

式中，$\sigma_{\max}$为结构的实际最大应力；$[\sigma]$为材料的许用应力；σ_u为材料的极限应力，对于脆性材料为其强度极限σ_b，对于塑性材料为其屈服极限σ_s；n为安全因数。

许用应力法至今在工程中仍广泛应用。然而，弹性计算法有一定的缺点，对于塑性材料的结构，特别是超静定结构，当最大应力达到屈服极限，甚至某一局部已进入塑性阶段时，结构并没有破坏，还能承受更大的荷载而进入塑性阶段继续工作。可见，按许用应力法以个别截面的局部应力来衡量整个结构的承载能力是不够经济合理的。

塑性设计方法是为了消除弹性设计方法的缺点而发展起来的。在塑性设计中，首先要确定结构破坏时所能承受的荷载（即极限荷载），然后将极限荷载除以荷载系数（即安全因数）得出容许荷载，并以此为依据进行设计，强度条件表示为

$$F \leqslant \frac{F_u}{K}$$

式中，F为结构实际承受的荷载；F_u为极限荷载；K为安全因数。

在结构塑性分析中，为了使所建立的理论比较简便实用，要对材料的力学性能即应力应变关系作某些合理的简化。一般都假设应力应变关系如图 14-1 所示。在应力达到屈服极限σ_s以前，材料是理想弹性的，应力与应变成正比；而应力达到σ_s后，材料转为理想塑性的，即应力保持不变，应变可以任意增长，如图中AB所示。同时，认为材料受拉和受压时的性能相同。当材料达到塑性阶段的某点

C 时如果卸载，则应力应变将沿着与 OA 平行的直线 CD 下降。应力减至零时，有残余应变 OD。也就是说，加载时，应力增加，材料是弹塑性的；卸载时，应力减小，材料是弹性的。

符合上述应力与应变关系的材料，称为理想弹塑性材料。一般的建筑用钢具有相当长的屈服阶段，在实际的钢结构中，加载后其应变通常不至于超过这一阶段，故采用上述简化图形是适宜的。钢筋混凝土受弯构件，在混凝土受拉区出现裂缝后，拉力完全由钢筋承受，故也可以采用上述简化图形。

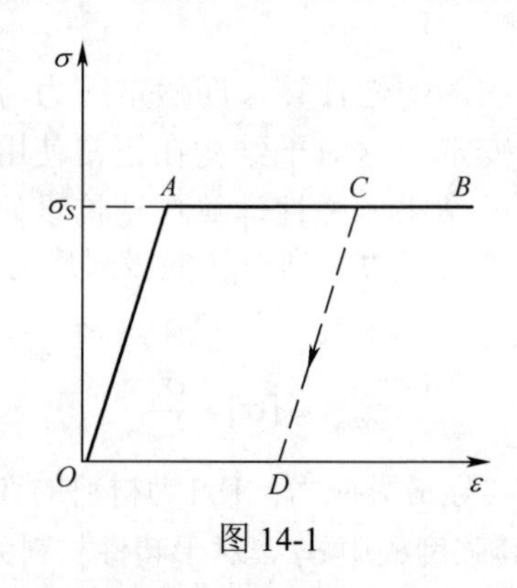

图 14-1

在结构的塑性分析中，叠加原理不再适用，因此要对各种荷载组合都必须单独进行计算。在本章中将研究塑性分析方法，并只考虑荷载一次加于结构，且各荷载按同一比例增加，即所谓比例加载的情况。

§14-2 极限弯矩、塑性铰和破坏机构

首先研究梁在弹性和塑性阶段的工作情况，说明一些基本概念。

设梁的横截面有一对称轴（图 14-2（a）），并承受对称平面内的竖向荷载作用。当荷载增加时，梁将逐渐由弹性阶段过度到塑性阶段。实验表明，无论在哪一个阶段，梁弯曲变形时的平面假设都是成立的。

当荷载较小时，梁完全处于弹性阶段，截面上的正应力都小于屈服极限 σ_s，并沿截面高度成直线分布（图 14-2（b））。当荷载增加到一定值时，若暂不考虑切应力的影响，则最外边缘处正应力将首先达到屈服极限 σ_s（图 14-2（c）），对应于此时的弯矩称为屈服弯矩，以 M_S 表示，按照弹性阶段的应力计算公式有

$$M_s = \sigma_s W$$

式中，W 为弯曲截面系数。

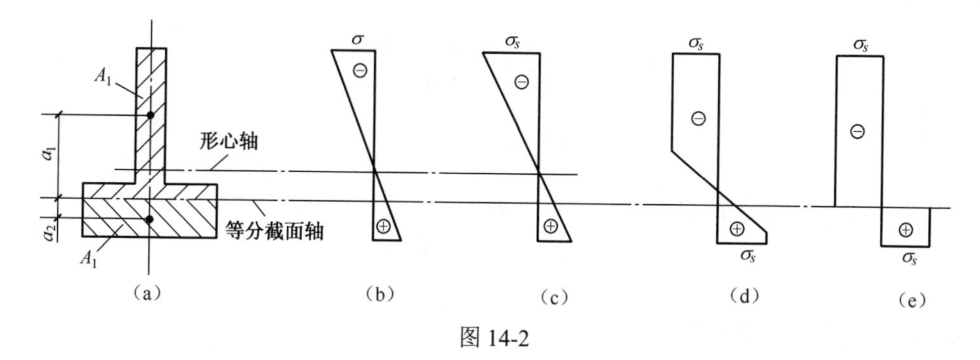

图 14-2

当荷载继续增加时，该截面由外向内将有更多的部分相继进入塑性流动阶段，它们的应力都保持σ_s的数值，但其余纤维都处于弹性阶段（图 14-2（d））。随着荷载的继续增加，塑性区将由外向内逐渐扩展，最后扩展到全部截面，整个截面的应力都达到了屈服极限σ_s，正应力分布图形成两个矩形（图 14-2（e））。这时的弯矩达到了该截面所能承受的最大数值，称为该截面的极限弯矩，以M_u表示。此时，该截面的弯矩不能再增大，但弯曲变形则可任意增长，这就相当于在该截面处出现了一个铰，称此铰为塑性铰。

塑性铰与普通铰的区别，第一是普通铰不能承受弯矩，而塑性铰承受着极限弯矩M_u；第二是普通铰可以向两个方向自由转动，即为双向铰，而塑性铰是单向铰，只能沿着弯矩的方向转动，当弯矩减小时，材料则恢复弹性，塑性铰即告消失。

截面的极限弯矩值可根据图 14-2（e）所示的正应力分布图确定。设受压和受拉部分截面面积分别为A_1和A_2，由于梁受竖向荷载作用时轴力为零，则有

$$\sigma_s A_1 - \sigma_s A_2 = 0$$

即

$$A_1 = A_2 = \frac{A}{2}$$

式中，A 为梁截面面积。即表明此时截面上受压和受拉部分的面积相等，亦即中性轴为等分截面轴。而截面上两个方向相反，大小相等的力$\sigma_u \dfrac{A}{2}$组成为一力偶，也就是该截面的极限弯矩M_u，即

$$M_u = \sigma_u A_1 a_1 + \sigma_u A_2 a_2 = \sigma_u (S_1 + S_2)$$

这里S_1和S_2分别为面积A_1和A_2对等面积轴的静矩。若令

$$W_s = S_1 + S_2 \tag{14-1}$$

称为塑性截面系数，则极限弯矩可表示为

$$M_u = \sigma_u W_s \tag{14-2}$$

对矩形截面$b \times h$，有

$$W_s = S_1 + S_2 = 2\frac{bh}{2}\frac{h}{4} = \frac{bh^2}{4}$$

$$M_u = \frac{bh^2}{4}\sigma_u$$

而相应的弹性截面系数和屈服弯矩分别为

$$W = \frac{bh^2}{6}，\ M_s = \frac{bh^2}{6}\sigma_s$$

可见，这两种弯矩的比值为

$$\frac{M_u}{M_s} = 1.5$$

这表明，对于矩形截面梁来说，按塑性计算比按弹性计算可使截面的承载能力提高 50%。

一般来说，比值

$$\alpha = \frac{M_u}{M_s} = \frac{W_s}{W} \tag{14-3}$$

矩形 $\alpha = 1.5$

圆形 $\alpha = 1.7$

薄壁圆环形 $\alpha \approx 1.27 \sim 1.4$（一般可取 1.3）

工字型 $\alpha \approx 1.1 \sim 1.2$（一般可取 1.15）

以上推导梁的极限弯矩时，忽略了剪力的影响。由于剪力的存在，截面的极限弯矩值将会降低，但这种影响将会很小，可以忽略。

当结构出现若干塑性铰而成为几何可变或瞬变体系时，称为破坏机构，此时结构已丧失了承载能力，即达到了极限状态。

对于静定结构，出现一个塑性铰即成为破坏机构。对于等截面梁，塑性铰必定首先出现在弯矩绝对值最大的截面处，根据塑性铰处的弯矩值等于极限弯矩 M_u 和平衡条件，可求得静定梁的极限荷载 F_u。

例 14-1 设有矩形截面简支梁在跨中承受集中荷载作用，试求极限荷载 F_u。

解： 由 M 图可知跨中截面的弯矩为最大，在极限荷载作用下，塑性铰将在跨中截面形成，这里弯矩达到极限弯矩 M_u。由静力平衡条件，有

$$\frac{F_u l}{4} = M_u$$

由此得

$$F_u = \frac{4M_u}{l} \tag{14-4}$$

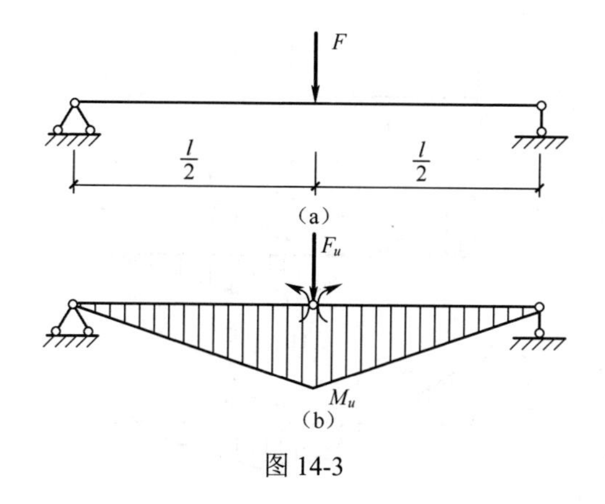

图 14-3

§14-3 单跨超静定梁的极限荷载

超静定梁由于具有多余联系，当出现一个塑性铰时，梁仍然是几何不变的，并不会破坏，还能承受更大的荷载。只有当相继出现更多的塑性铰而使梁变成几何可变或瞬变体系，即成为破坏机构时，才会丧失承载能力。

图 14-4（a）所示一端固定一端铰支的等截面梁，在跨中承受集中荷载作用。梁在弹性阶段的弯矩图可按求解超静定结构的方法求得，如图 14-4（b）所示，截面 A 的弯矩最大。当荷载增大到一定值时，A 端弯矩首先达到极限弯矩 M_u，并出现塑性铰。此时，梁成为在 A 端作用已知弯矩 M_u，并在跨中承受荷载 F 的简支梁，因而问题已转化为静定的，其弯矩图根据平衡条件即可求出（图 14-4（c））。但此时梁并未破坏，它仍是几何不变的，承载能力尚未达到极限值。若荷载继续增大，A 端弯矩将保持不变，最后跨中截面 C 的弯矩也达到极限弯矩 M_u，从而在该截面也形成塑性铰。这样，梁就成为几何可变的机构（图 14-4（e）），也就是达到极限状态。此时的弯矩图按平衡条件可作出如图 14-4（d）所示。由图可得

$$\frac{F_u l}{4}-\frac{M_u}{2}=M_u$$

由此得

$$F_u=\frac{6M_u}{l} \tag{14-5}$$

由以上讨论可以看出，极限荷载的计算实际上无须考虑弹塑性变形的发展过程，只要确定了结构最后的破坏机构形式，便可由平衡条件求出极限荷载，此时问题已成为静定的。对于超静定梁，只需使破坏机构中各塑性铰处的弯矩都等于极限弯矩，并据此按静力平衡条件作出弯矩图，即可确定极限荷载。这种利用静力平衡条件确定极限荷载的方法称为静力法。

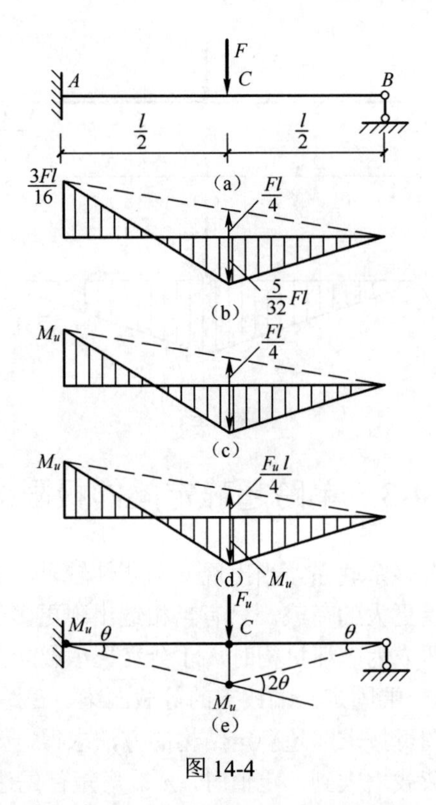

图 14-4

也可以利用虚功原理来确定极限荷载，这种方法称为机动法。如图 14-4（e）中，设机构沿荷载正方向产生微小的虚位移，由虚功方程可得

$$F_u \frac{l}{2} \theta = M_u \theta + M_u \times 2\theta$$

由上式同样可得

$$F_u = \frac{6M_u}{l}$$

下面再举例来说明单跨超静定梁极限荷载的计算。

例 14-2 试求图 14-5（a）所示两端固定的等截面梁极限荷载。

解：此梁须出现三个塑性铰才能成为瞬变体系而进入极限状态。由于最大负弯矩发生在两固端截面 A、B 处，而最大正弯矩发生在截面 C 处，故塑性铰必定出现在此三个截面。用静力法求解时，作出极限状态的弯矩图如图 14-5（b）所示，由平衡条件有

$$\frac{F_u ab}{l} = M_u + M_u$$

可得

$$F_u = \frac{2l}{ab} M_u$$

若用机动法，作出机构的虚位移图（图 14-5（c）），有

$$F_u a\theta = M_u \theta + M_u \frac{l}{b}\theta + M_u \frac{a}{b}\theta$$

可得

$$F_u = \frac{2l}{ab} M_u$$

结果与静力法相同。

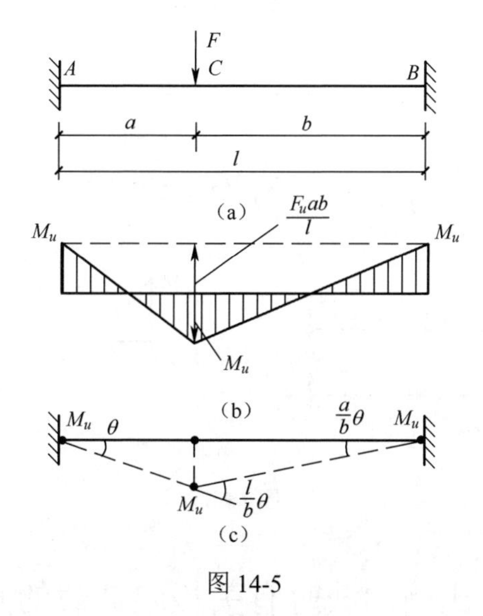

图 14-5

例 14-3　试求图 14-6（a）所示一端固定另一端铰支的等截面梁在均布荷载作用时的极限荷载 q_u 。

解： 此梁出现两个塑性铰即达到极限状态。一个塑性铰在最大负弯矩所在的截面，即固定端 A 处；另一个塑性铰在最大正弯矩所在的截面，即剪力为零处，此截面位置有待确定，设其距铰支端距离为 x（图 14-6（b））。现用静力法求解，由 $\sum M_A = 0$ 有

$$F_B l - \frac{q_u l^2}{2} + M_u = 0$$

再由

$$F_{Sx} = 0\text{，}\quad -F_B + q_u x = -\left(\frac{q_u l}{2} - \frac{M_u}{l}\right) + q_u x = 0$$

有

$$q_u = \frac{M_u}{l\left(\frac{l}{2} - x\right)} \tag{a}$$

而最大正弯矩的值亦等于 M_u，故有

$$\frac{q_u(2x)^2}{8} = M_u$$

将式（a）代入，化简后有

$$x^2 + 2lx - l^2 = 0$$

解得

$$x = (\sqrt{2} - 1)l = 0.4142l$$

代入式（a）求得

$$q_u = (6 + 4\sqrt{2})\frac{M_u}{l^2} = \frac{11.66M_u}{l^2}$$

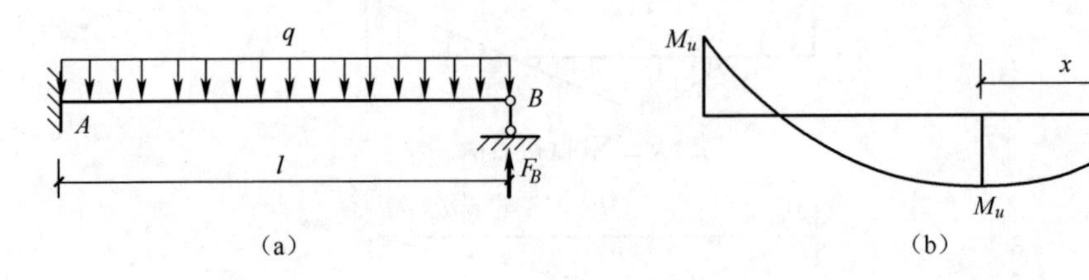

图 14-6

§14-4 比例加载时有关极限荷载的几个定理

前述确定极限荷载的算例中，结构和荷载都较简单，其破坏机构的形式较容易确定。当结构和荷载较复杂时，真正的破坏机构形式则较难确定，其极限荷载的计算可借助于下面介绍的比例加载时的几个定理。

比例加载是指作用于结构上的各个荷载增加时，始终保持它们之间原有的固定比例关系，且不出现卸载现象。此时，所有荷载都包含一个公共参数 F，称为荷载参数，因此确定极限荷载实际上就是确定极限状态时的荷载参数 F_u。

如前所述，结构处于极限状态时，应同时满足下述三个条件：

（1）机构条件。在极限状态中，结构必须出现足够数目的塑性铰而成为机构（几何可变或瞬变），可沿荷载作正功的方向发生单向运动。

（2）内力局限条件。在极限状态中，任一截面的弯矩绝对值都不超过其极限

弯矩，即$|M| \leqslant M_u$。

（3）平衡条件。在极限状态中，结构的整体或任一局部仍须维持平衡。

我们把满足机构条件和平衡条件的荷载（不一定满足内力局限条件）称为可破坏荷载，用F^+表示；而把满足内力局限条件和平衡条件的荷载（不一定满足机构条件）称为可接受荷载，用F^-表示。由于极限状态须同时满足上述三个条件，故可知极限荷载既是可破坏荷载，又是可接受荷载。

比例加载时有关极限荷载的几个定理为：

（1）极小定理

极限荷载是所有可破坏荷载中的最小者。

（2）极大定理

极限荷载是所有可接受荷载中的最大者。

（3）唯一性定理

极限荷载值只有一个确定值。因此，某荷载既是可破坏荷载，又是可接受荷载，则可断定该荷载即为极限荷载。

首先来证明可破坏荷载F^+恒不小于可接受荷载F^-，即$F^+ \geqslant F^-$。

取任一破坏机构，给以单向虚位移，由虚功方程有

$$F^+\delta = \sum_{i=1}^{n}|M_{ui}| \cdot |\theta_i|$$

因为塑性铰是单向铰，极限弯矩M_{ui}与相对转角θ_i恒为正，总是做正功，故可取两者绝对值相乘。又取任一可接受荷载F^-，相应的弯矩用M^-表示，令结构产生与上述机构相同的虚位移，则有

$$F^-\delta = \sum_{i=1}^{n}M_i^-\theta_i$$

由内力局限条件可知

$$M_i^- \leqslant |M_{ui}|$$

故有

$$\sum_{i=1}^{n}M_i^-\theta_i \leqslant \sum_{i=1}^{n}|M_{ui}| \cdot |\theta_i|$$

从而

$$F^+ \geqslant F^-$$

得证。

再来证明上述三个定理：

（1）极小定理。因F_u属于F^-，故$F_u \leqslant F^+$。

（2）极大定理。因 F_u 属于 F^+，故 $F_u \geqslant F^-$。

（3）唯一性定理。设有两个极限荷载 F_{u1} 和 F_{u2}，因 F_{u1} 为 F^+、F_{u2} 为 F^-，故有 $F_{u1} \geqslant F_{u2}$；又因为 F_{u1} 亦为 F^-、F_{u2} 亦为 F^+，故又有 $F_{u1} \leqslant F_{u2}$。因此，只有 $F_{u1} = F_{u2}$。得证。

§ 14-5 计算极限荷载的穷举法和试算法

当结构或荷载情况较复杂，难于确定极限状态的破坏机构形式时，可根据上节的定理，采用下述方法之一来确定极限荷载：

（1）穷举法，也称机构法或机动法。列举所有可能的各种破坏机构，由平衡条件或虚功原理求出相应的荷载，取其中最小者即为极限荷载。

（2）试算法。任选一种破坏机构，由平衡条件或虚功原理求出相应的荷载，并作出其弯矩图，若满足内力局限条件，则该荷载即为极限荷载；若不满足，则另选一机构再计算，直到满足。

例 14-4 试求图 14-7（a）所示变截面梁的极限荷载。

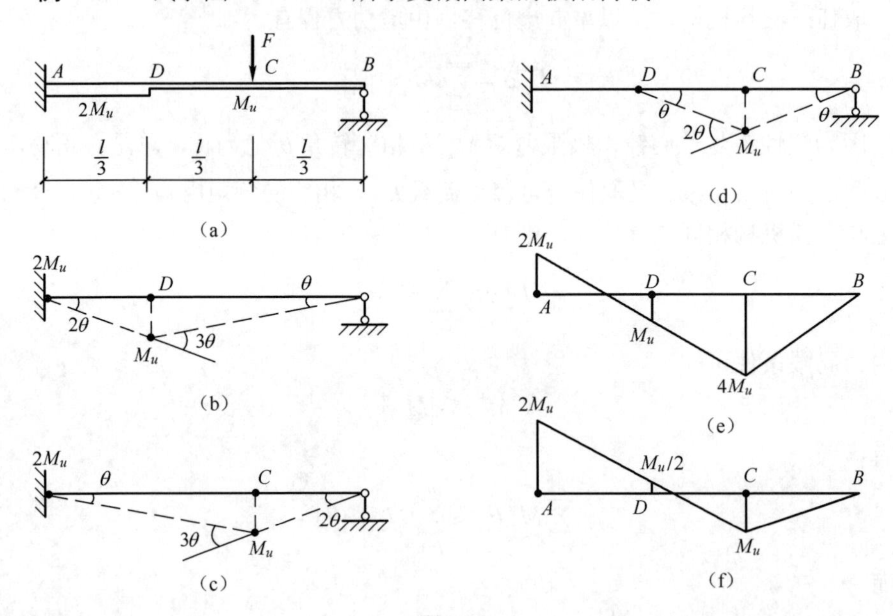

图 14-7

解：此梁出现两个塑性铰即成为破坏机构。除了最大负弯矩和最大正弯矩所在的截面 A、C 外，截面突变处 D 右侧也可能出现塑性铰。

（1）用穷举法求解。共有以下 3 种可能的破坏机构。

机构 1：设 A、D 处出现塑性铰（图 14-7（b）），由

$$F\frac{l}{3}\theta = 2M_u \times 2\theta + M_u \times 3\theta$$

得

$$F = \frac{21M_u}{l}$$

机构 2：设 A、C 处出现塑性铰（图 14-7（c）），由

$$F\frac{2l}{3}\theta = 2M_u\theta + M_u \times 3\theta$$

得

$$F = \frac{7.5M_u}{l}$$

机构 3：设 D、C 处出现塑性铰（图 14-7（d）），由

$$F\frac{l}{3}\theta = M_u\theta + M_u \times 2\theta$$

得

$$F = \frac{9M_u}{l}$$

选最小值得

$$F_u = \frac{7.5M_u}{l}$$

即实际的破坏机构是机构 2。

（2）用试算法求解。设首先选机构 1（图 14-7（b）），可求得相应的荷载为 $F = \frac{21M_u}{l}$（计算同上）。然后，由塑性铰 A 处的弯矩为 $2M_u$（上边受拉），D（右侧）处的弯矩为 M_u（下边受拉），以及无荷载段弯矩为直线，铰 B 处弯矩为零，便可绘出其弯矩图（图 14-7（e））。此时，截面 C 的弯矩已达 $4M_u$ 超过了其极限弯矩 M_u，故此机构不是极限状态。

现另选机构 2 试算（图 14-7（c））。先求得其相应的荷载（计算同上）为 $F = \frac{7.5M_u}{l}$；然后，同理可作出其弯矩图如图 14-7（f）所示。可见，所有截面的弯矩均未超过其极限弯矩值，故此时的荷载为可接受荷载，因而极限荷载为

$$F_u = \frac{7.5M_u}{l}$$

§14-6 连续梁的极限荷载

对于连续梁（图 14-8（a）），可能由于中间某一跨出现三个塑性铰或铰支端跨出现两个塑性铰而成为破坏机构（图 14-8（b）、（c）和（d）），也可能由相邻各跨联合形成破坏机构（图 14-8（e））。可以证明，当各跨分别为等截面梁，所有荷载方向均相同（通常向下）时，只可能出现某一跨单独破坏的机构。因为在这种情况下，各跨的最大负弯矩只可能发生在两端支座截面处，而在各跨联合机构中（图 14-8（e）），至少会有一跨在中部出现负弯矩的塑性铰，因此这是不可能出现的。于是，对于这种连续梁，只需将各跨单独破坏时的荷载分别求出，然后取其中最小者，便是连续梁的极限荷载。

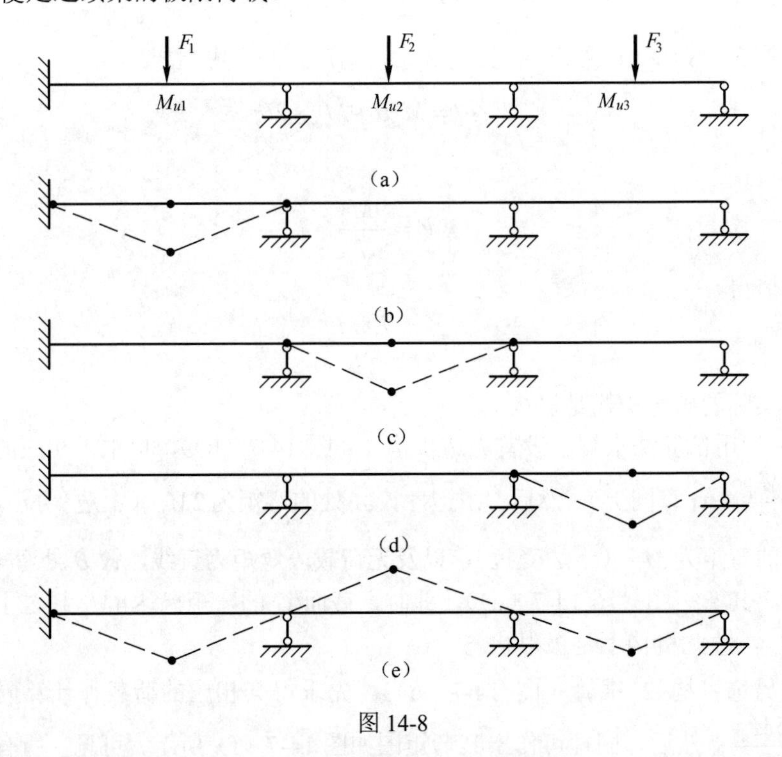

图 14-8

例 14-5 试求图 14-9（a）所示连续梁的极限荷载。各跨都是等截面的，其极限弯矩如图所示。

解：第 1 跨机构（图 14-9（b））：

$$0.8Fa\theta = M_u \times 2\theta + M_u\theta$$

$$F = \frac{3.75M_u}{a}$$

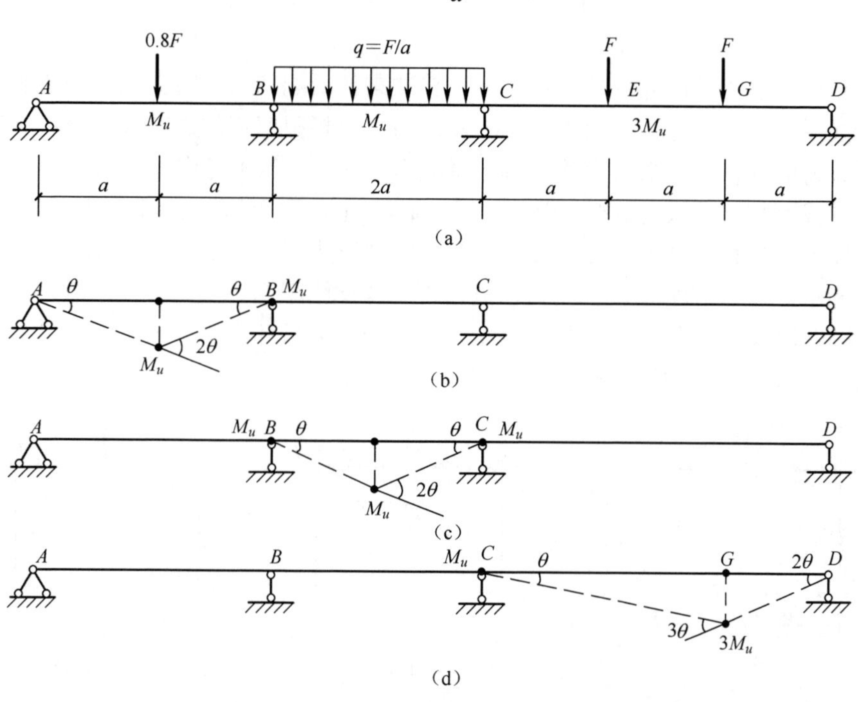

图 14-9

第 2 跨机构（图 14-9（c））：由对称可知，最大正弯矩的塑性铰出现在跨度中点。而均布荷载所做虚功等于其集度乘虚位移图的面积，有

$$\frac{F}{a}\frac{2a}{2}a\theta = M_u\theta + M_u \times 2\theta + M_u\theta$$

$$F = \frac{4M_u}{a}$$

第 3 跨机构（图 14-9（d））：由弯矩图形状可知最大正弯矩在截面 G 处，故塑性铰出现在 C、G 两点。注意 C 支座处截面有突变，极限弯矩应取其两侧的较小值。故有

$$Fa\theta + F \times 2a\theta = M_u\theta + 3M_u \times 3\theta$$

$$F = \frac{3.33M_u}{a}$$

比较以上结果，按极小定理可知第 3 跨首先破坏，极限弯矩为

$$F_u = \frac{3.33M_u}{a}$$

§14-7 刚架的极限荷载

下面仍然用前面介绍的穷举法或试算法来计算刚架的极限荷载。刚架的杆件中一般要同时承受弯矩、剪力和轴力，而剪力对极限弯矩的影响较小，可略去；由于轴力的存在，极限弯矩的数值也将减小，这里亦暂不考虑其影响。

计算刚架的极限荷载时，首先要确定破坏机构可能的形式。例如图 14-10（a）所示刚架，各杆分别为等截面杆，由弯矩图的形状可知，塑性铰只可能在 A、B、C（下侧）、E（下侧）、D 五个截面处出现。但此刚架为 3 次超静定，故只要出现 4 个塑性铰或在一直杆上出现 3 个塑性铰，即成为破坏机构。因此，有多种可能的机构形式。用穷举法求解以下各机构。

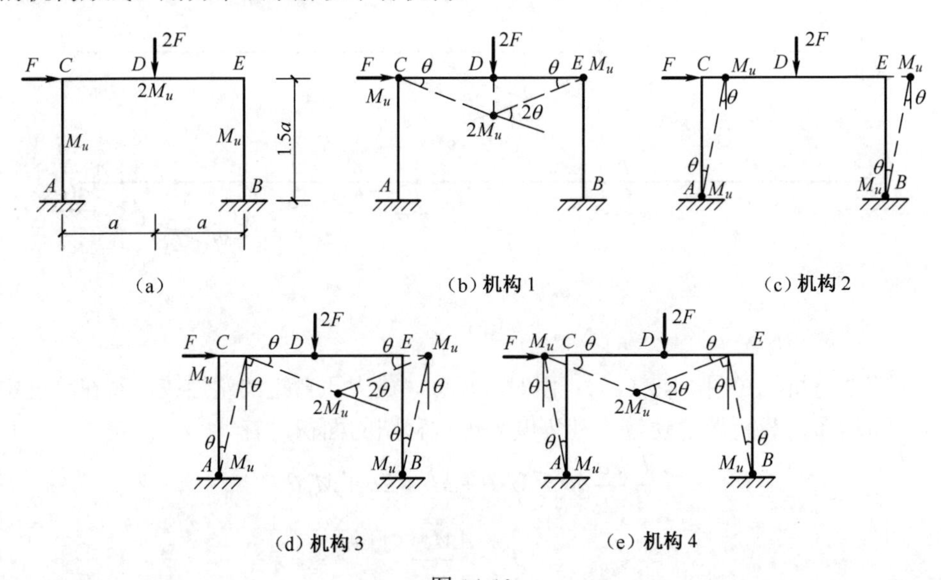

图 14-10

机构 1（图 14-10（b））：横梁上出现 3 个塑性铰而成为瞬变（其余部分仍几何不变），故又称“梁机构”。列出虚功方程为

$$2Fa\theta = M_u\theta + 2M_u \times 3\theta + M_u\theta$$

得

$$F = 3\frac{M_u}{a}$$

机构 2（图 14-10（c））：4 个塑性铰出现在 A、C、E、B 处，各杆仍为直线，整个刚架侧移，故又称“侧移机构”。虚功方程为

$$F \times 1.5a\theta = 4M_u\theta$$

得

$$F = 2.67\frac{M_u}{a}$$

机构3（图14-10（d））：4个塑性铰出现在 A、D、E、B 处，横梁转折，刚架亦侧移，故又称“联合机构”。注意到此时刚结点 C 处两杆夹角仍保持直角，又因位移微小，故 C 和 E 点水平位移相等。据此即可确定虚位移图中的几何关系，从而可有

$$F \times 1.5a\theta + 2Fa\theta = M_u\theta + 2M_u \times 2\theta + M_u \times 2\theta + M_u\theta$$

得

$$F = 2.29\frac{M_u}{a}$$

机构4（图14-10（e）），也称联合机构：机构发生虚位移时设右柱向左转动，则做正功。此时刚架向左侧移，故 C 点处水平荷载 F 做负功。于是，有

$$2Fa\theta - F \times 1.5a\theta = M_u\theta + M_u \times 2\theta + 2M_u \times 2\theta + M_u\theta$$

得

$$F = 16\frac{M_u}{a}$$

若所得 F 为负，则只需将虚位移反方向即可。

经分析可知，再无其他可能的机构，因此由上述各 F 值中按极小定理选取最小者为

$$F_u = 2.29\frac{M_u}{a}$$

实际的破坏机构为机构3。

下面再讨论用试算法求解。

首先，选择机构2（图14-10（c）），求出其相应的荷载为 $F = 2.67M_u/a$（计算同上）。然后，作弯矩图，两柱的 M 图可首先绘出；横梁的 M 图用叠加法绘出（图14-11a），可知 D 点处弯矩为

$$M_D = \frac{M_u - M_u}{2} + \frac{2F \times 2a}{4} = 2.67M_u > 2M_u$$

可见，不满足内力局限条件，荷载是不可承受的。

试选择机构3（图14-10（d）），求出相应荷载为 $F = 2.29M_u/a$（计算同上）。由各塑性铰处弯矩等于极限弯矩，可绘出右柱和横梁右半段的弯矩图（图14-11（b））。设结点 C 处两杆端弯矩为 M_C（内侧受拉），由横梁 M 图的叠加法有

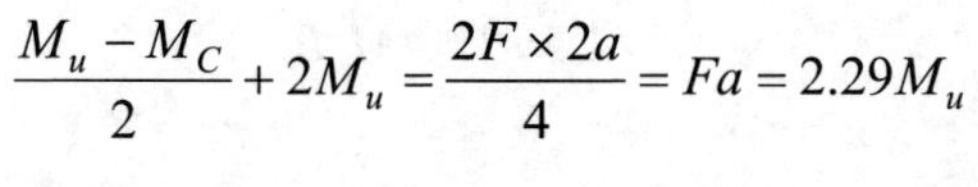

$$\frac{M_u - M_C}{2} + 2M_u = \frac{2F \times 2a}{4} = Fa = 2.29M_u$$

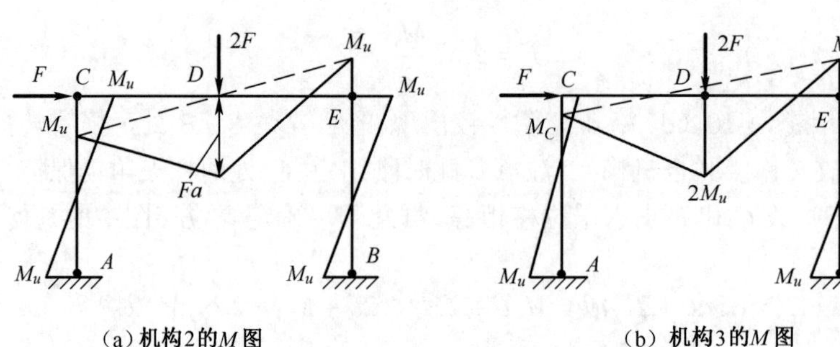

(a) 机构2的M图　　(b) 机构3的M图

图 14-11

可得

$$M_C = 0.42M_u < M_u$$

这样，便可绘出全部弯矩图，因此，此机构即为极限状态，极限荷载为

$$F_u = 2.29\frac{M_u}{a}$$

复习思考题

1．什么叫极限状态和极限荷载？什么叫极限弯矩、塑性铰和破坏机构？

2．静定结构出现一个塑性铰时是否一定成为破坏机构？n 次超静定结构是否必须出现 n+1 个塑性铰才能成为破坏机构？

3．结构处于极限状态时应满足哪些条件？

4．什么叫可破坏荷载和可接受荷载？它们与极限荷载的关系如何？

习题

14-1　已知材料的屈服极限 $\sigma_s = 240\,\text{MPa}$。试求下列截面的极限弯矩：（a）矩形截面 b=50mm，h=100mm；（b）20a 工字钢；（c）图示 T 形截面。

14-2　试求图示圆形截面和圆环形截面的极限弯矩。设材料的屈服极限为 σ_s。

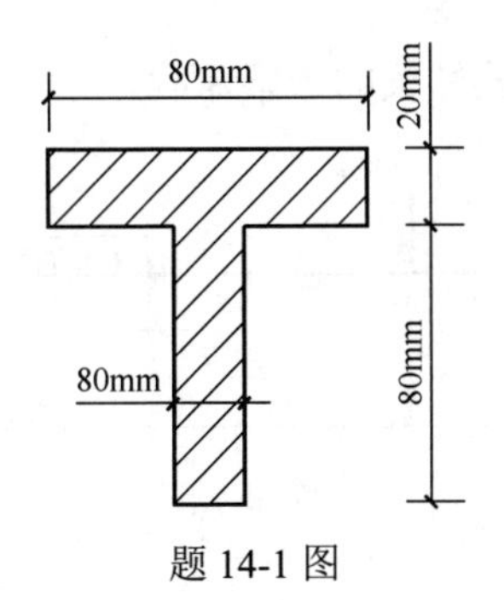

题 14-1 图

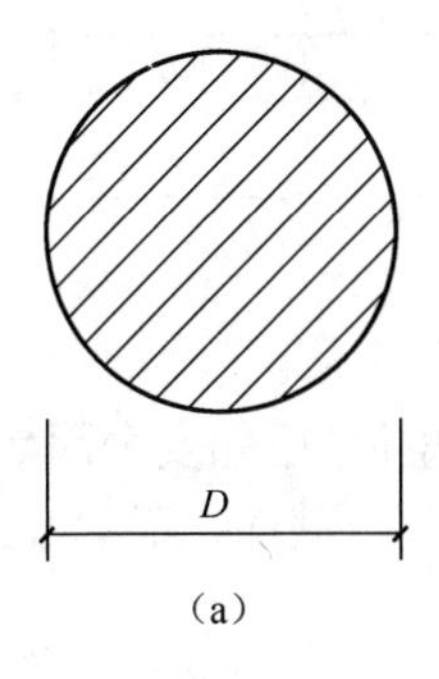

（a）

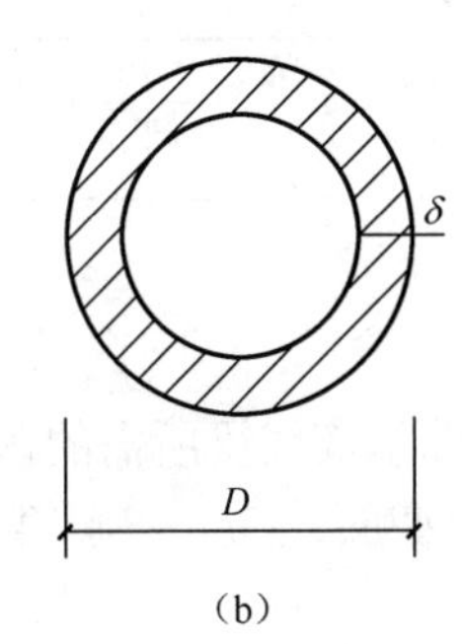

（b）

题 14-2 图

14-3　试求等截面静定梁的极限荷载。已知 a=2m，$M_u = 300\,\text{kN}\cdot\text{m}$。

14-4　试求阶梯形变截面梁的极限荷载。

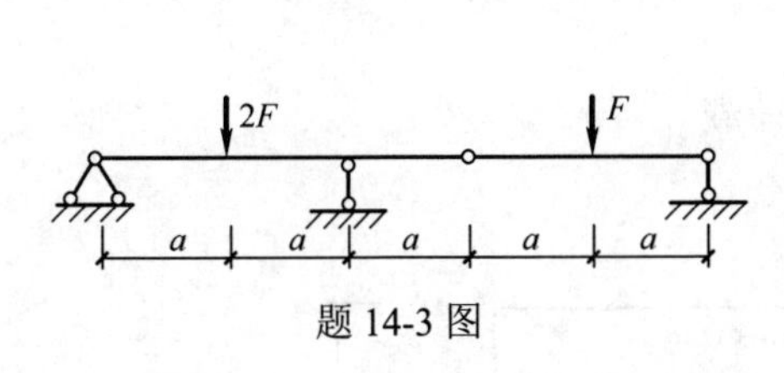

题 14-3 图

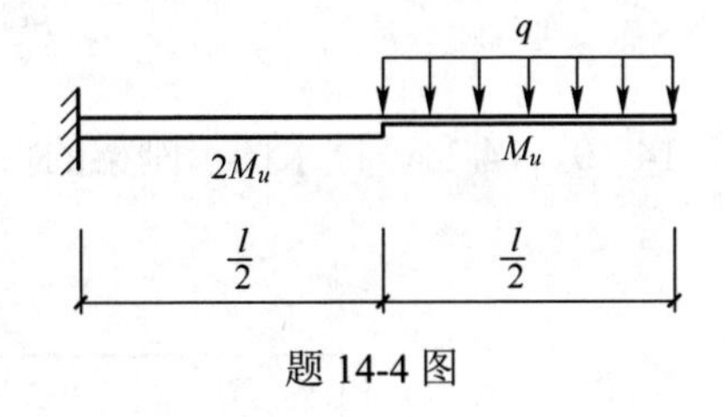

题 14-4 图

14-5、14-6　试求等截面梁的极限荷载。

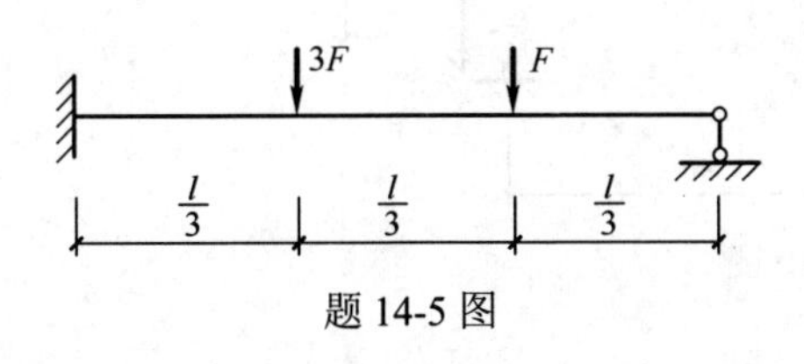

题 14-5 图

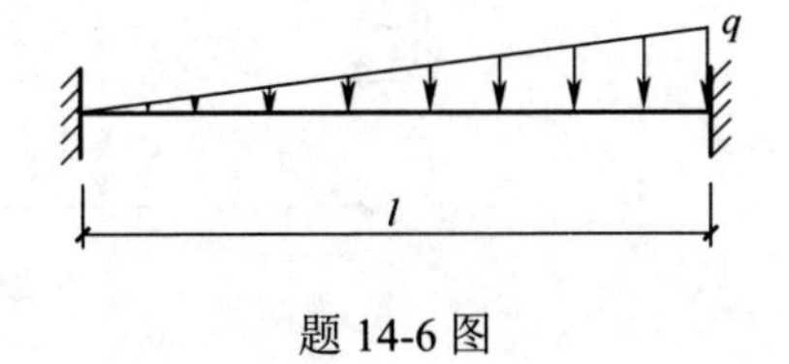

题 14-6 图

14-7、14-8 试求图示连续梁的极限荷载。

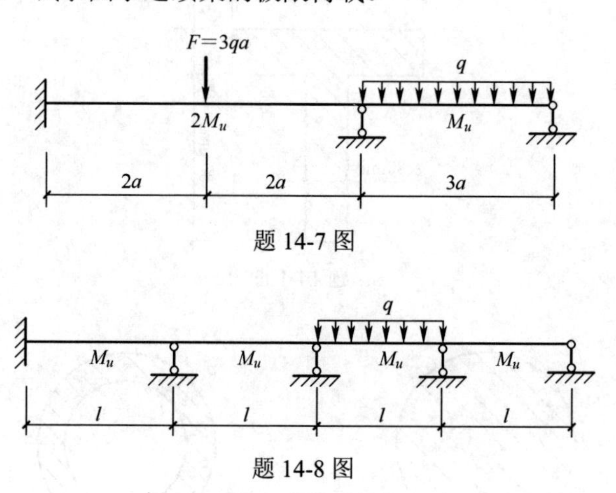

题 14-7 图

题 14-8 图

14-9 试求图示连续梁所需的截面极限弯矩值。已知安全因数 K=1.7，并考虑：（a）全梁为同一截面；（b）左起第 1、2 跨为同一截面，而第 3 跨为另一截面。

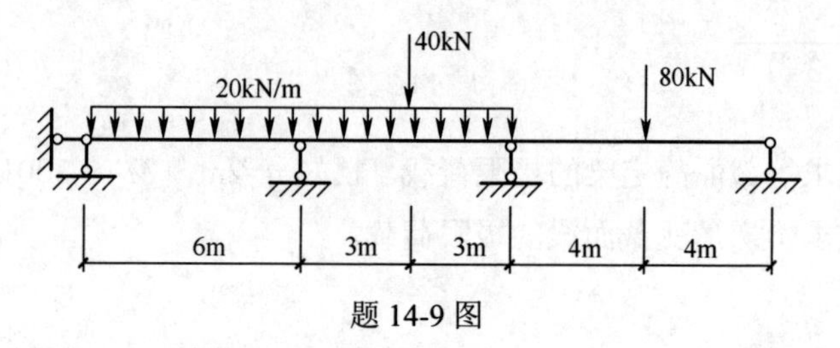

题 14-9 图

14-10、14-11 试求图示刚架的极限荷载。

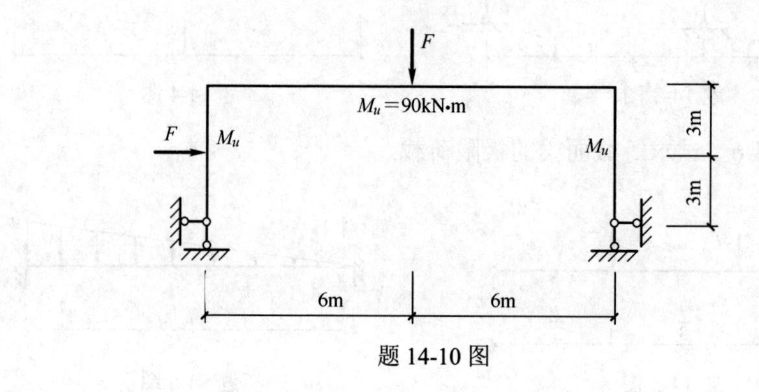

题 14-10 图

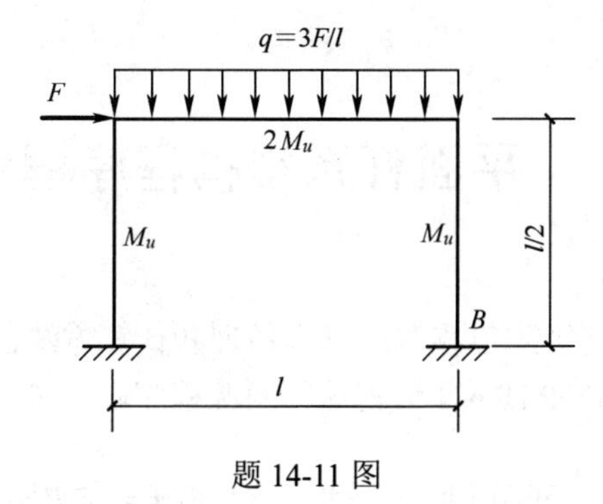

题 14-11 图

答案

14-1　(a) 30kN·m，(b) 66.1kN·m，(c) 27.4kN·m

14-2　(a) $\sigma_s \dfrac{D^3}{6}$，(b) $\sigma_s \dfrac{D^3}{6}\left[1-\left(1-\dfrac{2\delta}{D}\right)^3\right]$

14-3　F_u=200kN

14-4　$q_u = \dfrac{16}{3}\dfrac{M_u}{l^2}$

14-5　$F_u = \dfrac{15}{7}\dfrac{M_u}{l}$

14-6　$q_u = 18\sqrt{3}\dfrac{M_u}{l^2}$

14-7　$q_u = 1.167\dfrac{M_u}{a^2}$

14-8　各无荷载跨不可能单独破坏，$q_u = 16\dfrac{M_u}{l^2}$

14-9　(a) 181.3kN·m，(b) 第 1、2 跨：127.5kN·m，第 3 跨：208.2kN·m

14-10　F_u=40kN

14-11　破坏机构塑性铰在左柱下端、右柱两端及横梁中部 4 处。横梁上的塑性铰若近似取在中点处，可得极限荷载的偏大近似值为 $F_u = 6.4M_u/l$。精确解为横梁上塑性铰距左端 0.4384l，$F_u = 6.34M_u/l$。

附录Ⅰ　平面杆系结构程序框图设计

本附录是根据前述矩阵位移法的基本原理和计算方法，详细介绍了平面杆系结构的框图设计及用 FORTRAN 语言编写的源程序。

§Ⅰ-1　平面杆系结构分析程序设计说明

1. 程序的适用范围

（1）结构形式：由等截面或台阶形变截面直杆组成的任意形状的平面刚架、排架、连续梁、桁架及组合结构。

（2）支座形式：结构的支座可以是固定支座、固定铰支座、活动支座、定向支座及弹性支座。

（3）荷载类型：作用于结构上的荷载分为直接结点荷载和非结点荷载两类。直接结点荷载分为沿坐标方向的集中力（以与坐标正方向相同者为正）和集中力偶荷载（以顺时针转向为正）。非结点荷载可为表Ⅰ-1 所示的 12 类荷载（包括支座移动及温度变化等广义荷载）。

表Ⅰ-1　局部坐标系中的单元固端力

序号	荷载	固端力	始端 i	末端 j
1	$\bar{y}$, q, $\bar{x}$, i, j, a, b, l	$\bar{F}_N^F$	0	0
		$\bar{F}_S^F$	$-qa\left(1-\dfrac{a^2}{l^2}+\dfrac{a^3}{2l^3}\right)$	$-q\dfrac{a^3}{l^2}\left(1-\dfrac{a}{2l}\right)$
		$\bar{M}^F$	$\dfrac{qa^2}{12}\left(6-8\dfrac{a}{l}+3\dfrac{a^2}{l^2}\right)$	$-\dfrac{qa^3}{12l}\left(4-3\dfrac{a}{l}\right)$
2	$\bar{y}$, q, $\bar{x}$, i, j, a, b, l	$\bar{F}_N^F$	0	0
		$\bar{F}_S^F$	$-q\dfrac{b^2}{l^2}\left(1+2\dfrac{a}{l}\right)$	$-q\dfrac{a^2}{l^2}\left(1+2\dfrac{b}{l}\right)$
		$\bar{M}^F$	$q\dfrac{ab^2}{l^2}$	$-q\dfrac{a^2b}{l^2}$

续表

序号	荷载	固端力	始端 i	末端 j
3	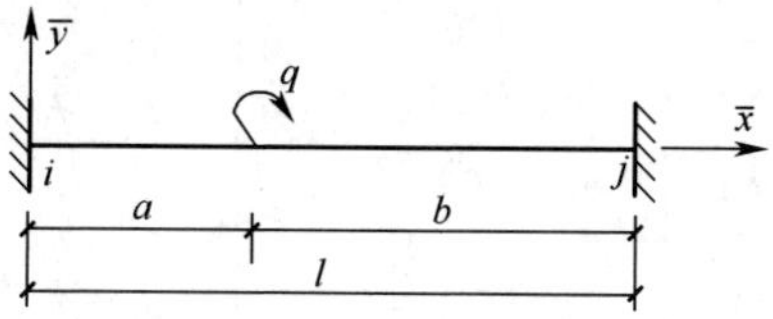	$\bar{F}_N^F$	0	0
		$\bar{F}_S^F$	$-\dfrac{6ab}{l^3}q$	$\dfrac{6ab}{l^3}q$
		$\bar{M}^F$	$\dfrac{b}{l}\left(2-3\dfrac{b}{l}\right)q$	$\dfrac{a}{l}\left(2-3\dfrac{a}{l}\right)q$
4	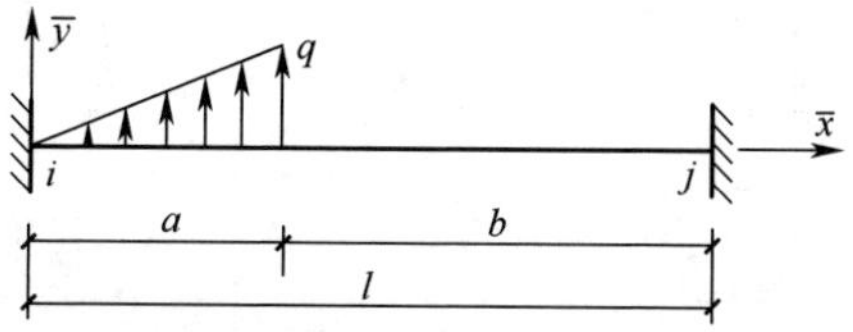	$\bar{F}_N^F$	0	0
		$\bar{F}_S^F$	$q\dfrac{a}{4}\left(2-3\dfrac{a^2}{l^2}+1.6\dfrac{a^3}{l^3}\right)$	$-q\dfrac{a^3}{4l^2}\left(3-1.6\dfrac{a}{l}\right)$
		$\bar{M}^F$	$q\dfrac{a^2}{6}\left(2-3\dfrac{a}{l}+1.2\dfrac{a^2}{l^2}\right)$	$-q\dfrac{a^3}{4l^2}\left(1-0.8\dfrac{a}{l}\right)$
5	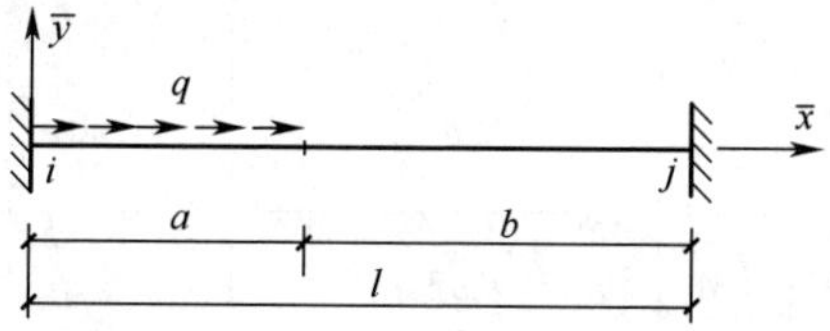	$\bar{F}_N^F$	$-qa\left(1-\dfrac{a}{2l}\right)$	$-q\dfrac{a^2}{2l}$
		$\bar{F}_S^F$	0	0
		$\bar{M}^F$	0	0
6	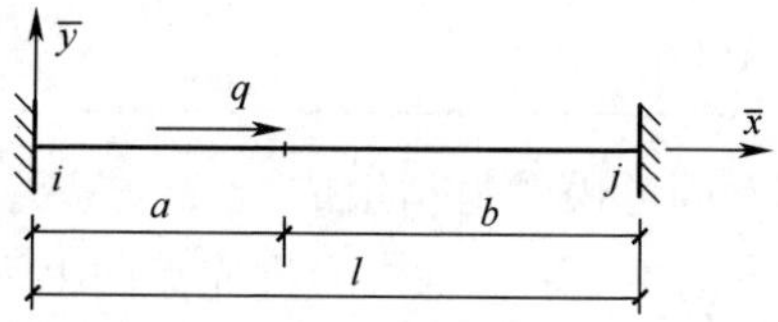	$\bar{F}_N^F$	$-\dfrac{b}{l}q$	$-\dfrac{a}{l}q$
		$\bar{F}_S^F$	0	0
		$\bar{M}^F$	0	0
7	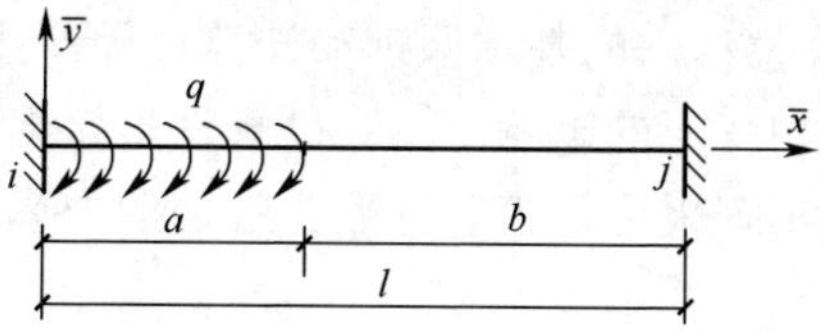	$\bar{F}_N^F$	0	0
		$\bar{F}_S^F$	$-q\dfrac{a^2}{l^2}\left(\dfrac{a}{l}+3\dfrac{b}{l}\right)$	$q\dfrac{a^2}{l^2}\left(\dfrac{a}{l}+3\dfrac{b}{l}\right)$
		$\bar{M}^F$	$-q\dfrac{ab^2}{l^2}$	$q\dfrac{a^2b}{l^2}$
8	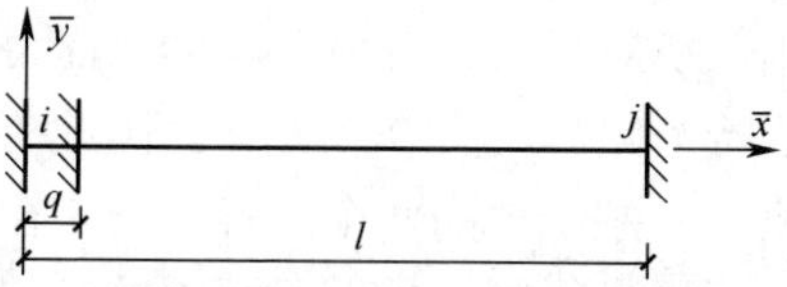	$\bar{F}_N^F$	$\dfrac{EA}{l}q$	$-\dfrac{EA}{l}q$
		$\bar{F}_S^F$	0	0
		$\bar{M}^F$	0	0

续表

序号	荷载	固端力	始端 i	末端 j
9	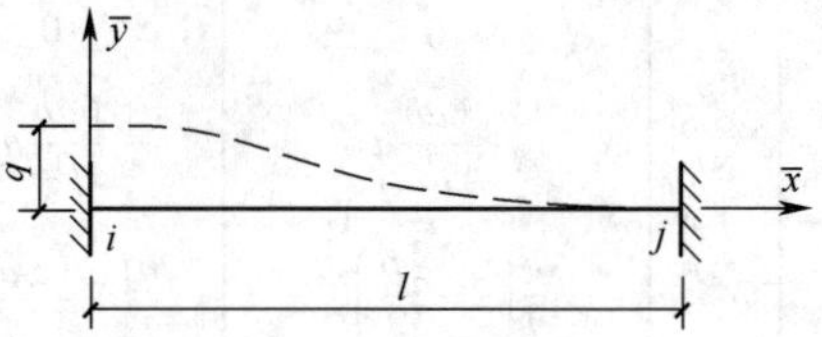	$\bar{F}_N^F$ $\bar{F}_S^F$ $\bar{M}^F$	0 $\frac{12EI}{l^3}q$ $-\frac{6EI}{l^2}q$	0 $-\frac{12EI}{l^3}q$ $-\frac{6EI}{l^2}q$
10	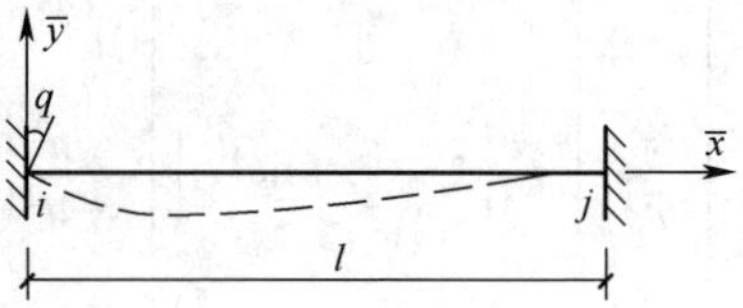	$\bar{F}_N^F$ $\bar{F}_S^F$ $\bar{M}^F$	0 $-\frac{6EI}{l^2}q$ $\frac{4EI}{l}q$	0 $\frac{6EI}{l^2}q$ $\frac{2EI}{l}q$
11	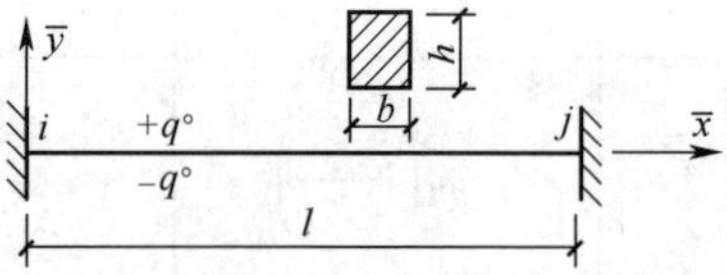	$\bar{F}_N^F$ $\bar{F}_S^F$ $\bar{M}^F$	0 0 $2\alpha q\frac{EI}{h}$	0 0 $-2\alpha q\frac{EI}{h}$
12	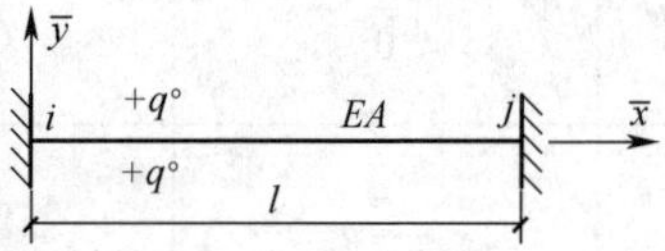	$\bar{F}_N^F$ $\bar{F}_S^F$ $\bar{M}^F$	αqEA 0 0	αqEA 0 0

（4）材料性质：结构的各个杆件可由不同性质的材料组成。

（5）坐标系统：规定 x 轴由坐标原点向右为正；y 轴由坐标原点向上为正；转角以顺时针方向为正。

（6）计算方法：程序是按第十章矩阵位移法的基本原理和计算过程设计的。考虑杆件的弯曲变形和轴向变形，忽略剪切变形的影响。用先处理法直接形成结构的刚度矩阵。为节省计算机内存，刚度矩阵采用等带宽存贮方法。解方程用高斯消元法。

2. 结点位移分量的编码

第十章中介绍的矩阵位移法，是将单刚子块对号入座形成总刚的，而每个单刚子块都是 3×3 阶（平面桁架单元为 2×2 阶）矩阵，有 9 个元素。因此“子块对号入座”实际上应该是每个元素对号入座。单刚子块的两个下标号码是由单元两端的结点编号确定的，而每个元素的两个下标号码则应由单元两端的结点位移分量的编号确定。因此，不仅要对结点进行编号，而且还需对结点位移的每个分量进行编号。例如图Ⅰ-1 所示刚架，对单元结点和结点位移分量的编号如图中所示，它们的对应关系如表Ⅰ-2 所示。

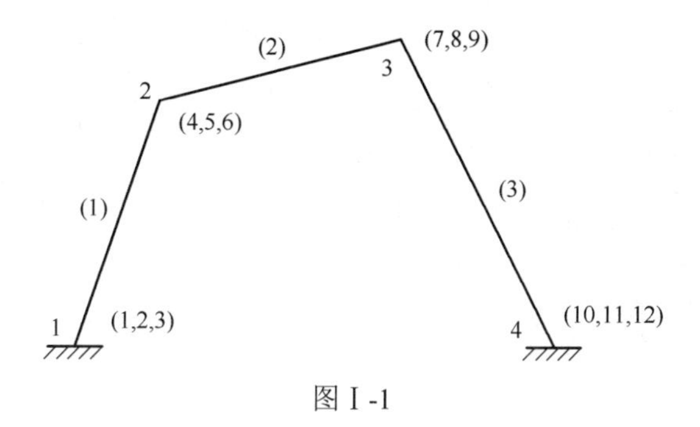

图Ⅰ-1

表Ⅰ-2　单元始末端结点及结点位移分量编号

单元	始端 i	末端 j	u_i	v_i	φ_i	u_i	v_i	φ_i
(1)	1	2	1	2	3	4	5	6
(2)	2	3	4	5	6	7	8	9
(3)	3	4	7	8	9	10	11	12

应当指出，结点位移分量的编号，同时也就是对结点外力分量的编号，因为它们是一一对应的。由单元的两端结点位移分量编码组成的向量称为“单元定位向量”，记为 λ^e 。例如单元（2）的定位向量 $\lambda^{(2)}=\begin{bmatrix}4 & 5 & 6 & 7 & 8 & 9\end{bmatrix}^T$ 。有了单元的定位向量，单刚中的每个元素可按其定位向量的两个下标号码送入总刚中相应的行列位置上去。图Ⅰ-2 表示上例中单元（2）的单刚中元素 $k_{58}^{(2)}$ 在总刚中的入座位置。

当刚架中的所有结点都是刚结点时，每个结点的位移分量数均为 3，通常将结点 i 的 3 个位移分量 u_i 、v_i 、φ_i 依次编号 $3i$-2、$3i$-1 和 $3i$。这样结点编号与其位移分量编号之间有简单对应关系，编程序十分方便。

前面介绍的矩阵位移法，是先把包括支座在内的全部结点位移分量都依次编号，单刚的所有元素都“对号入座”以形成总刚，然后再引入支承条件，这种方法称为“后处理法”。后处理法虽编程序简单，但所形成的原始刚度矩阵阶数较高，占用的存贮量大。如果先考虑支承条件，则可将已知的结点位移分量用“0”编号（当有支座沉陷时，另作处理），如图Ⅰ-3（a）所示。单刚中凡是与“0”对应的行和列的元素均不送入总刚，这样便可直接形成缩减后的总刚。这种方法称为“先处理法”。本附录程序中就采用先处理法。

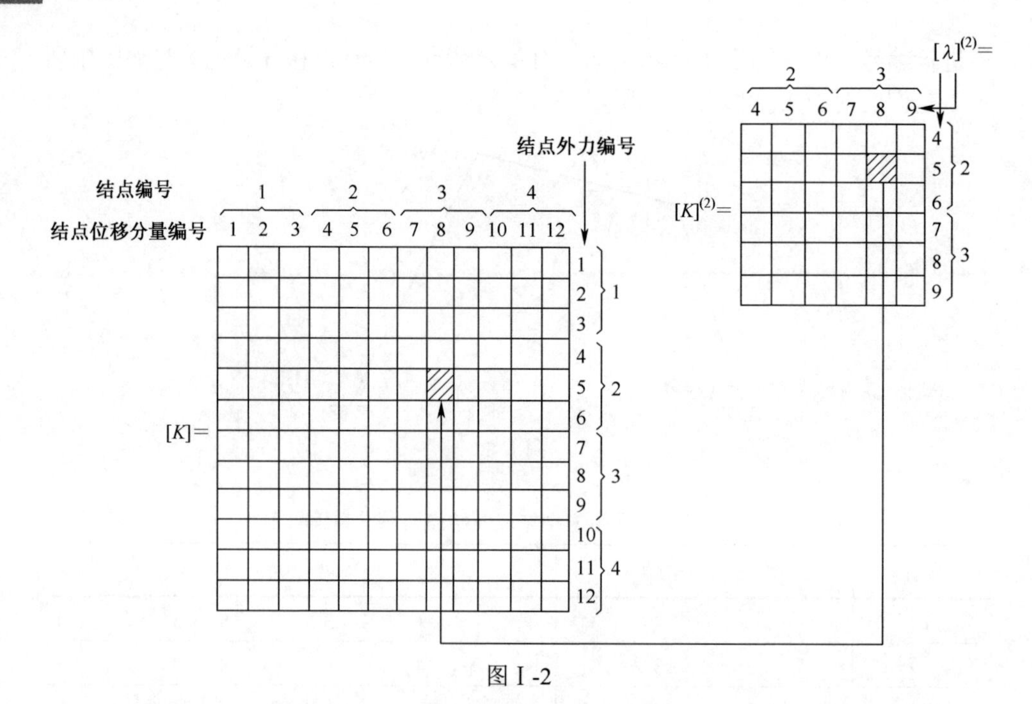

图Ⅰ-2

此外，对某些刚架计算时可忽略轴向变形的影响。由于不考虑轴向变形，各结点线位移不再全部独立，因而只对其独立的结点线位移进行编号，凡结点线位移相同的，编号也相同。如图Ⅰ-3（b）所示。当刚架中有铰结点（包括刚铰混合结点）时，处理方法之一是像传统位移法那样，不把结点处的转角作为基本未知量，此时要引用一端具有铰结点的单元刚度矩阵，为5×5阶的矩阵。单元类型不统一，编程较复杂。本附录程序中采用另外一种处理方法，即将各铰结端的转角均作为基本未知量，这样做虽增加了未知量数目，但所有杆件均可采用前述一般单元的刚度矩阵，程序简单、通用性强。采用该方法时，由于铰结处各杆端转角均不相同，结点位移未知量的数目大于 3。为了能使增加的结点位移分量编号输入计算机，此时在铰结点及刚铰混合结点处要编两个或两个以上的结点号，如图Ⅰ-4（a）中的结点2（3）及4（5）。

在图Ⅰ-4（b）所示的组合结构中，仅联结桁架杆单元的铰结点 3、5 不必考虑角位移分量，故φ_3和φ_5的编号为 0。联结刚架单元与桁架单元的结点 1、2、4 和 6 仍要考虑角位移分量，该角位移分量仅影响刚架单元，对桁架单元无影响，因为其抗弯刚度为零。

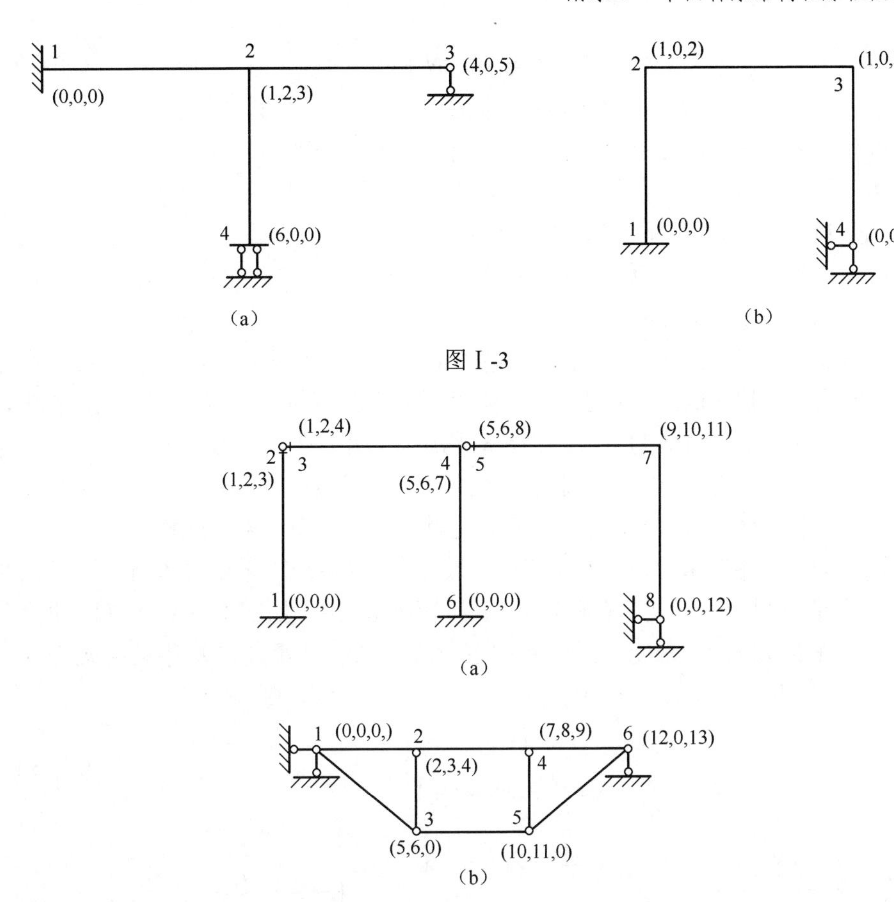

（a）　（b）

图Ⅰ-3

（a）

（b）

图Ⅰ-4

3. 结构刚度矩阵的等带宽存贮

（1）结构刚度矩阵 $\tilde{\boldsymbol{K}}$ 的最大半带宽。

当平面杆系结构中的结点都是刚结点，并采用后处理法时，刚度矩阵的最大半带宽 d 可按下式计算

$$d = 3(b+1) \tag{Ⅰ-1}$$

式中 b 为单元两端结点号的最大差值。

如果刚架中有铰结点，并采用先处理法，则不能按式（Ⅰ-1）计算 $\tilde{\boldsymbol{K}}$ 的最大半带宽，而应按单元编号由小到大的顺序，利用单元定位向量求出 $\tilde{\boldsymbol{K}}$ 的最大半带宽。

设用 M 表示单元 e 定位向量的最大分量，用 N 表示其最小非零分量。则 $\boldsymbol{k}^e$ 的元素向 $\tilde{\boldsymbol{K}}$ 中累加时所产生的半带宽 d_e 为

$$d_e = M - N + 1 \tag{Ⅰ-2}$$

求出每个单元的 d_e 后，其中最大的 d_e 即为 $\tilde{\boldsymbol{K}}$ 的最大半带宽 d。

例如，图Ⅰ-4（a）所示结构，各单元的半带宽分别为

$d_1 = 3-1+1 = 3$；$d_2 = 7-1+1 = 7$；$d_3 = 7-5+1 = 3$

$d_4 = 11-5+1 = 7$；$d_5 = 12-9+1 = 4$

可知，整个刚度矩阵 $\tilde{\boldsymbol{K}}$ 的最大半带宽 $d = 7$。

（2）$\tilde{\boldsymbol{K}}$ 的等带宽存贮。

由于 $\tilde{\boldsymbol{K}}$ 是一个对称的带状矩阵。矩阵中有许多零元素，非零元素分布在主对角线两侧的斜带状区域内。对于对称带状系数矩阵的线性方程组，在消元过程中，由消元各行的系数所组成的子矩阵仍是对称矩阵，并且带状区域以外的零元素仍为零。所以，带状区域以外的零元素不需要存贮，而只需存贮系数矩阵上三角（或下三角）部分半带宽范围内的元素。该存贮方法称为等带宽存贮（或称半带宽存贮）。

设结构刚度矩阵 $\tilde{\boldsymbol{K}}$ 为 $n \times n$ 阶方阵，最大半带宽为 d。采用等带宽存贮时，可将 $\tilde{\boldsymbol{K}}$ 上半带范围内的元素，存贮在 $n \times d$ 阶矩阵 $\boldsymbol{K}^*$ 中，如图Ⅰ-5（a）、（b）所示。

在矩阵 $\tilde{\boldsymbol{K}}$ 和 $\boldsymbol{K}^*$ 中，元素之间有如下对应关系：设元素在 $\tilde{\boldsymbol{K}}$ 中的行码为 r，列码为 s；又设同一元素在 $\boldsymbol{K}^*$ 中的行码为 I，列码为 J，则有

$$\left.\begin{aligned} I &= r \\ J &= s - r + 1 \end{aligned}\right\} \tag{Ⅰ-3}$$

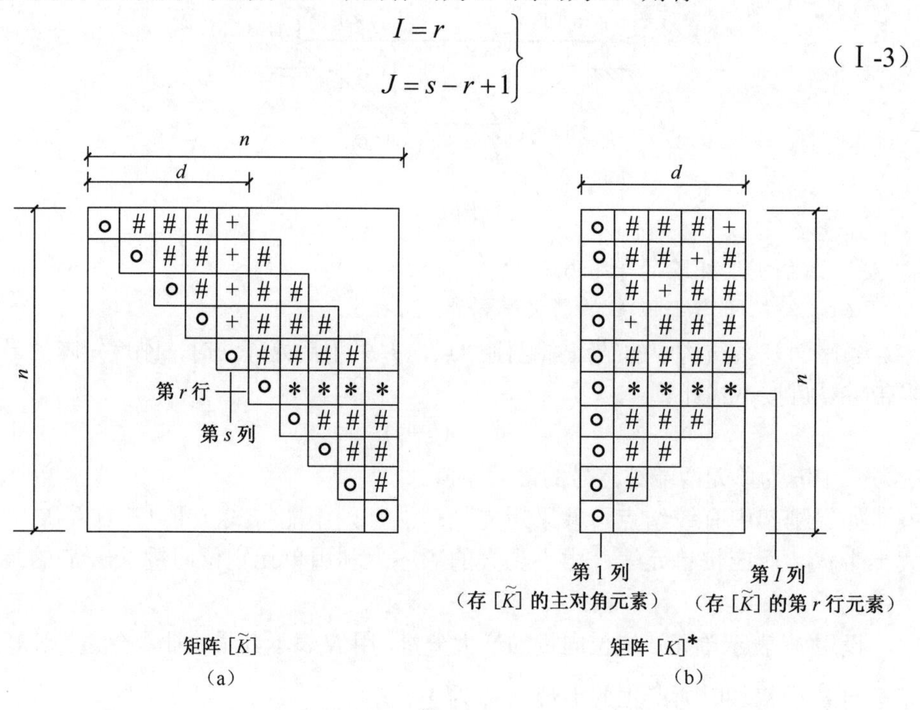

图Ⅰ-5

§Ⅰ-2　平面杆系结构程序框图设计及标识符说明

1. 总框图与程序标识符

（1）总框图。

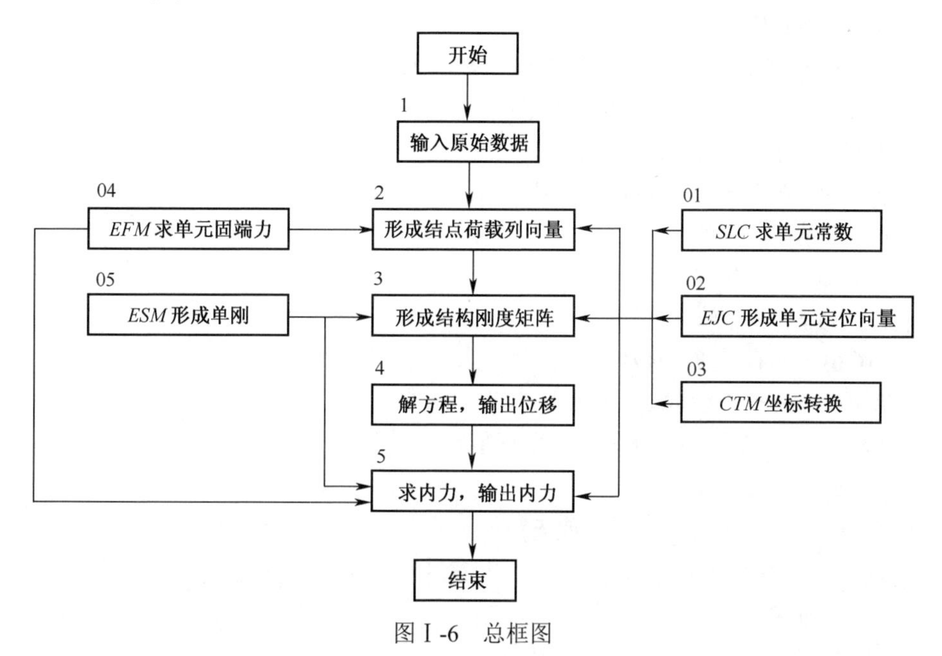

图Ⅰ-6　总框图

总框图由两级子框图组成。整个计算过程由一级子框图 1、2、3、4、5 组成。据此可编写出

平面杆系结构的主程序。二级子框图 01、02、03、04 和 05 分别对应一个子程序，在计算过程中，由主程序调用。

（2）程序标识符。

1）整型变量。

NE——单元数；

NJ——结点数；

N——结点位移未知量总数；

NW——最大半带宽；

NPJ——结点荷载数；

NPF——非结点荷载数；

IND——非结点荷载数型码（共 12 类，见表Ⅰ-1）；

M——单元序号。

2）整型数组。

$JE(2,NE)$——单元杆端结点编号数组；

$JN(3,NJ)$——结点位移分量编号数组；

$JC(6)$——单元定位向量数组。

3）实型数组。

$EA(NE)$、$EI(NE)$——单元的 EA、EI 数值；

$X(NJ)$、$Y(NJ)$——结点坐标数组；

$FJ(2,NPJ)$——结点荷载数组；

$FF(4,NPF)$——非结点荷载数组。

4）双精度型数组。

$KD(6,6)$——存放 $\bar{\boldsymbol{k}}^e$ 的数组；

$KE(6,6)$——存放 $\boldsymbol{k}^e$ 的数组；

$T(6,6)$——存放 $\boldsymbol{T}$ 的数组；

$KB(N,NW)$——存放 $\tilde{\boldsymbol{K}}$ 的数组；

$FP(N)$——先存放结点荷载，后存放结点位移；

$FO(6)$——存放 $\bar{\boldsymbol{F}}^{Fe}$ 的数组；

$F(6)$——先存放 $\boldsymbol{F}_E^e$，后存放 $\bar{\boldsymbol{F}}^e$；

$D(6)$——存放 $\boldsymbol{\delta}^e$ 的数组。

2. 子框图

（1）子框图 1：输入原始数据。

下面对子框图中的一些数组加以说明。当不考虑轴向变形时，单元的抗拉刚度 EA 应扩大 10^3～10^4 倍。当采用图Ⅰ-3（b）中介绍的方法处理时，EA 可输任何值均可。组合结构及平面排架中的桁架杆单元，其抗弯刚度应等于零。

1）$FJ(2,NPJ)$——由全部 NPJ 个结点荷载的数值及对应的位移分量的编号组成。其中元素

$FJ(1,I)$——第 I 个结点荷载的方位信息，即所对应的位移分量的编号。

$FJ(2,I)$——第 I 号结点荷载数值，力与整体坐标正方向相同为正，结点力偶以顺时针转向为正。如果 NPJ=0，则不需要输入结点荷载数据。

2）$FF(4,NPF)$——由全部 NPF 个非结点荷载的有关数据组成。其中：

$FF(1,I)$——第 I 号非结点荷载所在的单元号。

$FF(2,I)$——第 I 号非结点荷载的类型码，见附表Ⅰ-1 中的第一栏，共有 12 类。

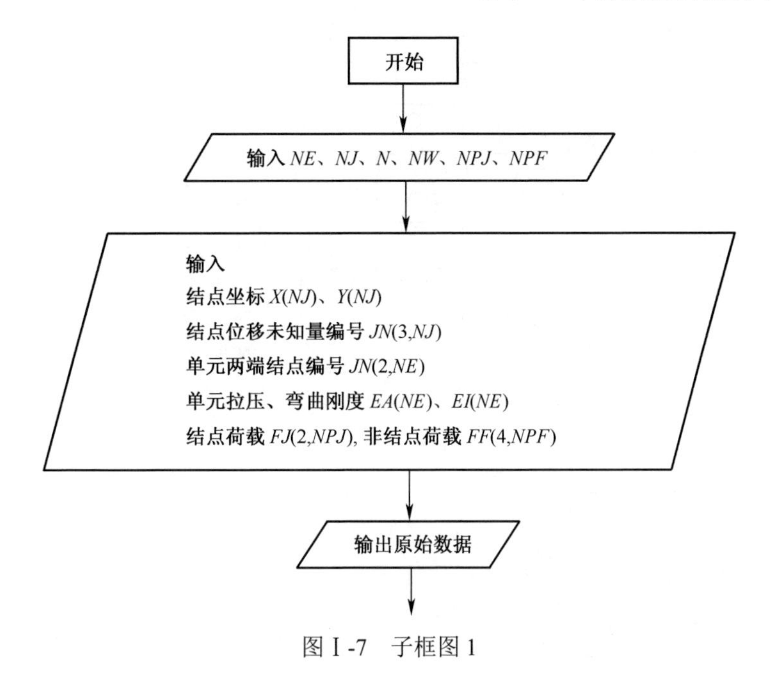

图Ⅰ-7　子框图 1

$FF(3,I)$——第 I 号非结点荷载的位置参数。对于 1～7 类，均输入表Ⅰ-1 中的 a 值。对第 8 类，i 端有杆端位移时，输 1.0；j 端有位移时输 4.0。对第 9 类，i 端有位移时，输 2.0；j 端有位移时输 5.0。对第 10 类，i 端有位移时，输 3.0；j 端有位移时输 6.0。对第 11 类，输入材料线胀系数 α 与截面高度 h 的比值 α/h。对第 12 类，输入材料的线胀系数 α 值。

$FF(4,I)$——第 I 号非结点荷载的数值。对 1～7 类，输表Ⅰ-1 中的荷载值 q。对 8～10 类，输杆端位移值 q（杆端线位移与局部坐标相同者为正，杆端转角以顺时针转向为正）。对 11～12 类，输入温度改变量 q 值。任一杆件的温度改变都可以分解为第 11 类和第 12 类的叠加。如果 $NPF=0$，则不需要输入非结点荷载数据。

（2）子框图 2：形成结点荷载列向量。

子框图 2 中需调用四个二级子框图 01、02、03、04。

1）子框图 01：求单元常数其功能是求出单元的长度及 $\bar{x}$ 轴与 x 轴之间夹角的正弦、余弦值。

2）子框图 02：形成单元定位向量。

3）子框图 03：形成单元坐标转换矩阵。

4）子框图 04：形成单元固端力。

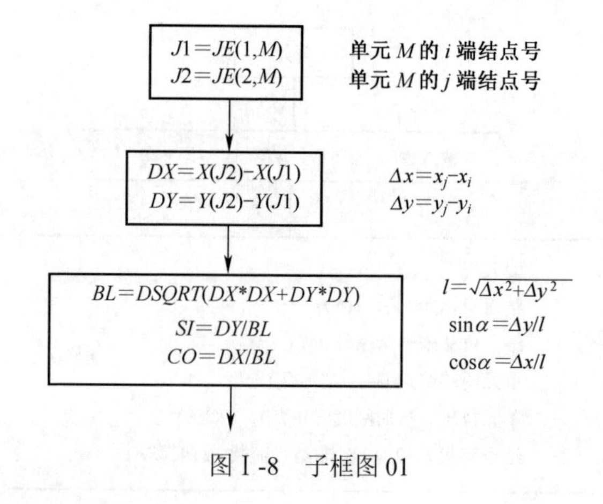

图Ⅰ-8 子框图 01

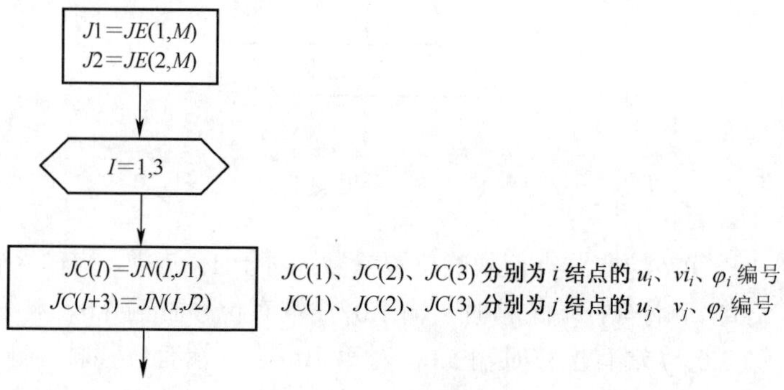

图Ⅰ-9 子框图 02

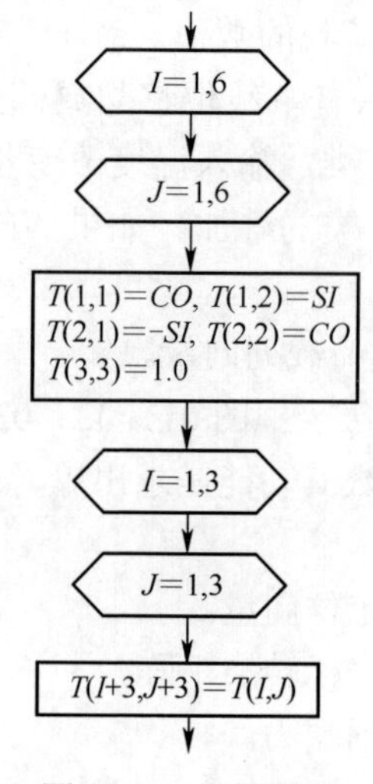

图Ⅰ-10 子框图 03

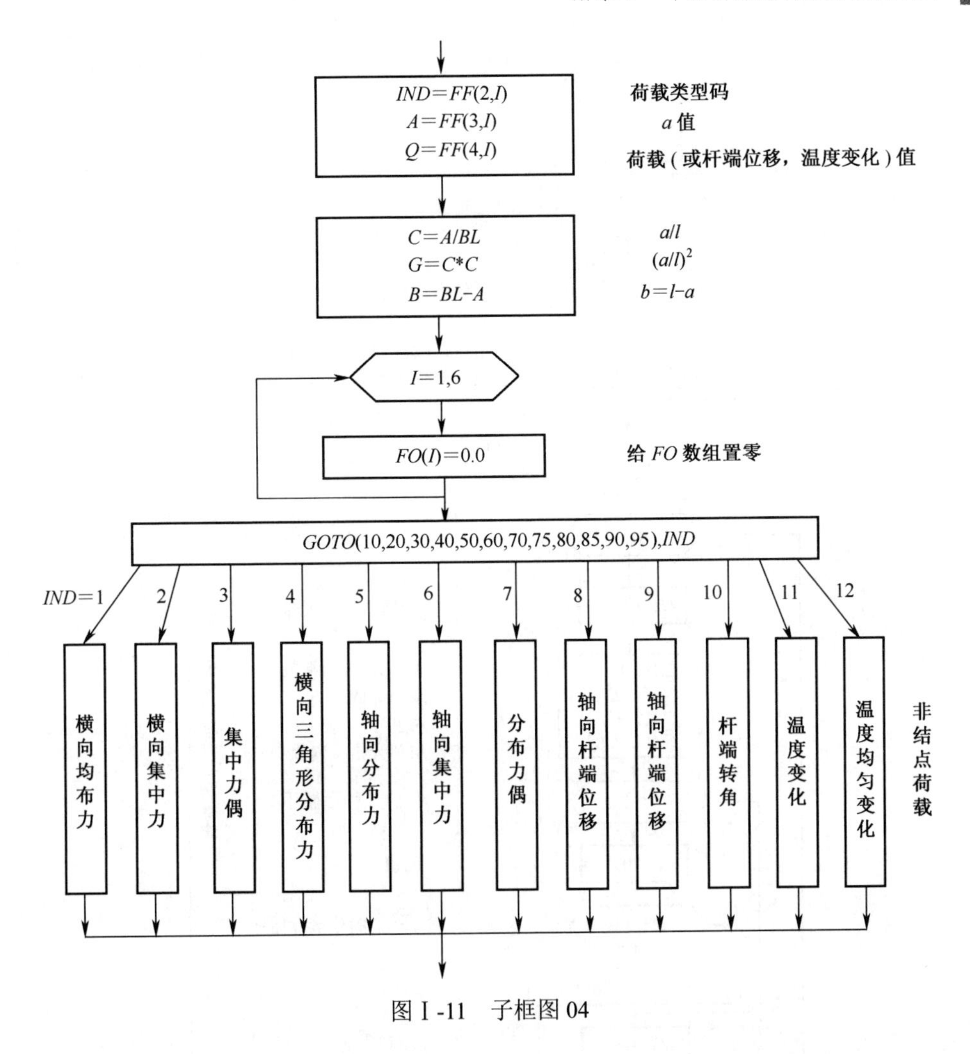

图 I -11　子框图 04

这个子框图的功能是求出非结点荷载产生的单元固端力，存放在数组 *FO*(6) 中，框图中安排了共 12 类非结点荷载，见附表 I -1 所示。

形成结点荷载列向量的子框图 2 如图 I -12 所示。结点荷载列向量存放在数组 *FP* 中。

（3）子框图 3：形成结构刚度矩阵。

1）子框图 05：形成单元刚度矩阵 $\bar{\boldsymbol{k}}^e$。

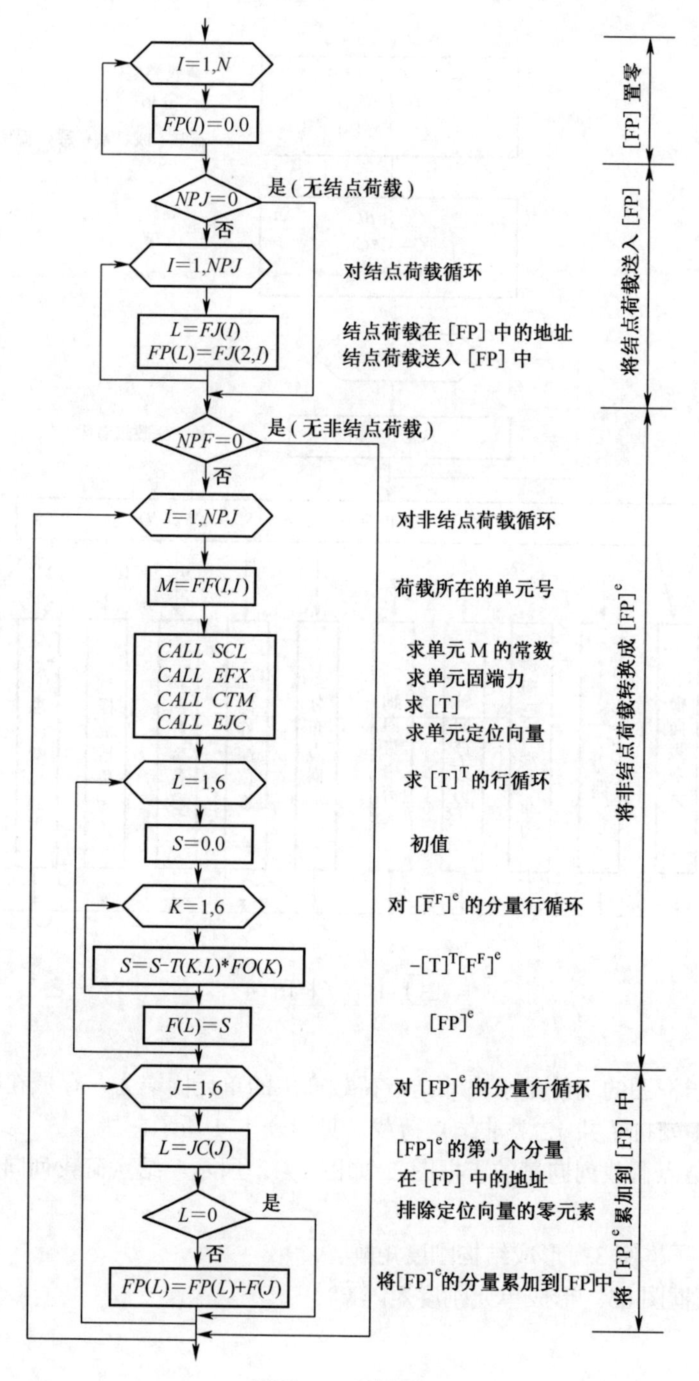
I=1,N
FP(I)=0.0
NPJ=0
是(无结点荷载)
否
I=1,NPJ
对结点荷载循环
L=FJ(I)
FP(L)=FJ(2,I)
结点荷载在 [FP] 中的地址
结点荷载送入 [FP] 中
NPF=0
是(无非结点荷载)
否
I=1,NPJ
对非结点荷载循环
M=FF(I,I)
荷载所在的单元号
CALL SCL
CALL EFX
CALL CTM
CALL EJC
求单元 M 的常数
求单元固端力
求 [T]
求单元定位向量
L=1,6
求 [T]ᵀ的行循环
S=0.0
初值
K=1,6
对 [Fᶠ]ᵉ 的分量行循环
S=S-T(K,L)*FO(K)
-[T]ᵀ[Fᶠ]ᵉ
F(L)=S
[FP]ᵉ
J=1,6
对 [FP]ᵉ 的分量行循环
L=JC(J)
[FP]ᵉ 的第 J 个分量
在 [FP] 中的地址
L=0
是
排除定位向量的零元素
否
FP(L)=FP(L)+F(J)
将[FP]ᵉ的分量累加到[FP]中
[FP] 置零
将结点荷载送入 [FP]
将非结点荷载转换成 [FP]ᵉ
将 [FP]ᵉ 累加到 [FP] 中

图Ⅰ-12 子框图 2

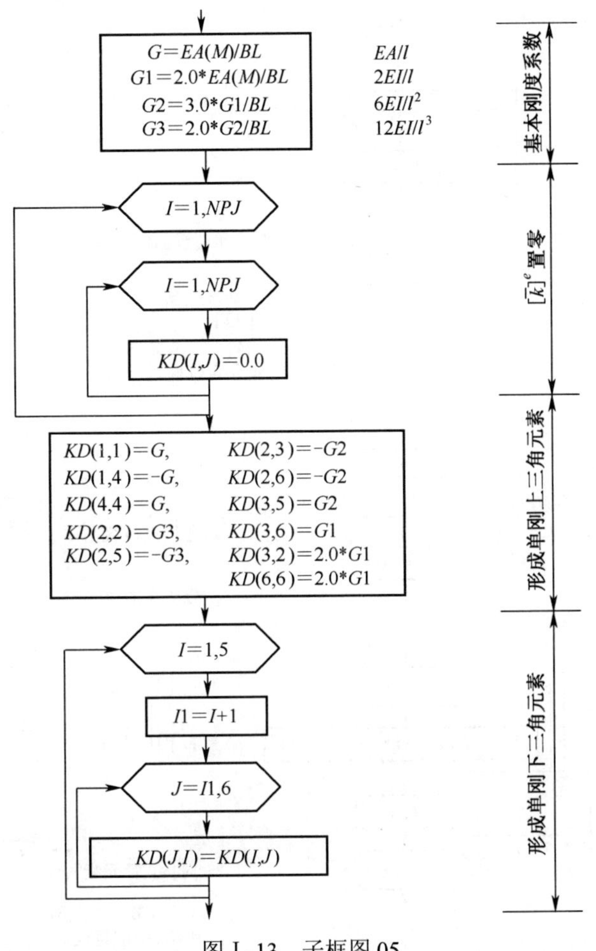

图 I -13　子框图 05

2）子框图 3：形成结构刚度矩阵。

利用二级子框图 05 求得 $\bar{\boldsymbol{k}}^e$ 后，按式（10-20）即可求得 $\boldsymbol{k}^e$，存放在数组 *KE*(6, 6)中。为使 $\boldsymbol{k}^e$ 的元素能正确地叠加到 $\boldsymbol{K}^*$ 中去，首先利用单元定位向量找出 $\boldsymbol{k}^e$ 中元素 *KE*(*L*,*K*)在方阵 $\tilde{\boldsymbol{K}}$ 中的行码 *I* 和列码 *J*。若其中之一为零，则不送入 $\tilde{\boldsymbol{K}}$ 中去。此外，应保证列码 *J* 大于等于行码 *I* 然后，根据 $\tilde{\boldsymbol{K}}$ 与 $\boldsymbol{K}^*$ 中行、列码的转换公式（Ⅰ-3），求出元素在 $\boldsymbol{K}^*$ 中的列码 *JJ*，即 *JJ*=*J*-*I*+1。即 $\boldsymbol{k}^e$ 中的元素 *KE*(*L*,*K*)应叠加到 $\boldsymbol{K}^*$ 中的第 *I* 行、第 *JJ* 列中去。

（4）子框图 4：带消去法解线性方程组。

该子程序的功能是用带消去法解线性方程组，求出的结点位移放在数组 *FP* 中。

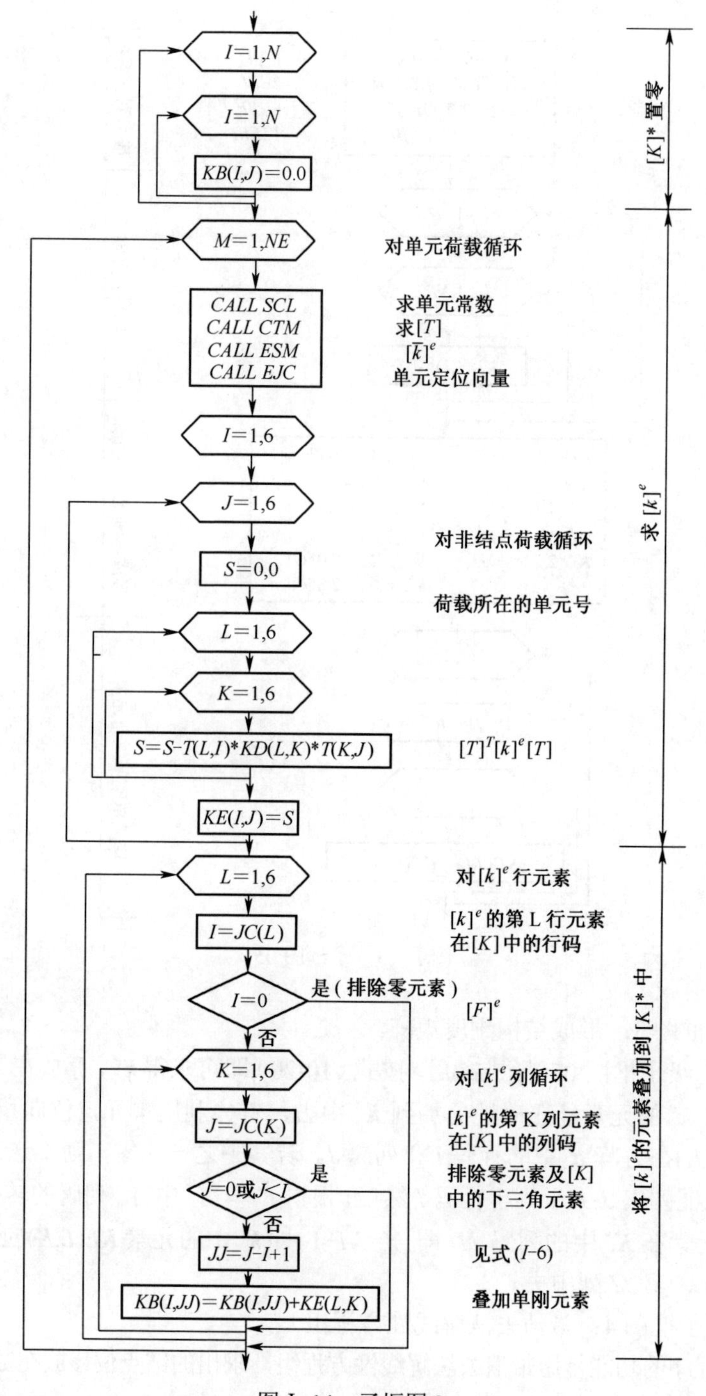
I=1,N
I=1,N
KB(I,J)=0.0
[K]* 置零
M=1,NE
对单元荷载循环
CALL SCL
CALL CTM
CALL ESM
CALL EJC
求单元常数
求[T]
[k̄]^e
单元定位向量
I=1,6
J=1,6
对非结点荷载循环
S=0,0
荷载所在的单元号
L=1,6
K=1,6
S=S-T(L,I)*KD(L,K)*T(K,J)
[T]^T[k]^e[T]
KE(I,J)=S
求[k]^e
L=1,6
对[k]^e行元素
I=JC(L)
[k]^e的第L行元素
在[K]中的行码
I=0
是（排除零元素）
[F]^e
否
K=1,6
对[k]^e列循环
J=JC(K)
[k]^e的第K列元素
在[K]中的列码
J=0或J<I
是
排除零元素及[K]
中的下三角元素
否
JJ=J-I+1
见式(I-6)
KB(I,JJ)=KB(I,JJ)+KE(L,K)
叠加单刚元素
将[k]^e的元素叠加到[K]*中

图 I-14 子框图 3

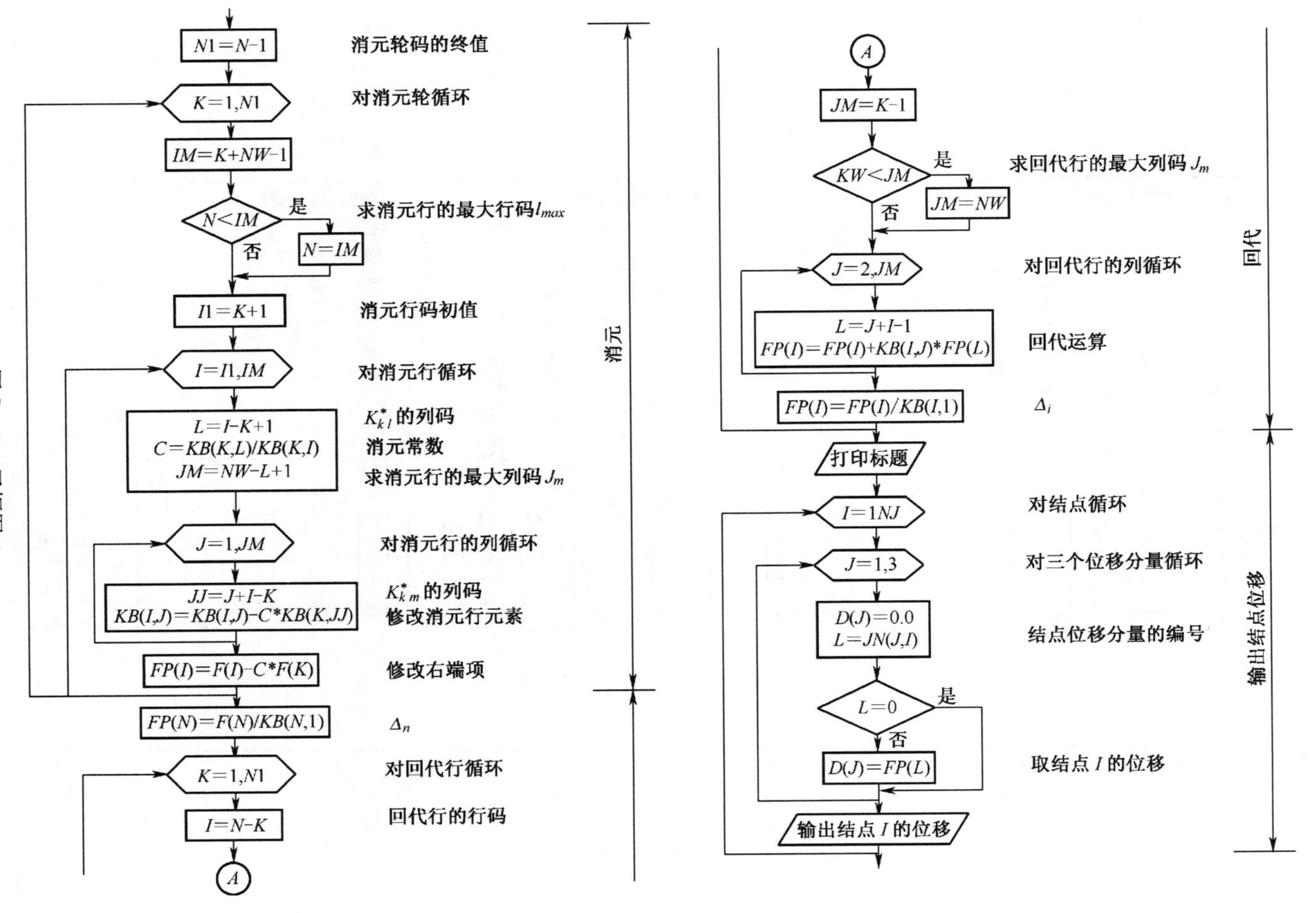
N1=N-1
消元轮码的终值
K=1,N1
对消元轮循环
IM=K+NW-1
N<IM
是
N=IM
否
求消元行的最大行码I_{max}
I1=K+1
消元行码初值
I=I1,IM
对消元行循环
L=I-K+1
C=KB(K,L)/KB(K,I)
JM=NW-L+1
$K^*_{k l}$的列码
消元常数
求消元行的最大列码J_m
J=1,JM
对消元行的列循环
JJ=J+I-K
KB(I,J)=KB(I,J)-C*KB(K,JJ)
$K^*_{k m}$的列码
修改消元行元素
FP(I)=F(I)-C*F(K)
修改右端项
FP(N)=F(N)/KB(N,1)
Δ_n
K=1,N1
对回代行循环
I=N-K
回代行的行码
A
消元
A
JM=K-1
KW<JM
是
JM=NW
否
求回代行的最大列码J_m
J=2,JM
对回代行的列循环
L=J+I-1
FP(I)=FP(I)+KB(I,J)*FP(L)
回代运算
FP(I)=FP(I)/KB(I,1)
Δ_i
打印标题
I=1NJ
对结点循环
J=1,3
对三个位移分量循环
D(J)=0.0
L=JN(J,I)
结点位移分量的编号
L=0
是
否
D(J)=FP(L)
取结点I的位移
输出结点I的位移
回代
输出结点位移

图 I -15　子框图 4

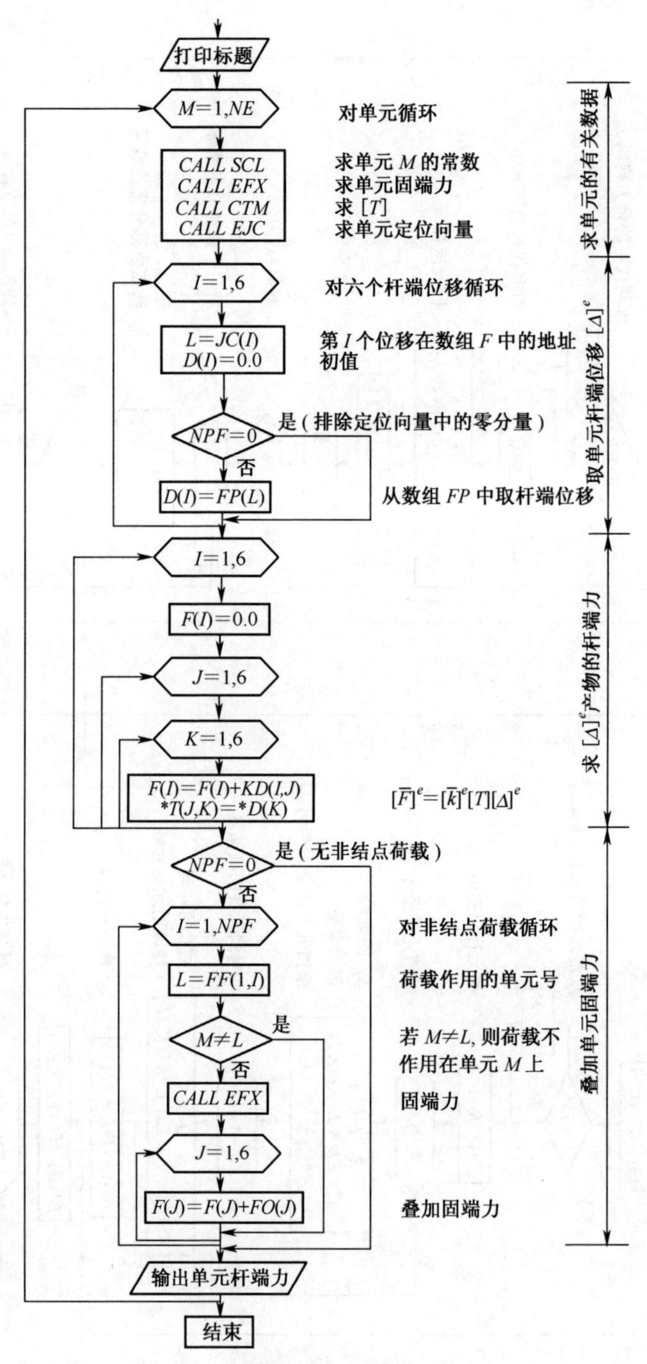

打印标题
M=1,NE
对单元循环
CALL SCL
CALL EFX
CALL CTM
CALL EJC
求单元M的常数
求单元固端力
求[T]
求单元定位向量
求单元的有关数据
I=1,6
对六个杆端位移循环
L=JC(I)
D(I)=0.0
第I个位移在数组F中的地址
初值
NPF=0
是(排除定位向量中的零分量)
否
D(I)=FP(L)
从数组FP中取杆端位移
取单元杆端位移 [Δ]^e
I=1,6
F(I)=0.0
J=1,6
K=1,6
F(I)=F(I)+KD(I,J)
*T(J,K)=*D(K)
[F̄]^e=[k̄]^e[T][Δ]^e
求[Δ]^e产物的杆端力
NPF=0
是(无非结点荷载)
否
I=1,NPF
对非结点荷载循环
L=FF(1,I)
荷载作用的单元号
M≠L
是
否
若M≠L, 则荷载不
作用在单元M上
CALL EFX
固端力
J=1,6
F(J)=F(J)+FO(J)
叠加固端力
叠加单元固端力
输出单元杆端力
结束

图Ⅰ-16　子框图5

（5）子框图 5：求单元杆端内力。

该子框图的功能是求出单元在局部坐标系中的杆端内力，存放在数组 $F(6)$中。首先求出单元杆端位移产生的杆端力，再叠加非结点荷载产生的单元固端力。利用单元定位向量，从数组 FP 中取出结构坐标系中的单元杆端位移后，存放在数组 $D(6)$中。就可以按式（10-38b）求出局部坐标系中的单元杆端力。非结点荷载产生的固端力由子框图 04 求出。

附录Ⅱ 平面杆系结构源程序及算例

1. FORTRAN 语言源程序

根据Ⅰ-2 节中所讨论的细框图，可以编写出平面杆系结构静力计算程序。整个源程序如下：

```
C                          主程序
C        *************************************************************
C        *     static analysis for plane frame systemes              *
C        *     main program      2014-05-18                          *
C        *************************************************************
C           1. 输入原始数据
        DIMENSION JE(2,100),JN(3,100),JC(6),EA(100),EI(100),X(100),
     *  Y(100),FJ(2,50),FF(4,100)
        REAL*8 KE(6,6),KD(6,6),T(6,6),FP(300),KB(200,20),F(6),FO(6),
     *  D(6),BL,SI,CO,S,C
        OPEN(5,FILE='PMGJ.DAT')
        OPEN(6,FILE='PMGJ.OUT')
        READ(5,*) NE,NJ,N,NW,NPJ,NPF
        READ(5,*) (X(J),Y(J),(JN(I,J),I=1,3),J=1,NJ)
        READ(5,*) ((JE(I,J),I=1,2),EA(J),EI(J),J=1,NE)
        IF(NPJ.NE.0) READ(5,*) ((FJ(I,J),I=1,2),J=1,NPJ)
        IF(NPF.NE.0) READ(5,*) ((FF(I,J),I=1,4),J=1,NPF)
        WRITE(*,10) NE,NJ,N,NW,NPJ,NPF
        WRITE(6,10) NE,NJ,N,NW,NPJ,NPF
        WRITE(*,20) (J,X(J),Y(J),(JN(I,J),I=1,3),J=1,NJ)
        WRITE(6,20) (J,X(J),Y(J),(JN(I,J),I=1,3),J=1,NJ)
        WRITE(*,30) (J,(JE(I,J),I=1,2),EA(J),EI(J),J=1,NE)
        WRITE(6,30) (J,(JE(I,J),I=1,2),EA(J),EI(J),J=1,NE)
        IF(NPJ.NE.0) WRITE(*,40) ((FJ(I,J),I=1,2),J=1,NPJ)
        IF(NPJ.NE.0) WRITE(6,40) ((FJ(I,J),I=1,2),J=1,NPJ)
        IF(NPF.NE.0) WRITE(*,50) ((FF(I,J),I=1,4),J=1,NPF)
        IF(NPF.NE.0) WRITE(6,50) ((FF(I,J),I=1,4),J=1,NPF)
10      FORMAT(/6X,'NE=',I5,2X,'NJ=',I5,2X,'N=',I5,2X,'NW=',I5,2X,
     *  'NPJ=',I5,2X,'NPF=',I5)
20      FORMAT(/7X,'NODE',7X,'X',11X,'Y',12X,'XX',8X,'YY',8X,'ZZ'/
     *  (1X,I10,2F12.4,3I10))
```

```
30      FORMAT(/4X,'ELEMENT',4X,'NODE-I',4X,'NODE-J',11X,'EA',13X,
     *   'EI'/(1X,3I10,2E15.6))
40      FORMAT(/7X,'CODE',7X,'FX-FY-FM'/(1X,F10.0,F15.4))
50      FORMAT(/4X,'ELEMENT',7X,'IND',10X,'A',14X,'Q',/
     *   (1X,2F10.0,2E15.4))
C         2. 形成结点荷载列阵
        DO 55 I=1,N
55      FP(I)=0.D0
        IF(NPJ.EQ.0) GO TO 65
        DO 60 I=1,NPJ
        L=FJ(1,I)
60      FP(L)=FJ(2,I)
65      IF(NPF.EQ.0) GO TO 90
        DO 70 I=1,NPF
        M=FF(1,I)
        CALL SCL(M,NE,NJ,BL,SI,CO,JE,X,Y)
        CALL EFX(I,M,NE,NPF,BL,FF,FO,EA,EI)
        CALL CTM(SI,CO,T)
        CALL EJC(M,NE,NJ,JE,JN,JC)
        DO 75 L=1,6
        S=0.D0
        DO 80 K=1,6
80      S=S-T(K,L)*FO(K)
        F(L)=S
75      CONTINUE
        DO 85 J=1,6
        L=JC(J)
        IF(L.EQ.0) GO TO 85
        FP(L)=FP(L)+F(J)
85      CONTINUE
70      CONTINUE
C         3. 形成整体刚度矩阵
90      DO 95 I=1,N
        DO 100 J=1,NW
100     KB(I,J)=0.D0
95      CONTINUE
        DO 105 M=1,NE
        CALL SCL(M,NE,NJ,BL,SI,CO,JE,X,Y)
        CALL CTM(SI,CO,T)
        CALL ESM(M,NE,BL,EA,EI,KD)
```

```
      CALL EJC(M,NE,NJ,JE,JN,JC)
      DO 110 I=1,6
      DO 115 J=1,6
      S=0.D0
      DO 120 L=1,6
      DO 125 K=1,6
125   S=S+T(L,I)*KD(L,K)*T(K,J)
120   CONTINUE
      KE(I,J)=S
115   CONTINUE
110   CONTINUE
      DO 130 L=1,6
      I=JC(L)
      IF(I.EQ.0) GO TO 130
      DO 135 K=1,6
      J=JC(K)
      IF(J.EQ.0.OR.J.LT.I) GO TO 135
      JJ=J-I+1
      KB(I,JJ)=KB(I,JJ)+KE(L,K)
135   CONTINUE
130   CONTINUE
105   CONTINUE
C        4. 解线性方程组
      N1=N-1
      DO 140 K=1,N1
      IM=K+NW-1
      IF(N.LT.IM) IM=N
      I1=K+1
      DO 145 I=I1,IM
      L=I-K+1
      C=KB(K,L)/KB(K,1)
      JM=NW-L+1
      DO 150 J=1,JM
      JJ=J+I-K
150   KB(I,J)=KB(I,J)-C*KB(K,JJ)
145   FP(I)=FP(I)-C*FP(K)
140   CONTINUE
      FP(N)=FP(N)/KB(N,1)
      DO 155 K=1,N1
      I=N-K
```

```
      JM=K+1
      IF(NW.LT.JM) JM=NW
      DO 160 J=2,JM
      L=J+I-1
160   FP(I)=FP(I)-KB(I,J)*FP(L)
155   FP(I)=FP(I)/KB(I,1)
      WRITE(*,165)
      WRITE(6,165)
165   FORMAT(/7X,'NODE',10X,'U',14X,'V',11X,'FEI')
      DO 170 I=1,NJ
      DO 175 J=1,3
      D(J)=0.D0
      L=JN(J,I)
      IF(L.EQ.0) GO TO 175
      D(J)=FP(L)
175   CONTINUE
      WRITE(*,180) I,D(1),D(2),D(3)
      WRITE(6,180) I,D(1),D(2),D(3)
180   FORMAT(1X,I10,3E15.6)
170   CONTINUE
C       5. 计算单元杆端内力
      WRITE(*,200)
      WRITE(6,200)
200   FORMAT(/4X,'ELEMENT',12X,'FN',16X,'FS',17X,'M')
      DO 205 M=1,NE
      CALL SCL(M,NE,NJ,BL,SI,CO,JE,X,Y)
      CALL ESM(M,NE,BL,EA,EI,KD)
      CALL CTM(SI,CO,T)
      CALL EJC(M,NE,NJ,JE,JN,JC)
      DO 210 I=1,6
      L=JC(I)
      D(I)=0.D0
      IF(L.EQ.0) GO TO 210
      D(I)=FP(L)
210   CONTINUE
      DO 220 I=1,6
      F(I)=0.D0
      DO 230 J=1,6
      DO 240 K=1,6
240   F(I)=F(I)+KD(I,J)*T(J,K)*D(K)
```

```
230       CONTINUE
220       CONTINUE
          IF(NPF.EQ.0) GO TO 270
          DO 250 I=1,NPF
          L=FF(1,I)
          IF(M.NE.L) GO TO 250
          CALL EFX(I,M,NE,NPF,BL,FF,FO,EA,EI)
          DO 260 J=1,6
260       F(J)=F(J)+FO(J)
250       CONTINUE
270       WRITE(*,280) M,(F(I),I=1,6)
           WRITE(6,280) M,(F(I),I=1,6)
280       FORMAT(/1X,I10,2X,'FN1=',F12.4,2X,'FS1=',F12.4,3X,'M1=',F12.4
     *     /13X,'FN2=',F12.4,2X,'FS2=',F12.4,3X,'M2=',F12.4)
205        CONTINUE
          CLOSE(5)
           CLOSE(6)
          STOP
          END
C                子程序
C            6. 形成单元定位向量
          SUBROUTINE EJC(M,NE,NJ,JE,JN,JC)
          DIMENSION JE(2,NE),JN(3,NJ),JC(6)
          J1=JE(1,M)
          J2=JE(2,M)
          DO 10 I=1,3
          JC(I)=JN(I,J1)
10        JC(I+3)=JN(I,J2)
          RETURN
          END
C            7. 计算单元常数
          SUBROUTINE SCL(M,NE,NJ,BL,SI,CO,JE,X,Y)
          DIMENSION JE(2,NE),X(NJ),Y(NJ)
          REAL*8 BL,SI,CO,DX,DY
          J1=JE(1,M)
          J2=JE(2,M)
          DX=X(J2)-X(J1)
          DY=Y(J2)-Y(J1)
          BL=DSQRT(DX*DX+DY*DY)
          SI=DY/BL
```

```
      CO=DX/BL
      RETURN
      END
C        8. 形成单元刚度矩阵
      SUBROUTINE ESM(M,NE,BL,EA,EI,KD)
      DIMENSION EA(NE),EI(NE)
      REAL*8 KD(6,6),BL,S,G,G1,G2,G3
      G=EA(M)/BL
      G1=2.D0*EI(M)/BL
      G2=3.D0*G1/BL
      G3=2.D0*G2/BL
      DO 10 I=1,6
      DO 10 J=1,6
10    KD(I,J)=0.D0
      KD(1,1)=G
      KD(1,4)=-G
      KD(4,4)=G
      KD(2,2)=G3
      KD(5,5)=G3
      KD(2,5)=-G3
      KD(2,3)=-G2
      KD(2,6)=-G2
      KD(3,5)=G2
      KD(5,6)=G2
      KD(3,3)=2.D0*G1
      KD(6,6)=2.D0*G1
      KD(3,6)=G1
      DO 20 I=1,5
      I1=I+1
      DO 30 J=I1,6
30    KD(J,I)=KD(I,J)
20    CONTINUE
      RETURN
      END
C        9. 形成单元坐标转换矩阵
      SUBROUTINE CTM(SI,CO,T)
      REAL*8 T(6,6),SI,CO
      DO 10 I=1,6
      DO 10 J=1,6
10    T(I,J)=0.D0
```

```
      T(1,1)=CO
      T(1,2)=SI
      T(2,1)=-SI
      T(2,2)=CO
      T(3,3)=1.D0
      DO 20 I=1,3
      DO 20 J=1,3
20    T(I+3,J+3)=T(I,J)
      RETURN
      END
C       10. 形成单元固端力
      SUBROUTINE EFX(I,M,NE,NPF,BL,FF,FO,EA,EI)
      DIMENSION FF(4,NPF),EA(NE),EI(NE)
      REAL*8 FO(6),A,B,C,G,Q,S,BL
      IND=FF(2,I)
      A=FF(3,I)
      Q=FF(4,I)
      C=A/BL
      G=C*C
      B=BL-A
      DO 5 J=1,6
5     FO(J)=0.D0
      GO TO (10,20,30,40,50,60,70,75,80,85,90,95),IND
10    S=Q*A*0.5D0
      FO(2)=-S*(2.D0-2.D0*G+C*G)
      FO(5)=-S*G*(2.D0-C)
      S=S*A/6.D0
      FO(3)=S*(6.D0-8.D0*C+3.D0*G)
      FO(6)=-S*C*(4.D0-3.D0*C)
      GO TO 100
20    S=B/BL
      FO(2)=-Q*S*S*(1.D0+2.D0*C)
      FO(5)=-Q*G*(1.D0+2.D0*S)
      FO(3)=Q*S*S*A
      FO(6)=-Q*B*G
      GOTO 100
30    S=B/BL
      FO(2)=-6.D0*Q*C*S/BL
      FO(5)=-F0(2)
      FO(3)=Q*S*(2.D0-3.D0*S)
```

```
      FO(6)=Q*C*(2.D0-3.D0*C)
      GO TO 100
40    S=Q*A*0.25D0
      FO(2)=-S*(2.D0-3.D0*G+1.6D0*G*C)
      FO(5)=-S*G*(3.D0-1.6D0*C)
      S=S*A
      FO(3)=S*(2.D0-3.D0*C+1.2D0*G)/1.5D0
      FO(6)=-S*C*(1.D0-0.8D0*C)
      GO TO 100
50    FO(1)=-Q*A*(1.D0-0.5D0*C)
      FO(4)=-0.5D0*Q*C*A
      GOTO 100
60    FO(1)=-Q*B/BL
      FO(4)=-Q*C
      GO TO 100
70    S=B/BL
      FO(2)=-Q*G*(3.D0*S+C)
      FO(5)=-F0(2)
      S=S*B/BL
      FO(3)=-Q*S*S*A
      FO(6)=Q*G*B
      GO TO 100
75    L1=IDINT(A)
      S=Q*EA(M)/BL
      FO(L1)=S
      IF(L1.EQ.1) FO(4)=-S
      IF(L1.EQ.4) FO(1)=-S
      GO TO 100
80    L1=IDINT(A)
      FO(L1)=12.D0*EI(M)*Q/(BL*BL*BL)
      IF(L1.EQ.2) FO(5)=-FO(2)
      IF(L1.EQ.5) FO(2)=-FO(5)
      FO(3)=-0.5D0*BL*FO(2)
      FO(6)=FO(3)
      GOTO 100
85    L1=IDINT(A)
      S=2.D0*EI(M)*Q/BL
      FO(L1)=2.D0*S
      IF(L1.EQ.3) FO(6)=S
      IF(L1.EQ.6) FO(3)=S
```

```
          FO(5)=3.D0*S/BL
          FO(2)=-F0(5)
          GO TO 100
90        FO(3)=2.D0*EI(M)*A*Q
          FO(6)=-FO(3)
          GO TO 100
95        FO(1)=EA(M)*A*Q
          FO(4)=-FO(1)
100       RETURN
          END
```

2. 算例

例Ⅱ-1 用平面杆系结构静力计算程序求图Ⅱ-1（a）所示结构的内力。各杆 EA、EI 相同。已知 $EA=4.0\times10^6$kN，$EI=1.6\times10^4$kN·m^2。

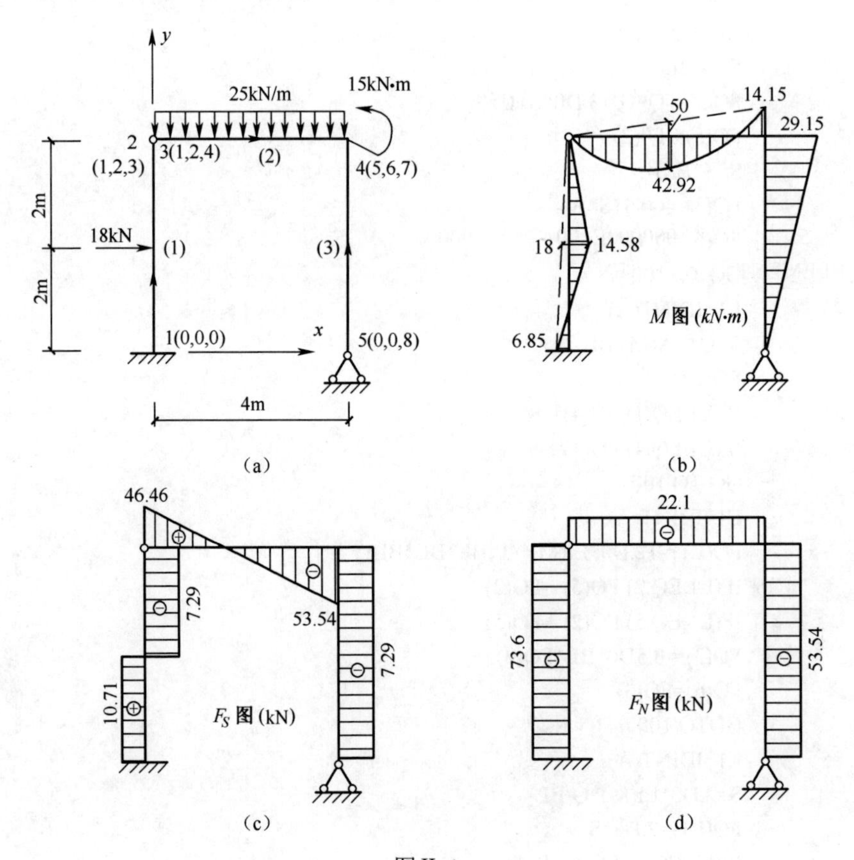

图Ⅱ-1

解：（1）输入原始数据。

全部原始数据均以自由格式输入数据文件 PMGJ.DAT。

3，5，8，7，1，2 (控制参数 NE，NJ，N，NW，NPJ，NPF)
0.0，0.0，0，0，0 (结点坐标及结点未知量编号)
0.0，4.0，1，2，3
0.0，4.0，1，2，4
4.0，4.0，5，6，7
4.0，0.0，0，0，8
1，2，4.0E+06，1.6E+04 (单元 *i*， *j* 端编号及 *EA*，*EI* 值)
3，4，4.0E+06，1.6E+04
5，4，4.0E+06，1.6E+04
7.0，-15.0 (结点荷载方位及荷载大小)
1.0，2.0，2.0，-18.0 (非结点荷载。单元号、荷载类型、*a* 值、*q* 值)
2.0，1.0，4.0，-25.0

（2）输出结果。

NODE	U	V	FEI
1	.000000E+00	.000000E+00	.000000E+00
2	-.221743E-02	-.464619E-04	-.139404E-02
3	-.221743E-02	-.464619E-04	.357876E-02
4	-.222472E-02	-.535381E-04	-.298554E-02
5	.000000E+00	.000000E+00	.658499E-03

ELEMENT	FN	FS	M
1	FN1= 46.4619	FS1= 10.7119	M1= -6.8477
	FN2= -46.4619	FS2= 7.2881	M2= .0000
2	FN1= 7.2881	FS1= 46.4619	M1= .0000
	FN2= -7.2881	FS2= 53.5381	M2= 14.1523
3	FN1= 53.5381	FS1= 7.2881	M1= .0000
	FN2= -53.5381	FS2= -7.2881	M2= -29.1523

（3）作内力图。

根据计算结果即可作出结构内力图如图Ⅱ-1（b）、（c）、（d）所示。

例Ⅱ-2 用平面杆系结构程序计算图Ⅱ-2（a）所示结构在温度变化下产生的内力。各杆 *EA*、*EI* 相同，且 $EA=1.2\times10^5$kN，$EI=2.3\times10^4$kN·m^2。线胀系数 $\alpha=10^{-5}$。各杆为矩形截面，截面高度 h=0.4m。

解：（1）输入原始数据（部分数据）。

1.0，11.0，2.5E-5，10 (各单元温度的改变，作为广义荷载。
1.0，12.0，1.0E-5，20 (单元号、荷载类型、*α* 值、*q* 值)
2.0，11.0，2.5E-5，10
2.0，12.0，1.0E-5，20
3.0，11.0，2.5E-5，-5
3.0，12.0，1.0E-5，15

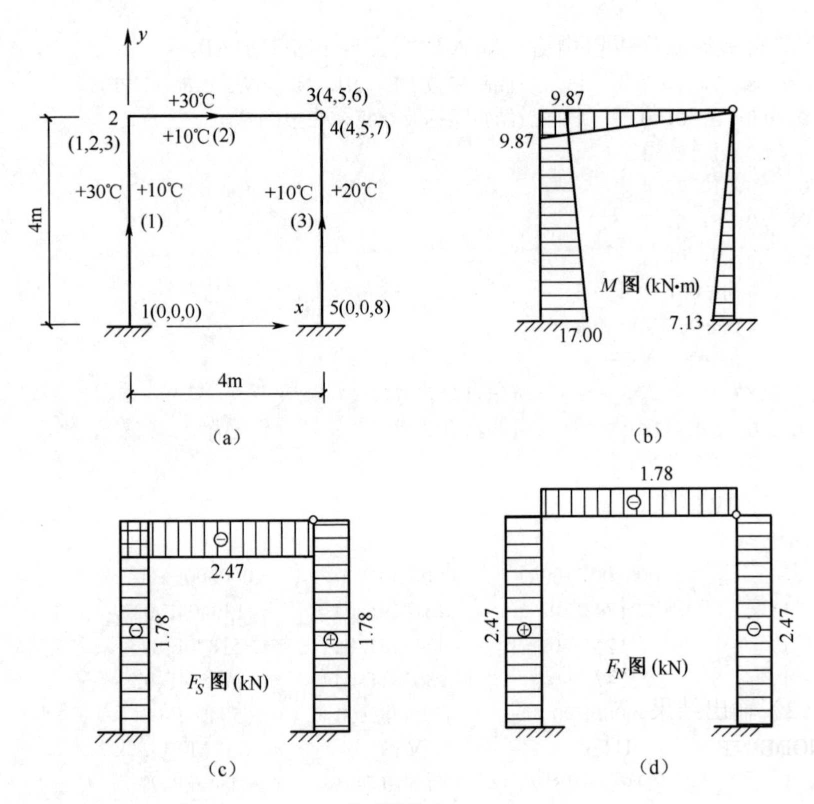

图Ⅱ-2

为便于计算，可将杆件两侧的温度变化 q_1 和 q_2 对杆轴线分为正反对称两部分（图Ⅱ-3）：平均温度 $q=\dfrac{q_1+q_2}{2}$ 和温度变化之差 $\pm\dfrac{\Delta q}{2}=\pm\dfrac{q_2-q_1}{2}$ 。

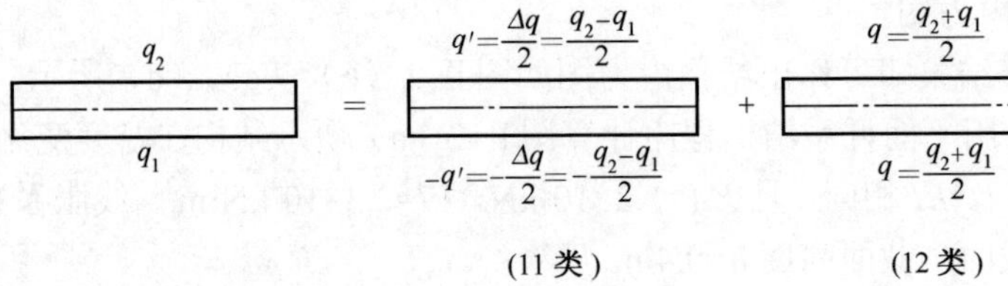

q_2 / q_1 = $q'=\dfrac{\Delta q}{2}=\dfrac{q_2-q_1}{2}$ / $-q'=-\dfrac{\Delta q}{2}=-\dfrac{q_2-q_1}{2}$ + $q=\dfrac{q_2+q_1}{2}$ / $q=\dfrac{q_2+q_1}{2}$

（11 类） （12 类）

图Ⅱ-3

（2）输出结果（部分结果）。

NODE	U	V	FEI
1	.000000E+00	.000000E+00	.000000E+00
2	-.108682E-02	.882251E-03	-.336694E-03
3	-.346256E-03	.517749E-03	.805035E-03

4	-.346256E-03	.517749E-03	-.379846E-03
5	.000000E+00	.000000E+00	.000000E+00
ELEMENT	FN	FS	M
1	FN1= -2.4675	FS1= -1.7829	M1= 17.0019
	FN2= 2.4675	FS2= 1.7829	M2= -9.8701
2	FN1= 1.7829	FS1= -2.4675	M1= 9.8701
	FN2= -1.7829	FS2= 2.4675	M2= .0000
3	FN1= 2.4675	FS1= 1.7829	M1= -7.1318
	FN2= -2.4675	FS2= -1.7829	M2= .0000

（3）作内力图。

根据输出的计算结果，可作出M,F_S,F_N图，如图Ⅱ-2（b）、（c）、（d）所示。

例Ⅱ-3　用平面杆系结构计算程序求图Ⅱ-4（a）所示连续梁中间两支座分别发生支座沉降时产生的内力。各杆EI相同，且$EI=4.2\times10^4 kN\cdot m^2$。

解：（1）输入原始数据（部分数据）。

将支座移动看成是一种广义荷载，即非结点荷载的一种类型。

1.0，9.0，5.0，-0.02　　(非结点荷载，杆件两端支座位移)
2.0，9.0，2.0，-0.02
2.0，9.0，5.0，-0.012
3.0，9.0，2.0，-0.012

（2）输出结果。

NODE	U	V	FEI
1	.000000E+00	.000000E+00	.453333E-02
2	.000000E+00	.000000E+00	.933333E-03
3	.000000E+00	.000000E+00	-.226667E-02
4	.000000E+00	.000000E+00	-.186667E-02
ELEMENT	FN	FS	M
1	FN1= .0000	FS1= 8.4000	M1= .0000
	FN2= .0000	FS2= -8.4000	M2= -50.4000
2	FN1= .0000	FS1= -9.3333	M1= 50.4000
	FN2= .0000	FS2= 9.3333	M2= 5.6000
3	FN1= .0000	FS1= .9333	M1= -5.6000
	FN2= .0000	FS2= -.9333	M2= .0000

（3）作内力图。

根据输出的计算结果可画出梁的M、F_S图如图Ⅱ-4（b）、（c）所示。

例Ⅱ-4　利用平面杆系结构计算程序计算图Ⅱ-5（a）所示弹性支承的连续梁在荷载作用下的内力。梁的EI=常数，且$EI=2.1\times10^4 kN\cdot m^2$。各弹性支座的弹性常数$k=10^3 kN/m$。

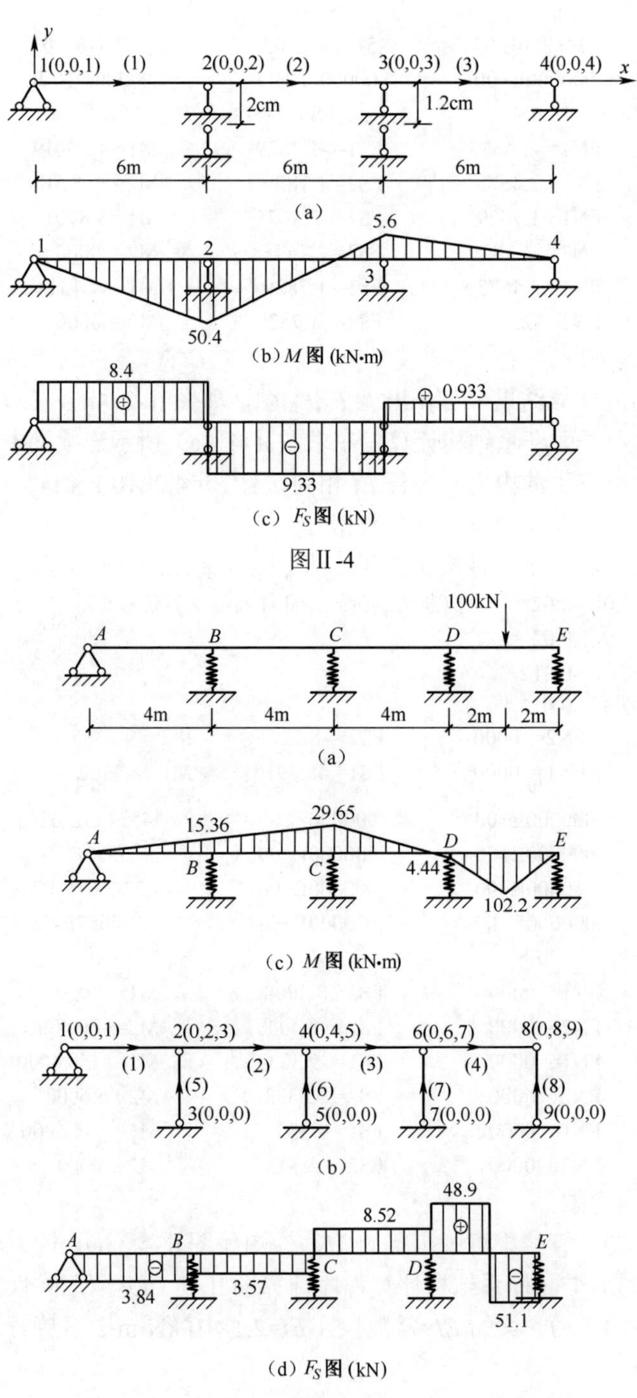
y
1(0,0,1)
(1)
2(0,0,2)
(2)
3(0,0,3)
(3)
4(0,0,4)
x
2cm
1.2cm
6m
6m
6m
(a)
5.6
1
2
4
3
50.4
(b) M 图 (kN·m)
8.4
0.933
9.33
(c) F_S图 (kN)
图Ⅱ-4
100kN
A
B
C
D
E
4m
4m
4m
2m
2m
(a)
29.65
15.36
A
D
E
B
C
4.44
102.2
(c) M 图 (kN·m)
1(0,0,1)
2(0,2,3)
4(0,4,5)
6(0,6,7)
8(0,8,9)
(1)
(2)
(3)
(4)
(5)
(6)
(7)
(8)
3(0,0,0)
5(0,0,0)
7(0,0,0)
9(0,0,0)
(b)
48.9
8.52
A
B
E
C
D
3.84
3.57
51.1
(d) F_S图 (kN)
图Ⅱ-5

解：（1）输入原始数据（部分数据）。

对弹性支座，为便于计算，将其等代为一根链杆，链杆长度取 $l_0 = 1\text{m}$，则链杆的抗拉刚度应为 $EA = kl_0 = 10^3\text{kN}$，如图Ⅱ-5（b）所示。

1，2，0.0，2.1E+04　　(单元两端结点编号及 EA，EI 值)
2，4，0.0，2.1E+04
4，6，0.0，2.1E+04
6，8，0.0，2.1E+04
3，2，1.0E+03，0.0
5，4，1.0E+03，0.0
7，6，1.0E+03，0.0
9，8，1.0E+03，0.0
4.0，2.0，2.0，-100.0(非结点荷载)

（2）输出结果（杆端力）。

ELEMENT	FN	FS	M
1	FN1= .0000	FS1= 3.8387	M1= .0000
	FN2= .0000	FS2= -3.8387	M2= 15.3547
2	FN1= .0000	FS1= -3.5734	M1= -15.3547
	FN2= .0000	FS2= 3.5734	M2= 29.6484
3	FN1= .0000	FS1= 8.5211	M1= -29.6484
	FN2= .0000	FS2= -8.5211	M2= -4.4362
4	FN1= .0000	FS1= 48.8910	M1= 4.4362
	FN2= .0000	FS2= 51.1090	M2= .0000
5	FN1= .2652	FS1= 0.0000	M1= .0000
	FN2= -.2652	FS2= 0.0000	M2= .0000
6	FN1= 12.0946	FS1= 0.0000	M1= .0000
	FN2= -12.0946	FS2= 0.0000	M2= .0000
7	FN1= 40.3698	FS1= 0.0000	M1= .0000
	FN2= -40.3698	FS2= 0.0000	M2= .0000
8	FN1= 51.1090	FS1= 0.0000	M1= .0000
	FN2= -51.1090	FS2= 0.0000	M2= .0000

（3）作内力图。

由计算结果作出 M 图、F_S 图如图Ⅱ-5（c）、（d）所示，各链杆中的轴力则为各弹性支座的支座反力。

参考文献

1．龙驭球，包世华．结构力学（第2版）．北京：高等教育出版社，1988．

2．李廉锟．结构力学（第5版）．北京：高等教育出版社，2010．

3．马庚美，康希良．结构力学．兰州：甘肃教育出版社，1996．

4．吴亚平，陈耀芳，康希良．工程力学简明教程．北京：化学工业出版社，2005．

5．王业敏．结构力学．北京：中国铁道出版社，1989．

6．李振邦，刘先贫等．结构力学．北京：人民交通出版社，1992．

7．王荫长，温瑞鉴、周文群．结构力学．海口：海南出版社，1994．

8．杨弗康，李家宝．结构力学（第3版）．北京：高等教育出版社，1983．